亚行贷款黄河防洪项目

国际咨询与培训

（下册）

主　　编　徐　乘

执行主编　张俊峰　姚傑宝

　　　　　解新芳　林斌文

黄河水利出版社

目　录

上　册

下　册

第九章 培训材料之三——移民管理

第一节 亚行移民政策和中国征地制度的改革

一、国际金融机构在中国不同行业中非自愿移民的经验①

(一)移民项目的行业划分

移民项目的行业划分,一般有下面几种划分形式:①根据项目所属的不同部门来划分:如公路、铁路、城建、能源等;②根据项目移民影响的形状及特点来划分:如水库(块状)、交通(线状)、城市等;③根据项目的移民实施做法来划分;④根据以上几种的组合来划分。我们在讨论世行项目移民划分时,通常用项目所属不同部门来划分。

(二)中国不同行业移民的基本情况

按照世行的非自愿移民的定义,我们对国内不同行业移民做过一个估算。在1950~1989年的40年间移民总人数为3150万人,其中城建项目人数占首位,为1390万人,占44%;水库项目移民人数居第二位,为1020万人,占32%;交通项目移民人数占第三位,为740万人,占24%(表9-1)。进入20世纪90年代,全国平均每年移民人数较20世纪80年代增长很快,根据全国1995年建设项目造成耕地损失的数字以及全国城市房屋拆迁数字来测算(表9-2),20世纪90年代非自愿移民在城建行业为20世纪80年代的5~6倍,水库行业为20世纪80年代的3倍,交通行业为20世纪80年代的4倍左右。

表9-1 全国各行业移民人数的估算表(1950~1989年) (单位:百万人)

行业类型	1950~1959	1960~1969	1970~1979	1980~1989	总 计
交通行业	2.5	0.9	2.7	1.3	7.4
水库行业	4.6	3.2	1.4	1.0	10.2
城建行业	1.5	1.3	2.6	8.5	13.9
总 计	8.6	5.4	6.7	10.8	31.5

资料来源:世界银行"中国非自愿移民",1993。

表9-2 中国非农项目建设造成耕地损失表(1995年)

行业类型	占用耕地数量(亩)	比例(%)
交通建设	526533	21.9
城镇建设	559798	23.3
工业及乡镇企业	639698	26.6
水库及水利建设	321807	13.4
农村个人建房及其他	360726	15.0

资料来源:国家土地管理局统计材料。

---

①根据世界银行和亚洲开发银行咨询顾问朱幼宣提供的培训材料改编。

（三）世行在中国贷款项目的移民情况统计（1987～1996 年）

在这样的背景下，世行在中国的贷款项目移民数量也占了一定的规模。根据 1994 年世行移民大检查，世行在中国项目的移民数量大约占世行项目移民总人数的 40%。根据一项统计，从 1987 年到 1996 年，世行在中国涉及移民的项目数量达到 60 个，其移民人数达到 908846 人。其中交通项目占第一位，一共有 22 个项目，占 37%，移民人数有 405000 人，占 45%；能源项目占第二位，有 16 个项目，占 27%，移民人数有 354648 人，占全部移民人数的 39%；城建项目占第三位，有 13 个项目，占 22%，移民人数达到 95740 人，占 11%（表 9-3）。

表 9-3　世行在中国贷款项目移民情况统计表（1987～1996 年）

项目类型	移民人数	比 例（%）	1987～1992 年人数	比 例（%）	1993～1996 年人数	比 例（%）
农业项目	53405	6	26000	6	27405	5
能源项目	354648	39	136435	34	218213	43
城建项目	95740	11	35099	9	60641	12
交通项目	405053	45	202930	51	202123	40
总　　计	908846	100	400464	100	508382	100

（四）世行介入中国移民的经历

从 20 世纪 80 年代初，中国正式成为世行的成员国以来，中国便开始不断增加利用世行贷款的规模，贷款数从零起步到 20 世纪 90 年代的每年 30 亿美元，已超过印度，成为世行最大借款国。这些世行贷款项目主要分布在能源、交通、农业和社会发展等领域。

在世行对中国的业务迅速发展的同时，世行项目准备中的一些做法、指南也开始随着项目、行业研究进入中国，并为国内同行所接受，这不仅包括传统项目的经济评估、财务分析，也包括对环境影响评价的标准和做法。例如 1993 年，在世行的介入下，财政部、计委、人民银行和国家环保局联合就国际金融组织、项目的环境影响评价的工作颁布了一个文件，同意基本上采用同世行标准相一致的分类方法，并规定各类项目的环评工作、要求和程序，基本上同国际做法接轨。

在非自愿移民的工作中，世行的介入也起了积极的作用。例如，在小浪底水电项目中，由于世行的参与和水利部的努力，使这一项目的移民工作无论从深度上、补偿标准上，以及安置机构的设置、经费安排上都比现行同类项目前进了一步，当然这种作用是逐步取得的。

世行介入国内的移民工作大体可分为两个阶段。第一阶段大致是从 20 世纪 80 年代中、后期开始，到 1992 年（世行对中国的非自愿移民行业报告的编制）。在这一阶段，世行在中国的项目中，重点是放在对一些大型水电项目移民工作的介入。而对大量其他领域的项目，有的也涉及一定规模的征地或拆迁，则介入较少，并没有像现在这样严格地按世行 4.30 指南，对每一个有征地安置的项目进行移民安置计划的审查，许多项目经理也不要求国内项目单位准备移民安置行动计划,并将其作为整个项目准备的一部分。据统计,到1992年为止的36个涉及到征地拆迁的世行项目(影响人口为50万人),只有7~8个项目(大部分是大型水电项目)准备了移民安置计划,其他近30个项目都没有准备移民安置计划。而这些项目的项目经理也很少过问非自愿移民的问题。

世界银行和亚洲开发银行咨询顾问朱幼宣先生认为,这种现象是下述几个原因造成的。首先,世行内部在1991~1992年以前,在印度的Namada水库成为国际舆论注目的政治事件以前,世行虽然有很完善的非自愿移民指南,但并不是很严格执行这些指南,其间世行的移民专家由于人数少也是有选择地介入一些有大量移民项目的准备工作,并不是对所有项目进行移民方面的检查。在这样的情况下,世行对中国非自愿移民工作的介入主要是从水库项目开始的。例如,二滩、大广坝、岩滩、罗布格、水口等项目。从这些项目中,世行对中国的非自愿移民的工作有了一定的认识,而对其他行业的征地安置工作只涉及到个别几个项目。应该说世行对中国非自愿移民工作的认识,主要是从水库项目中得来的,而1992年世行中国局编制的中国非自愿移民的评价报告,就是在这样的认识基础上完成的。这一报告,反映了这一阶段世行对中国非自愿移民工作的一个普遍认识。

(五)水利水电项目

应该说,世行官员对中国的移民政策、做法反映是很积极的。20世纪80年代,中国政府对过去30年的水库移民工作作了一个全面的检查,在总结过去经验教训的基础上,颁布了一系列新的法律法规,如《大型水利水电项目征地拆迁条例》,以保证水库移民得到妥善安置。这些法律法规一方面把对整个移民工作的认识提高到一个新的高度,规定了各级政府对移民工作的职责,提高了补偿标准并提出了开发性移民的总方针,另外,在移民安置计划的编制、审批过程中完善了各个阶段的技术要求、审批程度和实施中的管理体制,这些政策、做法在许多方面同世行4.30指南基本吻合,世行官员在同中国负责水库移民的政府机构、设计单位和地方各级政府的接触过程中,对中国的这一套水库移民的政策、法规、设计程度、详细的淹没调查、安置规划的编制和审批,以及有效的各级地方政府的实施能力留下深刻的印象,这些印象在世行当时做的几个项目评估报告和对中国移民的行业报告中都有所反映。

在审查当时这些水库项目时,世行专家提的比较多的意见主要集中在两个方面:一是如何更好地对整个移民费用进行估算,充分考虑物价上涨等不确定因素,以及移民工程的设计、实施管理等费用。因为中国的许多项目,特别是移民工程,在实施的过程中都反映出原来的费用估算偏低的问题,而且许多费用概算都是静态的,而在实施过程中要进行概预算调整往往要拖很长时间,而且要得到许多主管部门的批准,这势必影响移民安置计划的顺利实施,甚至给移民的生活、生产恢复带来很大困难。另一方面的意见主要是要求在移民计划实施过程中(项目实施过程中)加强对移民进行独立的监测与评估,以保证移民安置计划的顺利实施,移民生活水平得以改善、恢复。世行的这一要求,对中国的地方政府、移民实施的单位来说,一开始很难接受。一方面,要开展对移民监测与评估,特别是邀请相对独立的设计单位,要花费一大笔经费;另一方面,地方政府认为移民是由政府负责,不愿意有其他机构对此进行监测、评估。结果盼世行提出的这一要求迟迟不作出反应。

例如，在水口电站项目开展独立的监测评估工作，其合同拖了一年多才搞好；在大广坝项目中，监测评估工作在移民计划实施了 3 年后，在世行的不断督促下才刚刚开始。当然，经费上的考虑只是问题的一个方面，另外一个方面是国内现有的法规、规范缺乏对移民监测与评估的具体要求，同时也缺乏一支有经验的技术队伍，不少设计院也只是在接触世行项目的过程中，逐步开展这项工作。正是由于这种考虑，也使中国局在 1992 年的行业报告中，建议进行移民监测与评估的培训。这一工作，由于各方面原因，一直拖到 1994 年 11 月才正式开始，效果还是不错的。

（六）交通、城建等项目

1. 第一阶段

对其他非水电项目的征地、移民工作，世行在 1991 ~ 1992 年中也介入了一些，并对个别已经实施的项目进行了检查，对世行专家来说，总的感觉是这两类项目的征地工作都是按 1986 年国家土地管理法和一些地方实施法规来做的，一般的补偿标准比大型水电项目要高。由于这类征地对每个村的影响相对较小，一般移民都仍在原村安置，生活水平的恢复改善都能得到保证。特别是城建项目，根据国内的有关拆迁条例，一般拆迁户都得到比他们原来住房好很多的新的成套公寓（住房面积和设施上），使他们居住水平有很大的改善。当然在这些非水电行业，由于没有像水电部门那样有一整套的编制移民规划的制度，世行官员发现，要花一定的时间才能使中国的项目单位理解并编制出符合世行要求的移民安置行动计划。

在这种情况下，世行中国局同经济发展学院一起用中文编写了一个如何编制移民安置计划的指南，并由财务部发文到各项目单位试行。当时，编写这一指南的目的是让项目单位能够更好地理解世行 4.30 指南，并按大致统一格式来编写移民安置计划，因为当时世行的项目官员所面临的问题是，大部分项目单位对世行 4.30 指南，以及移民安置计划的要求不是很清楚，因此编写的移民安置计划也是五花八门，很不规范，有的只有几张统计表，对世行 4.30 指南中提到的许多要求都没有涉及。通过这一指南，至少使大部分项目单位在编制移民安置计划时有章可循。事实证明，这一指南在试用的几年里起到了积极作用，当然，经过一段时间的试用后，也发现了一些问题。例如，在安置计划的要求中对如何开展移民的社会经济调查缺乏详细交待，也没有包括在编制移民预算、补偿标准问题上的一些统一格式或范本等，所以对世行中国局与技术局来说，应该是对这一指南按实际需要进行修改的时候了。

总的来讲，在这第一阶段，世行在中国的非自愿移民工作从无到有，重点放在水电行业，对其他行业的移民情况也进行了解，他们对国内移民工作的认识主要是感性的，对规划中各过程的了解，总的看法是积极的。

2. 第二阶段

随着 1991 ~ 1992 年印度的 Namada 水库事件（其结果是世行停止对该项目的贷款，因为印度政府没有按世行的要求来做非自愿移民的安置工作），世行内部开始对非自愿移民的问题重视起来，要求在全行内对 4.30 指南的执行进行一次大检查。在 1993 年组织了一个专门的班子，对当时世行的所有涉及到非自愿移民的项目进行检查并编制出一个题为《移民与发展》的报告。在此报告中，对过去一段时间（1986 年以后）世行在移民方面的执行情况进行了总结。总的观点是,4.30 指南是好的,但世行并没有很好地贯彻这一指南,同其他国际组织相比,世行在这一方面的工作还是走在前面的。报告建议在今后的项目准备过程中,应更严格地执行 4.30 指南。由于各个管理阶层和大部分项目经理对这一问题的认识还有一个过程,报告建议在项目的各个审批环节加强对移民工作的审查,对所有非自愿移民的项目要求编制移民安置计划。在这样的背景下,世行对中国的非自愿移民工作的介入也开始增加了。

这种介入一方面反映在面上,现在几乎涉及到所有有征地安置的项目,无论是水库项目,还是交通、火电、城建项目,都有世行的移民专家参与,并对移民安置计划的编制提出严格的要求,甚至有些只涉及征用很少土地的项目,技术部门也要求项目经理对此做更进一步的工作,使他们对这些没有搬迁只有少量征地项目和征地数量、补偿政策有更好的了解,看看是否符合世行 4.30 指南的要求。

另外世行对中国移民工作介入程度的增加也反映在深度上,对有征地拆迁的项目不仅仅满足项目单位完成其征地安置计划,而对移民安置计划内容、落实等方面,提出更高、更具体的要求,在小浪底项目中,其移民安置规划的深度就比前面同类项目要进了一步。例如,对每一安置户实行了登记卡制度,特别在安置规划的编制过程中,对各个安置方案是否可行,对移民在安置后的收入是否能超过与起码维持到原来的水平做了大量的工作,包括对典型的安置户的农业收入做了详细的经济模型进行预测;对非农途径安置的各类企业也做了可行性的分析;并对安置点的建设,各生产安置方案进行了试点,以确定住房的补偿标准和基础设施的赔偿费用;另外对第一阶段的安置工作编制了更为详细的实施计划;并在移民的安置机构落实,对移民实施过程的监理、监测、统计、监督做了大量的工作(这些情况,在小浪底的经济介绍中都会提到)。按照水利部门移民专家的说法,小浪底在规划编制、设计阶段,比国内的一般做法要进了一步,更符合实施先于工程的要求。目前的趋势是将小浪底较为深入的要求逐渐扩大到其他的一些世行项目中,特别是水电项目。例如目前到了审批阶段的江雅水电站项目,移民安置计划基本上用的是小浪底的格式。

对大量非水电项目,世行对其移民安置计划的要求也越来越严,往往用对水库项目的做法来要求这些项目,另外也反映了这样一个现象,这就是随着世行参与程度的增加,对中国国内各类项目的征地、安置工作的逐步了解,也就开始提出越来越多的实施过程中可能出现的问题。而这些问题可能在头几年,特别是在世行移民安置计划准备指南中并没有特别明确的要求。

最近,通过对 10 个以上交通项目的移民工作的检查,世行了解到一些地方在实施过程中存在一些问题。例如,有些地方补偿标准不符合国家标准,有的即使符合国家标准也偏低,有些地方的劳力安置不能及时解决,不少地方政府如县、乡、村在支付补偿费时扣留了一部分等。鉴于这些情况,世行技术部门现在开始不再简单接受中国的补偿标准,而是要求提供其补偿标准是否能满足恢复原来水平的证据、说明。对有劳力安置的则要看是否有具体的落实时间表,另外对补偿费是否扣留的问题进行说明。这些变化也反映出世行 4.30 指南工作的不断深入。只要项目单位能够充分了解 4.30 指南的各项要求,系统地准备移民安置计划,就应该有条件来满足世行对移民计划的严格审查。也可以说,世行在第一阶段由于对中国移民工作的肯定和信心而采取的一些做法正在被一种更严格按其内部贷款的审批程序、对所有移民安置计划进行严格审查的做法所代替。

这里一个重要的背景是世行内部对移民工作重视的程度不断增加，在1992年的移民大检查以后，现在世行法律部门基本上将4.30指南当做百分之百遵守的内部法规，在项目的准备周期中，对移民计划是否按时完成，是否在内容上完全符合4.30指南的要求，世行的法律和技术部门都要进行更严格的审查，这也意味着以前一些移民工作中的灵活做法也逐渐被淘汰。

这种趋势同世行内部另外两项新的变化有关：一个信息公开化的要求，按国际非官方机构的要求，世行在1993年就通过世行内部信息公开化的导则，要求对项目有关的主要文件，例如（项目评估报告）环境影响报告和移民安置计划，都要向当地居民公布，并对国际非官方组织公开。这一变化使世行内部对这些文件是否按世行指南的要求编制非常关心。另一变化是在世行内部成立了一个检查机构，一旦接到受影响的人、社会团体对项目可能由于没有执行世行的有关规定面对当地人民带来不良的影响而进行的投拆，如果这一投诉被认为有一定根据，则世行会要求这一独立的检查机构对此进行调查，并提出相应的处理意见，为了避免项目遭到投诉，或在被投诉后，有足够的证据表明在准备过程中是按世行的要求做的，今后世行的技术部门、法律部门和项目部门会更加严格地执行世行的所有指南，特别是有关环保、移民和少数民族的指南。这也意味着项目单位要更严密地准备其移民安置计划、环评影响报告和少数民族的规划，落实每一项要求，以便通过世行的审查，使移民尽快恢复到原来的生活水平。

（七）对中国三大类型移民的看法

以下简单介绍一下朱幼宣先生所了解的世行对中国三大类型的移民的看法。

1. 水电项目（水库）

估计小浪底水电项目的经验，在将来一段时间内将作为水库移民的参考模式，从大的项目安排上，如主体工程同移民为两个项目，移民安置规划的深度和补偿标准等都会影响未来的一些大型水利项目的进行，所以如何就小浪底的经验总结出一套切实可行的移民规划、编制、实施规范（对目前的设计规范中不适应的部分进行修改，更好地同世行的要求进行接轨），例如移民设计的深度，实施规划编制的时间、补偿的标准、试验区的做法、移民监测监理的安排等一系列方面，这对目前正在准备的水库项目都是有好处的。

同水库移民密切相关的另一个问题是世行对项目影响到的少数民族的政策。这方面的指南是4.20，目前正在修订。由于中国大部分的水电项目都位于边远山区、少数民族相对集中的地方，所以在移民安置计划中，对项目影响的少数民族地区要特别注意，按照目前世行的有关要求如项目的影响涉及到当地少数民族时，应该编制少数民族地区的发展计划，对少数民族地区的经济发展，同时对他们文化、习俗的保护提出具体的意见，首先是避免对这样敏感的地区进行非自愿移民。

总的来讲，水库移民主要面临下面的几个问题。

（1）难度大，补偿标准相对较低。

（2）移民安置计划的深度往往做得不够，提出来的规划都还不具备可操作性。由于实施规划由地方移民部门来搞，可能到了实施阶段，许多情况都会发生变化，原先的规划就很难实施。也就是说,规划阶段同实施阶段没有很好的衔接。

(3)在移民规划的过程中,往往重移民安置中的工程设计、实施,轻移民的社会经济情况的调查、社会经济组织的建立和有系统的社会参与,这对移民安置计划的可行性,以及移民的生产生活水平改善都有不利的影响。

(4)最后一点,在整个移民工程的监测与监理工作中,从1994年10月成都移民监测与评估研讨班的情况来看,目前中国的有关主管部门已认识到这一问题的重要性,这里需要提出,监理主要是对移民计划的进度、移民工程的质量、资金使用情况进行监督、检查,而监测与评估则是对移民在搬迁后的社会经济状况进行评价。一套完整的移民监测、监理制度对移民计划的顺利实施有重要意义。

2. 交通项目

同水库项目相比,交通项目的征地影响要小得多,而且搬迁大都仍在本村完成,但并不是说交通项目征地安置没有问题。这里最主要的问题有两个:第一,各项补偿、安置的政策是否符合国家的政策和世行4.30指南的要求,保证移民收入和生活水平的恢复;第二,各项补偿安置政策是否能及时兑现。最近世行搞的交通项目移民大检查也是围绕这样的问题来开展的。在这次调查中,考察团逐级了解某一项目征地安置的标准、补偿协议的签订、补偿费用的落实和移民是否恢复原来的生活收入水平等问题。结果10个项目中,5个项目的征地安置相对满意(评为1),5个项目有问题(评为2),需要采取进一步的弥补措施。从这次检查中,反映出一些在交通项目的征地拆迁中普遍存在的一些问题,主要是:①补偿标准。项目单位大都没有就补偿标准的确定是否满足移民要求进行过调查,也没有同当地的村民们协商、征求意见。②一般都没有在预算中考虑物价上涨因素。③虽然所有项目都对征地、搬迁进行详细调查登记,但没有一个项目对项目受影响的人的社会经济情况、收入水平进行基底调查。④乡和村政府经常扣留部分补偿金额。⑤另外对补偿金的支付,项目也缺乏有效的监测。⑥一般对搬迁户给出建房搬迁的时间很短,对他们也不提供搬迁运输费用或过渡租金,即使提供租金也是非常低的。⑦在乡镇企业不发达的地区,劳力安置往往拖很长的时间。⑧几乎所有项目的征地补偿费用都比原计划大大增加,不少项目增加了2~3倍。⑨在征地过程中,一般在制定安置标准时都没有同所在的乡、村进行协商征求意见。

对这类项目单位来说,目前的征地安置程序实际上不利于他们编制好移民安置行动计划。这是由于这些征地、调查与协议、落实安置等活动都是由各级地方土地管理部门来做的,而项目单位往往不涉及,只是同所在市或县委签订了一个总的安置包干合同。所以,为了更好地做好这一工作,项目单位应该组织一个由当地土地管理部门、地方政府人员参加的征地拆迁班子。另外在编制移民安置计划过程中,应该用一套完整的分析方法,来代替机械式地套用各项政策,对每一环节,如安置标准方案的确定,都以调查研究为基础,现有法律为依据,并通过同移民和当地政府协商来取得。在实施上,考虑到每一环节,切实为移民设身处地的考虑。最后交通部门的中央主管部门,也应该参考水电系统的经验,研究如何改变目前的设计规范、程序,把移民工作的调查、准备纳入到项目的审批程序中,以便更好地同世行项目接轨。另外也有必要针对所有的征地项目建立一支指导移民安置计划编制落实的专业队伍,以提高项目在这方面的效率。

3. 城建项目

同前面这两类项目相比,城建项目在中国的移民中占了相当大的部分。对世行来说,在其贷款项目中,城建项目的移民也呈现出快速增加的趋势。但世行在中国的贷款项目中,城建项目移民的数量相对还比较少。今后随着城建、环保项目的增加,所涉及到的移民数量还会大大增加。在前一段的城建项目中,世行对这方面的移民记录还是相当满意的。这一点在对中国的非自愿移民的评价报告中都有所反映,主要是在前一段改革初期,城市拆迁安置的标准比较高,问题也比较少,一般来说,城市移民主要是搬迁,并不影响他们的就业问题,一般的做法是给拆迁户提供新的成套住宅,而他们原来的住房往往是破旧不堪的,所以对广大拆迁户来说,拆迁安置给他们提供了改善居住水平的难得的好机会。尽管距离可能要远一些,但大部分拆迁户还是很满意的。对中国国内项目单位来说,由于不熟悉进行的程序,编制移民安置计划往往要花很长的时间,特别是那些涉及几个城市的城建项目,由于没有一个统一机构来做这项工作,使得这一工作就更为困难。

为了改变这一情况,前面对交通项目提的一些建议,也同样适用于城建项目。一方面,项目单位应组织一个得力的班子,由负责拆迁、征地等相关部门的官员参加,自始至终参加整个移民安置过程,从调查拆迁人数,签订补偿协议,一直到落实安置。另一方面,也应建立一支能够对各世行项目单位的移民工作进行业务培训、指导的专业队伍,以提高移民安置水平。

近几年来,随着土地市场的发展、改革的深入,在城市征地拆迁中也出现了一些比较复杂的情况。要处理好这些情况,也不像以前那样容易了。城建项目的移民,由于所征用的土地性质不同,可分为两大类:一类是建成区的拆迁,另一类是城郊对集体所有农田的征用,而这些新的情况,在这两类征地中都有不同的存在。

在建成区的拆迁中出现的新情况有:①流动人口;②个体商业、企业;③各类企业、机关,二次征地;④劳力安置;⑤交通距离和费用。

在郊区征地中出现的新情况有:①征地费用越来越高;②劳动力安置越来越困难;③养老问题、农转非问题;④土地返还的要求。

(八)亚行介入中国移民的经历

亚行的非自愿移民政策于1995年形成。其政策的主要内容基本上是依照世行的非自愿移民政策而制定的。在此之前,亚行基本上是参照世行的移民政策。但是,由于亚行内部移民官员缺乏以及对移民政策缺乏了解,移民工作在项目准备期间并没有作为一项重要内容来做,一直到1998年以后,移民安置计划才逐渐变成亚行项目准备的一个重要组成部分。例如,根据亚行的统计资料,在1996年以前所准备的贷款项目中,只有28%涉及征地的项目编制了移民安置计划,没有一个项目的移民安置计划的摘要列入向亚行行长提交的项目建议报告中(RRP)。这一比例在1996~1998年提高到28%,有34%涉及移民的项目准备了移民安置计划。到了1998~2000年间,编制移民安置计划的项目增加到了64%,另外有67%的项目在行长建议报告中包括了移民安置计划摘要。2000年以后,几乎所有涉及移民的项目都按要求编制了移民安置计划。

根据亚行移民官员的一个粗略统计,在1994~2000年间,亚行向101个涉及征地移民的项目提供贷款,受到项目影响的人口超过100万,其中对60万人实行非自愿移民安置。大多数移民是由交通、能源和水库项目引起的。其中无论是项目数量还是移民数量，中国均占多数。这同对中国贷款项目的数量以及中国人口密度有很大关系。进入20世纪90年代后，随着建设规模的不断扩大，征地数量迅速增加，因征地失去土地的农民数量亦有所增加，与此同时，城市房屋拆迁和拆迁户数量增加迅速。以1995年征地情况为例，由于建设项目征用耕地达到241万亩，其中22%为交通项目、23%为城市项目、13%为水库和灌溉项目、27%为工业发展项目。如果按每征一亩耕地影响一位失地农民来计算，241万人受影响，大大超过20世纪80年代水平。与此同时，在城市项目中，近10年发生的建筑物拆除和迁移数量比上一个10年增加了几倍。

亚行对中国移民的介入起始于1996年，1998年以后进入正轨。在1998年后，所有亚行贷款的项目，不论是哪个行业均要求准备移民安置计划，移民安置计划的摘要列入大部分行长建议报告中。2000年开始，几乎对所有基础设施项目的PPTA（项目准备技援）都提出移民规划要求。随着对中国移民政策了解的逐步深入，亚行对RRP报告的内容的要求逐步细化，移民安置监测和检查正逐步加强；另外，亚行将继续向中国就移民政策的完善和能力的加强提供技术援助。

二、世界银行非自愿移民政策和操作指南

（一）非自愿移民政策①

（1）世界银行②（以下或简称世行）过去的经验表明，发展项目中的非自愿移民不仅没有缓解，反而常常导致了严重的经济、社会和环境风险。如：生产体系解体；人们失去生产资料或收入来源，面临贫困的威胁；人们搬迁到其生产技术可能不太适用而且资源的竞争加剧的环境中；社区团体和社会网络力量削弱；亲族被疏散；文化特性、传统权威及互助的可能性减小或丧失。因此，本政策包括说明和减少产生以上贫困风险的保障措施。

政策目标

（2）如果不精心计划并采取适当措施，非自愿移民可能会造成长期的严重困难、贫穷和对环境的破坏。因而，世界银行非自愿移民政策的整体目标如下：①探讨一切可行的项目设计方案，以尽可能避免或减少非自愿移民③。②如果移民不可避免，移民活动应作为可持续发展方案来构思和执行。应提供充分的资金，使移民能够分享项目的效益。应与移民④进行认真的协商，使他们有机会参与移民安置方案的规划和实施。③应帮助移民

---

①世界银行业务手册OP 4.12，业务政策，2001年12月。

②“世行”包括国际开发协会；“贷款”包括信贷、担保、项目准备基金（PPF）中的预付款以及赠款；“项目”包括ⓐ可调整规划贷款；ⓑ学习与创新贷款；ⓒ项目准备基金和机构发展基金（IDF）（如果项目中包括投资活动）；ⓓ全球环境基金和蒙特利尔议定书项下的赠款（世行作为实施/执行机构）；ⓔ其他捐助者提供的、由世行经管的赠款或贷款。“项目”一词不包括正在进行调整的方案。在任何需要的情况下，“借款方”还包括担保人或项目实施机构。

③在为世行援助的项目制订移民方案时，应考虑到其他相关的世行政策。这些政策包括业务政策OP 4.01《环境评估》、业务政策OP 4.04《自然栖息地》、业务政策OP 4.11《文物》，以及业务导则OD 4.20《少数民族》。

④“移民”一词指受到本项业务政策第3段中所述的任何一种条件影响的人。

努力提高生计和生活水平,至少使其真正恢复到搬迁前或项目开始前的较高水平①。

涉及的影响

(3)此项政策涉及的政治经济影响②既起因于世行援助的投资项目③,同时也是由下列因素造成的:①强制性④地征用土地⑤,导致ⓐ搬迁或丧失住所;ⓑ失去资产或获取资产的渠道;ⓒ丧失收入来源或谋生手段、无论受影响的人是否必须迁至它处。②强制性地限制利用法定公园和保护区⑥,从而对移民的生活造成不利的影响。

(4)此项政策适用于导致非自愿移民的所有项目内容,无论其资金来源如何,它还适用于造成非自愿移民的其他活动,这些活动据世行判断:①与世行援助的项目有直接且重大的关系;②对于实现项目文件中规定的目标是必要的;③与项目或计划与项目同期开展。

(5)有关本政策的应用和范围,由移民安置委员会负责解释⑦。

要求的措施

(6)为了解决本政策第(3)①段中提到的影响问题,借款方应编制一份移民安置规划或移民安置政策框架(见第(25)~(30)段),其中涵盖以下内容:①移民安置规划或移民安置政策框架采取相应措施,确保移民:ⓐ被告知自己在移民安置问题上的选择权和其他权利;ⓑ了解技术上和经济上的可行的方案,参与协商,并享有选择的机会;ⓒ按全部重置成本⑧,获得迅速有效的补偿,以抵消由项目造成的直接财产损失⑨。②如果影响包括搬迁,则移民安置规划或移民安置政策框架应采取相应措施,确保移民:ⓐ在搬迁期间获得帮助(如搬迁补贴);ⓑ获得住房或宅基地,或根据要求获得农业生产场所。农业生产场

---

①帮助处于第(3)②段所述情况下的移民提高或恢复生活水平时,应该维护公园和保护区的可持续发展。

②出现不利的间接的社会或经济影响时,对于借款方而言较好的做法是进行社会评估并采取措施尽可能减小和缓解经济和社会的不利影响,尤其是对贫困和脆弱群体的影响。其他并非因征用土地而致的环境、社会和经济影响,可以通过环境评估和其他项目报告文件予以确认并解决。

③本政策不适用于社区项目中对自然资源使用的限制,即使用资源的社区自行决定限制使用这些资源,但前提是经过符合世行要求的评估,确认社区决策过程充分完全,并且如果出现任何不利于社区中弱势成员的影响,能够制定消除这些影响的相应措施。这项政策还不包括自然灾害、战争或内乱的难民(见业务政策/世行程序 OP/BP 8.50,《紧急恢复援助》)。

④本政策中,"强制性"(或"非自愿")指未征得移民同意或未给予其选择的机会即可采取的行动。

⑤"土地"包括任何在土地上生长的或是长期附着于土地的东西,如建筑物和庄稼。本政策不适用于国家或区域一级为提高自然资源可持续性而制定的自然资源法规,例如流域管理、地下水管理、渔业管理等。本政策还不适用于土地所有权项目中私人各方的争议,但是对于借款方而言,较好的做法是开展社会评价,实施措施尽可能减少并消除不利的社会影响,尤其是对贫困和脆弱人群造成的影响。

⑥本政策中,强制性限制使用包括限制生活在公园或保护区之外的人或在项目实施期间和实施以后将继续生活在公园和保护区中的人使用的资源。如果项目包括建立新公园和保护区,丧失了居所、土地或其他财产的人属于第(3)①段所述情况之列。

⑦《移民手册》(即将出版)为工作人员提供政策执行方面的良好做法。

⑧"重置成本"是财产的估价方法,用于确定重置所损失的财产和支付交易费用所需的金额。在使用该估价方法时,不应考虑建筑和财产的折旧。对于不易估价或用现金赔偿的损失(例如,享受公共服务,获取客户和供货商;或利用渔、牧、林区),尽力使移民能够享有同等的、在文化上可接受的资源并获得收益的机会。如果本国法律不能达到全额重置成本的补偿水平,则除去本国法律所规定的赔偿外,还应采取其他必要措施,以达到重置成本的水平,此类额外援助有别于第(6)段款项中提到的移民援助。

⑨如果征用财产的剩余部分在经济上不可再用,应按照征用全部财产的标准提供补偿和援助。

所的生产潜力、位置优势及其他综合因素应至少和原场所的有利条件相当[①]。③为实现本政策目标，移民安置规划或移民安置政策框架还应在必要的时候采取相应措施，确保移民：ⓐ搬迁后，根据恢复生计和生活水平可能需要的时间，合理估算出过渡期，在此过渡期内获得帮助[②]；ⓑ除第（6）①段中提到的补偿措施外，还可获得诸如整地、信贷、培训或就业方面的发展援助。

（7）在涉及强制性地限制使用法定公园和保护区的项目中（见第（3）段），为决定限制的性质以及采取何种必要措施消减不利影响，应由移民参与项目设计和实施。在这种情况下，借款方编制一份世行认可的程序框架，说明参与过程，内容包括：①制定并实施项目的具体组成部分；②确定符合移民资格的标准；③明确相应措施，帮助移民努力改善其生活，或者至少恢复到以前的水平（按实际价值计算），同时保持公园或保护区的可持续性；④解决与移民有关的潜在冲突。

程序框架还应包括对实施和监测的具体安排。

（8）为实现本政策目标，应该特别关注移民中弱势群体的需要，尤其是那些处于贫困线以下的人、没有土地的人、老年人、妇女、儿童、少数民族[③]，或是可能不会受到国家土地补偿法规保护的人。

（9）世行的经验表明依附于土地、具有传统生产方式的少数民族的移民问题尤其复杂，移民活动可能对他们的身份特征和文化延续造成严重的不利影响。因此，世行需要弄清楚借款方是否探寻了所有可行的项目设计方案，以避免这些群体的实际迁移。如果迁移无法避免，应为这些群体制定出依土安置的战略（见第（11）段），这一战略要在协商的基础上制定，并符合他们的文化特征。

（10）为了确保必要的移民安置措施落实以前不会发生搬迁或限制使用资源、资产的情况，移民活动的实施需要和项目投资环节的实施相联系。对本政策第（3）①段提到的影响，其措施包括在搬迁之前提供补偿和搬迁所需要的帮助，并在需要时准备和提供设施齐全的移民安置场所。需要指出的是，征用土地和相关财产只有在支付补偿金，需要的话，提供安置场所和搬迁补贴之后，方可进行。对本政策第（3）②段提到的影响，其措施则应作为项目的一部分，按项目行动计划的要求来实施（见第（30）段）。

（11）对于靠土地为生的移民，应当优先考虑依土安置战略。这些战略包括将移民安置在公共土地或为安置移民而收购的私人土地上。无论什么时候提供替换土地，向移民提供土地的生产潜力、位置优势和其他综合因素至少应该等同于征收土地前的有利条件。如果移民并没有将获取土地作为优先考虑的方案，如果提供的土地将对公园或保护区的可持续性造成不利的影响[④]，或者无法按照合理的价格获取足够的土地，除土地和其他财产损失的现金补偿外，还应另行提供以就业或自谋生计机会为主的离土安置方案。如果缺乏充足的土地，应当按照世行的要求予以说明并写入文件。

---

①替换的财产应做好使用权的安排。提供替换的住宅、宅基地、商用房屋和农用场所的费用可由相应财产损失应付的全部或部分补偿金中抵消。

②此种帮助可采取的形式有短期工作、生活补贴、工资保留或类似的安排。

③见业务导则 OD 4.20《少数民族》。

④见业务政策 OP 4.04《自然栖息地》。

（12）为财产损失支付现金补偿可能适用的条件为：①依附土地为生，但是项目所征用的土地只是受损财产的一小部分[①]，剩余部分在经济上能够维持；②存在活跃的土地、住房和劳动市场，移民利用这类市场，土地和住房的供应充足；③不依附土地为生。现金补偿足以达到以当地市场的全额重置成本补偿损失的土地和其他财产的水平。

（13）对本政策第3①段提到的影响问题，世行还提出下列要求：①向移民及其社区，及接纳他们的安置社区提供及时、相关的信息，就移民安置方案与他们进行协商，并向他们提供参与规划、实施和监测移民安置的机会。为这些群体建立相应的、便利的申诉机制。②在新的移民安置地点或安置社区，提供必要的基础设施和公共服务，以便改善、恢复或保持移民和安置社区原有的设施利用程度和服务水平。提供可替代的或类似的资源，以便弥补可供使用的社区资源的损失（如渔区、牧区、燃料或草料）。③根据移民的选择建立与新环境相适应的社区组织模式。要尽可能保存移民以及安置社区现有的社会和文化体制，尊重移民关于是否愿意迁至现有社区和人群中的意见。

获取补偿的资格[②]

（14）一旦确定项目有必要进行非自愿移民，借款方需进行人口普查，确认将受到项目影响的人员、决定哪些人员有资格接受帮助，并防止无此资格的人员涌入。借款方还要按照世行的要求制订一项程序，以便确定移民获取补偿和其他帮助的资格标准。该程序包括向受影响群众和社区、地方当局以及在适当情况下向非政府组织（NGO）进行有意义协商的条款，并规定申诉机制。

（15）补偿资格标准。移民可以划分为以下3种：①对土地拥有正式的合法权利的人（包括国家法律认可的一贯的和传统的权利）；②在普查开始时对土地并不拥有正式的合法权利，但是对该幅土地或财产提出要求的人——这类要求为国家法律所认可，或通过移民安置规划中确认的过程可以得到认可[③]；③那些对他们占据的土地没有被认可的合法权利或要求的人。

（16）情况属于第（15）①和②段的人，根据第（6）段获得丧失土地的补偿和其他帮助。情况属于第（15）③段的人，可获取移民安置援助[④]以代替对他们所占据土地的补偿，以及为实现这项政策中制定的目标而提供的其他必要帮助，前提是他们对项目区域土地的占据早于借款方规定的而世行也接受的一个截止日期[⑤]。在截止日期之后侵占该区域的人无权获取赔偿或任何形式的移民安置援助。第（15）段中涉及的所有人都能获取土地以外的财产损失补偿。

移民安置规划的制定、实施和监测

（17）为实现本政策规定的目标，要根据项目类型编制使用不同的移民安置文件：

---

①作为一项通则，这适用于征用土地不足全部生产面积的20%的情况。

②第（13）～（15）段不适用于本项政策第（3）②段中谈到的影响，第（3）②段中的移民资格标准应列入程序框架（见第（7）、第（30）段）。

③这些要求会因顶风占有、持续占有政府未追回（即政府默许）的公有土地、或因传统法律和习惯用法而产生。

④移民安置援助根据相应情况包括土地、资产、现金、就业等方面的帮助。

⑤通常情况下，截止日期即是普查开始的日期。截止日期也可以是普查开始前项目地区划定的时间，前提是有关项目地区的情况在普查前已广为传播，并且能在项目地区划分以后继续系统地宣传，以防止外人涌入。

①除非另有规定，否则所有会引发非自愿移民的项目都需要编制移民安置规划或简要移民安置规划；②除非另有规定，否则第(26)～(30)段中提到的所有可能会引发非自愿移民的项目都需要编制移民安置政策框架；③根据第(3)②段，涉及限制资源、资产使用的项目需要编制程序框架(见第(31)段)。

(18)借款方负责根据本政策编制、实施并监测相应的移民安置规划、移民安置政策框架或程序框架(移民安置文件)。移民安置文件表明实现本政策目标的战略，并涉及拟议的移民安置的所有方面。世行是否参与某个项目，关键的决定因素即是借款方是否保证并有能力圆满完成移民安置工作。

(19)移民安置规划包括早期筛选、主要问题的范围界定、移民安置文件的选择以及准备移民项目或子项目所需的信息。移民安置文件的范围和详略程度依据移民的规模和复杂程度而有所不同。在准备移民项目时，借款方应征得适当的社会、技术和法律专业人士、相关的社区组织和非政府组织的协助①。借款方在较早阶段将有关项目的移民情况告知于可能的移民，并在项目设计中考虑他们的意见。

(20)为实现项目目标，需要开展的移民活动的所有费用应计入项目的总成本。移民成本或其他项目活动成本一样是针对项目的经济效益而言，移民的任何净效益(对比“无项目”的情况)都应加入项目的各项效益中。项目中的移民部分或独立的移民项目不必在经济上具有可行性，但须考虑成本效益。

(21)借款方确保项目实施计划与移民安置文件内容完全相符。

(22)作为涉及移民的项目的评估条件，借款方向世行提供与本政策相符的相关移民安置文件草案，并在移民和地方非政府组织可方便通达的地方发放，其格式、风格和语言应易于被他们所理解。世行确定该文件为项目评估提供了充分的基础之后，通过它的公共信息中心将其公开。世行批准了最终版本的移民安置文件之后，世行和借款方以同样的方式再次将其公开②。

(23)项目的法律协议中规定借款方有义务执行移民安置文件，并及时向世行报告移民实施的进展情况。

(24)借款方负责对移民安置文件中规定的活动进行充分的监测和评价。世行定期督导移民活动的实施，以确定其是否和移民安置文件内容相符。在项目结束时，借款方进行评价以确定移民安置文件中的目标是否实现。评价应考虑本底调查时的情况以及对移民实施的监测结果。如果评价表明移民目标可能尚未达到，借款方应提议世行认可的后续措施，以便世行继续其督导工作。

移民安置文件

移民安置规划

---

①对于高风险或有争议的项目，或者是涉及重大而复杂的移民活动的项目，借款方通常应该聘用由国际知名的移民专家组成的独立咨询小组，在与移民活动相关的各个方面开展咨询。会议的规模、作用和召开时间应取决于移民活动的复杂程度。如果根据业务政策 OP 4.01《环境评价》成立独立技术咨询小组，移民专家小组可以是环境专家小组成员的一部分

②详细的公开程序见世行程序 BP17.50《业务信息公开》。

(25)符合本政策的移民安置规划草案是评估第(17)①段所提到的项目的前提条件[①]。如果对整个移民群体的影响较轻[②],或者移民人数不足200人,可以同借款方议定一份简要的移民安置规划。信息公开程序见第(22)段的规定。

移民安置政策框架

(26)对于可能涉及非自愿移民的行业贷款活动,世行要求项目执行机构筛选由世行资助的子项目,并确认其是否符合本业务政策。为此,借款方在评估以前提交一份符合本政策的移民安置政策框架。如果情况允许,该政策框架还应估算移民的总人数和移民所需的总费用。

(27)对于可能涉及非自愿移民的中间金融贷款活动,世行要求金融中介(FI)筛选将由世行融资的子项目,并确认其是否符合本业务政策。为此,世行要求在评估前由借款方或金融中介向世行提供一份与本项政策相符的移民安置政策框架。另外,政策框架包括评估负责各个子项目融资的金融中介的机构能力和程序。如果根据世行的评估,金融中介融资的子项目预计没有移民,则无需提供移民安置政策框架。相反,如果子项目涉及移民,法律协议则规定金融中介有义务从可能的分贷借款人处获取一份符合本政策的移民安置规划。对于所有涉及移民的子项目,世行在同意提供资助前要评估该子项目的移民安置规划。

(28)对于其他可能涉及非自愿移民并且含有多个子项目的世行援助项目[③],世行要求借款方在项目评估前向其提交一份符合本政策的移民安置规划草案,除非由于项目或某个子项目或多个子项目的性质和设计的缘故:①子项目的影响区域无法确定;②影响区域已知,但无法确定精确的位置。在这些情况下,借款方在评估前提交一份与本政策相符的移民安置政策框架。其他不属于以上情况的子项目,要求在评估前提交一份符合本政策的移民安置规划。

(29)对于第(26)、(27)或第(28)段提到的项目,如果各子项目涉及移民,世行在同意资助子项目前要求借款方提交一份满意的移民安置规划,或与政策框架的规定相一致的简要移民安置规划,供世行审批。

(30)对于第(26)~(28)段提到的项目,世行可能会以书面的形式同意,由项目执行机构、政府负责机构或金融中介批准子项目的移民安置规划(世行可不审查该规划),但前提条件是该机构已显示出充分的机构能力,能够胜任对移民安置规划审查工作,同时确保其符合本政策。项目的法律协议中规定了该类委托以及在该机构批准的移民安置规划不符合世行政策的情况下采取的补救措施。在所有这些情况下,移民安置规划的实施都须接受世行的事后审查。

程序框架

(31)对于涉及第(3)②段所述的资源、资产使用限制的项目,借款方向世行提供一份

---

①这项要求在极其不寻常的情况(例如紧急恢复行动),经世行批准可能允许有所例外(见世行程序BP 4.12,第(8)段)。在这种情况下,作为管理层批准的条件,借款方必须制订移民安置规划的日程表和预算。

②如果受影响的人不需搬迁,且生产资料的损失不足10%,则影响视为“较轻”。

③在本段中,“子项目”包括构成项目的内容及分项内容。

符合本项政策相关规定的程序框架草案,以此作为评估的前提条件。另外,在项目实施期间和在施加限制之前,借款方编制一份世行认可的行动计划,说明为帮助移民而采取的具体措施及其执行办法。行动计划可采取为项目编制的自然资源管理计划的形式。

为借款方提供的援助

(32)为了推动本政策的目标,经借款方请求,世行可以通过提供以下援助来支持借款方和其他相关单位:①评估和加强国家、区域或部门一级的移民政策、战略、法律框架和具体计划;②提供技术援助资金,用于提高移民负责部门或受影响人更有效地参与移民行动的能力;③提供技术援助资金,用于制订移民政策、战略和具体计划,并用于移民行动的实施、监测和评价以及资助移民投资所需的费用。

(33)世行可为主体投资项目中需要移民搬迁的项目内容提供资助。世行也可为独立的移民项目提供资助,条件是该项目与另一引起移民的投资项目同时进行,并且在项目的法律文件中存在交叉的内容界定。世行即使没有为涉及移民的投资主体项目筹资,也可以为移民活动提供资金。

(34)世行不支付现金补偿和其他以现金支付的移民援助,或土地的费用(包括购买土地的补偿金)。但是,世行可以为和移民活动相关的土地改良提供资金。

(二)非自愿移民业务政策附件 A:非自愿移民安置文件①

(1)根据《非自愿移民政策》的要求,对移民安置规划、简要移民安置规划、移民安置政策框架和移民安置程序框架等文件的具体要求分别进行了描述。

移民安置规划

(2)移民安置规划的广度和深度可根据移民安置的规模与复杂程度而各不相同。该规划的制定要依据翔实可靠的基础资料。如:①拟议中的移民规模和由于移民而引起的搬迁安置对移民的影响,以及对其他社团所产生的不利影响;②与移民安置相关的各种法律条款。当任何一项内容与项目情况不相关时,要在移民安置规划中注明。

(3)项目描述。指项目的总体描述和项目区域的鉴别。

(4)潜在的影响。对下列各项进行鉴别:①导致移民的项目组成部分或项目活动;②该项目组成部分或项目活动的影响区域;③为避免或减少移民而考虑的替代方案;④在项目实施阶段为尽可能减少移民而建立的管理机制。

(5)目标。指移民安置规划的主要目标。

(6)社会经济调查。指在项目准备初期进行社会经济调查,并邀请可能受到项目影响的人参加。社会经济调查报告应包含如下内容:①人口调查结果,其中须含:影响地区当前的居住人口情况。这将作为移民安置规划设计的依据,人口调查以后迁入的人口不应享受移民的资格;移民家庭的基本特征。包括生产制度、劳力和家庭组成的描述,移民生产生活基本情况(如相关的生产水平以及正常的和非正常的经济收入)和生活水平(包括健康状况);财产的预期损失量(总量或部分),以及被迫迁移在物质或经济受影响的程度;有关业务政策 OP 4.12 第(8)段中所定义的脆弱人员或脆弱群体的信息。这些信息将

---

①世界银行业务手册 OP 4.12 – 附件 A,业务政策,2001 年 12 月。

有助于将来制定有关优惠政策;定期更新移民生产生活资料和移民生活标准资料的机制。这种机制能够使人们及时掌握移民搬迁过程中的最新动态。②针对以下内容的其他调研:土地所有制度和土地转让制度,包括调查人们赖以维持其生活和生计的共有的自然资源财产,当地认可的土地分配机制制约的以非所有权为基础的使用收益权制度(包括渔业、牧业或林地的使用),以及在项目区域内不同土地所有制度下引发的问题;受影响团体的相互社会关系,包括社会网络和社会援助体系,以及他们将如何受到项目的影响;将要受到影响的公共基础设施和社会服务机构;移民团体的社会和文化特征,包括对那些可能与移民协商、移民安置规划和实施活动相关的正式和非正式机构进行描述(如社区组织、宗教团体、非政府组织等)。

(7)法律框架。指对法律框架进行分析后得出的结论,包括:①国家征用权的范围及其补偿的类别,主要是估价方法和资金安排两方面;②适用的法律和行政管理程序,包括有哪些有利于移民的法律补救措施和通常的司法程序所需的时间,以及有哪些解决项目下移民安置争议的替代机制;③有关土地所有制度、移民的财产和损失评估、补偿以及自然资源使用权等方面的法律(包括习惯法和传统法),与移民搬迁相关的习惯私人法、环境法和社会福利法规;④与实施移民安置机构有关的法律法规;⑤世界银行的移民政策与当地涉及土地征用和移民的法律之间的差距,以及减少这种差距的机制;⑥保证移民安置有效实施所需要的一切法律步骤,包括在适当的时候认定土地合法权利的过程,如引于习惯法和传统使用权的权利要求。

(8)机构框架。指对机构框架进行分析后得出的结论,即:①确认负责移民安置的机构和可能在项目实施中起作用的非政府组织;②评价负责移民安置机构和非政府组织机构的能力;③提出加强负责实施移民安置和非政府组织机构能力的步骤。

(9)资格。指移民的定义,移民接受补偿和其他援助的资格认定标准,包括相应的截止日期。

(10)移民损失的估价和补偿。包括用于估计损失和确定重置成本的方法;依据地方法律拟定的补偿类型和标准,以及按重置成本补偿移民财产损失所必需的补充措施①。

(11)移民安置措施。包括为了帮助每一类有资格的移民,达到移民安置政策中的目标(详见业务政策 OP 4.12 第(6)段)而提出的补偿方案和其他移民措施的总汇。此外,移民安置方案除须在技术和经济上切实可行之外,还要与移民的文化特征协调一致,并且在移民安置方案的准备过程中与移民进行协商。

---

①关于土地和地面建筑的“重置成本”定义如下:对于农业用地,它是指被影响土地附近具有相等生产潜力或用途的土地在项目之前或移民之前的市场价值,以二者的较高价值计算,加上为达到被影响土地标准的整地费用和一切注册及转让税费。对于城区内的土地,它是指具有相等规模和用途,具有类似或改善的基础设施和服务,且位于被影响土地附近的土地在项目之前或移民之前的市场价值,加上一切注册及转让税费。对于房屋和其他结构,它是指建造一个地域和质量类似或胜于被影响结构的替换结构或修理部分受到影响的结构所需材料的市场成本,加上将建筑材料运输到施工现场所需的成本、人工成本及承包商费用和注册与转让税费。在确定重置成本过程中,财产的折旧和材料的残值不予考虑,也不从被影响财产的估价中扣除来源于项目的收益价值。如果本国法律达不到全额重置成本的补偿标准,将以其他措施补充本国法律规定的补偿,从而达到重置成本的标准。此种追加援助有别于在业务政策 OP 4.12《非自愿移民》第(6)段中的其他条款项下规定的移民安置措施。

（12）移民安置点的选择、安置点的准备和移民搬迁。指可供选择的移民安置点和所选择移民安置点的理由，包括：①机构的安排和技术计划的安排，以便确定移民安置地点是在城市还是农村。要综合考虑生产潜力、地理优势和其他影响因素并与原地点进行比较，还要估计土地和其他资源收购转让所需的时间；②为防止土地投机买卖和非移民涌入选定的移民安置地点所要采取的措施；③移民搬迁的程序，包括移民安置地准备的时间安排和移民搬迁的时间安排；④将土地调整和转让给移民的合法安排。

（13）房建、基础设施和社会服务机构。移民建房（或现金补偿给移民）计划、基础设施建设计划（如给水、道路支线）和社会服务计划（如学校、医疗卫生服务）[①]，为安置区居民提供相应服务的计划，以及任何必要的安置点发展、施工和建筑设计活动。

（14）环境保护及管理。移民安置区边界的确定；移民安置活动[②]的环境影响评价，对减缓及管理环境影响所采取的措施（适当的时候要与涉及移民的投资项目的环境评价工作进行协调）。

（15）社区参与。指移民和安置区居民的参与[③]，包括：①在移民安置规划设计和实施过程中征求移民和安置区居民的意见、邀请移民和安置区居民共同参与的战略安排；②在移民安置规划准备过程中归纳总结移民所关心的问题和在移民安置规划中如何考虑移民所关心的问题；③对可供选择的移民方案和移民最终作出的选择进行审查。这些选择包括：不同形式的补偿和受援方式，个体家庭的安置方式，作为社区或家族一部分的安置方式，维持现有社会团体形式的安置方式，保留文化遗产（礼拜场所、朝圣中心、公墓）使用权等[④]；④机构安排。适当的机构安排可以使移民在移民安置规划和移民实施过程中，把他们所关心的问题向项目主管部门反映，要采取措施保证诸如土著居民、少数民族、无地人口和妇女等脆弱群体的意愿得以充分体现。

（16）与安置区居民的融合。减少移民安置对移民安置区居民影响所采取的措施。①与移民安置区居民和当地政府的协商；②及时为安置区居民支付因给移民提供土地或其他财产而发生的费用；③安排解决移民和安置区居民之间可能引起的冲突；④采取措施在移民安置区加大社区服务设施（如教育、供水、医疗卫生和生产服务），使之能够同时满足移民和安置区居民的需要。

（17）申诉程序。了解掌握解决因移民安置而引起的第三方争议的程序；此种申诉机制应考虑使用现有的司法追索程序，以及社区和传统的解决争议的机制。

（18）组织机构的职责。移民安置实施机构框架，包括负责移民安置的实施机构的确定和为移民提供服务的机构的确定；要确保移民实施机构与管辖权限之间的协调一致；要加强实施机构的能力以便更好地设计和实施移民安置（包括技术援助）；在适当情况下，将基础设施和服务设施的管理移交给地方主管部门或者移民，移民实施机构的相应管理

---

①医疗保健服务的规定对安置期间和安置之后防止由于营养不良、背井离乡的心理压力以及疾病危险增加所导致的发病率和死亡率的增加可能非常重要，对孕妇、婴幼儿和老年人来说尤其如此。

②应该预测和缓解的负面影响包括：在农村移民安置方面的森林采伐、过度放牧、水土流失、公共卫生和污染；对于城市移民安置来说，项目应该解决与密度相关的问题，如：运输能力和饮用水、卫生系统和保健设施的供给情况。

③经验表明地方非政府组织经常提供宝贵的援助并保证切实可行的社区参与。

④业务政策说明 OPN 11.03《世行资助项目中的文物管理》。

权限也要一并移交。

(19)实施时间表。覆盖从移民实施计划的准备直至实施的全过程,包括实现预期目标值(即为移民和安置区居民提供实惠)的目标日期和结束各种形式援助的终止日期。实施计划应该指出移民搬迁安置与整个项目的实施有何种关系。

(20)成本和预算。逐项列举所有移民安置活动所需的成本,表格化逐项列出移民搬迁安置所需资金,包括通货膨胀、人口增长所需的补贴和其他不可预见费;移民资金支付计划;资金来源;资金及时到位的计划安排;移民实施机构权限之外的移民活动所需资金的筹措情况。

(21)监测和评价。由移民实施机构安排移民安置活动的监测工作,并由世行酌情增补独立监测人员,以保证获得完整的和客观的资料;用移民监测指标来衡量移民安置的投入、产出和成效;邀请移民参与监测的全过程;在所有移民安置及相关开发活动完成之后合理的时段内要对移民的影响进行评价;要利用移民安置监测成果指导后续的实施工作。

简要移民安置规划

(22)简要移民安置规划至少应包括以下内容①:①移民影响人口调查和所影响财产的估价;②移民补偿和其他援助形式的描述;③征求移民对可接受的替代方案的意见;④负责移民安置实施机构的职责和移民抱怨申诉程序;⑤安置活动的实施和监测;⑥时间表和预算。

移民安置政策框架

(23)移民安置政策框架的目的是阐明移民安置的原则、实施机构的安排和项目设计标准,以此指导在项目实施阶段准备的子项目工作(见业务政策 OP 4.12 第(26)~(28)段)。在取得了具体的规划资料以后,应按移民政策框架的精神编制该子项目的移民安置规划,并报世行审批(见业务政策 OP 4.12 第(29)段)。

(24)移民安置政策框架应包括以下主要内容,并应与业务政策 OP 4.12 第2和第4段中所述的规定相一致:①简述项目和项目的分项内容所需征用的土地和需要搬迁的移民,解释为何移民安置规划(见第(2)~(21)段)或简要移民安置规划(见第(22)段)未能在项目评估时准备;②准备和实施移民安置活动的原则和目标;③准备和审批移民安置规划所需的步骤;④尽可能估计搬迁的移民人数,移民的类型和移民可能搬迁的范围;⑤认定不同类型的移民资格标准;⑥法律框架要阐述借款国的法律法规与世行政策的要求是否一致和弥补二者之间差距的措施;⑦受影响财产的估价方法;⑧保护移民权益的组织程序,对于涉及私营部门中介机构的项目,该程序应描述金融中介、政府和私营开发商的责任;⑨与土建工程相关的移民活动实施步骤;⑩移民抱怨申诉机制;⑪移民投资的计划安排,包括成本估算、资金流和不可预见费的计划安排;⑫在移民安置规划的制定和实施过程中安排移民参与和征求移民意见的机制;⑬实施机构的监测计划安排,如果必要的话,还应包括独立监测机构的监测计划安排。

(25)当移民安置政策框架是作为有条件贷款而需提交的唯一文件时,作为世行资助

①如果一些丧失住所人员损失了10%以上的生产性财产或需要财产搬迁,该规划还应包括社会经济调查和收入恢复措施。

子项目的条件而提交的移民安置规划，不需要包括在政策框架中提到的以下内容：政策原则、移民权益、补偿标准、组织安排、监测和评估、移民参与的工作框架以及申诉机制。子项目的移民规划只要包括人口普查和社会经济调查的资料，具体的补偿标准，通过人口普查或调查所确定的与其他影响因素有关的政策权益，移民安置点的基本情况，移民生活标准，恢复或改善移民生产生活的计划，实施计划，以及详细的移民投资概算。

程序框架

(26)当世行资助的项目可能会限制法定的国家公园和保护区内自然资源的使用时，要准备一个程序框架。程序框架的目的是制定一个程序，使可能受到影响的社区成员能够参与项目内容的设计，参与确定实现移民安置政策目标所需的措施，以及参与相关工程的实施和监测(业务政策 OP 4.12 第7段和第31段)。

(27)具体来说，程序框架应描述进行以下活动所需的参与式程序：①项目内容的准备和实施。该框架文件应简要地描述项目、项目内容和实施活动，其可能涉及的限制使用自然资源的更新、更严格的规定，并且还应描述潜在的移民参与项目设计的程序。②确定受影响人员的资格标准。程序框架要建立起一个机制，使受影响的社团可以参与到确定不利的影响因素、了解评价不利影响因素的重要性、确定减少不利影响的标准和补偿标准等活动中来。③在维护国家公园或保护区可持续性发展的同时，采取措施帮助受影响人员，努力改善其生产生活，或者在实际意义上恢复到搬迁以前的水平。程序框架要阐述社区将确定和选择可能的缓解或补偿措施的方法与程序，以及受不利影响的社区成员在可供选择的方案中做出决定的程序。④要解决受影响社区内部或社区之间可能发生的冲突或抱怨。在受影响的社区内或社区之间可能引发资源使用限制方面的争议，该框架文件要阐述解决这类争议的程序和解决社区成员由于对资格标准、社区规划措施或实际执行情况不满意而提起申诉的程序。另外，程序框架还应该阐述与以下内容有关的计划安排。⑤行政和法律程序。文件应该审议在程序方面与有关的行政和行业部门已达成的协议(包括明确界定项目中的行政和财务责任)。⑥监测计划安排。当项目活动在项目区域内对人群产生(有利的和不利的)影响时，该框架要审查参与式项目监测活动的计划安排，目的是监测为改善或恢复移民收入和生活标准所采取的措施以及所产生的效果。

(三)非自愿移民操作指南——世行程序①

(1)制定有关移民安置活动的计划，是世行援助项目准备工作中不可缺少的组成部分。在项目鉴定期间，项目组(TT)将确定该项目可能引起的非自愿移民②在整个项目过程中，项目组要征求地区社会发展部门③和法律副行长(LEG)的意见，必要时还要咨询移民安置委员会的意见。

(2)如果拟议中的项目可能涉及非自愿移民，项目组要将本节二(一)业务政策 OP 4.12《非自愿移民》和本部分世行程序 BP 4.12《非自愿移民》的有关规定告知借款方。

---

①世界银行业务手册 BP 4.12，世行程序，2001 年 12 月。

②见业务政策 OP 4.12《非自愿移民》。

③地区负责移民安置问题的单位或部门。

项目组和借款方的工作人员要进行以下工作:①评估可能导致的移民的种类和规模②研究所有可行的项目设计方案,尽可能避免或是减少移民[①];③评估有关移民安置的法律框架,以及政府和移民实施机构的有关政策(以便发现这些政策和世行政策之间的差异);④了解以前的借款方和实施机构在类似项目中的经验;⑤同负责实施移民安置的机构讨论移民政策和移民安置中的机构、法律和协商等方面的安排,包括当政府或实施机构的政策与世行政策不一致时的解决办法;⑥讨论将提供给借款方的技术援助(见业务政策 OP 4.12 第32 段)。

(3)项目组在审查了有关移民问题的基础情况后,要会同地区社会发展部门和法律部门核定该项目中移民工作所应采取的方式(移民安置规划、简要移民安置规划、移民安置政策框架或者程序框架),并对移民工作的深度和广度要求达成一致意见。项目组要将以上决定告知借款方,同借款方讨论编制相应的移民安置文件所要采取的行动[②],议定准备该移民文件的时间表,同时监测进展情况。

(4)项目组要把有关移民的种类、规模和移民工作将要采用的方式等方面的信息,纳入项目概念文件(PCD)和项目信息文件(PID)中去,并根据项目进展情况定期更新项目信息文件。

(5)对于涉及业务政策 OP 4.12 第3(1)段内容的项目,项目组要在项目准备阶段进行以下工作:①评价项目设计的可选方案和替代方案,以便尽量避免和减少非自愿移民;②评价移民安置规划或移民安置政策框架的准备情况,看其是否充分体现了业务政策 OP 4.12 的政策要求,包括受影响群体的参与,采纳受影响群体意见的程度;③评价有关移民资格、移民补偿和其他受援形式的标准;④评价移民安置措施的可行性,包括提供必要的安置地点、保证移民安置活动所需资金、逐年提供配套资金、法律框架、移民实施和监测计划安排等;⑤如果项目所影响的移民生产生活依赖于土地,而移民又倾向于土地安置,在项目无法为移民安置提供足够的土地的情况下,要评价土地匮乏的原因(业务政策OP 4.12第11 段)。

(6)对于涉及业务政策 OP 4.12 第3(2)段内容的项目,项目组要在项目准备阶段着手以下工作:①评价项目设计的可选方案和替代方案,以便尽量避免和减少非自愿移民;②评价移民程序框架的准备情况,看其是否充分体现了业务政策 OP 4.12 的政策要求,包括移民参与情况、移民资格评定的标准、资金筹措、法律框架、移民活动的实施和检查的工作安排。

(7)项目组可以请求约见移民安置委员会,以便在下述方面得到认可或指导:①由项目组提议的项目移民工作方式;②澄清本政策的适用性和适用范围。移民安置委员会主席由负责移民工作的副行长担任,委员会成员包括 1 名社会发展局局长、1 名法律部门

---

①世行希望确认借款方是否探寻了所有其他可行的项目设计方案以避免非自愿移民,如果无法避免这类移民安置,则尽可能减小移民安置的规模和影响(例如,道路调整或降低大坝高度可能会减少移民安置需要)。这种替代设计方案应该与世行的其他政策一致。

②这种行动可能包括下列实例:制定相关程序,以确定移民安置援助资格;开展社会经济调查和法律分析;进行公众协商;确定移民安置地址;评估改善或恢复生计和生活水平的几种选择方案;或者,如果项目存在极大风险,或争议很大,聘请独立的国际知名的移民安置专家。

(LEG)代表、2 名业务部门代表,其中 1 位来自于拟议项目的归口行业部门。移民委员会的工作在本政策和其他文件指导下进行,其中包括《移民读物》(即将出版),用于定期登载良好范例。

评估

(8)根据业务政策 OP 4.12 的要求,借款方需向世行提交移民安置规划、移民安置政策框架或移民程序框架报告,作为项目评估的条件之一(见业务政策 OP 4.12 第(17)~(31)段)。在极为特别的情况下(如紧急援助恢复项目),项目评估可在移民安置文件完成以前进行,但需由执行副行长与移民安置委员会协商后予以特批。在这种情况下,项目组要与借款方就有关移民报告的准备和提交时间表达成一致意见,报告的种类和内容要符合业务政策 OP 4.12 的政策要求。

(9)一旦借款方将草拟的移民安置文件正式提交给世行之后,世行工作人员,包括地区移民安置专家和律师要对其进行审查,确定该报告是否为项目评估提供了翔实的基础资料,同时将有关结论通知地区管理部门。一旦国家局局长批准进行评估,项目组要将草拟的移民安置文件送到世行的公共信息中心①。项目组根据该报告编制英文执行摘要报告,送交董事会秘书处,并且要附上转报说明,确认该报告及其摘要报告在评估过程中可能会发生变动。

(10)在项目评估过程中,项目组要评价以下内容:①借款方对实施移民安置文件中的内容所作的承诺和具体实施的能力;②为改善或恢复移民生产生活所采取的措施是否可行;③移民安置活动配套资金到位情况;④因未能充分实施移民安置文件的内容而可能导致的重大的风险,包括移民次生贫困化的风险;⑤移民安置文件与项目实施规划是否一致;⑥是否充分安排了内部监测机制,以检查移民安置文件的落实情况。如果项目组认为合适的话,还应安排独立的外部监测评估机制②;如果在评估阶段对移民安置文件草案进行了修改,项目组要报告地区社会发展部门和法律部门(LEG),对这种变动进行认可。只有在借款方根据世行的政策要求(业务政策 OP 4.12),向世行正式提交移民安置文件草案的终稿之后,评估程序才告结束。

(11)在项目评估文件(PAD)中,项目组要描述移民安置事宜,移民工作方式和将要采取的措施,借款方对于实施拟议的移民安置方案所作的承诺和在组织机构和筹措移民资金方面的能力。项目组还要在项目评估文件中反映移民安置措施的可行性和移民安置实施中可能会出现的风险。在项目评估文件的附件中,项目组要归纳总结移民安置有关事宜,特别要介绍受影响的人口、移民安置措施、组织机构安排、安置进度、移民概算等本底信息,包括配套资金筹措和及时到位情况,以及安置措施落实情况的监测指标。项目评估文件的附件要显示移民安置所需全部成本,作为项目成本的一个重要部分。

(12)贷款协议中的项目描述章节要对移民安置部分的内容或子项目中移民安置的

①信息披露程序详见世行程序 BP17.50《业务信息公开》。

②对于涉及业务政策 OP 4.12 第(3)②段内容的项目,对上述②、④小点的评价待行动计划提交世行时进行(见第(15)段)。

内容进行说明。法律文件确定了借款方实施相关移民安置文件的义务和不断将项目进展情况通报世界银行的责任①。在项目谈判时,借款方和世行就移民安置规划、移民安置政策框架或移民程序框架取得一致意见。在向董事会提交项目之前,项目组要确认借款方的负责机构和实施机构已对相关的移民安置文件作出了最终批复。

监督检查

(13)地区副行长应认识到经常严密地检查移民实施情况对取得好的移民安置成绩的重要性,并与相关国家局局长合作,确保采取适当的措施,对涉及非自愿移民的项目进行有效的监督检查②。为此,国家局局长要划拨专款,对移民安置实施情况进行充分的监督检查。要考虑移民安置项目内容或子项目内容的规模和复杂性,考虑邀请有关的社会、财务、法律和技术方面的专家参与监督检查。监督工作应以《移民安置监督检查的地区行动计划》为准绳③。

(14)在项目实施过程中,项目经理要监督检查移民安置实施情况,保证必要的社会、财务、法律和技术方面的专家参加项目检查。要重点监督检查项目的实施和移民安置实施工作是否按法律文件执行,包括项目实施规划和移民安置文件。如果检查情况与原定协议出现偏差,项目组要同借款方讨论,并上报地区管理部门,以便予以纠正。项目组要定期审查项目内部监测报告,在适当的时候还应审查外部独立监测报告,以确保内外监测所发现的问题和建议在项目实施中得到了吸收和采纳。为了及时处理移民安置实施中可能出现的问题,项目组要在项目实施的早期阶段对移民安置计划的制定和实施进行审查,在此基础上,同借款方展开讨论,在必要时可修改相关的移民安置文件,以实现本政策的目标。

(15)对涉及业务政策 OP 4.12 第(3)②段内容的项目,项目组要评价行动计划中所采取措施的可行性,以便帮助移民改善生产生活(至少恢复到高于项目前或移民前的生产生活水平,以较高水平为标准),同时要注意自然资源的可持续性。项目组将评价结果上报地区管理部门、地区社会发展部门和法律部门。项目经理应将该行动计划送交公共信息中心。

(16)在移民安置文件中描述的所有移民安置措施完全落实之前,项目不能视为结束——世界银行还要继续对移民实施进行监督检查。项目结束之后,项目完工报告(ICR)④要评价移民安置所取得的成绩是否满足了移民安置文件的要求,总结移民实施工作的经验教训以便将来的项目借鉴,并参照业务政策 OP 4.12 第(24)段的精神归纳总结借款方评估的成果⑤。如果总结评估显示移民安置文件的目标没有实现,项目完工报告要评价移民安置措施是否得当,并可提出后续行动方案,包括在合适的情况下由世行继续

①如果该报告是移民安置政策框架,借款方的责任还包括为每一个将产生移民的子项目编制符合政策框架精神的移民安置规划,提交世行批准后方可实施该子项目。

②见业务政策 OP 13.05 和世行程序 BP 13.05《项目检查》。

③该计划由地区社会发展部门会同项目组和法律部门制定。

④见业务政策 OP 13.55 和世行程序 BP 13.55《项目完工报告》。

⑤项目完工报告评估移民安置目标实现的程度,通常以项目结束时对受影响群体进行的社会经济调查为依据。该评估还应考虑移民的规模,以及项目对移民、接纳移民的社区的生活造成的影响。

进行监督检查工作。

国家援助战略

(17)如果借款国有一系列涉及移民的项目,世行与该国政府和行业之间的对话应该包括与移民有关的政策、组织机构、法律框架等事宜。世行工作人员应当将以上事宜反映到国别经济调研和国家援助战略中去。

三、亚洲开发银行非自愿移民政策和移民操作指南

(一)非自愿移民政策①

介绍

(1)非自愿移民政策为失去土地和转移的人提供了有效的机会,以使他们从发展中受益。该政策处理因亚洲开发银行项目和项目组成部分而导致的发展成员国家(DMCs)②人民失去土地、资源、生活资料或者社会支持系统的问题。非自愿移民政策适用于亚洲开发银行在发展成员国家开展的所有运作。非自愿移民政策和减轻贫困战略以及长期战略框架共同构成亚洲开发银行的关键保障政策③。

定义

(2)非自愿移民处理永久性或暂时性的社会和经济影响,这些影响是由于①征用土地和其他固定资产;②土地使用的改变;③由于亚洲开发银行运作而强加的土地限制。“受影响的人”是指经历这种影响的人。

政策

(3)非自愿移民政策的目标是:①只要可行,避免非自愿移民;②如果人口转移不可避免,则通过选择其他可行的项目将移民降到最低;③如果非自愿移民不可避免,要确保受影响的人得到援助,最好是在项目中,这样可以至少让他们跟没有该项目的情况下生活得一样好。如果非自愿移民不可避免,该政策是将所有损失后果包括进项目预算。该政策将非自愿移民视作发展机遇,使规划者能够控制贫困风险,把失地或转移的人,特别是那些可能会受到移民损失严重影响的贫困和弱势人群,变为项目受益人。

政策范围

(4)非自愿移民政策的3个重要基本元素是:①替换损失的财产、生计和收入的补偿;②对重新安置的援助,包括提供重新安置地点以及适当的设施和服务;③恢复到至少和没有开展项目时一样的小康水平的援助④。一部分或所有这些要素会在涉及非自愿移

---

①操作手册 F2/BP,银行政策,亚洲开发银行2003年10月29日发行。

②亚洲开发银行项目包括:一是公共领域项目贷款、打捆项目贷款、领域贷款、领域发展打捆项目贷款、金融中介贷款、私人领域贷款或股权投资以及资助某些项目或子项目的担保;二是所有项目组成部分,不论其资金来源(见操作手册 F2/OP 操作程序部分,第(2)段)。

③其他保障政策处理环境(操作手册 F1 部分)和本土人口(操作手册 F3 部分)问题。

④恢复措施包括恢复使用公共设施、基础设施和服务,以及文化财产和共同产权资源。文化场所、公共服务、水资源、牧场或森林资源的使用损失减轻措施包括建立对相当的、文化上可接受的资源的使用和创造获得收入的机会。这类措施必须通过征求受影响人的意见来决定,他们的权利可能在本国法令中没有得到形式上的认可。在人们受到失去财产、收入和工作严重影响的地方,仅对损失的财产进行补偿可能不足以恢复他们的经济和社会基础。这些人将享有恢复援助措施以恢复收入和生活水平。见操作手册 F2/OP,非自愿移民权利部分。

民的项目中提出。对于任何要求非自愿移民的亚洲开发银行运作项目，移民计划是项目设计的一个主要部分，要从项目周期的最初阶段着手处理，同时考虑以下基本原则：

一是只要可行，应避免非自愿移民。

二是如果人口转移不可避免，应提供可行的生计选择，将转移减到最小。

三是替换损失。如果个人或社区必须损失全部或部分土地、生活资料或社会支持体系才可能进行某个项目，他们会通过以现金或类似方式替换土地、房屋、基础设施、资源、收入来源和服务得到补偿和援助，使他们的经济和社会环境至少恢复到项目前的水平①。所有补偿基于替换成本原则②。

四是每一次非自愿移民视作开发项目或打捆项目的一部分执行③。项目准备期间，亚洲开发银行和执行机构或项目主办方为受影响的人评估分享项目受益的机会。需要向受影响的人提供足够的资源和机会，使他们尽快重建家园和与土建工程相协调的有时限的行动。

五是受影响的人要充分知情，并密切征求他们的意见。在补偿或移民选择权方面要征求受影响的人的意见，包括重新安置地点和社会经济条件的恢复。相关的移民信息在关键点要向受影响的人公开，提供明确的机会，让他们参与到选择、计划和实施选择权当中来。要建立受影响的人的不满补偿机制。如果受到不利影响的人是特殊的弱势群体，移民计划决策执行前会有一个社会准备阶段，以提高他们对谈判、计划和实施的参与。

六是社会和文化机构。受影响的人的社会组织机构及其相关主办人要受到保护和支持。要帮助受影响的人在经济上和社会上与安置区进行整合，这样对安置区的不利影响会减到最小，促进社会和谐。

七是无正式所有权。本土人群、少数民族、畜牧者、没有正式的法律权利却索要土地的人和其他那些对受影响的土地或其他资源有使用权或习俗权的人，通常对他们的土地没有正式的法律所有权。对土地没有正式的法律所有权不会妨碍亚洲开发银行的政策权限。

八是确认。受影响的人应尽早通过人口记录或人口调查被确认和记录，以便建立他们符合条件的资格，作为资格截止日期，最好是在项目确认阶段，这样可以防止以后有侵入者或那些妄图占取便宜的人流入④。

九是最贫困的人。要特别注意最贫困的受影响的人⑤和处于高度贫化风险的弱势群

---

①如果被占用财产的剩余在经济上无法维持，就要对全部财产提供补偿和其他援助。在这种情况下，受影响的人有权选择保留他们的财产。如果土地不是受影响的人的首选，或者没有相似质量和数量的土地，则会使用非土地选择。

②替换成本是指以市场价值或其最近的等价物估价财产替换损失，加上任何交易费用如管理费、税费、注册费和契税。如果国家法律达不到这一标准，替换成本将作为必要的补充。替换成本基于项目启动或征用前的市场价值，两者取其较高值。如果缺乏有效的市场机制，则必须有一个补偿构架，使受影响人的生计恢复到至少相当于征地、转移或限制使用时的水平。

③亚洲开发银行会把移民视作主要投资的一部分，或是独立的移民项目，其准备、出资和实施与主要投资有关。

④在项目周期中应尽快建立资格截止日期。见操作手册 F2/OP 操作程序部分，第(5)段注释。

⑤在每个案例中，移民计划文件会在适当的时候使用相关发展成员国家的贫困合作协议或其他亚洲开发银行文件中定义的贫困线定义最贫困的人和弱势群体。其他文件也会提供项目区域的贫困信息。移民计划文件包括全部和简略的移民计划和移民框架，见操作手册 F2/OP 移民计划文件部分。

体的需要。这会包括那些对土地或财产没有法律所有权的人、女性主持的家庭、老人或残疾人以及其他弱势群体,特别是本土人口①。必须给予他们适当的援助,以帮助他们改善社会经济状况。

十是全部移民费用要包括在项目费用和受益当中。这包括补偿、重新安置和恢复、社会准备和生计规划费用以及没有项目情况下的增量利润(这部分包括在项目费用和受益当中)。预算也包括计划、管理、监督、监测与评估费用、土地税、土地费以及实物和价格或有关费用。如果贷款包括子项目、组成部分或只有项目批准后才能准备的投资以及可能引起非自愿移民的金融中介贷款,贷款批准前必须为移民划拨充足的额外补助。同样,移民计划也应反映移民规划和实施的时限。

十一是符合条件的②补偿费用。如有要求,重新安置和恢复会被认为包括在亚洲开发银行对项目的贷款资助内,确保所需资源的及时性,并确保在实施过程中遵守非自愿移民程序。

亚洲开发银行对借款人的援助

(5)亚洲开发银行对要求有重要③非自愿移民项目的支持包括通过赠款或贷款资助向执行代理和其他项目主办方提供援助,在他们自己的法律、政策、行政管理和制度框架内采纳和实施以上亚洲开发银行非自愿移民政策的基本原则。同样,亚洲开发银行也会提供援助,培养执行代理和其他项目主办方的能力,使议定的移民计划文件得到有效的准备和实施,提高发展成员国家处理非自愿移民的标准和能力,发展一致的领域标准。

(6)对于所有关系到非自愿移民的公共和私人领域项目,执行代理和其他项目主办方在第一次管理层会审或私人领域信贷委员会会议之前,准备并递交亚洲开发银行一份移民计划文件草稿④和针对第4段提出的原则问题有时限的行动和预算。移民计划文件草稿的摘要必须包括在行长建议报告(RRP)中。令人满意的移民计划/框架必须由执行代理或项目主办方递交亚洲开发银行,最好是与项目可行性研究一起递交,但无论如何必须在项目评估之前。移民计划要在整个项目实施当中进行审查,从一开始就计划审查,让政府或项目主办方和亚洲开发银行在项目实施过程中进行必要的调整,以处理非自愿移民政策原则问题。由于完全恢复会在时间上延长,项目完成时,有时甚至是在项目设备投入运行之后会要求有非自愿移民报告。

(二)非自愿移民操作程序⑤

(1)非自愿移民政策的应用有助于避免受项目影响的人当中出现贫化现象,有助于高效的项目实施,减少争论和费用昂贵的拖延。

---

①当确认有重要本土人口或少数民族问题时,如操作手册F3部分定义,要特别注意探索可行的替换选择设计,以减少或消除这类影响。除移民计划外,还要求有一份本土人口发展计划。如果本土人口问题经裁定不是很重要,移民计划中具体的“本土人口行动”足以达到本土人口政策目标(见亚洲开发银行操作手册F3部分。)

②符合贷款资助条件的非自愿移民费用包括如收入恢复、重新安置、场所开发、社会准备、监测和评估。

③如果有200人以上受到主要影响,移民即被认为是“重要的”。主要影响定义为受影响的人在物质上从房屋转移或他们的生产性的、产生收入的财产有10%以上遭受损失。见操作手册F2/OP,操作程序,第(19)段。

④亚洲开发银行满意的移民计划文件必须由政府或私人领域项目的项目主办方递交到亚洲开发银行,最好与项目可行性研究一同递交,但无论如何要在项目评估之前。

⑤操作手册F2/OP,操作程序,亚洲开发银行2003年10月29日发行。

范围和应用

(2)该政策适用于所有亚洲开发银行项目①和项目组成部分②,无论其资金是否来自亚洲开发银行、其他融资方或政府。它也涵盖亚洲开发银行运作预期③开展的行动。

(3)在项目早期筛选非自愿移民的影响,避免或减少这种影响和采取适当的谨慎措施。只要筛选程序确认可能有非自愿移民,该政策要求通过审查其他可行的项目选择设计和地点选择,努力避免或减少这种影响。审查可以对风险、选择方案和折中方案进行评估,为发展机会打开道路,让早期的利益相关者参与进来,包括受影响的人④和他们的代表、当地政府、民间社团和其他人。

(4)符合政策条件的受影响的人要尽早确认并记录。要确定那些要求特殊援助的人,如穷人和弱势群体,包括那些对土地没有法律所有权的人,计划具体的措施减轻困难,帮助他们改善生计。在整个阶段,移民确认、计划和管理要确保考虑到性别因素,包括特定性别的意见征求和信息披露。这包括要特别注意保证妇女的财产、产权和土地使用权利,并要确保恢复她们的收入和生活水平。

(5)为防止利用项目赋予的权利对土地价值进行投机的无资格的非居民的流入,对有资格的人,移民计划会包括在透明、自愿的基础上处理损失的安排,并有适当的保障⑤。

(6)如果非自愿移民不可避免,政策要求有令人满意的移民计划文件⑥。亚洲开发银行告知执行代理或其他项目主办方关于非自愿移民政策和相关操作手册的要求。从项目早期开始,亚洲开发银行为非自愿移民评估政府政策、经验、组织机构和法律框架处理任何与政策相矛盾的问题。

(7)计划和实施非自愿移民的责任在于执行代理或其他项目主办方。在必要的时候,为遵守非自愿移民政策,亚洲开发银行为执行代理或其他项目主办方提供支持:①制定和实施移民政策、战略和计划;②提供技术援助,以加强负责非自愿移民的代理机构的能力;③如有要求,通过贷款对符合条件的移民费用进行资助。

(8)构成移民计划文件基础的社会和经济信息水平从确认到可行性阶段逐渐变得具

---

①见操作手册 F2/BP,银行政策,注释 50。

②“项目组成部分”不包含不在执行代理和项目主办方影响之下的相关设备。必须要有适当的谨慎措施,以确定受影响的人和相关的亚洲开发银行的风险水平。

③亚洲开发银行开展移民适当谨慎措施,确定是否有任何未解决的关于移民的不满情绪会损害投资项目。在项目准备技术援助(PPTA)情况调查时,项目小组使用最初贫困和社会评估移民筛选清单来确定是否在项目场地已经有任何征地或场地清理情况。如果没有进行 PPTA,项目小组执行移民谨慎措施,把发现的情况包括在行长报告和建议中,提交 MRM。如果在项目预期阶段有任何征地或场地清理发生,亚洲开发银行要求并帮助执行代理或项目主办方制定和实施一项改进移民计划,以符合亚洲开发银行非自愿移民政策的要求。

④见操作手册 F2/BP 第(2)段和注释,“受影响的人”的定义。

⑤对于直接使社区受益,并有社区参与决策制定和管理的项目,如小规模的健康、教育、供水或交通设施,社区决策制定程序要建立保障措施,处理发生的任何损失。这种保障措施包括:(i)在场地选择方面要与业主和不具所有权的受影响的人充分协商;(ii)确保自愿捐赠不会严重影响受影响人的生活水平,并且使它与受影响人的利益有直接联系,以社区认可的方式替换损失,这种损失要经过受影响的人口头或书面形式同意;(iii)任何自愿捐赠应通过口头或书面记录确认,并由独立的第三方例如指定的非政府组织或法律权威进行核实;(iv)有足够的不满意见补偿机制。所有这些安排要在移民框架内说明,在第一次管理层会审或私人领域信贷委员会会议之前准备好并订立契约。

⑥移民计划文件部分说明对移民计划文件的要求。

体，一般在详细的技术设计之后就会十分充分。亚洲开发银行审查移民计划文件，以确保其符合亚洲开发银行的要求，并监督其实施。

政策规定的资格

(9)受影响的人对土地缺少正式的法律所有权不会妨碍亚洲开发银行政策赋予他们权利。根据有关发展成员国家的适用法律框架，有些受影响的人不具有得到失地损失补偿的权利；为了援助这些受影响的人，有资格的受影响人根据对土地的所有权分为3组，每一组将被赋予下面非自愿移民权利部分说明的不同的权利。

一是具有所有权。这些人对土地具有正式的法律权利，包括国家法律认可的习俗和传统权利。

二是可以法律上认可。是指那些在进行受影响人口登记时，对土地没有正式法律权利，但是可以依据发展成员国家法律①要求对这些土地的权利的人。

三是不具有所有权。那些对他们占有的土地没有公认的权利或要求的人。

(10)搬入项目地点的人或在资格截止日期后建造的财产无权要求补偿或其他援助。

非自愿移民权利

(11)如果土地和财产遭受损失，具有所有权②和可以法律上认可的受影响的人有权得到补偿，以现金的形式替换费用或替换土地，并有权利得到其他援助，至少恢复他们的经济和社会基础。而不具有所有权的受影响人，包括转移的租户、佃农和擅自占地者，有权得到各种移民援助，条件是他们在资格截止日期前耕种或占用了土地。对于不具有所有权的受影响人的移民援助可能也包括替换土地，虽然这些受影响的人没有这种权利。一套移民措施包括依据受影响人的损失，确保他们能够找到别的地点或收入来源。如果政府对土地的补偿不足以恢复受影响人的经济和社会基础，就要求有社会上其他合适的措施。政策倾向是把脱离农业环境的人整合到相似的环境。基于土地的策略包括提供替换土地，确保所有权得到更大的保障，提高没有正式土地使用权的人的生计。如果没有合适的替换土地，要制定其他策略，创造重新培训、技术开发、有报酬的就业或个体经营的机会，包括给予贷款。这对于本土人口尤其重要，因为他们融入主流社会的程度有限。

(12)对于非土地财产，所有有资格的受影响人，无论具有所有权、可以法律认可或不具有所有权，都需要通过现金或替换财产进行替换费用补偿。这些受影响人中包括受项目影响的建筑物的租户，他们应当得到援助，寻找相当于项目之前居住水平的可替换的租住房产。

(13)所有有资格的受影响人，包括租户和受影响的企业雇员，由于项目的影响面临失去工作、收入或生计，有权得到一次性资金援助以支付搬迁以及经济和社会恢复的损失。这些权利包括：①重新安置和转移费用；②传统收入的援助和生计支持；③对农作物和商业损失的赔偿；④重建农业或商业生产；⑤收入恢复援助；⑥恢复社会服务、社会资

①这种要求可能来自实效权的认知，来自反占有，来自持续占有公共土地而没有收回，通过政府土地所有权认可程序，或来自习惯或传统使用方式确认其实效权。

②如果具有土地所有权的受影响人从他们合法所有的土地入侵到不归他们所有的土地，他们只会得到对合法占有的地块和合法财产的补偿。

本、社区产权和资源的援助。

(14)对这种权利的需要和权利的重要程度以及恢复给养的递交日程将通过最初贫困和社会分析决定,在移民计划中详细说明。在每一个发展成员国家,这些权利的建立通常要依据适用的政策和法律以及亚洲开发银行非自愿移民政策标准,征求受影响人的意见。

(15)作为补偿条件要求的社区和公共资源损失包括:①共同产权资源,包括水体、森林、林地、草原和社区娱乐和文化场所;②公共建筑如市场、健康和教育设施、供水和清洗场所以及会所;③基础设施如道路、桥梁和其他交通线路,电力设施,通信线路,以及供水卫生和排水设施。

(16)改善贫困和弱势人群状况的措施应集中在避免进一步贫化和创造新的收入机会的策略上。这些措施是:①减少就业机会障碍,如项目工作;②改善对基本服务的使用和提供,包括项目可以提供的那些基本服务;③通过良好的管理方法、切实的参与过程和有效的组织授予人权利;④通过财产建立策略,如发展赠款、土地换土地、替换最低标准的住房和增加对占有权的保障①。

(17)干预措施的设计要有受影响人的参与并征求他们的意见,包括贫困和弱势群体,以确保顾及到他们的需要、优先权和喜好。这种参与和意见咨询要以透明的方式开展。

非自愿移民确认和分类

非自愿移民筛选

(18)依据可能的非自愿移民影响的重要性,对项目进行非自愿移民分类。

非自愿移民A类:重要

(19)“重要”是指200人以上会受到主要影响,定义为身体从住处转移或失去10%以上有生产价值的财产(产生收入)。A类项目要求有完整的移民计划,有些这样的项目会在完整的移民计划之前要求有移民框架。

非自愿移民B类:不很重要

(20)B类项目包括的非自愿移民影响被认为不是很重要,要求一个简短的移民计划。有些这样的项目会在简短的移民计划之前要求有移民框架。

非自愿移民C类

(21)C类项目没有预见到非自愿移民的影响。它们既不需要移民计划,也不需要移民框架。

(22)非自愿移民的筛选要在项目周期尽早开展,如果可行,在项目概念阶段,不要晚于项目或打捆项目准备技术协助,项目准备记录事实调查或采取适当的谨慎措施的时候。一个项目的非自愿移民分类由它对移民最敏感的组成部分的分类来决定。筛选和分类由运作部门开始,然后由首席合格审查官员(CCO)确认。这要作为一个指导,基于可用的数据,确定随后的方法和资源要求,处理项目进行当中的非自愿移民问题。分类是一个进

①见亚洲开发银行移民手册:好的实践指导. 1998. 马尼拉;亚洲开发银行贫困和社会分析手册,附件6.2. 2001. 马尼拉。

行当中的过程,随着更多的详细信息的取得和项目的进行,非自愿移民分类经过首席合格审查官员的批准可以随时改变。但是,如果在项目准备早期就有所怀疑,则必须准备移民计划文件。

最初贫困和社会评估①

(23)所有开发项目都要求最初贫困和社会评估(IPSA)并应在项目周期尽早开展,最好是在对 PPTA 或其他项目准备研究进行事实调查或采取适当的谨慎措施的时候,这样移民计划所需的适当措施和充足的资源能被包括进可行性研究的调查范围。根据这一阶段项目概念的坚实程度,最初贫困和社会评估也会使用非自愿移民检查清单确定可能受非自愿移民影响的人员、家庭和社区。如果最初贫困和社会评估表明非自愿移民很有可能发生,则要求有移民计划,最好和可行性研究准备一起进行。最初贫困和社会评估也会确定将要参与到移民计划和管理的机构,评估它们的能力。

(24)基于这一阶段项目概念的坚实程度,最初贫困和社会评估能够帮助确定项目场所和架构所必需的资源与步骤。如有可能,它能确定满足非自愿移民计划需要的任何征地、土地变化或限制的数量。最初贫困和社会评估标志着移民计划的必要和充分条件,是准备移民计划所需的预算和资源的保证基础。

移民计划文件

(25)计划文件根据非自愿移民影响的重要性和时间制定,细节内容和水平根据环境而变化,但是,它们必须包含以下基本要素,每一份文件包括一个执行摘要②。

完整移民计划

(26)一份完整的移民计划包括非自愿移民目的和策略的说明:组织责任;社区参与和披露安排;社会经济调查发现和社会、性别分析;法律框架,包括资格标准和权利矩阵;解决矛盾和申诉程序的机制;确定可代替的场所和选择;损失财产的盘点、估价和补偿;土地所有权、占用权、征收和转移;培训、就业和贷款;庇护所、基础设施和社会服务;环境保护和管理;监测和评估;详细的费用估算和预算提供;实施日程,显示各种活动如何与有时限行动安排时间,与土建工程相协调。

简短的移民计划

27. 简短的移民计划包含的内容与相关的完整移民计划一样,但不那么详细。简短移民计划必须确保做了足够的补偿、恢复和重新安置计划和预算。

移民框架

(28)对于亚洲开发银行产权投资、贷款或担保的,包括通过金融中介的投资、子项目或项目组成部分,在评估前还没有选定或准备,并且涉及到非自愿移民,在第一次管理层审查会(MRM)或私人领域贷款委员会会议(PSCCM)之前必须递交移民框架,除非他们不会产生移民影响(见下面(37)~(43)段)。移民框架提出较大的范围,以及为准备今后的子项目、项目组成部分或投资所需的政策、程序和能力培养要求。

(29)移民框架提出移民政策、筛选和计划程序,这些将应用于贷款实施中准备和批

---

①最初贫困和社会评估(IPSA)代替最初社会评估(ISA)。见操作手册 C3 对 IPSA 的描述。

②见移民手册:好的实践指导(注释 10),为准备移民计划提供指导。

准的子项目、项目组成部分或投资,确保他们遵守亚洲开发银行非自愿移民政策。移民框架包含贷款子项目实施中,根据非自愿移民影响的重要性,准备完整或简短移民计划的安排。移民框架包括:贷款或投资描述,可能的范围、广度和移民影响的重要性;预选投资或组成部分的筛选程序;移民政策原则和资格标准与政策一致并涵盖贷款项目下所有投资、子项目和组成部分;移民权利;移民设计标准;准备、批准、实施、监测和评估完整或简短移民计划的行政管理、资源和资金安排。它也提出了加强相关执行代理、项目主办方或金融中介能力的规定,必要时处理移民问题。移民框架可以单独出现,或者附上第一次管理层审查会或私人领域贷款委员会会议之前准备的为已知场所、投资或核心子项目所作的移民计划。

一致性要求

(30)管理层审查会(MRM)或私人领域贷款委员会会议(PSCCM)。基于可行性研究或进一步发展的设计,这部分提出了一份令人满意的移民计划文件的一致性标准,它必须反映在行长报告和建议(RRP)中,在第一次管理层审查会或私人领域贷款委员会会议呈递。基于执行代理或项目主办方的移民计划或框架草稿准备一份移民计划和(或)框架摘要,与第一次管理层审查会或私人领域贷款委员会会议之前递交到管理层的行长建议报告一起传阅。非自愿移民成为保障政策一致性(SPC)备忘录的一部分,由环境和社会保障署(RSES)准备和签署,首席合格审查官员批准。移民计划和(或)框架草稿必须符合亚洲开发银行政策的所有要求,并且必须经执行代理或项目主办方背书。移民计划/框架草稿要接受首席合格审查官员的审查。移民计划和(或)框架草稿将说明实施前可能要求的任何进一步的计划行动以及实施中要求的具体行动。

(31)评估①。一份令人满意的移民计划/框架必须由执行代理或项目主办方递交到亚洲开发银行,最好和项目可行性研究一起递交,但必须赶在项目评估之前。接下来,贷款协议必须包括具体的非自愿移民契约,说明非自愿移民管理措施,必要的话,直接参考亚洲开发银行非自愿移民政策实施移民计划/框架的要求。这确保执行代理、合同方和监督顾问遵守亚洲开发银行的非自愿移民政策。移民计划/框架的规定也必须全部反映在项目管理备忘录中②,而且整套合同的模式必须与移民计划一致。

移民计划

(32)亚洲开发银行要确保执行代理/项目主办方递交移民计划草稿以便进行审查,最好与项目可行性③研究一起递交,但必须在第一次管理层审查会或私人领域贷款委员会会议之前。所有移民的补偿费用,包括社会准备和生计规划的费用,以及“没有项目”情况下的增量利润,必须包括在项目费用和受益中。为确保所需的资源及时有效并在实施过程中遵守非自愿移民程序,如有要求,符合条件的移民费用会考虑包括在亚洲开发银行资助项目的贷款中。

---

①如果评价任务可以放弃或不是必须的,令人满意的移民计划/框架应在贷款谈判之前递交亚洲开发银行审查和批准。

②见亚洲开发银行. 项目管理指导. Lotus Notes 数据库. LNADB61.

③移民费用和实施有可能决定性地影响主要投资项目的全部费用和实施时间安排。

（33）可行性研究要求在第一次管理层审查会或私人领域贷款委员会会议之前处理好任何移民影响，以帮助分析项目的技术、资金、经济、环境和社会生存能力。移民计划最好是和可行性研究一起准备，应包含基本要素（见第（26）～（27）段）。此阶段的信息不必是最终的，但移民计划和（或）框架摘要必须在第一次管理层审查会或私人领域贷款委员会会议之前表明对每一个要素都进行了令亚洲开发银行满意的充分处理。

（34）移民文件要征求受影响人的意见。文件包括一份受影响人的人口记录①，一份财产清单②，土地所有、使用和生产力评估③，受影响的人现有经济和社会条件方面的数据，一份贫困评估和对至少10%受影响的人和20%受严重影响的人的调查，以及本地层面影响数据。资格标准、补偿权利以及根据受影响的人损失提供的其他援助，必须要在这个信息基础上建立。计划过程也必须征求受影响人的意见，并向他们传播信息。重新安置前提供重建住房、设施、网络、收入和生计的资源和机会的时间安排应包括在移民计划中。

（35）人口记录和财产清单的准备基于现场调查，这个现场调查足以确定具有所有权、法律上认可和不具所有权的受影响的人。这些是移民计划中建立范围和数量、决定全部补偿和移民费用的基本要素。人口记录、土地评估、财产清单和社会经济抽样调查在准备时要征求受影响人的意见。

（36）移民计划也必须为项目活动，如征地，提供一份时限行动时间表，确保土建工程合同签署或相似的里程碑事件发生④前，每个受影响的人得到补偿和援助。第一次管理层审查会或私人领域贷款委员会会议之前的移民计划摘要也必须伴有尝试性的费用估计，相关的预算估计包括价格和实物或有费用，以及现金流。预算必须满足根据建设时限制定的各个时间段移民计划活动的需要。它也必须包含执行代理或项目主办方的保证，必要的时候将提供充足的资金确保移民计划中明确的移民活动有效、及时地实施。

移民框架

领域贷款

（37）有可能涉及“重要”移民的领域贷款需要在第一次管理层审查会或私人领域贷款委员会会议前为整个贷款项目递交一份移民框架，并为每个有移民问题的核心子项目递交一份移民计划摘要进行审批。有重要移民影响的子项目必须包括在核心子项目中，在管理层审查会或私人领域贷款委员会会议之前准备好。“核心”项目是指董事会批准之前准备的，经过亚洲开发银行评价的子项目。移民计划作为模式，用于根据本操作程序准备的领域贷款的其他子项目的移民计划活动。涉及不很重要移民的领域项目也要为被

---

①根据他们所处的地点，受影响的人人口记录预先评价来自村或其他当地的人口数据或人口调查数字。在许多情况下，MRM不会有完整的人口调查，因此详细测定调查之后，征地产生影响之前，要求有一份更新的移民计划。见下面第44段。

②预先评价财产清单是家庭、企业或社区受影响或损失的财产的初步记录。

③预评价土地评估记录人口定居点的关键特征，土地自然特征以及土地所有和使用模式。

④虽然受影响的人在财产损失或转移之前就需要补偿，但完整的移民计划的实施因为要求收入恢复措施，可能在土建工程开始后很长一段时间才能完成。受影响的人在他们转移、失地或限制使用前会得到某些移民权利，如土地、财产补偿和转移补助。

认为涉及移民①的核心子项目作一个简短的移民计划，在第一次管理层审查会或私人领域贷款委员会会议之前递交；但是如果没有涉及移民的核心子项目，就只需在第一次管理层审查会或私人领域贷款委员会会议之前为整个领域项目递交一份移民框架。

(38)在实施过程中，执行代理或项目主办方根据非自愿移民政策和本操作程序制定的移民计划原则准备每一份子项目移民计划，在土建工程合同签署或相似的里程碑事件之前递交亚洲开发银行或亚洲开发银行接受的第三方②进行审批，确保子项目进行时有一份可接受的移民计划和相应的预算。此外，这些条件包括向受影响的人公开信息，在受影响的人失地或转移之前提供补偿、补助和房屋重建，每一个子项目移民计划必须确保受影响的人失地或转移之前向他们征询意见、公开信息、替换财产。

(39)为了有助于遵守这些条件，项目确保合同日程和整套内容始终符合每一个要求移民计划的子项目。项目也确保在实施当中提供充足的移民计划和管理能力。

其他贷款，子项目或组成部分以后批准

(40)亚洲开发银行项目组合包括其他贷款，投资、子项目或组成部分可能涉及非自愿移民，但在评价前无从得知。这包括：①混合贷款③，全部或部分受影响的区域在评价前不能确定，原因是技术设计水平不发达和(或)需要一个明确定义的社区程序进行场所选择；②一个项目同时伴有一个或多个组成部分，在第一次管理层审查会或私人领域贷款委员会会议之前已充分定义(并且如有要求，已为其准备了移民计划摘要)，互相补充的小而分散的或形成网络的组成部分伴有较小的影响，只有结合详细的工程和技术设计到建设时才能确定④。

(41)这类项目贷款要求在第一次管理层审查会或私人领域贷款委员会会议之前准备并批准一个移民框架，其程序与领域贷款相似，不过由于没有核心子项目，只有第一年实施当中要进行资助的子项目或组成部分要求在第一次管理层审查会或私人领域贷款委员会会议之前准备一份能为亚洲开发银行接受的移民计划。领域贷款的所有其他处理和实施条件也对这类贷款有效。

紧急援助贷款

(42)由于紧急援助贷款必须快速处理，因此程序必须灵活。如果最初贫困和社会评估确认可能有非自愿移民影响，基于可行性研究的标准调查和咨询要求不可能在董事会传阅之前完成。在这种情况下，须就制定一个移民框架，说明贷款实施中应用的政策、程序和要求的准备工作的阶段性顺序在用于管理层审查会的行长建议报告加以说明，如果还没有管理层审查会发生，用于行长建议报告和董事会传阅的法律协议。无论怎样，行长

---

①见非自愿移民确认和分类部分关于要求完整或简短移民计划条件的讨论。

②亚洲开发银行接受的第三方包括其他多边金融机构，其非自愿移民政策要求相当于或超过亚洲开发银行的标准。

③“混合贷款”具有定期的项目贷款和领域贷款的特点，一些子项目、组成部分或投资只有在贷款批准后才选择和准备。

④举个例子，城市项目中一个水处理厂和相关的水分配系统。水处理厂的影响会在一份具体移民计划中详细说明，在第一次 MRM 或 PSCCM 之前准备好。移民框架会包含剩下的分配系统的工作，说明任何与移民有关的筛选标准和要求准备另一份移民计划，在土建工程合同签署或类似大事件之前，经过亚洲开发银行或亚洲开发银行可接受的第三方批准。

建议报告必须证明背离本操作程序中描述的标准程序是有原因的，参考个别项目的具体环境和紧急事件处理日程。

金融中介贷款

(43)亚洲开发银行通过金融中介的援助涉及信贷额度或其他方式，实施当中以此为依据选择和准备由亚洲开发银行提供资金的投资或运作。如果这类贷款会涉及非自愿移民，亚洲开发银行要求在第一次管理层审查会或私人领域贷款委员会会议之前，金融中介或项目主办方向亚洲开发银行递交移民框架进行审批，如果移民影响可能很重要，将为非自愿移民计划和实施指派责任。亚洲开发银行确保金融中介或项目主办方筛选出由亚洲开发银行提供资金的投资或子项目，并在需要时根据非自愿移民政策和本操作程序准备移民计划。这些移民计划要递交到亚洲开发银行，或者亚洲开发银行接受的第三方，在土建工程合同签订或类似里程碑事件发生前进行批准。

受影响人的参与和移民信息公开

(44)政策要求执行代理或项目主办方在移民计划制定和实施当中，要向受影响的人散布信息，并密切征求他们的意见。意见征求在项目周期尽早开展，这样制定补偿和恢复措施时就会考虑受影响的人的意见。在移民计划实施当中也会有进一步意见征求，以确定和帮助处理发生的问题。公开咨询的程序必须在最初贫困和社会评估中确定并写进移民计划和框架报告。

(45)移民计划和框架向公众公开是强制性的。在移民计划中，有关补偿和移民选择的移民信息必须在第一次管理层审查会或私人领域贷款委员会会议之前以他们能理解①的形式和语言向受影响的人公开。以相似的形式，详细的移民信息，包括损失测量、详细财产评估、权利赋予和特殊供给，不满意见程序、偿付时间安排和转移日程必须向受影响的人公开②。一般要求执行代理在第一次管理层审查会或私人领域贷款委员会会议之前批准移民计划和(或)移民框架或其摘要的公布，在亚洲开发银行移民网站上发布。网上公布移民计划和框架是董事会批准的强制性要求。非自愿移民的相关信息包括在亚洲开发银行网站的项目介绍中。

开始、实施、监测和评估

(46)为确保移民计划或框架适当及时的实施并遵守征地和非自愿移民契约规定，亚洲开发银行要求对所有非自愿移民 A 类和 B 类项目：①执行代理或项目主办方每季度或每半年递交亚洲开发银行认为必需的移民计划实施进度报告；②这一要求必须反映在贷款协议中。要求有监测和评估报告，最好是来自其他监测和评估机构。这些必须由运作部门的移民专家进行审查，他们有责任进行移民监督，报告和运作部门的评估送到环境和社会保障署。赠款或贷款筹资可为外部监测方提供资金。亚洲开发银行要求的标准项目账目及其独立的审计报告必须包括移民计划的实施。对于 A 类项目，亚洲开发银行监督使团要在实施前对非自愿移民准备进行现场重新评估。这个评估的时间安排必须在项目

---

①这可以是移民信息画册或活页、移民计划摘要或完整的移民计划，用他们能理解的语言，在容易去到的地点提供给受影响的人。信息公开的过程可以和当地法律程序相协调。

②作为指导，信息公开应尽早发生。

管理备忘录中说明。移民计划的实施必须定期审查,包括在中期和项目结束时。大规模的移民运作应半年审查一次。

(47)贷款实施中详细的技术设计终稿的完成。用于招标和(或)土建工程建设合同的详细工程和技术设计可以在董事会批准贷款之后完成。在这种情况下,详细设计完成后,移民计划必须最终定稿,在土建工程合同签署或类似里程碑事件发生前交亚洲开发银行审批。移民计划要向受影响的人公开,并把根据详细测量调查修改的信息递交亚洲开发银行审批,包括完整的人口调查、完整的财产清单和估价以及完整的预算。

(48)贷款实施中移民计划的遵守。环境和社会保障署首席合格审查官员必须确保以下各项遵守非自愿移民政策:①更改的移民计划,经亚洲开发银行同意,形成贷款生效的条件,或是一个注明日期的契约;②董事会批准后,要求新的、针对第一次管理层审查会或私人领域贷款委员会会议时未预见到的非自愿移民计划的完整的移民计划;③更新的完整移民计划和完整子项目或子组成部分移民计划。运作部门的移民专家负责批准简短移民计划更新、简短子项目和子组成部分移民计划和为土建工程合同的签署、土建工程合同启动或相似的机制而完成的任何具体的移民行动,确保子项目在进行时、转移发生之前有财产替换。

(49)范围的改变。经董事会批准①,主要变化实质上改变或根本上影响项目的目的(直接目标),组成部分、费用、受益、采购或其他实施安排。范围内所有主要变化需要由运作部门筛选移民重要性,使用非自愿移民检查清单,根据适当的程序分类。所有归为A类的变化要求有完整的移民计划,归为B类的要求有简短的移民计划。根据情况,先前批准的A类或B类项目移民计划可进行更新,涵盖新的影响,提交亚洲开发银行批准。

(50)未预见的移民影响。如果项目实施中出现未预见的移民影响,亚洲开发银行根据本操作程序协助执行代理和其他相关政府机构评估影响的重要性、评价选择方案以及准备移民计划。项目完成审查使团将重点特别放在审查项目引起的非自愿移民影响上,并期望他们提出适当的建议进行处理。亚洲开发银行常驻使团不断加强与发展成员国家的合作,解决突出的移民问题。

(51)完成报告和业绩审计报告。为确保非自愿移民实际影响的文件提供和移民计划的成功实施,亚洲开发银行运作部门准备的项目或打捆项目完成报告包括:①项目和(或)打捆项目非自愿移民完成的简要历史;②移民计划和(或)移民框架的实施以及非自愿移民贷款契约的评价;③执行代理业绩的评估;④外部监测和评估报告摘要。如有必要,根据移民计划文件的规定,执行代理可以准备移民完成报告,以及经过独立机构批准的财务审计报告。项目完成报告的非自愿移民部分基于执行代理进度报告、外部机构检测和评估报告和审查使团回到办公室的报告中所记载的事实②。

(52)部门责任。地区和可持续发展部的运作部门和私人领域运作部门负责政策的

①项目管理指导5.04,项目范围或实施安排的改变,更新并递交进行审批。

②为培养组织学习和项目改进,亚洲开发银行运作评价部门准备了项目或打捆项目业绩审计报告,这是一些独立的评价,包括非自愿移民取得预期目标的效果分析。审计报告也评估了项目完成报告在非自愿移民报告方面的适当性,主要集中在项目完成报告中记载的具体的非自愿移民问题。

实施。在国家层面,国家战略规划进程是每一个发展成员国家具体需要和首要任务政策对话的主要进入点。运作部门征求地区和可持续发展部门的意见,负责对所有贷款项目进行分类。最终分类经首席合格审查官员批准。项目小组协助发展成员国家制定非自愿移民计划和监督程序,协助移民专家对移民计划进行运作部门审查。项目和打捆项目的质量保证由项目小组进行。内部和外部移民网络有助于交换信息、共享知识和传播经验。

(53)一致性。运作部门负责遵照政策行事。亚洲开发银行环境和社会保障署首席合格审查官员(CCO)负责监督对亚洲开发银行保障政策的遵守,向运作部门提供建议和帮助。首席合格审查官员在保障政策问题方面向管理层提供建议,审查项目是否遵守亚洲开发银行的保障政策。因此,有关本操作程序使用的移民术语的解释问题由首席合格审查官员决定。

(54)监测。关于亚洲开发银行保障政策和步骤的整个执行情况通过一致性检测系统进行评估,由环境和社会保障署(RSES)实施。

借款人的责任

(55)以下是准备和审查移民计划文件的基本内容:①必须符合亚洲开发银行的所有要求;②亚洲开发银行工作人员必须要求借款人的移民计划文件遵照亚洲开发银行制定的移民手册的格式。如果文件涵盖所有主要的计划要素,对亚洲开发银行建议的报告格式有所违背也可以接受;③在准备移民计划文件时,亚洲开发银行要求借款人考虑受影响的人和相关的国民社会团体,包括非政府组织的意见;④只要有可能,借款人在向董事会递交前会给出移民计划或框架的最终认可。如果做不到,在贷款谈判结束前执行代理或项目主办方的文件还没有收到,要求执行代理或项目主办方对移民计划文件的认可或确认的贷款契约必须包括在贷款协议中。

四、亚行项目周期及对移民工作的要求①

(一)引言

一般情况下,基本建设项目大致都要经历几个阶段:①立项;②可行性研究;③选址;④工程设计;⑤审批;⑥施工;⑦竣工验收和生产运行。与上述程序大致相吻合,亚洲开发银行贷款项目周期也大致经历几个阶段,主要包括:①项目识别和确认;②项目准备;③项目评估;④项目谈判和审批;⑤项目实施和检查;⑥项目完成评估和总结。

在项目进行的不同阶段中,亚行有一系列的内部管理和审批程序,以保证项目在准备和实施过程中能符合亚行的各方面要求。这就需要亚行的项目经理(Task Manager)在一定的时间内,通过国内借款方 —— 项目单位的合作,准备出一系列与项目相关的技术文件、报表,以此来满足亚行对项目工程技术、经济、财务、机构和环保方面的评估要求,对亚行项目所需要的这些要求,任何同亚行合作过的国内单位都有一定的认识。

本文的主要目的,是重点介绍亚行在其项目准备过程中对非自愿移民安置行动计划的要求,包括内容、深度、完成的时间以及同整个亚行项目准备周期的基本关系。首先,简单介绍亚行项目准备过程中的几个阶段,以及每个阶段应该完成的工作,然后,解释各个

---

①根据亚洲开发银行咨询顾问朱幼宣先生提供的教材改编。

阶段中对非自愿移民工作的要求，并着重介绍国内项目单位如何适应和满足这些要求。

（二）亚行项目周期

1. 项目识别和确认

这一阶段所需时间一般都不确定，主要是对已纳入亚行和借款国初定的贷款滚动计划中的某一项目进行初步的了解，主要涉及以下几个方面：

（1）对项目构成的了解，看其是否符合亚行对该行业的总的战略或改革的要求。例如，在城市交通项目确定的过程中，由于亚行认为国内一般城市交通紧张的现状是由几个因素来决定的：如交通需求、车辆增长过快，公共交通运营能力和服务质量下降，道路建设滞后等。所以，如果所建议的项目仅仅限于提高道路的通行能力，并不能解决所面临的问题，因此在城市交通项目的准备过程中，除对一些重点道路的建设进行贷款以外，一般在整个项目中还要安排交通管理分项、公共交通投资或改革分项。如果亚行在这一行业只是初步介入，还没有形成一定的战略，那么这个项目的识别和确认过程会相应加长一些。通常，亚行对某一行业形成的战略认识是通过对这一行业的研究报告所取得的，如亚行对城市住宅的行业报告、对城市环境的行业报告等。

（2）除对项目构成的了解外，在这一阶段，也要对项目单位予以确定并对其能力进行了解；对借款单位的还款能力和国内配套资金的落实进行了解。

（3）最后，项目经理还应就整个项目的准备进度所需要的时间作出比较客观的估计。

在项目识别和确认期间，项目经理一般要安排一个技术援助项目来协助项目业主做项目准备。技术援助一般由一个国外咨询公司牵头并有一些国内专家一起完成。在技术援助中一般都对移民工作提出具体要求，安排移民专家参加。技术援助的工作大纲要对所准备的项目的内容、规模、理由，以及在项目的准备与实施过程中所需要面临的问题进行介绍。这个技援工作大纲形成期间需要在内部进行讨论并请不同的技术部门的官员参加，提出他们的意见。根据会上所提的意见，项目经理对技援工作大纲进行修改、备案，作为指导该项目准备的一个重要文件。

2. 项目准备

在项目确认和项目评估之间的整个过程是项目的准备阶段。通常情况下，一般的亚行项目准备时间为 1 ~2 年。在有些情况下，如项目单位已经搞过一个亚行项目，并且这一项目的准备工作进展很顺利，则该项目的准备时间可以缩短为不到 1 年。整个项目准备期间，有 6 ~9 个月的时间是技术援助（PPTA）来完成的。技术援助一般是由国外咨询公司牵头并由国内项目单位配合以及有关的中外咨询专家共同完成的。而亚行的项目官员在这一过程中主要就技术要求上进行指导，对项目单位提出亚行在各个方面的技术要求，以及在规定时间内所要完成的各项技术文件。技术援助完成时所形成的最终报告将对项目的准备打下一个很好的基础。

在项目准备的后期，正式评估开始，亚行一般要进行一次项目的预评估，这主要是了解各个方面的准备工作是否达到评估的要求。在预评估结束和正式评估开始之前，项目经理需要准备项目的提交亚行行长项目建议报告草案（RRP），并由管理部门进行项目审查批准（MRM）。在这一时间，一般来讲，项目相关的环境技术资料，如环境影响报告，项目的移民安置计划都应已完成并提交亚行进行审查，以便决定该项目的评估时机是否成熟。如果最基本的条件都没有达到,亚行管理部门可以推迟项目预评估的时间直到各项准备工作达到要求为止。如果基本上满足要求,但有个别问题需要澄清,则正式评估可以如期进行,项目经理要按管理部门提出的问题、要求进行工作,争取在评估期间完成。通常这意味着有关的国内项目单位要在评估期间能解答这些疑问或准备需要的数据、信息。

3. 项目评估

在管理层审查会(MRM)通过以后,项目经理便可带团开始对项目进行正式评估。如果项目的各个方面的准备工作都做得很好,则项目的评估只是走一个形式。亚行的项目小组在评估完成以后需要编制出该项目的行长建议报告书(RRP)。这里需要说明一点的是,项目提交亚行行长项目建议报告(RRP)是对项目的准备工作的一个总结,是提交董事会审批的一个重要文件。在正式评估之前,管理层审查会讨论时,项目经理需要把RRP的初稿写出来,主要让管理部门了解最终报告的大致内容,对各个问题是怎样解决的等。在项目评估回到总行后,一般来讲,项目经理要在一定的时间内把项目的正式评估报告(RRP)完成。对最终行长建议报告书的审批是亚行内部对项目提交董事会以前所进行的一次重要审查。在这一审批过程中,亚行的管理官员和各技术部门官员要对所有在管理层审查会上提出的问题、要求进行落实,对行长建议报告书本身提出各种修改意见。与此同时,对有关的技术文件由技术部门进行最后的审查,这也包括对移民安置行动计划的最后审查。

4. 项目谈判和审批

在项目的行长建议报告书通过审批以后,接下来就是按会上的意见对行长建议报告书作进一步的完善。谈判邀请随即发出。在项目谈判期间(一般为一周),双方就一系列具体的项目贷款协议、法律文本进行讨论。如无分歧,双方在谈判纪要上签字。在一段时间后,便可把这一项目提交亚行董事会进行审批,一经批准,借款国在贷款的法律文本上签字,贷款便生效。从项目谈判到贷款生效,一般要几个月的时间。

5. 项目实施和检查

在贷款生效以后,项目便进入实施阶段,其实,有些工作,特别是不需要外资或不需要亚行审批的工作,可以在项目的谈判期间继续进行,这包括标书编制、施工准备等。在项目实施过程中,亚行每年要对项目进行监督、检查,以便了解项目是否顺利实施。对国内项目单位来说,一般在项目实施中,要向亚行按季度提交项目进度报告。进度报告要包括工程的进展情况、资金使用、招标、合同完成情况等。

6. 项目完成评估和总结

在项目的贷款支付完毕、项目施工完成时,亚行一般要对该项目进行总结,编写项目完工报告(Project Completion Report),并对项目的各个分项的完成情况,是否取得预期的目标进行评估。

亚行项目的这几个阶段,在国内亚行项目单位工作的人可能都经历过,而且对每一阶段大至需要多少时间也会有些认识。下面重点介绍一下在这一项目周期中,亚行对涉及到有非自愿移民的项目一些具体的要求,包括所需要编制的文件以及需要完成的时间。从以上介绍中可以看到,为了加快项目的准备周期,对国内项目单位来说,最关键的是做好各项目准备工作,缩短从项目识别到项目评估的时间。也就是说,项目评估的早迟是缩短项目准备时间的关键。因为一旦项目评估完成以后(各方要求都满足),接下来的工作包括完成行长建议报告书,项目谈判,提交董事会审批的时间基本上是由亚行的内部程序所决定的。

(三)对移民安置计划的要求

首先,在项目确认阶段,亚行的社会部门就项目的环境影响、社会问题包括非自愿移民问题进行审查。他们根据项目的技术援助工作大纲(TA Paper),以及向项目经理了解情况来确定该项目是否涉及到非自愿移民,是否需要在项目准备过程中编制非自愿移民安置行动计划。

看一个项目是否有非自愿移民的一个重要标志是看项目中有关土建项目是否需要征用土地,在征地过程中是否涉及到现有居民搬迁,所征用地是否是农田,如果是征用大量农田对原来以此为主要生活来源的农民带来什么样的经济损失。这里要说明的一点是,根据亚行的非自愿移民政策,项目的非自愿移民不仅仅包括需要搬迁的居民,而且包括那些虽然不需要搬迁,但由于征地使他们丧失了主要生产资料,需要另行给他们安排就业机会的人们(所谓的经济上受影响的人)。也就是说,亚行定义的受项目影响的人包括需要搬迁的人和经济上需要安置的人这两类。

由于国内大部分亚行项目在亚行介入时,对已完成预可行性研究或可行性研究,对项目征用土地的基本情况应该有所了解,完全有可能向亚行的项目识别团提供有关征地的基本情况。当然,也要看到,国内一般项目对征地的了解主要是从数量和费用上,而对征地的一般法律程序,对当地居民产生的各种不良影响,以及类似征地的后果,很少在项目的可行性报告中进行阐述。所以,为了了解这些情况,项目单位应该组织专门的人力对此进行研究。根据亚行移民政策和移民手册,凡涉及到非自愿移民的情况(不管有多少),都要按亚行移民政策规定的原则进行妥善的补偿和安置。对受影响的人超过 200 人以上的项目,应该在项目各阶段编制完整的移民安置计划,对于影响小于 200 人以下的项目,则需要编制简要的移民安置计划。而在项目识别阶段做的项目征地情况的调查则更好地帮助项目经理和国内项目单位决定亚行移民政策是否适用他们的项目。

一旦了解到该项目需要编制"非自愿移民安置行动计划",亚行和国内项目单位都应去积极准备,把移民安置计划搞好,如果对这项工作不重视,认为是负担,就很有可能影响整个项目的准备周期的进程。另外,移民工作做得不好也会直接对项目的最终实施带来很不利的影响。为了便于移民安置计划的编制,亚行社会部门还编制了完整移民安置计划、简要移民安置计划,以及移民政策框架的报告形式与内容大纲。

对亚行的项目官员来说,其主要责任和义务是尽早把亚行对非自愿移民的要求、指南和有关文件交给国内的项目单位,最好是请亚行的移民专家一起参加项目识别团或准备团,一方面使移民专家对项目涉及的征地规模、移民数量、难度、安置政策及潜在的问题有一个大致的了解,另一方面让他们更直接地向项目单位和咨询机构介绍编写移民安置计划的各项事宜。

对国内的项目单位来说,首先是提高对移民工作重要性的认识,了解亚行对这一工作的重视程度和具体要求,尽早成立专门的班子,配备得力的有经验的人员来负责这一项工作，并提供足够的资金；行业主管部门（国家各部委）也应组织一个专门的队伍，对下面新的项目单位进行技术上的指导、培训。其次是对他们的要求进行消化，结合实际情况，扎扎实实地落实编写移民安置计划的各项工作。

按照目前亚行操作程序，在管理层审查会项目审查评定阶段，也就是项目正式评估以前，亚行的社会部门要求收到满意的移民安置计划。也就是说，无论如何，在项目的预评估期间，国内项目单位就应该完成移民安置计划的初稿，以便提供给亚行进行审阅。如果没有收到移民安置计划，或所提交的计划有重大缺陷，亚行的社会部门可以不批准项目的正式评估。所以，项目单位要对这一点有明确的认识。

这里要强调的一点是，亚行所指的移民安置计划是很具体的实施计划，需要有详细的调查、具体的补偿政策、落实的时间表等，这一安置计划要求在项目评估前编制完毕，并得到相关部门的批准（批准文件也可以等谈判之后再落实），这样的要求往往和国内的一些做法有出入。例如，在水电部门，虽然对于水库移民有一套法规、设计规范和严格的审批程序，基本上保证了移民安置规划的制定同工程设计同步，但一般说来，这样的规划同具体实施还有一段距离，还不足实施计划，按水电部门专家的说法，是移民的设计深度不如工程的设计深度，但从移民工作的实施要求上来说，是应该比工程更进一步。这里就存在一定的差距。对亚行来说，就很难判断是否在移民计划的落实过程中，原来规划中的政策、方案、标准都可得到一一落实，特别对一些生产安置的计划，如土地开发、基础设施配套和非农就业机会的落实，如果没有详细的实施计划和可行性研究，就很难确信。

对于非水电的其他行业，可能遇到的问题不仅仅是规划的深度，而是这些行业，按照中国的做法，根本就不用编写详细的移民安置计划，虽然中国在征地、拆迁方面有较完善的法规，但设计部门并没有像水电行业那样可以详细的移民设计规范作依据，所以，对大多数项目单位来说编写一个符合亚行要求的移民安置行动计划可能困难更大一些，当然从移民的规模和难度，这些项目通常要比水库项目小得多。

所以说，在相当短的时间内，完成这一工作不是一件很容易的事情，项目单位的主管人员以及主管部门的领导都应对此有充分认识。

在项目评估顺利通过后，项目很快进入谈判阶段。一般来说，在贷款协议中，都会包括借款方按亚行的要求执行所编制的移民安置行动计划的条文。这些条件一旦签字，具有法律约束力。在这一阶段，项目单位一定要明确所提交的移民安置计划是可以实施的，也即移民安置计划中的各个方面都要落实，例如安置经费、安置时间表、提供的就业机会的数量、时间等。对各项要求有充分的估计，并留有余地。如果在项目中移民工作落实不好，就会给项目带来一系列不良的影响，一方面会影响主体的施工，另一方面也给广大移民带来很不利的影响，对此亚行有权要求项目单位采取补救措施，如果发现不满意，可以采取各种包括停止支付剩余贷款等的措施。

最后，在项目实施过程中，亚行在项目检查的时候，一般也会对移民安置计划的落实情况进行检查，国内项目单位在季度报告中，也应把移民工作的进展情况作为报告的一部分进行汇报。另外，根据亚行的移民政策，在移民安置计划的实施过程中，要有独立的移民监测与评估，并定期向亚行和业主提交移民监测和评估报告。也就是说，在编写安置计划时,对采用什么形式来进行移民的监测与评估,由哪一机构承担监测的内容、指标、费用等都要达成协议,并在安置计划中反映出来,在项目实施过程中实行。

移民的监测与评估是对移民安置计划实施进行定期检查,重点是了解移民安置计划的实施进度、移民的社会经济情况,以便确定移民的生活水平是否已经恢复或改善。独立的移民安置的监测与评估,并不能代替项目单位或移民执行机构内部对移民安置计划实施的监督,因为对移民工程的资金支付、项目审批、年度预算掌握在这一机构,所以他们对移民的实施进度情况最了解。一般来说,项目移民执行机构,应该建立一个完整的信息报表制度,以便更好地掌握整个移民工程的进展情况,小浪底项目就在乡一级建立了统计员制度,对他们进行培训,为项目单位掌握移民的进展、质量打下很好的基础。在项目单位对移民工程进展全面了解的基础上,独立的监测评估机构则应重点了解搬迁对移民的生产、生活带来哪些影响,了解他们的生活水平是否下降,存在哪些问题需要解决。

(四)总结

总的来讲,上面主要说到以下几点:

(1)移民安置计划的准备是整个亚行项目准备过程中一个重要组成部分,从项目准备来看,主要工作量反映在以项目识别到项目评估,从项目的实施来看,则贯穿于整个项目的执行周期。

(2)项目单位应对编制移民安置计划所需的步骤、资金、时间有充分的认识,并在人力、物力上加以保证,避免因移民工作滞后而影响整个项目的准备,同时给移民造成不必要的困难。

(3)移民安置计划一定是落实的、可实施的。

(4)在实施过程中,要建立一套反映移民实施进程的信息系统,并对移民实行监测评估。

五、中国征地制度改革与移民风险管理项目研究报告①

(一)中国现行征地法律制度

1. 中国现行征地移民法律法规和政策

目前,中国征地制度已经初步建立了以《土地管理法》及其《实施条例》和《国务院关于深化改革严格土地管理的决定》为中心的征地法律制度体系。本项目研究主要涉及征地权行使范围、征地补偿标准的测算方法、征地安置政策措施等,因此本报告对中国现行征地移民法律法规和政策的回顾主要围绕着这3个方面。

1)国家征收土地的法律依据

《中华人民共和国宪法》第十条规定:城市的土地属于国家所有。农村和城市郊区的土地,除由法律规定属于国家所有的外,属于集体所有;宅基地和自留地、自留山,也属于集体所有。国家为了公共利益的需要,可以依照法律规定对土地实行征收或者征用并给予补偿。

《中华人民共和国土地管理法》第二条规定:中华人民共和国实行土地的社会主义公

①根据亚洲开发银行咨询顾问朱幼宣先生提供的由中国土地勘测规划院2005年12月编写的同名报告改编。

有制，即全民所有制和劳动群众集体所有制。国家为公共利益的需要，可以依法对集体所有的土地实行征收或者征用并给予补偿。第四十三条规定：任何单位和个人进行建设，需要使用土地的，必须依法申请使用国有土地，但是，兴办乡镇企业和村民建设住宅经依法批准使用本集体经济组织农民集体所有的土地的，或者乡（镇）村公共设施和公益事业建设经依法批准使用农民集体所有的土地的除外。前款所称依法申请使用的国有土地包括国家所有的土地和国家征收的原属于农民集体所有的土地。

2）征收土地的补偿内容和补偿标准

a. 补偿安置的原则

按照《中华人民共和国土地管理法》第四十七条规定，征收土地的，按照被征收土地的原用途给予补偿。

b. 补偿内容

按照《中华人民共和国土地管理法》第四十七条规定，土地征收补偿主要涉及土地补偿费、安置补助费、青苗补偿费、地上附着物补偿费及其他补偿费。土地补偿费是因国家土地征收对土地所有者在土地上的投入和收益造成损失的补偿，补偿的对象是土地所有权人。安置补助费是国家建设征收农民集体土地后，为了解决以土地为主要生产资料并取得生活来源的农业人口因失去土地造成生活困难所给予的补助费用①。青苗补偿费是指土地征收时，对被征收土地上生长的农作物，如水稻、小麦、玉米、土豆、蔬菜等造成损失所给予的一次性经济补偿费用。地上附着物补偿费是对被征收土地上的各种地上建筑物、构筑物，如房屋、水井、道路、管线、水渠等的拆迁和恢复费以及被征收土地上林木的补偿或者砍伐费等。其他补偿费是指除土地补偿费、安置补助费、地上附着物补偿费、青苗补偿费以外的其他补偿费用，即因土地征收给被征收单位和农民造成的其他方面损失而支付的费用，如水利设施恢复费、误工费、搬迁费、基础设施恢复费等。

c. 补偿标准

征收耕地的土地补偿费标准：按照《中华人民共和国土地管理法》第四十七条第2款的规定，征收耕地的土地补偿费，为该耕地被征收前3年平均年产值的6～10倍。

征收耕地的安置补助费标准：按照《中华人民共和国土地管理法》第四十七条第2款的规定，征收耕地需要安置被征地单位农业人口的，每一个需要安置的农业人口的安置补助费标准，为该耕地被征收前3年平均年产值的4～6倍。但是，每公顷被征收耕地的安置补助费，最高不得超过被征收前3年平均年产值的15倍。

土地征收时地上附着物补偿费和青苗补偿费标准：按照《中华人民共和国土地管理法》第四十七条第4款规定，被征收土地上的附着物补偿费和青苗的补偿标准，由省、自治区、直辖市规定。各省、自治区、直辖市在制定《中华人民共和国土地管理法》实施办法时，对被征收土地上的附着物和青苗的补偿标准作出了规定。

征收其他土地的土地补偿费和安置补助费标准：按照《中华人民共和国土地管理法》

①对于那些不是以土地为主要生产资料并取得主要生活来源的农民来说，征用其土地，也将获得该项补偿。

第四十七条第3款规定，征收其他土地的土地补偿费和安置补助费标准，由省、自治区、直辖市参照征收耕地的土地补偿费和安置补助费的标准规定。一般来说，各省、自治区、直辖市结合本地区实际情况，在法律规定的幅度范围内，通过制定《中华人民共和国土地管理法》实施办法对征收其他土地的土地补偿费和安置补助费标准作出了具体规定，但均低于征收耕地的补偿标准。

2004年10月发布的《国务院关于深化改革严格土地管理的决定》（简称《决定》）规定，要完善征地补偿办法。依照现行法律规定支付土地补偿费和安置补助费，尚不能①使被征地农民保持原有生活水平的，不足以支付因征地而导致无地农民社会保障费用的，省、自治区、直辖市人民政府应当批准增加安置补助费。土地补偿费和安置补助费的总和达到法定上限，尚不足以使被征地农民保持原有生活水平的，当地人民政府可以用国有土地有偿使用收入予以补贴②。

d. 征地补偿费用补偿对象

根据法律规定，征地补偿费用按不同补偿类型足额补偿被征收者。土地补偿费归农村集体经济组织所有，应支付给被征收土地的农村集体经济组织；被征收土地属于村农民集体所有的，土地补偿费归村集体经济组织或者村民委员会经营、管理；被征收土地已经分别属于村内两个以上农村集体经济组织的农民集体所有的，土地补偿费归由村内各该农村集体经济组织或者村民小组经营、管理；被征收土地已经属于乡（镇）农民集体所有的，土地补偿费归由乡（镇）农村集体经济组织经营、管理。安置补助费是专门用于安置被征收农民生产、生活所用的资金。由农村集体经济组织进行安置的，如土地调整等，安置补助费支付给农村集体经济组织；由其他单位安置的，安置补助费支付给安置单位；不需要统一安置的，安置补助费发放给被安置人员个人或者征得被安置人员同意后用于支付被安置人员的保险费用。地上附着物和青苗的补偿费归地上附着物和青苗的所有者。

e. 征地补偿费用的支付

按照《中华人民共和国土地管理法实施条例》第二十五条的规定，征收土地的各项费用应当在自征地补偿、安置方案批准之日起3个月内全额支付。

3）被征地农民的安置政策

a. 安置被征地农民的总体原则

按照《中华人民共和国土地管理法》第四十七条规定，土地征收过程中，对被征地农民补偿安置的总体要求是，要使需要安置的农民保持原有生活水平。

2004年10月，《国务院关于深化改革严格土地管理的决定》（国发［2004］28号）要求，要妥善安置被征地农民。征地补偿安置不仅要使被征地农民保持原有生活水平，还要使被征地农民的长远生计有保障。

①判断征地补偿费用是否足以支付无地农民社会保障费用的依据，在中国大多数地方是看支付给无地农民的社会保障费用与当地城市居民社会保障费用标准是否相当。

②《决定》出台后，各省、自治区、直辖市人民政府根据各地的实际情况，均出台了保证《决定》落实的实施办法。

b. 安置方式

按照《中华人民共和国土地管理法》第四十七条规定，目前最主要的安置方式是，在征地补偿费用中确定一部分费用（安置补助费）专门用于解决被征地农民生产、生活，其标准是被征土地前3年平均年产值的4～6倍。这种安置方式被称为货币安置，一般是谁负责安置，安置补助费拨付给谁。通常情况下，安置补助费都是发放给被征地农民个人。

另外，《中华人民共和国土地管理法》第五十条还规定，地方各级人民政府应当支持被征地的农村集体经济组织和农民从事开发经营，兴办企业。

2004年10月发布的《国务院关于深化改革严格土地管理的决定》规定，县级以上地方人民政府应当制定具体办法，使被征地农民的长远生计有保障。对有稳定收益的项目，农民可以经依法批准的建设用地土地使用权入股。在城市规划区内，当地人民政府应当将因征地而导致无地的农民，纳入城镇就业体系，并建立社会保障制度；在城市规划区外，征收农民集体所有土地时，当地人民政府要在本行政区域内为被征地农民留有必要的耕作土地或安排相应的工作岗位；对不具备基本生产生活条件的无地农民，应当异地移民安置①。劳动和社会保障部门要会同有关部门尽快提出建立被征地农民的就业培训和社会保障制度的指导性意见。

《国务院关于深化改革严格土地管理的决定》的配套文件《关于完善征地补偿安置制度的指导意见》由国土资源部于2004年底发布，其中对征地安置的方式作了进一步的明确，包括：农业生产安置、重新择业安置、入股分红安置、异地移民安置等。

4）土地征收的程序

a. 土地征收的申报

根据《中华人民共和国土地管理法实施条例》第二十条、第二十三条等条款对土地征收的申报进行了明确规定。具体步骤包括：

第一，进行土地征收情况调查。市、县人民政府根据城市发展的需要，或者在建设用地单位提出用地申请后，由土地行政主管部门到被征地的村组实地调查，对被征地村组的农业人口、人均耕地、年产值、土地面积、土地地类及土地权属等进行全面调查。

第二，拟定土地征收方案。土地征收方案是政府批准土地征收和实施征地补偿安置行为的依据。市、县人民政府土地行政主管部门在全面调查的基础上，拟定土地征收方案。土地征收方案的内容包括批准征用集体土地的机关、建设用地项目名称和用途、征用土地位置（四至范围）、被征地单位和征地面积。

第三，向省级人民政府或国务院申报。市、县人民政府将土地征收方案及其他必需的报批材料报市（地、州）人民政府土地行政主管部门进行复核。符合报批条件和报批材料齐全的，可上报省级人民政府或国务院。

2004年10月发布的《国务院关于深化改革严格土地管理的决定》明确要求，在土地征收依法报批前，要将拟征地的用途、位置、补偿标准、安置途径告知被征地农民；对拟征

①该决定并没有对这些“异地”安置的地方作详细说明。

土地现状的调查结果须经被征地农村集体经济组织和农户确认;确有必要的①,国土资源部门应当依照有关规定组织听证。要将被征地农民知情、确认的有关材料作为征地报批的必备材料。

b. 土地征收的审批

土地征收由国务院和省级人民政府审批。《中华人民共和国土地管理法》第四十五条对审批权限作了明确规定。

(1)国务院的审批权。征收下列土地,由国务院批准:ⓐ基本农田②;ⓑ基本农田以外的耕地超过35公顷的;ⓒ其他土地超过70公顷的。

(2)省级人民政府的审批权限。征收除国务院审批权限以外土地的,由省级人民政府批准。省级人民政府的具体审批权限是:ⓐ征收低于35公顷面积的耕地(不包括基本农田);ⓑ征收低于70公顷面积的其他土地。

c. 土地征收的实施

《中华人民共和国土地管理法》第四十六条、《中华人民共和国土地管理法实施条例》第二十五条等条款规定的土地征收的实施程序(见图9-1),包括以下方面。

(1)土地征收方案公告。土地征收方案经省级人民政府或国务院批准后,由市、县级人民政府在当地予以公告。被征收土地的所有权人和使用权人应当在公告规定的期限内,持土地权属证书到当地人民政府土地行政主管部门办理征地补偿登记③。

(2)制定征地补偿安置方案④。县、市人民政府土地行政主管部门根据批准的土地征收方案对土地所有权人、土地使用权人及地上附着物和青苗等进行进一步核实,制定征地补偿、人员安置及地上附着物拆迁等具体的方案。

(3)公告征地补偿安置方案⑤并组织实施。土地征收的补偿安置方案确定后,有关人民政府应当公告,听取被征地的农村集体经济组织和农民的意见⑥,对征地补偿安置方案进行修改,并向被征地的单位和农民支付有关费用,落实人员安置及地上附着物拆迁方案。

国土资源部《关于完善征地补偿安置制度的指导意见》(2004)中第九至十一条对征地实施程序中"告知征地情况"、"确认征地调查结果"、"组织征地听证"作出具体规定。

---

①"确有必要"指被征地的农村集体经济组织、农民和其他权利人对拟征地的用途、位置、补偿标准、安置途径等方面存在较大争议的。

②根据土地管理法基本农田指高产优质的耕地,当基本农田被征用时,出于粮食安全的考虑,面积相当其他耕地相应的要被划作基本农田。

③目前,"两公告一登记"(征地方案公告、征地补偿安置方案公告、征地补偿登记)制度已经在现实生活中开始使用了。在中国,不少农村土地虽然没有正式经过确权登记,但却没有产权纠纷;如果少量的土地存在产权纠纷,应按照现行法规进行纠纷调处,之后方可按照调处的结果进行征地补偿登记。

④根据《中华人民共和国土地管理法实施条例》,在征地方案进行公告后,市、县人民政府土地行政主管部门应当根据经批准的征用土地方案会同有关部门拟定征地补偿、安置方案并予以公告。征地补偿、安置方案报市、县人民政府批准后,由市、县人民政府土地行政主管部门组织实施。

⑤补偿安置方案公告内容包括:(i)本集体经济组织被征用土地的位置、地类、面积,地上附着物和青苗的种类、数量,需要安置的农业人口的数量;(ii)土地补偿费的标准、数额、支付对象和支付方式;(iii)安置补助费的标准、数额、支付对象和支付方式;(iv)地上附着物和青苗的补偿标准和支付方式;(v)农业人员的具体安置途径;(vi)其他有关征地补偿、安置的具体措施。

⑥征地补偿安置方案实施前,都要征求被征地农民意见,对于补偿安置的细节可以作调整。

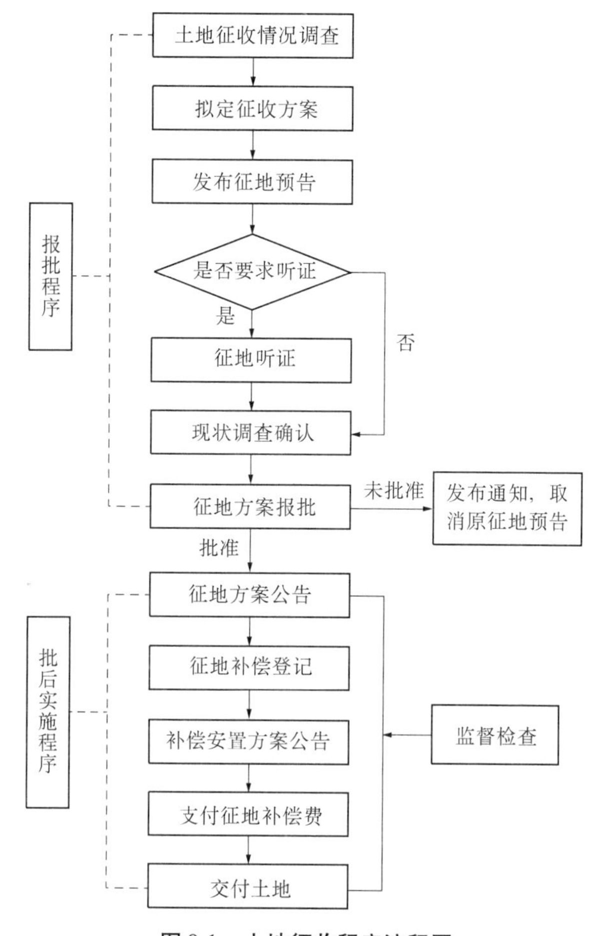

图 9-1　土地征收程序流程图

（基于《中华人民共和国土地管理法实施条例》）

5）其他规定

a. 征收土地公告的具体规定

为了规范市、县人民政府在土地征收方案批准后的实施行为，《中华人民共和国国土资源部令第 10 号——征用土地公告办法》对土地征收的形式、内容、时间、地点等作出了具体规定。

b. 征地补偿安置听证的具体规定

征地实施过程中，被征地农民对征地补偿安置方案有异议的，可以依法申请听证。《中华人民共和国国土资源部令第 22 号——国土资源听证规定》第十九条和第二十条规定，在土地征收报批前，土地主管部门应当以书面形式告知征地当事人有要求举行听证的权利。当事人要求听证的，应当组织听证。

c. 征地实施监管的相关规定

《国土资源部关于加强征地管理工作的通知》、《国务院关于深化改革严格土地管理的决定》和国土部 2004 年底出台的《关于完善征地补偿安置制度的指导意见》均对征地实施过程中的监督和管理作出具体规定。

d. 土地征收过程中违规、违法案例的相关处罚规定

《中华人民共和国刑法》、《中华人民共和国土地管理法》对土地征收过程中违规、违法案例作出了具体的处罚规定。

小结：这些法律政策规定对征地工作开展起到了很好的保障作用，但存在不少缺陷。主要表现在3个方面：一是法律法规没有进一步明确地限定"公共利益"的范围和判断标准，法律对"公共利益"内涵界定不清，在一定程度上导致了征地权的滥用；二是按照现行法律规定测算的补偿安置费用，不足以使被征地农民保持原有的生活水平；三是现行法规对被征地农民安置的规定比较笼统，对征地安置的目标、原则未作出明确的可操作性的规定，特别是对被征地农民"原有生活水平"如何估算等这类问题还没有明确的解释。因此，今后土地征收法律修改应重点考虑这些方面。

2. 中国征地移民风险管理政策创新及实践综述

随着经济社会的快速发展，土地征收中的矛盾日益突出，给项目建设和社会稳定带来了很大影响，为了缓解征地矛盾，从中央政府到地方各级政府，都在现行法律制度框架下采取了多种措施，进行了不断的探索和创新，为征地制度改革提供了实践经验，这些经验在建立新型征地制度、修改相关法律的决策中具有重要的参考价值。

1）国家级政策创新

针对现行征地制度存在的征地补偿标准偏低、安置措施不落实、征地程序不合理等缺陷，以及由此缺陷造成的征地工作中存在的问题，国务院及国土资源部一直在采取各种积极的措施，进行不懈的努力，改进征地工作。

a. 健全规章制度，加强征地管理

1999年以来，国土资源部始终注重健全规章制度，加强征地管理，先后出台了一系列规范性文件和办法，不断完善现行征地制度①。几年来，先后下发了《关于加强征地管理工作的通知》（国土资发[1999]480号）、《征用土地公告办法》（2001年国土资源部第10号令）、《关于切实做好征地补偿安置工作的通知》（国土资发[2001]358号）、《关于切实维护被征地农民合法权益的通知》（国土资发[2002]225号）、《关于进一步采取措施落实严格保护耕地制度的通知》（国土资发[2003]388号）、《国土资源听证规定》等，要求各级国土资源管理部门要充分认识做好征地工作的重要意义，切实履行法律赋予国土资源部门的职责，依法把好征地补偿安置审查关，加强征地批准后跟踪检查工作，确保法定的各项征地制度落实到位。同时，积极探索解决征地问题的有效途径，严厉查处征地中的违法违纪行为②，在保障国家经济建设用地的同时，切实维护被征地农民的合法权益。

b. 加强对征收土地方案被批准后的实施情况的核查

近年来，国土资源部每年都组织由征地管理官员、政策研究人员组成的核查组，对部分地区征收土地方案被批准后的实施情况进行跟踪检查。在检查中，核查组的人员采取查阅征地报批资料、征地补偿安置方案、走访调查、进入被征地农户调查等形式，检查、确

---

①在中国，土地征收由地方政府实施，国土资源部发布了一系列部门规章和文件，目的是为了规范地方政府的征地行为，防止政府在征地过程中侵害农民利益。这些规章和文件都是在现行法律要求的框架内提出细化的要求，因此其合法性是肯定的。

②对违法违纪行为的查处办法，在相关法律法规中作了详细规定。

认征地补偿安置方案的执行情况。对征地补偿安置费用支付不及时的项目进行清理,限期支付到位。核查工作有力地促进了地方政府依法办事的意识,维护了农民的土地权益。

c. 立足长远,积极推进征地制度改革

在加强征地管理工作,把现行法规和政策规定落到实处的同时,国土资源部还着眼于长远,积极研究和探讨征地制度改革的方向,寻求解决征地问题的治本之策。

1999 年国土资源部正式成立了"征地制度改革研究"课题组,从事理论研究和实地调研工作。这个课题组至今一直在开展研究,为国家决策服务。2000 年,"征地制度改革研究"课题被正式列入国土资源部软科学研究计划。2002 年中央农村工作领导小组办公室与国土资源部联合开展了"完善土地征用制度"的调研,同年,征地制度改革也被列入国土资源部重大研究课题,这些课题研究活动的开展,对探讨和解决征地制度设计中面临的诸多重大问题提供了理论基础。同时,国土资源部还从 2001 年开始启动了两批共 19 个城市的改革试点。

解决征地中出现的问题,关键是要对现行征地制度中不合理的部分坚决改革①,探索建立符合社会主义市场经济规律和中国基本国情的新型征地制度。2003 年以来,中央农村工作领导小组办公室牵头组织有关部门正在起草有关征地制度改革的中央政策性文件;由国土资源部组织的征地制度改革试点工作也在进一步深化;由国务院法制办牵头组织的《土地征收征用条例》的起草工作和土地管理法有关条款的修改建议起草工作正在进行。

d. 国务院发布决定,改进现行征地制度

2004 年 10 月,中央政府发布了《国务院关于深化改革严格土地管理的决定》,在法律未作重大修改的条件下,对现行征地制度作出了重要的改进。具体表现在:

第一,对征地补偿提出了更高的要求。指出,征地补偿安置不仅要使被征地农民保持原有生活水平,还要使被征地农民的长远生计有保障。要完善征地补偿办法。依照现行法律规定支付土地补偿费和安置补助费,尚不能使被征地农民保持原有生活水平的,不足以支付因征地而导致无地农民社会保障费用的,省、自治区、直辖市人民政府应当批准增加安置补助费。土地补偿费和安置补助费的总和达到法定上限,尚不足以使被征地农民保持原有生活水平的,当地人民政府可以用国有土地有偿使用收入予以补贴。

第二,对被征地农民的安置途径提出了更加明确的政策。提出:在城市规划区内,当地人民政府应当将因征地而导致无地的农民,纳入城镇就业体系,并建立社会保障制度;在城市规划区外,征收农民集体所有土地时,当地人民政府要在本行政区域内为被征地农民留有必要的耕作土地或安排相应的工作岗位;对不具备基本生产生活条件的无地农民,应当异地移民安置。

第三,对征地程序、特别是报批前的程序作了重要补充。规定,在土地征收依法报批前,要将拟征地的用途、位置、补偿标准、安置途径告知被征地农民;对拟征土地现状的调查结果须经被征地农村集体经济组织和农户确认;确有必要的,国土资源部门应当依照有关规定组织听证。要将被征地农民知情、确认的有关材料作为征地报批的必备材料。

---

①中国现行征地制度有 4 个缺陷:①征地范围过宽;②补偿标准偏低;③安置政策不完善;④征地程序不合理。

2)地方政府的政策措施及创新

a. 省级政府的政策措施

(1)江苏:调高征地补偿标准。近年来,随着江苏省经济社会发展和人民群众生活水平的提高,原有的征地补偿标准已不能适应需要。江苏省政府从2004年1月1日起在全省28个县(市、区)实施《江苏省征地补偿和被征地农民基本生活保障试点办法》,建立被征地农民的基本生活保障制度。办法将全省划分为四类地区,执行相应的征地补偿标准。

征用耕地的土地补偿费,为该耕地被征用前3年平均年产值的10倍。耕地被征用前3年平均年产值的最低标准,一、二、三、四类地区分别为每亩1800元、1600元、1400元、1200元。

征用耕地的安置补助费,按照需要安置的被征地农民人数计算。需要安置的被征地农民人数,按照被征用的耕地数量除以被征地的农村集体经济组织征地前平均每人占有耕地的数量计算。每一名需要安置的被征地农民,其安置补助费最低标准,一、二、三、四类地区分别为20000元、17000元、13000元、11000元①。这种新的安置补助费测算标准比以往较为客观一些。

(2)浙江:尝试纳入社会保障体系。浙江省委、省政府高度重视被征地农民的保障问题。2003年上半年,省劳动和社会保障厅等部门联合发出《关于建立被征地农民基本生活保障制度的指导意见》,对被征地农民的养老、就业、医疗、低保和培训等提出明确要求。各地也积极探索解决被征地农民的基本生活保障问题。2004年,全省约有39万被征地农民参加了基本生活保障,加上其他保障方式,约有52万被征地农民被纳入社会保障体系。

此外,上海市、重庆市、山东省等省级政府都出台了有关提高征地补偿标准改善农民生活状况的政策措施②。

b. 地方政府的政策措施

一些地方政府在促进被征地农民就业、建立被征地农民基本生活保障方面做了大量的尝试,在一定程度上改善了被征地农民的生活状况。代表性的地方政府政策措施见表9-4。

3)征地移民制度改革试点地区和试点内容

2001年以来,国土资源部先后在全国12个省(市、区)的19个城市启动了征地制度改革试点,这19个城市是:浙江省的嘉兴市、温州市,广东省的广州市、佛山市、顺德市,江苏省的南京市、苏州市,福建省的福州市、厦门市,上海市的青浦区,河北省的石家庄市,辽宁省的沈阳市,四川省的成都市,北京市的通州区,河南省的洛阳市、新乡市,黑龙江省的绥化市,安徽省的马鞍山市,广西自治区的南宁市等。

---

①安置补助费的测算方法与原来一样,最明显的区别是提高了测算标准,减少了标准测算过程中的随意性(在各省内没有统一规定的情况下,征地补偿标准是视具体情况而定,有时测算结果容易受实施人员的主观影响)。

②这些措施都在一定程度上提高了补偿标准,建立了失地农民基本生活保障制度,有利于保障他们的长远生计。

表 9-4　代表性的地方政府的政策措施

地　方	措　施
浙江省杭州市	1. 促进农转非人员就业方式的转变,以就业扶持为重点内容 2. 给予 2 年的失业保障待遇 3. “低标准缴费、低标准享受”的养老保险政策 4. 被征地农民一次性缴纳的失业、养老保险费,由市财政负担 30%
江苏省南京市江宁区开发区、科学园及禄口等地	成立了职业介绍所,为被征地劳动力提供市场就业服务与帮助
浙江省宁波市	创建了被征地人员养老保障风险资金制度
安徽省马鞍山市雨山区	成立了农民职业培训中心
湖南省浏阳市生物医药园、株洲市天元区	提供免费就业培训
江西省上饶县	制定并下发了《上饶县县城规划区内失地农民就业与再就业暂行办法》

这些试点城市根据国土资源部征地制度改革的总体要求,结合本地区实际情况,有重点地开展了改革试点,为完善和改革现行征地制度提供了很好的实践经验。

a. 改革征地补偿办法,提高征地补偿标准

不少地方(主要是城市)在测算征地补偿费用时,都突破了现行法律所规定的测算方法,不同程度地对被征用土地所处的区位条件、经济发展状况、当地农民生活水平等因素进行综合分析,在一定区域范围内(如以乡为单位或以村为单位)确定一个相对固定的测算标准,而不仅仅考虑被征用土地的前 3 年平均年产值。即使是将农业产值作为因素之一进行分析时,也是对当地当时普遍种植结构条件下平均年产值的综合测算。

各地在确定土地补偿费和安置补助费标准时首先考虑土地区位因素,区位划分主要由被征用土地交通、与城市距离及城市的等级①决定。如苏州市的区位分类直接按“市区和县级市”划分,南京市直接按“主城区、市区和五县”划分,两者均十分直观地反映出与城市及其等级相关的区位条件。顺德、佛山两市在提高征地补偿标准的同时,在全市范围内试行统一的征地补偿安置标准。顺德早在 2000 年就结合市场要求,将征地补偿标准提高了 47%。市政府还规定,这一标准将随物价部门公布的上一年零售物价变动指数作相应调整。改革试点开始后,市政府再次在有关文件中明确规定,若因城市建设需要使用已改为居委会的原行政村的土地,则其征地补偿标准再在原有的基础上上浮 15%。佛山市征地补偿标准的统一试点,建立在对全市土地补偿费和安置补助重新测定的基础上。新的标准大约比以前提高了 36%,因而很受农民欢迎。

b. 探索多种途径,妥善安置被征地农民

在这方面较为成熟的做法是为被征地农民购买养老保险,较有代表性的是浙江嘉兴

①城市等级是按照城市的各项经济指标(国民生产总值、人均收入、消费水平、房地产投入和增长率等)来划分的,A 级城市是省会城市、直辖市,如上海、深圳、广州等;B 级城市是经济发达的城市,如沈阳、长春;C 级城市是普通城市,如唐山、秦皇岛;D 级城市是经济发展相对较好的县级城市,如张家港、昆山、江阴、月清、义乌等。

试行的社会养老保险和苏州试行的商业养老保险安置。嘉兴改革安置方式后，土地征收工作由当地政府统一政策、统一办理。安置补助费不再直接支付给被征地村集体和农民，而由政府部门直接划入劳动部门设立的安置专户，直接落实到被安置人员个人账户上。被征地农民户口转为城市户口，按不同的年龄实行不同的生活与养老金发放标准。苏州市将需要安置的被征地农民按年龄分为3个层次，按不同的标准为其购买商业养老保险，再由保险公司按月发放养老金。此外，成都市等大城市也开始实行为失地农民建立养老保险制度。

养老保险的做法，无疑在很大程度上解决了土地被征用后的被征地农民、特别是老年失地农民的长期生活保障问题，对维护社会稳定具有积极意义。不过，它并没有从根本上解决青壮年剩余劳动力的就业问题，这使得社会安定隐患仍然存在。因此，不少地区还探索多样化安置的方式，试图满足不同层次农民的不同需求。

温州、佛山、顺德等地探求以留地安置方式，给农民以长期生活保障。温州市按征用耕地面积的一定比例安排一定数量的安置用地指标，由政府根据城市规划划定地块，给被征地村集体经济组织从事二、三产业经营。这种做法在这些地区已经运行了近10年，并得到了农民的欢迎①。

一些地方在促进被征地农民就业方面做了大量的尝试。江苏省南京市江宁区开发区、科学园及禄口等地都成立了职业介绍所，为被征地劳动力提供市场就业服务与帮助。

在浙江省杭州市被征地的劳动力在办理失业登记后，符合规定条件的，可申领杭州市就业援助证，享受城镇就业困难人员援助同等政策待遇。安徽省马鞍山市雨山区成立了农民职业培训中心，按照“政府扶持、市场运作、因地制宜、就近培训”的方式，开展农民引导性培训和技能培训，进而提高农村劳动者的素质和转移就业能力。

c.完善征地程序，规范征地行为

征地报批前与被征地村组商定征地补偿标准或签订征地补偿安置协议。按照《中华人民共和国土地管理法》和国家有关规定，地方政府编报的“征用土地方案”经批准后，再进一步制订细化到各被征地单位和个人的征地补偿安置方案。但往往由于地上物认定、亩产值标准核定、补偿倍数确定等问题，与被征地农民集体和个人难以达成一致，引起矛盾，影响征地实施。江苏省无锡市在征地调查后，先由用地单位与被征地单位所在的市（区）人民政府协商，达成一致性征地协议书，再由市（区）政府、国土局、用地单位与被征地村组共同洽谈形成土地价格方案、土地补偿、安置方案。国土资源部门据此按照法律规定的申报程序逐级报批征用土地。不少试点城市继续保留征地协议的形式，在征地报批前或在征地补偿登记时与被征地单位签订协议，采取协议和“两公告一登记”程序相结合的办法。由于征地前已与被征地村组就征地补偿、安置措施等达成协议，征收土地方案批准后实施顺利，避免了公告后因征地补偿标准的异议而引起的矛盾。

实行征地预公告制度。由于征地前期调查与征地批准公告后进行补偿登记阶段间隔时间较长，不少地方出现了农民“抢栽、抢种、抢建”等现象，给实施征地补偿、安置工作带来很大难度。同时，征地前期调查与征地批准后实施中的补偿登记，在实际工作中工作内

①留地安置对解决被征地农民的长远生计发挥了很好的作用，农民很乐意。

容基本相同,存在重复工作的问题。黑龙江省为解决这个问题,实行了征地预公告制度,即在征地前期调查后,征地方案编报前,通过召开村民代表大会等形式,发布征地预公告,告知拟征用土地的地点、范围等基本情况,公布地上物清点情况,各方认定后作为编报"征用土地方案"、进行征地补偿登记的依据。成都市在编制"征用土地方案"前,由市、县国土资源部门将调查摸底结果在被征地的村组进行公示,接受群众的监督,及时解决群众提出的问题。

4)中国征地制度改革的历程

20世纪90年代初,国内就有学者发出进行征地制度改革的呼吁。之后不断有学者从理论上研究探讨征地问题,为征地制度改革提供了理论基础。1999年,国土资源部正式成立了"征地制度改革研究"项目组,从事理论研究和实地调研工作,提出了征地制度改革的初步思路。2000年,"征地制度改革研究"课题被正式列入国土资源部政策研究计划。2001年8月,国土资源部在广东佛山召开了征地制度改革试点工作座谈会。启动了第一批9个城市的征地制度改革试点,这意味着征地制度改革开始启动,标志着改革迈出了实质性的步伐。2002年,是征地制度改革取得重大进展的一年。在这一年,国土资源部再次将征地制度改革问题列入当年的重大课题研究计划,并进一步明确了改革的方向,启动了第二批10个城市的征地制度改革试点工作。同时,中央农村工作领导小组办公室和国土资源部联合开展了"完善征地制度"调查和研究,研究成果为国务院领导提供了有力的决策依据。2003年,在前几年研究的基础上,修改《中华人民共和国土地管理法》有关条款、起草《土地征收征用条例》等立法工作开始提到议事日程,国家有关部门开始进行前期工作。

(二)土地征收权行使范围研究

土地征收,是指国家基于公共利益的需要,将农民集体所有的土地强制性地收归国有的行为。其法律特征在于:①土地征收是强制剥夺集体土地所有权的行为,是物权变动的一种极为特殊的情形。征收主体一方是政府,且政府以行政命令方式从农民集体手中取得土地所有权,集体必须服从,没有任何选择的余地。②土地征收属于一种附有严格法定条件的行为。在各国立法中,征收必须严格按照法定的程序,其目的只能是为了发展公共利益,绝对禁止任何商业目的的征收,且必须对被征收人予以公平合理的补偿①。

1. 中国土地征收范围存在的主要问题

土地征收权行使范围过大,是中国现行征地制度存在缺陷的重要表现之一。其主要问题是:

1)法律未明确界定"公共利益"的范围,土地征收超出"公共利益"的范畴

《中华人民共和国宪法》、《中华人民共和国土地管理法》规定:"国家为了公共利益的需要,可以依照法律规定对土地实行征收或者征用并给予补偿。"但法律法规却没有进一步明确地限定"公共利益"的范围和判断标准。《中华人民共和国土地管理法》第四十三条规定:"任何单位和个人进行建设,需要使用土地的,必须依法申请使用国有土地。""前款所称依法申请使用的国有土地包括国家所有的土地和国家征收的原属于农民集体所有

①本部分探讨土地征收权行使范围,与之相关的其他问题(如合理的补偿等)将有专门的部分进行探讨。

的土地。”此条规定实际上是将土地征收权扩展到了整个经济建设用地,没有区分公益性和经营性建设用地,以至于土地征收与建设用地笼统地被规定在一块,将本应以市场行为获得的商业性开发用地也纳入国家土地征收权的客体范围,导致民事主体的私权被国家公权力不正当地剥夺。

根据对2000~2001年度全国16省征地及用地结构的统计分析,征地目的已超出法律所规定的“公共利益”范畴。在各类建设项目用地中,属于营利性质的工商业、房地产等城市经营性用地征收集体土地占总征地面积的21.9%,仅次于交通、能源、水利等基础设施用地的52.14%。土地征收已成为各地满足社会经济发展对土地需求的主要方式。

由于中国现行的法律将公共利益基本等同于国家建设,加之“公共利益”本身的不确定性等,在一定程度上导致了征地权的滥用。在现实中,征地的目的早已不限于“公共利益”,而已经扩大到企业利益和个人利益,任何单位和个人都可申请国家动用征地权来满足其用地需求。

2)国家垄断建设用地一级市场

现行的《中华人民共和国土地管理法》规定中国实行土地用途管制,农用地转为建设用地受到严格限制。同时,通过该法第43条的规定限定,任何单位和个人进行建设,需要使用土地的,必须依法申请使用国有土地。只有政府征收才是农用地转为建设用地的唯一合法途径。由于中国土地征收的补偿采取按土地原用途补偿的原则而不是按照市场价值标准,廉价的土地征收成本使政府在征地中获取了较大份额的土地收益,这不仅导致原土地权利人与国家之间经济关系的不公平,也不符合国家征收权的宗旨。

3)缺乏土地征收目的合法性的审查机制

土地征收目的的审查机制,应该包括土地征收申请批准前有关机关对土地征收目的的合法性的事前审查,也应包括土地征收被批准后被征收人认为土地征收目的不具有合法性时的救济机制及事后审查。但在《中华人民共和国土地管理法》中,只规定了土地征收必须经过国务院或省、自治区、直辖市人民政府批准,对被征收人对土地征收目的的合法性争议的救济机制却没有作出规定。

2. 国外土地征收范围比较研究

对有关国家土地征收范围的研究和比较可以发现,在下面几方面是值得我们借鉴的。

1)对土地征收的实质依据——“公共利益”的解释

为了防止解释不当导致征收权滥用或不当地限制征收行为,很多国家对公共利益都作了具体的规定,并在立法上从不同的角度给予解释。

a. 从财产利用目的上解释

除了公共使用外,还包括具有公共利益的用途。公共使用包括代表公共利益主体的直接使用行为,如国防设施、政府建筑物;具有公共利益的用途,则指征收行为的后果是增进全体社会成员的福利,如教育、学术、公益事业等。然而,由于公众受益人的范围具有不确定性,公共利益是否仅指须全体成员而非部分成员或特定业界的成员受益,各国法律和实务则有确定范围上的宽严之别。当然,对公共用途的不同解释是一国土地资源多寡、土地征收法律传统等多种因素作用的结果。

b. 依土地利用的效果解释

公益用途又可解释为经营性与非经营性两种情况。在代表公共利益的主体直接使用的情况下,被征收土地多被消费性和非经营性使用;因公共用途而为社会成员受益时,被征收土地多为经营性使用且经营所得用于回报社会或大众,如按国家高速公路事业的管理有关规定,高速公路运营收益主要用于补偿投资、填补设施和维护成本。公益目的征收土地并非排除土地的经营行为。因此,在用地主体上不仅包括公益性主体,而且也包括营利性主体。

2)对"公共利益"的界定方式

世界上法制比较完善的国家对社会公共利益的界定一般可分为两种形式:第一种形式是法律对社会公共利益的范围没有明确限定,但通过其他法律对私人土地或财产给予充分保护。如澳大利亚征收法规定,"公共目的"是指议会有权力制定法律来限定的用途。第二种形式是在有关法律中,采用列举法严格限定公共利益的范围。如日本在《土地征收法》中共列举了35项可以发动土地征收权的事业。

各国(地区)在规定土地征收的具体范围时大致有4种形式:第一种是概括式,如《法国民法典》规定,"为了公共利益的需要,包括直接的公共工程建设和间接满足公共利益的建设,以及政府进行宏观调控的需要";第二种是列举式,如日本《土地征收法》规定,"为了兴办各种社会公共事业,如道路、公园、堤防以及港湾建设等";第三种是概括和列举并用的方式,如中国台湾的《土地法》规定,"为兴办公共事业的需要,如国防、交通、水利、政府机关等;为实施国家经济政策,控制私有土地垄断、荒废等";第四种是排除法。

从各国(地区)的对比中还可以发现,现在的各国土地征收目的中已经不是最初那种单纯的国家或社会公共设施建设的需要,现在公共利益的范畴已经扩展到社会经济生活的各个领域,可以是直接或间接地满足公共大众利益的需要,在有些国家或地区(如法国、马来西亚、台湾地区等),土地征收已成为政府进行宏观经济调控的手段①。

3)政府在行使土地征收权过程中的地位

土地征收权的行使要体现公共利益,所以在一个国家中只能由国家或政府来行使,而其他个人或企业无权代表公共利益。在政府行使土地征收权的过程中,涉及到土地征收权和土地所有权对立问题。

通常来讲,土地的所有权是最完整的权利,是土地所有者在法律规定的范围内自由使用和处理土地的绝对权利。但在各个国家的征地过程中,土地征收权实际上是一种"最高权力"或者说是"统治权",是指"最高统治者在没有所有者同意的情况下,将其土地财产征收于公共目的的权力",在这种情况下,私有土地所有权是无法抗衡政府的土地征收权的。因此,政府行使土地征收权最显著的特征就是具有不可抵抗的强制性,此时的决定权不在土地所有者手中。从严格的物权角度来看,这是"最绝对"的物权受到"最强制性"干涉。此外,有的国家规定公共建设相关部门、国营企业经过政府授权或法律许可也可以直接进行征地,行使土地征收权。

3. 征地范围改革方案选择及步骤

1)征地范围改革可能的3种方案

a. 征地范围改革方案一

将"公共利益"界定为:以国家为投资主体、不以盈利为目的、为社会公众服务、效益

①如台湾地区在个人拥有土地面积超过一定数量时,政府采取征收方式,防止出现土地财产分配不公。

为社会共享的公共设施和公益事业项目。包括军事设施，国家重点投资的用于交通运输的道路，能源、水利、市政等公用事业设施和其他公用场所，政府办公设施和政府、公共团体投资的文化、教育、卫生、科技等公共建筑等。除此以外的用地项目均退出征地范围。

b. 征地制度改革方案二

将征地范围界定为：国家重点扶持的能源、交通、水利等基础设施用地和土地利用总体规划确定的城市（含建制镇）建设用地范围内的发展用地。除此以外经营性用地，退出征地范围，主要是城市（含建制镇[①]）建设用地范围外的非公益性用地。

c. 征地制度改革方案三

将征地范围界定为：国家重点扶持的能源、交通、水利等基础设施用地及其他公益性项目和土地利用总体规划确定的城市（不含建制镇）建设用地范围内的发展用地。与方案二相比，退出征地范围的是：使用土地利用总体规划确定的建制镇建设用地范围内的非公益性用地。

2）征地利益相关者分析

征地涉及的利益相关者有被征地农民、村集体、地方政府、中央政府、开发商等，不同的改革方案将对各个利益主体会产生不同的影响，因此各利益主体对这些改革方案持不同的态度，见表9-5。

表9-5　不同方案间的利弊分析

	方案一	方案二	方案三
利	1. 较大幅度缩小了征地范围，农民利益得到了保障 2. 经营性用地退出了征地范围，有利于转变政府职能，规范政府行为 3. 有利于发挥市场在土地资源配置中的基础性作用	1. 有利于城市功能的形成和发挥，加快城镇化进程 2. 城镇建设用地范围内，政府统一供地，有利于促进招商引资、经济调控和土地市场管理 3. 与现行土地基本制度容易衔接，修改相关法规容易做到，有利于社会稳定	1. 有利于城市功能的形成和发挥 2. 城市建设用地范围内，政府统一供地，有利于促进招商引资、经济调控和土地市场管理 3. 与现行土地基本制度容易衔接，修改相关法规容易做到，有利于社会稳定
弊	1. 城市市区土地所有权主体出现多元化；政府、农村集体同时提供土地供应，政府统一开发的难度增大 2. 征地补偿标准将与市场价格接近，提高城市建设用地成本 3. 城市政府从土地出让获取的收益将减少，城市建设失去重要的资金来源 4. 非公益性用地改由农村集体提供，涉及中国土地基本制度的重大修改和一些配套措施的完善，改革难度大	1. 缩小的征地范围不大，受政府财力的影响，增加征地费用有限，农民在征地中受益程度有限 2. 城市建设用地范围内的经营性用地没有退出征地范围，不利于转变政府职能、规范政府行为 3. 缩小的征地范围比例较小，通过市场配置土地资源的范围有限，土地市场建设步子不大	1. 建制镇成片开发建设的难度加大，不利于其功能的形成和发挥 2. 增加了建制镇招商引资的难度

①按照中国现行规定，建制镇是规模比城市小的居民点，一般为2000～60000人。

a. 被征地农民

被征地农民是征地中受影响最大群体。在中国,农民在征地过程中没有决策权,只能被动接受。征地后农民失去土地、失去生活保障,即使给予合理的补偿,农民生存仍然受到威胁。征地范围越宽,农民受威胁的可能性就越大。因此,他们除要求更高的补偿来保证生活水平不降低外,更希望公共利益范围以外的土地能进行自由交易。

b. 村集体组织

村集体组织是农村集体土地的经营管理者,他们在征地过程中获得较大的土地收益,但事实上他们并不愿意政府征用土地,而是希望自己拥有土地的最终处置权利,这样他们可以通过集体土地流转等方式取得更大的土地收益。因此,村集体组织希望缩小征地范围,开放农村集体土地市场。

c. 地方政府

地方政府是征地的计划者和决策者,为了发展地方经济、实现地方政府财政收入增长和任期内政绩最大化,地方政府往往增加征地数量、扩大征地范围、降低征地成本,以实现自身利益最大化。因此,征地范围越广泛,对于地方政府越有利。

d. 中央政府

中央政府比地方政府更关心征地所引起的国家粮食安全、生态环境保护、社会经济的持久稳定发展等问题,因此针对地方政府热心于征地的行为,中央政府在土地制度和政策方面总体表现出控制征地的倾向。从保护耕地和维护农民利益角度出发,中央政府希望缩小征地范围。

e. 开发商

开发商作为土地使用者,他们从自身利益最大化出发,必然会选择征地出让这种成本较低的土地取得方式。一旦非公益性用地退出征地范围,开发商的利益将受到很大的损失。

从以上分析可知,将征地范围严格限定在公共利益的改革方案(方案一)受到被征地农民、村集体组织拥护和中央政府的支持,这也是我们改革最终要实现的目标。但是一旦严格限定征地范围,地方政府和开发商将是最大的利益受损者,因此方案一的实施必定会受到这部分利益集团的抵制与阻碍,从而产生较高的改革实施成本。同时从中国国情来看,短期内实现严格按公共利益范围征地将影响工业化、城市化的进程,影响中国经济、就业的增长,进而带来一定的负面社会影响,而且方案一涉及到中国土地基本制度的重大修改和一些配套措施的完善,改革有一定难度。因此,征地范围改革应采取循序渐进的步骤。

3)建议改革采取的步骤

第一阶段:采用方案三,将征地范围界定为:国家重点扶持的能源、交通、水利等基础设施用地及其他公益性项目和城市(不含建制镇)建设用地范围内的发展用地。

《国务院关于深化改革严格土地管理的决定》中提出,“在符合规划的前提下,村庄、集镇、建制镇中农民集体所有用地使用权依法流转”。据此,方案三可以在不修改《中华人民共和国宪法》的情况下,通过选择中国东部、中部和西部典型地区进行农村集体建设用地的流转试点,探索集体建设用地整个进入市场的模式,为研究修改《中华人民共和国土地管理法》和《土地划拨目录》提供依据。

第二阶段:通过方案三的试点后,进行较大范围的经验推广,为进行《中华人民共和国土地管理法》和《土地划拨目录》的修改提供依据。

第三阶段:采用方案一,将“公共利益”界定为:不以盈利为目的、为社会公众服务、效益为社会共享的公共设施和公益事业项目。包括军事设施,国家重点投资的用于交通运输的道路、能源、水利、市政等公用事业设施和其他公用场所,政府办公设施和政府、公共团体投资的文化、教育、卫生、科技等公共建筑等。除此以外的用地项目,均退出征地范围。

《中华人民共和国宪法》第十条规定“国家为了公共利益的需要,可以依照法律规定对土地实行征收或者征用并给予补偿。城市的土地属于国家所有。”

方案一是一个理想的方案,由于涉及到《中华人民共和国宪法》第十条修改,必然存在法律等程序上的难度。这是在第一阶段试点、第二阶段的总结推广的基础上,选择条件成熟的地区作重点改革试点,为修改《中华人民共和国宪法》、《征收征用条例》等提供立法参考。

与此同时,征地制度改革因涉及中国经济建设的多个领域,需要相关制度的配套进行。因此,中国农村集体建设用地使用制度、土地登记制度、产权制度、税收等制度配套改革应该与之相适应。

(三)征地补偿标准测算方法研究

本节通过对典型城市征地案例和征地补偿利益相关者的调查和分析,研究中国移民过程中征地补偿费确定方法中存在的问题以及未来可能的解决方式,探讨在征地补偿测算时如何更多地考虑土地市场、土地供求、土地区位等因素,确定一种在理论上合理、实践中可行、技术上可操作,且与现行地价体系相衔接的征地补偿测算方法。

本报告主要采用实证研究的方法,选取中国的南京、宁波、武汉和石家庄等4个城市作为研究对象。南京和宁波两个城市位于中国的东部地区,经济发达,城市化和工业化速度较快,对土地的需求很强;武汉市为中国的中部地区,经济发展速度一般,但是对土地的需求也很大;石家庄市位于中国的华北地区,经济发展速度较慢,对土地的需求一般。

1. 征地案例分析

征地案例研究分别在南京、宁波、武汉和石家庄4个城市选取的有代表性的区域进行。南京市的代表性区域为雨花台区,宁波市的代表性区域为海曙、江东、江北、鄞州、北仑和镇海等6个区,武汉市的代表性区域为江夏区和流芳区,石家庄市的代表性区域为元氏县和正定县。共获得1999~2004年的征地案例103例,涉及到商业、居住、工业、基础设施建设、学校和政府等不同的用地项目。

1)征地补偿费用基本构成

各地征地补偿费用的基本构成及构成要素的名称略有不同,详见表9-6。

表 9-6　征地补偿费用基本构成比较　（单位：万元/hm^2）

调查项目	南京	宁波	武汉	石家庄
土地补偿费	3 ~ 42	18 ~ 42	2 ~ 6	7.7 ~ 50
安置补助费	1.4 ~ 4	9.5 ~ 63	0.3	1 ~ 6
区片价（包括土地补偿费和安置补助费）	—	27 ~ 105	—	—
青苗补助费	0.8 ~ 1.5	0.75 ~ 11.6	0.4 ~ 0.75	0.5 ~ 1.5
附着物补偿费	依实际情况确定	依实际情况确定	依实际情况确定	依实际情况确定
所调查案例平均征地成本	106.47	137.19	23.44	53.08

2）补偿费用特点分析

从调查数据的统计分析结果看，调查区域征地补偿存在以下共同特点：

a. 不同目的的征地补偿标准悬殊，基础设施征地补偿偏低

由于被征土地征用后的用途不同，征地补偿费差距较大，基础设施用地最低，商业及商品住宅用地的补偿费用比较高。以石家庄为例，调查的 51 例征地案例中，基础设施建设项目有 16 个，占项目总数的 31.4%，平均补偿费为 12.43 万元/公顷，而住宅项目的补偿费高达 64.51 万元/公顷，是基础设施建设项目征地补偿费的 5 倍多。

基础设施征地补偿偏低的原因在于基础设施建设主要由政府投资，政府为了缓解资金压力，往往对一些大型建设工程或重要工程的征地补偿标准另作规定，确定的补偿标准多数低于产值倍数法的标准。如高速公路规定的土地补偿费和安置补助费为每亩 5000 ~ 8000 元，为年产值的 3 ~ 5 倍，低于国家规定标准。

b. 征地成本中税费比重偏高

各地的征地有关税费大同小异，包括征地管理费、不可预见费、耕地开垦费、新增建设费、水利基金、耕地占用税等，平均占土地取得总成本的 35% 左右，有些高达 50% 以上。

c. 征地费用与土地出让价格悬殊

在所调查征地案例中，征地补偿费用大大低于土地的出让价格①，一般情况下征地补偿费用都在土地出让金的 20% 以下，个别的甚至不到土地出让金的 10%。显然，作为土地所有者——农民集体完全没有分享到土地用途改变带来的土地增值，也没有体现土地所有者对土地发展的分享权利，这是很不公平的，造成了农民对征地行为的反感和不信任，也严重影响了农民未来的生活质量。

d. 征地补偿费中农民所得比例基本合理，但有些地方还是较低

调查发现，征地补偿在村集体和农民之间的分配比例不等，既有补偿费用全部归农民所有的，也有完全不给农民的，给予被征地农民的补偿大部分占征地补偿总费用的

①土地出让金是开发商为获得土地使用权而向政府支付的金额。

50% ~80%之间。这说明大部分分配是合理的,但仍存在侵害被征地农民的利益和管理不规范的现象。

2. 问卷调查情况分析

问卷调查主要针对农民、政府管理人员和土地使用者3方面的人员,调查内容为各征地利益方对目前征地补偿政策的认可度、对未来补偿改革的政策需求和利益要求等。调查在南京、宁波、武汉和石家庄4个城市进行,一共得到有效问卷284份,其中农户的有效问卷138份,政府管理者的有效问卷78份,用地者的有效问卷68份。在被访问的农民中,有过被征地经历的农民占被调查农民总数的61.6%;被访问的政府管理者分别来自规划部门、土地管理部门和其他行政管理部门,其中土地管理部门的被访问人数占被调查的政府管理者总数的91%。通过问卷调查分析,得到以下结论。

1)对目前征地补偿的看法

a. 征地补偿标准及确定方式公开程度不够,征地利益各方在征地补偿信息方面严重不对称①

在征地补偿行情方面,无论是农民、政府管理者还是用地者,对于当地的征地补偿情况都不甚了解,75%的受访者表示对征地补偿行情只是了解一点点。而农民、政府管理者和用地者对征地补偿信息的了解程度是很不对等的,农民占到不了解者总人数的87.5%,说明政府在征地补偿标准和征地补偿行情及信息的披露方面不够。

b. 政府对征地补偿的影响力过大,被征地农民对补偿价格缺少决策权

从对征地补偿的影响力调查来看,有62.6%的受访者认为政府对征地补偿的影响力最大。认为政府对征地补偿的影响力最大的受访者中,农民、政府管理者以及用地方的受访者分别占到了各自被调查对象总数的60.9%、74.4%和52.9%,大部分农户反映自己在征地过程中没有决策权与参与权,都是政府说了算。

c. 征地补偿水平较低,不能够补偿失地农民的损失

从征地补偿水平来看,无论是农民、政府管理者还是用地者,大部分受访者都认为目前的征地补偿水平不高。73.9%的被调查农民认为他们被征地的补偿水平较低或很低,对于这种较低的补偿水平,他们并不满意。

d. 征地补偿没有体现对土地财产的补偿,更多是对生活保障的补偿

从征地补偿内容来看,有近50%的被调查农民认为现在的征地补偿是对他们的生活保障进行的补偿,也就是说,多数农民在考虑征地补偿的时候,更多的考虑是被征地后的生活保障问题,而不是认为土地是一种财产,这与中国更多的宣传土地为集体(国家)所有相一致。相应地,认为征地补偿是对土地财产补偿的政府管理者和用地者却分别达到各自被调查总数的19.2%和22.0%。

e. 目前的补偿使得农民生活水平有所降低

从征地补偿对被征地者生存影响来看,56.3%的受访者认为征地使得农民的生活水平有所降低或有很大降低。调查显示,认为征地可以提高被征地者的生存状况的受访者中,用地者占了57.9%,而认为很大程度地降低了被征地者的生存状况的受访者中,农民

---

①征地利益各方所能获得的信息量不同,其主要问题是信息不公开。

占到了69%。也就是说,在征地对被征地者生存影响的问题上,农民与用地者的观点是非常对立的。

2)对未来征地补偿方式的意见

a. 补偿应该以土地补偿和人员安置为主

从征地补偿内容需求来看,34.9%的受访者认为最重要的是对失去土地财产的补偿,41.2%的受访者认为对被征地人员进行安置最为重要,21.8%的受访者认为最重要的是对生产和经济损失进行补偿,还有2.1%的受访者认为最重要的是对青苗和附属物的补偿。多数被调查者认为征地补偿主要是对人员安置和失去土地权利的补偿。

b. 补偿应该按照土地面积和人口情况综合考虑

关于征地补偿中土地补偿的核算依据,无论是被调查农民、用地者还是政府管理者中,绝大多数持相同的观点,即65.1%受访者认为在核算征地补偿时,对于土地面积和人口数量,都要统筹考虑,综合计算。

c. 政府应当妥善安置被征地农民

如果土地补偿很低,不足以保证被征地人的生存与发展时,包括政府管理者在内的受访者都认为应该由政府出资进行安置补偿。59.9%被调查者认为即使提高土地补偿,使其足以保证被征地人的生存与发展,也需要对人员安置进行补偿。

3)对征地补偿测算方法的意见

a. 征地补偿应主要考虑市场对土地的需求状况和土地的区位条件

大多数受访者认为征地补偿价格高低取决于市场对土地的需求,需求大时价格高,这一比例高达60.6%,15.1%的受访者认为离城市越近补偿价格越高,10.2%的受访者认为土地类型是影响征地补偿价格高低的最重要因素,8.8%的受访者认为人均收入越高的地方补偿越高,还有5.3%的受访者认为保险是影响征地补偿价格高低的最重要因素①。

b. 应该主要以市场谈判的方式确定征地补偿水平

对于征地补偿标准的确定方式,政府管理者中有75.6%的受访者认为将来征地补偿的确定最好是政府提出最低保护价,然后往上谈或确定指导价后上下浮动;用地者中有69.1%的受访者认为由政府预先公布固定的补偿价格,无需再谈或是确定指导价后上下浮动;而农民中58.7%的受访者认为征地补偿应完全依靠征地双方自己谈。可见,不同的调查者往往从自身利益出发,希望有一个对自己有利的征地补偿标准确定方式。

c. 征地补偿价格测算应该主要以案例修正的方式确定

对于征地补偿标准测算方法,18.7%的受访者认为用产值倍数法比较好,42.3%的受访者认为用案例修正法,29.9%的受访者认为应该用转用预期价格扣除法,7.0%的受访者认为应该用其他方法,比如土地补偿加社会保障的方法,还有2.1%的受访者(农民)对应该选用什么样的方法测算并不清楚,这些被调查农民认为对选用何种方法并不在乎,只要能拿到令人满意的补偿就行。由于市场谈判案例比较法相对于农民来讲比较直观,容易使被征地者在征地补偿发生前有一个大致的补偿价格范围,因此,有52.2%的被调查

①征地补偿标准如果含有社会保险费用,将有较大幅度的提高。

农民表示应该用案例修正法①。

d. 征地补偿应该以一次性的方式进行

对于征地补偿支付方式，79%的被调查农民希望一次性支付。主要原因是现在有不少农民对社会保障的认识程度不深刻，对养老、医疗等保险心存疑虑，认为与其拿出不少的钱花在保险上，还不如分到钱来得实在。同时，农民担心分期付款后补偿款会拖欠，越发感到一次性补偿好处多。而被调查用地者中有50%认为应分期支付②，主要是可以缓解一次性支付补偿费的资金压力。政府管理者中有67.9%的人认为应一次性支付，主要是这种方式简单易行，可以减少征地中的后续工作负担③。

3. 测算方法分析

1）征地补偿需要解决的问题

a. 补偿水平低

补偿水平低一直是中国征地中引起社会矛盾的主要原因，也是征地改革需要解决的主要问题。从调查结果分析看到，征地后被征地农民的生活水平确实有所降低。如果征地制度改革不能解决这一问题，可以说改革是无效的。所以，必须将保障农民生活水平不降低和解决长远生计列为最基本的和衡量征地补偿水平是否适当的原则。

b. 利益分享公平性不够

征地过程伴随着土地使用方向转变和土地环境的改善，但是补偿中没有给予农民适当的土地增值分享。征地补偿和未来土地价格的反差很大，农民普遍认为不够公平，也不愿意接受这样的状况。所以应该尽量缩小征地补偿和未来土地价格的反差，在补偿中适当体现土地发展权的收益。

c. 缺乏对补偿费用的调控作用

大部分地区对于补偿都是一事一议，所谓标准实际上是征地发生的费用。征地补偿没有一个统一的基准，畸高畸低的现象经常发生。所以不但对农民的补偿缺乏起码的保护作用，而且难以进行必要的政府调控。解决这一问题，需要增加征地补偿水平的刚性，将征地补偿水平标准化和法定化，向社会公布，并建立征地补偿监测制度。

d. 缺乏对农民的市场引导和培训

由于政府一直是征地主体，在征地补偿政策和信息上占有优势，而农民则处于劣势。所以，在征地过程中政府、农民缺乏平等的协商地位，需要在补偿决策过程中引入谈判机制，增强补偿标准的市场化特性。

---

①产值倍数法是指根据现行《中华人民共和国土地管理法》规定，征地按土地原用途进行补偿，具体测算按被征土地前3年平均年产值的倍数确定补偿费用，征用土地补偿费用包括：土地补偿费、安置补助费、青苗补偿费及地上附着物补偿费。案例修正法：求取待估征地补偿费用时，将待估土地及地上物与在接近估价时点时期内已经成交的类似被征土地及地上物加以比较，依照这些补偿费用，通过多项因素的修正而得出待估征地补偿费用的一种估价方法。转用预期价格修正法：以土地转用的预期价格为基础测算征地补偿费，征地补偿费等于土地转用的预期价格扣除基础设施投资费和国家所有权收益部分等的剩余，适合于离城市很近的地区。

②分期支付可以缓解用地者的资金压力。

③一次性支付后，政府管理者仍然负有对征地移民后续工作进行管理的责任。

e. 补偿测算方法单一

征地补偿低除政策局限性原因外，测算方法和方式单一也是主要原因。长期以来，测算方法只有产值倍数法一种方法，缺乏验证和校正的可能。因此，要增加其他的方法进来，特别是能够利用市场信息的方法。

f. 补偿内涵不清

从目前的情况看，对于土地的补偿农民并没有很高的认同，事实也正是这样的，即重安置补偿、附着物补偿，而轻土地补偿，土地补偿很低。从长远看，征地补偿应该逐步转移到对土地产权补偿，有多少地补偿多少。有关人员安置、社会保障等问题要逐步分离出去，走另一条途径。补偿改革方案应该有利于这一目标的逐步实现。

2）征地补偿测算遵循的原则

a. 以土地补偿为主，兼顾人员安置，保障农民的生活水平不降低和长远生计

制定征地补偿价格测算方法必须充分考虑土地对农民的保障功能，切实保障被征地农民合法权益，保证被征地农民现有生活水平不降低。这是为了解决目前现实问题而必须遵循的原则。

b. 以农地收益为主，适当考虑用途转变的土地增值，让农民分享土地未来的发展权

从某种意义上说，地价是土地权利人对社会总产品利润分割的一种方式。虽然土地增值主要是由国家投资基础设施、改善投资环境带来的，但是作为土地集体所有者，农民对土地转变用途后产生的增值应该享有一定的分配权①。国家应以税收的形式参与土地增值的分配，通过财产税和所得税的方式获得，才符合市场规律②。

c. 以市场需求为主，适当考虑土地的区位因素，让农民分享社会发展所带来的好处

中国已确立社会主义市场经济体制，土地是重要的基础生产要素，为此在农用地征收方面也应体现出市场性，让农民分享社会发展所带来的好处③，保障农民的土地权益。

d. 以土地面积为基础，将补偿标准落实到小范围的土地区片，建立公开的补偿信息机制

在确定征地补偿价格时，采取一定的方式，将补偿标准做得更具体、更明确。一方面要保证补偿标准的透明度；另一方面能够增强补偿费用确定的效率，并且避免不必要的纠纷和损失。

e. 考虑与过去补偿水平的衔接，分阶段实施不同的测算方法

征地补偿标准涉及到与历史衔接的问题，注意“把改革的力度、发展的速度和社会可承受的程度”统一起来。在提高征地补偿标准的同时，要注意与原补偿制度的衔接，做到平稳过渡④。

3）征地补偿测算基本方法设计

a. 基本方法

（1）以土地综合年产值为基础测算征地补偿费，征地补偿价格等于土地补偿费和安

---

①事实上，这里的农民指的是近郊区的农民。

②这是目前比较好的成熟的及有可操作性的一种做法。

③在现行法律框架内，只能逐步提高征地补偿标准。

④补偿制度是在逐步完善的，补偿水平是在提高的，因此有利于市场机制的完善。

置补助费，其中，土地补偿费和安置补助费等于土地综合年产值的若干倍数[①]（以下简称产值倍数法）。

产值倍数法是尊重现有法律规定的按照被征地原用途补偿的精神，对其内涵进行适当调整，使其更加符合现实情况。这一方法的优点是能够很好地与现行的法律法规相衔接，也能够做到测算结果与历史补偿水平相衔接。因为这一方法的关键点在于土地综合年产值和补偿倍数，其中土地综合年产值可以在原有的农作物产值上加上一些附加性收入，适当提高年产值标准，从而提高补偿标准；补偿倍数虽然有些人认为人为影响很重，但是由于长期使用，实际上在各地已经成为一种经验性的参数，如果这种参数的确定中考虑的各种因素合理，并且过程公开化和标准化，也具有较高实用性。

产值倍数法适合于一般性地区[②]。使用产值倍数法应该注意以下几点：一是土地年产值是综合年产值，可以依据统一年产值标准或者通过实地调查确定；二是土地补偿倍数和安置补助倍数，应根据《中华人民共和国土地管理法》有关规定确定，并按《国务院关于深化改革严格土地管理的决定》的要求，适当考虑当地经济发展水平和基本生活保障水平[③]。

（2）以市场平均征地成本为基础测算征地补偿费，征地补偿费采用征地案例经过比较修正得到（以下简称案例修正法）。

案例修正法主要是为了将市场比较机制引入到补偿费用测算中来。这一方法的优点在于能够很好地使用市场信息，并通过修正逐步[④]提高征地补偿水平，而且既适用于现在也适用于将来，特别是当征地补偿市场机制健全的时候更加实用。反过来看，该方法的使用能够对农民进行市场培训和引导，也有利于征地补偿市场机制的建立。

案例修正法适合于征地补偿市场化较高的地区。使用案例修正法应该注意以下几点：一是征地案例要选择相近年份发生的征地项目，二是征地案例的可比内涵要一致，三是对征地案例的比较修正考虑区域因素、个别因素和时间因素等。

（3）以土地转用的预期价格为基础测算征地补偿费，征地补偿费等于土地转用的预期价格扣除基础设施投资费和国家所有权收益部分等的剩余（以下简称转用预期价格扣除法）。

转用预期价格扣除法主要是为了将土地发展权收益分配的内涵引入到征地补偿中来。虽然现在还没有到提出土地发展权[⑤]概念的时候，但是将其内涵逐步考虑进补偿费中有利于减少补偿费用和土地未来价格之间的差异。

转用预期价格扣除法适合于离城市很近的地区。使用转用预期价格扣除法应该注意以下几点：一是转用预期价格采用城市相近区域的商业用途、居住用途和工业用途的基准地价加权平均处理得到，二是基础设施投资费根据当地基准地价设定条件和相应的费用

---

①根据地区的不同（如地级市或县）确定统一的倍数标准。

②在城市规划圈范围外，适合大面积农业生产的区域。

③贫困地区由于经济发展水平相对落后，获得的补偿费用也相对较低，但符合当地的居民生活水平。

④国家现有的财政承受能力决定了只能逐步提高。

⑤土地发展权是指改变土地现状、用途和强度等方面的利用方式，进行非农建设开发过程中产生的一种动态的权利归属与利益分配。

标准计算;三是国家所有权收益可以根据当地土地出让金水平与地价水平①综合分析确定。

(4)以农用地价格为基础,考虑人均耕地数量和城镇居民最低生活保障水平等因素进行修正确定征地补偿费(以下简称农地价格修正法)。

农地价格修正法主要是考虑征地补偿应该是以土地补偿为主的原则设计的。它的特点是将人均耕地数量和城镇居民最低生活保障水平等放在一种次要的位置,为将来实行土地补偿和社会保障性补偿分开做一种铺垫。当土地补偿提高到一定程度之后,社会保障性补偿会越来越少,并参照土地补偿的情况发放。

农地价格修正法主要适用于农地经营市场化程度较高的地区。使用农地价格修正法应该注意以下几点:一是农地价格是完全市场条件下的价格,在农地年产值的基础上采用收益还原法评估确定;二是修正因素主要考虑人均耕地数量、土地区位、土地供求关系、当地经济发展水平和城镇居民最低生活保障水平等因素。

b. 几种基本方法试用结果比较

根据调查的有关数据,在调查区域对几种基本方法进行试用,结果见表9-7。

表9-7　城市采用不同方法测算征地补偿平均价格结果比较　　(单位:万元/hm^2)

城市 测算方法	南京	宁波	武汉	石家庄
产值倍数法	50	65.64	28	—
案例修正法	74.46	60.98	15.94	23.17
转用预期价格扣除法	219.93	155.94	373.84	60 ~ 105
农地价格修正法	—	—	—	60

(1)各种测算方法下价格水平比较分析。从数据结果上来看,转用预期价格扣除法得出的征地补偿价格比产值倍数法和案例修正法得出的价格高。从其他测算方法的价格水平比较可以看出,有些调查区域(如武汉、宁波)市场平均法的测算结果低于产值倍数法测算出的结果,而另外一些调查区域(如南京)产值倍数法测算结果低于市场平均法的测算出的结果。

(2)不同测算方法下价格结构组成比较分析。产值倍数法:指征用土地按土地年产值倍数进行补偿,具体测算按被征土地前3年平均年产值的倍数确定补偿费用,征用土地补偿费用包括:土地补偿费、安置补助费、青苗补偿费及地上附着物补偿费。

案例修正法:求取待估征地补偿费用时,将待估土地及地上物与在接近估价时点时期内已经成交的类似被征土地及地上物加以比较,依照这些补偿费用,通过多项因素的修正而得出待估征地补偿费用的一种估价方法。

转用预期价格修正法:以土地转用的预期价格为基础测算征地补偿费,征地补偿费等于土地转用的预期价格扣除基础设施投资费和国家所有权收益部分等的剩余。因此,由这种方法测算的补偿费用高于前两种方法。

---

①目前看,出让金水平主要由当地政府决定。

从价格构成上看，产值倍数法补偿价格为土地补偿费加安置补助费等之和；案例修正法是补偿总费用扣除青苗和附着物补偿费后费用，如果补偿总费用只包含土地补偿费、安置补助费、青苗补偿费和地上附着物补偿费4项的话，案例修正法也就是土地补偿费加安置补助费之和，这和产值倍数法的构成趋于一致；转用预期价格扣除法补偿价格等于综合性建设用地预计价格扣除基础设施投资费用、国家所有权收益和其他相关费用（投资利息、投资利润、相关税费等），实际上还包括部分土地增值，因此比前两种方法测出的征地补偿价格高得多。

从内涵上看，产值倍数法补偿价格为综合平均年产值的倍数；案例修正法测算的补偿价格为测算范围内的征地案例的平均价，两者的实质构成基本一致，都是由土地补偿费和安置补助费的相应倍数组成，不同的是产值倍数法中取了两者的最高倍数，分别为10倍和6倍，并且选用了2005年4月新出台的有关规定中的征地补偿费取费标准，而案例比较法中，案例的补偿中除实际发生时按照产值倍数计算的基础外，包含了集体和农民讨价还价的成分，构成实际发生的补偿平均费用，所以在案例比较计算的结果可能大于产值倍数法补偿价格。但是由于新规定的征地补偿费取费标准远远高于过去的补偿标准，因此案例比较结果与产值倍数法结果相差不大。转用预期价格扣除法结果实际上是农用地转为建设用地后未经任何开发投资的土地使用权价格，包含了区位增值和用途增值，其结果必定要大于产值倍数法和案例比较法的测算结果。不同测算方法的比较见表9-8。

表9-8　不同测算方法的比较

比较内容	产值倍数法	案例修正法	转用预期价格扣除法
价格水平	低	低	高
价格构成	土地补偿费+安置补助费	补偿总费用－青苗补偿费和地上附着物补偿费	综合性建设用地预计价格－基础设施投资费用－国家所有权收益－投资利息－投资利润－相关税费
价格内涵	综合平均年产值的倍数	测算范围内的征地案例的平均价	农用地转为建设用地后为未经任何开发投资的土地使用权价格（扣除税费）

（3）合理性分析。产值倍数法补偿价格以综合年产值为补偿基数，考虑到土地的区位条件、当地经济发展水平等多种因素，比原来根据原用途产值确定补偿标准的方法有所改进，使得征地补偿得到相应的提高。但综合年产值的确定应该有统一的方法并在一定区域内平衡①。

案例修正法补偿价格为区片内的征地案例的比较结果，一定程度上考虑到市场因素，但这种方法需要大量的征地案例，然而现有的大部分征地案例的补偿标准都是以原用途产值倍数法计算得出的，虽然征地过程中的讨价还价使得实际补偿比标准高一些，但程度

①该方法执行时会在发达地区和不发达地区之间综合考虑，减少地区间的差异，不发达地区的补偿水平会相应提高。

有限,必须考虑一些非市场化因素修正。

转用预期价格扣除法以建设用地的土地市场价格为依据确定征地补偿,能够大幅度提高征地补偿,可以避免农用地与非农用地之间存在价格差异,体现了农民对土地的权利,容易被农民接受。这种方法考虑到土地潜在利用价值和农地可能发生的交易情况,考虑到与城镇建设用地地价的衔接,也符合城乡地价一体化的原则。但这种方法使用过程中,不能很好地体现土地区位差异,对于转用预期价格判断有一定难度。比如远郊用这种方法测算价格有可能偏高。

综合上述分析,几种测算方法各有利弊,适用范围和条件也不一样,应该根据实际情况进行选择。在确定征地补偿时,可以采用几种方法分别测算,相互印证。

4)征地补偿测算方法应用

a. 界定内涵

目前征地补偿除了主要考虑土地财产外,还要重点考虑人的因素,现阶段更大意义上是政策性的补偿①。以上提及的方法中农地价格修正法主要就是考虑了征地补偿应以土地财产补偿为主的原则设定的,农用地价格可视为是对土地财产进行的补偿,又考虑了人均耕地数量和城镇居民最低生活保障水平等政策性因素。因此,在征地补偿过程中需要进一步明确,土地财产是补偿内涵的主体,其他补助及补贴也作为考虑因素。

b. 划定区片

对于有农用地定级成果市(县)的区片划定,根据已有的《农用地定级规程》,按照《关于完善征地补偿安置制度的指导意见》(国土资发[2004]238 号)的精神,选择人均耕地数量、土地区位、土地供求关系、当地经济发展水平和城镇居民最低生活保障水平等因素,对农用地级别进行修正和调整,划分区片。对于没有农用地定级成果工作的市(县),可以行政村为基本单元,并根据地类、人均耕地数量、土地区位等因素对基本单元进行综合评价和调整,划定区片。并将这种区片补偿标准确定为实施过程中的执行标准,同地同价,在一般情况下不进行修正。

c. 选择多种方法测算

现行的征地补偿只有一种测算方法。为了保证测算结果的客观性和科学性,在界定清楚内涵的基础上,今后必须明确征地补偿价格根据各地的实际情况及各方法的适用范围,可采用产值倍数法、案例修正法、转用预期价格扣除法、农地价格修正法等方法进行测算;各地也可以根据实际情况采用其他合适的方法进行测算。原则上应选取两种或者两种以上的方法进行测算,并根据市场情况综合确定②。对此,可考虑建立一个适当的价格评测机构。

d. 测算结果验证和调整

征地补偿标准初步结果必须与实际征地补偿水平和被征地农民现有生活水平进行比较和验证,测算的征地补偿标准低于实际征地补偿水平和农民现有生活水平的,不足以支付社会保障费用的,需要进行调整。

---

①比如说征地对失地农民带来的诸如无家可归、社会关系瓦解等情况,也会在补偿时加以考虑。

②当不同测算方法产生争议时,有很多具有资格的社会中介评估机构可以评估公平市场价值作为解决争议的参考。

e. 听证并验收

征地补偿标准确定要根据《国土资源听证规定》要求，依法组织听证，广泛听取有关部门、农村集体经济组织、农民及社会各方面的意见和建议，并根据听证情况进行修改，报省级国土资源部门评审验收，综合平衡。

f. 及时调整、更新

征地补偿标准应设定对应的基准时点，并及时调整，一般3～5年更新一次，以适应将来的需要①。

5）征地补偿的远景目标

a. 征地补偿的现状

中国现阶段的征地补偿还停留在主要以土地财产补偿为基础，很大程度上还是政策性补偿②。主要是由于农地的价格总体都很低，农地的流转受到很大的限制，这样征地补偿价格也就上不去，为保证农民原有的生活水平不至于下降，在征地补偿中大都是基于一定原则的政策性补偿。

b. 征地补偿的远景目标

随着将来征地补偿测算方法的完善，征地补偿制度的建立健全及农民自身对征地权益的不断强化，政策性补偿和土地财产补偿之间的比例将会呈动态变化，从政策性补偿逐步过渡到土地财产补偿，做到真正由市场决定③补偿价格的高低。

（四）被征地农民安置政策措施与贫困风险管理研究

妥善安置被征地农民，确保被征地农民的基本生活和长远生计，维护农民的合法权益，促进城乡经济社会的统筹协调发展，是中国工业化、城镇化和现代化进程中必须解决的现实难题。本报告本部分内容对中国被征地农民安置的现状、建立健全被征地农民安置政策措施及防范贫困风险的必要性、基本思路和政策建议作简要阐述，以供探讨和决策参考。

1. 被征地农民安置政策措施的现状与特征

1）被征地农民呈快速增长趋势，就业面临巨大压力

目前，国家已经从宏观上控制用地规模，但由于中国正处于工业化、城镇化快速发展时期，大量的非农建设项目对土地的需求量持续增长，与之相应，每年建设征收农民的土地及由此造成的被征地农民数量也十分可观。中国目前还没有完整的被征地农民统计数据，我们通过近年的有关统计资料进行估算，得出从1993年到2003年中国非农建设征收耕地总量2500万亩以上，由此造成被征地农民总数约为3640万人，也就是说，平均每年形成被征地农民约为331万人。

按照《全国土地利用总体规划纲要》，从2001年到2010年，全国还需安排非农建设占

---

①补偿标准要根据市场价格的变化及时做出调整，调整的时间不确定，取决于市场变化的程度。

②政策性补偿不是公开市场价格的补偿水平，而是对保障失地农民正常生产生活的一种补偿。

③关于未来的征地补偿标准，应该参照土地市场价格来确定。但这需要一些前提条件，其中最重要的条件是逐步放开农村土地市场，特别是集体建设用地使用权市场。在目前还不存在农村土地交易市场的情况下，主要是根据保持被征地农民生活水平不下降、长远生计有保障的原则确定补偿标准。

用耕地1850万亩，其中90%以上为集体土地，需要征收。按照目前全国人均耕地水平和现阶段每征收一亩耕地大约造成1.43个农民失去土地进行测算，非农建设占用耕地1850万亩，将有近2646万被征地农民需要陆续安置，年均需要安置被征地农民265万人左右。

目前，中国劳动力供给每年达到1200万左右，而只能提供800万~900万的就业岗位，其中每年只能转移农村劳动力500万~600万人。被征地农民是一个比国有企业下岗职工更为弱势的群体，因此，如何妥善安置260万被征地农民，特别是要妥善解决其培训就业和社会保障问题，既满足工业化、城镇化对用地的需求，又要维护社会的稳定，已经成为一个十分紧迫的重大问题。

2）被征地农民所得征地补偿标准较低，安置政策措施不完善

除《中华人民共和国土地管理法》外，中国既缺乏妥善安置被征地农民的必要法律依据，也缺乏妥善安置被征地农民的系统政策措施。被征地农民的基本生活和长远生计得不到政策制度的有效保障。

从安置被征地农民主要法律依据的《中华人民共和国土地管理法》看，其规定的法定征地补偿标准不足以妥善安置被征地农民，被征地农民安置政策措施缺乏拓展的法律空间①，维护被征地农民合法权益的政策措施难以出台，防范贫困风险缺乏应有的手段。

《中华人民共和国土地管理法》规定，征地补偿费用包括土地补偿费、安置补助费以及地上附着物补偿费和青苗补偿费。土地补偿费和安置补助费的标准，分别为耕地被征收前3年平均年产值的6倍和4~6倍。两项之和，低限是10倍，高限是16倍，最高不得超过30倍。

从实际情况看，现行征地补偿费用标准，不管是低限还是高限，都难以使被征地农民保持原有的生活水平。按照中国东部地区一般耕地年产值每亩800元计算，土地补偿费和安置补助费两项之和不过8000~12800元，就是达到法律规定的“不得超过”的30倍，也不过每亩2万多元，仅相当于普通公务员一两年的工资收入②。除了少数经济发达地区和大城市郊区外，不少欠发达地区和多数基础设施建设项目的征地补偿标准都是取的最低限。征地补偿费用，很难解决好被征地农民的基本生活，更解决不了被征地农民的培训就业和社会保障问题。如果不提高征地补偿标准，妥善安置被征地农民只能流于形式。

为改变这一现状，《国务院关于深化改革严格土地管理的决定》及其配套文件开始对提高征地补偿标准、建立被征地农民培训就业和社会保障制度等有关问题作了明确规定，初步改变了征地制度中存在的一些问题。

3）被征地农民安置政策措施没有上升到制度和法律层面

被征地农民处在城镇化的最前沿，绝大多数居住在城市郊区、公路沿线和省级以上重点项目投资区域，其生产和生活方式已开始城镇化。

被征地农民被城镇就业和保障体系接纳的速度明显滞后于被征地的速度，只有不超

①法律上对安置失地农民的措施或补偿标准提高的空间不大。

②随着当地社会经济发展水平的提高，补偿水平也会不断地相应提高，或许高于当前20~30倍的标准。

过30%的被征地农民实现了由农业户口向城镇户口的转变。在中国现行的制度条件下，城市郊区的被征地农民在获得城镇户籍之后，才有可能进入城市就业和保障体系。但实地调查数据显示，在天津市被征地农民中，转为城市户口的被征地农民仅占失地总人数的9.5%。山东省被征地农民征地后仍保留农业户口的占总人数的70%～80%，转为城镇居民的占20%～30%。湖北省被征地农民约有70%保留农业户口。枝江市被征地农民保留农业户口和转为城镇户口的各占50%。如此庞大的社会群体，如果安置政策措施不完善，其就业和社会保障长期得不到法律的保护，将可能成为一个严重的经济和社会问题。

4）被征地农民现行安置政策措施难以化解其面临的群体性风险

目前，被征地农民就业与经济来源呈多样化趋势。被征地农民以灵活就业为主，就业形式主要有以下几种：一是外出务工，二是继续经营农业，三是赋闲在家，四是少数人被安置就业；五是自己创业经营二、三产业。

对许多被征地农民而言，失去了土地就失去了最根本最稳定的就业岗位，被征地就意味着面临失业的危机，相当部分被征地农民处于无地、无业、无保障、无创业资本的“四无”状态。在城镇非农再就业困难的情况下，一旦被征地农民全部失去土地或大部分失去土地、且其占有的土地不足以维持基本生活，被征地农民贫困的个体风险就转化为被征地农民的群体性风险。

被征地农民的收入来源主要有以下几项：一是各种征地补偿安置费，为一次性收入；二是固定工资收入，主要通过政府安置、村办企业用工、征地企业用工、乡镇企业用工等方式获得就业岗位和固定工资收入；三是集体补助，部分条件好的村对本村村民发放生活补助；四是自谋职业收入，调查显示，50%以上的被征地农民主要是依靠从事个体私营经济、经营服务业、外出打工等渠道获得收入来维持生活；五是少量房屋出租；六是对于被征地后“农转非”的生活特别困难的居民，可享受城镇最低生活保障；七是部分已经参加城镇和农村社会养老保险的被征地农民开始享受社会保险的待遇；八是利用剩余土地的务农收入。一旦上述收入不足以维持被征地农民的基本生活，被征地农民贫困的个体风险将进一步转化为被征地农民的群体性风险。

如果说化解个体风险可以通过传统的家庭或社会救济等方式来解决，那么，化解群体性风险则只能主要靠完善政策、建立制度和健全法规来解决，这给政策制度的完善和法规建设提出了全新的要求。

2. 被征地农民贫困风险解析

迈克尔·M·赛尼教授在15年的研究中发现非自愿移民过程中会不可避免地带来贫困风险，主要包括：①失去土地。土地的失去严重地影响了移民的农业生产、商业活动、日常生活。②失业。为失业者提供新工作是一件困难又需要相当可观投资的事，因此移民中的失业者需要忍受很长时间才有可能获得一份工作。③失去家园。失去家园标志着生活水平的严重下降，对有些失去家园者而言，是个长期担忧的问题。从广义的文化角度上说，失去自己的家园意味着失去自己的文化空间，引起疏离隔绝之感。④边缘化。许多人在新的地方无处运用原有技艺，而且个人资金没有得到补偿，强制移民被视为一种社会地位的下降，它使人心理消沉，有不平等的挫伤感，有时可能导致不正常的行为反应。⑤不断增长的发病率和死亡率。发展带来的社会压力、不安定、心理创伤、安置过程中的疾病传染等。造成健康水平的严重下降。⑥食物没有保障。强制迁移使人们容易陷入营养不良的困境。⑦失去享有公共的权益。对于穷人而言，特别是没有土地和资产的人们，无法使用公共基础设施财产，造成收入、生活上的明显困窘，尤其是当地政府不给予补偿时这种现象更加严重。⑧社会组织结构解体。强制性移民扰乱了现存的社会结构，它使社会群体社会组织人际关系分散，使亲戚之间变得疏远，互帮互助的关系网、相处融洽的小群体、自发组织的服务团体都被拆散了。

这八大风险在中国征地移民过程中同样存在着，而失去土地、失业和长远生计缺乏保障是被征地农民面临的最主要的风险。由于在研究过程中，关于其他风险的数据资料收集比较困难，因此我们主要对失去土地、失业和长远生计缺乏保障这3个风险进行分析。

1）被征地农民群体贫困风险的特征

根据征地多寡的情况，被征地农民可分为3类。

第一类是完全失地型，即土地被全部征收。按照国家规定，应将他们纳入城镇居民户籍管理范围，成为城镇居民。这部分人大多分布在城市郊区，特殊情况下在农村地区也有，例如，水库建设而导致全部土地被淹没。据专家估计，这部分人约占被征地农民总数的35%～40%。广西壮族自治区的一项问卷调查显示，完全失去土地的农民占被征地农民总数的35%。

第二类是大部失地型，即大部分土地被征收，还有少量剩余土地可供耕种，他们仍然保留农村居民户籍。这部分人在城市郊区和农村地区都有可能出现。广西壮族自治区的调查表明，大部分土地被征收、人均还剩0.5亩以下少量耕地的农民占被征地农民的38%。

第三类是小部失地型，即只有少量的土地被征收，他们仍然保留农村居民户籍。这部分人主要分布在农村地区，主要是由交通等基础设施建设项目用地而产生。广西壮族自治区的调查显示，少量土地被征收、人均还剩0.5亩以上耕地的农民占被征地农民总数的35%左右。

不同失地状况的被征地农民，面临的风险也是有差别的。有关其贫困的风险可以分为以下几方面：

a. 基于被征收土地的总体收入下降

收入下降，是被征地农民面临的首要风险。土地征收导致依赖于被征收土地的直接收入的丧失，在重新获得可替代的收入来源之前，收入水平的下降将不可避免。

从总体上看，被征地农民在征地后的收入水平呈现“先高后低”的变化特征。从时间上看，在土地被征收之初，对大部分人的生活水平暂时影响不大，甚至在一次性征地收入的支撑下，生活水平还有所提高。其中，部分被征地农民甚至可能摆脱贫困。但随着时间的推移，生活水平将会因村集体的经济发展状况、个人的健康状况和就业发展能力具体情况，生活水平出现了很大的差异。特别是文化程度较低、社会转型能力较差、消费没有计划、就业创业能力低的被征地农民，其生活会逐步陷入贫困。

从地区看，在发达地区，征地对多数农民来说是机遇，对少部分农民是困扰。在经济比较发达的地区，二、三产业的就业机会较多，信息较灵敏，发展二、三产业的成功率较高，创业较为容易。例如，部分被征地农民利用征地补偿费，开小商店经商、建房屋出租或买车辆搞运输，增加了创收门路。部分村集体利用征地款办企业或建厂房出租，增加了分红收入。总的来看，由于农业比较效益差，农业收入在总收入中的比重不高，失去农业收入对总收入的影响不大，而且经商务工的收入均比务农高，被征地农民总体上收入有所增加，并形成良性循环。在绝大多数不发达地区，被征地农民收入总体水平下降，收入差异呈拉大和分化趋势，完全或部分失去土地的农民可能陷入绝对贫困，即使在同一个地区，被征地农民之间也存在着较为明显的收入差异。

从开支看，被征地农民生活消费支出普遍增加主要是由于支出项目增加，不仅是水、电、煤，就连过去自给有余的粮食、蔬菜等农产品也成了要花钱购买的硬性支出，同时由于物价水平较征地前有所提高，绝大多数地区反映耕地占用后农民的人均生活费开支普遍比征收前增长了30%左右。

从用地性质看，城镇建设用地、特别是商业性用地的补偿标准较高，再就业和创业的机会较多，被征地农民陷入贫困的可能性较小；而铁路、公路等基础设施和公益性征地、水库及农业性征地，补偿标准偏低，被征地农民陷入贫困的可能性较高。

因此，基于被征收土地的收入水平下降，对全部失去土地的人来说影响最大，对失去少部分土地的人来说影响最小。

b. 被征地后出现就业困难的情况

主要表现在两个方面：

首先，失业率高。目前对被征地农民安置的措施主要是货币安置，由被征地农民自谋职业。但是，由于被征地农民文化素质和非农产业劳动技能较低，是劳动力市场上的弱势群体，因此失去土地后的就业是他们面临的最大困难，也是地方政府面临的一个难题。

其次，就业不稳定。各地的调查显示，多数被征地农民在失地后，主要靠外出打工、在本地农村企业就业、做临时工、摆小摊、做苦力等收入维持生活，其就业状况十分不稳定。

此外，不少在本地农村企业就业的被征地农民面临的失业风险也是很大的。一方面，本地农村企业就业容量十分有限，不可能安排大量的被征地农民就业；另一方面，这些企业大多数缺乏市场竞争能力，极易倒闭，导致他们再度失业。

就失地后的就业风险强度而言，城郊的被征地农民由于非农就业机会相对较多，因此风险相对较小。在农村地区，对于少部分土地被征收的被征地农民而言，风险应不大，但对于全部土地被征收的被征地农民而言，风险就特别大。

c. 长远生计①缺乏保障

中国的社会保障体系还不健全，农民的社会保障制度的建设还处在探索之中。实际上，土地保障长久以来成为农民最为稳定的长远生计保障。这是中国农村土地最突出的

①在中国，社会保障体系还仅仅在城市开始建设，农民还没有享受到社会保障。农民作为集体成员享有土地，可以获得较为稳定的收入，因此土地对于中国农民而言具有社会保障功能。这是中国的特殊国情。

特点。因此,在土地被征用后,如何为被征地农民建立长远的生计保障,就成为一个十分重要的问题。近几年来,一些地方政府不断地探索建立被征地农民社会保障制度,取得了显著的效果,但对于大多数被征地农民来说,长远生计得不到保障,是他们面临的最大困扰。绝大多数失地农民没有参保。同时,医疗也得不到保障,很多被征地农民既无法享受农村合作医疗,又无条件享受城镇职工医疗保险,如遇疾患,束手无策。此外,对于一些年龄较大、失去劳动能力以及妇女等特殊群体也需要格外关注。

显然,在被征地农民中,失去土地程度越高,这类风险也就越大。

2)关于贫困风险的归纳

综合上述各点,我们将不同失地状况的被征地农民所面临这 3 种风险程度作如下归纳,见表 9-9。

表 9-9　被征地农民风险程度表

被征地农民类型		基于被征收土地的收入下降	失地后就业困难	长远生计缺乏保障
完全失地型	城郊	+ + +	+ +	+ + +
	农村	+ + +	+ + +	+ + +
大部失地型	城郊	+ +	+ +	+ +
	农村	+ +	+ + +	+ +
小部失地型	城郊	+	+	+
	农村	+	+	+

说明:“ + ”越多,表示风险程度越高。

a. 从风险程度看

生存风险最大的是农村地区的完全失地型人群,其次是城郊地区的完全失地型人群,再次是农村地区大部失地型人群,风险程度较小的是留有少量土地的城郊地区人群,风险最小的是城郊和农村地区的小部失地型人群。

b. 从稳定程度看

无论是在城郊地区或者是在农村地区,只损失少量土地的人群,生活最为稳定;而在城郊地区虽然失去大部分土地,但还留有少量土地可耕种的人群的生活也是较为稳定的;在农村地区而又失去大部分土地的人群的生活处于较为不稳定状态;完全失去土地人群生活最为不稳定。

3)被征地农民群体贫困风险的成因

a. 被征地农民对土地的强依赖关系是致贫的根本思想桎梏

被征地农民的贫困风险主要取决于其对土地的依赖程度。收入增加的群体除养老金或征收土地收入外,主要来源于对土地依赖程度低的二、三产业的就业或者创业收入;收入减少和可能陷入贫困的群体主要是由于在失去了对土地依赖程度比较高的农业收益后,又无稳定的新的收入来源,收入骤减,生活往往陷于困境。特别是部份是残疾人或老年人往往无法再就业，仅靠有限的土地补偿金维持生活，生活极度困难。

事实上，一般以非农产业为主要收入来源的农民，其人均纯收入仍保持正常上升势头，消费水平也稳步提高。其中收入和消费水平原本就较高，土地收入所占比重本来就很小，失地后能够妥善处理好各方面关系的被征地农民，其人均纯收入和人均生活消费水平更是远远高于平均水平；以种地为主的农民，失地后村集体能通过兴办集体企业、组织和安排劳动力就业、调整产业结构等措施帮助农民增收的，农户的收入和消费水平下降也不大；失地后生产和生活仍依赖土地的，农民的收入和消费水平下降明显。

b. 被征地农民缺乏培训就业和社会保障是致贫的主要原因

在征地贫困风险产生的众多原因中，被征地农民缺乏培训就业和社会保障制度的保护，是其陷入贫困的主要原因。

一旦被征地农民全部或部分失去土地后的收入不足以维持基本生活，防范贫困风险的主要途径就是实现非农再就业，获得新的收入来源。由农业到非农就业的职业转换，是人生的一大跨越。要完成这一跨越，不经过培训就业是难以想象的。由于中国还没有建立起城乡统筹的培训就业机制，更没有支持被征地农民培训就业的政策措施，在快速城镇化后，部分被征地农民再就业困难或就业质量过低、无法获得新的收入来源或收入过低、陷入贫困就是一种必然的结果。对年老丧失劳动能力的被征地农民而言，如果不建立适合其特点的社会保障制度，其陷入贫困就更难以避免。

c. 被征地农民中分性别的有差别待遇是致贫的隐蔽性原因

从性别看，被征地农民中妇女的土地权益得不到保障，形成了基于性别差异的致贫风险。土地也是多数刚刚由村民转变为居民的妇女的主要经济来源和生活保障。1998 年开始的延长土地承包期过程中，妇女的土地权益问题在部分地区凸显，如有的地区坚持按照男女不平等的政策分配土地，有的经济发达地区实行土地入股，妇女难以平等取得股份分红；妇女嫁入地已调整完土地，由于实行“30 年不变”的政策，不再分配土地，在娘家的土地又因实行“大稳定、小调整”的政策被收回，使得更多妇女不能享有自己名下的土地；由于城郊土地的增值、征用和村民福利待遇的提高，许多妇女原来一直享有的土地承包权益和村民待遇被限制或剥夺，户口被强行迁出或“空挂”①，不能平等享受集体经济组织的收益分配等，这些情况都导致了农民中妇女收入普遍低于男性。

妇女土地权益受到侵害，一是由于婚姻关系变化引发的妇女流动与土地的不可移动性所产生的矛盾；二是长期稳定不变的土地政策，即所谓增人不增地、减人不减地，大稳定、小调整的政策，虽然有利于保证社会整体公平，却不利于妇女获得平等的土地权益；三是民俗中的性别歧视，造成部分妇女无法获得土地。因此，被征地农民基于性别差异的待遇是产生贫困的非常隐蔽的原因，不容忽视。

3. 被征地农民现行安置政策措施防范贫困风险的效用分析

在实践中，政府征收农村集体土地后，安置被征地农民的政策措施主要有货币安置、

---

①由于婚姻关系发生变化以及土地的不可流动性会使妇女处于弱势地位。

招工安置、农业安置、划地安置、住房安置、社会保障安置等基本形式，目前大多采取货币安置，安置方式单一，社会保障等其他安置方式适用范围小、起步晚，安置总体处于低水平状态，被征地农民的基本生活、就业、创业、社会保障等问题缺乏解决的有效途径①。

根据国际经验和中国的初步实践，在现行各种安置政策措施中，对失地农民采取积极的就业促进政策并建立相应的社会保障制度将有助于解决上述问题。因此，完善被征地农民安置政策措施，既应实现货币安置、招工安置、农业安置、划地安置、住房安置、社会保障安置等多种安置形式的有机结合，又应明确以就业促进和社会保障安置为重点的基本政策取向，以避免不同安置方式的局限性和其可能造成的不利影响，达到妥善安置被征地农民的政策目标。

现行安置政策措施各有利弊。

1)货币安置

货币安置是目前征地安置的主要方式，是将安置补助费（有时包括部分或全部的土地补偿费）一次性发放给被征地农民，让其自谋出路。近年来，在传统的就业安置方式不被农民和用地单位接受的情况下，各地大都选择货币安置的方式。在各地报国务院审批的建设用地项目中，有90%以上的被征地农民采用这种办法。据国土资源部2002年对16个省（市、区）2000～2001年安置的情况看，多数省（市、区）60%～80%的被征地农民的安置都是采用这个办法，天津、浙江、陕西、广东、河北等省（市）达到90%以上，石家庄、哈尔滨、合肥、兰州、南宁等省会城市达到100%。

货币安置的优点在于操作简单，农民心理上容易接受，适宜安置年轻人和已出外打工的农民，但不适宜45岁以上群体和劳动技能较低的农民；适宜于沿海经济发达地区，不适宜于中西部等经济不发达地区。在目前社会条件下，被征地农民自谋职业一般比较困难。在经济发达的地区，由于二三产业的繁荣，被征地农民还可以自谋出路，但对一些经济不发达地方，土地被征收后，农民不仅失去土地，且由于征地补偿费标准偏低，难以从根本上解决被征地农民的基本生活、就业、创业和社会保障问题。由于货币安置已经不足以解决被征地农民的基本生活和长远生计，生产生活没有出路的被征地农民，普遍为生存担忧，为子孙后代担忧。

2)招工安置

招工安置是目前对被征地农民采取的安置方式中较少的一种，是将被征地农民中的劳动力安排在用地单位就业，并将土地补偿费用中的安置补助费支付给用地单位。上海市被征地农民中的劳动力安置过程中，有少部分采取了由征地单位招工安置的办法。2000～2001年间，约有13.70%的被征地劳动力由用地单位招工就业。

招工安置特点是被征地农民能及时就业，有较稳定的收入。但随着社会主义市场经济体制的逐步建立和户籍制度、劳动用工制度的改革，原有的招工安置和农转非等办法，在实践中已失去原有作用和意义。而且，由于被征地农民文化素质偏低、没有其他劳动技

①在中国除给予土地补偿外，还对失地农民日后的生产生活进行安置。

能，在竞争日渐激烈的城镇劳动力市场中处于十分不利的地位，适应性较差的被征地农民即使暂时实现就业，也很容易下岗，面临重新失业和陷入贫困的风险。在一些乡镇、村办企业等小型企业采用招工安置政策，则存在明显的局限性。一方面是乡镇、村办企业的容量有限，不可能安排大量被征地农民就业；另一方面是乡镇、村办企业市场竞争能力差，容易倒闭，被征地农民失业和陷入贫困的风险比较大。

3）农业安置

农业安置是货币安置之外的重要安置途径之一，是通过在集体经济组织内部调整土地①，使被征地农民重新获得土地的安置方法，相应地，土地补偿费和安置补助费都留于集体经济组织内部。国土资源部的调查显示，从总体上看，在经济欠发达和人均耕地相对较多的地区，调整土地安置的人数所占比例较高，如在广西、甘肃（这些地方存在大量的土地调整现象）均达到50%以上。进一步分析还可发现，在交通、能源、水利等基础设施用地征地及乡镇村建设用地征地中，调整土地安置比例高于其他类型征地。

由于只能通过土地的重新调整来实现，其实施既受人多地少的限制，又受政策的限制。随着无限期延长土地承包期政策的实施，重新调整土地承包经营权的政策措施与《中华人民共和国农村土地承包法》相抵触，政策法律空间有限，而且被征地农民和未被征地农民都可能因此而减少收入，影响政策实施的积极性。不过，在东北等土地资源比较丰富的地区，农业安置依然有一定的空间。

4）投资入股安置

一是除青苗、地上附着物补偿费发给农民个人外，可将土地补偿费、安置补助费等征地款以股份的形式，集中统一投资，发展壮大集体经济，为被征地农民提供就业和生活保障。二是可通过土地资源的资产化、股份化，以征地后土地使用权的合作方式，参与利润分配，实现土地权益。但无论以什么方式投资入股，无论企业规模大小，行业优劣，其市场风险、经营风险都难以避免。实践中，许多地区将大部分征地款用于盖房子，买机器，投资办企业。但由于经营能力不足和市场竞争的残酷，企业严重亏损；如果企业倒闭，村集体不仅没有积累，甚至负债累累，根本无法解决村民的生活困难。

5）住房安置

将集体土地征为国有，以现代化城市小区为标准，在城乡结合部为农民建多层住宅，既可解决被征地农民的安居问题，又能靠出租多余房子，增加收入，加快被征地农民向市民过渡，是尽快解决被征地农民安置问题的有效途径之一。但这种安置方式存在着农民出租房屋的合法性风险。

6）留地安置

留地安置，就是在给予被征地农民一定的现金补偿的基础上，按照城市规划确定的土

---

①按照《中华人民共和国农村土地承包法》第二十七条规定，承包期内，发包方不得调整承包地。特殊情形下对个别农户之间承包地需要调整的，必须经本集体经济组织成员的村民会议三分之二以上成员或三分之二以上村民代表的同意，并报乡镇人民政府和县级人民政府主管部门批准。在目前的征地实践中，一些线型工程（如高速公路、铁路等）征地在涉及农户较少、本集体人均耕地较多的情况下，采取调整承包地的办法来安置被征地农民，这种做法既不违背法律，也为农民、集体等各方接受。

地用途，在被征收土地中留出一定比例的土地或非农建设用地指标，给被征地集体经济组织从事土地开发和经营，安置被征地农民。

划地安置最早出现在深圳经济特区。20 世纪 90 年代初，深圳市在解决特区土地国有化时，率先采用了征地后划地安置被征地农民的生产和生活的方式，收到了较好的效果。目前，留地的范围主要在城市郊区和经济较发达的地区，这些地方土地资产日益显化，地价较高。留地的比例一般为被征用土地面积的 5% ～10%，最高可达 15%。地方政府对安置留地实行的优惠政策主要包括：允许发展二、三产业，出让金①大比例返还，有关税费减免等。留地安置既可通过发展二、三产业解决部分被征地农民的就业，还可通过壮大集体经济，为被征地农民提供多方面的保障，真正造福百姓。

7）社会保障安置

社会保障安置是近几年在一些经济比较发达的省和城市兴起的一种安置方式，是将征地补偿费用中的安置补助费和部分或全部的土地补偿费用于为被征地农民购买养老、失业、医疗等社会保险。浙江省、江苏省等省政府都在 2004 年出台了政策，建立被征地农民的基本生活保障制度。上海、四川成都、浙江嘉兴等城市先后对被征地农民采用社会保障安置方式。浙江省嘉兴市从 20 世纪 90 年代开始，对被征地农民实行户口农转非后，通过办理养老保险、给自谋职业者发放自谋职业费和《征地人员手册》（即享受城镇失业人员同等政策）等方式，将被征地农民纳入了城镇居民社会保障体系之中，使失去土地的农民通过上述安置途径获得了基本的生活保障。

实践证明，社会保障安置最具有战略意义的是建立了被征地农民分享工业化、城镇化和现代化成果的内在机制。但这种安置方式需要处理好解决失地农民的近期生活与长远保障的关系，同时要求地方政府具有较强的经济实力。需要探讨的是，对被征地农民究竟应该保障到什么水平，实际能够保障到什么水平，才能建立一个可持续发展的制度等深层次问题则需要进行更深入系统的研究。

总之，在经济竞争越来越激烈、市场风险越来越大的情况下，要将货币安置、招工安置、农业安置、入股安置、划地安置、住房安置、社会保障安置有机结合起来，还必须统筹考虑被征地农民的培训就业和社会保障问题，通过建立适合被征地农民特点的培训就业和社会保障制度，为被征地农民向市民的转变提供制度保证。上述各种安置政策比较见表 9-10。

4. 完善被征地农民安置政策措施，防范贫困风险的政策建议

1）制定适合被征地农民特点的就业促进政策，扶持逐步致富

比照下岗失业人员的就业政策，拓宽就业门路，多形式、多渠道安置被征地农民，制定适合被征地农民特点的促进就业政策体系。该政策体系主要针对防范广大中青年被征地农民。具体来讲，可从以下 7 个方面入手：

---

①出让金是指政府通过土地征收将集体所有的土地转变为国有土地之后，向经营性用地者出让土地而获得的土地租金收益。

表 9-10　各种安置政策措施比较

安置方式	主要内容	利	弊	适用条件和地区
货币安置	将安置补助费(有时包括部分或全部的土地补偿费)一次性发放给被征地农民,让其自谋出路	操作简单,农民心理上容易接受	不足以解决被征地农民的基本生活和长远生计	适宜安置年轻人和已出外打工的农民;适宜于沿海经济发达地区
招工安置	将被征地农民中的劳动力安排在用地单位就业,并将土地补偿费用中的安置补助费支付给用地单位	被征地农民能及时就业,有较稳定的收入	农民重新失业和陷入贫困的风险比较大	目前采取的较少
农业安置	通过在集体经济组织内部调整土地,使被征地农民重新获得土地的安置方法,土地补偿费和安置补助费都留于集体经济组织内部	农民可以继续耕种土地,比较容易接受	受人多地少的限制,又与农村土地承包法相抵触,政策法律空间有限	适宜在经济欠发达和人均耕地相对较多的地区
投资入股安置	将土地补偿费、安置补助费等征地款以股份的形式,集中统一投资或通过土地资源的资产化、股份化,以征地后土地使用权的合作方式,参与利润分配	既减轻政府在短时期内的资金压力,又可为失地农民保留和提供长期收益	存在市场风险和经营风险	在有稳定收益,并可长期回报的项目征地中
住房安置	以现代化城市小区为标准,在城乡结合部为农民建多层住宅	既可解决被征地农民的安居问题,又能靠出租多余房子增加收入	存在着农民出租房屋的合法性风险	适宜在城市郊区
留地安置	在给予被征地农民一定的现金补偿的基础上,按照城市规划确定的土地用途,在被征收土地中留出一定比例的土地或非农建设用地指标,给被征地集体经济组织从事土地开发和经营,安置被征地农民	既可通过发展二、三产业解决部分被征地农民的就业,还可通过壮大集体经济,为被征地农民提供多方面的保障	适用范围有限;安置留用地的用途与规划的协调难度较大,不利于城市土地的合理利用	适宜在城市郊区和经济较发达的地区
社会保障安置	将征地补偿费用中的安置补助费和部分或全部的土地补偿费用于为被征地农民购买养老、失业、医疗等社会保险	使农民分享工业化、城镇化和现代化成果	需要处理好失地农民的近期生活与长远保障的关系	适宜在经济较发达的地区

第一，要根据就业市场和城镇社区居民的现实需求，大力开发社区就业岗位，把解决被征地农民再就业问题同加强城市的绿化、环保、卫生、交通、便民服务等项事业结合起来，既使被征地农民实现再就业，又使城市发展受益、居民生活质量得到提高；要积极鼓励多种形式再就业。要加强平等就业观念的宣传和教育，鼓励失地农民通过非全日制、非固定单位、临时性、季节性、弹性工作等多种形式实现再就业。

第二，要支持一时找不到就业门路的被征地农民，发挥其农业生产技能，承包经营农业园区、基地等，继续从事种养业①。

第三，政府应将被征地农民纳入小额担保贷款的政策范围，为其再就业提供政策优惠。被征地农民经商办厂、自主就业和自我组织起来就业，工商、城建、税务②、金融、卫生、消防等部门要为其提供方便，提供小额贷款及税费优惠照顾，以促进他们生活水平的逐年提高。许多地方已经开始实施小额担保贷款等政策，要尽快将失地农民作为小额担保贷款等优惠政策的实施对象，提高他们自主创业、自谋职业的积极性和成功率。

第四，建立再就业资金的财政性保障机制。再就业资金作为公共财政的重要组成部分，各级财政都要调整财政支出结构，增加再就业资金投入，逐步形成再就业资金的制度性保障。

第五，强化再就业技能培训，大力拓展创业培训。要不断创新培训模式和工作机制，围绕劳动力市场的用人需求和结构变化，开展多层次、多形式的技能培训，增强再就业培训的针对性、实用性和有效性。要广泛动员社会各方面力量参与再就业培训，并充分调动他们的积极性；要大力开展创业培训，对有条件的被征地农民进行创办小企业基础知识和必备能力的培训，培养和造就一批小企业创办者和自谋职业者，并带动更多的被征地农民实现再就业，形成培训、创业与就业三者良性互动的效应。要增强创业培训的针对性，将创业培训与开业指导、小额贷款、税费减免和后续扶持相结合，为帮助被征地农民成功创业提供"一条龙"服务。有条件的地区还可以建立创业"孵化器"，帮助解决经营场地等问题。

第六，进一步搞好再就业服务，优化就业环境。劳动保障部门要对被征地农民实行免费的职业介绍和职业指导服务，不断拓展就业服务功能，强化劳动保障事务代理工作。公共职业介绍机构要做到"一站式"服务，要让被征地农民进入一个职业介绍机构，就能够得到信息咨询、求职登记、职业指导、培训鉴定、档案托管、社会保险接续等服务，切实方便被征地农民。要加强劳动力市场建设和管理，形成布局合理、功能齐全、多层次、全方位、规范的就业服务网络，为劳动者提供各类及时有效的就业信息。规范职业中介行为，劳动保障、公安、工商等部门，要加大执法检查力度，坚决打击、查处非法劳务市场，充分发挥市场在再就业工作中的桥梁作用，同时切实保护被征地农民在求职过程中的合法权益。要加强四级劳动保障工作体系建设，规定的机构、人员、经费、场地、制度、工作等 6 到位必须尽快落实。

建立健全再就业援助机制，帮助有困难的被征地农民再就业。援助的重点是 4050 人

①政府鼓励农民继续从事农业生产，自谋生计。

②税务部门可以对失地农民减免税收。

员(40 岁以上妇女和 50 岁以上男人,下同)和双失业家庭,争取双失业家庭至少要有 1 人再就业。为此,要做好困难对象的调查摸底。进一步摸清 4050 人员和双失业人员的数量和基本情况,建立跟踪服务制度,实行一人一卡管理,做到"五清",即家庭情况清、就业愿望清、技能水平清、收入情况清、就业去向清,并按照就业意愿、年龄、技能水平等情况分门别类建好台账,增强促进再就业的针对性和实效性;要搞好"一条龙"服务。为困难对象提供政策咨询、职业指导、职业介绍、职业技能培训及劳动保障事务代理等"一条龙"服务;要拓展公益性岗位,根据困难对象的特点及需求拓展岗位,政府购买的公益性岗位,要优先安排 4050 人员和双失业人员;要拓展长期稳定的再就业援助基地,落实相关优惠政策。

第七,制定和实施以项目为龙头的被征地农民国家培训计划,整合培训资源,创新培训方式,提高培训质量。针对不同被征地农民对培训的需求,设立面向被征地农民农户的电视(远程)培训国家项目、实施转移培训阳光工程、技术工人培训国家项目、被征地农民岗位培训项目,同时完善有关支持政策。如开发培训教材、制定培训补贴政策,提高职业培训和就业服务资金投入。

2)建立健全被征地农民社会保障制度

全面建立健全被征地农民的社会保障制度,根除"养儿防老"、完全依赖土地生存养老的传统思想。

第一,为被征地农民提供养老保障。综合考虑中国国情、社会保障制度建设所处的阶段和被征地农民的实际,应该建设有中国特色的以个人账户为主、保障水平适度、缴费方式灵活、可随人转移、适应性和可推广性强的弹性养老保障制度。

目前,弹性养老保障制度已经不仅只是一种理论设想,而是已经走向实践。北京市大兴区农村社会养老保险制度创新是按照弹性养老保障制度设想进行探索和实践的。2004 年 12 月在山东省烟台市召开的全国农村社会养老保险工作座谈会上对探索建立适合被征地农民特点的弹性养老保障制度进行了部署。2005 年 4 月山西省又按照上述设想,出台了《关于做好乡镇企业职工社会保险工作的通知》,将全省 375 万乡镇企业职工纳入弹性养老保障制度的覆盖范围,而该省经过近 20 年的努力,参加城镇职工基本养老保险的职工只有 274 万。因此,山西省的上述实践可能很快将从根本上改变社会保障制度的现行格局,弹性社会养老保险制度在山西省可能很快变成在社会保险中占主导地位的制度模式。山西省目前的实践可能成为将来全国的缩影。

第二,提供最基本的医疗保险,坚持"低水平、广覆盖、多层次"的原则,根据各地经济发展水平推行不同的医疗健康保险模式,对贫困地区采取保小病不保大病,对非贫困地区采取保大病不保小病,以基本满足被征地农民对医疗保险的需求。

第三,设立被征地农民社会保障制度建设基金。该基金通过如下渠道筹集:一是政府一定比例的财政拨款。它体现国家或政府对被征地农民社会保障制度建设所承担的公共财政责任。这方面的投入包括被征地农民社会保障机构的管理及运行所需经费拨款,对被征地农民参加养老、医疗等保险项目的专项补贴拨款,承担被征地农民减少缴费或提高待遇标准所需的支出;二是从政府土地出让金净收益中提取一定比例的资金;三是从全国社会保障基金投资收益、社会各界捐献、国有资产变现收入等渠道筹集资金。被征地农民社会保障基金,政府出资部分必须率先到位;对难以当年支付到位的部分,可以考虑分若干年均衡支付,但必须列出财政每年定量注入的计划,确保资金不留缺口。

第四,改革征地制度,提高征地补偿标准,为解决被征地农民社会保障预留必要的政策空间。一是修改《中华人民共和国土地管理法》中与市场经济要求和保障农民权益不适应的条款,切实改变现行征地制度对农民的补偿标准严重偏低、违反市场经济和城镇化基本规律的现状。二是根据被征土地的原有收益、未来用途、区位、质量、供求关系等综合因素,结合当地城镇居民社会保障水平和被征地农民未来生存发展的实际需要,制定评估办法,合理确定征地补偿标准,为解决被征地农民基本生活、就业和社会保障问题留下必要的政策空间,为解决这些问题做出必要的制度安排。三是按照安置农民的实际社会成本,将妥善解决被征地农民基本生活、就业培训和社会保障作为制定征地补偿标准的重要依据,制定补偿安置最低标准应遵循的基本原则,合理提高补偿标准,改进补偿费的分配方法,完善补偿机制,杜绝压低征地费用的现象。

3)明确政府在安置被征地农民中的主要责任

要明确规定,政府有责任妥善解决因国家征地失去土地的农民的基本生活、培训就业和社会保障问题,并形成政府、集体和个人之间的责任分担机制。

要改进征地安置补助费和土地补偿费的测算办法,补助或补偿水平应按妥善解决被征地农民基本生活、就业培训和社会保障的实际社会需要进行确定,具体应包括:保障水平不得低于当地居民最低生活保障标准、不得少于2年的失业保险金和必要的培训就业费、建立大病医疗保险的必要资金。

将安置补助费和土地补偿费的概念统一改为补偿安置费,并细分为基本生活补偿安置费、培训就业补偿安置费和社会保障补偿安置费。

要明确将被征地农民纳入当地社会保障体系,对一时安排不了工作的,要为被征地农民办理失业保险,对享受2年失业保险待遇后依然缺乏就业能力、生活困难的,要让他们享受当地的最低生活保障待遇。

4)按照被征地农民利益优先优惠原则完善财税政策

制定被征地农民养老保险缴费的税收减免政策、补贴政策,制定免除养老保险基金的利息税,以及其他的财税支持方案。

完善现行征地税费制度。对征地环节中发生的税费进行适当的调整和归并,主要包括耕地占用税、耕地开垦费、新增建设用地土地有偿使用费、新菜地开发建设基金、征地管理费、森林植被恢复费、水利建设基金、教育附加费等。在不加大用地单位取得土地成本的同时,适当提高应付给农民的补偿费用,理顺政府、用地单位、农民集体和个人之间的土地收益分配关系,维护农民的利益。

设立不动产税、增收土地增值税。

改革现行建设项目投资概算制度,提高征地费用在建设项目投资的比例。

5)改善妇女的土地权益

从政策角度出发,探讨人口迁移流动过程中的土地使用权转换途径,以解决婚姻关系变动与土地的不可移动性的矛盾;探讨土地稳定与调整的最佳组合,以解决土地承包权长期稳定与基于公平的土地调整的矛盾。

建议各级政府从促进农业发展、保持农村稳定、维护农民利益的高度，重视农村妇女土地承包权益问题，全面宣传贯彻《中华人民共和国农村土地承包法》，对违反男女平等原则、侵犯妇女土地承包权益的乡规民约开展集中清理和纠正①，教育广大农民依法维护妇女土地权益。建议地方政府在土地征用、实行股份制或股份合作制以及城镇化改造过程中，前瞻性地出台相关政策保障男女平等原则的落实，指导规范集体经济组织的行为，依法监督村委会对集体财产、土地安置费、土地补偿费的合法使用。

从法律角度出发，建议农业行政部门建立健全土地承包仲裁机构，完善仲裁程序，妥善解决农村妇女与村委会之间的土地权益纠纷。同时，就农村妇女土地承包权益落实问题开展全国性的督察，在二轮承包无法解决承包地的情况下，对未能享受土地承包权益的人口，应在经济补偿、相关政策、税费等方面进行利益调整。建议最高人民法院尽快出台司法解释，确定村民权益受到村委会侵犯可采用的法律救济措施，对一些明显侵犯出嫁女和离婚妇女权益的典型案件，指导地方法院依法受理，切实保护妇女的合法权益。

最后，各级妇联应当开展有关法律和男女平等基本国策的宣传培训活动，宣传基层组织和群众树立维护妇女儿童合法权益的意识，提高农村妇女自我维权的能力；加强调查研究，充分发挥各类协调机制的合作优势，对于严重侵犯农村妇女土地承包权益的重大、典型案件，配合地方政府和有关部门，共同耐心细致地做好群众工作，区分情况，推动问题的解决。

（五）主要结论与建议

1. 被征地农民生存风险的制度性原因

中国现行的征地制度是在计划经济体制条件下逐步形成的，几十年来，对交通、能源、水利等基础设施建设，对国家建立现代工业体系，对城镇发展等各类建设都发挥了重要作用。但随着中国市场经济体制的建立，征地制度没有进行相应的改革，原有的补偿安置措施已经越来越不适应市场经济发展的要求。这种制度缺陷已经成为造成被征地农民生存风险的主要因素。

制度缺陷之一：征地权行使范围过宽，没有体现“公共利益”的要求

主要表现在：①法律未明确界定“公共利益”的范围，土地征收超出“公共利益”的范畴；②国家垄断建设用地一级市场，政府征收成为农用地转为建设用地的唯一合法途径；③缺乏土地征收目的合法性的审查机制。

制度缺陷之二：补偿标准偏低，测算方法不合理

主要表现在：①征地补偿费标准偏低，不足以使被征地农民保持原有的生活水平；②征地成本中，税费比例偏高；③征地补偿费中农民所得比例基本合理，但有些地方还是较低；④现行的征地补偿标准没有充分考虑土地作为农民的生产资料和重要社会保障的价值，更没有考虑对农民的土地承包经营权的补偿；⑤征地补偿测算方法不能体现土地利用的潜在价值。

制度缺陷之三：安置政策不完善，被征地农民长远生计得不到保障

主要表现在：①现行法规对被征地农民安置措施的规定很不全面，缺乏操作性；②没

---

①这是一项长期且艰巨的工作，需要长期不懈地坚持下去。

有形成完整的被征地农民就业促进政策;③没有建立适合被征地农民特点的基本生活保障制度。

这些制度缺陷是造成被征地农民生存风险并由此酿成社会性风险的主要原因,因此加强征地移民风险管理能力建设,必须从征地制度改革入手,通过推进征地制度改革进程,逐步建立与社会主义市场经济发展的要求相适应、适合中国国情的新型征地制度。

2. 中国征地移民风险管理能力建设的对策

1)明确界定征地权行使范围,规范政府行为

a. 在法律和相关政策中明确界定"公共利益"的内涵,逐步缩小征地行使范围

应在相关法律中明确规定"公共利益"的范畴和内涵,并制定专门的土地征收目录予以细化。

在划分征地范围时,改革方案应充分考虑中国现阶段的基本国情,考虑中国目前资本短缺、用地需求量大的基本现实,分步骤、循序渐进地缩小征地范围。

第一阶段:采用方案三,将征地范围界定为:国家重点扶持的能源、交通、水利等基础设施用地及其他公益性项目和城市(不含建制镇)建设用地范围内的发展用地。

第二阶段:采用方案一,将"公共利益"界定为:以国家为投资主体、不以盈利为目的、为社会公众服务、效益为社会共享的公共设施和公益事业项目。包括军事设施,国家重点投资的用于交通运输的道路,能源、水利、市政等公用事业设施和其他公用场所,政府办公设施和政府、公共团体投资的文化、教育、卫生、科技等公共建筑等。除此以外的用地项目,均退出征地范围。

长远的模式就是严格界定范围,无论是单独选址项目还是分批次项目都要严格区分其公益性,近期的模式就是按照《国务院关于深化改革严格土地管理的决定》,探索农村集体建设用地进入市场的模式。

b. 建立和完善土地征收目的合法性的审查机制

通过修改《中华人民共和国土地管理法》中的土地征收审批制度,设立土地征收目的合法性的审查机制。国务院或省级人民政府应加强对土地征收目的合法性的事前审查,建立土地征收目的不合法时的救济制度,加强征地目的合法性的事后审查。被征收人在认为土地征收目的不合法时,针对土地征收这一行为,可以向有关行政机关提出行政复议,也可以向人民法院提起行政诉讼。

c. 确立"非公共利益"的用地获得农民集体土地的途径

加快集体土地使用制度改革,"非公共利益"用地退出征地范围后,可以通过集体建设用地市场获得集体土地使用权。因此,应从法律上对集体土地使用制度作必要的调整,允许集体建设用地在一定条件下直接进入市场流转,纠正农地非农化过程中存在的价格扭曲,使土地市场健康、有序地发展。

d. 规范政府征地行为

推进征地制度改革,关键在规范政府行为。地方政府既是土地管理者,又是国有土地所有者代表,同时在向省级政府和国务院申报土地征收审批的过程中,又代表用地者,这种集多种身份于一身的状况弊端很多。随着政企分开、投资主体的多元化,政府行为应逐步得到规范,政府用地只能是公益性用地,政府职能主要是统一征地、向用地者供地。

2)确认农民集体土地的财产权利,按市场经济规律进行征地补偿

a.进一步明确补偿内涵

目前征地补偿除主要考虑土地财产外,还要重点考虑人的因素,现阶段更大意义上是政策性的补偿。农地价格修正法主要就是考虑了征地补偿应以土地财产补偿为主的原则设定的,农用地价格可视为是对土地财产进行的补偿,又考虑了人均耕地数量和城镇居民最低生活保障水平等政策性因素。因此,在征地补偿过程中需要进一步明确,土地财产是补偿内涵的主体,其他补助及补贴也作为考虑因素。这样有利于逐步过渡到将来完全按照土地产权进行征地补偿,而对人的补贴逐步回归到具有社会保障轨道上。

b.多种方法测算,相互验征

现行的征地补偿只有一种测算方法。为了保证测算结果的客观性和科学性,在界定清楚内涵的基础上,今后必须明确征地补偿价格根据各地的实际情况及各方法的适用范围,可采用产值倍数法、案例修正法、转用预期价格扣除法、农地价格修正法等方法进行测算;各地也可以根据实际情况采用其他合适的方法进行测算。原则上应选取两种或者两种以上的方法进行测算,并根据市场情况综合确定①。

c.逐步按市场价格进行补偿

随着将来征地补偿测算方法的完善,征地补偿制度的建立健全及农民自身对征地权益的不断强化,政策性补偿和土地财产补偿之间的比例将会呈动态变化,从政策性补偿逐步过渡到土地财产补偿,做到真正由市场决定补偿价格的高低。同时,应更多地引入谈判机制②,由用地单位和农民集体、农民自行谈判研究补偿安置费。

3)着眼于长远生计,建立被征地农民就业促进机制和基本生活保障体系

a.制定被征地农民就业促进政策

第一,实施就业扶持政策,将被征地农民纳入小额担保贷款的政策范围,建立就业资金③的财政性保障机制。

第二,大力开发社区服务就业岗位,拓展就业渠道。同时要支持被征地农民,发挥其农业生产技能,承包经营农业园区、农业基地等,继续从事种养业。

第三,强化就业技能培训④。围绕劳动力市场的用人需求和结构变化,开展多层次、多形式的技能培训,增强就业培训的针对性、实用性和有效性。

第四,搞好就业服务,优化就业环境。要将创业培训与开业指导、小额贷款、税费减免和后续扶持相结合,为被征地农民成功创业提供系列服务。要对被征地农民实行免费的职业介绍和职业指导服务。

第五,建立健全就业援助机制。援助的重点是4050人员和双失业家庭,争取双失业家庭至少要有1人就业。为此,要做好困难对象的调查摸底,进一步摸清4050人员和双失业家庭人员的数量和基本情况,建立跟踪服务制度。

---

①对同一块被征土地采用多种方式进行评估,是为了更好地测评被征地价值。每一种评估结果都起到了参考作用,相互之间并不矛盾。

②农村集体将会日益获得更多的与政府谈判的权利。

③一种对失地农民提供小额贷款的基金。

④目前在城市中已存在就业技能培训服务,但这种培训还需要进一步加强和扩大,尤其要针对失地农民。

第六，制定和实施以项目为龙头的被征地农民国家培训计划，整合培训资源，创新培训方式，提高培训质量。针对不同被征地农民对培训的需求，设立面向被征地农民农户的就业培训国家计划。

b. 建立适合被征地农民特点的基本生活保障制度

被征地农民是城镇化进程中处于过渡阶段的分化最快的特殊社会群体。随着被征地农民就业状况的变化，被征地农民会迅速分化，进入城镇就业的被征地农民可能选择进入城镇社会保险体系。如果没有政策支持，就业困难的被征地农民，则可能难以参加现有的社会保障制度。为切实维护社会稳定和被征地农民权益，政府有责任建立被征地农民基本生活保障制度。

根据中国国情、城乡社会保障制度建设的现状和被征地农民的经济承受能力介于城乡居民之间的现实，建立保障水平介于城乡现有制度之间的新制度，既是一种现实可行的选择，也是最有利于统筹城乡社会保障制度建设的战略性选择。

养老保障制度是被征地农民社会保障制度建设的重点。综合考虑中国国情、社会保障制度建设所处的阶段和被征地农民的实际，应该进一步创新制度模式，建设有中国特色的以个人账户为主、保障水平适度、缴费方式灵活、可随人转移、适应性和可推广性强的弹性养老保障制度。

c. 建立被征地农民安置保障基金

为了保障被征地农民就业促进政策的实施和基本生活保障制度的建设，地方政府应建立被征地农民安置保障基金，基金可以通过如下渠道筹集：

一是政府提供一定比例的财政拨款。它体现国家或政府对被征地农民社会保障制度建设所承担的公共财政责任。这方面的投入包括被征地农民社会保障机构的管理及运行所需经费拨款，对被征地农民参加养老、医疗等保险项目的专项补贴拨款，承担被征地农民减少缴费或提高待遇标准所需的支出。

二是从政府土地出让金净收益中提取一定比例的资金。

三是从全国社会保障基金投资收益、社会各界捐献、国有资产变现收入等渠道筹集资金。

d. 因地制宜地多渠道安置被征地农民

安置被征地农民，要解放思想，因地制宜，积极开拓多种安置途径。在经济较发达地区或城乡结合部等土地市场化程度较高的地区，可实行国有土地留地安置，赋予被征地集体或农民个人优先开发权；在有稳定收益并可长期回报的项目征地中，可探索将土地使用权入股或征地补偿费入股的方式①，既减轻政府在短时期内的资金压力，又可为失地农民保留和提供长期收益；在有条件安排失地农民就业的地方，要积极创造并扩大就业门路。

4）赋予农民应有的权利，建立合理的征地程序

征地程序是征地制度的重要组成部分。一些市场经济国家在政府取得土地的过程中，原土地的权利人有权参与全过程，拥有充分的知情权、参与权，对土地赔偿等问题的争

①目前，这种方法及其主要程序还在讨论中，还不成熟。

议,可以协商、申诉直至由法院仲裁。国内一些地区在征地工作实践中,结合本地实际情况,在征地程序方面已进行了有益的探索,值得借鉴。征地程序可以改为“申请征地—预公告—协商补偿安置—报批—审查批准—公告—实施补偿安置—供地”,具体包括:

a. 增设征地补偿安置协商工作

征地组件报批前要与被征地集体和农民商谈补偿标准、安置途径,充分听取农民的意见,用前期调查协商取代现行法律规定的补偿登记环节。

b. 改变征地公告现行做法

一是增加预公告程序,即政府确定征地后,随即发布征地预公告,告知被征地集体和农民,明确征地范围和建设、种植限止期,同时开展补偿初步调查登记,协商补偿安置问题。如果因征地未予批准或在一定时间内未予批准,给被征地单位造成损失的,由政府或有关单位按实际损失给予补偿。

二是将现行征地批后两公告合二为一,在征收土地方案依法批准后,予以公告,公告期满后即可实施补偿安置工作,并供地。

c. 建立征地纠纷的司法裁决机制

对集体土地所有者提出的征地不合法、补偿不合理、安置不落实等问题,由司法机关按照司法程序解决征地纠纷①,尽可能地减少政府对征地纠纷裁决的参与。对政府征地违法行为,农民可以寻求司法救济,申请国家赔偿。通过加强执法、加大司法裁决力度,既有力保障公共利益征地能够顺利进行,维护国家利益,同时又有效保护被征地农民的合法权益不受侵犯,维护社会稳定。

5)关于配套政策的探讨

a. 要加快农村集体土地产权制度建设进程

进一步以法律的形式明确农村集体土地产权主体及各项权能,加快农民集体土地所有权登记发证工作。在立法思想上要体现对农民集体土地财产权的尊重,赋予集体土地产权应有的法律地位。

b. 将征地制度改革与农村集体土地使用制度改革相结合

在规范农村集体土地流转的前提下,逐步缩小征地权行使范围,并建立非征地建设获得建设用地的渠道,以农村集体建设用地流转市场为基础,探索征地价格的形成机制及评估方法。

c. 改革现行的土地税费制度

在市场经济条件下,政府应通过设立不动产税、增收土地增值税等途径获取土地收益,而不应直接在土地征用中通过收取各种名义的费用来获取收益。财政部门应为有关部门必要的行政事业费开支提供保证,减少对行政事业性收费的依赖。

d. 要改革现行的地方政府领导干部政绩考核制度

要将在发展经济的同时是否维护农民权益作为考核领导干部政绩的重要方面,避免片面追求经济增长率、搞形象工程、乱占滥用耕地、侵害农民利益。

---

①目前,类似仲裁机构还未建立,尚在探索中。

第二节　移民安置计划的编制

一、亚洲开发银行在中国贷款项目中移民行动计划编制指南①

（一）移民影响范围

1. 简介

征地和拆迁通常会给受影响的个人和社区带来很大的负面影响。亚洲开发银行非自愿移民政策的一个根本原则是尽量避免或减少由发展项目引起的移民影响。在项目的规划和设计阶段，应通过一些具体措施，如路径的调整和项目位置的选择，尽量减少土地的征用和房屋的拆迁。为了说明这些减少移民影响的努力，在移民安置计划中应详细描述具体减少或避免移民的措施。

对于那些不可避免的移民影响，详细的土地征用和房屋拆迁的调查将为确定移民的规模和确定受影响的人数打下基础。对每个受影响人和社区的影响调查应包括在农村和城市的各类影响，其内容应包括永久和临时的征地数量、各类房屋的拆迁，如住宅和非住宅以及其他附属物和基础设施的影响。根据这样全面的调查，受影响的人数可以得到确定。这包括因征地而受到影响并需要生产安置的人数、因房屋拆迁需要搬迁的人数，以及因企业、事业单位搬迁而受到影响的职工人数。表 9-11 为如何汇总项目总的移民影响提供了一个格式。而下面的一些表格则为如何表述所调查收集的项目移民影响的信息提供模式。

表 9-11　项目的移民影响汇总

子项目	征用耕地（亩）	受影响人口	房屋拆迁（m^2）	受影响人口	搬迁企业	受影响人口
子项目 1						
子项目 2						
子项目 3						
合计						

2. 农村的移民影响

对于征地的影响，所列的表格应包括每一个受影响村的征地数量、全村人口、全村耕地以及征地前、后的人均耕地数。根据这些数据可以得到需要进行生产安置的人数。对于那些土地调整只在所影响的组内进行的村庄，村组的总人口、总耕地、征用耕地数量以及征地前、后人均耕地数应该在表中提供，这样就能对项目的征地影响人口提出比较精确的数字，见表 9-12。

收集这些信息的一个主要原因是便于了解那些由于项目所在的位置受征地影响较大的村组。对于这些受征地影响较严重的村，移民安置计划中应包括详细的生产安置措施。

①根据世界银行和亚洲开发银行咨询顾问朱幼宣提供的培训材料改编。

这些生产安置措施包括为失去土地的农民开发新的农田,改善现有的灌溉生产条件,或创造其他非农业就业机会等。

表 9-12　项目的农村征地影响(受影响的人口数)

县	乡	村	总人口	总耕地(亩)	征用耕地(亩)	征地前人均耕地	征地后人均耕地	受影响人数
		A						
		B						
		C						
		D						
合计								

说明:受影响人口数是根据土地管理法计算的,即征用耕地数除以每个村征地前人均耕地。

对非耕地的影响可用同样的格式来描述或用更简单一些的表格,如表 9-13 所示,因为对非耕地一般无需计算征地受影响的人数。但在实施征地时,到村一级的征地数据仍是需要的。因为这些数据是计算对每个受影响村补偿数额的一个重要依据。对于不同类型的土地(耕地或非耕地),只要其补偿标准依法有所不同,都应该在表中分别列出。对于临时占用的土地,应用类似表格加以表述,或者在同一表格上加入临时占地的内容。

表 9-13　项目的征地影响

县	乡	村	征地总数(亩)	征用耕地(亩)	其中水田(亩)	旱地(亩)	林地(亩)	园地(亩)	坡地和荒地(亩)
		A							
		B							
		C							
		D							
合计									

对于房屋拆迁的影响,可以按项目所在地点不同分为农村房屋拆迁影响和城市房屋拆迁影响。在农村,房屋拆迁的影响可进一步分为个人所有的居住房屋和集体所有的非住宅房屋。表 9-14 提供了如何收集表达农村私有居住房屋信息的样本。不同结构的划分应同项目所在的县市所采用不同结构补偿类别相一致。对于私人居住房屋,所影响居民户数和人口将是一个非常重要的信息,因为它们为确定整个项目受影响人口数量提供依据,也为确定受影响严重的村提供依据,这是因为每一个拆迁户在搬迁时都会得到新的宅基地。对那些拥有很多拆迁户的村子,为了提供所需的宅基地,将进一步减少其耕地的数量。这样的二次征地信息也应包括在征地影响表格之中,并对那些影响严重的村庄予以特别的关注。对于其他属于个人附属财产,由于同所拆迁的私人房屋关系密切,可以在同样表格中列出(见表 9-15)。

表 9-14　项目农村地区居住房屋拆迁影响

县	乡	村	搬迁户数	受影响人口	拆迁建筑面积	其中砖混结构	砖木结构	土木结构
		A						
		B						
		C						
		D						
合计								

表 9-15　项目的其他附属物的影响

县	乡	村	树木	围墙	水井	坟墓	猪圈	厕所
		A						
		B						
		C						
		D						
合计								

对于受影响非住宅房屋,如果他们属于个别企业或单位,应该分别予以确定,并把所影响职工人数反映在表格之中。对于属于村集体的房屋,例如仓库、学校,它们也应分别叙述,并包括其结构类型和影响职工人数(见表 9-16)。对于那些需要搬迁的单位,应对如何恢复生产、搬迁支持和搬迁过程中的工资损失予以特别关注。

表 9-16　项目的非住宅房屋拆迁影响

县	乡	村	拆迁建筑面积	其中砖混结构	砖木结构	土木结构	房屋用途	受影响职工人数
		A						
		B						
		C						
		D						
合计								

3. 城市移民影响

对于城市的拆迁征地,由于在中国城市土地属于国家,搬迁安置的做法同在农村有所不同。根据国家城市房屋拆迁条例以及所在城市的实施细则,在中国城市移民的主要原则是为搬迁的居民和单位根据原拆迁房屋的大小、位置和结构提供重置房屋和场所。所拆迁的城市房屋按用途可以分为 3 类:城市住宅(公房和私房)、企业或单位和个体小店铺。

对于所拆迁的居民房屋,需要搬迁的户数人数是非常重要的。因为这是确定安置用房数量的重要依据。而所拆迁住宅的权属也是很重要的信息,因为对私房和公房的补偿安置政策有所不同。另外所拆迁住宅的位置地点也是一个重要的信息,由此可以决定补偿的标准和所提供安置用房是否合适。表 9-17 为收集表达这些信息提供了一个格式。

表 9-17　项目城市地区居住房屋拆迁影响

市	区	权属	搬迁户数	受影响人口	拆迁建筑面积	其中砖混结构	砖木结构	土木结构
	区 1	私房						
		公房						
	区 2	私房						
		公房						
合计								

对于受影响非住宅房屋,每个受影响单位的名字、类型和权属应该确定,并报告其受影响的人数。对非住宅单位的调查,应区分只是部分受到城市拆迁的影响、通过补偿恢复并不影响企业正常生产经营的单位和那些受拆迁影响较大并需异地安置才能恢复的企业单位。对于那些需要搬迁的单位,应特别关注他们的生产恢复、搬迁支持和工资损失的补偿;对于那些受影响的个体店铺,为了确定有多少店主和职员受影响以及采取什么措施来恢复他们的经营及收入,也应收集同样的信息(见表 9-18)。

表 9-18　项目城市地区非住宅房屋拆迁影响

受影响单位的名称	影响职工人数	单位所在地点	总建筑面积	拆迁建筑面积	其中砖混结构	砖木结构	房屋用途	是否需要异地安置
		区 1						
		区 1						
		区 2						
		区 2						
合计								

除了解征地拆迁的数量外,移民影响调查还应包括所涉及的不同基础设施,例如受影响村的灌溉渠道、乡村道路以及广播输电线路等。为了使这些设施原功能得以恢复或改善,应在移民安置计划中将受影响的设施一一列出,并在同受影响社区协商确定其补偿恢复的方案。

(二)社会经济调查

根据土地征用影响的调查,为了更好地了解受影响的社区和人群的社会经济情况,应开展社会经济调查。社会经济调查有两个目的:一是为项目受影响的人收入和生活水平恢复计划打下基础;二是为开展对移民过程和结果进行的监测活动打下基础。调查包括两个部分:一是采用对样本户进行调查,二是对所有受影响村进行村情调查。社会经济调查,特别是对样本户的调查应由对社会经济评价、分析、移民规划有经验的机构来承担。这些机构还可以在移民安置计划的编制过程中为项目单位提供技术支持。社会经济调查应包括下面一些主要信息:

(1)所有受影响村的基本信息,包括总人口、总耕地、人均耕地和人均纯收入。有些信息可以在征地影响调查中得到。这个村级的情况调查将有助于确定征地拆迁影响较大的村并为其制定生产安置措施打下基础。村级情况调查还应包括村里其他集体资源、社会和经济信息，例如社会文化构成、社会组织和文化体系及场所。

(2)主要样本住户信息，应包括人口构成、年龄构成、教育程度、文盲情况、就业情况、技能及培训情况等。

(3)样本户的收入情况，如人均收入、收入来源，其中种植业、养殖业和其他非农业收入占总收入的比例；样本户的就业情况，例如，在非农业活动中就业人员的比例；样本户的农田拥有量。这些样本户信息为提出不同生产安置措施提供依据。这些信息(下文信息A、信息B、信息C、信息D)应对不同性别的家庭成员分别列出。

(4)了解样本户的固定资产，包括农田、农具、家庭耐用品和其他生产工具。由不同资源产生的收入应分别列入收入调查统计中。

(5)对项目的态度和对移民政策的意见。在社会经济调查中，应注意收集受项目影响人对于项目的态度和对移民的政策、补偿的标准、搬迁安置的措施的意见。这些态度和意见的收集应通过对样本户的调查和与受影响社区所开展的小组讨论中获得。

(6)如果受影响的人将进行异地安置，关于接受地村的情况也应加以收集，包括接受地村的人口密度、环境容量和社会文化信息等。

(三)减少贫困措施

减少贫困是亚洲开发银行支助项目的一个最重要的目标。减少贫困的信息应在社会经济调查中收集。这里一个重要方面是确定受影响的村庄和人群中低于贫困线的村庄和人群，即贫困村和贫困人口。这一信息可通过提供官方确定的贫困村的信息，或者比较受影响村的人均收入同省、国家和国际上贫困线标准中获得。根据以上资料，报告可以提供下列信息。信息A：在项目影响区域内，贫困村、贫困乡和贫困县的数量；信息B：项目影响人口中贫困人口数量；信息C：同项目受影响的人群比较(根据样本户和受影响村的调查)贫困人口的主要特点；信息D：对于受影响贫困人口在移民和扶贫活动中应采取哪些措施。

减少贫困措施可以包括下列内容：

(1)为受影响的村基础设施重建提供更多的资金，以便改善、恢复的基础设施。

(2)为受影响村集体房屋或设施重建提供更多的资金，以便及时更好地予以恢复。

(3)对脆弱人群在重建房屋和恢复生产方面提供帮助。

(4)为受影响的村在开发合适的生产安置措施和取得相应扶贫资金方面提供帮助。

如果项目的征地拆迁将对以少数民族为主的社区带来严重的负面影响，根据亚行的要求，项目单位应在移民安置计划外准备一个单独的少数民族发展计划。关于如何准备少数民族发展计划，项目单位应参阅亚行的有关土著人的政策要求。

(四)法律框架

本文重点介绍与项目征地拆迁有关的法律条例。其中包括重要的国家法律，如土地管理法(1998)，城市房屋拆迁安置条例(2001)和省、市有关实施法规，例如根据新土地管理法所颁布的各省实施条例和有关市政府制定的房屋拆迁实施细则。这里不但要列出相关的法律法规名称，还应列出主要相关的条文。如果所列出的法律和条例在某些方面与亚洲开发银行的移民政策标准不一致，例如对城市违章建筑和流动人口的一些规定，移民安置计划应就此不同点作出解释，并说明项目单位如何采取具体做法来满足亚行的要求。

（五）移民政策和补偿措施

根据法律框架，移民安置计划应对项目中所采用的移民政策和补偿标准进行介绍。为了使亚行官员能了解补偿标准是否合适，不同补偿标准的计算公式以及标准适用范围应在报告中反映出来。例如，对于土地的补偿，对于不同类型的土地，总的土地补偿单价和分项的单价，如土地补偿费、劳力安置费、青苗补助费应分别列出。分别列出的各项补偿应包括所确定的年产值和所采取的补偿倍数。如果不同的县、市采用不同的土地补偿标准，则移民安置计划应加以说明。无论如何，所采取的标准应至少满足新土地法的要求。

对于拆迁房屋的补偿，不同结构房屋补偿标准要分别列出，而这些标准应满足重置价的原则。为了便于拆迁安置的实施，所制定的每一类型结构补偿标准可以有一定浮动范围，但其下限应满足所拆迁房屋的重置价原则。对于其附属设施，比如水井、猪圈、围墙等，其补偿标准也应在移民安置计划中分别列出。对于拆迁户的在拆迁重建过程中所得到其他一些帮助，例如新的免费宅基地的分配、三通一平的支持也应在安置计划中加以说明。另外，安置计划中还应包括对拆迁户在搬迁过程中的支持，例如搬迁费、提前奖励费以及搬迁过渡费等。对于城市拆迁中受影响的居民、店铺和企业单位，所采取的补偿标准、安置措施和搬迁补助也应一一说明。

根据补偿和安置的领取对象的不同，补偿标准又可分两类：一类是那些需要直接支付给个人和受影响户的补偿款，包括青苗费、劳力安置费（对那些没有进行土地调整并选择自谋职业的受影响的人）、房屋及财产的补偿，以及搬迁过渡的支持；另一类是需要直接支付给受影响村组和地方政府的补偿款，例如到村的土地补偿费、劳力安置费、基础设施补偿费以及集体房屋补偿费和停产停业损失费。对于有些补偿项目需要经过双方协商方能确定，移民安置计划应说明其补偿金额如何确定，以及大致补偿范围。

（六）经济恢复的措施

移民政策的一个重要目标是使受影响人特别是经济上受影响的人恢复其收入水平和生活标准。为了达到这一目标，在总的补偿金额的基础上应该制定一个详细的生产安置方案。对于影响严重的村，如果初步确定的土地补偿标准无法支付所需要的生产安置措施，则应适当调整征地补偿金额。对于一般线性影响的项目（如公路、铁路），至少应对受征地影响严重的村子，例如位于高速立交桥和火车站位置的村子，提出详细生产安置计划。详细的生产安置计划应包括下面几个内容：

(1)通过对村或村组人口及耕地信息的分析来确定需要生产安置的人数。

(2)在了解受影响村的征地规模、总的补偿金额并同所影响村民和官员协商后，应对不同的影响村提出不同的生产安置方案。

(3)对那些主要通过土地调整来进行生产安置的村组，生产安置方案应包括征地前、后人均耕地的情况。建议改善生产条件的具体措施，例如增加灌溉、旱地改水田等。对于需要用非农业就业来进行生产安置的，则应对工厂数量、就业人数，以及新的就业机会的工资水平进行描述。对那些通过自谋职业进行安置的，他们目前的专业特长、所提供的现金补偿的金额以及潜在就业活动和政府支持，也应在移民安置计划中加以描述。

(4)通常来讲，如果征地对受影响村组带来很大影响，使其人均耕地下降到0.5亩以下,则对这样的村组应提出详细生产安置方案。为了保证这些受影响的村组有足够农田维持生活,一方面可以开发新的农田,另一方面可以让一部分农民农转非。表9-19列出一个村组内采取不同生产安置措施的情况。

表9-19　主要受影响村的生产安置措施

村	需要生产安置人口	通过土地调整安置人口	征地前人均耕地	征地后人均耕地	通过农转非安置人口	其中安排就业人数	自谋职业人数
A							
B							
C							
D							

(5)对于那些受影响的城市搬迁户,移民安置计划应提供有关安置用房的详细资料,比如安置用房的大小、地点、社区服务设施等。对于拆迁户提供的各项搬迁补助也要加以说明。对于所搬迁的店铺和企业单位,应明确具体的安置措施,如重置房屋的大小位置,生产和工资损失的补偿金额等。

(七)机构安排

本段应描述移民规划和实施期间的机构设置。这涉及两个方面:第一,哪一个机构将主要负责移民的实施。通常项目单位作为借款方将主要负责移民的规划与实施,在项目单位中,应成立一个由专职人员组成的移民工作小组来协调移民规划与实施。第二,在项目实施过程中,哪个机构将具体负责移民的实施。如果这个实施机构与主要项目实施单位有区别,他们之间有什么样的关系。例如在中国,移民实施通常在省的项目办密切配合下由县政府的移民机构来实施。移民安置计划应介绍各级移民机构的详细情况,包括在职人数、机构的主要职责、他们的工作能力以及培训的需求。为了便于理解,移民安置计划中应包括一个机构框图。

(八)协商、信息公开和申诉渠道

受影响人的充分的协商和参与是成功实施移民安置计划的出发点。这在中国的移民规划和实施中常常这样做。例如,在移民规划中,特别是在移民影响调查和社会经济调查中,受影响的人能核实调查的结果并提出他们的意见,受影响的人通常还能对选择新的宅基地和决定哪种生产安置方案途径发表意见。这些协商参与活动应在移民安置计划中得到反映。

亚行的另外一个重要要求,同时也是国家新的土地管理法的一个重要内容,就是要在项目正式评估结束之前向受影响的人公开移民信息并征求他们的意见。这些信息包括移民政策、补偿标准、安置措施和申诉渠道,应通过移民信息手册发放给所有受影响的人。移民安置计划应对信息手册的内容、发放时间和方法作出描述。

同信息公开相关,为了保证受影响人的利益,项目单位应为受影响人建立一个申诉渠道。通过这个申诉机制,受影响的人如果对补偿标准、安置措施或其他方面不满意的话,能够反映上来。这一申诉机制应在移民安置计划中加以描述,并保证该机制在移民实施过程中发挥作用。

(九)费用估算和实施时间表

移民的费用估算应真实反映项目实际移民费用。移民费用应该根据项目所采用的并由移民认可的各项补偿标准和移民安置计划中其他相关移民费用来估算。为了使移民安置计划可以应付未来不可预见的变化,预算应包括物价预备费和移民工程预备费以及一些其他相关的费用,例如移民规划的费用、监测评估的费用以及移民实施管理的费用。预算应按不同子项目构成和不同实施时段来加以划分,而费用的来源也应在移民安置计划中加以描述。

为了保证移民计划的实施可以在主体工程开工前完成,在移民安置计划中应包括一个移民实施的时间表,不同子项目的移民计划实施时间应同其中主体项目施工时间相吻合。在制定移民实施时间表过程中,具体移民步骤应安排足够的时间,例如同移民协商安置措施、签订补偿协议、建造新房以及搬迁到新的地点。

(十)监测与评估

移民的监测评估可分为两个部分:由项目移民实施机构开展的内部监测评估和由独立移民监测评估机构开展的外部监测评估。监测评估的一个主要目的是通过比较移民实施的规模、补偿标准以及落实的安置措施来了解移民安置工作,搬迁和恢复是否按移民安置计划来实行,移民的生活和收入水平是否恢复。对于移民的内部监测评估,移民安置计划应详细介绍具体负责的机构、监测范围、监测指标和监测时间表。对于外部或独立移民的监测评估,移民安置计划应包括同样的信息,例如所挑选的独立移民监测机构、机构资质、主要目标、主要监测指标、监测评估方法、监测评估报告格式,内容和提交时间。另外,推荐的独立移民监测机构应编制一个详细的外部监测评估工作大纲,并附在移民安置计划中。独立移民监测评估应以对受影响户的抽样调查为主要手段,通过移民前的本底调查和实施期间逐年跟踪调查来完成。

内部和外部监测评估的一个主要目标是看移民项目的实施是否按照移民安置计划来实行,特别是其补偿标准和基本安置政策。表9-20为如何比较移民实施规模提供了一个示范(比较移民安置计划同实际实施的结果)。根据这些信息,应进一步说明为什么某些子项目移民规模增加了,而另外一些子项目移民影响减少了。另外,列表还可以用来比较实际完成的情况同计划完成情况。

表9-20 比较移民影响规模:移民安置计划和实际完成情况

项目	征用土地数量		房屋拆迁数量		搬迁人口和户数	
	安置计划	实际	安置计划	实际	安置计划	实际
子项目A						
子项目B						
子项目C						
子项目D						
合计						

监测评估还要了解所实施的移民政策、补偿标准是否同安置计划一致，并兑现到受影响的人和村。通过走访受影响的村，同受影响的家庭座谈，监测评估单位应比较不同项目的补偿标准，包括不同结构房屋、附属物和不同类型的土地等。这样的比较也可以用表格形式反映出来（见表9-21、表9-22）。如果实际补偿标准同安置计划有很大差距，则在报告中应详细说明。这里，实际的补偿标准应直接从受影响的人那里收集而不是简单依赖地方政府的汇报。因为有时候地方政府得到和最终受影响的人得到会有不同。

表9-21　比较征地补偿标准：移民安置计划和实际完成情况

项目	水田		旱地		林地		园地	
	安置计划	实际	安置计划	实际	安置计划	实际	安置计划	实际
子项目A								
子项目B								
子项目C								
子项目D								
合计								

表9-22　比较房屋拆迁补偿标准：移民安置计划和实际完成情况

项目	砖混结构		砖木结构		土木结构		搬迁费	
	安置计划	实际	安置计划	实际	安置计划	实际	安置计划	实际
子项目A								
子项目B								
子项目C								
子项目D								
合计								

监测评估还要了解移民安置计划中的安置措施是否顺利实施，包括生产安置恢复和房屋的重建。对于房屋的重建，报告应重点了解是否所有搬迁户都得到了免费新的宅基地，他们是否得到所有住房补偿，包括附属物的补偿和搬迁补助，所得到的补偿能否把新房建起来。通过样本户的调查，还可以了解搬迁户的新旧住房条件发生的变化。

对于生产安置方面，现场访谈调查应重点了解受影响人所采取的不同生产安置的选择。通过对受影响户的调查来了解是否得到他们应得到的所有补偿，例如自谋职业基金、重新分配的农田。另外，监测评估需要了解受影响人的收入水平是否比征地前高；关于收入的变化，应通过对一定数量样本户从搬迁前的本底调查到实施期间定期跟踪监测来获得。

二、移民安置行动计划（RAP）编制①

（一）移民的概念

商务印书馆1985年出版的《现代汉语词典》对“移民”有两条解释：①“移民（动词）：

①由项目国际咨询专家组专家朱幼宣博士聘请的专家，华北勘测规划设计院卞丙乾提供的培训教材改编。

迁移居民到外地或外国去落户”;②移民(名词):迁移到外地或外国去落户的人。其他辞书对“移民”的解释也基本与之相似。

传统的“工程移民”的概念从“移民”的概念引申而来,是指那些由于工程建设从原来工作和生活的地方被迫搬迁到其他地方的人群或活动。传统的“工程移民”的概念注重于或仅仅注重于由于工程的兴建而必须搬迁的那一部分人,而不是由于工程建设而遭受损失的所有的人。20 世纪 80 年代以后,中国对新中国成立以来在工程建设的征地拆迁方面的经验和教训进行了总结,并逐步编制和完善了相应的法规,如《中华人民共和国土地法》、《城市房屋拆迁管理条例》、《大中型水利水电工程建设征地补偿和移民安置条例》等,开始强调对由于工程建设而遭受损失的对象进行重新安置,特别是 20 世纪 80 年代中后期,世界银行和亚洲开发银行等国际金融机构大量投资和参与中国的基础工程建设,引入了“非自愿移民(Involuntary Resettlement)”的概念和相应的政策,使得国内对“工程移民”的概念进行了再认识。目前,国内对“工程移民”的认识较为一致,做动词时理解为“对受工程建设直接影响和间接影响的所有的人进行再(重新)安置”,做名词时理解为“由于工程建设而遭受直接的间接的影响的所有人”。这些直接影响、间接影响的人包括:房屋必须拆除而搬迁的人;征用的耕地、园地、林地、养殖水域等用于农业生产经营的土地的所有者或生产经营者;房屋必须拆除的企业或机关事业单位的职工、征地后将丧失就业和收入来源的人口(某种情况下,被征地地区为一家工厂的主要生产原材料产地或产品销售地,尽管该工厂远离工程建设征用地范围,工厂的建筑物并不因为工程建设必须拆除,但该工厂应该列入“工程移民”的范围)等。

(二)工程移民的主要特征

与“自愿移民”相比较,“工程移民”的主要特征是:

(1)被迫性。“自愿移民”(往往是有一定技术的青年人或中年人,有心理准备)都是由自己主动选择并决定自己的前途的,而工程移民(受影响的全部人口,包括老年人、中年人、青年人、妇女、儿童、正常人、残疾人)是由于工程的建设不得不重新安置。

(2)破坏性。工程建设时,不可避免地要征地和拆迁,有时是整村、整乡。当人们被迫迁移、耕种的土地被征用时,其原有的生产系统将遭受破坏,许多就业机会、大量有收益的土地和其他有收益的生产资料将会丧失,收入来源减少;教育和医疗保健等福利设施及其服务将恶化;靠血缘、地缘、业缘形成的初级社会群体被肢解,家族群体被分散,社会互助网络被拆散,乡村原有的组织结构、社会关系和社会内聚力被削弱了。这种破坏,其程度与移民区域的社会经济发展先进程度成反比,与移民的规模成正比。

(3)持久性。“非自愿移民”是一个长期的创伤过程. 由于移民原有的社会系统和生产系统被破坏,他们有可能被安置在一个不熟悉的社会环境(语言、风俗习惯、组织结构、宗教信仰、节庆、群体归属感、礼仪等)里,从事他们不熟悉(或原来很少从事)的生产活动,生产技能发生改变,资源竞争更加激烈。移民需要时间恢复和重建并逐渐与新社区融合。这个过程有时候需要一代人,有时候需要两代人或者更长的时间。

(4)在对旧系统破坏的过程中孕育着恢复和重建的良机。

(三)工程移民安置的政策目标

工程移民安置是工程的一个重要组成部分。从新中国成立以来对工程移民安置的实践来看，只要根据移民的实际情况制定合适的移民战略，是可以有效地降低工程移民的破坏性，将工程移民安置变为发展的良机，使安置移民取得成功。根据中国的实践和国际金融机构的经验，总结移民安置政策主要为：

(1)尽可能避免或减少工程移民的规模。

(2)当工程移民不可避免时，必须对受损失的社区和对象进行详细的自然社会经济状况调查，并以帮助移民去提高或至少恢复原来的生活条件为最根本的政策目标，在项目的准备阶段编制切实可行的移民安置行动计划。

(3)对所有的损失进行公平、合理的补偿，让移民获得分享工程效益的机会，在移民建设期和过渡期获得帮助。

(4)将移民原有的初级社会群体(家族、自然村、村、原有的邻里关系等)集体搬迁，尽可能近距离搬迁。

(5)鼓励移民区和安置区的社区参与，包括当地政府、自然组织、非政府组织、移民和安置区居民代表，均应全过程参与到移民安置的前期准备(包括社会经济调查、移民安置规划等)和移民安置的实施过程中，紧紧依靠移民区和安置区原有的和现有的社会(或文化)团体。

(6)为移民安置区合理地配置基础设施(道路、电力、饮用水等)和社会服务设施(学校、医院等)，让移民和安置地原有居民都有使用这些设施的权利和机会。

(7)帮助接收移民的社区克服安置移民后可能出现的由于人口密度增加而产生的社会和环境压力。

(8)为移民中的弱势群体提供特殊帮助。

要做好移民安置行动计划，首先应对“移民”这一概念有一个充分认识。“移民”有“非自愿移民”与“自愿移民”之分，我们这里所讲的“移民”指的是“非自愿移民”，是不是只有那些因受项目建设影响而必须迁居安置的人员才是“移民”？答案无疑是否定的，那到底什么样的人员才算是“移民”呢？要理解这一概念，首先要了解谁是项目建设的利益相关者，所有自身利益因项目建设而受到影响的个体均为该项目的利益相关者，这种影响可能是直接的，也可能是间接的。利益相关者可以细到具体的人员，如居民、学生、职工等，也可以大至机关集体，如商店、学校、工厂等，他们所受的影响既可以是正面的即项目建设直接给他们带来了好处，也可以是负面的即因项目建设他们受到了不利的影响，我们所指的移民即为所有受到项目建设不利影响的人员。

理解了谁是移民，我们的移民安置行动计划编制工作就有了具体的对象，一般来讲，编制一个好的移民安置行动计划应做好以下4个方面的工作：①正确判别和分析项目建设对当地社会经济的影响；②制定一个好的政策框架；③制定一个切实可行的移民安置方案；④建立一套完善的保障系统。

这4个方面的成果即为移民安置行动计划的核心内容，看起来较为简单，但实际操作过程中却相当烦琐、困难。

(四)移民安置行动计划的编制

1.正确判别和分析项目建设对当地社会经济的影响

要正确判别和分析项目建设对当地社会经济的影响，首先必须对项目名称、类型、内容、构成、建设地点、规模、效益等项目的基本特征进行全面了解,分析确定谁将受益、谁将受损失,并在此基础上将项目影响涉及到的征地拆迁不同对象区分为人口、房屋、土地等项目逐项进行详细调查,同时对征地拆迁涉及区域内的社会经济状况进行全面调查,这种区域一般可根据实际情况确定,小可以到村组,大可以到省、地(市),社会经济调查可分社会结构、人口构成、劳动力构成、经济结构、收入构成、生产现状、生活现状等几方面。其次在全面调查收集所有这几方面基本资料的基础上,才能分析出到底项目建设对哪些单位、哪些人员造成了影响,哪些人是本项目的利益相关者,哪些人是我们移民安置行动计划应考虑的移民,项目影响可分为哪些方面,影响程度如何。这是移民安置行动计划编制工作的第一步,也是制定整个移民安置规划方案的基础,没有详细深入的社会经济调查及项目影响分析,整个移民安置行动计划将成为无本之木、废纸一张。

2. 制定一个好的政策框架

分析确定了谁是移民、项目影响类型及影响程度以后,如何减少或减轻这些影响,对受影响的对象如何进行补偿则是移民安置行动计划的一个重要的问题。实践表明,一个好的政策框架是解决好这些问题的关键,它应包括以下两个方面的内容。

1)全面完善的法律法规

该法律法规应明确:移民应得到合理的补偿,移民能从项目中受益,移民在项目实施后的生产生活水平应有所提高或至少不降低原有生产生活水平并在过渡期内得到帮助。20 世纪 80 年代以来,中国在征地拆迁移民政策的制定方面做了大量的工作,相关的征地拆迁移民安置政策已陆续出台,不同的行业、部门几乎均有相应的征地拆迁补偿政策,如水库淹没处理、城市拆迁规划等,所有这些法规对中国现有在建及规划项目的征地拆迁移民安置政策均作了明确具体的规定,这一点得到了世界银行及其他国际机构的充分肯定。

2)合理的补偿标准

合理的补偿标准应包括两个方面:一是补偿必须全面,对受项目影响的各个类型均应进行补偿,对征地拆迁过程中所涉及的各个方面亦应全面进行补偿,如对土地征用的补偿、对房屋迁建的补偿、对工厂企业的补偿等不能只停留在补偿看得见、摸得着的实物,还应对征地拆迁安置过程中发生的其他费用进行补偿,如搬迁运输费、土地划拨费、停产损失费、误工补贴费等。二是所有的补偿均应适度合理,如补偿过少则不能弥补项目影响所造成的损失,移民也许就不能重新建房,劳动力也许就不能很好地安置,而补偿过多也许就会激发当地非移民的嫉妒心理,造成移民与当地居民的矛盾,不利于安置区的安定团结。

在给予移民合理的补偿方面,世行的要求与中国现行的政策基本上是一致的,即移民应得到财产损失的补偿,但在对补偿的理解上有一定的区别,主要表现在对房屋的补偿上面,中国现行政策一般按移民损失财产的当前价值(即时值价,扣除折旧)结合损失程度(即扣除旧料利用)进行补偿,而世行则要求移民应能得到他们损失财产的全部重置费用,中国现有在建及规划的世行贷款项目在这一点上一般均已按世行要求执行。

3. 制定一个切实可行的移民安置方案

移民安置规划应该围绕以提高或至少恢复被安置者原有的经济条件为目的的发展战略与总体方案来制定。一般来讲,单纯的现金补偿是行不通的,详细、切实可行的征地拆迁移民安置方案是移民安置行动计划的重中之重。

土地征用后,生产体系被破坏,原有耕种这些土地的人员将失去部分或全部的土地,生产性财产和收入来源的丧失使他们无法维持现有生活,有部分人员也许完全丧失了生活的来源,他们原有的生产技能也许将无法适应新的就业岗位,对这些人员如何安置,对他们的生产如何进行恢复,如何维持他们的收入来源,如何解决他们的口粮,如何给予他们新的就业机会,如何使他们适应新的就业岗位,如何保障他们的就业、保障他们收入的恢复或提高即是生产安置规划所要解决的主要问题。针对这些问题,移民安置行动计划中应明确制定一整套的安置方案,如调整土地的方案、开垦土地的方案、发展二三产业的方案,劳动力就业的方案,生产技能培训的方案,后期扶持的方案等,所有这些方案均必须是因地制宜的、切实可行的。一般情况下,对于原有的从事农业生产的移民,应该优先对他们实行以土地为基础的移民安置策略。如果没有合适的土地可以提供,就应为他们实行提供就业机会或自谋职业机会的非土地安置策略。同样,由于房屋的拆除,原有的居民将要迁入新居,这一新居也许就在原居住地附近,也许已远离其原来的居住地,新的居民点如何建设,基础设施如"三通一平"如何配套,公共设施如文教卫生如何完善,移民与当地居民能否融合、如何融合、如何对脆弱群体提供帮助等则是居民迁建规划所必须解决的问题,针对各种问题制定相应的切实可行的措施是居民迁建规划的主要内容。在特定的环境中为移民提供能为移民所接受的解决问题的措施,使他们自愿搬迁是居民迁建规划的关键。

所有生产安置、居民迁建及其他设施恢复方案的制定均应以充足的资金为基础,如何保证规划资金的落实,如何拨付这些资金,怎样保证资金有一个畅通的渠道并能按时到位而不被截留亦是移民安置规划的重要内容,在移民安置行动计划中应有一个明确的资金流程计划及详细的支付时间计划。

4.建立一套完善的保障系统

完善的政策框架及切实可行的移民安置规划方案固然重要,如果得不到很好的落实则无异于纸上谈兵。如何保证政策的落实,如何保证规划方案的实施即由谁来实施这些方案,如何实施这些方案,何时或何时段实施这些方案,谁来支付费用,如何鼓励公众参与,如何监督这些方案的实施是移民安置行动计划的又一项内容。经验表明,一套完备的保障系统是正确实施移民安置计划的关键,它应包括一套完备的组织机构、一系列鼓励公众参与的措施和一条畅通的信息反馈渠道即申诉渠道。

1)一套完备的组织机构至少应包括决策机构、执行机构和监测机构

决策机构即为项目移民安置领导小组,主要由项目业主及各级地方政府主要官员组成。众所周知,移民安置工作是一项政策性强、问题复杂、影响深远的工作,这项工作如未能做好将直接影响到当地经济的发展及社会环境的稳定。制定切合实际的移民安置政策及方案是移民安置的关键,决策机构的主要职责在于加强对重点工程的领导,保证征地拆迁安置的顺利进行,负责征地拆迁移民安置政策的制定和组织协调参与移民安置各个机构的关系。

执行机构为各级移民安置办公室及地方政府,其主要职责在于实施征地拆迁移民安置方案、移民申诉的受理等。

监测机构，监测一般分为内部监测与外部监测。内部监测主要由执行机构自己完成，主要监测资金到位、安置方案、生产恢复措施的落实等情况；外部监测主要由独立的外部监测机构来完成，主要职责在于通过跟踪调查访问分析了解移民生产生活水平的恢复情况，对项目业主提出问题与建议。外部监测与内部监测是相辅相成的。

2）积极倡导移民安置过程中的公众参与

从辩证法的角度来讲，任何一个项目的建设给整个社会的福利均是以牺牲了部分社会利益为前提得来的，这一点在大型的建设项目中尤其明显，但牺牲少数人的利益而获得大多数人的利益并不是项目建设的初衷。随着社会的进步，每个人在社会中的价值、权利亦将会越来越多地受到尊重。世行项目经验表明，让所有的利益相关者，特别是那些因项目建设而使自身利益受到损害的公众与团体参与到项目的准备及实施的决策过程中，对整个工程建设的顺利进行是非常有利的。这主要表现在以下两个方面：其一，能使项目建设单位更全面地了解项目建设可能带来的负面影响，帮助项目单位和主管部门更好地进行项目设计，以减少这些负面影响或者编制出更为合理的安置补偿计划，对受影响的人们进行妥善的安置和补偿。其二，通过公众参与，使受项目影响的人员增加自立的信心，减轻由于非自愿搬迁带来的心理、社会压力，使他们能积极投入生产，尽快恢复甚至超过搬迁前的生活水平。

在整个项目准备、实施过程中，公众参与是以不同形式反映出来的。一般来讲，在项目确定、规划、实施及恢复4个阶段中，移民的公众参与在后3个阶段体现得比较明显。

3）畅通的信息反馈渠道即申诉渠道

为了保证整个项目规划和实施的顺利进行，决策机构、执行机构和监测机构3个方面必须加强联系。决策机构制定移民安置政策及方案是以执行机构的工作成果和监测机构收集整理的信息为依据的。在征地拆迁移民安置实施过程中，各种各样的情况及问题层出不穷，其中很多情况或问题可能是在规划中没有考虑到的，如何针对这些新的情况或问题制定切实可行的对策，没有畅通的信息反馈渠道是不行的。同样，如果没有畅通的申诉渠道，则移民的抱怨和意见亦将得不到及时的处理。经验表明，在项目规划阶段便制定一条畅通的信息反馈渠道及申诉渠道对整个项目的顺利进行是非常有利的。

畅通的信息反馈渠道及申诉渠道有两层意思：其一，在项目规划及实施过程中，来自基层的信息能由下至上及时地反馈到决策机构；其二，来自决策机构的决策能由上至下及时地反映到基层的实施方案中。

畅通的信息反馈渠道及申诉渠道应至少包含以下两个方面：其一，决策机构及各级征地拆迁移民安置实施机构必须连续不断沟通信息；其二，决策机构、执行机构与外部监测机构必须定期沟通信息。

以上工作的成果即构成移民安置行动计划的主要内容，计划的主要章节可根据具体情况制定，但项目影响、补偿费用测算及概算、安置与恢复规划这3个章节是必不可少的。

移民安置行动计划编制流程见图9-2。

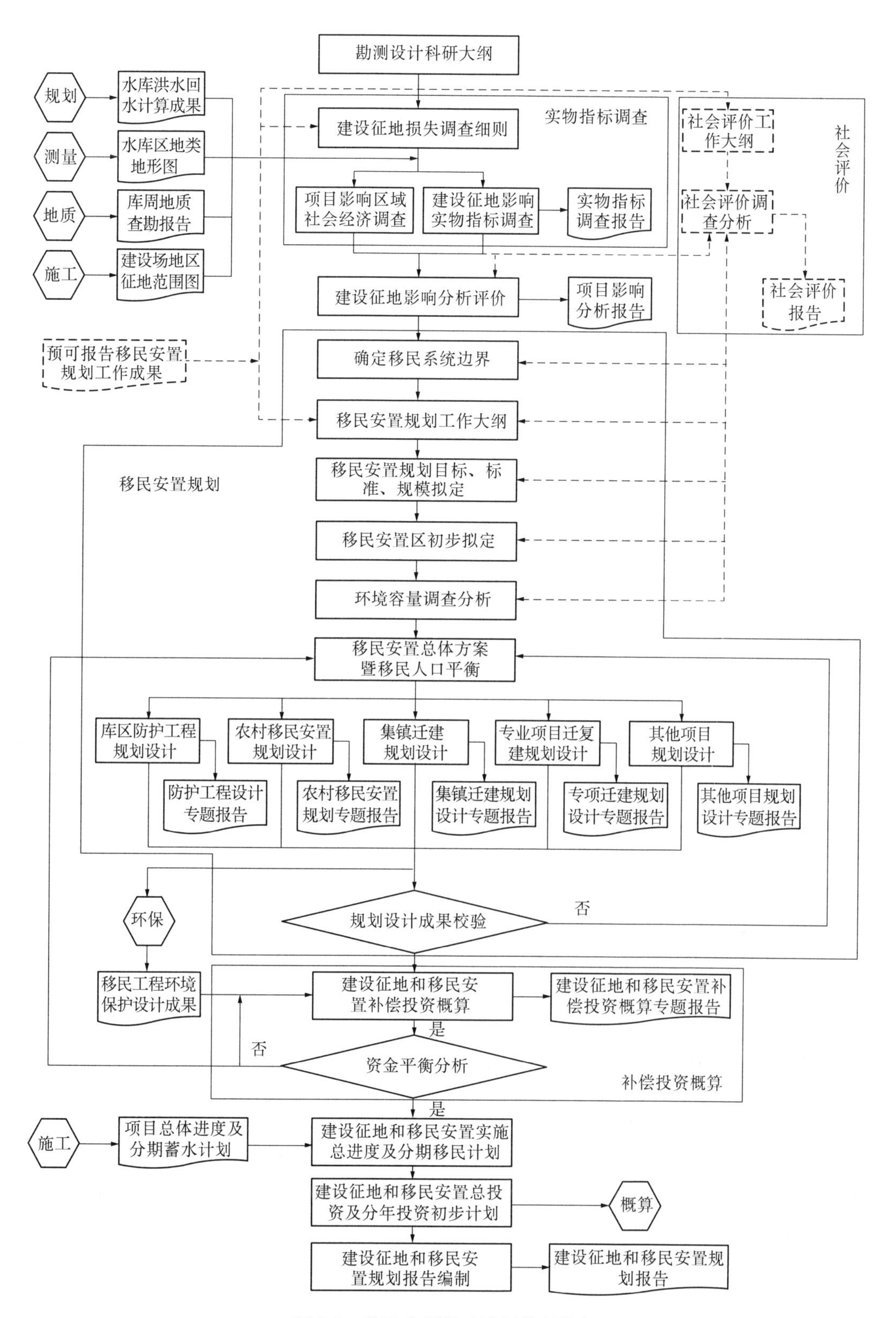

图 9-2　移民安置行动计划编制流程

三、实物指标调查和移民安置计划编制大纲[①]

(一)工程占地任务安排

见本节四(一)内容。

(二)工程占压范围及占压实物指标

见本节四(二)内容。

(三)实物指标调查大纲

1. 调查依据

(1)《水利水电工程建设征地移民设计规范》(SL 290—2003)。

(2)水利电力部1986年颁布的《水利水电工程水库淹没实物指标调查细则》。

(3)2006年度黄河下游防洪工程建设各项目占压范围图。

2. 调查范围及调查内容

实物指标调查范围分永久占地和临时占地两部分。永久占地实物指标调查范围指主体工程布置范围及其对应的管护地占压范围。临时占地实物指标调查范围是指施工取土场、道路、管道等临时用地区占压范围。

3. 调查项目

分农村部分调查、专业项目调查和社会经济调查3部分。

1)农村部分调查

包括土地、人口、房屋、附属建筑物、零星树、坟墓和农副业生产设施以及小型水利水电设施等,按个人和集体分别进行登记。

a. 土地调查

调查项目包括各种农业生产用地和非农业生产用地。农业生产用地包括耕地、园地、林地、塘地、牧草地;非生产用地包括村庄占地、道路占地、工矿占地、荒地和水域等。

耕地。指种植农作物,经常进行耕作的田地,包括水浇地、旱地、菜地和河滩地等。水浇地:指有一定水源和灌溉设施,在一般年份能够进行正常灌溉的田地。旱地:指没有水利设施,不能进行灌溉的田地。河滩地:指汛期受洪水淹没几率较大,只可进行季节性耕种的田地。菜地:指常年耕种、集中连片的商品菜地。

园地。指集中连片的果园和其他园。果园包括苹果、梨、桃、杏等,其他园主要为桑园。

林地。指生长乔木、灌木的土地,一般要求集中连片不小于1亩,郁闭度大于30%,造林成活率大于70%,按林种分用材林、薪炭林和苗圃。

塘地。包括鱼塘、莲塘和苇塘等。

调查方法:以行政村为单位,参照土地利用现状调查资料,并持1:2000地形图到实地调绘各类土地范围,在室内用求积仪进行面积量算。非生产用地中的道路占地可根据该村详查中道路占地的比例进行推算。各类土地量测面积之和应与占地总面积一致。

b. 人口调查

调查内容包括占地范围内影响村、组的总人口和居住人口。

---

①根据世界银行和亚洲开发银行咨询顾问朱幼宣提供的黄河水利委员会勘测规划设计研究院同名报告改编。

人口调查范围：包括常住在村组内的人口、超计划生育人口、定向招收毕业回原籍的学生、民办教师、户口临时转出的义务兵及劳改劳教人口。

调查方法及要求：村组人口调查以村组户籍册为主全面调查。通过抽样调查来检查调查精度，调查精度要求在95%以上。

居住在占地范围内的人口按户籍册现场调查。

c. 房屋及附属建筑物调查

包括个人部分和集体部分。集体部分分村委（组）、学校、卫生所等。

（1）房屋。分为主房和杂房两大类。

主房：指结构完整，可以常年住人的房屋。按建筑结构分为以下5类：一是楼房，砖石墙身，钢筋混凝土楼板屋面，砖铺地或混凝土地面、两层或两层以上；二是砖混房，墙体为砖石材料，屋顶为混凝土预制，混凝土地面；三是砖木平房，墙体为砖石材料，瓦屋面，三合土或素土地面；四是混合房，墙体一至三面为砖石材料，瓦屋面；五是土木平房，墙体以上为土，仅有少量砖砌，瓦屋面。

杂房：指结构不完整或破旧不堪或低矮潮湿，仅能用于堆放杂物的辅助房。包括砖木平房、土木平房、混合房、简易房和草房5种结构形式。其中草房是指土坯或平打垒土质墙身、草屋面的房屋；简易房是指四墙不全、房顶简陋的房屋。

房屋建筑面积以平方米计算。房屋以土墙的外边缘为丈量点，有勒脚的以勒脚以上外墙的边缘为丈量点；室外走廊面积没有柱子的不计面积，有柱子的以外柱所围面积的一半计算，并计入该幢房屋面积数中；室外楼梯按正投影面积的一半计算；在建房屋按设计建筑面积计算，另行登记。

以户为单位逐幢丈量登记，全面调查各类房的间数、长度、宽度和面积，并采用照相等辅助方法存档备案。户口在外，占压内有房等个人实物的作为财产户只登记财产，不计人口。

（2）附属建筑物调查。包括围墙（砖围、混围、土围）、门楼、地窖、水窖、水井、水池、厕所、粪坑、牲口棚、猪羊圈、鸡兔窝、烟房、沼气池、水塔等。

以户为单位实地调查，严格以调查表中的统一单位登记。

d. 零星树和坟墓调查

调查内容：零星树指田间、地头、路旁、渠道、房前、屋后的所有树木；坟墓分单棺和双棺两种。调查方法：零星树和坟墓均采用典型调查的方法，选定调查范围逐户逐片落实，典型调查的样本数量宜达到20%。

e. 农副业设施调查

农副业设施按行业可分为加工业、建材业、商业、服务业、养殖业、其他业（不含运输业）等6个行业。个人部分要求以户为单位逐项调查登记，集体部分以村组为单位逐项调查登记，登记时应注明所从事行业的内容等。

f. 小型水利水电设施调查

调查项目：包括渠道、提灌站、机井、防护堤、田间护坡、渡槽等。调查方法：以村民组为单位逐项调查各项水利水电设施的数量、技术经济特征指标等。

2）专项调查

工业企业调查。调查内容：包括企业全称、所在地点、企业性质、主管部门、法人代表、经营范围、筹建及投产年月、占地面积、实际年产量、工人数、年产值、年利润、年税收、年工资、营业执照、税务登记证、生产许可证、土地使用证、迁建方案、房屋(生产用地和非生产用地房屋)主要设备及建筑物名称、数量、造价等。调查方法:采用现场调查、建卡登记并采用照相、录像等辅助方法存档备案。

道路调查。调查项目:包括线路名称、起止地点、道路级别、占压影响长度、路面宽度、路面材料结构、桥梁、道班等,具体调查内容详见表9-27。调查方法:县际公路和县乡公路由主管单位或建设单位提供设计文件,并与专业人员到现场核查,调查成果以现场核查结果为准,乡村公路和乡间路作典型调查。调查成果必须由主管单位盖章。

输变电工程调查。调查项目:①输电线路,包括线路名称、起止点、占压影响长度、电压等级、导线截面等;②变电设施,包括名称、容量、站房面积、设备、人员、原建设投资等。调查方法:根据主管部门提供设计文件,并到现场核查确定。

电信工程调查。调查项目:包括线路名称、起止点、等级、占压影响长度、线路类型和容量等。调查方法:根据主管部门设计文件,并到现场逐条核查确定。

文物古迹调查。文物古迹是历史的见证,应请当地文物部门人员参加,分类进行调查。调查内容:文物古迹名称、所在位置、地面高程、地下文物埋藏深度、地面革命文物和古代文物年代、建筑形式、结构、规模、数量、价值、受国家保护级别等。调查方法:在当地文物部门有关人员的配合下,首先调查了解工程占压区文物古迹受影响情况。若工程占压影响区域内有文物古迹,则收集有关文物的文字资料和重要文物照片,并详细进行现场登记,调查结果必须由主管单位负责人签名盖章,若该区域没有文物古迹,文物部门须提供证明。

乡镇外事业单位调查。调查内容:单位名称、所在高程、占地面积、单位人口及构成情况、房屋及附属物等。调查方法:根据调查单位实际情况,分类进行调查,调查结果必须由主管单位负责人签字盖章。实物调查详细内容见表9-23~表9-31。

3)社会经济调查

主要调查工程占压区域内社会经济现状和“十一五”发展计划,并收集当地政府、计划、统计、物价等部门包括国民生产总值、国民收入、工农业总产值、财政收入、人民生活收入水平、农副产品产量和各种农副产品价格、耕地播种面积及每亩产量等的有关文件和统计年报资料。

社会经济及自然资源调查,是进行初步设计的基本依据之一,要求收集征地涉及村和移民安置村2003~2005年社会经济基本情况、土地资源详查等有关资料。对基本资料的收集、整理和分析,必须予以高度重视,做到准确可靠。

(四)工程占地移民安置规划编制大纲

1.指导思想和原则

(1)本次移民安置实施方案及单项初步设计工作是在2004年黄河下游防洪工程近期建设报告的基础上进行的。设计中坚持对国家负责、对移民负责、实事求是、符合政策的原则,做到移民安置与资源开发、环境保护与社会经济协调发展;征地补偿和移民安置,应遵循公开、公平和公正的原则,正确处理国家、集体、个人三者的利益关系。

(2)农村移民安置坚持以大农业安置为基础,以土地为依托,多渠道、多门路安置相结合的开发性移民方针。在环境容量允许并有可持续发展情况下,以本村安置为主,若当地环境容量不足,考虑在邻村或跨村安置,原则上不出乡镇。采取分散与集中安置相结合的方式安置。

表 9-23　农村个人实物指标调查表

桩号________　________县________乡镇________行政村________组(自然村)　户主________　离堤脚距离________m

家庭成员情况调查表

单位:人

姓名	民族	性别		出生日期	户口性质		文化程度				
		男	女		农　业	非农业	文盲	小学	初中	高中	中专以上

位置

门牌号:____________

左邻居:____________

右邻居:____________

个人房屋面积调查表

单位:m^2

主房	间数	面积	杂房	间数	面积
楼　房			砖木房		
砖混房			混合房		
砖木房			土木房		
混合房			草　房		
土木房			简易房		

院落平面图 1

院落平面图 2

续表 9-23

个人附属建筑物调查表

围墙(m^2)				门楼(m^2)	地窖(个)	水窖(个)	水井(眼)	照片
合计	砖围	混围	土围					
水池(m^3)	厕所(个)	猪羊圈(个)	禽窝(个)	牲畜棚(个)	粪坑(个)	地坪(m^2)	花坛(m^2)	
沼气池(个)	蔬菜大棚(m^2)							

个人农副业设施及生产情况调查表

项目名称	营业执照	税务登记证	从业人数(人)	主要设备	固定资产投资(万元)	年收入(万元)	年税金(万元)

调查人:________ 户主:________ 2006 年 月 日

表 9-24　农村零星树和坟墓调查表

________ 县（市）________ 乡镇 ________ 行政村 ________ 组（自然村）　离堤脚距离 ________ m

调查范围				合计	果树（棵）				用材树（棵）				坟墓（冢）		
调查地点	面积（亩）	长（m）	宽（m）		小计	未挂果	初果	盛果	小计	幼树	小树	大树	小计	单棺	双棺

调查人：________　　被调查单位：________　　2006 年　　月　　日

表 9-25　农村集体实物指标调查表

________县(市)________乡镇________行政村________组(自然村)　离堤脚距离______m

集体房屋面积调查表　　　　单位：m^2

主房	间数	面积	杂房	间数	面积
楼　房			砖木房		
砖混房			混合房		
砖木房			土木房		
混合房			草　房		
土木房			简易房		

院落平面图 1　　　　院落平面图 2

集体附属建筑物调查表

围墙(m^2)				门楼(m^2)	地窖(个)	水窖(个)	水井(眼)	水池(m^3)	厕所(个)	地坪(m^2)	花坛(m^2)	沼气池(个)	水塔(个)	舞台(个)
合计	砖围	混围	土围											

集体农副业设施及生产情况调查表

项目名称	土地使用证	营业执照	税务登记证	从业人数(人)	主要设备	固定资产原值(万元)	年收入(万元)	年税金(万元)

调查人：________　　　　被调查单位：________　　　　2006 年　　月　　日

表 9-26 农村小型水利水电设施调查表

______县(市)______乡镇______行政村______组(自然村) 离堤脚距离______m

名称	位置	建成年月	房屋		主要建筑物		主要技术经济指标	原投资（万元）
			结构形式	面积(m^2)	名称	高程(m)		

调查人:______ 被调查单位:______ 2006 年 月 日

表 9-27　公路工程调查表

________ 县(市) ________ 乡镇　单位名称 ________　离堤脚距离 ________ m

序号	项目		计量单位	调查内容	序号	项目		计量单位	调查内容
1	道路名称				13	桥梁	长度	m	
2	隶属关系						宽度	m	
3	起止地点						结构形式		
4	道路等级						最大载重量	t	
5	淹没长度		km				原造价	万元	
6	影响长度		km		14	道班房屋面积		m^2	
7	每千米造价		万元			房屋结构		m^2	
8	淹没路面最高高程		m					m^2	
9	淹没路面最低高程		m					m^2	
10	原设计洪水标准		%		15	其他建筑物			
11	实际防洪标准		%		16	职工人数		人	
12	路面	宽度	m			其中:正式工		人	
		材料				临时工		人	

调查人：________　　被调查单位：________　　2006 年　月　日

表 9-28　电力工程设施调查表

________县(市)________乡镇　单位名称________　离堤脚距离______m

<table>
<tr><th colspan="2">序号</th><th colspan="2">项　目</th><th>计量单位</th><th>调查内容</th><th colspan="2">序号</th><th colspan="2">项　目</th><th>计量单位</th><th>调查内容</th></tr>
<tr><td rowspan="12">输电线路</td><td>1</td><td colspan="2">线路名称</td><td></td><td></td><td rowspan="14">变电站</td><td>3</td><td colspan="2">隶属关系</td><td></td><td></td></tr>
<tr><td>2</td><td colspan="2">起止地点</td><td></td><td></td><td>4</td><td colspan="2">地面高程</td><td>m</td><td></td></tr>
<tr><td>3</td><td colspan="2">淹没长度</td><td>km</td><td></td><td>5</td><td colspan="2">电压等级</td><td>kV</td><td></td></tr>
<tr><td>4</td><td colspan="2">影响长度</td><td>km</td><td></td><td rowspan="3">6</td><td rowspan="3">主要设备</td><td>名　称</td><td></td><td></td></tr>
<tr><td>5</td><td colspan="2">电压等级</td><td>kV</td><td></td><td>型　号</td><td></td><td></td></tr>
<tr><td rowspan="2">6</td><td rowspan="2">电线</td><td>线质</td><td></td><td></td><td>生产厂家</td><td></td><td></td></tr>
<tr><td>线径</td><td>mm</td><td></td><td rowspan="4">7</td><td colspan="2">房屋面积</td><td>m²</td><td></td></tr>
<tr><td rowspan="2">7</td><td rowspan="2">电杆</td><td>材料</td><td></td><td></td><td rowspan="3">房屋结构</td><td></td><td>m²</td><td></td></tr>
<tr><td>长度</td><td>km</td><td></td><td></td><td>m²</td><td></td></tr>
<tr><td>8</td><td colspan="2">架设时间</td><td></td><td></td><td></td><td>m²</td><td></td></tr>
<tr><td>9</td><td colspan="2">输送容量</td><td>kVA</td><td></td><td>8</td><td colspan="2">投产时间</td><td></td><td></td></tr>
<tr><td>10</td><td colspan="2">每千米造价</td><td>万元</td><td></td><td>9</td><td colspan="2">原 造 价</td><td>万元</td><td></td></tr>
<tr><td rowspan="2">变电站</td><td>1</td><td colspan="2">名称</td><td></td><td></td><td rowspan="2">10</td><td colspan="2">职工人数</td><td>人</td><td></td></tr>
<tr><td>2</td><td colspan="2">位置</td><td></td><td></td><td colspan="2">其中:正式工</td><td>人</td><td></td></tr>
</table>

调查人:________　被调查单位:________　2006 年　月　日

表 9-29　电信工程设施调查表

________县(市)________乡镇　单位名称________　离堤脚距离________m

序号		项　目		计量单位	调查内容	序号		项　目		计量单位	调查内容
通信线路	1	名称				通信线	11	埋设电缆	长度	km	
	2	等级							容量	股	
	3	隶属关系					12	设计洪水标准		%	
	4	起止地点				电信机构	1	名称			
	5	淹没标长		km			2	总机			
	6	影响杆长		km			3	主要设备	名　称		
	7	线路技术指标	线质						型　号		
			线径	mm					生产厂家		
			材料				4	房屋面积		m^2	
			长度	m				房屋结构		m^2	
	8	架设时间								m^2	
	9	每千米造价		万元						m^2	
	10	架空电缆	长度	km			5	职工人数		人	
			容量	股				其中:正式工		人	

调查人:________　被调查单位:________　2006 年　月　日

表 9-30　文物古迹调查表

________县(市)________乡镇　单位名称________　离堤脚距离________m

序号	项　目	计量单位	调查内容	备　注
1	名称			
2	所在位置			
3	地面文物地面高程			
4	地下文物埋藏深度			
5	文物年代			
6	文物种类			
7	文物数量			
8	建筑物型式			
9	建筑物结构			
10	建造物规模			
11	保护级别			
12	保护价值			
13	淹没影响程度			
14	文物部门处理措施方案			

调查人：________　被调查单位：________　2006 年　月　日

表 9-31　乡镇内(外)企事业单位实物指标调查表

______ 县(市) ______ 乡镇　单位名称 ______　离堤脚距离 ______ m

单位人口调查表　　单位:人

总人口			职工人数											家属		
合计	库内	库外	合计			正式工	合同工			临时工			小计	库内	库外
			小计	库内	库外		小计	库内	库外	小计	库内	库外			

房屋面积调查表　　单位:m^2

主房	间数	面积	杂房	间数	面积
楼　房			砖木房		
砖混房			混合房		
砖木房			土木房		
混合房			草　房		
土木房			简易房		

院落平面图 1

院落平面图 2

续表 9-31

附属建筑物调查表

<table>
<tr><td colspan="4">围墙(m^2)</td><td rowspan="2">门楼
(m^2)</td><td rowspan="2">地窖
(个)</td><td rowspan="2">水窖
(个)</td><td rowspan="2">水井
(眼)</td><td rowspan="8">主要建筑物照片</td></tr>
<tr><td>合计</td><td>砖围</td><td>混围</td><td>土围</td></tr>
<tr><td></td><td></td><td></td><td></td><td></td><td></td><td></td><td></td></tr>
<tr><td colspan="8"></td></tr>
<tr><td>水池
(m^3)</td><td>厕所
(个)</td><td>猪羊圈
(个)</td><td>禽窝
(个)</td><td>牲畜棚
(个)</td><td>粪坑
(个)</td><td>地坪
(m^2)</td><td>花坛
(m^2)</td></tr>
<tr><td></td><td></td><td></td><td></td><td></td><td></td><td></td><td></td></tr>
<tr><td colspan="8"></td></tr>
<tr><td>沼气池
(个)</td><td>蔬菜大
棚(m^2)</td><td></td><td></td><td></td><td></td><td></td><td></td></tr>
<tr><td></td><td></td><td></td><td></td><td></td><td></td><td></td><td></td><td></td></tr>
</table>

农副业设施及生产情况调查表

项目名称	土地使用证	营业执照	税务登记证	主要设备	固定资产原值(万元)	年收入(万元)	年税金(万元)

调查人：________ 被调查单位：________ 2006 年 月 日

(3)居民点建设规划是在生产安置规划的基础上完成并与生产安置规划相协调，搬迁规划依据有利生产、方便生活等原则进行。居民点应选择在地质稳定、地形相对平缓，易于解决水、电、交通等配套服务设施的地点，安置点应尽量少占或不占耕园地、不拆迁老居民的房屋。

(4)单位搬迁及专业项目复建坚持原规模、原标准或恢复原功能和节约用地的原则。

2.规划设计依据

(1)《中华人民共和国土地管理法》及《中华人民共和国土地管理法实施条例》(1998年)、《河南省实施〈中华人民共和国土地管理法〉办法》(1999年9月)。

(2)《大中型水利水电工程建设征地和移民安置条例》。

(3)《水利水电工程建设征地移民设计规范》(SL 290－2003)。

(4)2006年度黄河下游防洪工程建设实施方案项目清单。

(5)《关于水利水电工程建设用地有关问题的通知》(国土资发[2001]355号文)。

(6)《村镇规划标准》(GB 50188－93)。

(7)工程永久占地、临时占地的坐标及平面图。

(8)国家、河南及行业有关政策、法律、法规、文件。

3.规划目标

对生产安置目标的确定，应符合本村的实际情况，分析可用资源及潜在资源。标准过高将导致安置过于分散；标准过低则可能加剧当地人口与资源的供求矛盾，使生态环境恶化，导致生活水平降低，产生遗留问题。因此，安置目标需合理确定，保证项目实施后使居民生产有出路，劳力有安排，通过改善农业生产条件，调整种植结构，增加居民的收入，逐步达到或超过原有生活水平。规划目标为：

(1)占压后人均耕园地大于1亩的，本村内调地安置。

(2)占压后人均耕园地小于1亩的，由邻村调地，标准是人均耕园地达到1亩。

4.规划任务

主要包括移民安置任务分析、环境容量分析、移民生产措施规划、移民搬迁规划、土地复垦规划、专业项目规划、农副业规划、工业企事业单位迁建规划等。

5.移民安置任务

1)农村移民安置任务

农村移民安置规划任务是安置农村移民人口和劳力。根据其安置性质不同，分为生产安置任务和生活安置任务。

(1)移民生产安置任务是指由于工程占压影响而失去劳动对象(主要是耕地)后，需要重新安排劳动的人口(包括赡养人口)，即生产安置人口。

(2)移民生活安置任务是指工程占压影响的农村移民失去房屋后，需要重新建房安置的人口(包括赡养人口)，即生活安置人口。

2)永久占地安置任务

设计水平年人口计算公式如下：

$$A = X \times (1 + i)^n$$

式中：A—设计水平年人口；X—设计基准年人口；i—人口自然增长率；n—人口增长计算年限。

3)临时占地安置任务

鉴于工程在临时占用耕地期间,临时占用耕地根据《中华人民共和国土地管理法》规定得到合理补偿,并且工程占地使用期满后,临时占用耕地复垦后将交还群众耕种,因此工程临时占压耕地对项目区各村的生产生活影响不大,按照《水利水电工程水库淹没处理设计规范》规定,临时占地不计算占地影响人口。

6.移民环境容量分析

环境容量分析是确定农村移民安置方案是否可行的重要依据,移民安置主要着眼于安置区的农业资源开发利用。黄河下游防洪工程战线长,工程占压涉及村庄移民数量少,虽然占压后项目区内人均资源占有量、耕地生产力、经济发展水平、自然地理特征等诸方面均不会有较大的变化,仍具备进行生产安置的条件,但采用后靠安置方式仍然需要进行环境容量分析。

7.移民生产措施规划

1)生产措施规划

种植业规划:以调整责任田为主,辅以中低产地改造、适度开垦宜垦荒地,确定调整、改造、开发地点、数量和安置移民人数。对成片的土地开发项目,应施测1:1000或1:2000地形图,进行土壤调查,制定土地利用规划,完成水利、道路等配套设施规划设计。

养殖业规划:进行养殖业资源调查,分析、确定发展畜牧业和水产养殖业的规模,完成养殖业规划,作为提高移民生活水平的措施。

二三产业规划:根据当地资源条件,提出发展二三产业的建议,作为提高移民生活水平的措施。

2)生产安置综合评价

移民生产安置后,对其劳力安置情况、生产安置投资平衡、生活水平等情况进行评价。

8.移民搬迁规划

根据下游防洪工程征地的特点及生产方式,一般采用本村后靠安置方式。

居民点人均建设用地80平方米,并根据地形、地貌条件,考虑1~1.1的不可用地系数计算占地面积。

供水按每人每天100升,生活用电负荷每人300瓦,380伏线路贯通居民点主要干道,220伏线路贯通居民点的全部干道,进户线按每户50米计算,居民点主干道混凝土路面宽度3.5米。

原则上5户以上的要进行居民点规划;5户以下不再进行规划,可在村庄空闲地上建房安置,规划指标按居民点规划户均指标计列。

9.农副业规划

对征地涉及的村组副业,根据占压影响的实物指标,需要重建的落实迁建新址位置,不需要重建的,给予合理补偿。

10.临时用地复垦规划

临时占地复垦规划,工程建设临时用地,根据土地法有关规定,工程建设完工后,将工程建设临时用地恢复原有地貌,达到耕种条件,还给农民耕种。

11.专业项目规划

专业项目本着按照原规模、原标准或恢复原功能,经济合理的原则给予恢复或重建。

12. 工业企业及单位复建

工程涉及的工业企业及乡镇单位的处理规划。其搬迁原则为按原规模择址新建,必须要新建的按原规模给予补偿。

(四)投资概算

1. 概算编制依据

(1)《中华人民共和国土地管理法》(1998 年 12 月)。

(2)《中华人民共和国土地管理法实施条例》(1998 年 12 月)。

(3)《中华人民共和国耕地占用税暂行条例》(1987 年)。

(4)《国务院关于深化改革严格土地管理的决定》(国发[2004]28 号)(2004 年 10 月)。

(5)《水利水电工程建设征地移民设计规范》(SL 290－2003)。

(6)《大中型水利水电工程建设征地补偿和移民安置条例》(1991 年 2 月)。

(7)《中华人民共和国河道管理条理》(1988 年 6 月 10 日)。

(8)国土资源部、国家经贸委、水利部《关于水利水电工程建设用地有关问题的通知》(国土资发[2001]355 号)。

(9)财政部、国家林业局《关于印发〈森林植被恢复费征收使用管理暂行办法〉的通知》(财综字[2002]73 号)。

(10)中国国际工程咨询公司《关于黄河下游 2001 年至 2005 年防洪工程建设可行性研究报告的评估报告》(咨农水[2004]527 号(2004 年 5 月 21 日)。

(11)中华人民共和国国土资源部《关于黄河防汛工程建设用地有关问题的函》(国土资函[2004]189 号)。

(12)山东省实施《中华人民共和国土地管理法》办法(1999 年 8 月)。

(13)山东省人民政府《关于贯彻国发[2004]28 号文件深化改革严格土地管理的实施意见》(鲁政发[2004]116 号)。

(14)山东省人民政府办公厅《关于调整征地年产值和补偿标准的通知》(鲁政办发[2004]51 号)。

(15)《山东省黄河河道管理条理》(1997 年 12 月)及《河南省黄河河道管理条例》(1992 年)。

(16)山东省物价局、财政厅《关于调整征用土地年产值和地上附着物补偿标准的批复》(鲁价费发(1999)314 号)。

(17)河南省《土地管理法》实施办法(1999 年 9 月)。

(18)河南省发展计划委员会、河南省财政厅《关于明确全省土地复垦收费标准及资金管理有关问题的通知》(豫计收费[2003]2179 号)。

(19)国家及河南省、山东省有关行业规范及定额等。

(20)水规总院对《黄河下游 2001 年至 2005 年防洪工程建设可行性研究报告》的审查意见。

2. 概算编制原则

(1)凡国家和地方政府有规定的,按规定执行;无规定或规定不适用的,依工程实际调查情况或参照类似工程标准执行;地方政府规定与国家规定不一致时,以国家规定为准。

(2)工程建设征地范围内土地、房屋及附属建筑物等,按补偿标准给予补偿。移民基础设施、专项等部分,规划采用恢复改建的按"原规模和原标准恢复原功能"的原则计算规划投资,不需恢复改建的占用对象,只计拆除运输费或给予必要的补助。

(3)概算编制按2006年第一季度物价水平计算。

3. 概算标准确定

概算标准分土地,房屋,附属物,农副业设施,小型水利水电设施,农村工商企业,文化,教育医疗卫生等事业单位,基础设施,零星树,坟墓,专业项目及其他费用等。

4. 投资概算

根据占压影响实物指标和移民安置规划及专项处理方案,按拟定的标准计算工程占压处理及移民安置规划投资。

四、工程占地处理及移民安置规划①

(一)工程占地任务安排

亚行贷款项目黄河下游防洪工程建设包括堤防加固、险工改建加固、东平湖围坝加固、控导工程新建续建及滩区安全建设5部分。根据工程安排:

堤防加固分3批,共103公里。第一批:开封第一河务局8532米;第二批:共67809米,其中原阳河务局29850米,兰考河务局2662米,东明河务局35295米;第三批:共24061米,其中兰考河务局3550米,濮阳河务局12150米,牡丹河务局9611米,鄄城河务局2300米。

险工改建加固均为第三批,共涉及河南、山东567道坝,其中河南273道坝(惠金河务局2处险工125道,中牟河务局3处险工99道,兰考河务局1处险工28道,开封河务局1处险工21道),山东294道(东明河务局4处险工130道,牡丹河务局1处险工31道,东阿河务局2处险工80道,天桥河务局1处险工53道)。

东平湖围坝加固分第一批和第四批,共77.929公里,第一批22300米,第四批55629米。

控导工程新续建均列入第四批,共24.3公里,其中河南涉及23.3公里,山东1公里。

滩区安全建设分为第一、二、三批。第一批涉及河南长垣县5村;第二批涉及河南长垣县5村、范县9村、兰考县3村,山东东明县11村;第三批涉及山东平阴县4乡13村。

(二)工程占压范围及占压实物指标

1. 组织与协作

亚行贷款项目黄河下游防洪工程建设工程占压处理及移民安置规划初步设计工作,是在黄河设计公司、山东黄河勘测设计院、河南黄河勘测设计院所承担各单项初步设计工作的基础上,以黄河设计公司为主,山东黄河勘测设计院、河南黄河勘测设计院共同参与下编制完成。

实物指标调查工作以设计单位为主,项目所在市级黄河河务局、县级黄河河务局配合,并在工程涉及各有关乡、村干部配合下共同进行。

①根据世界银行和亚洲开发银行咨询顾问朱幼宣提供的黄河水利委员会勘测规划设计院同名报告改编。

2. 调查依据

在实物指标调查过程中，工作人员本着对国家负责、对人民财产负责和实事求是的原则，按照《水利水电工程建设征地移民设计规范》（SL 290—2003）（以下简称《规范》）、《水利水电工程水库淹没实物指标调查细则》（以下简称《细则》）和各项工作制定的工作大纲所规定内容进行调查，并圆满完成了实物指标调查及汇总工作。

3. 调查范围

实物指标调查范围分永久占压区和临时占压区两部分。永久占压范围指工程主体及其对应的管护地占压范围。临时占压范围是指施工取土场、道路、管道等临时用地占压范围。实物指标主要包括占压涉及土地、房屋、人口、附属物、零星树、坟墓、学校、闸管所、工业企业、专业项目等。

4. 实物指标调查成果

1）土地

亚行贷款项目黄河下游防洪工程建设工程总占地 79994.18 亩，其中永久占地 20559.48 亩，临时占地 59434.7 亩。

（1）永久占地。亚行贷款项目黄河下游防洪工程建设工程永久占地 20559.48 亩。按地类分耕地 13502.51 亩，园地 560.79 亩，塘地 1460.17 亩，林地 1820.5 亩，非生产用地 3215.51 亩；按工程措施分堤防加固 13886.45 亩，险工改建加固 498.31 亩，东平湖围坝加固 154.32 亩，控导工程新续、建 5872.71 亩，滩区安全建设 147.69 亩。永久占地汇总见表 9-32，各项措施永久占地见表 9-33 ~ 表 9-37。

（2）临时占地。亚行贷款项目黄河下游防洪工程建设工程临时占地区包括料场、施工道路、临时房建、施工仓库、管道等，共 59434.7 亩。按占压性质分挖地 50250.49 亩，压地 9184.21 亩；按工程措施分堤防加固 37506.79 亩，险工改建加固 4935.47 亩，东平湖围坝加固 1992.61 亩，控导工程新续建 4254 亩，滩区安全建设 10745.83 亩。永久占地占压实物表见表 9-32，各项措施占压实物表见表 9-33 ~ 表 9-37。

临时占地根据施工进度安排和农作物种植规律，综合考虑提前征用及用后复垦等因素分析确定临时占地补偿期限。

2）房屋

工程占压涉及房屋面积 971785 平方米，其中主房 963859.3 平方米，杂房 7925.7 平方米；按工程措施分堤防加固 78206.19 平方米，险工改建加固 1554.95 平方米，东平湖围坝加固 7161.2 平方米，控导工程新续建 2155 平方米，滩区安全建设 882707.66 平方米。

3）农村占压其他实物

工程占压围墙 30740.1 平方米，门楼 275.8 平方米，厕所 803 个，猪羊圈 471 个，机井 75 眼，零星树 240397 株，坟墓 2191 座，农副业 40 处。

4）专项

工程占压影响企业 5 处，分别为险工改建涉及的饭店、黄河河务局船舶修造厂和黄河工程公司第二工程处；占压影响闸管所 4 处，分别为险工改建涉及的惠金河务局的马渡闸管所、中牟的杨桥闸管所和赵口闸管所以及菏泽牡丹河务局的刘庄闸管所；占压影响学校 4 处，分别为堤防加固工程涉及山东东明县的闫潭小学和徐集小学，河南开封县的刘庄学校和濮阳县的董楼小学。

表 9-32　亚行贷款项目黄河下游防洪工程建设占压主要实物表

序号	项目	单位	合计	堤防加固	险工改建加固	东平湖围坝加固	控导工程新、续建	滩区安全建设
一	占地		79994.18	51393.24	5433.78	2146.93	10126.71	10893.52
（一）	永久占地		20559.48	13886.45	498.31	154.32	5872.71	147.69
1	耕地		13502.51	8335.71	269.10	77.77	4672.24	147.69
	水浇地	亩	9859.35	8308.36	205.29	77.77	1120.24	147.69
	菜地	亩	8.85	8.85				
	旱地	亩	82.31	18.50	63.81			
	河滩地	亩	3552.00				3552.00	
2	园地		560.79	553.25		7.54		
	果园	亩	553.25	553.25				
	其他园	亩	7.54			7.54		
3	塘地		1460.17	1440.26		19.91		
	鱼塘	亩	290.33	281.51		8.82		
	莲塘	亩	276.27	276.27				
	苇塘	亩	631.91	620.82		11.09		
	低产鱼塘	亩	261.66	261.66				
4	林地		1820.50	1441.59	17.63		361.28	
	用材林	亩	1796.70	1417.79	17.63		361.28	
	苗圃	亩	23.80	23.80				
5	非生产用地	亩	3215.51	2115.64	211.58	49.10	839.19	
（二）	临时占地		59434.70	37506.79	4935.47	1992.61	4254.00	10745.83
1	挖地		50250.49	32132.00	4042.47	1408.02	4047.20	8620.80
	水浇地	亩	28398.72	16974.32	3949.44	1408.02	44.30	6022.64
	旱地	亩	2907.50	2907.50				
	河滩地	亩	18936.47	12242.38	93.03		4002.90	2598.16
	果园	亩	7.80	7.80				
2	压地		9184.21	5374.79	893.00	584.59	206.80	2125.03
	水浇地	亩	7617.07	4086.65	783.00	584.59	37.80	2125.03
	旱地	亩	214.81	214.81				
	林地	亩	18.00		18.00			
	河滩地	亩	1282.61	1073.33	40.28		169.00	

续表 9-32

序号	项目	单位	合计	堤防加固	险工改建加固	东平湖围坝加固	控导工程新、续建	滩区安全建设
果园	亩							
	其他地	亩	51.72		51.72			
二	房屋		971785	78206.19	1554.95	7161.20	2155.00	882707.66
（一）	主房屋	m^2	963859.3	71267.79	1286.45	6622.4	1975	882707.66
	砖混房	m^2	898361.42	13198.79	290.07	1593.90	571	882707.66
	砖木平房	m^2	58035.98	55337.3	996.38	458.3	1244	
	土木平房	m^2	5034.9	574.9		4300	160	
	混合房	m^2	2427	2156.8		270.20		
（二）	杂房		7925.7	6938.4	268.5	538.8	180	
	砖木平房	m^2	4552.7	4417	82.5	53.2		
	土木平房	m^2	605	307.7		297.30		
	混合房	m^2	205.6	205.6				
	简易房	m^2	2562.4	2008.1	186	188.3	180	
三	主要附属物							
	围墙	m^2	30740.1	26850.7	778.4	2856	255	
	门楼	m^2	275.8	143		32.80	100	
	厕所	个	803	720		65	18.00	
	猪羊圈	个	471	407		53	11.00	
	机井	眼	75	71	1	1	2	
四	零星树		240397	161423	34134	16010	28830	
	零星材树	株	236203	159620	32139	15776	28668	
	零星果树	株	2199	1803		234	162	
	风景树	株	195		195			
	172 旱柳	株	1800		1800			
五	坟墓		2191	2074			117	
	单棺	冢	1811	1694			117	
	双棺	冢	380	380				
六	农副业设施		40	39		1		
	加工业、商业	处	23	22		1		
	养殖业	处	17	17				

表 9-33　亚行贷款项目堤防加固工程占压实物汇总表

序号	项目	单位	合计	开封	原阳县	兰考县152	兰考县135	濮阳	东明县	牡丹区	鄄城县
一	占地	亩	51393.24	6471.79	13982.95	2113.06	1155.42	3477.72	19397.59	3609.05	1185.66
（一）	永久占地		13886.45	1410.40	2360.73	414.00	358.92	1176.74	6370.89	1402.55	392.22
1	耕地	亩	8335.71	951.51	822.27	311.90	243.05	595.45	4235.54	940.43	235.56
	水浇地	亩	8308.36	933.0	822.27	311.9	243.05	586.60	4235.54	940.43	235.56
	菜地	亩	8.85					8.85			
	旱地	亩	18.5	18.5							
2	园地	亩	553.25	412.3		52.5	5.0		2.5	81.0	
	果园	亩	553.25	412.3		52.5	5.00		2.5	80.95	
	其他园	亩									
3	塘地	亩	1440.26	4.57	369.74	2.50		268.77	744.95	42.00	7.73
	鱼塘	亩	281.513	4.57	29.07			86.04	116.6	37.50	7.73
	莲塘	亩	276.27		79.01	2.5		89.98	100.28	4.50	
	苇塘	亩	620.82					92.75	528.07		
	低产鱼塘	亩	261.657		261.66						
4	林地	亩	1441.59	6.92		35.70	66.72	6.47	984.40	246.59	694.79
	用材林	亩	1417.79	6.92		33.3	66.72	6.47	972	237.59	94.79
	苗圃	亩	23.8			2.4			12.4	9.00	
5	非生产用地	亩	2115.64	35.1	1168.72	11.4	44.15	306.05	403.5	92.58	54.14
（二）	临时占地	亩	37506.79	5061.39	11622.22	1699.06	796.50	2300.98	13026.70	2206.50	793.44
1	挖地		32132	4560.45	10094.42	1472.11	650.80	1882.92	11039.30	1845.11	586.89
	水浇地	亩	16974.32	2575.06	6869.20	1135.71	522.02	912.08	3794.8	578.56	586.89
	旱地	亩	2907.5	1936.58						970.92	
	河滩地	亩	12242.38	41.01	3225.22	336.40	128.78	970.84	7244.5	295.63	
	果园	亩	7.8	7.8							

续表 9-33

序号	项目	单位	合计	开封	原阳县	兰考县152	兰考县135	濮阳	东明县	牡丹区	鄄城县
2	压地		5374.79	500.94	1527.80	226.95	145.70	418.06	1987.40	361.39	206.55
	水浇地	亩	4086.65	286.13	952	222.35	145.7	290.97	1683.7	303.35	202.45
	旱地	亩	214.81	214.81							
	林地	亩									
	河滩地	亩	1073.33		575.80	4.60		127.09	303.7	58.04	4.10
	果园	亩									
二	房窑补偿	m^2	78206.19			1003.60	6830.10	24685.50	26180.70	7816.39	11689.90
(一)	主房屋	m^2	71267.79			726.7	6119.3	21841.7	24720.4	7313.59	10546.1
	砖混房	m^2	13198.79			557.80	1747.30	3498.30	4326.5	2314.39	754.5
	砖木平房	m^2	55337.3			168.9	3675.00	18027.50	19645.6	4542.60	9277.7
	土木平房	m^2	574.9				12.00	147.50	270	117.70	27.7
	混合房	m^2	2156.8				685.00	168.40	478.3	338.90	486.2
(二)	杂房	m^2	6938.4			276.9	710.8	2843.8	1460.3	502.8	1143.8
	砖木平房	m^2	4417			106.7	459.80	2112.90	892.3	370.50	474.8
	土木平房	m^2	307.7					121.70	89.3	34.40	62.3
	混合房	m^2	205.6					112.80		26.60	66.2
	简易房	m^2	2008.1			170.2	251.00	496.40	478.7	71.30	540.5
三	附属建筑物										
	砖石墙	m^2	25605.6			489	2378.00	7410	6751	4077.30	4500.3
	混合围墙	m^2	252					94	62		96
	土墙	m^2	993.1					260	215	125.00	393.1
	门楼	m^2	143					102	7.3	11.50	22.2
	厕所	个	720			8	61.00	217	248	64	122
	猪羊圈	个	407			4	36.00	119	131	44	73
	机井	眼	71			12		6	34	15	4

续表 9-33

序号	项目	单位	合计	开封	原阳县	兰考县 152	兰考县 135	濮阳	东明县	牡丹区	鄄城县
	水池	m^3	136.9			81.9			5	50	
	地窖	个	23				18.00		2		3
	牲口棚	个	178				24.00	78	14	19	43
	压水井	个	363			3	55.00	163		46	96
	花坛	个	15			3				12	
	禽窝	个	476			3	34.00	139	196	33	71
四	农副业设施		39			2	13	14	2	6	2
	加工业、商业	处	22					13	1	6	2
	养殖业	处	17			2	13.00	1	1		
五	零星树	株	161423	33728	14972	7904	6067	16425	60643	13649	8035
(一)	零星材树	株	159620	33728	14972	7436	5866	15810	60643	13460	7705
	胸径 10cm 以下	株	54633	16864	4492	2231	1760	4743	18194	4038	2311
	胸径 10 ~ 30cm	株	58788	8432	5989	2975	2346	6324	24257	5384	3082
	胸径 31cm 以上	株	46199	8432	4492	2231	1760	4743	18192	4038	2311
(二)	零星果树		1803			468	201	615		189	330
	未结果	株	541			140	60	185		57	99
	初果期	株	720			187	80	245		76	132
	盛果期	株	541			140	60	185		57	99
(三)	老淤区果园	亩	114			114					
六	坟墓及纪念碑										
(一)	坟墓	座	2074	55	497	104	89.00	150	699	383	97
	单棺	冢	1694	55	497	78	67.00	112	526	287	72
	双棺	冢	380			26	22.00	38	173	96	25
(二)	纪念碑	座	1						1		

表 9-34　亚行贷款项目险工改建工程占压实物表

项目	实物单位	合计	河南省				山东省			
			惠金河务局(花园口和马渡险工)	中牟河务局(杨桥、赵口和九堡险工)	兰考河务局(东坝头险工)	开封河务局(黑岗口险工)	东明河务局(黄寨、霍寨、堡城、高村险工)	菏泽牡丹河务局(刘庄险工)	东阿河务局(位山和范坡险工)	天桥河务局(泺口险工)
一、土地		5433.78	628.3	502.13	55.50	75.53	2980.55	649.61	414.61	127.55
(一)永久占地		498.31	55.33	0.80		13.71	341.96	29.31	57.2	
水浇地	亩	205.29				11.26	130.10	24.90	39.03	
旱地	亩	63.81	2.83	0.80		2.45	44.28	4.41	9.04	
林地	亩	17.63					8.50		9.13	
未利用地	亩	124.43					124.43			
坑塘	亩	34.65					34.65			
园地(淤区内)	亩	12.00	12							
荒地(淤区内)	亩	40.50	40.5							
(二)临时占地		4935.47	572.97	501.33	55.50	61.82	2638.59	620.30	357.41	127.55
1. 挖地		4042.47	439.57	285.43	21.50	27.8	2410.95	468.30	274.12	114.80
(1)补偿1年		1242.60	439.57	285.43	21.50	27.8		468.30		
水浇地	亩	1149.57	439.57	285.43	21.50	27.8		375.27		
河滩地	亩	93.03						93.03		
(2)补偿1.5年		2799.87					2410.95		274.12	114.80
水浇地	亩	2799.87					2410.95		274.12	114.80
2. 踏压地		893.00	133.4	215.90	34.00	34.02	227.64	152.00	83.29	12.75
(1)补偿1年		877.36	117.76	215.90	34.00	34.02	227.64	152.00	83.29	12.75
水浇地	亩	783.00	63.76	179.82	32.50	31.24	227.64	152.00	83.29	12.75
河滩地	亩	40.28	36		1.50	2.78				
林地	亩	18.00	18							
淤区内林地	亩	21.50		21.50						
淤区内荒地	亩	3.60		3.60						
其他地	亩	10.98		10.98						
(2)补偿1.5年		15.64	15.64							

续表 9-34

项目	实物单位	合计	河南省				山东省			
			惠金河务局(花园口和马渡险工)	中牟河务局(杨桥、赵口和九堡险工)	兰考河务局(东坝头险工)	开封河务局(黑岗口险工)	东明河务局(黄寨、霍寨、堡城、高村险工)	菏泽牡丹河务局(刘庄险工)	东阿河务局(位山和范坡险工)	天桥河务局(泺口险工)
淤区内荒地	亩	15.64	15.64							
二、房屋及附属物										
(一)房屋		1554.95	106.3	245.00	320.90		846.00	36.75		
砖混房	m^2	290.07	8.8	185.00	96.27					
砖木平房	m^2	996.38	15	60.00	224.63		660.00	36.75		
杂砖木平房	m^2	82.50	82.5							
简易房	m^2	186.00					186.00			
(二)附属物										
砖石墙	m^2	778.40	128		650.40					
彩砖铺地	m^2	539.00	539							
白玉栏杆	m	75.60	75.6							
界碑	个	1.00	1							
机井	个	1.00						1.00		
水塔	个	15.00						15.00		
拴船地锚	个	6.00								6.00
收费站标志牌	个	1.00								1.00
压水井	个	1.00					1.00			
三、零星树		34134	1633	1212	1950	1174	19830	4200	3474	661
(一)零星树		32139	1438	1212	1950	1174	19830	2400	3474	661
小树(5cm 以下)	株	116								116
小树	株	2226	373	340	396	397		720		
树	株	3474							3474	
中树	株	23417	540	509	630	466	19830	960		482
大树	株	2906	525	363	924	311		720		63
(二)风景树	株	195	195							
(三)172 旱柳	株	1800						1800		

表 9-35　东平湖围坝除险加固工程占压实物汇总表

序号	项目	单位	合计	桩号		
				55 + 000 ~ 77 + 300	77 + 300 ~ 88 + 400	10 + 471 ~ 55 + 000
一	土地		2146.93	330.80	1675.99	140.14
(一)	永久占地		154.32	2.71	151.61	
1	耕地	亩	77.77	2.71	75.06	
	水浇地	亩	77.77	2.71	75.06	
	菜地	亩				
	旱地	亩				
2	园地	亩	7.54		7.54	
	果园	亩				
	其他园	亩	7.54		7.54	
3	塘地	亩	19.91		19.91	
	鱼塘	亩	8.82		8.82	
	苇塘	亩	11.09		11.09	
4	非生产用地	亩	49.1		49.1	
(二)	临时占地	亩	1992.61	328.09	1524.38	140.14
1	挖地		1408.02	188.06	1219.96	
	水浇地	亩	1408.02	188.06	1219.96	
2	压地		584.59	140.03	304.42	140.14
	水浇地	亩	584.59	140.03	304.42	140.14
二	房屋		7161.2		7161.2	
(一)	主房屋	m^2	6622.4		6622.4	
	砖混房	m^2	1593.9		1593.9	
	砖木平房	m^2	458.3		458.3	
	土木平房	m^2	4300		4300	
	混合房	m^2	270.2		270.2	
(二)	杂房	m^2	538.8		538.8	
	砖木平房	m^2	53.2		53.2	
	土木平房	m^2	297.3		297.3	
	简易房	m^2	188.3		188.3	
三	附属建筑物					
	砖石墙	m^2	1630		1630	
	混合围墙	m^2	97		97	

续表 9-35

序号	项目	单位	合计	桩号		
				55 +000 ~ 77 +300	77 +300 ~ 88 +400	10 +471 ~ 55 +000
	土墙	m^2	1129		1129	
	门楼	m^2	32.8		32.8	
	厕所	个	65		65	
	猪羊圈	个	53		53	
	机井	眼	1		1	
	牲口棚	个	7		7	
	禽窝	个	47		47	
四	农副业设施		1		1	
	加工业、商业	处	1		1	
五	零星树		16010	1001	7614	7395
(一)	零星材树		15776	1001	7380	7395
	胸径 10cm 以下	株	3367	300	2216	851
	胸径 10 ~ 30cm	株	7222	401	2948	3873
	胸径 31cm 以上	株	5187	300	2216	2671
(二)	零星果树		234		234	
	未结果	株	71		71	
	初果期	株	94		94	
	盛果期	株	69		69	

表 9-36　控导工程新续建占压实物汇总表

序号	项目	单位	合计	河南省	山东省
一	土地		10126.71	8552.9	1573.8
(一)	永久占地		5872.71	4381	1492
1	耕地	亩	4672.24	3552	1120.24
	水浇地	亩	1120.24		1120.24
	旱地	亩			
	河滩地	亩	3552	3552	
2	林地	亩	361.28		361.28
	用材林	亩	361.28		361.28
	苗圃	亩			
3	非生产用地	亩	839.19	829	10.19

续表 9-36

序号	项目	单位	合计	河南省	山东省
(二)	临时占地	亩	4254	4171.90	82.10
1	挖地		4047.2	4002.90	44.30
	水浇地	亩	44.3		44.30
	河滩地	亩	4002.9	4002.90	
2	压地		206.8	169.00	37.80
	水浇地	亩	37.8		37.8
	河滩地	亩	169	169.00	
二	房屋	m^2	2155		2155
(一)	主房屋	m^2	1975		1975
	砖混房	m^2	571		571
	砖木平房	m^2	1244		1244
	土木平房	m^2	160		160
(二)	杂房	m^2	180		180
	简易房	m^2	180		180.00
三	附属建筑物				
	砖石墙	m^2	245		245
	迎门墙	m^2	10		10
	门楼	m^2	100		100
	厕所	个	18		18
	猪羊圈	个	11		11
	机井	眼	2	2	
	大口井	m	10		10
	禽窝	个	20		20
四	零星树		28830	9009	19821
(一)	零星材树	株	28668	8853	19815
	胸径 10cm 以下	株	12155	8853	3302
	胸径 10 ~ 30cm	株	9908		9908
	胸径 31cm 以上	株	6605		6605
(二)	零星果树	株	162	156	6
五	坟墓	座	117	62	55.00

表 9-37　亚行贷款项目黄河下游滩区安全建设占压实物汇总表

序号	项目	单位	合计	河南省				山东省	
				长垣县苗寨	长垣县武丘	范县陆集	兰考县谷营	东明县长兴	平阴县平阴
	涉及村庄(个)	个	46	5	5	9	3	11	13
	总人口(人)	人	41331	3988	4798	8980	3430	9795	10340
	总户数(户)	户	9953	890	1218	2247	717	2346	2535
	占地合计	亩	10893.5	1938.8	769.2	2913.1	1198.8	2141.6	1932.2
一	永久占地	亩	147.7	40.2	10.2	45.5		51.8	
二	临时占地	亩	10745.8	1898.6	759.0	2867.6	1198.8	2089.7	1932.2
(一)	挖地(按占地时间)	亩	8620.8	1898.6	530.2	2478.0	932.9	1444.1	1337.0
	水浇地		6022.6	1898.6	530.2	991.4	438.8	826.6	1337.0
	1 年	亩	53.5	53.5					
	1.5 年	亩	3412.7	1173.4		989.9	419.5	813.1	16.8
	2 年	亩	96.7	77.4			19.3		
	2.5 年	亩	1916.0	594.3		1.5			1320.2
	3 年	亩	543.7		530.2			13.5	
	淤土河滩地		2598.2			1486.6	494.1	617.5	
	1.5 年	亩	494.1				494.1		
	2.5 年	亩	2104.1			1486.6		617.5	
(二)	压地(水浇地)		2125.0		228.8	389.6	265.8	645.7	595.1
	0.5 年清基	亩	417.0					417.0	
	1.5 年	亩	304.4			117.9	105.2	81.3	
	2 年	亩	132.0						132.0
	2 年管道	亩	66.8				66.8		
	2.5 年管道	亩	495.5		116.5	140.2		59.4	179.5
	3 年	亩	112.3		112.3				
	3.5 年	亩	597.0			131.5	93.9	88.0	283.7

（三）移民安置总体规划

1. 规划原则

（1）走开发性移民安置路子。贯彻前期补偿、补助与后期扶持的移民安置方针，逐步使移民恢复农业经济，改善产业结构，恢复正常生产，提高生活水平，并帮助脆弱群体改善他们的生活。

（2）坚持对国家负责、对移民负责及实事求是的原则，做到移民安置与资源开发、环境保护、水土保持建设及社会经济发展紧密结合。要按照《中华人民共和国森林法》、《中华人民共和国水土保持法》、《中华人民共和国环境保护法》、《中华人民共和国河道管理条例》等法规条例，把开发和治理紧密结合起来，促进移民安置区的生态环境向良性循环方向发展。

2. 规划依据

（1）国务院 1991 年颁布的《大中型水利水电工程建设征地补偿和移民安置条例》。

（2）水利部 2003 年 9 月 29 日颁布的《水利水电工程建设征地移民设计规范》（SL 290 - 2003）。

（3）建设部 1993 年颁布的《村镇规划标准》（GB50188—93）。

（4）亚行移民导则。

（5）工程占压影响实物指标成果。

（6）工程涉及县（市）的行政区域图、土地利用现状图及农业、交通、电力等相关专业资料。

3. 规划目标

（1）项目区实施后使居民生产有出路，劳力有安排，并逐步达到或超过原有生活水平。

（2）改善农业生产条件，调整种植结构，一般农村地区在保证农业人口人均粮食 460 公斤的同时，大力发展经济作物、蔬菜大棚和养殖业，增加农村居民的收入，提高移民生活水平。

4. 安置区环境容量分析

黄河下游防洪工程措施一般呈带状或点状分布，工程永久占压影响每个村庄的耕地人口较少，移民安置区环境容量以本村为基础进行分析，如本村容量不足，则按照经济合理、稳妥可靠的原则扩大分析范围。移民安置主要着眼于安置区土地资源的开发利用，安置区环境容量分析，主要是研究移民安置区的土地承载力和水资源容量。

1）土地承载容量分析

土地承载容量是建立在土地评价的基础上，综合考虑了土地资源质量和数量及投入水平、人均消费水准等社会经济因素，选取以粮食占有量为指标的容量计算模式，计算公式如下：

$$P = \sum_{i=1}^{n} P_i$$

$$P_i = Y_i / L_i$$

式中：P—区域的土地承载人口；P_i—以村为单位的土地承载人口；Y_i—区域（村）设

计水平年粮食总产量；L_i—水平年人均最低耗粮指标；i—行政村序号；n—行政村个数。

有关指标选取计算如下：

Y_i：设计水平年粮食总产量是以设计基准年粮食总产量为基础推算的。设计基准年粮食总产量是以分析年份的统计资料为基础推算的耕地亩产量和耕地数量为基准推算的。

L_i：采用农民家庭人均最低耗粮指标，根据工程占压区“九五”计划、“十年”规划指标，综合选取加权平均值为460公斤/人，部分子项目采用400公斤/人。

以下对各类工程移民环境容量分析进行分述。

a. 堤防加固土地

堤防加固工程永久占压耕地13886.45亩，较其他工程措施多。根据各子项目初步设计报告以村为单位的土地承载容量分析，堤防加固子项目涉及的87个村中只有2个村容量不足，其余村庄均有富裕容量，移民可以在本村后靠安置。

b. 险工改建土地

本次险工改建工程占压移民耕地数量较少，惠金河务局2处险工占压2.83亩，中牟河务局3处险工占压0.8亩，开封第一河务局1处险工占压13.7亩，兰考河务局1处险工无永久占地，菏泽牡丹河务局1处险工占压29.31亩，东明河务局4处险工占压174.38亩，东阿河务局2处险工占压48.07亩，天桥河务局无永久占地。工程占压后，人均耕地减少量很小（0.001～0.032亩/人），所以对环境容量的影响很小，土地承载容量不会成为工程建设的制约因素。

c. 东平湖围坝加固

东平湖55+000～77+300段围坝除险加固工程永久占压耕地很少，只有2.71亩，其中张坝口占压0.95亩耕地，占压杨村耕地1.76亩，工程占压对土地环境容量的影响很小，土地承载容量不会成为工程建设的制约因素，故未分析该项。东平湖55+000～77+300段围坝加固工程占压影响10个村，每个村均有富裕容量，移民可以在本村后靠安置。东平湖10+471～55+000段围坝加固工程永久占地，无生产安置任务，不用进行容量分析。

d. 控导工程新续建

河南省的新续建控导工程占压战线长，且占压土地基本上为河滩地，工程对各村影响小，土地承载容量不会成为工程建设的制约因素，故各子项目初设报告未进行土地承载容量分析。

山东省新续建控导工程影响村有2794人的富裕容量，移民可以在本村后靠安置。

e. 村台建设土地承载容量分析

在村台建设期间，取土场、管道、施工道路等会临时占地，但移民可得到临时占地补偿，用来改善和发展生产，以弥补因临时失去耕地所造成的粮食生产损失。项目实施后，移民迁往新村台，临时占地和老村台将复垦后交还移民耕种。因此，项目实施后，移民占用耕地将不会比项目实施前减少，土地承载容量不是移民安置的制约因素。

堤防加固及东平湖围坝加固工程土地承载容量分析见表9-38。

表 9-38　亚行贷款项目黄河下游防洪工程建设土地承载容量分析表

序号	项目	设计基准年					设计水平年				
		耕地面积（亩）	人口（人）	粮食总产（万 kg）	人均产粮（kg/人）	平均亩产（kg/亩）	耕地面积（亩）	人口（人）	粮食总产（万 kg）	粮食人口容量（人）	容量富裕（人）
	合计	174784.10	148135	10674.9	721	611	165976.8	148926	10219.9	267351	118562
一	堤防加固小计	169065.1	140690	10196.9	725	603	160332.8	141384	9741.88	255402	114155
1	开封	10662	9392	567.56	604	532	9758	9469	540.93	11759	2390
2	原阳	33544.5	29809	2398.43	805	715	32722.2	29924	2339.64	50862	20938
3	兰考 152	14619.7	18437	945.90	513	647	14015.4	18581	929.50	20206	1625
4	兰考 135	4294.9	4793	269.70	563	628	4162.7	4830	268.00	5825	1032
5	濮阳	18014	12840	230.58	180	128	17418.6	12938	222.96	48469	35531
6	东明	68735	44210	4515.89	1021	657	64499.85	44323	4237.64	92125	47802
7	菏泽牡丹区	15451	17532	1058.40	604	685	14307	17623	1004.51	21837	4214
8	鄄城	3744	3677	210.40	572	562	3449	3696	198.70	4319	623
二	东平湖围坝加固小计	5719	7445	478	642	836	5644	7542	478	11949	4407
1	东平湖 55 +000 ~ 77 +300										
2	东平湖 77 +300 ~ 88 +400	5719	7445	478.00	642	836	5644	7542	478	11949	4407
3	东平湖 10 +471 ~ 55 +000										

2）水资源容量分析

根据安置村用水情况分析，干旱年人畜用水均能保证，常年能保证耕地的灌溉，在移民不进行远迁安置情况下，移民调地后对原区域人均水资源量没有影响。因此，水资源容量不是移民安置的制约因素。

3）环境容量分析结论

依据环境容量分析结果，各子项目影响村庄中土地、水资源容量能够满足移民安置的要求。

5. 移民安置去向和途径

根据环境容量分析结果，确定占压影响区移民全部本村后靠安置，生产安置以大农业安置为主，采用多渠道、多途径安置办法。

6. 规划任务

1）农村移民安置任务

农村移民安置规划任务是安置农村移民人口和劳力。根据其安置性质不同，分为生产安置任务和生活安置任务。生产安置任务，是指由于工程占压影响而失去劳动对象（主要是耕地）后，需要重新安排劳动的人口（包括赡养人口），即称生产安置人口。生活安置任务，是指工程占压影响的农村移民失去房屋后，需要重新建房安置的人口（包括赡养人口），即生活安置人口。

2）永久占压移民安置任务

a. 设计基准年安置任务

设计基准年移民安置任务根据占压影响实物指标、各村耕地人口资料及容量分析结果确定。经计算，设计基准年 5 个工程项目共需搬迁安置 10488 户 43553 人；需生产安置 8217 人，其中劳力 3997 人。

按工程措施类别分：①堤防加固工程共需搬迁安置 686 户 2854 人，需生产安置 6962 人。②险工改建无搬迁安置任务，生产安置任务少，子项目未计算。③东平湖围坝加固工程共需搬迁安置 61 户 224 人，需生产安置 114 人。④控导工程新续建共需搬迁安置 18 户 85 人，需生产安置 1141 人。⑤滩区安全建设共需搬迁安置 9723 户 40390 人，无生产安置任务。各子项目安置任务详见表 9-39。

b. 设计水平年移民安置任务

在设计水平年安置任务基础上，根据工程进度安排、人口自然增长率控制指标计算设计水平年人口，其计算公式如下：

$$A = X(1 + i)^n$$

式中：A—为设计水平年人口；X—为设计基准年人口；i—为人口自然增长率，河南省 i 为 7.88‰，山东省 i 为 5.2‰；n—为人口增长计算年限，根据工程进度安排而定。

根据以上公式计算，确定设计水平年各类工程永久占地移民安置任务。经计算，设计水平年 5 个工程项目共需搬迁安置 10746 户 44636 人；需生产安置 8253 人，其中劳力 4016 人。

设计水平年各类工程计算情况分述如下：①堤防加固项目：工程占压区共需生活安置 687 户 2867 人，需生产安置 6992 人，其中劳力 3332 人。②险工改建移民安置人口：险工改建无搬迁安置任务，生产安置任务少，子项目未计算。③东平湖围坝加固移民安置人

表 9-39　亚行贷款项目黄河下游防洪工程建设占压移民安置任务表

序号	项目	设计基准年				设计水平年				备注
		生活安置		生产安置		生活安置		生产安置		
		户数（户）	人口（人）	人口（人）	劳力（人）	户数（户）	人口（人）	人口（人）	劳力（人）	
	合计	10488	43553	8217	3997	10746	44636	8253	4016	
一	堤防加固小计	686	2854	6962	3316	687	2867	6992	3332	
1	开封			912	495			925	505	
2	原阳			841	470			842	471	
3	兰考 152			445	191			449	193	
4	兰考 135	67	278	270	162	67	280	272	162	
5	濮阳	205	819	422	273	205	825	422	273	
6	东明	242	1062	2738	1149	242	1062	2741	1150	
7	菏泽牡丹区	63	241	1100	473	63	243	1106	475	
8	鄄城	109	454	234	103	110	457	235	103	
二	险工改建									
三	东平湖围坝加固小计	61	224	114	53	61	226	114	53	
1	东平湖 55 +000 ~77 +300			3	1			3	1	
2	东平湖 77 +300 ~88 +400	61	224	111	52	61	226	111	52	
3	东平湖 10 +471 ~55 +000									
四	控导工程新、续建	18	85	1141	628	18	86	1147	631	
	河南省									
	山东省	18	85	1141	628	18	86	1147	631	
五	滩区安全建设	9723	40390	0	0	9980	41457	0	0	为搬迁任务
	长垣县苗寨	890	3988			918	4114			
	长垣县武丘	1181	4651			1218	4798			
	范县陆集	2178	8704			2247	8980			
	兰考县谷营	695	3325			717	3430			
	东明县长兴	2297	9594			2345	9795			
	平阴县平阴	2482	10128			2535	10340			

口:工程占压区需生活安置61户226人,需生产安置114人,其中劳力53人。④控导工程移民安置人口:工程占压区需生活安置18户86人,需生产安置1147人,其中劳力631人。⑤村台建设移民安置人口:滩区安全建设共需搬迁安置9980户41457人,无生产安置任务。

3)临时占地安置任务

工程临时占用的耕地将根据《中华人民共和国土地管理法》规定得到合理补偿。工程占地使用期满后,临时占用耕地复垦后将交还群众耕种,因此工程临时占压耕地对项目区各村的生产生活影响不大,按照《水利水电工程建设征地移民设计规范》规定,临时占地不计算占地影响人口。

(四)移民生产措施规划

1.规划指导思想

(1)兼顾国家、集体和个人三者的利益,走开发性移民安置的道路,贯彻前期补偿、补助与后期扶持的移民安置方针。

(2)以大农业安置为主,调整种植结构和产业结构,使移民生产有出路、劳力有安排,生活逐步达到或超过原有水平。

(3)移民安置与地区建设、资源开发、经济发展和环境保护相结合,因地制宜,制定恢复与发展移民生产的措施。

2.生产措施规划

在本次汇总的5类工程措施中:①堤防加固工程占压耕地较多,生产安置任务相对较大。各子项目全部进行了生产措施规划。②险工改建工程涉及567道坝(垛),占压耕地少,各子项目未进入生产措施规划。③东平湖55+000~77+300段围坝除险加固工程永久占压耕地很少,初设报告未进行生产措施规划。55+000~77+300段围坝加固占压影响10个村共75.06亩耕地,每个村占压耕地均较少,报告未进行生产措施规划。东平湖10+471~55+000段围坝加固工程永久占地,不用进行生产措施规划。④控导工程新、续建占压耕地也较少,未全部进行生产措施规划。⑤滩区安全建设中永久占地利用置换,未有减少,不用进行生产措施规划。以下只对堤防加固工程的生产措施规划进行论述。

1)划拨耕地

堤防加固工程占压区农业生产安置人口为6992人,按各村人均耕地调整生产用地7540.3亩,其中水浇地7065.8亩,旱地474.5亩,

各子项目划拨生产用地情况见表9-40。

2)移民安置生产措施

a.种植业规划

安置区属于引黄区,地下水资源较为充足。虽然划拨的生产用地均为水浇地,但为了提高浇灌保证率,做到旱涝保收,保证粮食稳产、高产,在每亩土地上创造出更大的效益,提高当地居民的粮食收入和经济收入,规划移民安置区走“以井保丰”之路,发展井渠配套。

部分子项目生产用地中存在着不同程度的起伏、坑洼等情况,需要进行必要的土地平整,以利于发展节水灌溉。

堤防加固工程共规划水井99眼,土地平整土壤改良1061.6亩。

各子项目规划情况详见表9-41。

表9-40　亚行贷款项目堤防加固工程移民安置生产用地划拨表

序号	地点	受影响人口(人)	生产用地(亩)		
			小计	水浇地	旱地
	合计	6992	7540.34	7065.84	474.50
1	开封	925	867.2	498.8	368.4
2	原阳	842	693.2	587.1	106.1
3	兰考152	449	313.0	313.0	
4	兰考135	272	245.0	245.0	
5	濮阳	422	596.6	596.6	
6	东明	2741	3782.8	3782.8	
7	菏泽牡丹区	1106	826.0	826.0	
8	鄄城	235	216.6	216.6	

表9-41　亚行贷款项目堤防加固工程移民安置生产措施规划表

序号	地点	生产用地(亩)	农田水利工程措施				土地平整土壤改良(亩)
			规划井数(个)	成井费(万元)	配套费(万元)	渠系完善投资(万元)	
	合计	7920.5	99	284.22	40.20	42.92	1061.6
1	开封	867.2	7	24.5	1.75	4.5	368.4
2	原阳	693.2	20	50	5	4.16	693.2
3	兰考152	693.2	2	10.72	2.4	2.19	
4	兰考135	245	3	12	0.8	1.62	
5	濮阳	596.6	6	15	15	2.88	
6	东明	3782.8	48	120	12	22.2	
7	菏泽牡丹区	826.0	10	40	2.5	4.37	
8	鄄城	216.56	3	12	0.75	1	

b. 补充措施

工程占压区移民在进行种植业生产的同时,结合当地实际情况,拟规划发展蔬菜大棚和养殖业,以安置因耕地减少而增加的剩余劳动力。

(1)蔬菜大棚生产规划。该措施是种植业结构优化的主要措施,也是恢复工程占压区居民生活水平的重要措施之一,待移民安置稳定后实施。根据各安置区所处的区域,结合黄河下游县经济发展规划进行蔬菜大棚规划。堤防加固工程共规划503亩,投资

445.52 万元，安置劳力 659 人。

(2)养殖业生产规划。该措施是为恢复移民原有生活水平的补充措施，规划发展养殖业应形式不一。如安置区规划养鸡、养鱼、养牛、养羊。养殖形式除养鸡、养鱼可集中饲养外，养牛、养羊可散养。规划投资 915.61 万元，可安置移民劳力 334 人。

(3)加工业。规划发展加工业项目依各村实际情况确定，形式可多样，如板材加工业、食品加工业、中药材加工业等，形式除采用公司加农户和工商农或工农联营等外，也可采用建立现代企业形式。

项目区占地的补助费交给各影响村组织，并由村委自主选择发展项目。为了合理、高效使用资金，以弥补失去耕地损失，安置村要制定资金审批程序，使该项资金用于全村性投资收益项目，并使工程占压区土地补偿费与规划生产安置费保持基本平衡。

3)移民生产安置综合评价

a.劳力安置情况分析

设计水平年，堤防加固工程占压移民劳力共计 3253 人。根据移民生产安置规划，从事种植业可安排劳力 2111 个，蔬菜大棚可安置劳力 659 个，养殖业可安排劳力 334 个，加工业可安排劳力 334 个，移民劳力可以全部得到安置。

移民安置劳力平衡情况见表 9-42。

表 9-42　亚行贷款项目堤防加固工程移民安置劳力平衡表

序号	地点	生产安置		安置劳力(个)					
		人口(人)	劳力(个)	合计	种植业安置劳力	其他措施安置劳力			
						小计	蔬菜大棚	养殖业	加工业
	合计	7114	3332	3334	2157	1144	674	352	151
1	开封	925	505	505	256	216	102	147	
2	原阳	964	471	471	285	186	176	10	
3	兰考 152	449	193	193	57	136	62	23	51
4	兰考 135	272	162	164	81	83	26	32	25
5	濮阳	422	273	273	265	8	7	1	
6	东明	2741	1150	1150	885	265	179	86	
7	菏泽牡丹区	1106	475	475	274	201	98	44	59
8	鄄城	235	103	103	54	49	24	9	16

b.生产安置投资平衡分析

为使移民达到或超过原有生活水平，堤防加固工程生产措施规划共需投资 9077.62 万元。农村移民生产安置投资来源主要是工程永久占压土地补偿补助费。工程占地土地补偿补助费为 12511.52 万元，大于规划投资，因此工程占压区生产安置补偿费可以满足规划投资的要求。

堤防加固工程生产措施规划投资平衡情况见表 9-43。

表 9-43　亚行贷款项目堤防加固工程移民安置规划投资平衡表

（单位:万元）

序号	地点	土地补偿补助费	生产开发规划投资							补偿费与规划投资差额
			合计	征地投资	工程措施	其他措施				
						小计	蔬菜大棚	养殖业	加工业	
	合计	12511.52	9077.62	6560.98	399.52	2116.13	445.52	915.61	755.00	3433.90
1	开封	1788.7	1672.2	815.6	45.63	810.98	100.98	710		116.50
2	原阳	1416.66	1004.33	830.11	76.49	97.73	87.12	10.61		412.33
3	兰考 152	471.04	324		15.31	308.69	30.69	23	255	147.04
4	兰考 135	336.01	197.11		14.37	182.74	25.74	32	125	138.90
5	濮阳	996.5	666.73	629.38	32.88	4.47	3.47	1		329.77
6	东明	5701.33	4614.73	4285.89	154.22	174.62	88.62	86		1086.60
7	菏泽牡丹区	1447.57	483.89		46.87	436.02	97.02	44	295	963.68
8	鄄城	353.71	114.63		13.75	100.88	11.88	9	80	239.08

c. 移民生活水平恢复

堤防加固8个子项目中,原阳项目没有进行分析。根据其余7个子项目占压区各村人均耕地及种植业收入等指标测算,工程占压前种植业人均收入在773～2139元之间,平均为1349元。

工程占压影响后,移民损失的耕地收入将从安置后划拨的耕地上的投资及项目区发展的蔬菜大棚、养殖业、加工业等生产开发项目上得到弥补。根据分析计算,移民人均年收入均比工程未建前增加142元,已经超过了原有生活水平。

各子项目移民安置前后生活水平对比分析情况见表9-44。

表9-44　亚行贷款项目堤防加固工程移民安置前后生活水平对比表(单位:元/人)

序号	地点	无工程时	有工程时				有无工程对比
		种植业纯收入	小计	在不采取措施的情况下种植业纯收入	采取措施后种植业纯收入增加	蔬菜大棚、养殖业等增加纯收入	收入增加情况
	合计	1349	1491	1283	56	152	142
1	开封	773	1004	665		339	231
2	原阳			没分析			
3	兰考152	1498	1525	1458	9	58	27
4	兰考135	1345	1421	1322	29	70	76
5	濮阳	2139	2300	2068	162	70	161
6	东明	1223	1593	1147	165	281	370
7	菏泽牡丹区	1207	1265	1134	10	121	58
8	鄄城	1256	1328	1189	14	125	72

(五)移民居民点迁建规划

1. 占压区农村居民点现状

黄河下游防洪工程占压区内居民居住条件较好,住房多为砖木平房、砖混房等。

工程占压区内基础设施条件良好,区域内地下水埋藏较浅,吃水主要以浅层地下井水、河水为主,大部分居民用的是压水井,部分居民用的是自来水。村内排水设有简易排水沟,村外排水以自然排水为主。由于居住靠近黄河大堤,地下水浅,排水不畅,居民建房普遍建有村台。

工程占压所在村组对外交通条件较好,对外交通网络丰富。占压区内各村组都通有10千伏电力线路和通信线路,户户通有照明电,部分村民装有电话。

2. 居民点规划原则

农村居民点规划的任务是结合移民生产措施规划,合理布局新居民点,做到有利于移民生产,便于移民生活。结合实际情况,占压区居民点搬迁规划应遵循以下原则:

(1)根据国家建设部颁发的《村镇规划标准》(GB 50188—93),结合河南省、山东省两省有关条例,确定工程占压区居民点性质和发展规模。

(2)尊重地方各级政府及移民意见,在环境容量允许的前提下,立足于本县、本乡安置,以本村后靠为主,原则上不打乱原村组建制,以便于移民的管理,满足移民心理要求。

(3)节约用地。严格按照河南、山东两省《中华人民共和国土地管理法》实施办法和村镇建设用地条例规划村庄占地和宅基地,尽可能利用荒地和劣地,不占或少占耕地,提高土地利用率。

(4)居民点选择应和生产条件、地形地质、水源、交通条件相结合,保证有可靠的水源,做到合理规划布局,方便移民生产生活。

(5)考虑人口增长和耕地减少等因素,留有适当的发展余地。

3. 居民点安置对象及安置任务

新居民点的安置对象是指受占压影响需迁移、重新建设房屋定居的农村人口,即生活安置人口。根据实物调查成果和河南、山东两省人口自然增长率(河南省7.88‰,山东省5.2‰)控制指标推算,到设计水平年工程永久占压需安置10746户44636人。

4. 安置方式

大堤项目区工程永久占压范围为条状分布,各段所涉及村庄的耕地、房屋和人口数量相对较少。根据移民环境容量分析结果,移民居民点迁建规划采取本村后靠方式安置移民。

5. 居民点建设规划

居民点建设包括新址征地、场地平整、街道、供水、排水、供电、广播等项目。

1)新址占地

新址占地包括居住建筑用地、公共建筑用地、生产建筑用地、仓储用地、道路广场用地、公共工程设施用地和绿化用地等。根据河南、山东两省《中华人民共和国土地管理法》实施办法,并结合《村镇建设条例》有关规定,按人均80平方米计算新址占地。在新址占地范围内宅基地按户均0.25亩考虑。

工程涉及移民新村占地4814.24亩,新址占地均为水浇地。

2)场地平整及村台建设

由于工程占压区各村紧邻黄河大堤,居住区排水受地形影响较大,易积水,因此紧邻大堤的村庄群众建房时宅基地有一定的垫高。移民新村规划时参照各村村台与地面相对高差,确定居民宅基新址村台高度。经汇总,移民新址场地平整及村台建设共需土方工程量310512立方米。

3)街道

规划标准根据《村镇规划标准》,结合工程影响村内街道现状,规划主街道车行道宽度为6米,支街道车行道宽度为3.5米。主街道路面材料采用沥青路面,支街道采用砂土路面。移民新址共规划街道136830.5米,其中主街17015.8米,支街119814.7米。

4)供水

工程占压区内地下水埋藏普遍较浅,几乎家家户户采用压水井吃水。根据当地吃水条件及压水井便于管理的特点，除滩区安全建设外，其他项目规划移民采用压水井方式解决吃水问题，每户移民建一眼压水井，共规划754眼压水井。

滩区安全建设新村台建设每村规划一眼机井，井深100米。人畜用水量标准60升/天，水塔容量按一天用水量考虑。结合村庄主、支街道布置情况规划供水管线，共规划供水管线127933米，主供水管17220.8米，支供水管110712.2米。

5）排水工程

居民点排水规划要满足生活污水和天然降水的排放，主要为天然降水。排放型式采用雨、污合流制，结合原居民点的排水情况，规划在移民建设用地主街上双侧布置主排水沟，支街单侧布置支排水沟。经测算，移民新址内规划主排水沟33891.6米，支排水沟119814.7米。另外规划村外排水沟4100米。

6）电力规划

根据各村移民规模及新宅基布置，规划电力线路。居民点内部供电线路包括380伏线路和220伏线路，380伏线路沿主街道单侧布置，220伏线路沿主、支街道单侧布置。经布置测算，移民新址共规划380伏线路19628.8米，220伏线路133686.5米。

7）广播照明

居民该部分设施采用补助，按居民点建设户数计算补助费用。

各项目居民点规划汇总指标见表9-45，分项目居民点规划指标详见表9-46～表9-49。

表9-45　亚行贷款项目黄河下游防洪工程建设居民点规划指标汇总表

序号	项目	单位	合计	堤防加固	东平湖围坝加固	控导工程新、续建	滩区安全建设
	基准年户数	户	10488	686	61	18	9723
	基准年人口	人	43553	2854	224	85	40390
	水平年户数	户	10746	687	61	18	9980
	水平年人口	人	44636	2867	226	86	41457
一	新址征地		4814.24	373.26	28.6	10.19	4402.19
1	水浇地	亩	4814.24	373.26	28.60	10.19	4402.19
二	场地平整		310512	263174	25213	22125	
1	村内土方	m^3	308512	263174	25213	20125	
2	道路土方	m^3	2000			2000	
三	街道		136830.5	10074.5	950	524	125282
1	主街（柏油路面）	m	17015.8	1934	168	344	14569.8

续表 9-45

序号	项目	单位	合计	堤防加固	东平湖围坝加固	控导工程新、续建	滩区安全建设
2	支街(砂石路面)	m	119814.7	8140.5	782	180	110712.2
四	供水工程		754	675	61	18	
1	压水井	眼	754	675	61	18	
2	成井费	m	4200				4200
3	配套费	套	42				42
4	水塔	m^3	2425				2425
5	供水管线	m	127933				127933
	主供管	m	17220.8				17220.8
	支供管	m	110712.2				110712.2
6	变压器		38				38
7	10kV 线路		13950				13950
五	排水工程		157806.3	15668.5	1418	868	139851.8
1	村内排水沟		153706.3	11868.5	1118	868	139851.8
	0.5m×0.4m	m	33891.6	3728	336	688	29139.6
	0.3m×0.3m	m	119814.7	8140.5	782	180	110712.2
2	村外排水沟		4100	3800	300		
	0.6m×0.72m	m	4100	3800	300		
六	供电工程						
1	变配电设施	台	47	5			42
2	供电线		177405.3	12440.5	1148	614	163202.8
	10kV		24090	90			24000
	380V	m	19628.8	2649	198	344	16437.8
	220V	m	133686.5	9701.5	950	270	122765
七	广播照明补助	户	766	687	61	18	

表 9-46　堤防加固工程居民点规划指标汇总表

序号	项目	单位	合计	兰考县 135	濮阳	东明县	牡丹区	鄄城县
1	新址征地		373.26	33.36	117.7	138.2	29.16	54.84
	水浇地	亩	373.26	33.36	117.70	138.2	29.16	54.84
2	场地平整		263174	22240	78481	106453	19440	36560
	土方	m^3	263174	22240	78481	106453	19440	36560
3	街道		10074.5	1013	2480.5	4016	945	1620
（1）	主街（柏油路面）	m	1934	373	280.0	666	165	450
（2）	支街（砂石路面）	m	8140.5	640	2200.5	3350	780	1170
4	供水工程		675	55	205	242	63	110
	压水井	眼	675	55	205	242	63	110
5	排水工程		15668.5	1586	3180.5	6682	1860	2360
（1）	村内排水沟		11868.5	1386	2680.5	4682	1110	2010
	0.5m×0.4m	m	3728	746.00	480	1332	330	840
	0.3m×0.3m	m	8140.5	640.00	2200.5	3350	780	1170
（2）	村外排水沟		3800	200	500	2000	750	350
	0.6m×0.72m	m	3800	200.00	500	2000	750	350
6	供电工程							
（1）	变配电设施	台	5	1	1	2	1	
（2）	供电线		12440.5	1013	2770.5	4842	1745	2070
	10kV	m	90		90			
	380V	m	2649	373	280	746	800	450
	220V	m	9701.5	640	2401	4096	945	1620
7	广播照明补助	户	687	67	205	242	63	110

表 9-47　东平湖围坝除险加固工程居民点规划指标表

序号	项目	单位	77 +300 ~88 +400
1	新址征地	亩	28.6
	水浇地	亩	28.6
2	场地平整		25213
	土方	m^3	25213
3	街道		950
(1)	主街		168
	柏油路面	m	168
(2)	支街	m	782
	砂石路面	m	782
4	供水工程		61
	压水井	眼	61
5	排水工程		1418
(1)	村内排水沟		1118
	0.5m ×0.4m	m	336
	0.3m ×0.3m	m	782
(2)	村外排水沟		300
	0.6m ×0.72m	m	300
6	供电工程		1148
	380V	m	198
	220V	m	950
7	广播照明补助	户	61

表 9-48　控导工程新续建移民居民点规划汇总表

序号	项目	单位	合计	山东省
1	新址征地	亩	10.19	10.19
	水浇地	亩	10.19	10.19
2	场地平整		22125	22125
	村内土方	m^3	20125	20125
	道路土方	m^3	2000	2000
3	街道		524	524
(1)	主街		344	344
(2)	支街	m	180	180
4	供水工程		18	18
	压水井	眼	18	18
5	排水工程		868	868
	0.5m×0.4m	m	688	688
	0.3m×0.3m	m	180	180
6	供电工程		614	614
	380V	m	344	344
	220V	m	270	270
7	广播照明补助	户	18	18

表 9-49　黄河下游滩区安全建设移民安置居民点规划指标汇总表

序号	项目	单位	合计	河南省				山东省	
				长垣县苗寨	长垣县武丘	范县陆集	兰考县谷营	东明县长兴	平阴县平阴
	涉及村庄(个)	个	46	5	5	9	3	11	13
	总人口(人)	人	41331	3988	4798	8980	3430	9795	10340
	总户数(户)	户	9953	890	1218	2247	717	2346	2535
1	新址占地	亩	4402.2		587.2	956.2	464.6	1028.5	1365.7
2	供水设施								
(1)	成井费	m	4200	400	300	900	300	1100	1200
(2)	配套费	套	42	4	3	9	3	11	12
(3)	水塔	m^3	2425	120	295	580	210	600	620
(4)	供水管线	m	127933	8366	15893	22304	9601	27470	44299
	主供管	m	17220.8	2268	2076.5	2368	1590.3	2172	6746
	支供管	m	110712.2	6098	13816.5	19936	8010.7	25298	37553
(5)	变压器		38		3	9	3	11	12
(6)	10kV 线路		13950		1000	2700	1050	3400	5800
3	街道	m	125282	7966	15443	22304	9601	27470	42498
(1)	主街道	m	14569.8	1868	1626.5	2368	1590.3	2172	4945
(2)	支街道	m	110712.2	6098	13816.5	19936	8010.7	25298	37553
4	供电设施								
(1)	变压器拆迁调试		42	4	3	9	3	11	12
(2)	10kV 线路改线	km	24	4	1.5	5.5	1.5	5.5	6
(3)	380V 沿街线	m	16437.8	3736	1626.5	2368	1590.3	2172	4945
(4)	220V 沿街线	m	122765	9834	15443	20091	9601	25298	42498
5	排水	m	139851.8	9834	17069.5	24672	11191.3	29642	47443
	主排水沟	m	29139.6	3736	3253	4736	3180.6	4344	9890
	支排水沟	m	110712.2	6098	13816.5	19936	8010.7	25298	37553

(六)工业企业处理

1. 占压影响企业概况

亚行贷款项目黄河下游防洪工程建设共占压影响 5 处企业,其中险工改建工程涉及企业 3 处,分别为 114～116 号坝上饭店、黄河河务局船舶修造厂、黄河工程公司第二工程处,涉及房屋 1022 平方米,砖石墙 225 平方米,零星树 37 株;堤防加固工程涉及企业两处,分别为山东菏泽牡丹区的叉河头村砖窑厂(24 门)和刘庄村炼油厂。

2. 处理原则

按照原标准、原规模予以处理和补偿、迁建或转产,充分考虑利用原有设备和技术,以减少损失。需要迁建的企业可以结合技术改造和产业结构调整进行统筹规划,对扩大规模、提高标准需要增加的投资,由有关部门自行解决。所有迁建或转产项目,应按照国家的基本建设程序,提出设计文件,上报移民主管部门、行业管理部门审批。

3. 处理规划

根据地方部门提出的处理方案,企业处理方式为补偿自行处理。

4. 投资概算

根据占压实物量对企业进行补偿,并对正在经营的企业考虑停产损失。工程占压企业处理补偿费共 53.14 万元,其中险工改建涉及企业 28.36 万元,堤防加固涉及企业 24.78 万元。各个企业实物及补偿投资见表 9-50 和表 9-51。

表 9-50 险工改建工程占压工业企业实物及补偿投资表

项目	单位	单价(元/单位)	实物				概算(万元)			
			小计	114~116号坝上饭店	黄河河务局船舶修造厂	黄河工程公司第二工程处	小计	114~116号坝上饭店	黄河河务局船舶修造厂	黄河工程公司第二工程处
合计							28.36	8.07	18.38	1.91
一、房屋			1022	490.5	531.4		24.91	7.70	17.21	
钢结构活动房	m^2	550	176.3		176.3		9.70		9.70	
砖混房	m^2	280	55.8	34	21.8		1.56	0.95	0.61	
砖木平房	m^2	240	489.7	229.1	260.6		11.75	5.50	6.25	
杂砖木平房	m^2	159	36.9	10.7	26.2		0.59	0.17	0.42	
简易房	m^2	50	263.2	216.7	46.5		1.32	1.08	0.23	
二、附属物							2.17	0.06	0.59	1.52
砖石墙	m^2	25	225		225		0.56		0.56	
厕所	个	150	5	1	2	2	0.08	0.02	0.03	0.03
机井	眼	5000								
棚	个	20	15	15			0.03	0.03		
水池	m^3	130	1	1			0.01	0.01		
铁栏杆	m^2	50	297			297	1.49			1.49
三、树木			37		28	9	0.17		0.126	0.0405
零星树(大)	株	45	37		28	9	0.17		0.13	0.04
四、其他							1.11	0.31	0.45	0.35
物资搬迁费	个	2000	3	1	1	1	0.60	0.20	0.20	0.20
搬迁损失费	人	100	51	11	25	15	0.51	0.11	0.25	0.15

表 9-51 堤防加固工程占压工业企业实物及补偿投资表

项目	实物单位	单价(元/单位)	实物	概算(万元)
合计				24.78
1. 叉河头村砖窑厂	门	8000	24	19.2
2. 刘庄村炼油厂				5.58
房屋	m^2	220	240	5.28
拆迁费	处	3000	1	0.3

（七）专业项目恢复规划

1. 学校迁建规划

1）学校现状

根据工程占压区实物指标调查，共占压影响学校4处，分别为堤防加固工程涉及的东明县闫潭小学和徐集小学、开封县的刘庄学校和濮阳县的董楼小学。

占压影响房屋的结构形式主要为砖混房和砖木房，教工及学生用的是井水。学校对外交通便利，有简易公路相通。电力条件较好，教学等均有照明电，供电较完善。

2）学校规划依据、原则

依据：国家建设部颁发的《村镇规划标准》（GB 50188—93），河南、山东两省有关条例；《水利水电工程水库淹没处理设计规范》（SD 130—84），黄河下游县工程占压有关实物指标成果，《农村普通中小学校建设标准》。

原则：原规模、原标准、恢复原功能的"三原"原则。

迁建学校校址要选在方便学生就近入学、地形开阔、空气新鲜、阳光充足、环境适宜、远离污染源、地势较高、便于排水、场地干燥、地质条件好的平整地段。

严格按照河南、山东两省的土地管理法实施办法和村镇建设用地条例规划学校用地，尽可能不占或少占耕地，提高土地利用率。

3）学校基础工程建设规划

根据以上原则和地方政府意见，拟将4所小学于占压影响所在村附近重建。基础工程建设规划如下：①学校征地均为水浇地；②村台工程量：根据新建学校位置与周围耕地相对高差，确定学校新址工程量；③学校对外道路规划：规划学校与原村庄相接，对外道路路面按4米宽，采用柏油路面；④供水工程规划：根据学校新址地形、地质条件、建设规模及发展需求，确定供水方式，采用打水井；⑤排水规划：学校排水规划要满足污水和天然降水的排放，主要为天然降水；排放型式采用雨、污合流制，规划排水沟，沿学校用房单侧布置；⑥供电规划：教学用房应配有保护灯罩的荧光灯具，不得用裸灯，灯具（长向）宜垂直于黑板的方向布置；⑦卫生设施：设置室外旱厕，厕所要坚固实用，有自然排气措施，在厕所外设置洗手池；教工及学生厕所宜分设。

4）学校迁建规划投资

学校迁建规划投资范围包括实物补偿费和迁建规划费，总投资为159.5万元，其中闫潭小学36.03万元，徐集小学20.88万元，刘庄学校76.2万元，董楼小学26.44万元。各学校占压实物与规划指标及概算投资详见表9-52～表9-54。

2. 闸管所迁建处理

根据工程占压区实物指标调查，共占压影响闸管所4处，分别为险工改建涉及惠金河务局的马渡闸管所、中牟河务局的杨桥闸管所和赵口闸管所以及菏泽牡丹河务局的刘庄闸管所。迁建处理是采用实物补偿和基础设施统一规划的原则恢复其原有功能。闸管所迁建规划投资包括实物补偿费、迁建规划费和其他费，总投资为178.63万元，其中马渡闸管所28.07万元，杨桥闸管所29.11万元，赵口闸管所87.04万元，刘庄闸管所34.41万元。各个闸管所规划指标及概算见表9-55～表9-58。

表 9-52　东明黄河堤防加固工程占压小学补偿及规划投资汇总表

项 目	单位	单 价（元/单位）	实物			概 算（万元）		
			小计	闫潭小学	徐集小学	小计	闫潭小学	徐集小学
占地	亩			7.92	2.85			
总投资	万元					56.90	36.03	20.88
（一）补偿部分						31.86	18.91	12.95
1. 房屋	m^2					27.92	16.79	11.13
砖木平房	m^2	220	1269	763.3	505.7	27.92	16.79	11.13
2. 附属物						3.94	2.11	1.83
砖围墙	m^2	25	1461	831	630	3.65	2.08	1.58
门楼	m^2	145	15		15	0.22	0.00	0.22
厕所	个	180	4	2	2	0.07	0.04	0.04
（二）规划部分						21.54	15.12	6.42
1. 占地	亩	11330	11	7.92	2.85	12.20	8.97	3.23
2. 场地平整	m^3	5	5744	4224	1520	2.87	2.11	0.76
3. 供水规划						1.50	0.75	0.75
（1）机电井	眼	5000	2	1	1	1.00	0.50	0.50
（2）配套费	套	2500	2	1	1	0.50	0.25	0.25
4. 排水规划						0.64	0.32	0.32
30cm×30cm	m	20	320	160	160	0.64	0.32	0.32
5. 电力规划						0.73	0.37	0.37
（1）10kV 线路	m	30	60	30	30	0.18	0.09	0.09
（2）380V 线路	m	15	100	50	50	0.15	0.08	0.08
（3）220V 线路	m	10	400	200	200	0.40	0.20	0.20
6. 道路规划	m	200	180	130	50	3.60	2.60	1.00
（三）搬迁运输费						3.50	2.00	1.50
1. 物资搬迁						2.25	1.25	1.00
集体	处	5000	2	1	1	1.00	0.50	0.50
个人	人	25	500	300	200	1.25	0.75	0.50
2. 搬迁损失	人	25	500	300	200	1.25	0.75	0.50

表 9-53　开封县黄河堤防加固工程占压刘庄学校补偿及规划投资表

项　　目	单位	实物	单　价 (元/单位)	概 算(万元)
总投资				76.20
(一)补偿部分				44.63
1.房屋	m^2	803.5		29.15
(1)楼房	m^2	643.71	370	23.82
(2)预制房	m^2	119.8	370	4.43
(3)砖木房	m^2	20.0	290	0.58
(4)杂砖木房	m^2	20.0	159	0.32
2.附属物				5.68
(1)围墙	m^2	951.2	20	1.90
(2)学校硬化面积	m^2	1216.6	20	2.43
(3)校内路	m	80	140	1.12
(4)厕所	个	4	310	0.12
(5)花池	个	10	100	0.10
3.零星树木				9.80
(1)松塔、柏树	棵	170	400	6.80
(2)冬青	株	6000	5	3.00
(二)规划部分				31.57
1.学校占地	亩	9.7		11.56
水浇地	亩	9.7	11920	11.56
2.场地平整	m^3	6469.9	5	3.23
3.供水规划				8.03
(1)机电井	m	70	500	3.50
(2)配套费	眼	1	2500	0.25
(3)供水管道	m			1.76
100mm 镀锌管	m	160	61	0.98
50mm 镀锌管	m	245	32	0.78
(4)水塔(容量)	m^3	30	800	2.40
(5)室外消火栓	个	1	1200	0.12
4.排水规划				1.09
30cm×30cm	m	310	35	1.09
5.电力规划				1.56
(1)380V 线路	m	160	20	0.32
(2)220V 线路	m	620	20	1.24
6.对外道路	m	250	200	5.00
7.搬迁运输费				1.10
(1)学校	个	1	5000	0.50
(2)迁移运输	人	300	20	0.60

表 9-54　濮阳县黄河堤防加固工程占压董楼小学补偿及规划投资表

项目	单位	单价(元/单位)	实物、规划量	概算(万元)
总投资				26.44
(一)补偿部分				11.15
1. 房屋			414.4	10.77
砖混房	m^2	300	50.2	1.51
砖木平房	m^2	260	344.2	8.95
杂砖木平房	m^2	159	20	0.32
2. 附属物				0.38
砖围墙	m^2	25	150	0.38
(二)规划部分				14.75
1. 占地	亩	11050	5	5.53
2. 场地平整	m^3	5	3335	1.67
3. 供水规划				5.00
(1)机电井	m	500	50	2.50
(2)配套费	套	25000	1	2.50
4. 排水规划				0.33
30cm×30cm	m	20	165	0.33
5. 电力规划			180	0.23
(1)380V 线路	m	15	100	0.15
(2)220V 线路	m	10	80	0.08
6. 道路规划	m	200	100	2.00
(三)搬迁运输费				0.54
搬迁损失	个	2000	1	0.20
搬迁运输费	人	20	170	0.34

表 9-55 惠金河务局马渡闸管所实物及概算表

项目	单位	单价(元/单位)	实物	概算(万元)
合计				28.07
一、实物部分				17.78
1. 房屋			426.7	11.61
砖混房	m^2	280	398.7	11.16
杂砖木房	m^2	159	28	0.45
2. 附属物				3.35
围墙	m^2	25	455	1.14
水泥地面	m^2	20	710	1.42
草坪	m^2	3.2	600	0.19
铁栏杆	m^2	50	120	0.60
3. 树木			141	2.82
风景树	株	200	141	2.82
二、规划部分				9.97
1. 占地	亩		4.95	
2. 占地林木清理	亩	3600	4.95	1.78
3. 供水规划				5
(1)机电井	m	500	50	2.50
(2)配套费	套	25000	1	2.50
4. 排水规划				0.34
30cm×30cm	m	20	170	0.34
5. 电力规划				2.65
(1)10kV 线路	m	30	50	0.15
(2)380V 线路	m	15	200	0.30
(3)220V 线路	m	10	100	0.10
(4)50kVA 变压器	台	21000	1	2.10
6. 道路规划	m	200	10	0.20
三、其他				0.32
物资搬迁费	个	2000	1	0.20
搬迁损失费	人	100	12	0.12

注:闸管所规划在淤区内,不考虑永久占地,房台土方计列在工程上。

表 9-56　中牟河务局杨桥闸管所实物及概算表

项　目	单　位	单价(元/单位)	实物	概算(万元)
合计				29.11
一、实物部分				18.69
1. 房屋			690.3	14.52
砖混房	m^2	250	363.3	9.08
砖木房	m^2	220	39	0.86
杂砖木房	m^2	159	288	4.58
2. 附属物				3.39
围墙	m^2	25	700	1.75
水泥地面	m^2	20	507	1.01
花坛	m^2	30	15	0.05
水池	m^3	130	6	0.08
厕所	个	180	2	0.04
草坪	m^2	3.2	1461	0.47
3. 树木			46	0.78
材树(大)	株	45	9	0.04
风景树	株	200	37	0.74
二、规划部分				9.98
1. 占地	亩		4.65	
2. 占地树木清理	亩	3600	4.65	1.67
3. 供水规划			5	
(1)机电井	m	500	50	2.50
(2)配套费	套	25000	1	2.50
4. 排水规划				0.34
30cm×30cm	m	20	170	0.34
5. 电力规划				2.77
(1)10kV 线路	m	30	90	0.27
(2)380V 线路	m	15	200	0.30
(3)220V 线路	m	10	100	0.10
(4)50kVA 变压器	台	21000	1	2.10
6. 道路规划	m	200	10	0.20
三、其他				0.44
物资搬迁费	个	2000	1	0.20
搬迁损失费	人	100	24	0.24

注:闸管所规划在淤区内,不考虑永久占地,房台土方计列在工程上。

表 9-57　中牟河务局赵口闸管所实物及概算表

项目	单位	单价(元/单位)	实物	概算(万元)
合计				87.04
一、实物部分				71.51
1.房屋			2443.8	58.87
砖混房	m^2	250	1850	46.25
砖木房	m^2	220	520.6	11.45
杂砖木房	m^2	159	73.2	1.16
2.附属物				10.24
围墙	m^2	25	1764	4.41
水泥地面	m^2	20	1785	3.57
彩砖地面(拆迁)	m^2	10	1148	1.15
花坛	m^2	30	335	1.01
厕所	个	180	3	0.05
草坪	m^2	3.2	178	0.06
3.树木			150	2.40
材树(大)	株	45	39	0.18
风景树	株	200	111	2.22
二、规划部分				14.72
1.占地	亩		15	
2.占地树木清理	亩	3600	15	5.40
3.供水规划				5
(1)机电井	m	500	50	2.50
(2)配套费	套	25000	1	2.50
4.排水规划				0.94
30cm×30cm	m	20	470	0.94
5.电力规划				3.18
(1)10kV 线路	m	30		
(2)380V 线路	m	15	450	0.68
(3)220V 线路	m	10	400	0.40
(4)50kVA 变压器	台	21000	1	2.10
6.道路规划	m	200	10	0.20
三、其他				0.82
物资搬迁费	个	2000	1	0.20
搬迁损失费	人	100	62	0.62

注:闸管所规划在淤区内,不考虑永久占地,房台土方计列在工程上。

表 9-58　菏泽牡丹河务局刘庄险工占压补偿投资概算表

项目	单位	单价(元)	实物	概算(万元)
合计				34.41
一、实物补偿				33.44
(一)房屋			735.44	17.04
1. 主房			711.44	16.65
砖混房	m^2	260	249.96	6.50
砖木平房	m^2	220	461.48	10.15
2. 杂房			24	0.39
砖木平房	m^2	163	24	0.39
(二)附属物				11.93
砖围墙	m^2	25	1200	3.00
门楼	m^2	145	6	0.09
机井	眼	5000	1	0.50
水池	m^3	130	440	5.72
厕所	个	180	2	0.04
输水管道	m	64	200	1.28
10kV	km	30000	0.12	0.36
380V	m	15000	0.50	0.75
变压器拆迁	台	2000	1	0.20
(三)零星果木树				4.00
1. 果木树				2.75
葡萄树	株	30	240	0.72
果树(初果)	株	190	16	0.30
银杏树	亩	3600	4.80	1.73
2. 材树			30	0.09
小树	株	20	9	0.02
中树	株	30	12	0.04
大树	株	45	9	0.04
3. 风景树	株	200	50	1.00
4. 冬青树	株	50	30	0.15
(四)搬迁运输费				0.47
1. 物资搬迁	个	2000	1	0.20
2. 搬迁损失	人	100	27	0.27
二、规划投资				0.97
(一)对外路	m	200	10	0.20
(二)排水沟(主排)	m	25	210	0.53
(三)供电线路				0.24
(四)220V 线路	km	10000	0.24	0.24

3. 道路、电力、电信工程规划

(1)规划原则。按原规模、原标准、恢复占压影响设施的原功能,对已失去功能不需要恢复重建的设施,不再进行规划;道路、电力、电信规划,在不影响现有系统正常运行情况下,以就近接线为主;由于工程占压移民安置均为本村后靠,电力规划不考虑增容设施;迁建投资不考虑占压区原有设施回收利用。

(2)处理规划。防洪工程建设工程占压影响的道路及辅道在工程完成后需按原有方向及宽度恢复原有功能。规划时依据调查成果及投资标准,考虑道路纵坡、道路平顺连接等因素进行分析计算。工程占压影响的输电线路和通信线路,按“原规模、原标准、恢复原功能”的原则,可进行拔高处理。

4. 水利工程处理

根据对工程占压影响区内渠道及桥涵占压情况调查及功能分析,对占压区内水渠、桥涵按照“原规模、原标准、恢复原功能”的原则进行恢复。

道路、电力、通信及水利工程等规划的各项目规划指标见表 9-59 ~ 表 9-62。

表 9-59 亚行贷款项目堤防加固工程专项规划表

序号	项目	单位	合计	开封	原阳县	兰考县152	兰考县135	濮阳	东明县	牡丹区	鄄城县
一	学校复建投资	个	4	1				1	2		
二	管道、光缆等处理	处	3		1				2		
三	道路复建费										
1	柏油路	m									
	征地费	亩	34.96			1.8		4.36	2.85	25.95	
	路面	m	9759	2310	2200	150		2730	639	1730	
	征地青苗费	亩	1.8			1.8					
2	土路										
	征地费	亩	85.03			3.69	7.15		55.07	11	8.23
	路面	m	18604		3800	410	596.00		11668	1210	920
	征地青苗费	亩	3.69			3.69					
3	桥	m^2	330					330			
四	电力、通信线复建										
1	混凝土杆高 11 ~ 15m	杆	341	66	12	8	47.00	77	90	41	
2	通信线路	杆	325			88	32.00	31	17	95	62
3	变压器拆迁	个	4							4	
五	水利工程复建费										
1	渠道										
	征地	亩	206.8			9.01		59.63	125.78	12	0.68
	土方量	m^3	157519			7206		37100	104813	7800	600
	征地青苗费	亩	9.01			9.01					
2	渡槽、涵闸等	座	938			192		3	12	731	
3	农田水利设施	亩	933.01								

表 9-60　亚行贷款项目险工改建工程专项规划表

项目	实物单位	合计	河南省				山东省			
			惠金河务局（花园口和马渡险工）	中牟河务局（杨桥、赵口和九堡险工）	兰考河务局（东坝头险工）	开封河务局（黑岗口险工）	东明河务局（黄寨、霍寨、堡城、高村险工）	菏泽牡丹河务局（刘庄险工）	东阿河务局（位山和范坡险工）	天桥河务局（泺口险工）
一、输变电工程复建费										
电力线杆	根	64	27	37						
低压线路	km	1.15							0.65	0.50
200kW 变压器迁移	台	2								2
变压器房	m^2	8								8
二、道路复建费										
硬化路	m	319	210		109					
路面恢复	m^2	8262								8262
马尼拉草坪	m^2	8000								8000
三、水文设施										
水准点造埋	个	2								2
引测费	km	16								16
拴船地锚	个	4								4
四、水利工程复建费										
渠道	m	70							70	
钢管接长	m	50							50	
扬水站房	m^2	50							50	
管道维护	处	1							1	
关山河务段水槽改建	处	1							1	
退水闸	座	1					1			
小型桥涵	座	1					1			
供水公司钢管	道	2					2			
五、花园	m^2	800					800			

表 9-61　东平湖围坝除险加固工程专项规划表

序号	项目	单位	合计	桩号		
				55 +000 ~ 77 +300	77 +300 ~ 88 +400	10 +471 ~ 55 +000
一	道路规划					
1	柏油路	m				
	征地费	亩	0.23		0.23	
	路面	m	72		72	
2	土路					
	征地费	亩	2.53		2.53	
	路面	m	1325		1325	
3	临时道路恢复	m	11840		11840	
二	电力、通信线规划					
1	电力线路		11100		600	10500
	35kV 线	m	2300		300	2000
	10kV 线	m	5800		300	5500
	380V 线	m	3000			3000
2	通信线路					
	地下电缆	处	1		1	
	地下电缆	km	2.4			2.4
	电话线	m	2100		300	1800

表 9-62　控导新续建工程专项规划表

序号	项目	单位	合计	河南省	山东省
一	GPS 点恢复	个	1		1
二	电力、通信线路复建	根			
1	电力线路	根	13	13	
2	通信线路	m	500		500
三	水利工程复建费				
1	渠道土方量	m^3	41598		41598
2	渡槽、涵闸等	座	3	1	2
3	生产桥	座	5		5

(八)移民投资概算

1.概算编制依据和原则

1)编制依据

(1)《中华人民共和国土地管理法》(1998 年 8 月)。

(2)《中华人民共和国土地管理法实施条例》(1998 年 12 月)。

(3)国土资源部、国家经贸委、水利部《关于水利水电工程建设用地有关问题的通知》(国土资发[2001]355 号)(以下简称三部委 355 号文)。

(4)《河南省实施〈中华人民共和国土地管理法〉办法》(1987 年 2 月)。

(5)《山东省实施〈中华人民共和国土地管理法〉办法》(1999 年 8 月)。

(6)水利部水规总院关于亚行贷款项目黄河下游防洪工程建设可行性研究报告的审查意见。

(7)《河南省黄河河道管理条例》。

(8)《山东省黄河河道管理条例》。

(9)河南省人民政府批转河南河务局《关于适当提高治黄工程征用、挖、踏土地补偿安置费的暂行意见》的通知(豫政〔1991〕107 号)。

(10)山东省物价局、财政厅《关于调整征用土地年产值和地上附着物补偿标准的批复》(鲁价费发〔1999〕314 号)。

(11)河南省财政厅、物价局、土地管理局关于印发《河南省耕地开垦费、土地闲置费征收和使用管理办法》的通知。

(12)国家、河南省及山东省有关行业规范及定额等。

(13)黄河洪水管理亚行贷款子项目初步设计报告。

2)编制原则

(1)凡国家和地方政府有规定的,按规定执行;无规定或规定不适用的,依工程实际调查情况或参照类似标准执行;地方政府规定与国家规定不一致时,以国家规定为准。

(2)概算编制涉及工程规划范围内土地、房屋等按实物量进行补偿。移民基础设施、专项等部分,按原规模和标准恢复原功能的规划投资计列。不需恢复改建的项目,只计拆除运输费或给予必要的补助。

(3)物价水平年按各子项目所列年份。

2.概算标准确定

涉及项目有土地、房屋、零星树、坟墓、居民点建设、专业项目及其他费用等。

1)土地补偿补助标准

土地补偿补助标准包括耕地、园地、林地、塘地等。

a.补偿补助倍数

根据《中华人民共和国土地管理法》、《河南省实施〈中华人民共和国土地管理法〉办法》和《山东省实施〈中华人民共和国土地管理法〉办法》有关条款规定,结合工程占压区的人口、耕地等资料确定。

(1)补偿倍数。《中华人民共和国土地管理法》第四十七条规定:"征用耕地的土地补偿费,为该耕地被征用前三年平均年产值的六至十倍……征用其他土地的土地补偿费和安置补助费标准,由省、自治区、直辖市参照征用耕地的土地补偿费和安置补助费的标准规定。”依据有关专家审查意见和类似工程征地补偿标准,耕地的补偿倍数取6倍。

征用林地、牧草地、苇塘、水面及未利用地等其他土地的土地补偿费标准根据《河南省实施〈中华人民共和国土地管理法〉办法》及《山东省实施〈中华人民共和国土地管理法〉办法》的规定确定。

(2)安置补助倍数。《中华人民共和国土地管理法》第四十七条规定:“征用耕地的安置补助费,按照需要安置的农业人口数计算。每一个需要安置的农业人口的安置补助费标准,为该耕地被征用前三年平均年产值的四至六倍。”耕地取4倍。

其他土地的安置补助标准,根据《河南省实施〈中华人民共和国土地管理法〉办法》及《山东省实施〈中华人民共和国土地管理法〉办法》的规定综合考虑确定。

b. 永久占地补偿标准

耕地的补偿补助标准按土地亩产值乘以相应的补偿补助倍数确定,其他土地补偿补助标准根据《河南省实施〈中华人民共和国土地管理法〉办法》及《山东省实施〈中华人民共和国土地管理〉办法》的规定确定。

(1)耕地。根据实地调查,本项目工程占压土地主要为水浇地,另外有少量旱地和河滩地。

按照《中华人民共和国土地管理法》规定,耕地亩产值按被征用耕地前三年平均亩产值计算,粮食价格依据地方粮食部门相应年份夏、秋两季主要粮食定购价、议购价结合市场调查价分析确定。

据调查,本项目占压涉及地区农作物种植结构基本相同,夏季以种植小麦为主,秋季主要种植花生、黄豆等。根据各县调查及国民经济统计资料,分析计算项目涉及县耕地亩产值。

河滩地夏季为全收,秋季为半收,分析确定亩产值为690元。该工程占用的滩地根据《河道管理条例》规定,这部分土地属于国有土地。

根据分析确定的各县亩产值及补偿补助倍数,确定各子项目的耕地补偿补助标准,见表9-63。

(2)果园、塘地、林地、苗圃及未利用地。果园、塘地、林地的亩产值由各批项目审查意见确定。第二、三批子项目中这类土地采用临近一般耕地前三年平均年产值的规定倍数。果园及塘地的补偿标准加上了地上附属设施及其他补偿。亚行第三批子项目中林地上的树木补偿标准有1104元和1667元两种,部分子项目把该项目计入了林地补偿标准中,有的另外单独计入林木补偿费中。

苗圃亩产值同水浇地。

永久占压区中村庄占地、道路、渠道等非生产用地,按恢复功能标准进行规划并补偿。

不需恢复的未利用地,山东按规定进行了补偿,河南按规定不计补偿。

c. 临时占地补偿标准

工程临时占地分两种类型:一种是水浇地,另一种是河滩地(在嫩滩上)。临时占用的水浇地,按同类耕地年产值和施工影响年限给予补偿。河滩地属国有土地,原则上其补偿标准河滩地按一季青苗给予补偿,部分项目根据专家审查意见考虑了恢复耕种期费用。

表 9-63　黄河下游防洪工程建设占压永久占地补偿补助标准表

（单位：元/亩）

序号	项目	开封		原阳县	兰考县	濮阳县	东明县		牡丹区、鄄城县	东平湖	惠济区、金水区、中牟县	东阿县	天桥区	河南控导	山东控导	河南滩区	山东滩区
		堤防	险工	堤防	堤防、险工	堤防	堤防	险工、滩区	堤防、险工		险工	险工	险工				
一	耕地															长垣苗寨11260、长垣武丘11630、范县10030、兰考11350	东明11330、平阴12720
	水浇地	11920	11600	12930	11350	11050	11330	11330	11320	11460	11600	11830	11700		5665		
	菜地				11350	11050	11330										
	旱地	6000	6700		6700			6700	6700		6700	6700	6700				
	河滩地													690			
二	园地																
	果园	15000		17730	16150		16130		16120	16260							
	其他园				13450		13430			13560							
三	塘地																
	鱼塘	16000		18530	16950	16650	16930		16920	17060							
	莲塘			15730	14150	13850	14130		14120	14260							
	苇塘					7150	4500			4500							
	低产鱼塘			6700													
四	林地																
	用材林	2500		6700	7804	6700	6700	9064	7804	7804		9464					
	苗圃				11350	11050	11330		11320	11460							
五	非生产用地							3399									

2）房屋及附属物建筑物

根据《中华人民共和国土地管理法》第四十七条规定，“被征用土地上的附着物和青苗的补偿标准，由省、自治区、直辖市规定”。

a. 房屋

分主房和杂房两类。主房按结构分为楼房、砖混房、砖木平房、土木平房、混合房等，杂房分砖木平房、土木平房、混合房和简易房等。

根据黄河下游房屋特点，同时结合河南省开封、濮阳、郑州等地（市）《关于调整国家建设征用土地地上附着物补偿的通知》及山东省314号文等分析确定。

各子项目房屋补偿标准见表9-64。

b. 附属建筑物补偿标准

根据两省有关文件规定，结合典型调查资料分析确定。主要附属物补偿标准详见表9-65。

3）居民点建设投资标准

居民点建设投资项目涉及新址征地、场地平整、供水工程、排水工程、街道、供电、广播照明补助等项目，各项规划指标投资标准确定如下。

a. 征地及场地平整

新址征地标准同土地补偿标准。

场地平整。根据《建筑工程预算定额》分析，一般居民点场地平整土方单价5.0元/立方米，山东控导道路土方单价为8.0元/立方米。

b. 村内街道

根据居民点规划的村内街道宽度、路面材料及河南、山东两省有关资料分析确定。

c. 供水工程

压水井投资单价采用黄河下游涉及县实地调查数据，滩区移民集中供水设施建设投资标准根据下游实际情况分析计算确定。

d. 排水工程

根据规划的排水沟断面尺寸和结构进行分析，盖板长度按排水沟总长的1/3计算。长垣苗寨滩区安全建设子项目、控导工程采用标准相同，其他子项目采用同一标准。各批子项目工程建设居民点规划指标投资标准见表9-66。

e. 供电

配电设施按新建30千伏安、50千伏安、100千伏安3个等级的变配电设施确定标准。包括变压器、配电盘等设备费、材料费和安装调试费，经分析单价标准分别为：1.7万元/处、2.1万元/处、2.5万元/处。低压线路380伏线按每公里20根9米高混凝土杆，导线采用25平方毫米的铝绞线。220伏线部分采用9米高混凝土杆（10根/公里）架设，部分在建筑物上固定，16平方毫米橡皮绝缘线。

表 9-64　黄河下游防洪工程建设占压农村房屋补偿标准表

（单位：元/m²）

项目	兰考县	濮阳县	东明县		菏泽牡丹区	鄄城县		惠济区、金水区	中牟县	东平湖	河南滩区	山东滩区
	堤防加固、险工	堤防加固	堤防加固	险工	堤防加固、险工	堤防加固	控导	险工	险工			
1. 主房											均采用292	均采用287
楼房			334							334		
砖混房	370	300	260		260	312	260	280	250	260		
砖木平房	290	260	220	220	220	264	220	240	220	220		
土木房	200	200	201		201	201	160			201		
混合房	212	212	215		215	215				215		
2. 杂房												
砖木平房	159	159	163		163	163		159		163		
土木房		120	121		121	121				121		
混合房		127	129		129	129						
简易房	50	50	50	65	50	50	65			50		

表 9-65 农村主要房屋附属建筑物补偿补助标准表 （单价：元/单位）

序号	项目	单位	堤防、险工、东平湖	控导	备注
1	砖石墙	m^2	25	30	
2	混合围墙	m^2	15		
3	土墙	m^2	9		
4	门楼	m^2	145	160	
5	厕所	个	180	155	
6	猪羊圈	个	124	150	
7	机井	眼	5000	3000	
8	水池	m^3	130		
9	地窖	个	233		
10	牲口棚	个	20		
11	压水井	个	240		
12	花坛	个	100		
13	禽窝	个	35	20	

f. 广播照明补助

按居民点建设户数计算补助费用，包括广播照明线路、灯具等的拆迁损失等，经调查分析按 100 元/户补助。

4）迁移运输费

迁移运输费依据国家和地方有关规定，结合防洪工程占压区的实际情况分析确定，见表 9-67。

5）其他补偿费

包括移民征地附着物、零星树木、坟墓、青苗补助费及土地复垦费等。移民征地附着物补偿按 150 元/亩；零星树木补偿根据河南省 107 号文、山东省 314 号文规定，结合占压区的具体情况按树木胸径大小给予补偿；坟墓单棺 204 元/冢，每增加一棺加 50 元；青苗补助费按同类耕地一季产值补助。

土地复垦费根据河南、山东两省实施土地管理法办法规定，挖损的土地，在工程完工后需要进行复耕，还给农民耕种。按照施工组织安排，在工程施工前，施工单位先将 0.3 米表土推至 50 米以外（这部分投资在工程开挖中计列），在挖取土料的过程中将剥离的表层土从 50 米以外推回至开采后的料场表面，通过土地整治措施后，进行复耕以达到耕种条件。

表 9-66　黄河下游防洪工程建设居民点规划指标投资标准表　　（单价:元/单位）

序号	项目	实物单位	堤防加固、东平湖	控导	滩区建设		备注
					长垣苗寨	其他	
1	新址征地	亩	同土地补偿标准				
2	场地平整						
	土方	m^3	5	5			
	道路土方	m^3		8			
3	街道						
（1）	主街（柏油路面）	m	90	90	90	90	
（2）	支街（砂石路面）	m	22	22	22	22	
4	供水工程						
	成井费	m			500	500	
	配套费	套			25000	2500	
	水塔	m^3			1200	1200	
	压水井	眼	240	240			
5	排水工程						
（1）	村内排水沟						
	0.5m×0.4m	m	25	63	63	25	
	0.3m×0.3m	m	20	35	35	20	
（2）	村外排水沟						
	0.6m×0.72m（土）	m	10				
6	供电工程						
（1）	变配电设施						
	30kVA	台	17000				
	50kVA	台	21000		21000	21000	
	100kVA	台	25000				
（2）	供电线						
	10kV		30		30	30	
	380V	m	15	30	15	15	
	220V	m	10	17	10	10	
7	广播照明补助	户	100	100			

表 9-67　迁移运输费标准表　　（单价:元/单位）

项　目	单　位	堤防加固、东平湖围坝加固	控导工程新、续建	滩区
1. 物资搬迁				未计列
个人	户	350	500	
村/组集体	村	1000	5000	
2. 搬迁损失	人	25		
3. 误工补助	人	80		
4. 车船医药	人	8		
5. 临时住房补贴	户	150		

临时压踏占地复垦按照40千瓦拖拉机耕翻20厘米,然后耙耱细土、清除杂物、进行施肥的标准进行测算。林木补偿费根据林地林木种植种类、密度及树径大小测算。

工程各子项目中其他补偿费标准见表9-68。

6)专业项目复建

专业项目复建包括道路、输变电、电信、广播电视。根据实物指标调查成果和专业项目规划分析确定,见表9-69。

7)其他费用

包括勘测规划设计费、实施管理费、技术培训费、监理监测费4项。根据专家审查意见,确定以上各项费率。

勘测规划设计费第一、二批子项目费率采用直接费的2%,第三、四批采用直接费的2.5%;实施管理费各子项目费率均按直接费的3%;技术培训费各子项目费率按农村移民费的0.5%;监理、监测费第一、二批子项目费率采用直接费的1%,第三、四批采用直接费的2%。

8)基本预备费

第一、二批子项目该项费率采用按直接费和其他费用之和的5%,第三、四批采用按直接费和其他费用之和的10%。

9)其他税费

包括耕地开垦费和森林植被恢复费。

a.耕地开垦费

据调查,亚行贷款子项目占压耕地均为一般耕地。河南省耕地开垦费根据《河南省财政厅、物价局、土地管理局关于印发〈河南省耕地开垦费、土地闲置费征收和使用管理办法〉的通知》规定确定,即"占用一般耕地的的按同类土地补偿费的0.5倍计收"。山东省耕地开垦费根据《山东省实施〈中华人民共和国土地管理法〉办法》确定,该办法规定"经批准占用基本农田以外的耕地的,按被占用耕地前三年平均年产值的八至十倍缴纳",采用低限标准。另外三部委355号文件规定:以防洪、供水(含灌溉)效益为主的工程,所占压耕地,可按各省、自治区、直辖市人民政府规定的耕地开垦费下限标准的70%收取。该工程主要以防洪为主,按以上标准确定本项目的耕地开垦费标准。

b.森林植被恢复费

为加强林政管理,保护和合理利用林地资源,根据国务院办公厅[1992]32号文,国家物价局、财政部[1992]价费字196号文件规定,征用或占用(含出租、转让)幼林地、灌木林地和疏林地(含采伐、火烧迹地),按有关规定标准征收森林植被恢复费。黄河下游防洪工程占用的林地为1820.5亩,根据该工程安排,放淤范围及防浪林内将种植适生林13886.5亩,林地面积比工程实施前没有减少,反而增加12036亩,因此该工程不计列森林植被恢复费。

3.补偿投资估算

根据调查的占压影响实物指标和移民安置规划及专项处理意见,按以上拟定的补偿标准计算,黄河下游防洪工程建设堤防加固、险工改建、东平湖围坝加固、控导工程、村台建设等5类工程共占压处理及移民安置规划投资概算共计81842.63万元。其中农村移

表 9-68　黄河下游防洪工程建设占压其他项目补偿标准表

（单位：元/单位）

序号	项目	实物单位	堤防加固			险工		东平湖		控导		滩区			备注
			开封核心子项目	原阳、兰考县 152、东明县	兰考县 135、濮阳、牡丹区、鄄城县	河南及菏泽牡丹区险工	东明、东阿、天桥	55+000～77+300	其他二段	河南省	山东省	第一批（长垣苗寨）	第二批	第三批（平阴）	
1	移民征地附着物	亩		150	150										
2	零星树	株													
（1）	零星材树	株													
	胸径 10cm 以下	株	4	20	20	20	从小到大分为 10、20、26、30、45 五种	4	20	10	10				
	胸径 10～30cm	株	12	30	30	30		12	30		30				
	胸径 31cm 以上	株	40	45	45	45		40	45		45				
（2）	零星果树									100	190				
	未结果	株		30	30				30						
	初果期	株		190	190				190						
	盛果期	株		300	300				300						
（3）	老淤区果园	亩		4800	4800										
3	坟墓及纪念碑									200	150				
	坟墓	冢													
	单棺	冢	204	204	204										
	双棺	冢		254	254										
	纪念碑	座		2000											
4	青苗补助费	亩	同类耕地的一季产值												
5	土地复垦费		492					492				492			
	挖地	亩		492	1292	1292	492		492		1292		492	1292	
	踏压地	亩		73	150	150	73		73		150		73	150	
	老村台	亩											743	743	
6	林木补偿费	亩	1104	1104	1104	1104	1667				1667				天桥为 1004

表 9-69　黄河下游防洪工程建设主要专项建设投资标准表　（单位：元/单位）

序号	项目	单位	堤防、险工		东平湖		控导		备注
			开封堤防	其他子项目	77 +300 ~ 88 +400	10 +471 ~ 55 +000	河南省	山东省	
一、	道路复建费								
	征地费	亩	同土地补偿标准						
	柏油路面	m	140	200	200				
	土路路面	m		20	20				
	临时道路恢复	m							
	桥	m^2		1000					
二、	电力、通信线路复建								
1	混凝土杆拔杆处理	杆	900	200			250		
2	通信线路	杆		100				27.6	
3	35kV 线	m			180	150			
4	10kV 线	m			30	100			
5	380V 线	m				18			
三、	水利工程复建费		407						
1	渠道								
	征地	亩							
	土方量	m^3		6.7				2.5	
2	渡槽、涵闸等	座	每座单独计算						

民安置补偿费 61989.91 万元，企业等单位迁建补偿 231.78 万元，专业项目复建费 4147 万元，其他费用 4375.32 万元，基本预备费 4576.44 万元，其他税费 6532.27 万元。

按工程类别分：

（1）堤防加固工程占压处理及移民安置规划总投资为 35284.67 万元，其中农村移民费 23529.56 万元，企业等单位迁建补偿 24.78 万元，专业项目复建费 3518.70 万元，其他费用 1851.32 万元，基本预备费 1848.59 万元，其他税费 4511.72 万元。

（2）险工改建加固工程占压处理及移民安置规划总投资为 2211.66 万元。

（3）东平湖围坝加固工程占压处理及移民安置规划总投资为 1278.87 万元。

（4）控导工程新、续建工程占压处理及移民安置规划总投资为 4146.87 万元。

（5）滩区安全建设工程占压处理及移民安置规划总投资为 38920.57 万元。其中个人投资 23457.88 万元，地方配套 11124.20 万元，国家投资 4338.48 万元。

各项目工程投资汇总简表见表 9-70。

表 9-70　亚行贷款项目黄河下游防洪工程建设初步设计占地处理及移民安置投资汇总表

（单位：万元）

序号	项目	合计	堤防加固	险工改建	东平湖围坝加固	控导工程	村台建设	备注
一	农村移民安置补偿费	61989.91	23529.56	1505.94	790.82	1724.11	34439.48	
（一）	土地补偿补助费	23007.98	18023.11	1045.96	395.3	1370.73	2172.88	
（1）	永久占地	14489.035	12830.05	334.73	119.39	1043.43	161.44	
（2）	临时占地	8518.945	5193.07	711.23	275.91	327.3	2011.44	
（二）	房屋及附属建筑物补偿	27809.1	2016.95	41.38	157.39	49.52	25543.86	
（1）	房窑补偿	27663.81	1890.36	34.48	149.17	45.94	25543.86	
（2）	附属建筑物	145.29	126.59	6.9	8.22	3.58		
（三）	农副业设施补偿	2.81	2.74		0.07			
（四）	基础设施补偿费	6576.25	663.01		54.64	27.99	5830.61	
（五）	迁移运输费	77.18	69.98		5.8	1.4		
（六）	其他补偿费	4516.59	2753.77	418.6	177.62	274.47	892.13	
二	企业等单位迁建补偿	231.78	24.78	207				
三	专业项目复建费	4147.0	3518.70	89.77	241.85	296.68	0	
（一）	道路复建费	561.4	387.24	48.51	125.65			
（二）	电力、通信线路复建	139.04	15.89	5.24	116.2	1.71		
（三）	水利工程复建费	3281.63	2954.52	32.58		294.53		
（四）	水文设施、学校等其他	164.93	161.05	3.44		0.44		
一至三部分的和		66358.61	27073.04	1802.71	1032.67	2020.79	34429.4	
四	其他费用	4375.32	1851.32	126.02	71.11	161.26	2165.61	
（一）	规划设计科研费	1228.605	578.73	39.49	25.32	50.52	534.55	
（二）	实施管理费	1990.745	812.19	54.08	30.98	60.62	1032.88	
（三）	技术培训费	309.03	115.14	7.55	4.49	9.7	172.15	
（四）	监理监测费	846.94	345.26	24.9	10.33	40.42	426.03	
直接费＋其他费用		70733.93	28924.36	1928.73	1103.78	2182.05	36595.01	
五	基本预备费	4576.44	1848.59	133.49	105.05	218.21	2271.10	
六	其他税费	6532.27	4511.72	149.45	70.04	1746.61	54.454	
	总投资（一～五）	81842.63	35284.66	2211.66	1278.87	4146.87	38920.57	
	移民监督费	2269.1	933.85	58.48	22.65	40.41	1213.71	

第三节　移民计划的实施

一、移民安置实施过程中的问题与对策①

（一）实施好移民安置工作的关键性步骤——如何做好移民安置工作

为了发展，需要进行大规模的基础设施的建设，如铁路、公路、电站等，从而不可避免地带来了非自愿移民安置问题。在任何情况下，妥善处理非自愿移民安置都是一项非常艰巨的任务（即使在移民规模较小的情况下，低估移民的破坏作用也是一个错误）。要按照可持续发展的原则，通过开发性生产安置移民，需要付出很高的代价，但是，如果移民安置没有得到妥善解决，将会付出更高的代价，而且会带来严重的社会问题甚至社会冲突，造成严重的后果。

国内外大量实践表明，成功的移民安置必不可少的内容包括：一套好的（开发性的）政策，一个周密的、详细的计划和规划，强有力的机构正确理解政策并按照规划、计划来实施，足够的资金保证，充足的环境容量。良好的参与协商机制将移民和安置地原有居民吸收到移民安置规划和实施过程中来，更多地让他们自己选择和确定自己的命运。

卞丙乾先生多年来一直从事移民安置特别是世界银行贷款项目的移民安置工作，从中积累了一些经验教训。本节内容就是他在总结多年的经历、经验的基础上形成的。

1. 建立移民安置实施机构

任何机构的设立，都是为了完成特定的政治、经济任务。没有明确任务内容的、因人设事的机构是没有生命力的；而那些极其繁重复杂的任务，没有适当的机构也肯定是难以完成的。机构的设立，必须服从于任务的需要，服从于能顺利地、成功地完成特定的任务，与其承担的任务相适应。设立机构的主要内容包括：成立组织、配备专门工作人员、明确组织的责任和工作人员的责任、建立组织间的连接、制定保证和加强机构能力的措施、保持机构正常运转的制度等。移民安置实施机构就是为了成功地完成移民安置工作而设立的。

1）组织

目前，国内实施移民安置（征地拆迁）的组织主要有 4 种形式：第一种形式是在项目建设单位内部设置专门部门，配置专门工作人员，组织移民安置相关工作。第二种形式是建设单位将移民安置工作全部委托给地方政府（县级以上人民政府），由委托的地方人民政府组织移民安置相关工作，建设单位不参与移民安置相关工作，只提供工作经费和按照计划拨付移民费用。第三种形式是将移民安置工作分为两部分，一部分为征地相关的工作，另一部分为拆迁、安置以及基础设施复建等相关工作，征地相关工作委托土地行政管理部门（一般县级以上）负责，其他工作由建设单位和地方政府共同负责完成。第四种形式是目前国内世界银行贷款项目中采用较普遍的一种形式，即由地方人民政府和项目建设单位共同成立专门移民安置领导小组和移民安置办公室，根据属地管理的原则，下级人

①根据世界银行和亚洲开发银行咨询顾问朱幼宣先生聘请的专家卞丙乾先生提供的同名教材改编。

民政府(直至乡镇人民政府)亦成立相应组织,有关行政村成立移民安置小组(吸收移民代表参加)。

从现行的移民安置实践效果来看,上述4种组织适用情况不一样,都有一定的局限性。比较起来,第四种组织形式效果更好些。但不管哪种形式,实施移民安置的组织必须有权威性,必须有一批熟悉愿意献身移民安置工作并具有相关知识和经验的人。

2)责任

组织的首要责任就是要按照批准的移民安置行动计划(RAP)妥善做好移民安置工作,各级组织和组织内工作人员的责任必须事先明确。同时,还须制定加强组织和工作人员的能力的措施(培训)、建立内部监测机制。所有工作人员都应接受培训,熟悉项目的移民安置行动计划,明确自己的工作内容。

3)组织之间的衔接

组织之间的衔接方式有:上下属之间的严格的领导和被领导连接、组织之间的协议或合同连接、其他连接。不管采用何种方式连接,均须将"按照批准的移民安置行动计划实施移民安置工作"作为必要条件予以明确。

2. 澄清几种认识

1)对移民安置的责任的认识

移民安置的责任由地方人民政府和项目建设单位承担,这是由中国特定的政治环境决定的。但在实践中,这种责任制很难落实。很多项目,建设单位关注的是项目的工程部分,而认为移民安置工作是政府的事,移民安置无非是支付一笔费用给地方政府,对移民补偿费用则能少则少,片面强调工程效益。而多数地方政府,尤其是一些职能部门,出于地方利益和其他的考虑,对移民费用的"包干"理解不完整,伸手向建设单位要包干费时用高标准,向移民兑付时用低标准,任意性较强。而且,将移民安置的责任和工作内容简单理解和操作为"征地、拆迁、支付补偿费",征地手续办完、场地清理了,移民迁出去了,补偿费支付了,移民安置就算完成了,移民安置的责任就算结束了,这是一种曲解。

有的项目,建设单位和地方政府事先都明确双方共同承担移民安置责任,但实施时一遇到问题,就开始推诿、扯皮,责任制不落实。

移民安置责任的内容应包括以改善或至少恢复移民原有生活水平为移民安置目标的全部活动内容。

2)对移民地位的认识

首先,移民安置工作的对象(即客体)是移民、是人。因此,移民安置的工作方法与工程的工作方法不一样。

可以说,移民是受项目影响的人的集合或群体,移民的性质是非自愿的,他们为项目的建设贡献了自己的家园,不能简单地、不负责任地将移民遭受的破坏理解为命运,而要主动采取帮助措施,需要特别对待,但是需要适度。如果对移民的特殊地位过于夸大,往往会引起安置区原有居民的嫉妒,也易使移民产生依赖性和其他的社会问题,不利于移民与安置区原有居民的融合,也不利于移民的自我管理、自我发展,影响移民安置的效果,产生遗留问题。反之,如果对移民的特殊性没有引起重视,容易带来工作的简单化、程序化,移民安置工作做不深、做不细,移民的一些特殊问题难以得到解决,容易激化矛盾,产生社会不安定,也会带来遗留问题。比较合适的做法是:在编制移民安置行动计划时,针对移民受破坏的情况和程度制定相应的特殊政策,同时兼顾到安置地原有居民的利益,使移民和安置地原有居民都感到项目给他们带来了好处,都能主动地理解、支持项目建设;事先明确移民和安置地原有居民的责、权、利,并广泛宣传,做到家喻户晓;在宣传移民的特殊性时低调处理,做到让移民从感情上认识到他们的牺牲和贡献已被社会认同;在对待移民和安置地原有居民时,特别在处理二者之间的冲突时,要采取公正、客观的态度,不偏袒,不迁就。

有的时候,由于对移民安置工作的艰巨性、持久性、复杂性认识不足,思想准备不充分,容易将移民作为项目的对立面看待,移民一旦有些难以满足的要求(有时是合理的要求,有时是不合理的要求),就视移民为“刁民”,指责移民无理取闹或胡搅蛮缠,这种认识也是非常有害的,极易诱发移民的对立甚至敌对情绪,后果不堪设想。

因此,做移民安置工作的人,特别是做农村移民安置工作的人,一要有农村生活体验,善于与农民打交道,要有耐心和诚心;二要充分尊重对方;此外,还需要经常地换位思考。

3)对移民安置行动计划(RAP)的认识

经批准的移民安置行动计划是指导移民安置实施的纲领性文件。有一些项目建设单位,在项目的准备阶段,对移民安置行动计划缺乏正确认识,将移民安置行动计划理解为能使项目通过评估的一份文件,是世界银行需要的一份文件,是给世界银行准备的而不是实施时用的。因此,在准备文件时采取被动态度,只要能通过世界银行的评估的任何条件都被动地接受,很少主动地将移民安置行动计划与将要开展的实际工作结合,很少考虑移民安置行动计划的现实性和可操作性。项目一开工,就将移民安置行动计划束之高阁,甚至有的项目,县一级移民安置实施机构的领导和工作人员在实施移民安置工作时,竟不知道还有一个移民安置行动计划,就更谈不上按照移民安置行动计划来实施移民安置工作了。因此,要实施好移民安置工作,首先必须有一个可以操作的移民安置行动计划,在编制移民安置行动计划时就要意识到,移民安置行动计划的首要目的是指导移民安置工作,是实施时的基础依据,而不仅仅是给世界银行看的。

移民安置行动计划是公开的、透明的。移民安置行动计划的主要内容社会经济状况、实物指标、安置和重建方案等都来自于各级移民安置的实施部门和移民以及安置地的原有居民,补偿标准依据国家法律法规的规定和当地的实际并经过协商,应该说没有什么秘密可言。因此,在实施时,应将移民安置行动计划在一定的范围内散发,只要移民认为需要,他就应该有机会能看到移民安置行动计划。这样,一是做到政策公开,一定程度上能避免中间环节截流、挪用移民经费,使移民经费有效地使用,移民对自己的责、权、利也心中有数。二是方便移民参与移民安置工作,同时,也为移民主动监督实施创造了条件。三是有利于优化移民安置方案。此外,这种做法符合国家现行法律法规的要求。

移民安置行动计划有一定的时效性。移民安置行动计划的编制和实施有一定的时间差,而现阶段国家的法律、法规正处于逐步完善阶段,社会经济的发展速度也较快,如果移民安置行动计划的编制和实施之间的时间比较长(5 年),原编制的移民安置行动计划就有可能适应不了实施的需要,需要调整。调整时应注意,原移民安置行动计划确定的基本原则不能变,如“以改善或至少恢复移民原有生活水平为安置目标”、“农村移民以土地为基础的安置政策”、“重置补偿原则”、“参与、协商机制”等。尤其是落实到移民的补偿标准,原则上宜调高不宜调低。所有的调整工作必须尽快通过有效的途径征得世界银行的认可。

当项目的原设计方案调整时,由于项目影响的范围、对象发生了变化,移民安置规划需要根据新的影响范围、对象的社会经济特征和当地现行的法律、法规和世界银行的要求重新编制。重新编制的移民安置行动计划需经世界银行同意后实施。

4)对监测评估的认识

监测评估是实施移民安置工作的一种管理手段。好的监测评估可以及时发现移民安置实施中出现的问题,预测潜在的问题和薄弱环节,同时提出改进的建议和措施,帮助移民安置实施单位较好地完成移民安置工作。绝不能将监测评估视为世界银行强加的工作而敷衍。移民安置实施工作中的一些小调整、小变化可以通过内部监测报告、外部监测报告向世界银行反映。建设单位要选好外部监测评估单位,要有这样一种姿态:欢迎外部监测评估单位找问题、找差距,对提出的意见、建议及时研究并付诸实施。同时,项目建设单位、移民安置实施单位应充分利用外部监测评估的作用和工作成果,改进移民安置实施工作。

3.处理好几个关系

1)移民安置与工程效益的关系

项目应该是由工程部分和移民安置部分共同组成的,移民安置的成功是项目的效益之一。应该认识到工程建设和移民安置处于同等重要的位置,应该用抓工程建设的精神来做移民安置工作。移民安置得不到妥善的解决,将会损害项目的其他经济目标,导致项目工期拖延、费用增加、收益率降低,损坏项目的声誉。不仅如此,不当的移民安置引发的社会问题还降低了当地投资的环境质量,影响地方社会经济发展。

2)搬迁和安置的关系

“重搬迁、轻安置”是长期以来移民安置工作中形成的通病,强调移民迁出项目区,对妥善安排好移民生产生活考虑甚少,甚至认为移民工作就是一搬了事。从移民安置的内容来理解,搬迁仅仅是移民安置工作的一个组成部分,应该把搬迁纳入统一的移民安置规划中实施,要注重从整体上把握搬迁、安置、生产开发等环节。不搬迁就谈不上安置,没有妥善的安置计划和措施就不可能让移民顺利搬迁,没有生产开发就保不住搬迁、安置的成果。有的移民实施机构重搬迁、重移民建房、基础设施等生活设施,轻开发性生产为移民解决生产出路的安排,甚至将一部分生产费用投入到生活安置中,形成生活设施高标准、生产资料低标准。移民没有或缺少收入来源,生活水平长期不能恢复甚至贫困化,产生大量移民遗留问题,影响社会稳定,也影响项目顺利建设,这些都应注意。实际操作中,在安置规划落实的前提下,应先确定安置的人口规模,再选定安置地点;先定移民安置建设项目(基础设施、社会服务设施)的标准、规模、功能,再划定建设用地范围;先建房,后搬迁;先确定可开发的资源,后确定开发方案。要做到移民建房和安置点基础设施并重,基础设施建设和社会服务设施配置并重,生产开发和房屋建设并重,移民的利益和安置地原有居民的利益并重,统一规划和群众参与并重。

3)移民和安置地原有居民的关系

安置地原有居民是移民安置过程中的主要角色之一,但在考虑移民安置问题时经常被忽略了。正确处理好移民与安置地原有居民的关系,有利于移民安置的实施。第一,应采取措施帮助安置区克服由于移民的迁入、人口密度增加而产生的社会和环境的压力。移民迁入后,必然会占用安置地原有居民的土地、水、电、交通、通信、教育、医疗等资源,如解决不好,移民与安置点原有居民之间可能为争夺资源而引发冲突,影响地方的安定团结。因此,在移民安置方案制订过程中就要对安置区的资源状况进行调查、分析、评估,对移民迁入后可能带来的问题进行研究,并制定对策。第二,要使安置地原有居民有机会使用为移民安置兴建的基础设施(道路、灌溉设施、给水设施等)和社会服务设施(教育、商业服务、医疗保健等),有利于移民与安置区原有居民的融合。第三,对移民的补偿要公正、公平、适度,并不是对移民的补偿标准越高越好(当然,更不是越低越好),如果移民获得明显高于当地其他项目的补偿标准、优越的设施和住房,安置地居民就有可能嫉妒,不利于团结。而且,安置地居民为移民提供的土地和其他的财产应及时、公平补偿。对移民的补偿标准也适用于对安置地的居民的补偿。第四,要鼓励移民和安置区原有居民共同参与移民安置规划及其实施,变被动搬迁和被动接受移民为主动建设家园。在宣传动员上,移民和安置地的居民应区别对待。向安置区居民多宣传移民将要面临的困难、移民的奉献、移民安置可能带来的机遇和挑战,也要宣传项目给安置区将带来的利益。向移民除宣传移民安置的有关政策外,还要宣传安置区居民为接受移民而作的牺牲、在新安置区将要面临的机会和困难。项目建设过程中,应尽可能结合移民安置区的发展需要,如施工道路与将来的路网相结合、施工用水与安置区永久用水结合等。要将移民的经济发展与地区经济发展结合统筹考虑。

只要环境容量允许,应尽可能在原有社区内或者在项目的受益区安置移民。外迁安置区的社会经济发展水平应高于移民区的水平。

4)国家补偿补助和移民自力更生的关系

尽管移民损失的财产可以获得重置的补偿费用,但有时候,移民为了利用重建的机会改善原有的条件,如房屋,一般情况下,移民新建的房屋都较原来房屋在质量、面积、装修等方面有较大改善,改善的部分大多需要移民自己投资、投劳。再比如,利用土地补偿费用重建新的生产系统,为移民获得收入创造基本的物质条件,但需要付出劳动才能获得报酬,不劳自然无获。实施移民安置规划,是以改善或至少恢复移民原有生产生活水平为目标,建立移民自力更生、自食其力的经济基础和自我服务的社会体系。移民安置的最终目标是重建移民的能力,而决不能采取福利性的补偿。补偿补助是实现移民安置目标的途径。

5)移民安置与扶贫的关系

开发项目大多位于贫困或相对贫困地区,移民大部分为贫困人口,尽管移民安置是以改善或至少恢复移民原有生活水平为目标,但由于移民原有的生活水平低,安置后,即使恢复到原有生活水平甚至略有改善,但仍有可能生活在贫困之中。因此,移民安置规划应与当地的扶贫计划结合,移民安置的实施应与当地的扶贫措施相结合。只要有可能,就应该将脱贫作为移民安置的目标之一。

6)移民安置与村镇建设的关系

移民安置应服从于村镇建设规划布局,但并不是说为了村镇建设而移民安置,而是为了移民安置而进行移民安置,将移民安置与村镇建设有机地结合。当村镇建设与移民安置发生矛盾时,应优先满足移民安置的需要。

4.解决好几个问题

1)宣传(信息)、政策公开

宣传的主要内容包括:项目概况、项目的主要经济指标、项目的主要受益区、移民安置的主要政策、项目影响范围的确定原则和方法、损失财产的确定、损失的财产(数量、质量)、移民的权利、安置去向、可供选择的安置方案、安置点基础设施的配置、安置点的社会服务设施的配置、生产开发方案、补偿标准和方法、时间表等。对待移民和安置地居民,宣传应有针对性、有区别。不同的阶段,宣传的内容也不一样。

在项目开始实施前,就需要采用报纸、布告、会议、电台、广播、宣传车等形式宣传项目概况、项目的主要经济指标、项目的主要受益区、移民安置的主要政策等内容。项目开始实施后,首先要将项目影响范围的确定原则和方法通过会议、布告、文件等形式在可能的影响范围广为传播,及时根据反馈的意见(地方政府的意见、集体经济组织的意见、企业的意见、居民的意见)进行合理调整和补充说明。据此确定项目影响范围并现场标示,由移民安置实施机构组织地方政府代表、村干部等现场测量土地、房屋、树木等实物指标并同时调查受影响的人口(所有者、使用者),调查时受影响的人(户主或家庭代表)应在场,一个家庭调查测量结束后,成果需由受影响的人和调查工作人员共同确认(签字、盖章、手印等),可能的话,应由受影响的家庭和调查组各执一份原始记录。一个社区(一般以行政村为单位)调查测量工作结束后,需及时整理调查测量成果,采取张榜(以家庭为单位的成果)和送达(送每家每户,需签回执)两种方式公布调查测量成果,对有争议的及时解释或复查。调查工作结束后,需要公布补偿标准,可采取会议结合张榜公布的方式。同时,要将可供移民选择的安置方案提供移民和安置地居民讨论、协商和确定。安置方案确定后,需将安置区的规划设计文件在移民区和安置区公布,移民和安置地居民都有机会对平面布置、房屋形式(应结合移民区和安置区的生产生活特点,提供2~3种房屋结构图纸)、基础设施、社会服务设施、对外联络、生产开发等发表意见,让移民和安置地的居民都意识到是他们自己在对自己的未来做规划,让他们自己主动承担起责任。设计文件应满足大多数人的意见,个别特殊情况可以特殊对待。在设计文件征求意见期间,可以宣传一些与村镇建设相关的科普知识,同时宣传与生产开发相关的科普知识。

项目完成后,也需要将项目的相关信息向社会传播,这样,可以增强移民、安置地居民的自豪感和荣誉感。

2)移民安置行动计划(RAP)调整

一般情况下,移民安置行动计划的调整是不可避免的。项目设计方案发生变化时,需要重新编制移民安置行动计划,按照相关的程序报世界银行批准和遵照实施。当设计方案优化或适当小幅调整时,可能引起受影响范围、受影响对象、实物指标等的变化和调整,从而导致安置方案、补偿费用等的调整,这种调整,应尽早与世界银行沟通,采取专题报告、内部监测评估报告、独立监测评估报告等形式报世界银行并征得同意后据此实施。在对移民安置行动计划进行调整时,应特别注意,编制移民安置行动计划的原则尽量不做调整,这些原则包括:向搬迁的居民免费提供等质等量的宅基地;免费提供移民不低于原有标准的且满足基本生活条件的基础设施和社会服务设施;以人为中心,恢复他们的生产能力和生活标准而不是局限于补偿所失去的财产;先建房,后搬迁或提供过渡期支持;不计折旧和旧料利用的重置价补偿;参与、公开、协商;补偿标准等。

3)移民参与

移民安置是对移民的未来作的关键性的决定,移民有权对自己的前途作出判断和决策。要移民参与移民安置工作,必须让移民及时知道有关信息,包括:项目建设进度、迁移信息、移民的权利、补偿方式和标准、可供选择的安置方案等。在讨论和决定最终安置方案、解决实施时碰到的各种复杂问题时,都应该吸收移民或移民代表参加。在确定安置方案过程中,应组织移民或移民代表到安置地实地参观,也要组织安置地干部、居民代表访问移民区,建立良好的交流机制。不仅如此,还应鼓励并组织移民参与到安置点的建设活动中去,一方面能保证质量,另一方面还能强化移民的责任心。上述内容还应吸收安置地居民(代表)参加。

参与必须以政策公开为前提。如果政策不公开,信息传播渠道不畅通,移民和安置地居民缺少准确的信息,必然会加深移民与安置地居民、移民与政府、移民与建设单位、移民与移民、安置地居民与政府、安置地居民与建设单位之间的误解和猜疑,增加抵触情绪,也可能为某些人不择手段地谋取利益提供机会。

4)搬迁和用地的时间安排

必须给移民充足的准备时间,让他们能准备建材、准备宅基地(一般由移民安置实施单位准备,对零星移民一般可根据其意愿给予一定的补偿,由移民自己准备宅基地、筹款、建房、装修、开垦土地或准备其他生产资料等。尽管在移民安置行动计划中对建房的时间有具体的规定,但实施时往往会忽略或者因工程建设进度不允许而无法安排,这时就要考虑为移民提供过渡期(生产、生活)的支持,向移民免费提供临时居住房屋或提供过渡费,补助由于土地被征占用(或其他生产资料损失)而新的生产系统尚未正常发挥效益期间移民的损失或提供临时就业机会等。要求的搬迁或用地时间还应充分尊重移民的生产生活习惯,听取并合理采纳移民的意见。如有的地方忌讳春节前搬迁,有的地方对场地平整、建房等有择时的风俗习惯,有的地方对迁坟有特殊的时间要求(择日、择时)等,这些风俗习惯都需在事先就掌握并在安排搬迁时间时予以高度重视。再比如,应尽可能安排在庄稼收获后用地,减少移民的损失,尊重移民既有的劳动。

5)补偿标准和补偿费用的支付

移民安置行动计划中制定的补偿标准,一般是平均补偿单价,在实施时,需根据实际情况调整。如房屋,移民安置行动计划中可能有砖混结构、砖木结构、土木结构、木结构等不同结构的房屋的补偿标准,同是砖混结构的房屋,质量差别也很大,但在移民安置行动计划中一般对同一类结构房屋按照一个平均单价计算概算,而实施时,必须针对同一类结构房屋不同的质量水平制定实施标准,做到按质论价、公平补偿。如砖混结构的房屋,可以按照四壁完整的程度、墙体的质量、楼板的质量、装修水平等分为一等(高于平均价)、二等(接近平均价)、三等(低于平均价)等分别制定补偿单价。土地补偿费用标准也需根据被征用土地的生产情况实事求是地调整。但实施补偿标准的制定必须以移民安置行动计划中的补偿标准为依据,费用项目要完整,移民安置行动计划中有的费用项目,无论名称还是内容,实施时不能随意变更。实施补偿标准的值应围绕移民安置行动计划中的补偿标准的值调整,实施补偿标准必须予以公布。补偿费用可以采取一次性支付或根据工作进度分期支付的方式。补偿费用的流通环节应尽量简化,私有财产的补偿费用应直接支付给个人。土地的补偿费和安置补助费,是用于移民重建生产系统的,可以一次性支付给集体经济组织控制使用,但必须用于移民或提供土地给移民的那些安置区居民。

6)法律手续

所有的工作必须遵照国家现有的法律,具有完整的法律手续。实物指标、规划方案必须逐级签章。实施补偿标准必须与实际情况相符并有充足的合法的依据。必须按照法律的要求与受影响的人签订相应的合同、协议(如征地协议、拆迁合同等),移民安置实施过程中的参与、协商等,每一次活动都需要有完整的记录。

(二)移民安置实施中可能的主要问题及反映渠道

1.移民安置实施中可能的主要问题

1)法律法规方面

由于政治制度和传统的差异,中国现行的法律法规与世界银行的政策在一些具体的细节上存在差异,主要表现在:①土地公有制;②移民安置的责任;③违章建筑的处理政策;④选择机会。

2)组织机构

这方面的问题主要表现在:①组织机构不存在或没有及时成立;②专职人员不落实;③组织间和组织内部门之间责任不明确;④工作能力缺乏(能力建设和培训活动未按计划完成)。

3)影响范围和实物指标

主要表现在:①由于设计方案变化或调整,影响范围发生了变化,实物指标亦随之变化;②移民安置行动计划实施期间实物指标的增加;③没有对所有的损失进行登记;④实物指标调查的标准未事先征求移民的意见;⑤计算实物指标的标准不符合国家现行的法律法规和行业标准;⑥实物指标未经确认;⑦实物指标结果未公开;⑧移民安置点新址征地的影响没有计入;⑨临时用地的影响没有计入;⑩其他问题。

4)安置和重建措施

这方面的问题主要表现在:①移民安置行动计划中的措施是合理的,但未实施;②由于社会经济条件发生了变化,原有的措施不能适应新的条件,但实施时仍按照移民安置行动计划实施;③安置和重建活动中缺乏移民参与和协商;④安置和重建活动中缺乏安置地原有居民的参与和协商;⑤过渡期延长,但补偿和支持措施没有调整;⑥准备期缩短,补偿和支持措施未作调整;⑦没有为新建的移民安置点提供基础设施(三通一平)和社会服务设施;⑧没有按照移民安置行动计划的要求重新调整土地;⑨没有为移民提供新的生产资料;⑩没有为脆弱群体提供特殊帮助;⑪没有为受临时用地影响的人提供支持措施;⑫缺乏选择机会;⑬没有为个体户、小企业提供安置措施;⑭没有为个体户、小企业提供过渡期的安排;⑮个体户、小企业未获得过渡期的损失补偿(停产损失);⑯企业的安置未经协商；⑰其他问题。

5）补偿标准和补偿费用

这方面的问题主要表现在：①补偿标准降低；②房屋的补偿费用计算了折旧、旧料利用等；③补偿费用项目不完整（没有过渡费、搬迁运输费等，没有新址征地和三通一平费用，没有停产损失补助）；④补偿费用到位不及时；⑤补偿费用被截流；⑥补偿费用被挪用；⑦公共部分的补偿费用（土地补偿费）的使用不公开；⑧移民增加了额外支出；⑨补偿不公平。

6）协商和参与

这方面的问题主要表现在：①缺乏参与机会；②移民安置行动计划不公开；③决策不透明；④补偿标准不公开；⑤补偿费用支付暗箱操作；⑥集体补偿资金的使用不透明；⑦安置方案未经协商；⑧移民不知道申诉机制；⑨信息渠道不畅通。

2. 反映问题的渠道

1）现行的反映问题的渠道

现行的反映问题的渠道：①世界银行常规检查直接发现问题；②世界银行专项检查发现问题；③业主通过内部监测评估报告主动向世界银行报告问题；④内部监测机构（IMO）直接向世界银行报告问题；⑤内部监测机构通过项目业主报告向世界银行报告问题；⑥内部监测机构向项目业主报告问题；⑦内部监测机构向地方政府报告问题。

2）反映问题的方法

目前，多数内部监测机构对在监测评估工作中发现的问题的处理方法是：内部监测机构向项目业主报告发现的问题，由项目业主商地方政府（内部监测机构可能参与）提出解决问题的方案。监测评估报告经项目业主报世界银行。内部监测机构发现的问题可能在报告中得以反映，也可能没有及时反映。

建议采取以下方法：

内部监测机构发现问题后，向项目业主和地方政府同时报告问题，并提出解决问题的方案、时间表以及问题的后果（严重性）。如在约定的时间内问题没有得到解决或解决问题进展迟缓，内部监测机构向世界银行报告出现的问题和解决问题的努力。在约定的时间内问题得以解决，内部监测机构向世界银行报告（可采取专题报告或特别报告的形式）出现问题和解决问题的方案、过程及问题解决的效果。

二、洞坪水电工程移民安置工作情况介绍①

宣恩县洞坪水电工程是利用世行贷款建设项目，这个工程总投资 8 亿元，总装机 11 万千瓦，2003 年 3 月 15 日工程正式开工。该工程拆迁移民 259 户拆迁人口 1300 余人。按照移民安置进度与工程建设进度同步，移民安置适当超前的要求，到目前为止，已完成 120 户近 500 人的拆迁安置工作。

做移民安置工作，该县是第一次，利用世行项目建设的移民安置工作，也是第一次，没有经验。所以，当初有两个想法：一是从国内的实际出发，按照移民安置以农为主，以土为本，搬得出，稳得住，能致富，奔小康的总要求做安置工作；二是按照世行关于切实保护移

①根据世界银行和亚洲开发银行咨询顾问朱幼宣先生聘请的专家张儒前先生提供的同名教材改编。

民的多项权益，移民工作不做好，工程不能上的要求来做工作。

（一）首先解决决策层对移民重要性的认识问题

因为工程是4个小水电项目之一，世行称之为4个项目中的龙头项目，首当其冲的就是要把移民工作做好，为满足和尽力达到世行的要求，在认识上，着重解决3个问题：

一是世行贷款是不好用的，不能乱用的，如果出了问题，就会损害国家的形象和声誉，所以不仅按照世行的要求去做，而且要把世行钱用在刀刃上，用在所贷项目上。

二是移民是工程的重要组成部分，移民工作的好坏，直接影响工程是否是顺利建设及其成败乃至工程的经济效益。移民是工程效益的一部分，做好工作至关重要。在政策上、制度上、措施上、组织上都必须加大力度。

三是切实保证移民的地位和利益不受侵犯。对其补偿的实物必须按标准执行，任何单位和个人一分不能减、一分不能扣，移民搬迁后的生产、生活水平不能降低，要帮助发展生产，改善生活，改善生态，保持社会稳定。

提高认识问题，实际上是一个理念更新问题。有了正确的理念，才会把工作做得更好一些。

（二）做好基础性工作

首先要做4件最基础性的重要工作，即：实物指标调查、编制规划的工作；根据世行的要求和编制的规划，结合实际制定操作性很强的移民安置实施办法；做好政策、信息公开工作，让移民有更多的知情权和参与权；建立健全移民组织机构，配备精干的移民工作队伍。

1. 第一件基础性工作

县移民办首先根据工程占地范围内的各类实物编写较详细的调查大纲，然后有关单位抽调55人，进行调查大纲培训，然后分成土地调查、林果木调查、房屋调查、集镇调查4个小组，对工程范围内的分类实物按照调查大纲的要求逐一进行普查和详查，调查时请移民直接参加，实物一一登记上表，经移民同意后（照片），移民户和调查人都签字，与此同时调查实物资料建立一户一档案。这项工作总共花了40天时间（吃住都在移民家里）才完成，在这项工作中，设计单位开题，同工跟班作业，具体指导，使工作能顺利进行。并把工作做到微观的程度，使在后续移民安置工作中，不存在规划调整问题，而且工作得以顺利开展。

实物调查后，还要编制规划，在这个过程中，对实物如何明确补偿标准，要确立下来，首先以村组为单位，调查耕地产值情况，在统计部门调阅了有关法定统计资料，两者综合分析，依照有关法律确定标准，在这个基础上编制出移民规划报告。

2. 第二件基础性工作

结合规划报告和工程实际制定具体的实施办法。这件工作，前后花了3个月时间才完成。是一个初稿，交给政府有关部门、移民干部和部分移民讨论修改。单位听取意见和建议，在此基础上县移民办全体干部和领导小组成员又集中讨论了10天，九易其稿才形成政府的正式文件，同时还编印了移民工作指南和移民工作手册。

3. 第三件基础性工作

做好政策、信息公开宣传教育工作，这一工作要贯彻始终，对移民十分关注的有关移民政策,补偿实物指标量、补偿项目、补偿标准、补偿金额,全部全程公开,其形式多样化,登报、广播、上墙、召开各种会议,每个移民户发放一本移民知识手册,公开接受移民和社会监督。在这个过程,还进行了问卷调查,卷子发到各类人群中(干部、移民、非移民群众),以此扩大移民的知情权和参与权。

4.第四件基础性工作

建立移民组织机构,配强移民干部队伍。

1)机构设置形式

领导小组:县移民办—乡移民办—村小组,各级之间为领导关系和指导关系。

2)工作队伍

县乡共33人(县13人),从土管、林业、财政抽人。

实践中,我们深深感觉到,这4件基础工作打牢了,做好了,是我们做好移民安置工作的前提条件和重要保证。

3)工作方式

在移民安置工作进入实质性阶段时,按4步走的工作方式进行。

(1)政策、信息、公开(略)。

(2)实物指标复核(移民直接参与),计算实物补偿金额(计算组,最终审核组),移民签约。

(3)安置途径、方式:以农为主、分散安置为主。

(4)全程服务(回访),防止出现第二次搬迁。

(三)关于移民资金的管理使用情况

1.人员

县、乡两级移民办公室都配有熟悉业务的财务管理专职人员。

2.方式

实行领导一支笔和终端管理。

3.流程

业主—县移民办—乡移民办—移民户。

业主要具备两个条件才给县移民办支付资金:一是移民进度与工程同步,移民要适度超前;二是经移民监理检查移民进度情况和资金情况后,提出资金安排计划。

县移民办也要具备两个条件才能支付资金:一是县移民办检查核实情况后;二是乡移民办提出计划,领导一支笔签字后支付。

乡移民办支付移民补偿资金也要具备两个条件:一是补偿、搬迁去向落实签字后,钱一次性划入存折;二是实行3个三分三支付。

4.监督

牢记每月进行一次审计,监理每季度进行一次检查,纪检监察每半年进行检查。总之,做牢基础工作、明确补偿标准、严格执行计划、精干工作队伍是开展好工作的几个重要条件。

三、移民安置过程中的公众参与①

随着社会的进步，每一个人在社会中的价值、权利得到越来越多的尊重。公众参与在整个社会经济发展中既是手段，也是目的。特别是在大型的建设项目中，让所有的利益相关者，特别是那些因项目而使利益受到损害的公众和团体参与到项目的确定、规划、设计、实施的决策过程中，不但能使项目单位更好地了解项目可能带来的负面影响，而且能帮助项目单位和主管部门更好地修改设计，减少这些负面影响或者编制出合理的安置补偿计划，对受影响的人们进行妥善的补偿和安置。另外，通过公众参与，也使受项目影响的人们增强自立的信心，减轻由于强制搬迁带来的心理、社会的压力，尽快恢复甚至超过搬迁前的生活水平。

（一）公众参与的形式

在整个项目的准备、实施过程中，有关移民方面的公众参与以不同形式反映出来。在项目的不同阶段，移民的公众参与在其内容和形式上都是不同的。

1. 项目确认阶段

在这一阶段，参与的对象主要是各级地方政府、集体的代表，主要内容是确定项目的地点、规模、影响的大小、范围。

2. 项目移民安置计划的编制阶段

这一阶段参与的对象有地方政府（有关部门），受影响的集体、个人，包括接受地区的集体、个人，其内容包括对征地拆迁的规模和实物指标的调查，对影响人口的社会经济的调查、补偿安置标准的确定、安置方案的确定，包括安置地点、就业安排、住房选择等，做好信息的传播。

3. 项目移民安置计划的实施阶段

这一阶段参与的对象有地方政府（有关部门），受影响的集体、个人（包括接受地区），其内容包括补偿安置协议的签署、补偿金的到位、移民实施计划的制定、移民的搬迁工程（建房、基础设施、农田开发、就业机会的落实等）。

4. 搬迁以后的生产恢复、生活重建阶段

在这一阶段，参与的对象有地方政府、各部门、受影响的集体和个人，其内容包括社会服务体系的建立、移民安置的监测、评估等。另外，在安置计划准备、落实过程中，还要向受影响的人介绍他们的投诉权利、解决纠纷的渠道。

在移民安置的过程中，通过这一系列的公众参与，可以确保所完成的安置计划能反映移民恢复的实际需要，使移民计划更顺利地实施，并使受影响的移民利益更好地得到满足，具体来讲，在移民的准备实施过程中可以取得下面几个结果。

（1）早期项目的确认、可行性研究阶段的协商，可以帮助决策者更好地了解项目对当地社区、居民带来什么样的不利影响，他们的主要利益是什么，并通过比较方案来尽量避

---

①根据世界银行和亚洲开发银行咨询顾问朱幼宣先生提供的同名教材改编。

免和减少这些不利的影响。

(2)在项目确定以后,在移民安置计划的准备过程中,有效的公众参与与信息的传播,可以使受项目影响的人对项目给他们带来的影响有个明确的了解,减轻心理压力,从心理上做好搬迁的准备。另外,项目单位和地方政府通过召开移民代表大会,以逐户调查形式同移民确认每一户的各项损失,向移民解释各项补偿标准,并征求他们的意见。另外,在安置方案的制订、搬迁的地点、时间的落实等方面同移民进行协商、宣传,帮助他们对整个移民的搬迁安置计划有明确的认识,并听取、采纳他们对各项内容的意见。统一移民的认识,是移民安置计划能够成功实施的一个重要条件。

(3)在移民计划的实施过程中,移民们应有机会积极参与安置点的建设、生产和基础设施的恢复及移民实施方案的确定,这不仅给移民创造许多就业机会使他们直接从移民项目的实施中受益,而且移民的参与也便于更好地保证安置点建设的质量和进度。

(4)最后,在移民搬迁过程中和完毕后的生产、生活恢复阶段,更需要地方政府和项目单位经常的关心与支持,包括安排各项社会服务体系来解决移民生活生产中的各种困难,建立通畅的申诉渠道和机制来排解移民之间、移民和接受区之间、移民同地方政府之间的各种矛盾和解决移民安置中的投诉。

具体来说,目前对中国的世行项目在非自愿移民规划的编制、实施过程中,究竟社区参与这方面的工作做得如何呢?下面就这一问题进行初步的探讨。

首先,在项目的确定、可行性研究阶段,如果是中央的或者是省的项目,虽然项目单位都会同项目所在的地区、市、县政府进行协商,但这样的协商往往很少涉及县以下的层次,而真正受到的负面影响的对象是村企业单位和个人。另外,由于一般项目在国内还没有公开的社区评议的制度,具体受影响的单位和个人在项目决定的初期往往没有办法及时了解所建项目的内容、规模和带来的影响。在这一阶段的社区参与也可通过对项目的环境影响评价工作体现出来,特别是现在国内一般对所有世行、亚行项目的环评要求基本上同世行的指南是一致的,其中就要求对项目进行社区评议,听取当地居民代表对项目的意见,并把评议的内容记录下来作为环评报告的一部分。但在国内,一般这样的评议往往会流于形式,并不能很好地反映不同意见。另外,受项目影响的社会和个人也缺乏有效的新闻媒介来表达他们的意见,在这方面长官意志还是相当流行的。

虽然地方政府从一定程度上代表了基层单位和个人的利益,但是有些方面他们的利益是很不一致的。

(二)项目准备阶段

在项目确认后的准备阶段,中国一般在征地调查方面做得还是很不错的,对于一般项目的征地拆迁的实施指标调查(包括其他非水电项目),都是由设计人员与当地的土地管理部门人员、基层干部组成小组逐村、逐户进行调查核实,大部分情况下,调查的结果都要得到户主的签字认可,这一资料如没有太大变化,就会作为将来签订农户安置补偿合同、计算补偿金额的依据。对广大移民来说,这种面对面的逐户调查,是他们了解项目影响的一个重要环节。对项目单位来说,这一步骤也是他们对整个移民工程的总经费作出比较准确估算的依据。调查个人财产损失的同时,项目单位(设计院)还要对属于集体所有的各类土地、农田设施、树木以及其他专项设施进行详细的调查登记，这也就使受项目影响的村民小组对他们的损失有一个明确的了解，也为计算由于土地损失而需要安置的劳力人数打下了基础。

在调查损失的基础上，项目单位通过设计院和地方有关部门介入移民安置方案的编制、准备阶段，这里包括对安置地点的确定、补偿标准的确定和劳力安置形式的确定，这一过程一般县、乡两级政府的官员都会参加，但从涉及的内容上看仅仅由这两级政府参加还是很不够的，还需要有搬迁和接受地的村、村民小组和移民代表们参加，他们对所编制的方案、标准是否可行最有发言权。在这方面，国内的水库移民规划过程中一般都能做到，特别是对安置方案的确定，不过对不同安置方案的选择、比较，往往做得不是很够。另外，对补偿的标准的确定，同受影响移民协商的也很少。比如，在最近进行的对交通项目征地移民工作的大检查中，几乎所有项目都没有就补偿标准是否合适同当地的乡、村进行过协商，当然，强调协商并不是把这项工作完全包给地方，特别是移民安置计划的实施，有许多技术问题是乡、村，甚至县政府解决不了的。比如安置农田的水利条件和需要建设的灌溉设施，果树种植技术、水产养殖技术、产品市场分析等。这些都需要项目单位委托设计部门进行科学的评估、指导，其实，在许多移民计划中，由于缺乏科学的设计、合理的实施，使许多农田建设的配套项目迟迟得不到完成，或者兴办的企业失败，从而造成移民生产恢复缓慢的例子是很多的。

在移民安置补偿政府方案决定之后，一个很重要的步骤是同有关的地方、个人签订补偿安置协议，这是在国内的征地安置过程中移民参与的又一个重要环节，是移民同项目单位双方就项目征地影响的补偿安置的内容、双方的义务进行谈判达成一致意见的一步。在具体做法上，项目单位不一定同每一个移民签订协议而是通过各级政府的土地管理部门签订协议的。近年来，在许多水库项目的移民工作中，都设立了移民户的补偿登记卡制度，把损失的详细数字、补偿标准、金额以及分几次支付、时间都在卡中一一注明，此卡一式两份，乡县移民办留一份，移民户自留一份，这对增加整个农村移民的透明度有很大意义。

在城市建设项目，特别是那些位于建成区内需要拆迁安置的项目，同拆迁户签订拆迁安置协议是整个拆迁安置最重要的环节。这里安置协议包括了对原有住房的补偿，新的安置用房的地点、大小、楼层、门牌的确定，以及办理搬迁过户的时间、手续等。为了做好同拆迁户签订协议的准备工作，一般拆迁办公室都要搞清每一户的现有住房、人口、工作地点等，根据安置的政策和安置用房的情况，做好分配方案，最后同每一拆迁户谈判予以确认，在谈判中如拆迁户对分配方案有意见，并提出充足的理由，其分配方案可做进一步的调整。但一般情况下，调整的余地很小，这一过程对拆迁户来说没有多少选择的权利。

为了改变这一做法，在世行贷款的天津城建项目中进行了新的尝试，首先按原住房的条件和可安置的标准，定出一个原住房价值，并向住户发等价的住宅券，拆迁户可用住宅券与指定的开发公司换取其拆迁安置房。一般来说，每个住户都有3处以上的安置房可供选择。

由于有了这种制度，拆迁户对他们的安置用房有了较大的选择余地，无论是大小、位置、结构。如果拆迁户想要好一些的地段,则相应的安置面积就要小一些,如想要大一些的面积,可以安排相对差点的地段。另外,如拆迁户有别的住房,他可以不要住房而领取60%的住宅券的现金。这一做法反映很好,区里负责拆迁的干部认为,这种新的做法,由于有了住房选择机会,拆迁户的不同要求更容易满足,工作也更好做。另外,天津还有一个有意思的做法,就是把所有拆迁户的原有住宅大小、质量、签约时间、安置标准等因素打分,按前后顺序公布出来,并按这一顺序安排挑选房屋,这种把拆迁户的补偿标准原则公布于众的做法,增加了透明度,减少了扯皮,使拆迁工作能更顺利进行。

(三)项目的实施阶段

最后在安置计划的落实过程中,这也反映在完成的移民安置计划中,应将具体搬迁的过程同广大移民进行协商,这对减少他们搬迁中的困难,生产生活水平的恢复有重要意义。这包括:及早地向移民解释安置的方案、实施步骤、时间安排,以便使他们做好搬迁的准备。了解搬迁中的需要,向他们提供具体搬迁中的协助,解决搬迁以后面临的生活问题。更重要的是,在搬迁完毕后,在生产恢复的过程中,项目单位/移民机构应经常了解,为移民解决生产中面临的资金、技术、销售等困难,并为他们建设或完善社会服务体系,真正起到后期扶持的作用。

应该指出的是,虽然这些已有的协商做法在移民安置过程中起了很好的作用,但这主要是在大型水电项目中,并通过所在地的移民机构取得的。对项目单位来说,施工中没有意识到这些协商环节的存在,对非水电项目则更是如此。另外,也没有主动去进行这方面的工作,一个主要的想法很简单,就是对移民安置工作具体涉及得越少越好。不少项目单位只与相关的市、县签订包干协议,避免介入具体的事务,移民工作完全依靠地方的力量。在这种情况下,项目单位就很难掌握移民的进度、质量,一般这样的单位,移民安置计划准备得就很差,因为他们并不了解整个移民过程,所编制的安置计划是应付世行检查而做的,并不是出自工作的需要,没有把移民作为项目的一部分来对待。

最后要强调的一点是,不仅要在移民的实施过程中注意同移民的协商,而且要在所编制的移民安置计划中反映出来,以便使世行更好地了解这方面的情况,一个很重要的工作是把各个阶段同移民参与的活动、时间、形式记录下来,编制成表,并对此进行充分的描述;另外,对移民申诉渠道的安排、形式也要作详细的交待。

四、湖南电力发展项目移民安置策划、实施与管理①

(一)移民安置计划酝酿与制定

1997年7月开始筹备,进行项目影响地区社会经济调查和工程实物调查,1998年6月出第一稿,随后组织力量进行第二批实物调查,1999年6月经世行北京代表处批准,正式出版第2稿。

《湖南电力发展项目移民安置计划》共11章37节6个附件,约210000字。下面文本框给出了《湖南电力发展项目移民安置计划》的目录。

---

①根据世界银行和亚洲开发银行咨询顾问朱幼宣先生聘请的专家汤子贵先生提供的同名教材改编。

湖南电力发展项目移民安置计划

目　　录

4.2.1 农村部分

4.2.2 城市部分

4.2.3 基础设施补偿

4.3 补偿费用估算和概算

4.3.1 基本费用

4.3.2 管理费

4.3.3 不可预见费

4.3.4 总概算

4.4 补偿资金的管理

4.4.1 资金流动

4.4.2 资金管理

5. 移民安置和恢复实施计划

5.1 农村移民安置与恢复实施计划

5.1.1 农村土地征用安置计划

5.1.2 农村房屋拆迁

5.2 城市房屋拆迁安置

5.2.1 居民房屋拆迁安置

5.2.2 店铺的补偿安置

5.2.3 企事业单位补偿安置

5.3 基础设施恢复

5.4 土地使用、房屋重建过程

5.4.1 土地使用过程

5.4.2 房屋拆迁过程

5.5 移民安置实施时间表

5.5.1 规则

5.5.2 时间表

6. 组织机构

6.1 对移民安置计划、管理、实施和监测负责的机构

6.2 责任

6.2.1 项目移民办公室(含耒阳电厂移民办公室、耒阳输变电移民办公室、长沙输变电移民办公室)

6.2.2 县(市、区)移民领导小组、国土局

6.2.3 乡(镇)移民办公室

6.2.4 村委会和村民小组

6.3 人员配备

6.4 加强机构能力的措施

6.5 组织机构图

7. 参与和协商

7.1 项目准备阶段的公共参与

7.2 移民安置计划准备过程的公共参与

7.2.1 心理调查

7.2.2 建立移民信息册

7.2.3 社会经济调查

7.2.4 移民安置方案的协商

7.3 移民实施过程中的公共参与

7.3.1 对房屋重建的参与

7.3.2 对生产安置的参与

8. 抱怨和申诉

9. 监测评估

9.1 内部监测和检查

9.1.1 实施程序

9.1.2 监测内容

9.1.3 人员

9.1.4 目标和责任

9.2 独立监测评估

9.2.1 独立监测机构

9.2.2 责任

9.2.3 步骤

10. 报告

10.1 内部报告

10.2 项目移民办公室的报告责任

10.3 独立监测机构报告责任

11. 权利表

附件一 湖南电力发展项目示意图

附件二 项目影响县(市)、乡(镇)村一览表

附件三 湖南电力发展项目工程进度时间表

附件四 项目影响情况明细表

附件五 湖南电力发展项目移民监测与评估工作大纲

1. 项目概况

2. 移民监测与评估的目的

3. 移民监测与评估内容

4. 移民监测与评估的组织与分工

5. 移民监测与评估方式

6. 移民监测与评估工作进度计划

附件六 移民监测评估机构和人员简介

1. 移民监测评估机构简介

2. 人员简介

(二)移民安置管理

1. 宏观管理

(1)以湖南省人民政府重点工程建设办公室名义制定颁发《移民信息手册》。

(2)以湖南省电力公司名义制定颁发《移民安置经费管理办法》、《移民安置管理工作程序的若干规定》、《移民安置管理条例》、《移民安置管理工作限额补贴》。

2. 微观管理

1)报告制度

包括工程进度报告、抱怨与申诉信息反馈、其他信息反馈。

2)内部监测评估报告制度

一般一年进行一次(第一年为第1号,如此类推),8月底左右下达评估内容通知,11月底收集,12月底或第二年1月初定稿、翻译、出版,1月底上报世行北京代表处。

3)经常性业务培训

调查期培训内容包括世界银行移民安置政策、移民安置工作程序、移民安置工作机构及职能。实物调查期培训包括实物调查的内容(见表9-71~表9-89),实物调查方法,各类会议的组织内容,安置方案的讨论、确定与实施,移民心理调查。项目实施期培训包括移民安置计划的主要内容,操作程序,资金管理办法,信息反馈时间、方法,土地征收、房屋拆迁与青苗价格测算方法。

第一期内测报告培训主要针对报告存在的问题。新的政策出台和移民重大申诉培训主要有国土重大政策出台、项目发生重大移民申诉。

表9-71　项目征用土地调查表

子项目名称:__________

________县(市)________乡(镇)________村_____组　　调查人_______

土地类别	永久征地面积(亩)	临时用地面积(亩)	合计(亩)
01 水　田			
02 旱　地			
03 菜　地			
04 水　塘			
05 鱼　塘			
06 藕　塘			
07 油茶园			
08 果　园			
09 茶　园			
10 桑　园			
11 油桐山			
12 宅基地			
13 荒　山			
14 荒　地			
15 荒　滩			
16 用材林地			
17 柴　山			
18 开荒田			
19 开荒土			
20 其他土地			

表 9-72　项目直接影响农村居民房屋及地面附着物调查表

子项目名称：________

________地区________县（市）________乡（镇）________村________组　户主签名________　调查人________

拟搬迁地点________　新房面积________　调查日期________

序号	征占地类别代码	建筑物及附属设施类别代码	占地面积（亩）	数量	房屋建成年份	房屋用途代码	房屋性质代码	房屋规格		
								长（m）	宽（m）	间数
1										
2										
3										
4										
5										
6										
7										
8										
9										
10										
11										
12										
13										
14										

注：1. 征（占）地类别编码：01 永久征地　02 临时用地

2. 建筑物及附属设施类别编码代号：01 砖混（m^2）　02 砖木（m^2）　03 土木（m^2）　04 简易房（m^2）　05 地坪（m^2）　06 坟墓（个）　07 水井（口）　08 围墙（m^2）　09 猪牛栏（m^2）　10 晒谷坪（m^2）　11 零星果木（棵）

3. 房屋用途编号：01 住宅　02 商业门面

4. 房屋性质编码：01 公房　02 私房

表 9-73　项目直接影响城镇居民房屋及地面附着物调查表

子项目名称:________

______地区______市______区______街道　　户主签名______　　调查人______

拟搬迁地点________　　新房面积________　　调查日期________

序号	征占地类别代码	建筑物及附属设施类别代码	占地面积(亩)	数量	房屋建成年份	房屋用途代码	房屋性质代码	房屋规格		
								长(m)	宽(m)	间 数
1										
2										
3										
4										
5										
6										
7										
8										
9										
10										
11										
12										
13										
14										
15										
16										

注:1. 征(占)地类别编码:01 永久征地　02 临时用地

2. 建筑物及附属设施类别编码代号:01 砖混(m^2)　02 砖木(m^2)　03 土木(m^2)　04 电话(部)　05 有线电视(户)　06 其他

3. 房屋用途编号:01 住宅　02 商业门面　03 企业用户　04 办公用户　05 其他

4. 房屋性质编码:01 公房　02 私房

表 9-74　项目影响企业单位调查表

子项目名称:________________

单位名称____________主管部门________ 调查人__________ 调查日期__________

所在地点__________ 县(市)__________ 乡(区)__________ 村(街道)________ 组(门牌号)

一、基本情况(选择项打“√”)

G1 单位类别:1)省属　2)市属　3)县(区)级属以上　4)乡(镇)属　5)村组(街道)属　6)个体

G2 所有制形式:1)国有　2)集体　3)私营　4)个体　5)其他

G3 所属行业

G4 主要产品及生产用房

G5 职工总人数(人)________

G6 正式职工人数(人)________

G7 临时职工人数(人)________

G8 离退休职工人数(人)________

G9 1996 年工资总额(万元)________

G10 1996 年末固定资产原值(万元)________

G11 1996 年末固定资产净值(万元)________

G12 1996 年产品销售收入(万元)________

G13 1996 年利税总额(万元)________

G14 房屋性质:1)租用　2)自有产权　3)房管局产权

G15 占地面积(亩)________

二、受影响情况及补偿(选择项目打“√”)

G16 受影响程度:1)拆迁全部生产用房　2)拆迁部分生产用房　3)拆迁办公用房

4)拆迁住宅用房　5)其他

G17 房屋受影响程度

房屋类型	生产用房	办公用房	住宅用房	其他	合计	成本价(元/m^2)	协商补偿价(元/m^2)
钢 混							
砖 混							
砖 木							
土 木							
简 易							
合 计							

表 9-75　项目影响店铺情况调查表

子项目名称:________________

单位名称____________ 主管部门____________ 调查人____________ 调查日期____________

所在地点__________ 县(市) __________乡(区) __________村(街道) __________组(门牌号)

一、基本情况(选择项打"√")

G1 单位类别:1)省属　2)市属　3)县(区)级属以上　4)乡(镇)属　5)村组(街道)属　6)个体

G2 所有制形式:1)国有　2)集体　3)私营　4)个体　5)其他

G3 职工总人数(人)________

G4 正式职工人数(人)________

G5 临时职工人数(人)________

G6 离退休职工人数(人)________

G7 1996 年工资总额(万元)________

G8 1996 年末固定资产原值(万元)________

G9 1996 年末固定资产净值(万元)________

G10 1996 年产品销售收入(万元)________

G11 1996 年利税总额(万元)________

G12 房屋性质:1)租用房　2)自有全部产权　3)自有部分产权　4)房管局产权

G13 占地面积(亩)________

二、受影响情况

G14 房屋受影响程度

房屋类型	钢 混		砖 混		砖 木		土 木		合 计	
	m^2	间	m^2	间	m^2	间	m^2	间	m^2	间
房屋面积										
市场价(元/m^2)										
成本价(元/m^2)										
协商补偿价(元/m^2)										

G15 搬迁停产预计所需时间________天

表 9-76　拆迁各类设施调查表

子项目名称：________

________县 ________乡(镇) ________村(街道) ________组　调查日期________　调查人________

序号	设施名称	设施类别	数 量	用 途	解 决 措 施 1)迁移　2)升高　3)下埋	产权单位	补偿费用

设施类别编码：F01 500kV 电力线(米/基)　F02 220kV 电力线　F03 110kV 电力线　F04 35kV 电力线　F05 1 万伏电力线　F06 380 伏以下电力线(米/基)　F07 国内长途通讯线　F08 市内通信线　F09 农村电话线　F10 农村广播线　F11 挂空电缆金属线　F12 挂空电缆光纤线　F13 埋置电缆金属线(米)　F14 埋置电缆光纤线　F15 自来水管　F16 排水管道　F17 输油(气)管道　F18 水利设施　F19 交通设施(道路、桥梁等)

表 9-77　项目影响村组基本情况调查表

子项目名称:______________

__________县(市) __________乡(区) __________村(街道) __________组(门牌号)

调查人__________ 调查日期__________

一、基本情况

项　目	1994 年	1995 年	1996 年
D1 总户数			
D2 总人口数 其中:D2a 农业人口 D2b 非农业人口 D2c 劳动力人口 D2d 企业就业人口			
D3 耕地(亩)			
D4 非耕地			
D5 农民人均纯收入			
D6 水稻单产(千克/亩)			
D7 水麦单产(千克/亩)			
D8 粮食总产量(吨)			
D9 农业总产值(万元)			
D10 工业总产值(万元)			

二、征地后移民安置方案(选择项打"√")

D11 是否调整土地　　1)是　　2)否

D12 调整土地范围　　1)本组　　2)本村　　3)本乡

D13 调整后人均土地面积(亩/人)　　1)耕地________　　2)林地________

D14 征地补偿费使用计划　1)开荒造田　2)中低产田改造　3)兴办村组企业　4)发展林果业　5)发展养殖业　6)改善公益设施(水、电、路等)　7)其他

说明:(1)涉及到的镇填写 D1 ~ D10

(2)涉及到的村填写 D1 ~ D10(填全村)D11 ~ D14

(3)涉及到的组填写 D1 ~ D5(填全组)D11 ~ D14

表 9-78　项目影响农村居民心理调查表

子项目名称：________________

__________县 __________乡（镇）__________村 ______组 ______户　调查人__________

心理调查表

序号	问　题	选　择	回　答
B1	您是否清楚项目将要建设	（1）清楚（2）不太清楚（3）不清楚	
B2	你赞成建本项目吗	（1）赞成（2）不赞成（3）无所谓	
B3	您认为建项目对谁有利 （可多选选择）	（一）国家（1）是（2）否 （二）集体（1）是（2）否 （三）个体（1）是（2）否	（一） （二） （三）
B4	您是否了解项目建设征地补偿政策	（1）了解（2）了解一些（3）不了解	
B5	您服从征地拆迁和重新安置吗	（1）是　　（2）否	
B6	新房宅基地选择	（1）本组就近选址 （2）本村他组选址 （3）本县他乡选址	
B7	您对建拆房顺序的选择	（1）先拆后建（利用旧材） （2）边拆边建（利用旧材） （3）先建后拆	
B8	您对建房方式的选择	（1）自拆自建 （2）统拆统建 （3）先建后拆	
B9	您对就业的选择（请排优先次序，最希望的在前）	（1）本村组剩余土地调整 （2）进工厂 （3）提供资金自谋职业 （4）养老保险 （5）提供相同的门面房	
B10	你对征地拆迁最关注的问题 （请排顺序，最关心的在前）	（1）补偿标准 （2）宅基地安排 （3）就业安排 （4）建房方式	
B11	当您的合法权益受到损害时，您是否知道可以申诉	（1）知道　　（2）不知道	

续表 9-78

个人问卷调查表

序号	调查问题	可供选择答案
1	您的性别	1. 男　2. 女
2	您的年龄	1. 青年　2. 中年　3. 老年
3	您家现有几口人	1. X≤3　2. 3 < X≤5　3. X > 5
4	您的婚姻状况	1. 未婚　2. 有配偶　3. 丧偶　4. 离婚
5	您的文化程度	1. 文盲半文盲　2. 小学　3. 中学 4. 大专以上
6	您从下述哪些渠道了解本项目要征用您村土地	1. 报纸广播电视　2. 村民动员大会 3. 村干部传达　4. 听传说　5. 不了解
7	征地前您是否了解征地拆迁补偿政策	1. 了解　2. 了解一些　3. 不了解
8	您对征地拆迁补偿政策是否满意	1. 很满意　2. 较满意　3. 一般 4. 不满意　5. 很不满意
9	您对房屋拆迁补偿费用到位情况是否满意	1. 很满意　2. 较满意　3. 一般 4. 不满意　5. 很不满意
10	您对安置工作是否满意	1. 很满意　2. 较满意　3. 一般 4. 不满意　5. 很不满意
11	拆迁后您的房屋和原来相比面积如何	1. 大　2. 相当　3. 小
12	拆迁后您的房屋和原来相比质量如何	1. 好　2. 差不多　3. 差
13	您对征地费用的使用情况是否满意	1. 很满意　2. 较满意　3. 一般 4. 不满意　5. 很不满意
14	您有无经过任何形式的技能培训	1. 有　2. 无
15	您认为征地拆迁后家庭生活水平比征地拆迁前如何	1. 提高　2. 有所提高　3. 差不多 4. 有所下降　5. 下降
16	在征地拆迁安置中您享受到了哪些社会服务	1. 职业培训　2. 生活基础设施的改善 3. 其他　4. 没有
17	您的合法权利是否受到侵犯	1. 受到　2. 不知道　3. 没有受到
18	您知道您的合法权益受到侵犯时可以申诉吗	1. 知道　2. 不知道

表 9-79　项目影响城镇居民心理调查表

子项目名称：________________

____________县（市）____________镇____________街道____________门牌号

户主姓名____________　调查人____________

序号	问　题	选　择	回　答
B1	您是否清楚项目将要建设	(1)清楚　(2)不太清楚　(3)不清楚	
B2	你赞成建本项目吗	(1)赞成　(2)不赞成　(3)无所谓	
B3	您认为建项目对谁有利 （可逐项选择）	(一)国家　(1)是　(2)否 (二)集体　(1)是　(2)否 (三)个体　(1)是　(2)否	(一) (二) (三)
B4	您是否了解项目建设征地补偿政策	(1)了解　(2)了解一些　(3)不了解	
B5	您服从征地拆迁和重新安置吗	(1)是　(2)否	
B6	新房地点选择考虑因素顺序	(1)上班距离 (2)子女就学距离 (3)生活设施配套状况 (4)有利于经营	
B7	新房选择考虑顺序	(1)面积 (2)地点 (3)房屋内部设施配套	
B8	房屋补偿方式的选择	(1)原房作价 (2)以面还面 (3)其他	
B9	你对征地拆迁最关注的问题 （请排顺序，最关心的在前）	(1)补偿标准 (2)新房地点 (3)房屋补偿方式 (4)还新门面房	
B10	当您的合法权益受到损害时，您是否知道可以申诉	(1)知道　(2)不知道	

表 9-80　项目征地拆迁影响农村家庭人口情况调查表

子项目名称：________________

__________县（市）__________区（乡/镇）__________街道（村）　　调查日期__________　　调查人__________

序号	姓 名	与户主关系	性别	年龄	民族	户口性质	文化程度	婚姻状况	就业状况	主要职业	年收入万元	其他
	A1	A2	A3	A4	A5	A6	A7	A8	A9	A10	A11	A12
		1）户主 2）配偶 3）父母辈 4）祖辈 5）子女 6）孙辈 7）兄弟姐妹 8）其他	1）男 2）女		1）汉 2）其他	1）农业 2）非农业 3）暂住	1）文盲半文盲 2）小学 3）初中 4）高中中专 5）大专 6）大专以上	1）未婚 2）有配偶 3）离婚 4）丧偶	1）工作 2）下岗 3）病休 4）停薪 5）退休 6）无业	1）厂职工 2）个体 3）干部 4）本地打工为主 5）本市打工为主 6）外市打工为主 7）退休 8）无业	1）0.15 以下 2）0.15～0.3 3）0.3～0.5 4）0.5～0.8 5）0.8～1.0 6）1.0～1.5 7）1.5～2.0 8）2.0～3.0 9）3.0 以上	1）残疾人 2）孤寡老 3）丧劳力 4）患疾病 5）特困户

表 9-81　永久性征地调查统计汇总表

地点				耕地面积					林地		宅基地	其他	合计
县（市）	乡（镇）	村	组	小计	水田	旱地	菜地	水塘	经济林	用材林			

表 9-82　临时征地调查统计汇总表

子项目名称：__________　　　　　　　　　　（单位：亩）

地区				1	2	3	4	5	6	7	8	9	10	11	12	13	14	15	16	17	18	19	20
县	乡	村	组	水田	旱地	菜地	水塘	鱼塘	藕塘	油茶	果园	茶园	桑园	油桐山	宅基地	荒山	荒地	荒滩	用材林地	柴山	开荒田	开荒土	其他土地

表 9-83　项目影响房屋情况一览表　　（单位：m^2）

项目	户	人口	结构								合计
			砖混	砖木	木瓦	简易	坟墓	猪牛栏	电话	有线电视	

表 9-84　项目影响城镇居民房屋汇总表

子项目名称：____________

地区				房屋数量								附属物	
市	区	街道	门牌号	砖混		砖木		土木		总计		电话	有线电视
				m^2	间	m^2	间	m^2	间	m^2	间	部	户

表 9-85　项目影响农村居民地面附着物汇总表

子项目名称：________________

地区				05 地坪	06 坟墓	07 水井	08 围墙	09 猪牛栏	10 晒谷场	11 零星果木
县	乡	村	组	m^2	个	口	m^2	m^2	m^2	棵

表 9-86　项目影响土地基本情况一览表

地点				基本情况							征地情况		影响情况	
县（市）	乡（镇）	村	组	总户数（户）	总人口（人）	劳动力（人）	耕地（亩）	非耕地（亩）	人均耕地（亩/人）	劳均耕地（亩/人）	耕地	非耕地	影响人口（人）	影响劳动力（人）

表 9-87　项目影响需拆迁房屋人口情况一览表

子项目名称：________________

地区				影响人口																
				数量		性别		年龄				劳动力状况				职业				
县	乡	村	组	户数（户）	人口（人）	男（人）	女（人）	<16	17～50（人）	51～60（人）	>60（人）	正常工作（人）	退休再聘（人）	病休（人）	其他（人）	农民（人）	企业工人（人）	干部（人）	个体户（人）	其他（人）

表 9-88　湖南电力发展项目移民安置计划实施时间表

子项目名称:________　　填报单位:________　　填报时间:　　年　月　日

项目内容	时间											
	1月	2月	3月	4月	5月	6月	7月	8月	9月	10月	11月	12月
工程报建												
地(市)、县(市)动员会												
移民动员会												
土地征地、给村组土地补偿费和安置补助费												
土地重新调整												
改造中低产田												
发展养殖业												
签订房屋拆迁协议及支付建房备料费												
新宅基地的分配												
新房和基础设施的重建												
新房验收及支付拆迁费余额												
脆弱群体的恢复												
开工建设												

注:月份栏内填写日期。

表 9-89　湖南电力发展项目移民安置计划实施进度(季、月)报表

子项目名称:________　填报单位:________　填报时间:　年　月　日

单位名称	土地征用		土地补偿		土地安置							
	计划征用(亩)	实际征用累计(亩)	计划补偿金额(元)	实际补偿金额累计(元)	计划调整土地累计(亩)	实际调整土地累计(亩)	计划改造低产田(亩)	实际改造低产田累计(亩)	计划发展养殖业(户/头)	实际发展养殖业累计(户/头)	计划发展农工副业(个)	实际发展农工副业累计(个)

注:1. 填报单位一般为县(市)、乡(镇)国土两级,如县(市)填报单位,则“单位名称”项填乡(镇);如乡(镇)填报单位,则“单位名称”项填村,如果由项目移民办现场工作部填报,则“单位名称”项填县(市)。

2. 计划量为该工程总量。

（三）内部监测报告

湖南电力发展项目移民安置内部监测报告目录，见下面文本框。报告附件见附录9-1～附录9-5。

湖南电力发展项目移民安置内部监测报告

目　　录

1　项目的基本情况

1.1　项目工程进展情况

1.2　项目征地与移民安置进展情况

1.3　对外监测评估建议的反馈

2　项目影响（与计划比）

2.1　土地征收

2.2　房屋和附着物的拆迁

2.3　影响人口

3　移民安置恢复

3.1　土地征收

3.2　房屋拆迁

3.3　资金到位情况

3.4　脆弱群体的恢复情况

4　移民机构设置情况

5　公众参与

6　申诉渠道

7　结论

附录9-1　2004年湖南电力发展项目移民安置内部监测评估统计表（见附表1～附表18）

附录9-2　2004年湖南电力发展项目移民安置内部监测评估人员名单

附录9-3　2004年湖南电力发展项目移民安置内部监测评估报告大纲

附录9-4　各移民实施机构必须归档的材料

附录9-5　湖南电力发展项目移民安置计划实施情况表（对于外部监测机构建议反馈所形成的会议纪要、处理决定可作为附件附在附件9-5前面按序排列）

附录 9-1　内部监测评估统计表

附表 1　湖南电力发展项目工程进度时间表

序号	项 目 名 称	原计划建设进度			实施进度	实施机构	备　注*
		初设审查	土建施工	投产运行			

* 说明进度未按计划执行的原因。

附表 2　湖南电力发展项目征地拆迁移民安置进展表

序号	项　　目	原定征地安置房屋迁建时间计划	实际征地安置房屋迁建进度*	备　　注**

* 本栏详细说明征地拆迁的全过程及资金到位情况。

** 说明未按计划执行的原因,未实施的请注明计划实施的时间。

附表 3　子项目征地拆迁进度表

项　　目	影响地区		永久征地(亩)			临时占地(亩)			拆迁房屋(平方米)			累计搬迁移民	
	县(市)	乡(镇)	计划完成	本年新增	累计完成	计划完成	本年新增	累计完成	计划完成	本年新增	累计完成	户数(户)	人数(人)

附表 4　子项目征地拆迁资金到位情况表

项目名称	影响地区		永久征地资金(万元)		临时占地资金(万元)		房屋拆迁资金(万元)		合　计(万元)	
	县(市)	乡(镇)	计划	实际	计划	实际	计划	实际	计划	实际

附表5　子项目用地情况表*

项目名称	项目影响地区				征地前基本情况								征地后情况									临时用地数量	临时用地时间	占地恢复数量
									收入构成比例									收入构成						
	县（市）	乡（镇）	村	组	人口	劳力	人均耕地	人均纯收入	种植业	养植业	二三产业	其他	永久征地	影响人数	新开荒地	人均耕地	人均纯收入	种植业	养殖业	二三产业	其他			
					人	人	亩	元	%	%	%	%	亩	人	亩	亩	元	%	%	%	%	亩	月	亩

＊塔基征地填到村。

＊＊开关站及变电站填到组。

附表 6　子项目拆迁私人房屋前后对比表（农村）

项目	县（市）	乡（镇）	村	组	户主姓名	人口（人）	劳力（人）	搬迁前房屋（m^2）				搬迁后房屋重建（m^2）			
								楼房	平房	简易房	小计	楼房	平房	简易房	小计

附表7　子项目拆迁集体房屋及附属物统计表

项目	县(市)	乡(镇)	村	用途	影响人数	影响劳力	搬迁前房屋(m^2)				搬迁后房屋重建(m^2)				影响人的安置情况
							楼房	平房	简易房	小计	楼房	平房	简易房	小计	

附表 8　子项目拆迁城市居民房屋及附属物统计表

项目	市	街道	居委会	用途	影响人数	影响劳力	搬迁前房屋状况					搬迁后房屋重建					备注
							面积（m^2）	结构	配套情况	上班距离	购物方便程度	面积（m^2）	结构	配套情况	上班距离	购物方便程度	

附表 9　子项目拆迁影响企业统计表

项目	市（县）	居委会（乡/镇）	门牌号（村）	企业名称	产权性质	地段类别	搬迁前状况				搬迁后安置状况					备注
							占地面积（m^2）	经营类别	经营状况	职工人数	补偿费用	安置地点	地段类别	经营类别	经营状况	

附表10　子项目影响人口统计表

项目名称	项目影响地区					拆迁影响		征地影响			
	地区	县(市)	乡(镇)	村	组	户数(户)	人口(人)	人口(人)	劳力(人)	劳力安置方式	安置人数

附表 11　子项目征地补偿明细表

项目名称	地区	县(市)	乡(镇)	村	永久征地			临时用地			备注
					数量	标准	费用	数量	标准	费用	

附表 12　子项目拆迁补偿明细表

项目名称	地区	县(市)	乡(镇)	村	户主姓名	房屋拆迁及补偿						搬迁运输	
						楼房		平房		简易房		搬迁运输	误工补助
						标准	费用	标准	费用	标准	费用		

附表 13　子项目集体房屋拆迁补偿明细表

项目名称	地区	市县	乡镇	村	户主姓名	房屋拆迁及补偿						搬迁运输		三通一平	附属物	宅基地复耕	宅基地手续费	其他费用
						楼房		平房		简易房		搬迁运输	误工补贴					
						标准	费用	标准	费用	标准	费用							

附表 14　子项目拆迁补偿对照表

序号	项目	单位	实际赔偿			RAP 计划			赔偿与计划差		
			数量	平均单价	小计	数量	平均单价	小计	数量	平均单价	小计

附表 15　子项目征地补偿明细表

项目名称	地区	县（市）	临时占地一季补偿标准	永久征地实际数					永久征地计划数					实际数－计划数				
				数量	三年产值	倍数	标准（元）	费用（元）	数量	三年产值	倍数	标准（元）	费用（元）	数量	三年产值	倍数	标准（元）	费用（元）

注:1. 征地费用只计土地补偿费与安置补助费。

2. 注明征用土地的类别。

附表 16　子项目征地补偿对照表

序号	项目	单位	实际赔偿			RAP 计划			赔偿与计划差		
			数量	平均单价	小计	数量	平均单价	小计	数量	平均单价	小计

注:1. 征地补偿对照表仅对征地费用中的土地补偿费及安置补助费进行比较。

2. 此表由湖南省电力发展项目移民办填写。

附表 17 典型移民户基本情况跟踪调查表(农村、分受影响组与对照组)

编号:__________ 户主姓名:__________ 所在村组:__________ 调查人:__________

项目	搬迁前	2002 年	2003 年	
一、家庭人口(人)				
1. 农业人口				
2. 非农业人口				
3. 妇女人口				
4. 劳动力				
5. 女劳动力				
6. 抚养/残疾/老人				
7. 上中学/小学孩子				
二、农业经营情况				
1. 承包地(亩)				
水稻播种面积				
小麦播种面积				
大麦播种面积				
经济作物面积				
2. 自留地(亩)				
3. 果树(棵)				
4. 猪(头)				
5. 牛(头)				
6. 马、骡、驴(头)				
7. 羊(只)				
8. 鸡(只)				
三、非农业生产经营				
1.				
2.				
四、主要生产工具				
1. 机动车辆				
2. 板车				
3. 喷雾器(台)	1			
4.				

五、房屋间数及面积(间,m^2)								
1. 住房间数及面积	间数	面积(m^2)	间数	面积(m^2)	间数	面积(m^2)	间数	面积(m^2)
楼房								
平房								
土草房								
2. 畜圈间数及面积								

续附表 17

项　　目	搬迁前	2002 年	2003 年	
六、家庭年收入				
(一)农作物年产量(斤)				
1. 水稻				
2. 小麦				
3. 大麦				
4. 经济作物				
5. 其他				
(二)农产品单价(元/斤)				
1. 水稻				
2. 小麦				
3. 大麦				
4.				
5.				
(三)副业年收入(元)				
1.				
2.				
(四)乡村企业年收入(元)				
(五)家庭其他年收入(元)				
七、家庭年支出(元)				
(一)上缴税金及其各项费用				
1. 农业税				
2. 集体提留				
3. 其他上交费用				
(二)种子				
(三)农药费				
(四)电费				
(五)水费				
(六)机械作业费				
(七)孩子上学费用				
(八)医疗费				
(九)燃料费用				
(十)购买生活副食品费用(元)				
(十一)购买家电、家具等支出(元)				
(十二)其他支出				
八、原居住地与安置地				
九、移民心理				
1. 对安置是否满意				
2. 对以后生活是否担心				

注:按影响数量的 50% 进行调查。

附表18　湖南电力发展项目典型移民户(城市)跟踪调查表

编号:__________　户主姓名:__________　所在街道:______________　调查人:____________

项　目	搬迁前		1997年		2001年		2004年	
一、家庭人口(人)								
1. 城市人口								
2. 农村人口								
3. 妇女人口								
4. 劳动力								
5. 妇女劳动力								
6. 抚养/残疾/老人								
7. 上中学/小学孩子								
二、房屋间数及面积(m^2)								
1. 住房间数量及面积	间数	面积	间数	面积	间数	面积	间数	面积
楼房								
平房								
室内配套								
2. 离单位距离								
3. 离医院的距离								
4. 离学校的距离								
5. 离市场的距离								
三、家庭年收入(元)								
1. 自办工厂收入								
2. 承包工厂收入								
3. 自办商店收入								
4. 承包商店收入								
5. 自开出租车收入								
6. 承包出租车收入								
7. 工资收入								
8. 社保收入								
9. 其他收入								
四、家庭支出(元)								
1. 水费								
2. 电费								
3. 燃料费								
4. 交通								
5. 小孩学费								
6. 医疗费								
7. 购买生活副食品费								
8. 购买家电、家具费								
9. 娱乐								
10. 其他支出								
五、移民心理								
1. 对安置是否满意								
2. 对以后生活是否担心								

附录 9-2　2004 年湖南电力发展项目移民安置内部监测评估人员名单

机构名称	内部监测人员	联系人

附录 9-3　2004 年湖南电力发展项目移民安置内部监测评估报告大纲

2004 年湖南电力发展项目移民安置
内部监测评估报告大纲

1　项目的基本情况
1.1　项目工程进展情况
1.2　项目征地拆迁与移民安置进展情况
1.3　对世行移民专家检查意见的反馈
2　项目影响(与计划对比)
2.1　土地征用(永久征地、临时用地)
2.2　房屋及其附属物拆迁
2.3　影响人口(脆弱群体)
3　移民安置恢复(与计划相比)
3.1　土地征用(永久征地、临时用地)
3.1.1　进度
3.1.2　补偿标准
3.2　房屋拆迁
3.3　资金到位情况
3.4　脆弱群体的恢复
4　移民机构
机构人员、文化程度、办公条件、设备、运转的效率
5　公众参与
6　申诉渠道
7　结论与建议

报告重点:①报告真实,数字准确;②报告应围绕安置计划;③信息反馈应遵照世界银行移民政策与国内政策的衔接;④内部监测报告应作为项目后评估的可靠依据。

附录 9-4　各移民实施机构必须归档的材料

各移民实施机构必须归档的材料如下:

1. 征地协议(土地补偿协议、劳动力安置协议、青苗补偿协议),要求各公司或单位与乡政府、村民委员会、移民户 3 级签订的协议。

2. 房屋补偿协议,要求各公司或单位与乡政府、村民委员会、移民户 3 级签订的协议。

3. 基础设施拆除量和重建补偿协议。

4. 其他与征地、拆迁和政策处理有关的文件和协议。

5. 各实施单位已有的征地拆迁实物量统计表。

6. 各实施机构征地拆迁承包协议。

7. 各实施机构征地拆迁与移民安置内部监测报告与内部监测报表。

附录 9-5 湖南电力发展项目移民安置计划实施情况表

序号	项 目 名 称	计划实施时间	实施时间
1	芙蓉 220kV 变电站 1×180MVA	1997.05~1998.12	1997.05~1998.12
2	东风湖(洛王)220kV 变电站 1×180MVA	1998.09~1998.11	1998.09~1999.11
3	巴—树 220kV 线剖进榔梨 2×0.5km	1998.06~1998.07	1998.08~1998.10
4	岳新Ⅱ回剖进东风湖(洛王)线路 2×0.5km	1999.01~1999.03	1997.05~1997.07
5	益高(迎捞)线和新天线短接 2×1km	1999.02~1999.05	1998.05~1999.10
6	娄底(民丰)—娄南(早元)220kV 线路 16.8km	1998.12~1999.12	1999.04~1999.11
7	汉寿(太子庙)220kV 变电站 1×120MVA	2000.03~2000.06	1999.09~1999.11
8	华能—东风湖 220kV 线路 7.883km	1999.01~1999.03	2000.07~2000.10
9	团—滴 220kV 线路 39.2km	2000.02~2000.08	2000.05~2000.09
10	城—桂(蓉)220kV 线路 36km	2000.05~2000.09	2000.06~2000.12
11	耒阳电厂 2×300MW	2000.06~2000.11	2001.07~2003.06
12	郴州北(塘溪)220kV 变电站 2×120MVA	2002.02~2002.05	2001.03~2001.05
13	鲤郴 220kV 线路剖进郴北(塘溪)2.03km	2003.03~2003.07	2001.09~2001.11
14	永(蒋家田)—曲 220kV 线路 25km	2002.01~2002.05	2004.03~2004.04
15	加禾(桂阳蓉城)220kV 变电站 1×120MVA	2003.02~2003.05	2002.12~2003.12
16	永州(蒋家田)220kV 变电站 2×120MVA	2001.12~2002.03	2004.03~2004.04
17	衡北(湛家塘)220kV 变电站 1×120MVA	2002.01~2002.04	2002.02~2002.05
18	耒—松(烟洲)220 线路 2×40km	2002.01~2002.05	2003.05~2003.10
19	耒—安(朝阳)220 线路 54km	2002.05~2002.09	2004.02~2004.03
20	永州(蒋家田)—松柏(烟洲)220kV 线路 120km	2000.02~2000.06	2004.08~2004.12
21	麻—茶线剖进衡北湛家塘 2×15km	2002.09~2002.11	2002.05~2002.10

五、亚行贷款黄河防洪项目——移民管理框架①

(一)简介

1. 项目背景

亚行贷款黄河防洪项目(YRFMSP)包含4个类别的工程和46个子项目。它们是:①11个子项目的堤防加固工程;②15个子项目的控导工程;③15个子项目的险工改建工程;④5个子项目的滩区安全建设(村台)工程。表9-90是所有子项目的汇总表,附件9-1是所有子项目的详细清单。虽然这些子项目的施工会涉及到一些征地和移民问题,但是更重大的影响是由堤防加固工程引起的。这是因为堤防加固工程主要是为了使11个市(县)的103.67公里长、约100米宽的堤防结构标准化,会涉及到永久性占地和临时性占地。平均来说,堤防加固子项目中,每施工一公里就需要9公顷的永久性占地和22公顷的临时性占地。控导工程和险工改建工程只需占用少量的土地。

表9-90 亚行贷款黄河防洪项目的子项目类别和数量

类别	河南省	山东省	总计
堤防加固	5	6	11
控导工程	14	1	15
险工改建	7	8	15
滩区安全建设	3	2	5
总计	29	17	46

资料来源:黄委亚行项目办。

2. 移民概况

无论我们如何努力降低影响,各类项目的施工,特别是堤防建设和防渗墙的建设以及因取土和堆土而使用的临时占地,仍将会直接涉及到一定数量的征地和移民。根据可行性研究时使用项目所在城市的1:2000地形图的测量,已经确定了所有子项目中受征地和移民影响的区域。

1)移民的影响

根据项目可行性研究时的前期调查,31个子项目的施工将影响20个县(区)64个城镇(乡)191个村,共需要包括14197亩耕地在内的19449亩(1297公顷)土地。这些耕地相当于14036人将失去他们全部的耕地,需要得到生产安置。在占用的土地中,共有91857平方米的房屋将被拆迁,其中大多数是住宅。还要重新安置大约832个家庭和3200人。在项目施工期间,共有48577亩(3238公顷)的土地将被临时占用,其中将近60%的土地是耕地。此外,一系列现有的基础设施,比如灌溉渠、道路等,将会受到临时破坏或者部分被重新安置在新的工程周围。

①根据世界银行和亚洲开发银行咨询顾问朱幼宣先生提供的同名教材改编。

这些子项目的施工需要:①重新安置包括3200人832个家庭;②永久性占地1297公顷,相当于总共191个村子14036人失去耕地;由于平均为期一年的临时性占地3238公顷,另有50000人可能会受其影响。此外,滩区安全建设的施工还会占用4646亩的土地,包括滩区内14个村台的建设,这些村台是为从39个村子中自愿迁出的9028个家庭(大约37065人)而建的,见表9-91。

表9-91 黄河防洪项目各工程类别中的移民影响的范围

工程类别	永久性占地(亩)	临时性占地(亩)	需重新安置的家庭
堤防加固	14294	34523	689
控导工程	0	0	
险工改建	476	4983	30
滩区安全建设	4679	9071	113
总计	19449	48577	832

资料来源:黄委亚行项目办。

2)移民规划

按照亚行的移民政策和中国的法律法规,在项目准备阶段制定移民政策框架,为整个项目提供基本的方针和政策要求。在其指导下,在项目实施前要制定单独的移民规划。本项目是一个行业贷款项目,在2001年贷款批准前就为3个核心子项目准备了移民计划。对于其余43个子项目,按照亚行的要求和移民政策框架,黄河勘测规划设计有限公司已经准备了移民计划并在征地开始之前提交给亚行批准。所有影响较大的子项目的移民计划都是很详细的,而影响较小的子项目则有可能几个结合在一起制定一个移民计划,例如,15个险工改建的子项目只准备了7个移民规划。

在项目实施的前两年中,由于项目施工的延迟,大多数移民计划直到2003年中期或2004年才提交给亚行。包含3个核心子项目的第一批工程于2003年3月由亚行批准,包含6个子项目的第二批工程于2003年7月由亚行批准,包含19个子项目的第三批工程于2004年7月由亚行批准,包含18个子项目的第四批工程于2005年6月由亚行批准。虽然亚行已经批准了第四批子项目的完工图纸和安全措施文件,但在工程开工前仍需国家发改委的批准。由于国内批准的延迟,前两批子项目的实际征地和移民于2004年初才开始。工程的进度已由黄委亚行项目办在季度报告中向亚行作出了汇报,但是移民实施的具体细节并未在季度进度报告中得到充分的体现。

3)移民实施安排

对于亚行贷款黄河防洪项目来说,黄委亚行项目办是项目的执行机构,负责管理整个项目的准备和实施。在黄委亚行项目办的领导下,共有3级项目办,包括山东省和河南省的省级项目办,7个市的市级项目办(包括河南省的4个、山东省的3个),以及项目所在县的20个县级项目办。所有这些项目办都设在三级黄河河务局内。省级项目办负责本省内子项目的管理和协调,市级项目办主要负责各个子项目的实施。移民活动的实际实施,将在县国土资源局和相关县政府的参与下,由各个相关县的县级项目办执行。黄委亚行项目办的环境社会部负责移民和环境的整体工作。

在移民实施方面,共有28个子项目已经开始了征地和移民。其余的18个子项目一旦得到国家发改委的批准也将开始实施移民。按照亚行的要求,一个独立的移民监测和评估机构——黄河移民开发公司(HRDC)已被选定开展移民外部监测和评估。外部监测活动每6个月进行一次。到2005年8月底,共完成了3份外部监测评估报告,涵盖了所有28个子项目的移民实施状况。但是,项目季度进度报告中对于内部监测方面的报告比较少。

3. 移民管理框架的目标

黄委亚行项目办环境社会部的人员以及省、市和县级项目办的人员对于亚行移民政策的要求了解不多,经验不足。在项目的实施过程中,对黄委亚行项目办和省、市级项目办的人员开展了几次移民培训研讨会,介绍了移民监测和评估的理念。大多数直接参与移民实施的县级项目办却很少得到培训。甚至对于那些参加了研讨会的人来说,已开展的培训并没有对亚行的政策要求和移民管理程序提供系统的介绍,而这恰恰是移民实施过程中迫切需要的。因此,移民实施两年来,并未准备移民内部监测评估的综合报告,在子项目的移民实施中也出现了各种不规范的现象。

为了改善这些状况并帮助相关项目办的人员按照中国的法律法规、亚行的要求以及被批准的移民计划实施移民活动,特别为亚行贷款黄河防洪项目制定了一个移民管理框架。移民管理框架报告介绍了移民实施方面的国内基本程序和亚行的要求,确定了主要机构和他们的职责,并对移民监测和报告的要求进行了详细说明,它可以被各级移民工作人员用来作为操作手册,将促进移民实施活动的顺利开展。

4. 报告的结构

移民管理框架报告由6部分组成。第一部分介绍了项目中主要的移民类别、移民活动和基本的时间。第二部分概述了移民实施过程中重要的利益相关者及其主要角色和职责。第三部分介绍了亚行在移民实施中的一些重要的要求,包括基本的权益、赔偿标准、安置措施以及咨询服务。第四部分介绍了涉及征地的总体法律框架,以及对于安全保障文件国内批准程序和亚行审核批准步骤的时间表。第五部分具体描述了项目外部和内部的移民监测安排,特别是对于内部移民监测报告的要求。第六部分介绍了将在项目准备和实施阶段开展的移民培训和能力建设的活动。

(二)移民范围——类别和活动

1. 主要类别

在项目设计时无论我们如何努力把征地和移民降低到最小程度,但在每一个子项目的施工中都仍然不可避免地要涉及到这些问题,在堤防加固工程和村台建设工程中更是如此。这两类工程都将占用大量土地。根据项目可行性研究时的具体测量,已经确定了所有子项目中征地和移民的范围,附件9-2对其进行了介绍。在46个子项目中,只有15个控导工程的子项目不需要征地和移民,这些子项目将在现有的河道内进行施工。对于险工改建工程来说,只需占用少量土地,估计需要永久性占地32公顷,临时性占地332公顷。平均而言,每一个子项目只占用2.13公顷的土地并在施工过程中需22.1公顷的临时性占地。相比之下,另外两种工程在征地和房屋拆迁方面具有更大的影响,即村台建设工程的每一个子项目需要 62 公顷的永久性占地和 121 公顷的临时性占地,堤防加固工程的每一个子项目需要 87 公顷的永久性占地和 209 公顷的临时性占地。根据不同的影响,可以把移民范围划分为不同的类别,如:①土地占用(包括永久性占地和临时性占地);②建筑物的拆迁,其中大多数是私人所有的房屋,少量是非住宅建筑——如乡镇的办公室和校舍等;③各种附属设施和基础设施的破坏。

1)永久性占地和临时性占地

根据最初的调查,31 个子项目的施工总共需要 1297 公顷的永久性占地,包括 73% 的耕地。这些耕地的损失相当于 14036 人失去他们所有的耕地并需要得到生产安置。征地将会影响 64 个镇(乡)的 191 村,以及 20 个县(区)。此外,在项目施工期间,为取土和堆土还会临时占用共 3238 公顷的土地,其中约 58% 为耕地。

农业仍然是大多数受影响农民的主要收入来源,耕地的损失将直接导致他们收入的降低,对其经济产生负面影响。对于部分临时性占地更是如此。由于取土的做法,即从现有的耕地中取 3 ~5 米深的土壤,一部分取土点将不能复耕。移民活动的一个重要目标就是不但为损失的耕地提供足够的补偿,而且还要采取具体的生产安置措施以帮助受影响的村庄和个人能够恢复甚至提高他们的收入和生活水平。黄河防洪贷款项目征地范围见表 9-92。

表 9-92　黄河防洪贷款项目征地范围

工程类	受影响的村子(个)	永久性占地(亩)	永久性占地中的耕地(亩)	临时性占地(亩)	临时性占地中的耕地(亩)	受影响人口(人)
堤防加固	152	14294	9551	34523	23673	8788
控导工程	0	0	0	0	0	0
险工改建	—	476	—	4983	—	259
滩区安全建设	39	4679	4646	9071	4271	4989
总计	191	19449	14197	48577	27944	14036

注:受影响人口指那些由于土地占用而需要生产安置的人。

2)房屋拆迁和重新安置

随着土地的占用,共有 91857 平方米的建筑物将被拆迁,其中包括 89871 平方米的住宅,占被拆迁建筑物的86%。由于住宅的损毁,共有 832 个家庭和3200 人将被重新安置,他们全都是 15 个子项目中受影响的 80 个村的村民。

房屋拆迁中的关键问题是要提供充分的补偿和安置,使被重新安置的家庭能够恢复其生活条件。大多数受影响的家庭都是农村居民,基本的安置方法是提供补偿款以及在他们现在的村庄内安排新的宅基地以使他们能够按照自己的意愿重建房屋。对于那些被重新安置家庭为数不多的村子来说,在同受影响的家庭协商后,新的宅基地主要被安排在村边。对于那些被重新安置家庭数量很多的村子来说,在当地政府和项目办的协助下,各村将利用相关设施组织开发新的宅基地并把它们分配给受影响的家庭。房屋的施工主要由受影响的家庭负责。对于那些脆弱家庭,在他们重建房屋时,将给他们提供帮助(见表9-93)。

表9-93　亚行贷款黄河防洪项目房屋拆迁及重新安置的范围

工程类别	房屋拆迁数量(m^2)	其中砖混凝土结构的房屋(m^2)	其中砖木结构的房屋(m^2)	其中土木结构的房屋(m^2)	简易房屋(m^2)	被重新安置的家庭(户)
堤防加固	79324	11612	56866	4791	6055	689
控导工程	0	0	0	0	0	0
险工改建	3659	536	2623	221	279	30
滩区安全建设	8874	1299	6362	536	677	113
总计	91857	13447	65851	5548	7011	832

注:不同建筑物的拆除数量是以堤防加固类中大量子项目的数据为基础计算得来的。

3)非住宅建筑的拆除

在所有被拆除的建筑物中,有1987平方米(2%)是非住宅,将使4所学校及一些乡办公室和许多乡镇企业受到影响①。对于被重新安置的学校和企业而言,重要的是不但要提供现金补偿,而且要提供其他的地方和足够的资金使他们及时恢复到原来的状况,使得儿童的教育不会受到影响、工人不会失业,使企业因停工造成的损失可以降到最低。

4)受影响的地上附着物和基础设施

征地和移民还会影响到许多现存的基础设施,如输电线路、灌溉渠及道路等。它们或被临时破坏,或在新的工程周围部分被重建。原则上,对这些设施的恢复以当地部门负责提供补偿金为基础。通常,受影响的设施需要在被拆除之前或者项目施工之前完成重建,以使基本的服务和当地社区的道路通行不会受到影响。

为了缓解这些影响,并确保受影响的居民得到适当的补偿和安置,遵循亚行的要求,在项目准备过程中需要制定一份详细的移民计划。移民计划的主要内容包括确定移民的影响以及受影响的人口和村庄的社会经济条件,在同受影响的居民进行广泛磋商后按照国家的法律法规制定补偿政策和安置措施,制定详细的预算以及确定实施安排,比如机构设置、申诉程序、公示活动以及监测和评估。作为亚行安全保障措施要求的一部分,移民计划是一个重要的文件,并在亚行向每个拟建设子项目提供贷款前都要由亚行批准。

2.活动和时间

在项目周期的过程中,移民活动的开展既要符合亚行的要求,又要符合中国的法律的规定。以这些活动的特点和顺序为基础,可以把它们分为3个部分。第一部分是移民计划的准备,这一阶段始于亚行项目准备期间的技术援助(PPTA)任务,止于亚行的评估。第二部分是移民的实施,这一阶段始于亚行的评估活动或贷款谈判,止于移民活动的完成。第三部分是移民监测和后评估,这一阶段始于项目移民实施,止于项目完工报告的完成(见图9-3)。

①建筑物的数量仅指被拆除的校舍,受影响的村镇建筑物和企业没有单独的数据。

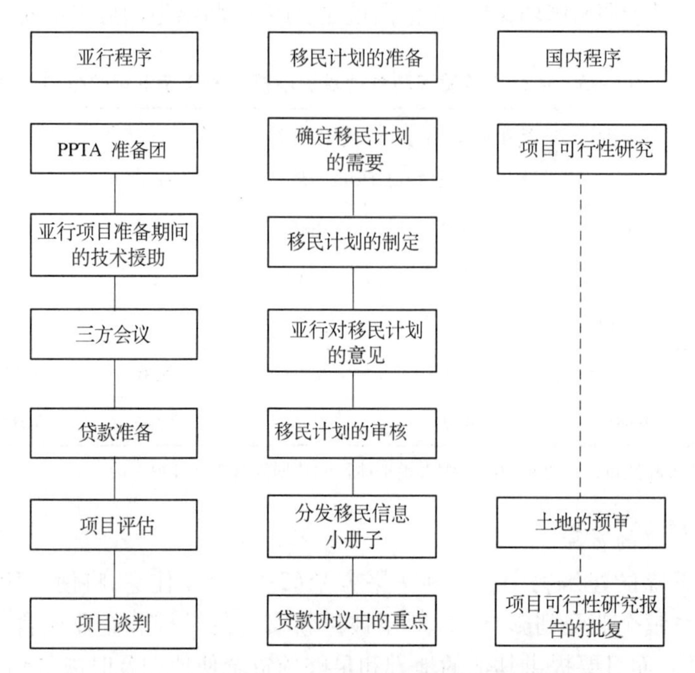

图 9-3　移民计划准备步骤及亚行贷款准备程序

1)移民计划的准备

对任何一个涉及到征地和移民的项目而言,获得亚行批准的一个关键性的条件就是要准备一份令人满意的移民计划。移民计划准备的第一步就是开展全面影响调查。大多数调查是以完成的项目可行性研究为基础的。由于直到完成项目完工图纸时才能确定拟建设工程的位置和排列,为了避免移民计划有大的变动,在项目的初步设计定稿后再开展这些调查较为适宜。

由于黄河防洪项目是一个行业贷款项目,根据亚行在非自愿移民方面的要求,在项目准备阶段要制定移民政策框架和移民计划。根据被批准的移民政策框架,在项目准备阶段已由一个指定的设计机构——黄河勘测规划设计有限公司为 3 个核心子项目(开封堤防加固、长垣滩区建设以及东平湖围坝加固)准备了移民计划,2000 年已被提交至亚行并获得批准。这 3 份移民计划的制定是以项目可行性研究时所做的调查为基础的。因此,按照亚行的要求,在项目施工过程中,一旦完成了完工图纸,就要对这些计划进行更新。

一旦确定了潜在的移民影响,第二步要做的就是按照项目的移民框架、中国的法律法规以及亚行的移民政策制定移民计划①。根据影响的范围大小,要求制定详细或简要的移民计划。对于 3 个核心子项目,已经在社会经济调查和同受影响的村子和个人进行广泛磋商的基础上制定了详细的移民计划。对于非核心子项目,将由同一个机构在项目施工过程中准备类似的移民计划。由于涉及到的工作,比如影响调查、社会经济调查,以及同受影响的人和当地政府进行磋商,完成每一份移民计划需要 2 ~ 3 个月的时间。一旦

①在项目准备过程中就已经准备了亚行贷款黄河防洪项目的移民框架并获得了亚行的批准。

移民计划初稿完成,就会把它们提交给黄委亚行项目办进行审查和批准。在项目办批准后,还会把它们提交至亚行进行审核和批准。

对于非核心子项目,移民计划完成后随同子项目的文件一起提交至亚行。第二批7个子项目的移民计划已经完成,2003年6月已提交至亚行并于当年7月获得批准。这7个子项目包括3个堤防加固子项目,4个滩区建设子项目。第三批20个子项目的移民计划已经准备完毕,2003年9月提交至亚行,2004年7月获得批准。这20个子项目包括4个堤防加固子项目,一个滩区建设子项目以及15个险工改建加固子项目。第四批17个子项目的移民计划也已准备完毕,2005年5月提交至亚行,2005年8月获得批准。它们包括2个堤防加固子项目和15个控导工程项目。

由于项目初步设计与项目可行性研究之间出现了一些变化,应黄委亚行项目办的要求,黄河勘测规划设计研究有限公司在把移民计划提交给亚行后,在完成的项目初步设计的基础上,又准备了更新的移民计划,即移民实施方案。这些移民实施方案在移民实际实施以前作为蓝图提供给当地的项目办。换句话说,对于任何一个涉及到比较重大的土地占用和移民的子项目,都要准备两轮移民计划,一个是以项目的可行性研究为基础,要将其提交至亚行批准,另外一个则是以完成的项目初步设计为基础,并被用到最终的实施中。移民实施方案会根据初步设计中的具体调查作出少许调整,包括:①影响范围的变化;②影响类别的变化,比如,把灌溉地和旱地综合到耕地类中,把主房屋和附属房屋综合到房屋类别中;③由于补偿类别的变化而导致的补偿标准的变化,比如为所有的耕地设置统一补偿费率,而不是不同类型的耕地设置不同的补偿费率;不同结构的所有房屋设置统一补偿费率,而不是为主房屋和附属房屋设置不同的补偿费率。但是,大多数的实施方案未提交给亚行审核。由于在实践中对征地和移民的范围以及对它们的补偿费作出了调整而未事先获得亚行的同意,因此可能会被视为违约。

2)移民的实施

在亚行批准移民计划和项目评估完成之后,移民活动将进入实施阶段。根据任务的性质和先后顺序,移民的实施可以进一步被划分为3个主要部分。第一部分是移民实施准备,这一部分需要在移民实际实施之前完成。虽然这些准备活动对于成功实施移民非常关键,但是由于大多数准备活动是由当地执行机构开展的,亚行并未积极参与,也没有外部的监测机构对其进行严格的监测,因此它们很容易被项目的执行机构忽视。第二部分是实际的执行,这部分可以分为实际搬迁和土地占用。实际搬迁包括受影响人群的住宅搬迁和非住宅搬迁、对于受损的附属建筑的补偿及对受影响的基础设施的重建。土地占用和生产安置包括对被占用的土地的补偿、安置措施的实施及对失地农民进行的职业培训以使他们恢复收入和生活水平。第三部分是监测和评估及对移民工作的后评估。

a. 实施准备

一旦移民计划得到批准,就开始准备子项目的移民实施。为了使移民得以顺利实施,要完成许多具体的任务,包括设立项目移民办公室,分发移民信息小册子,就补偿标准和安置计划同受影响的人群进行磋商,划拨移民经费,公布补偿标准,开展详细的移民调查,确定每一个受影响家庭受到的实际影响,更新移民计划以及批准征地等。表9-94列出了这些任务、要求的机构及这些任务的基本顺序。

我们可以看出部分任务是亚行要求的,部分任务是国内程序要求的。由于近来对土地占用加强了管理,亚行要求的大部分任务和国内程序要求的任务是互补的。所有的任务对于确保移民活动的顺利实施都是非常重要的。由于获得征地批准需要表中第 4 项至第 7 项的信息,因此它是关键性的一步。这一程序不完成就无法开展实际的土地占用。

表 9-94　实施准备阶段的任务清单

序号	要完成的任务	依据	关键的时间
1	建立移民机构	亚行要求	在批准移民计划之前
2	在受影响的村庄内分发移民信息小册子	亚行要求	在亚行项目审查会之前
3	就补偿与安置的问题同受影响的村民进行磋商	亚行要求	在批准土地占用之前
4	移民经费的划拨	亚行和中国法律	在批准土地占用之前
5	公布补偿标准	亚行和中国法律	在批准土地占用之前
6	开展详细的移民调查(DMS)	亚行和中国法律	在批准土地占用之前
7	公布移民调查的结果并通知受影响的居民	中国法律	在批准土地占用之前
8	在移民调查结果的基础上更新并公布移民计划	亚行要求	在土地占用之前
9	对土地占用申请的批准	中国法律	在土地占用之前

在亚行贷款黄河防洪项目中,除一两个子项目外,大多数子项目在实施准备阶段之前就已经开工了。其中一些子项目已经完成了征地和移民。然而,对于相当多的子项目而言,在实际实施之前并未适当地开展这些准备活动,这就是在移民实施过程中出现问题的原因了。例如,由于没有经费支付土地复垦费,因此所有的子项目都未获得相关国土资源局对征地申请的批准。因此,大多数子项目并未贯彻土地管理法和国土资源部相关规定中要求的某些公开程序,有相当多的子项目并未向受影响的村庄分发移民信息小册子。由于移民计划中采用的以及亚行批准的对于受影响人群的补偿费率缺乏明确的概念,因此就有可能导致不能把移民计划中的所有补偿费率发放给受影响的居民或村庄。

b. 实际搬迁和生产安置

在移民实施过程中,根据不同的移民活动和生产安置的要求,可以把实施移民的任务划分为两部分:实际搬迁和土地占用。实际搬迁和生产安置包括对住宅建筑、非住宅建筑、各种附属设施以及受影响的基础设施的补偿和安置。补偿费率应当以中国的法律法规为基础,并与已批准的子项目移民计划相一致。所提供的补偿费率应当足以提供受影响居民满意的替代建筑。除要足额发放补偿费外,还要认真考虑移民计划中的各种安置问题,比如新的宅基地的分配、整修新的宅基地的费用、实际搬迁过程中对于搬迁的经济帮助等。表 9-95 是房屋拆迁和安置工作中所有步骤的清单。

表 9-95　房屋拆迁和安置的任务清单

序号	要完成的任务	依据	时间期限
1	分发移民信息小册子	亚行要求	在亚行项目审查会之前
2	开展详细的移民调查(DMS)	亚行和中国法律	在批准征地之前
3	在移民调查的基础上更新并公布移民计划	亚行要求	在房屋拆迁之前
4	公布移民调查结果并通知受影响居民	中国法律	在批准征地之前
5	在项目区内组织动员大会	当地实践	在房屋拆迁之前
6	同受影响居民签订补偿协议	中国法律和当地实践	在房屋拆迁之前
7	选择并分配新的宅基地	中国法律和当地实践	在房屋拆迁之前
8	支付房屋补偿费	中国法律和当地实践	在房屋拆迁之前
9	准备宅基地	中国法律和当地实践	在房屋拆迁之前
10	建新居	中国法律和当地实践	在房屋拆迁之前
11	迁至新居	中国法律和当地实践	在房屋拆迁之前
12	拆除旧房	中国法律和当地实践	在征地之前

其中第 1 项至第 4 项也可以被看做实施准备阶段,第 5 项至第 11 项是实际的实施阶段。实施准备阶段中的某些工作是亚行要求的,某些工作是国内程序要求的。为了避免造成被重新安置的家庭和企业的临时搬迁,比较理想的做法是在实际拆迁开始之前就开始安置工作,这样就可以使他们直接搬入到新居中。否则就会造成临时搬迁。根据涉及到房屋拆迁的子项目的实施,补偿费发放的透明,新的宅基地的分配,以及当地乡镇的努力,对于房屋拆迁和安置的成功实施都是很关键的。这些方面出现的问题常会导致新居施工和安置的延迟。有时候要花一年多的时间重建被拆迁的学校,这会严重影响村民的教育。

c. 土地占用和生产安置

占用的土地包括耕地和非耕地。补偿费应以中国的法律法规为基础并与已批准的子项目的移民计划一致。除要根据移民计划中的费率向受影响的村庄和个人足额发放补偿费外,另外一项重要的工作就是要实施移民计划中提出的生产安置措施。大多数计划的生产安置活动,比如对土地的重新调整、改善耕作条件以及非农业活动等,都需要同受影响的村庄进行广泛的磋商并取得他们的同意,这要花相对较长的时间来完成。与生产安置相关,各种可以增加收入的技能培训也应作为生产安置计划的一部分提供给失地农民。

相关县的农业局和劳动局将提供各种农业技术和非农业技术的培训，这些活动的成功实施需要当地执行机构的积极参与，省级项目办和外部监测机构的严格监测。表9-96中列出了征地和生产安置过程中的所有活动。

表9-96　征地和生产安置期的活动清单

序号	要完成的任务	依据	时间
1	分发移民信息小册子	亚行要求	亚行中期检查任务之前
2	公布补偿标准	亚行和中国法律	在批准征地之前
3	开展详细的移民调查（DMS）	亚行和中国法律	在批准征地之前
4	以移民调查为基础更新并公布移民计划	亚行要求	在征地之前
5	公布移民调查结果并通知受影响的居民	中国法律	在批准征地之前
6	支付征地补偿款	中国法律和当地实践	在征地之前
7	制定/最终确定受影响村的生产安置计划	亚行要求	在征地之前
8	开展土地调整	亚行和当地实践	在征地之后
9	实施受影响村的生产安置计划	亚行要求	在征地之后
10	为失地农民提供就业培训	亚行要求	在征地之后

对于亚行贷款黄河防洪项目而言，大多数占用较多土地的子项目都已经完成了征地程序。大多数补偿费包括土地补偿费、移民补助金和青苗补偿费将发放给受影响的村子或个人。在相当多的子项目中，发放的补偿费比移民计划或移民实施方案中的要低。这是因为某些县或市的项目办想把其余的资金作为其他相关的移民费用，包括其他的土地费用，相对较高的临时占地补偿费①、土地勘测费以及土地占用过程中的其他相关管理费用。这种实践违反了《中华人民共和国土地管理法》和已批准的移民计划，已经导致受影响的居民产生了不满。为了避免那些子项目中出现违约行为，相关子项目的项目办应认真采取缓解措施，把所有其余的土地补偿资金发放给受影响的居民，使其至少同被批准的移民计划或移民实施方案一致。黄委亚行项目办环境社会部的人员应对所有涉及到征地和移民问题的子项目中补偿费的发放进行全面的审查。在审查中应确定一份具有潜在违约风险的子项目清单，并应明确具体的缓解措施。表9-97是选定的子项目中土地补偿费率的比较表。

①临时占地中采用的补偿费率相对较低，特别是某些子项目施工的取土点，这是目前的一个重要问题。由于取土，那些农田在项目施工之后很难再复耕了。

表 9-97　选定的子项目中土地补偿费率的比较

子项目	移民计划中的补偿费率（稻田/旱地）（元/亩）	移民实施方案中的补偿费率（耕地）（元/亩）	实际补偿费率（元/亩）	移民计划中的和实际补偿费率的变化（%）
原阳	12930/6700	11000	9050	-17.7
东明		11000	9050	-17.7
牡丹	11320/6900	11600	10500	

资料来源：现场调查和移民监测报告。

3）监测和评估以及移民工作的后评估

根据亚行的要求和子项目移民计划中的规定，在整个移民实施过程中要开展移民监测和评估活动。内部移民监测活动将由子项目的项目办和省级项目办开展，而外部移民监测和评估将由一个选定的独立的监测和评估机构负责。内部移民监测报告和外部移民监测报告都要每半年准备一次并提交至亚行。监测和评估的主要目的是使黄委亚行项目办和亚行清楚地了解移民的实施状况，从而可以对监测中出现的问题采取适当的措施。一旦项目施工完毕，子项目的项目办和黄委亚行项目办还需要准备一份移民完工报告，作为整个贷款项目的项目后评估报告的一部分。

对于亚行贷款黄河防洪项目而言，独立的移民监测和评估机构——黄河移民开发公司（HRDC）是黄委亚行项目办选定的承担亚行贷款黄河防洪项目外部监测和评估的机构。2004 年 2 月双方签订了合同，含有本底调查的第一份外部监测和评估报告已经在 2004 年 6 月准备好并提交给了亚行。涵盖 9 个子项目的第二份监测和评估报告于 2005 年 2 月准备好并提交给了亚行。涵盖 22 个子项目的第三份移民监测和评估报告也于 2005 年 10 月准备完毕并提交给了亚行。根据亚行的审核，这些监测报告都很全面具体。

但是，在内部监测方面，自从项目实施以来，相关子项目的项目办和省级项目办并未开展过系统的监测，项目季度进度报告中也很少提及移民方面的信息，亚行中期检查任务团强调了这方面的问题。为了改善现状，每一个子项目的项目办都应当开展内部监测并准备包含更加全面的移民活动信息的进度报告，在其被提交至亚行前要由黄委亚行项目办对其进行归纳总结。为了满足这一要求，亚行建议了一份综合报告格式。

4）鄄城子项目中移民实施的总体进度

以鄄城堤防加固子项目为例，表 9-98 是其移民实施和监督的一个总体的时间表。它表明活动的基本顺序和基本的时间同项目的准备、国内的批准和亚行的批准有关。根据这份时间表，移民实施的准备活动应当在 2005 年 9 月底之前完成，实际征地和移民活动应在 2005 年 10 月开始，直到实际征地和移民实施的两个月后即 2006 年 1 月才应开始工程的施工。

表 9-98　移民监督时间表（鄄城子项目）

序号	移民任务	对象	负责的机构	期限	状况
1	公开				
(1)	信息小册子的发放	4 个村庄和 109 个受影响的家庭	黄委亚行项目办和当地项目办	2003.12.31	
(2)	移民计划的公布	鄄城县	黄委亚行项目办和当地项目办	2004.08.30	已提供初稿
(3)	将移民计划放到亚行的网站上		黄委亚行项目办和亚行	2004.08.30	
2	移民计划与经费				
(1)	移民计划和经费的批准(包括补偿费率)	1152 万元人民币	黄委亚行项目办	2004.07.15	
(2)	在移民调查的基础上修改的移民计划		黄河勘测规划设计有限公司和黄委亚行项目办	2005.08.31	
(3)	国土资源厅的预审		山东省国土资源厅	2005.07.31	项目可研必需的前提
(4)	国土资源厅对征地申请的批准		山东省国土资源厅	2005.08.31	实际征地所需
3	补偿协议			2005.09.30	
(1)	村协议	4 个村子	当地项目办	2005.10.31	
(2)	家庭协议	109 个受影响家庭的房屋和受影响家庭的土地	1 个乡	2005.10.31	
4	详细的移民调查(DMS)		当地项目办	2005.08.31	1 个月
5	详细的移民计划			2005.09.30	
(1)	村庄安置计划	4 个村子	当地项目办	2005.09.30	
(2)	对弱势群体的扶持计划		当地项目办	2005.12.31	
(3)	对受影响的村民的技术培训计划	669 个受影响的家庭	当地项目办	2006.04.30	
6	实施能力				
(1)	地方项目办的移民办公室	5 人	当地项目办	2005.08.31	已动员
(2)	1 个乡镇办公室的工作人员	3 人	当地项目办	2005.08.31	已动员

续表 9-98

序号	移民任务	对象	负责的机构	期限	状况
(3)	村民代表的指定	12 名村民	5 个乡	2005.08.31	
(4)	对工作人员的培训	20 人	项目移民办公室和当地项目办	2005.11.30	
7	监测与评估				
(1)	本底调查（额外的调查）	根据移民安置计划中规定的	监测单位	2005.10.31	
(2)	建立内部监督	根据移民安置计划中规定的	项目移民办公室和当地项目办	2005.09.30	
(3)	同外部监测机构签订合同	根据移民安置计划中规定的	黄委亚行项目办	2005.09.30	
(4)	内部监测报告	半年一次	项目移民办公室和当地项目办	2005.12.31	
(5)	外部监测报告	半年一次	监测单位	2005.12.31	
(6)	年评估报告	一年一次	监测单位	2007.12.31	
(7)	移民工作的后评估报告		项目移民办公室和当地项目办	2007.12.31	
8	磋商的文件	根据移民安置计划中规定的	项目移民办公室和当地项目办		正在进行
9	申诉的文件	根据移民安置计划中规定的	项目移民办公室和当地项目办		将被记录
10	资金/补偿费	根据移民安置计划中规定的			
(1)	发放给地方项目办	根据移民安置计划中规定的	当地项目办	2005.12.31	
(2)	发放给受影响的村庄	根据移民安置计划中规定的	当地项目办	2006.01.31	
(3)	发放给受影响的家庭	根据移民安置计划中规定的	当地项目办	2006.01.31	
11	开始占用土地				
	占用土地第一年	不详	项目移民办公室和当地项目办	2006.01.31	
12	开始土建工程		承包商	2005.07	

（三）移民的机构安排

1. 组织机构

亚行贷款黄河防洪项目的征地和移民过程中将涉及到 4 类机构，即移民实施机构、土地占用管理和批准机构、移民规划和监测机构、亚行检查或监督任务团。图 9-4 中就显示了这些机构之间的基本结构和关系。

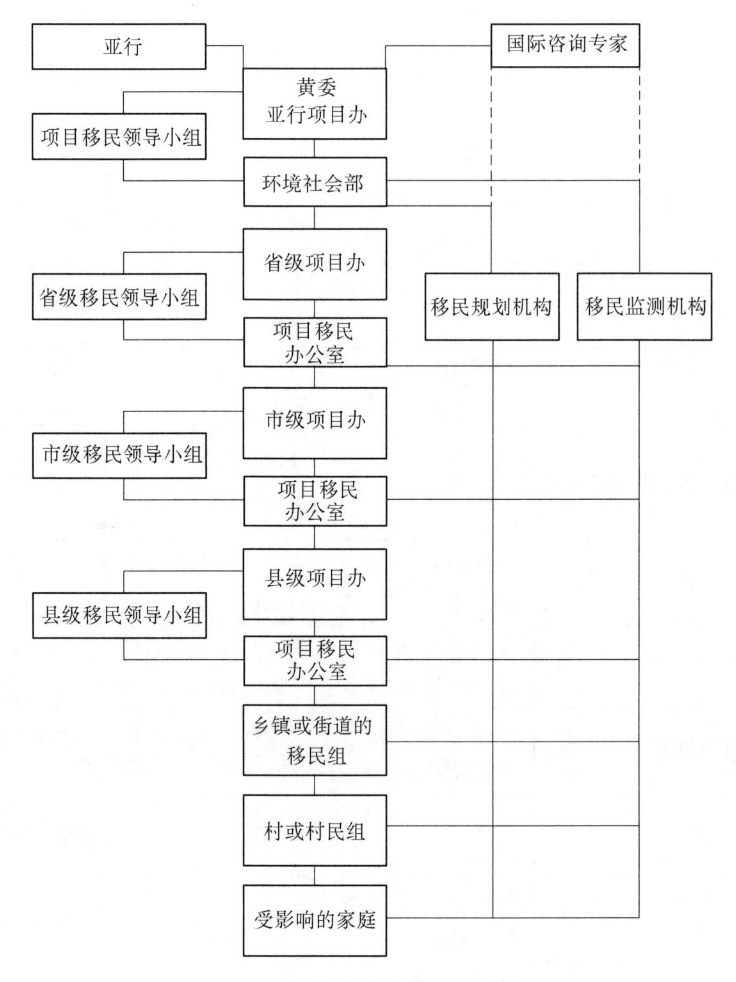

图 9-4　亚行贷款黄河防洪项目移民组织机构图

1）实施机构

对于亚行贷款黄河防洪项目而言，黄委亚行项目办是整个项目的评估机构，负责管理项目整体准备和实施。在黄委亚行项目办的领导下，有三级项目办，包括省级项目办、市级项目办和县级项目办。它们全都设在相应级别的黄河河务局内。省级项目办负责管理和协调各省内的子项目，市级项目办主要负责各个子项目的实施。在移民实施方面，省、市级项目办负责把批准的移民经费分配到各个相关县，实际的实施活动由相关县级项目办在县国土资源管理局和相关县政府的参与下组织开展。对于移民实施中的重要决定，县级项目办通常要与市级项目办磋商。黄委亚行项目办的环境社会部负责移民和环境方面的全面工作。

在子项目所在县,县级项目办的主要任务是实施拟建设子项目的征地和移民活动。为了推动征地和移民活动的顺利开展,每一个子项目所在县都要设立一个移民领导小组和一个移民办公室。移民领导小组通常都由县长挂帅,其成员都是来自主要相关部门的局长,比如国土资源局、水资源局、公安局、农业局等,以及受影响的乡镇的领导。在移民领导小组下面设立一个移民办公室。移民办公室设在县级河务局内,县项目办的移民办公室一般情况下有3~5个的专职人员,在高峰期有10~20个人,包括县里重要职能部门的领导和受影响的乡镇的领导,其负责执行各个子项目的实际征地和移民活动。其中,县国土资源局通常在征地和移民中起领导作用。

在征地和移民过程中,在县政府的领导下,县移民办公室将同各个相关部门、受影响的乡镇、家庭和工作单位密切合作。换句话说,在县政府的领导下有一个组织网,在开展征地和移民活动方面发挥了重要的作用。即使这一组织网中的机构不属于任何一个项目实施的正式的组织体系,但是顺利完成移民活动在很大程度上仍依赖于这一机构组织网的工作效率。强大的领导、清晰的认识以及充分的资源都是有效的实施和令人满意的结果的关键因素。

2)土地资源机构

第二类机构是土地管理机构,负责不同级别的征地申请的审核和批准,包括国土资源部、省国土资源厅、市级和县级的国土资源局。根据土地占用的不同规模,他们负责对征地申请的受理、审核和批准。只有获得了相关土地管理部门对征地的批准之后,才能开始实际占用土地。

根据《中华人民共和国土地管理法》,对于占用70公顷以下土地或35公顷以下耕地的建设项目,由省国土资源厅批准征地的申请。对于占用70公顷以上土地或35公顷以上耕地的建设项目,由国务院通过国土资源部批准征地的申请。亚行贷款黄河防洪项目中有相当多子项目的征地规模超过了70公顷或35公顷的耕地,正式的征地申请应当由国务院通过国土资源部批准。国土资源部还负责同一项目建设用地的预审。

但是,地方一级的国土资源局常扮演双重角色。一方面,他们是地方的国土资源局,负责拟建设子项目征地申请资料的准备、审核和提交。另一方面,他们也是当地移民实施机构中的一部分,在国土资源部或省国土资源厅批准征地申请之后将直接参与到征地的实施程序中。

对于亚行贷款黄河防洪项目而言,自从2000年项目建议书批准以来,并未认真遵守某些征地批准程序,其中包括建设用地的预审程序、征地申请的批准程序。虽然28个子项目的实际征地和移民活动已经开始18个多月了,但却未得到任何相关国土资源管理部门对征地申请的批准。其中一个主要原因是未缴纳土地复垦费。据黄委亚行项目办的官员说,因为国家发改委最终批准的项目经费中并未包含此项,在项目实施阶段他们也很难安排这笔费用的支出。看来在黄河洪水管理贷款项目是否不缴纳土地复垦费这个问题上国家发改委和国土资源部之间还存在较大的分歧。因此,项目正在利用的建设土地是

"没有正规手续"的，这是不符合目前国内要求的。在同几个县国土资源局的工作人员讨论之后得知，由于征地申请缺乏政府的批准，征地过程中要求的许多程序，比如公布征地通知、要求的公众听证会以及在项目实施地公布补偿费率，并未得到遵守。

3）移民规划和监测机构

第三类机构包括负责准备移民计划和为拟建设子项目开展移民监测和评估的咨询机构。关于移民规划方面，黄委亚行项目办已委托黄河勘测规划设计有限公司为包括3个核心子项目和43个非核心子项目在内的所有子项目开展移民规划。这一被选定的设计机构在水库移民规划以及在为诸如小浪底项目和万家寨项目等世界银行贷款项目的移民准备上有着十分丰富的经验。在外部移民监测和评估方面，黄委亚行项目办已经选定黄河移民开发公司（HRDC）按照亚行的要求为整个贷款项目开展移民的外部监测和评估。黄河移民开发公司在许多世界银行的贷款项目上有着相当多的经验。在移民规划和移民监测的过程中，这两个机构都将在移民过程中同所有的利益相关者合作。

除移民规划和监测机构外，在项目实施阶段的移民咨询专家组也属于第三类机构。咨询专家组将直接参与到亚行贷款黄河防洪项目的移民实施中。根据工作大纲，咨询专家组的主要任务是帮助环境社会部审核并改进内部移民监测报告和外部移民监测评估报告。移民咨询专家组的技术援助工作量包括一个国际移民专家的11人月的投入，其工作实施将跨两个年头。

4）亚行的检查与监督任务团

第四类机构就是亚行的检查与监督任务团，包括亚行每年的常规检查团、中期检查团以及项目竣工报告准备团。亚行的常规监督任务为确保移民活动按照已批准的移民计划的顺利实施发挥了重要的作用。自从贷款合同生效以来，亚行共开展了4次检查任务。其中，只有一次检查任务——2005年4月开展的中期检查任务包括了一名移民专家。在中期检查任务之前，亚行的移民专家也已审核了提交的项目的移民计划和移民监测和评估报告。这些检查使亚行有机会了解亚行贷款黄河防洪项目的移民实施状况，并为其改进提供建议。

2. 角色和职责

为了有效地开展亚行贷款黄河防洪项目的移民活动，各个机构特别是那些实施机构和外部监测机构的角色和职责被确定为如下几方面。

1）实施机构

亚行贷款黄河防洪项目的实施机构共有两种，一种是项目办，包括黄委亚行项目办，负责项目的全面管理工作；以及省级和其他市县级的项目办，直接负责各个子项目的实施；另外一种是各级政府的移民机构。

黄委亚行项目办在移民实施中的主要职责如下：①负责黄河防洪贷款项目全面的移民管理；②在黄委亚行项目办内设立环境社会部（ESD）并配备经验丰富的专职人员和充足的资源；③为移民的外部监测选择独立的监测机构并与之签订合同；④为所有子项目准备实施移民计划选择设计机构并与之签订合同；⑤在移民计划提交亚行前对其进行审核；⑥就所有子项目中建设用地的预审和征地申请的批准问题同国土资源部进行协调；⑦根

据已批准的移民计划向各相关的省级项目办分配移民经费并审核其支付程序;⑧对各级项目办特别是县级项目办的移民工作人员组织开展移民管理培训;⑨在移民实施之前审核并批准详细的征地和移民实施方案,并检查其是否与已批准的移民计划相一致;⑩协调相关的项目办并解决移民实施过程中出现的重要的移民问题,特别是内部监测报告中和外部监测报告中都提出的问题;⑪审核外部移民监测报告并将其提交至亚行批准;⑫制定子项目的项目办使用的报告格式,审核子项目的内部监测报告,准备全面的移民内部监测报告并将其提交至亚行审核。

河南省项目办和山东省项目办在移民规划和实施方面的主要职责包括:①负责本省内子项目的移民管理;②在项目办内设立项目移民办公室并配备经验丰富的工作人员和充足的资源;③为本省内所有子项目的建设用地的预审和征地申请的批准问题同省国土资源厅进行协调;④根据被批准的移民计划向各相关的市级项目办分配移民经费并审核其支付程序;⑤对本省内市级和县级项目办的移民工作人员组织开展移民管理培训;⑥审核并批准县级项目办准备的详细的征地和移民实施方案并检查其是否与已批准的移民计划相一致;⑦协调相关的市级和县级项目办并解决移民实施过程中出现的移民问题,特别是内部监测报告中和外部监测报告中都提出的问题;⑧帮助当地的项目办准备各子项目的内部移民监测报告并将其提交至黄委亚行项目办,作为准备整个项目的内部移民监测报告的基础。

相关市级项目办在移民规划和实施方面的职责包括:①负责本市内子项目的全面的移民管理工作;②在项目办内设立项目移民办公室并配备经验丰富的工作人员和充足的资源;③为本市内所有子项目建设用地的预审和征地申请的批准问题同市国土资源局进行协调;④根据已批准的移民计划向各相关的县级项目办分配移民经费并审核其支付程序;⑤审核并批准县级项目办准备的详细的征地和移民方案并检查其是否与已批准的移民计划相一致;⑥在县级项目办到场的情况下同受影响的村子或当事人就地上附着物、临时占地和各种基础设施签订补偿协议并按照补偿合同发放补偿费;⑦协调相关的县级项目办并解决在移民实施过程中出现的移民问题,特别是在内部监测报告中和外部监测报告中都提出的问题;⑧帮助县级项目办准备各子项目的内部移民监测报告并通过省级项目办将其提交至黄委亚行项目办,作为准备整个项目内部移民监测报告的基础。

县级项目办在移民规划和实施方面的直接职责包括:①负责子项目的全面的移民管理工作;②在县级项目办内设立项目移民办公室并配备经验丰富的工作人员和充足的资源;③对选定的设计机构的移民计划的准备工作进行协调;④在受项目影响的村子内分发移民信息小册子;⑤对相关县级机构和乡镇(街道)移民工作组的移民工作人员组织开展移民管理培训;⑥在征地和移民实施之前组织开展移民调查;⑦在项目影响地区内公布补偿费率,就补偿费率和安置方案同受影响的居民进行磋商;⑧安排县国土资源局准备并提交征地申请;⑨通过县职能部门和相关乡镇同受影响的村子和个人签订补偿协议;⑩通过县职能部门和相关乡镇将补偿费发放至受影响的村子、工作单位和个人;⑪通过相关县的机构组织新住宅、办公室和基础设施的建设;⑫准备移民进度表,并将其并入到项目季度报告中;每半年同市级项目办准备一次子项目的内部监测报告并将其提交至省级项目办和黄委亚行项目办审核;⑬通过提供内部监测报告和其他相关数据和信息,协助选定的移民外部监测机构开展外部监测和评估。

2)对实施机构任务执行的评价

在亚行贷款黄河防洪项目中,自从大多数子项目开始实施移民以来,可以对不同类型实施机构的执行情况作一个简要的评价。为了实施其相关职责,黄委亚行项目办设立了一个包含4名专职人员的专门的环境社会部。在项目准备阶段,环境社会部同项目准备咨询专家以及亚行的项目官员一同工作并完成了3个核心子项目的详细的移民计划以及整个项目的移民政策框架。在项目实施的前期阶段,环境社会部在使设计机构完成各批次非核心子项目的移民计划方面以及在2005年9月获得亚行批准方面都起了很大的作用。在外部监测方面,环境社会部选定了一个合格的机构实施外部监测活动。在实际移民实施的管理方面,环境社会部参与得比较少,主要是依靠当地的项目办开展实施工作。他们的注意力主要放在这些方面,即能否为土建工程的开工按时完成征地和移民,以及征地和移民能否在已批准的经费内完成。但是,由于雇用移民方面的国际咨询专家的延迟以及对亚行的要求缺乏全面的了解,某些方面还需要进一步的提高,包括准备移民内部监测报告、开展移民培训特别是为县级移民工作人员开展培训,以及确保同所有子项目的移民计划完全一致。

当地项目办特别是市级和县级的项目办在实施征地和移民活动时已经努力遵循了移民实施方案。某些已开展的公布程序和补偿费的发放看来完成得很好,没有什么问题。

3)外部监测机构

在黄委亚行项目办环境社会部的监督以及各级地方项目办的协调下,被选定的移民外部监测机构将负责:①为每一个子项目的移民实施开展移民外部监测和评估以确保移民实施活动同中国的法律及亚行的政策保持一致;②同主要的利益相关者包括相关项目办的移民官员、当地的国土资源局、相关的乡镇以及村庄和工作单位、受影响的居民进行会面,检查移民实施的整体进度,确认子项目的项目办准备的内部移民监测报告中的信息并审核其是否与已批准的移民计划相一致;③在项目范围内开展家庭和村子的抽样调查以监测移民实施后其收入和生活的变化,确定土地损失和房屋拆迁安置过程中的重要问题,并作出适当的建议;④对每一个子项目至少要开展3次家庭调查,第一次是在征地和移民之前,第二次是在征地刚刚结束之际,第三次是在移民完成后的一到两年;⑤在调查的结果和对其分析的基础上,在项目实施过程中每半年准备一次整个项目的外部移民监测报告并将其提交至环境社会部、地方的项目办和亚行审核。

4)土地管理机构

国土资源部和省国土资源厅。对亚行贷款黄河防洪项目而言,国土资源部和河南省国土资源厅以及山东省国土资源厅负责每一个子项目的建设用地的预审和征地申请的批准。其主要职责包括:①审核并批准亚行贷款黄河防洪项目中每一个子项目的建设用地的预审;②审核并批准每一个子项目的征地申请;③对征地过程进行监督和监测。

县级和市级国土资源局。负责:①准备每一个子项目建设用地预审的申请;②准备子项目的征地申请并将其提交至省国土资源厅批准;③对获取的土地进行详细的测量,确认所有受影响的业主或承包者;④应受影响居民的要求就征地问题举行公众听证会;⑤根据国家法律、省级规章和已批准的子项目的移民计划准备补偿方案并告知受影响的居民;⑥将拟占地位置、面积以及补偿政策告知公众;⑦同地方项目办签订整体补偿合同;⑧同受影响的村子和个人签订补偿合同;⑨通过相关的乡镇和街道将补偿费发放到受影响的村子和个人。

5)技术援助咨询专家的监督

在环境社会部的监督下,被选定的国际移民咨询专家负责:①同黄委亚行项目办社会环境部的人员密切合作,促进项目移民内部监测系统的建立;②对地方项目办准备的子项目的移民监测报告进行审阅和评论;③在环境社会部准备的整个项目的内部移民监测报告提交至亚行之前对其进行审阅和修改;④为环境社会部及相关项目办移民办公室的人员开展移民监测培训研讨会;⑤对选定的独立的移民监测机构准备的监测与评估报告的初稿进行审核和评论;并在将其提交至亚行前协助对其进行修改。

6)亚行的检查任务

亚行的贷款协议规定每年安排两次检查团或监督团。检查团将包括移民专家,检查移民实施的开展,确保遵守已批准的移民计划以及受影响居民的收入和生活在移民之后能够得到恢复和提高。通常移民检查任务会涵盖涉及移民实施的所有相关问题,从非核心子项目移民计划的准备到子项目开始移民实施的状况。以下是对亚行移民检查任务所涵盖的问题的总结:①检查项目办对亚行 2003 年 10 月备忘录的回复;②检查所有子项目在移民方面的状况、移民计划的准备和实施;③对于村台建设,讨论把村台建设项目区内自愿撤出的居民安置到新的村台上,注意弄清这些人是自愿搬离的吗,他们想被重新安置在新的村台上吗;④讨论并就进度报告问题得到项目办的许诺,特别是每一个子项目都应就移民的实施报告基本的信息;⑤确认移民计划及已向受影响的居民公布的权益;⑥确认补偿标准和补偿费率应用到每一个子项目中;⑦要求项目办提供电子版的移民计划以使其能够张贴在亚行的网站上;⑧要求项目办提供向受影响的居民进行技术培训的详细信息;⑨确认足额且及时发放了移民经费以及资金;⑩更新移民活动的实施进度表;⑪确认受影响家庭中的 10% ~20% 是否开展了本底调查;⑫确认项目办已经按照亚行批准的工作大纲的要求为移民监测和评估雇用了一个独立的监测机构(见 2003 年 7 月的工作大纲),这个要求对确定移民活动的开展是否与亚行的政策一致特别是有关收入的恢复十分重要,项目办应当确保独立的监测机构按照每个项目协议中规定的那样每半年向亚行提交一次报告;⑬确认申诉程序是否得到了有效实施;⑭确定社会和移民咨询专家应当开展的任务和应当准备的报告。

(四)对移民实施的主要要求

为了确保达到移民的目标,已为亚行贷款黄河防洪项目(YRFMSP)制定了一个移民政策框架(RPF),在贷款准备阶段就已被亚行审核批准。在移民政策框架下有许多重要的规定,为制定一份圆满的移民计划、确保移民活动目标的达成提供了基础。这些规定包括移民补偿条件、移民补偿标准、安置措施、磋商和告知、申诉程序等。

1. 移民补偿的条件

关于补偿权益的政策,其目的是对由于项目(及子项目)引起的财产损失而受影响的民众(Aps)进行补偿,并为及时恢复和改善其生活提供基础。应当对项目占地范围内和拆迁范围内所有的业主或建筑物的使用者提供补偿或帮助。补偿及其条件适用的政策应当遵守国家法律、省级规章以及亚行的政策在征地和移民方面的如下规定。

(1)由于子项目的施工而损失耕地的村民将有权通过土地调整在原来的村子内或其附近获得另外的土地,或者获得现金补偿款。安置补助费应当直接支付给受影响的家庭,土地补偿费将被用来修建灌溉设施,改善种植结构,开展二三产业以及帮助受影响的居民找到工作来改善农业生产。相应地,也有必要对临时占地造成的幼苗损失、收入的损失、基础设施的损坏和耕地的复耕进行补偿。

(2)安置住宅或等值的现金补偿应当提供给那些由于子项目的施工而损失住宅和辅助建筑物的人们。安置住宅位置的选择应当与受影响的居民的生产、生活状况和生活水平相符。受到项目不利影响的建筑物和其他财产应当按重置价值对其进行补偿。将提供给受影响的居民搬迁费和过渡补助,这些补助费的总量事先按照子项目所在地的普遍标准确定。

(3)子项目的实施机构将为损失生产和经营的人们提供适合的生产地点。应当对搬迁的设备的重新安置或停止使用的设备的损失提供足够的补偿;应当对搬迁期间损失的工资和生产提供补偿;应当按重置价值对所有或部分受影响的建筑物和其他固定资产进行补偿。

2. 移民补偿标准

各个子项目的移民计划应当符合国家和省级的法律法规。征地和拆迁的实际补偿标准应当按照在子项目区内的实际位置确定。确定补偿费的原则和基础如下。

(1)征地。补偿费应当符合《中华人民共和国土地管理法》以及河南省和山东省相关的实施条例中对于土地补偿费、安置补助费、青苗补偿费、房屋补偿费以及其他移民实施措施的规定。根据政策,耕地补偿费将以过去3年的平均年产量为基础,按照受影响的村子的人均土地拥有量加倍。临时占地的补偿费将按平均产值、占用时间以及土地复垦的费用为基础。影响青苗或林木的永久性占地或临时性占地要求按损失青苗收成时的价值和新栽林木价值为基础将补偿费支付给业主。

(2)房屋拆迁和地上附着物。对拆迁建筑物的补偿费将按重置价值,以每一个子项目区内的安置建筑的材料成本分析为基础。各种附着物、基础设施的补偿费以及搬迁补助将根据对项目所在县内批准的相似项目的补偿费确定。

(3)非住宅建筑。对非住宅建筑的补偿费将按重置价值,以子项目区内的材料成本分析为基础。关于重新安置设备、搬迁补助以及临时停工期间损失的工资和收入的补偿费,将根据实际费用确定。

(4)基础设施。对于受影响的基础设施的补偿费的支付将根据相关的法规及参照子项目所在地的相似设施的单位成本的预算成本予以确定。

3. 安置措施

由于子项目工程大体分布在黄河岸边且跨度很大,因此占地面积相对分散。对于大多数受影响的村子而言,必要的拆迁和占地将不会对村民整体的生产生活产生严重的不利影响。按照“移民是发展的一部分”的原则,以安置措施为基础的土地和农业应当在移民计划中作为各个子项目的主要生产安置手段予以确定。以下是对项目整个安置方法的介绍。

(1)对失地农民的生产安置。作为移民活动的一部分,生产安置将主要涉及农业生产的发展,包括对原有村子或村民小组内耕地的调整,对农作物布局的改变,对低产耕地的改善,以及把旱地转变为稻田。对于失地农民而言,主要目的是提高现有土地资源的潜能,确保每一个移民最低限度的作物产量。为了提高受影响居民的收入,应当根据子项目区内特定的经济条件,鼓励适当的畜牧业以及二、三产业。还要对那些不需要重新分配土地而依靠各种非农业活动生活的农民进行现金补偿。在制定适当的安置措施时还要考虑性别因素。

(2)对受影响家庭的生活安置。为了把项目施工对生产生活的影响降到最低程度,被重新安置的农村家庭将被安置在村子内他们原来住宅的附近。被重新安置的城市家庭可以根据城市土地使用规划选择在另一个地方的产权交换或者选择现金补偿以使他们可以按自己的需要购买住房。

(3)对受影响的企业和事业单位的安置。对受影响的企业和学校将提供现金补偿,建设单位将负责对受影响的基础设施予以恢复。对于那些无需搬迁的企业而言,他们应当自己安排建设新建筑。对于那些需要被重新安置的企业或学校而言,项目办公室和地方政府应当协助他们按照土地利用规划确定一个新的位置。对于受子项目开发影响的小商店的业主而言,将按损失或损坏资产的重置价值、搬迁补助以及搬迁期间损失的工资和收入对其提供现金补偿。项目办公室和当地政府应当在安置期间对其提供帮助。

(4)对弱势群体的安置。在实施移民时,应当对弱势群体的安置给予特别的关注和优待。每一个子项目的移民计划都包括弱势群体的资格标准和特殊权益,在项目办开展移民调查时确定这些对象。按照移民计划的规定,项目将提供财务和材料补助以及补偿与安置措施。

由于各子项目之间占地面积的不同,土地所在位置的不同以及自然资源和基础设施的不同,在同受影响的村子进行广泛磋商以及认真考虑不同地方条件的基础上,各个子项目的安置方案也不同。对于不同的受影响的村子的各个安置方案应当在各子项目的移民计划中详细确定。附件9-3是权益表,指出了各类影响的基本原则和权益。

4. 公众磋商、信息公开与参与

在项目实施之前,应当在项目区内开展公众磋商和信息公开,使受影响的人群了解和接受计划的移民政策是批准移民计划的前提条件。对于子项目而言,在亚行批准每一个子项目之前要向受影响的人群分发移民信息小册子,提供影响和补偿费率的详细信息。在相关市级、县级和乡镇政府办公室可以看到移民计划,任何一个更新的移民计划在亚行批准之前都要向受影响的人群公布。在实施过程中,移民调查的结果、补偿的条件和支付都要向各村或居民委员会公布。

公众参与包括受影响的社区和项目的利益相关者在整个移民过程中的参与。建立协商机制，鼓励人们积极参与包括移民规划和移民实施程序在内的移民活动是非常重要的。为了达到这个目的，在准备移民计划期间，应当邀请受影响的社区和个人参加磋商会议，以使他们能够充分了解移民政策和移民安置计划。项目所在县的项目办应当要求地方政府和受影响的个人对移民政策和补偿标准发表意见。对于各种安置方案，如安置房屋的选址和设计，各种生产安置措施，土地补偿费在村子、村民小组内和个人之间的发放，尤其应当这样。应当鼓励所有可能受子项目和移民计划影响的所有人参与讨论并帮助制订移民和安置方案。

5. 申诉程序

虽然在准备每一个子项目的移民计划时都要同受影响的人群磋商，但是如果准备的移民计划未预见到某些问题或变化，那么在实施过程中就会引起受影响居民的不满。在征地和移民过程中出现问题的时候，为了确保受影响的居民能够表达他们的不满，制定了一个申诉程序并将其包含在已批准的移民计划中。这个申诉程序的目的是能够对受影响居民提出的不满及时作出一个令双方满意的答案，这样就可以避免复杂的法律程序。详细的程序如下：

(1) 如果任何一个受影响的居民不同意补偿费或移民计划，可以向村委会表达其不满。村委会将做记录，同当地的移民办公室进行磋商，并在 10 天之内向受影响的居民答复。

(2) 如果受影响的居民对答复不满，可以向乡镇的移民工作组申诉，乡镇的移民工作组将作记录，同当地的移民办公室进行磋商并在 10 天之内向受影响的居民提供一个解决方案。

(3) 如果受影响的居民仍然不接受建议的解决方案，那么他们可以直接向市项目办或县项目办的项目移民办公室提出申诉。市项目办或县项目办是整个子项目的主要负责机构。项目移民办公室应当对所有申诉作记录并在 15 天内提出解决的方法。

(4) 如果矛盾仍然得不到解决，受影响的居民还可以向省级项目办、黄委亚行项目办提出申诉或者根据《中华人民共和国行政诉讼法》直接到当地的人民法院提起行政诉讼。各级项目办的移民办公室负责保存所有申诉记录和最终的解决方案。

按照《中华人民共和国土地管理法》和其他法规的新规定，受影响的居民将通过参加会议和从移民信息小册子中了解其申诉权利。还将通过媒体公布项目的信息，收集受影响居民的意见和建议。对于受影响居民的评价和不满，各相关的行政机关将及时对其调查和解决。

（五）移民实施的法律法规

1. 目标与原则

根据亚行非自愿移民政策的原则，应当尽可能地避免或减少移民和征地。但是一旦无法避免这些影响，那么每一个涉及到征地和非自愿移民的子项目必须要符合项目移民框架的总原则，项目移民框架是以中国的法律法规和亚行在非自愿移民方面的政策为基础的。

亚行贷款黄河防洪项目移民活动的目标是确保所有受影响的人群——永久性的或临

时性的(包括营业地或耕地被占用,或房屋被拆迁,或其生产受到影响,或其农作物、林木和财产受到影响,包括部分影响和全部影响),能够为其损失进行合理的补偿以使他们可以提高或至少保持原有的生产能力和生活水平。

亚行贷款黄河防洪项目的移民实施中适用了亚行的非自愿移民政策。因此,为达成这些目标,可以采用以下的总原则。

(1)移民计划应当遵守国家法律和地方法规在征地和拆迁方面的基本原则以及亚行的非自愿移民政策。

(2)移民计划应当以社会经济调查和详细的移民影响调查为基础。

(3)应当为保护耕地和减少征地及拆迁的影响范围优化项目设计。

(4)所有对非自愿移民的补偿是项目成本的一部分,应当对受影响的人群提供足够的资金以使他们不会因为项目而受到不利影响。

(5)移民应当确保在迁移之后所有受影响的人群的生产和生活能够至少恢复到移民之前的水平。

(6)对房屋和其他资产的补偿应当以重置价值为基础,不能有任何的减值或其他任何折价。

(7)所有受到项目不利影响的人群和建筑物都会得到补偿。

(8)应当对弱势群体给予特别的关注和协助,比如帮助他们搬迁到一个新地区,或在生产安置方面协助他们。

(9)为了确保不降低生活标准和收入水平,应当向所有受征地影响的劳动者提供新的工作或经济政策方面整套措施。重点要放在提供安置耕地、补充非农业活动上来。如果可行的话,受影响的农民可以选择个体经营。

(10)应当在征地或征用财产之前向受影响的人群全面公开移民框架和移民计划(包括更新的)。

(11)应当鼓励移民参加移民计划的制定和实施,应当在移民开始之前公布补偿的政策和标准。

(12)应当认真对待受影响的人群提出的不满和申诉,应当及时解决在移民实施过程中碰到的任何问题和困难。

(13)应当通过人员培训巩固各级移民组织,通过提高所有相关机构之间的协调更有效地实施移民。

(14)项目的实施机构应负责移民活动的内部监测和评估,每季度都应向亚行提交进度报告。

(15)应当由一个独立的监测机构开展外部监测和评估,应当每半年向亚行提交一次监测和评估报告。

(16)在移民计划实施过程中,任何重大变化,比如权益或补偿标准的变化,或征地及房屋拆迁的位置及范围的变化,或子项目工程范围的变化,都应当在征地或土建工程实施之前向亚行报告。必要时,还应当更新移民计划并将其提交至亚行批准。

2. 中国的法律法规

为了更好地理解国内的法律法规,下面列出了相关的国家法律和地方规章。这些法律法规对于确定征地和移民的程序提供了重要的规定,比如批准征地的程序,确定土地补偿费,公开程序和申诉程序以及对违法行为的处罚。它们是亚行贷款黄河防洪项目各个拟建设子项目移民计划的法律基础。

(1)《中华人民共和国土地管理法》(1998 年 12 月)。

(2)《中华人民共和国土地管理法实施条例》(1998 年 12 月)。

(3)《国务院关于深化改革严格土地管理的决定》(国发[2004]28 号)。

(4)《关于完善征地补偿安置制度的指导意见》(国土资源部 2004 年 11 月 3 日第 238 号令)。

(5)《中华人民共和国城市房屋拆迁管理条例》(中华人民共和国国务院第 305 号令,2001 年 6 月 6 日通过,自 2001 年 11 月 1 日起施行)。

(6)《中华人民共和国耕地占用税暂行条例》(1987 年 4 月 1 日国务院国发[1987]27 号发布,自发布之日起施行)。

(7)《河南省实施〈中华人民共和国土地管理法〉办法》(2004 年 11 月 26 日河南省第十届人民代表大会常务委员会第十二次会议通过)。

(8)《河南省城市房屋拆迁管理条例》(2002 年 9 月 27 日河南省第九届人民代表大会常务委员会第三十次会议通过)。

(9)《山东省实施〈中华人民共和国土地管理法〉办法》(1999 年 8 月 22 日山东省第九届人民代表大会常务委员会第十次会议通过)。

(10)《山东省城市房屋拆迁管理条例》(2000 年 4 月 14 日山东省第九届人民代表大会常务委员会第十四次会议通过)。

3. 土地占用的批准程序

上述法律法规都规定了实施征地和移民的程序,确定补偿标准的方法以及对受影响的人群采取的安置措施。对于任何涉及到土地占用的项目,都要由国土资源部或省国土资源厅负责土地占用的审批程序。在审阅了相关法律文件并与省国土资源厅的官员讨论的基础上,征地审批共有两个主要的步骤:第一步是建设用地的预审,第二步是对土地占用申请的批准。由于没有获得建设用地的预审就不会审核土地占用申请,在获得土地占用申请的批准之后才能开始实际的土地占用,因此这两个审批手续对任何一个投资项目中土地占用和移民活动的实施都是至关重要的。换句话说,如果没有相关国土资源厅完成这两个审批手续而开展移民就是不合法的。

1)建设用地的预审手续

根据国土资源部 2004 年 10 月 29 日通过的《建设项目用地预审管理办法》的规定,任何一个建设项目在申请占用土地之前都需要获得建设项目用地的预审。事实上,建设项目用地的预审是项目审批程序的一部分,应当在国家发改委或省发改委批准项目可行性研究报告之前完成。建设项目用地的预审申请由地方国土资源局的土地利用规划部门准备,由省国土资源厅或国土资源部批准。所需文件包括:①建设项目用地预审申请表;

②包含详细测量结果的项目土地利用规划图;③建设项目用地预审的申请报告,包括下列几项:拟建设项目基本情况、拟选址情况、拟用地总规模、补充耕地初步方案;④由国家发改委或省发改委批准的项目建议书批复文件;⑤项目可行性研究报告。

在建设项目用地预审程序中还需要的其他相关文件包括:①地质灾害危险性评估报告[①];②矿产资源评估报告[②];③环境影响评估报告;④水土保持报告。

建设项目用地预审的主要目的是确定:①拟建设项目的位置是否符合项目所在县或市的土地利用总体规划;②土地占用量是否合理;③补充耕地方案是否可行;④建设项目选址是否压覆重要矿床;⑤建设用地是否位于地质灾害易发区。关键是确定项目需要占用的耕地量,以便相关的国土资源厅可以为项目分配适当的占地配额。

建设项目用地预审的批准机构要与项目投资的批准机构一致。换句话说,如果省发改委批准了项目投资,那么省国土资源厅就要负责同一建设项目用地预审。对于黄河防洪贷款项目而言,由于是国家发改委批准的项目投资,那么本应由国土资源部负责建设项目用地的预审。但由于亚行贷款黄河防洪项目是在2001年由国家发改委批准的,当时建设项目用地预审制度还未施行,因此在国家发改委批准可行性研究报告之前并未取得建设项目用地预审。

2)征地申请的批准

根据中国的土地管理法,河南省和山东省的征地程序由省国土资源厅和相关市、县的国土资源局负责管理。根据涉及的土地或耕地的数量,土地占用申请将由省国土资源厅(占地量不超过70公顷或耕地占用量不超过35公顷)或国务院通过国土资源部批准。对于目前的项目(YRFMSP),由于所有46个子项目都是增强黄河防洪能力的总投资的部分,在批准投资方面他们将被作为一个整体项目。在土地占用审批方面也是类似。换句话说,它们的土地占用申请需要由国土资源部批准。即使各子项目单独申请,虽然国土资源部可以授权省国土资源厅处理审批程序,但由于堤防加固类和村台建设类的大多数子项目的需占地量超过70公顷,它们的占地申请仍需由国土资源部批准。

根据相关的法律法规,任何一个开发项目的占地申请应包含下文所述文件,这些文件由县国土资源局收集或准备。它们首先会被提交至市国土资源局审核,然后再被提交至省国土资源厅批准。审批程序将涉及以土地利用管理部门为首的省国土资源厅的5个部门。其余的4个部门包括土地利用规划部门、耕地保护部门、地质环境部门以及矿产资源部门。据省国土资源厅的官员介绍,如果提交的文件完备,市国土资源局审核占地申请的时间只需要7天;省国土资源厅审核批准占地申请的时间只需要10天。

以上述条件为基础,共需要2~3个月的时间获得土地占用的批准,其中要给县国土资源局一定的时间完成以下工作:①土地调查;②确定所有受影响的当事人,告知他们补偿费率;③应要求组织听证会;④准备所有必要的材料,包括国家发改委或省发改委的项目投资批准文件。

---

①地质灾害危险性评估报告由地方国土资源局的地质环境部门准备。

②矿产资源评估报告由地方国土资源局的矿产资源部门准备。

以下是获取征地批准所需的材料：①建设项目用地预审报告；②市或县的土地利用规划；③占用林地是否已经林业主管部门审核同意；④所需土地的详细的勘测定界图；⑤土地占用的申请报告；⑥补充耕地方案；⑦征用土地方案；⑧供地方案；⑨农用地转用方案；⑩土地利用现状图（1∶10000）；⑪有资格的单位出具的勘测定界图（1∶2000）；⑫经批准的市、县土地利用总体规划图（副本）。

根据相关的法律法规，一旦批准了占地申请，相关的县或市政府就会被要求将其在当地公布，县或市的国土资源局将代表未来的土地使用者履行实际的占地程序。公布的通知通常被印制成标准的公告，张贴在项目区内，包括像批准机构、批准文号、批准的土地利用方式、占地的大小和范围等这样的信息。

在公告土地占用以后，受影响的土地所有者和土地使用者应带着他们的土地使用证到相关的区或县国土资源局做补偿登记。由于涉及土地的类型不同以及规定的补偿标准不同，区或县的占地工作办公室将为所占土地制订一份详细的补偿方案，包括补偿费率、基本程序和实施进度。这一补偿方案将在项目影响范围内公布，以便收集受影响的村集体和个人的意见。

这些国内的程序现在日益透明，这与亚行的政策要求是一致的。一个重要的问题是要确保最终适用的补偿方案要高于或至少与子项目移民计划中的补偿费率一致。换句话说，县国土资源局的工作人员应充分了解移民计划并据此制定补偿费率，以使其已批准的移民计划的差异程度降至最低，避免违约的情形。

对于亚行贷款黄河防洪项目，由于在支付土地复垦费上的纠纷，所有子项目都未获得土地占用批准。因此，某些相关程序，如土地占用通知的公布、关于补偿方案的听证会等并未开展。某些县国土资源局不得不使用已经过时的规定作为征用土地的法律基础，这显然违反目前的征地程序，在法庭上很容易受到质疑。

4. 亚行的移民要求

1）整个项目和核心子项目

黄河防洪项目已被亚行确定为行业贷款项目。根据亚行在行业贷款项目中的移民要求，在项目准备期间，要制定整个项目的移民框架以及涉及征地和移民的核心子项目的单独的移民计划。

移民框架概述了整个项目的移民影响，以国家法律、省级规章和亚行政策为基础的政策框架、补偿标准、安置方法、实施程序、机构设置以及监测和评估安排等。核心子项目的单独的移民计划是以设计机构开展的详细的影响调查、社会经济调查以及同受影响的村子和个人之间进行的广泛磋商为基础的。移民计划包括对不同类型影响的补偿标准、各种补助、安置措施、成本估算、实施进度、申诉程序以及监测和评估等。整个项目的移民框架和3个核心子项目的移民计划在项目准备阶段都已受到了亚行的审核与批准。

2）非核心子项目

每一个非核心建设子项目达到亚行的技术标准、社会经济标准和其他标准，才能合格地筹措到资金。对于那些需要征地和移民的子项目而言，在项目移民框架被批准之后，还需要准备类似的移民计划作为项目准备材料的一部分。特别是对于那些因征地和移民将影响200人以上的子项目而言,还要制定一份详细的移民计划(如同3个子项目的移民计划)。对于那些因征地和移民将影响200人以下的子项目而言,要制定一份简要的移民计划。在实施之前,详细的移民计划和简要的移民计划都要提交给亚行批准。

根据亚行的程序,简要的移民计划应包含如下内容:①对移民潜在影响的调查以及对受影响的资产的评估;②移民补偿费和其他补助措施;③收集移民对于安置方案的意见;④移民实施状况、进度和申诉程序;⑤监测和实施安排;⑥实施进度表和成本估算。

详细的移民计划包含下列内容:①对子项目的总体描述;②对子项目影响的评估;③对项目影响区域内自然条件和社会经济条件的评估;④法律框架和适用政策;⑤拟采用的移民措施;⑥负责的机构及其责任;⑦公众参与程序,子项目区内居民在移民方面的意见和建议;⑧申诉程序;⑨环境保护和管理程序的概述;⑩监测和评估要求和程序的详细信息;⑪补偿费和相关经费;⑫移民进度报告的概述。

3)亚行的检查任务

在项目实施过程中,为了确保贷款人和执行机构实施移民计划,履行移民协议,亚行将每年对项目开展移民检查任务。

(六)项目的评价和管理体系

1. 项目评价管理体系下的移民监测

移民监测和报告是整个项目评价管理体系(PPMS)的一个重要组成部分,表9-99和表9-100总结了项目评价管理体系中移民监测和报告体系的内容。

项目的移民监测和评估活动将涵盖这些移民监测指标。项目的移民监测和评估活动是按亚行在非自愿移民方面的要求建立的并包含在已批准的移民计划中。亚行贷款黄河防洪项目的移民监测体系包含由省级项目办和地方项目办开展的内部监测和由选定的独立的监测评估机构开展的外部监测。在项目实施过程中,每半年要准备一次内部移民监测报告和外部移民监测报告并提交给亚行,作为项目评价管理体系下移民监测准备的基础。

2. 移民监测和评估

1)内部移民监测报告

内部移民监测是指移民实施机构根据已批准的移民计划对项目移民活动开展连续的监测、监督和评估。移民内部监测的主要目的是对移民实施过程有一个全面、及时和准确的了解,确定潜在的问题和解决方法,并为成功开展移民活动提供决策。

重要的实施机构,包括环境社会部、省级和地方项目办都要负责准备移民内部监测报告。地方的项目办负责准备各子项目的内部移民报告,要每季度完成一份并通过省级项目办提交给环境社会部审阅。环境社会部在审阅各子项目的内部监测报告的基础上,每半年要准备一份整个项目的综合的内部监测报告并提交给亚行审核。除半年内部移民监测报告外,还应当在项目季度进度报告中提供移民进度报表。

内部移民监测的主要内容包括:①移民机构;②移民政策和补偿标准;③征地和移民实施进度;④移民经费的分配;⑤移民的生产安置;⑥房屋重建和安置;⑦对受影响的企业、商店和其他机构的安置;⑧受影响民众的申诉程序、公开和参与;⑨亚行检查任务中

表 9-99　移民类别、项目执行和监测体系

防汛工程——作为黄河防洪计划和十一五计划的一部分优先发展，符合中国的法规和亚行的安全保障政策

执行目标	所需信息	本底信息的要求和状况（如果知道）	数据收集方法和责任	规划、培训、数据管理、专家意见、资源和责任	分析、报告、反馈、进度和任务的变化
1. 通过详细的设计把征地和移民减少到最低 2. 为征地和移民提供足够的资金 3. 在实际实施征地和移民之前的国内审批和公开程序 4. 根据移民计划把对损失资产的补偿费（土地、房屋、林木和其他附着物）发放给受影响的居民和工作单位 5. 根据移民计划在受影响的村庄中实施安置措施 6. 所有受影响的设施和临时占用的土地被恢复到原来的状态 7. 收入和生活条件被恢复到以前的水平	比较设计方案以把移民影响降至最低 把移民资金发放到地方项目办 整个项目采用的补偿费率 在项目区内公布移民计划和补偿费率 在受影响的村庄内经济安置的实施状况 房屋选址、重建和重新分配的状况 样本家庭在移民之前和之后的收入水平和收入来源	所需信息 所有子项目的移民计划 在项目区内公布的移民补偿费率或同受影响的居民签定的补偿合同或协议 移民信息小册子 状况 在移民计划中总结的使移民影响降至最低的努力 磋商过程，在子项目的移民计划中确定新住宅地址和对村庄的拟经济安置措施 子项目的移民计划中包含的社会经济调查和样本家庭的收入水平	移民实施的状况将由县级项目办（包括当地的国土资源局）在定期的移民监测报告中汇报 地方项目办提交的内部监测报告将对移民的实施进行全面的审核，包括补偿费的发放状况、信息的公开、补偿费率、移民资金的支付以及安置措施的实施，比如住房安置、基础设施的重建以及生产安置 检查子项目移民实施的其他方式包括省级项目办的定期监督和亚行的检查任务 选定的外部移民监测评估机构将对移民实施的效力和机构做定期评估 除了检查内部监测报告，他们还将与移民官员、受影响的村庄和单位开展会议，并与样本家庭会面 开展完工后检查	已经制定了具体的内部报告格式并将其介绍给环境社会部和地方项目办项目管理部门的工作人员 通过国际咨询专家，帮助环境社会部和项目办准备提交给亚行的第一份内部移民监测报告，提供另外的咨询服务 为了确保及时准备每一个子项目的内部监测报告并将其提交给亚行，环境社会部将在项目实施过程中向地方项目办的工作人员开展另外的工作培训 主要是确保每一个地方项目办都设立一个移民单位并配备合格的工作人员	地方项目办要准备子项目的季度和半年的移民内部监测报告并提交给黄委亚行项目办 在地方项目办内部监测报告的基础上，黄委亚行项目办每半年要准备一次整个项目的移民内部监测报告 整体的内部移民监测报告中将包含一套主要的移民进度报表 外部监测报告将被送至环境社会部和地方项目办审阅，环境社会部和地方项目办在他们的内部监测报告中将对外部监测报告中提出的问题予以答复 根据子项目的内部监测报告中提出的问题，环境社会部将同各地方项目办在下一次的内部监测报告中汇报对这些问题的解决方法 每年可以组织与主要利益相关者的研讨会（包括社会环境部和地方项目办的代表）以检查移民的整体实施，交换经验，并研究对存在的问题的解决方式

表 9-100　移民实施的指标、项目执行和监测体系

参照条款	指标和等级体系	本底信息	目标	监测机制
2.	防洪工程和非工程措施的效果(成果)			
2.1	移民方面			
2.1.a	补偿费的发放 对土地的补偿费率 对建筑物的补偿费率 搬迁补助 对林木和其他附着物的补偿费率	移民计划中的补偿费率和权益表	全面符合(实际的补偿费率要等于或高于移民计划中的补偿费率)	地方项目办和环境社会部准备的内部移民监测报告 选定的独立监测机构准备的外部移民监测报告
2.1.b	被重新安置家庭生活条件的恢复 生活水平和收入的恢复	本底调查期间的居住条件和收入水平	移民之后受影响家庭的生活条件和收入水平将得到恢复或提高	地方项目办和环境社会部准备的内部移民监测报告
	基础设施的重建	样本村调查的基础设施条件	将恢复所有受影响的基础设施	选定的独立监测机构准备的外部移民监测报告

提出的问题及其解决方法;⑩存在的问题和缓解措施。

成功开展内部移民监测活动应建立在各级机构之间良好沟通并采用标准化报告的基础上。由下级执行机构把这些报告提交给上级执行机构,并附上最新的移民实施信息,其中包括移民资金、进度量和收到的补偿费等方面的基本数字;另外可能还包括某些特殊问题、相关信息和建议。

环境社会部、省级和地方项目办可以对子项目的移民实施过程展开定期监督或对亚行或外部监测机构提出的问题开展专门的调查。执行机构和外部监测机构之间应保持定期的沟通,以便及时解决外部监测机构提出的问题。

2)外部移民监测和评估

一个有资质的外部移民监测机构应当对整个项目开展独立的外部移民监测和评估。监测和评估机构必须熟悉移民活动并能够为改善整体的移民和安置过程,确保受影响居民的生活水平提供评估和建议。监测组织对于受影响的村子和个人而言应是一个独立的沟通渠道,以使移民的规划和实施满足受影响人群的需要,并使适用的程序符合国家法律、省级规章、移民计划和亚行的政策。这一独立的移民监测和评估机构应定期开展现场调查,准备项目的移民监测评估报告并同时将其提交给环境社会部和亚行予以审核。

外部监测的具体内容包括:①移民机构的作用;②移民实施的进度;③移民资金的使用;④项目影响地区生产设施的安置;⑤向移民支付补偿费,以及生产经营活动的重建;⑥受影响人群的收入水平和生活条件的变化,同移民和安置之前相比是否恢复或提高。

在所有涉及征地的31个子项目的移民实施过程中,应每半年对其展开一次外部监测和评估活动。每次监测或移民活动都将涵盖所有子项目,对其实施状况、实际进度、移民的执行进行概述,但是并不是每次都对所有的35个子项目在样本家庭调查的基础上开展对受影响的人群收入和生活水平变化的具体评估。但在样本家庭调查的基础上对每一个子项目共要开展3次收入和生活水平的评估。第一次评估是在移民实施之前的本底调查,第二次应在刚刚征地和移民之后,第三次应在移民工作的后评估过程中展开。根据35个子项目的实际实施状况,某些子项目的每份外部监测报告将只涵盖生活水平的评估。

3. 对移民报告的要求

为确保移民计划适当及时的实施,并遵守签订的移民协议,亚行要求借款人和执行机构每半年提交一次关于移民计划实施的内部移民监测报告,这一要求也反映在贷款协议中。为了便于准备这些内部监测报告,制作了一套涵盖移民实施各个重要方面的监测表格。其中,共有11个表格是为监测各子项目而设计的,需要由地方项目办填写。另外3个表格主要是环境社会部在以子项目监测报告为基础准备的报表。所有这些表格都包含在附件9-4和附件9-5中。

地方项目办将负责定期从相关的乡镇和相关机构收集所有有关移民实施方面的数据。以收集的数据和信息为基础,将开展同批准的移民计划相比较的移民实施的分析,包括总体的实施进度、移民范围的变化、补偿费率和安置的进度。在分析的基础上,每一季度还要准备每一个子项目的内部监测报告并将其提交至省级项目办和环境社会部审核。除数字和表格外，报告应对实施过程中的移民实施予以整体的概述，确定主要的问题和缓解措施。附件9-6中包含了一个内部监测报告的大纲。

环境社会部应利用包括主要调查结果在内的重要的表格，把这些子项目的内部监测报告综合到整个项目的内部监测报告中。这些包含所有子项目监测数据的监测报告应每半年准备一次，并提交至亚行审核。每一季度黄委亚行项目办还要准备一份移民进度的简报，并将其附在项目进度报告内。

（七）能力建设和培训

1. 培训需求和培训安排

假设每一个地方项目办有5人，环境社会部有5人，那么黄河洪水管理项目中将共有160名移民工作人员参与到征地和移民的实施中。如果再加上每个受影响的乡镇有3名工作人员，每个子项目所在县或市的相关机构有5名工作人员，那么另外还会有400人参与到征地和移民的实施过程中。大多数工作人员对亚行的移民政策知之甚少，相当多的人甚至对征地和移民方面的具体要求和程序了解得还不是很清楚。为了确保征地和移民过程符合亚行的要求和中国的法律法规，需要开展一系列的移民培训。

为了满足这些需要，在项目实施过程中环境社会部已开展了两次移民工作研讨会。这两次研讨会都是国内的咨询专家开展的，一次是介绍移民监测和评估，另外一次是介绍移民实施计划的内容。大多数参会者都是环境社会部、省级项目办和市级项目办的工作人员，县级项目办的工作人员却寥寥无几。通过咨询专家的动员，环境社会部将在亚行咨询专家的帮助下另外再开展移民培训。以后的移民培训的重点将是系统介绍亚行移民政策、移民实施、生产安置以及监测和评估。这些研讨会的主要参加者将是直接负责实施征地和移民活动的县级项目办的工作人员。

2. 对县和乡镇级工作人员的培训

在对亚行的移民政策和移民计划的详细内容有了基本的了解以后，环境社会部还可以向参与征地和移民的所有工作人员开展另外的培训，特别是那些负责确定补偿费率及将其发放给受影响的村子和个人的工作人员。某些培训可以同设计机构和选定的外部监测评估机构的工作人员开展的关于调查方法的培训相结合。在已经开展的移民研讨会和技术援助咨询专家提供帮助的基础上，环境社会部可以制定一套培训教材。为了促进移民实施的开展，环境社会部应当组织同相关省级和地方项目办工作人员之间的定期会议（每周或每月），检查实施进度，确定问题并制定解决方法。

3. 国际咨询专家

为了在准备非核心子项目的移民计划和更新3个核心子项目的移民计划过程中以及在准备黄河洪水管理项目内部移民监测报告的过程中对环境社会部给予帮助，将聘请一个咨询专家，包括一个国际移民专家11个人月的工作量。他在移民方面的具体工作如下：①检查黄河防洪项目现有移民机构的建立，为整个项目制定一个移民管理体系；②在如何提高移民实施的进度和质量方面给予具体的评价和建议；③帮助环境社会部审核制定移民进度报告并将其提交给亚行;④在把外部移民监测评估报告提交给亚行之前帮助环境社会部对其审核和评价;⑤就移民计划的审核、移民实施的管理、移民监测和评估向工作人员提供培训,并制定培训计划,准备培训教材并开展培训;⑥制定从最初准备阶段到后评估阶段的移民指标体系;⑦在项目完工之后帮助环境社会部准备移民完工报告,包括制定详细的工作计划,收集相关材料,建立评估标准,并参与报告的制定;⑧对选定的独立移民监测机构准备的监测评估报告初稿予以审核和评价,在将监测报告提交至亚行前帮助对其审核。

环境社会部应利用国际咨询专家的资源和意见,向环境社会部和地方项目办的工作人员组织几次详细的培训。特别是,他们应当在第一份内部监测报告的基础上开展关于如何提高内部移民监测和报告要求的培训。另外,国际咨询专家还可以通过对子项目内部监测报告审核和评价以及对子项目进行现场移民监督的方式来为环境社会部的工作人员开展职业培训。他们还可以在对外部监测评估报告审核以及同主要的监测工作人员商谈的基础上,对外部监测机构予以指导。

第四节　移民的决策与评估

一、亚行贷款项目中的移民安置监测评估①

(一)移民安置监测评估的概念和目的

1.移民安置监测的概念和目的

"监测"在英文中译为"monitoring",从中文字面上解释,"监"应理解为监视、督察,"测"为测量、猜度、推想,监测就是连续不断地了解、对照、分析和评定。移民安置监测就是以批准的移民安置规划为参照系,按照既定的时间表,对移民安置实施的关键性步骤、措施、标准、程序等全过程进行监测。移民安置监测是对移民安置实施进行良好管理的不可或缺的内容,是保证移民安置顺利实施的一种有效管理手段。其主要目的就是为项目的移民安置的实施提供连续不断的反馈信息,尽早发现和预测实施过程中的成功经验、存在问题和潜在问题,提出改进的措施和建议,以便及时对实施工作进行调整、纠正偏差并使移民安置工作得以顺利按行动计划实施。建立和加强移民安置监测工作,是移民安置实施机构建设工作的内容之一,有助于移民安置实施机构提高其管理水平。

2.移民安置评估的概念和目的

"评估"在英文中译为"evaluation"。"评估"中的"评"意为议论是非高下,"估"意为揣测、大致地推算。评估指阶段性评定,它针对既定的目标就其适合性、执行情况、效率及效果进行评判。移民安置评估就是对移民安置实施进行评估。移民安置评估一般分3类,即中期评估、终期评估和影响评估。中期评估是在移民安置实施过程中进行的评估,

---

①根据世界银行和亚洲开发银行咨询顾问朱幼宣提供的培训材料改编。

是对进展情况的初步调查,并预测可能出现的结果。中期评估旨在找出移民安置设计中的问题,对掌握的实施状况作出判断,是移民安置实施管理必需的活动。终期评估与中期评估类似,但它是移民安置实施完成后进行的评估。终期评估包括对移民安置实施效果的评估和持续能力的评估。影响评估一般是在移民安置完成数年后进行的,用以衡量移民安置对移民、安置地原有居民、移民区、安置移民的社区等带来的直接或间接的、有利的或不利的影响和变化。

3. 监测和评估的关系

监测和评估既有联系又有区别。监测是连续不断地、随时随地地对过程中发生的情况进行了解、分析、对比,而评估是对事件发生的过程进行阶段性的判断、总结。可以这样理解,监测是评估的基础,评估的基础资料来源于监测,而评估是对阶段的监测工作的总结,是监测工作成果的反映形式。监测和评估都是管理手段。事实上,在实际工作中,连续地调查、对比、分析是不可能的,而只能是间隔一定的时间定期地开展工作。在进行移民安置监测评估工作时,监测工作一般必须覆盖到移民安置工作过程中的关键的里程碑,监测和评估工作结合进行,通过定期的调查、对比、分析,对阶段性的工作予以判断、评定,总结经验,找出差距和潜在的薄弱环节,提出改进建议,协商解决方案。

4. 移民安置监测评估的分类

移民安置监测评估分为内部监测评估和外部监测评估。内部监测评估顾名思义,是移民安置实施机构内部开展的监测评估工作,由项目建设单位和移民安置实施机构承担,主要工作内容为:移民安置的实施进度;与批准的移民安置行动计划相对照,移民安置实施的调整和变化;移民经费及其使用;机构的运行情况等。内部监测评估的成果一般以内部监测评估报告的形式体现,或作为项目季报的一个章节,报告周期一般为季(3 个月)。外部监测评估是由相对独立于项目业主、移民安置实施单位的社会机构来承担,以批准的移民安置行动计划为依据,对移民安置全过程进行监测评估。外部监测评估工作的主要任务为:核实内部监测评估结果;评估移民安置目标是否达到,特别是生产生活水平是否已恢复或提高;评估移民安置的效率、效果,总结经验并吸取教训完善移民安置工作;查证移民的资格、权利是否符合计划的目标要求,是否适合移民等。外部监测评估的成果为外部监测评估报告,一般报告周期为半年。

移民安置监测评估的主要作用有 4 点:一是掌握持续的反馈信息,对移民安置过程中发生的事件有全面、清楚的认识;二是通过监测评估工作健全管理;三是及时发现问题和偏差,并预测潜在的薄弱环节,并将结果及时反馈给设计单位、实施单位,共同研究解决问题和避免问题的方案,使移民安置工作按计划顺利实施;四是加强业主、设计单位、移民安置实施单位和移民之间的联系,让移民参与到实施工作中来。对移民安置进行监测评估,不仅仅需要采取技术性方法,还要采取社会性的方法,从社会学的角度检查、分析、评判移民安置的过程和结果。监测评估不是最终的结果和目的,而是确保移民安置工作能成功的一种重要的管理手段。

(二)移民安置监测评估的内容

1. 内部监测评估的内容

内部监测评估的主要内容包括：采取的主要政策，机构（组织、工作人员、组织的职责、组织之间的衔接、组织成立的时间等），实物指标和影响人口的确认（时间、范围、数量等），生产开发（种类、分布、数量、投资、安置移民劳力数量），土地调整（村名、数量等），签订征地拆迁的合同数量，准备的宅基地数量，新建房屋的种类、数量、投资，重建基础设施（名称、等级、规模、功能、数量等），拆迁建筑物与构筑物（种类、分布、面积等），搬迁的移民数量，新建的房屋（结构、数量），迁入新居的移民数量，受影响企业的恢复和这些企业中职工的安置，移民经费的拨付和使用等以及上述活动的时间表。内部监测评估重在记录已经发生和正在发生的事件。

2. 外部监测评估的内容

外部监测评估是外部监测评估单位以相对独立的身份从第三者的视角来调查、记录移民安置实施的情况，对已经发生和正在发生的事件与批准的移民安置行动计划对照、分析，找出业已存在的问题和偏差，研究解决的方法，提出改进建议。对未来将要发生的事件中可能出现的问题、薄弱环节进行预测，研究预防措施。此外，还需对移民安置的影响、移民安置的效果、实现移民安置的目标等进行评估。

(三)移民安置监测评估的方法

1. 内部监测评估方法

由于内部监测评估工作是移民安置实施机构的工作内容之一，因此内部监测评估工作可以结合到实施机构的日常工作中。内部监测评估的工作方法一般有：检查、填报进度统计报表、摄（录）像、文件和报告等。

检查。指在机构链接图中上序组织根据合同、协议或其他组织链接内容对下序组织实施的监察督促等职能。这种检查可细分为常规检查和专项（或专门）检查。常规检查也就是例行检查，即定期（每月、每季）对下序的工作，如组织运行情况、移民安置进度、资金拨付及使用等进行检查。专项检查，指对移民安置实施过程中的关键问题重点检查，如移民资金专项检查、拆迁专项检查等。有时针对局部出现的特殊问题或特殊情况组成专门临时调查组进行专项检查。

进度报表。一般有月报、季报、年报等。报表需填写统计范围和统计时段内（期内）完成的工作量和累计完成的工作量。主要内容包括：核定影响人口、实物指标，签订协议的户数、基层村民集体经济组织（行政村和村民小组）数，资金拨付额度，拆迁户数、房屋建筑面积，清理场地面积（地类、面积），提供宅基地情况（户数、面积），新建房屋面积，迁入新居的人口（户数、人数），调整土地基层村民集体经济组织（行政村和村民小组）数，开垦土地数（地类、面积、生产情况），迁建企业数量，安置移民情况（行业、数量），非农业生产开发情况，基础设施复建情况（种类、数量），社会服务设施培植情况（种类、数量）等。

对于组织运行情况、实施时执行的补偿标准等可以采取用文件或报告的形式反映。摄（录）像也是一种有效的辅助方法，可以通过摄像、照相等手段，记录移民搬迁前后的情况，可以直观地反映出移民安置前后的变化情况。

2. 外部监测评估的方法

外部监测评估的工作方法包括收集资料的方法、分析资料的方法等。

1）收集资料的方法

收集资料的方法主要有抽样调查方法、个案调查方法、快速评估方法等。

a. 抽样调查方法

抽样调查方法指从所有移民安置对象中，按照一定的方法抽取一部分对象作为代表进行调查分析，以此推论全体被研究对象状况的一种调查方式。

样本的选取。样本必须覆盖所有类型的对象，既要有个体，如移民户；也要有群体，如行政村、社区、企业等。在个体样本中，如样本移民户的选择时，既要选择较富裕的家庭，也要选择较贫困的家庭；既要选择影响程度深的，也要选择影响程度相对小的；既要选择以农业为主要就业和收入来源的家庭，也要选择以非农业为主要就业和收入来源的家庭等。在选择样本村时，既要选择大量土地被征用的行政村，也要选择少量土地被征用的行政村；既要选择拆迁量（相对和绝对）大的行政村，也要选择拆迁量小的行政村；既要选择交通便利的行政村，也要选择交通闭塞的行政村；既要选择富裕村，也要选择贫困村等。由于征地拆迁对贫困居民的影响远甚于对富裕居民带来的影响，因此监测评估工作需更多地关注贫困移民（户、村），在样本选择时，贫困移民必须占一定的比例。样本的确定一般采取分类随机抽样法。即先将移民按照一定的规则分为若干类型，然后从每一类移民中按照相同或不同的比例抽取样本。如可将移民分为农村居民、农村个体户、农村集体（村、村民小组）、乡镇企业、地方政府、普通城市居民、城市个体户、城市国营企业、城市集体企业等；也可分为拆迁影响人口、征地（或其他生产资料）影响人口、既征地又拆迁影响人口等。在每一类移民中再分别选择样本。

样本的覆盖率。根据移民的规模、移民类型、调查工作的要求、调查的时间和费用安排等，样本的覆盖率一般在5%～25%范围内；对于移民样本户，在满足上述要求的前提下，还要满足选择的绝对数量不低于30户。

抽样调查采取的具体办法一般为问卷法，通过统一设计的问卷来向样本了解情况、征询意见。问卷法调查是移民监测评估进行定量分析的基础。对不同类型的移民的调查采用的问卷也不同。对于农村拆迁而不征地的样本户，绝大多数情况下采取就近提供宅基地来安置的方式，由于其受影响的仅仅是居住条件的改变，因此问卷的主要指标必须包括：家庭人口结构、房屋结构及建筑面积、“三通一平”（水、电、路通，场地平整）、补偿标准和补偿费用、重建费用等。对于农村征地而不拆迁（如果环境容量不足，就需要迁移，这时就变成既征地又拆迁）的移民，其受影响的主要是就业和收入来源，因此问卷的主要指标包括：家庭人口结构、就业及构成、收入及构成、补偿标准和补偿费用、资源（土地等）和主要生产资料等。对于既征地又拆迁的移民户，其问卷需要考虑征地和拆迁两方面的监测评估指标。

对农村基层集体经济组织设计的问卷的内容也因受影响的情况不同而异。对征地而无拆迁的集体，问卷的主要内容应包括：该集体经济组织的人口结构、土地等资源的种类和数量、生产情况（产品、产量）、就业及构成、收入及构成、补偿标准及补偿费用、生产开发情况(种类、数量、安置劳力、职工收入、投资等)。对于整体搬迁或集体经济组织内大部分成员需要拆迁而无征地影响或有较少征地影响的集体,为其设计的问卷的主要内容包括:该集体经济组织的人口结构,房屋结构及建筑面积,公用工程设施(供水方式及饮用安全水的人口、水量情况,供电电网及用电率、供电容量,排水体制、污水处理方式,电话普及率等),道路及对外交通情况,社会服务设施情况(学校房屋建筑面积和结构、入学率、师生比例,文化设施,医院房屋建筑面积和结构、医护人员、病床数、初级卫生保健普及率,商业服务等)等。对受征地和拆迁双重影响的农村集体经济组织,设计的问卷必须包括征地和拆迁两方面的内容。

对于企业,无论是国营的,还是集体的,其生产经营所受到的制约条件较多,有市场的,有政府的,有政策的,有决策者的素质的,有决策者的行为的,有内部管理的等,因此对企业进行的监测评估的工作重点应该放在企业的拆迁、安置工作是否有企业的参与并经过与企业的平等协商,企业是否接受拆迁、安置方案和补偿方案,职工是否因拆迁而失业,补偿项目是否完整等。问卷在包括上述内容的基础上,还应包括企业生产经营情况的内容,如企业名称、企业性质、职工人数、主要产品及产量、年产值、年利税、年工资总额等。

个体户是移民安置过程中容易被忽视的群体,特别是城市个体户,往往由于拆迁丧失了原有的地理区位优势和原有的顾客流,加之缺乏有效的缓解措施,导致收入大幅下降。因此,为个体户设计的问卷的主要内容集中在收入及其构成、补偿标准和费用上,还要考虑从业人数是否受影响。

一般城市居民户的拆迁,仅仅是居住环境的改变。其问卷的内容需包括:人口,房屋面积,房屋质量,是否套房,与医院、幼儿院、小学、车站、邮局、银行、集贸市场等的距离,上班的距离,补偿项目、标准和费用等。

b. 个案调查方法

个案调查方法是对某个特定的社会单位,如一个移民户、一个移民村、一个移民企业等,作深入细致的调查研究的一种调查方法。个案调查的主要特点是:一是在纵向上,对调查对象(或现象)进行详细的调查分析,查清来龙去脉,具体地掌握其发展变化的情况和规律;二是在工作的目标上,个案调查的目标仅仅是调查、剖析、认识个案本身的问题,单一的个案调查的结论一般不用来推论总体,个案调查不需要考虑代表性问题;三是在时间上和活动安排上具有弹性,比较灵活。

个案调查均采取访问法。针对具体的问题、现象对具体的调查对象设计相应的调查提纲,实施调查。

c. 快速评估方法

快速评估方法是一种收集定性资料的快速有效的方法。快速评估方法的主要特点是:一是研究速度快;二是可以在短时间内接触到大量的社区和个人;三是可以重点突出,既节约时间、费用,又能解决问题。快速评估方法的主要办法有:①关键信息提供者访谈;②重点群体访谈;③社区访问;④有组织的直接观察;⑤非正式访谈。

关键信息提供者访谈。这种访谈是对一组经挑选的个人进行采访,这些人居于一定的位置并能提供需要的信息、想法和见解。关键信息提供者访谈具有 3 种特征,一是定性采访,二是由采访者引导进行一系列拟议中的话题和议题的采访,三是仅采访小批量的信息提供者。

重点群体访谈。是采取小型会议的形式讨论一系列拟议的话题的方法。参与者相互讨论想法、议题、见解和经验,每一成员都可以自由地评论、批评或补充别人的观点。应注意参与者之间必须相互熟悉,社会背景差距不悬殊,相互之间能自由讨论并能相互激励。

社区访问。是在调查的社区召开会议,由访问者提出问题和议题,由被访问者回答的方法。社区访问的相互作用是在访问者和被访问者之间进行的。社区访问一般需由两个以上访问者主持,以能顺利、完整地询问问题和记录答案。

有组织的直接观察。一般由一个专家小组根据事先精心设计的观察表来引导收集数据。

非正式访谈。根据开放式的问题清单随机选择被访谈人,被访谈者以自己的语言来回答问题。非正式访谈是一种使用较频繁、较少受约束、效率较高的调查办法,往往能较快地暴露问题和发现问题。

2)分析资料的方法

分析资料的方法主要有统计分析、比较分析、因果关系分析、结构—功能分析等方法。

a.统计分析

统计分析包括描述统计和推论统计。描述统计在于对调查获得的大量数据资料进行系统的描述。在监测评估过程中,通过调查工作获得了大量的数据资料,这些资料很难一目了然地看出其价值和规律性,因此需要通过描述统计,使之从不同方面反映出大量资料所包含的数量特征和数量关系。描述统计就是通过次数和比率、平均数、标准差、相关关系等计算方法对原始数据进行整理、分析,计算集中趋势和离散程度,测定变量之间的关系等。通过计算得出有代表性的统计值,使数据资料所隐含的信息清晰地得以反映。推论统计是在描述统计的基础上,应用概率理论,从样本的有限资料中已经显露出的信息去推断总体的一般情形。

移民的家庭结构、房屋面积、粮食产量、收入及构成、就业及构成等指标均可以采用统计分析方法来得出结论。

b.比较分析

比较分析是通过对各种事物或现象的对比,发现其共同点和不同点,并由此揭示其相互关系和相互区别的本质特征。在移民安置监测评估工作中,最常用的是纵向比较和横向比较。纵向比较就是将同一调查对象不同历史时期的资料进行比较,以发现其历史的变化趋势,如通过对移民搬迁前后收入、土地、房屋等生活水平指标进行的比较,就可以评价移民生活水平恢复情况。对移民安置后逐年情况的比较,就可以对移民生产生活水平完善过程进行评价。通过对实施情况与移民安置行动计划比较,可以找出移民安置的偏差。横向比较是一种空间上的比较,将调查对象的有关资料与不同地区同类现象的资料进行比较,如对不同的项目间移民安置效果进行的比较,对移民和非移民的生产生活水平及其发展速度进行的比较等。

c. 因果关系分析

主要是在前后相随的现象中，根据因果规律的特点，通过相关变化（同时出现、同时不出现或成比例地发生与变化）来归纳现象之间的因果关系。在此基础上，还需进行辩证分析，从多种原因、多种因果关系中分析出哪些是主要原因，哪些是次要原因，哪些因果关系是本质的。在何种条件下，主次要原因、本质和非本质因果关系会发生转化。如对移民收入水平除进行统计分析、比较分析外，还需进行因果关系分析，从各种影响移民收入的原因中归纳出一定条件下的主要原因和次要原因，分析研究各种原因转化的条件，以及时调整移民安置政策。

d. 结构—功能分析

结构是指事物的各种要素的内在联系与组织方式，功能是指有特定结构的事物，在内部与外部的联系与关系中表现出的特性和作用。结构和功能是相互对应的，也是相互制约的。特别是对于大规模的移民，由于原有社区的解体，原有的社会结构发生变化，因此原社区功能亦随之削弱甚至丧失，导致新的社区功能的产生，需要研究移民对新社区功能的适应性。对于移民安置的就业结构、移民安置的产业结构等，需要研究它们的功能和保证它们正常运行的需求和条件等。

（四）移民安置监测评估的机构

项目建设单位（业主代表）全权负责移民安置的内部监测评估工作。

从事移民安置外部监测评估的机构必须是具有丰富的移民安置工作经验和社会经济调查经验的规划设计单位、科研机构、学术团体、高等院校，政府的职能部门或单位不能作为外部监测评估机构。必须有从事工程学、社会学、人类学、经济学等学科实践、研究的学者、专家和技术人员参加到监测评估工作中。

外部监测评估单位必须具有相对独立性，以公正、客观、科学的态度对待移民安置监测评估工作。

（五）移民安置监测评估的成果

移民安置监测评估的成果以报告的形式体现。

内部监测评估报告一般按照季度报告的形式提交，内部监测评估活动需持续到移民安置目标的实现为止。内部监测评估报告的主要内容有：项目建设形象进度描述、移民安置进度情况、（与移民安置行动计划对比）移民安置的实施变化、主要成绩和遇到的问题、附图和附表等。

外部监测评估报告一般一年两期。外部监测评估活动需持续到移民安置活动结束后2～3年。外部监测评估报告的主要内容包括：前言（概要描述工作的目的和意义、工作开展情况、主要成果）、项目进展情况、移民安置进展情况、监测评估工作情况、主要调查成果及其分析、主要结论（成绩和问题）、建议、附图和附表等。

（六）亚行贷款项目移民安置内部监测报告提纲

亚行贷款项目移民安置内部监测报告提纲，如下面文本框所示。

亚行贷款项目移民安置内部监测报告提纲

1　概述

对监测评估的主要调查成果进行简要描述，如在调查中发现的主要问题，还应包括使这些问题得以改进的建议。

2　移民安置实施情况

2.1　征地

（1）分单位、分地类列出已发生的征地数量；

（2）分单位、分地类列出已发生的征地补偿费的支付情况；

（3）描述征地通知下达与实际土地被征之间的时间间隔。

2.2 拆迁与安置

（1）以平方米为单位，分单位统计已发生的居民房屋的拆迁量；

（2）统计已分配到宅基地的户数和人数；

（3）分结构、分单位列出房屋拆迁补偿费的支付情况；

（4）描述提供新宅基地途径及措施；

（5）描述拆房通知下达与房屋拆除最后期限之间的时间间隔；

（6）移民及其财产在安置过程中得到了怎样的帮助；

（7）旧房拆除时，重置房是否已经可用；

（8）如果重置房尚不能使用，描述对临时过渡房的安排情况；

（9）以平方米为单位，分结构列出已拆迁商业用房和机关用房的数量；

（10）分结构、分单位列出已拆迁商业用房和机关用房的补偿费的支付情况；

（11）在拆迁安置过程中，其业主（指已拆迁商业用房和机关用房的业主）在财产及设备搬迁方面得到了怎样的帮助。

2.3　所影响的财产

（1）描述附属物及其他财产（树、坟墓、井等）的影响程度；

（2）分类别列出其重置或迁移补偿费的支付情况。

2.4　所影响的基础设施

（1）描述公用基础设施和服务设施受影响的情况；

（2）说明现有的公用基础设施是否已被修缮或重建；

（3）描述修缮或重建的基础设施是否充足；

（4）说明提供的学校和卫生所等服务设施是否已能进行服务；

（5）说明在基础设施或服务设施的重建或修缮中，发生的费用是由谁支付。

2.5　临时占地

（1）描述已发生的施工临时用地数量；

（2）描述施工临时用地每年的补偿费的支付数量；

（3）说明各类施工临时用地的使用期限；

（4）说明施工结束后，施工临时用地是否已恢复到原有的耕作条件。

3　移民收入的恢复

3.1　调整土地

（1）对比征地前后，移民的土地拥有情况；

(2)说明土地征用与土地调整之间的时间间隔,或打算间隔多长时间;

(3)描述在土地调整前,安排了怎样的临时措施来有效地维持移民的收入;

(4)土地调整后,新提供的耕地是否与原有土地具有相同的生产潜力;

(5)对比土地征用前后,移民口粮田与责任田的拥有情况。

3.2 企业的发展和就业

(1)对照移民安置行动计划,说明实际发生的就业数量和就业类型;

(2)说明征用土地和就业之间的时间间隔,或打算间隔多长时间;

(3)描述在提供就业前,安排了怎样的临时措施来有效地维持移民的收入;

(4)对照以前的收入水平,说明工作安排后的工资收入情况;

(5)从生产安全角度,说明新的岗位的就业条件;

(6)说明现有的工作岗位在全村剩余劳力中的分配情况;

(7)说明适应于各工作岗位的年龄限制;

(8)描述将移民迁至农村或城市的激励措施,并说明移民对此的反应情况;

(9)描述所提出的各类经济开发项目的建设可行性的审批途径。

3.3 归集体使用的补偿费

(1)在决定使用归集体所有的补偿费时,描述集体作出决定的途径与过程;

(2)说明在支付补偿费用于集体投资计划前,经过了怎样的可行性审查及审批途径;

(3)在公开集体资金的管理情况、监督补偿费的使用情况方面,描述其采取的措施;

(4)说明已使用集体土地补偿费的项目;

(5)在投资项目产生效益之前,说明安排了怎样的临时措施或采取了何种形式的保险来有效地维持移民的收入水平;

(6)除能直接产生经济效益的项目外,还有哪些项目已使用了集体土地补偿费;

(7)说明是否所有的集体土地补偿费都支付给了当地的村民小组,还是一部分归行政村所有,另一部分归其他更高一级的行政组织。

3.4 自谋职业

(1)说明选择自谋职业的人数;

(2)说明这些自谋职业的人得到的经济补助情况;

(3)说明这些人的工作情况;

(4)对照以前的收入水平,说明他们现在的收入情况。

3.5 企业和商店

(1)说明受影响的企业数(和职工人数);

(2)说明受影响的商店数(包括无证经营的商店);

(3)对这些受影响的企业和商店,描述其受损失的财产得到的赔偿情况;

(4)在企业或商店被临时停产或关门时,说明做了怎样的安排来维持其原有的收入水平;

(5)说明新址是如何被选择或分配给受影响的企业和商店的;

(6)对照安置前的销售和收入,说明这些企业和商店在新址的销售和收入情况;

(7)对比安置前的情况,说明在新址的工作和收入水平情况。

3.6 养老金和失业保险

(1)说明采取了怎样的保障措施,来保障因项目影响而失去工作的工人的收入水平;

(2)如企业倒闭,被安排到这些企业的工人将会得到当地怎样的失业保险;

(3)说明所提供的养老金和失业安排的可靠程度。

4　组织机构与资金 4.1　资金及资金流向 （1）说明概算资金是否足够； （2）说明资金的支付时间； （3）说明所列概算是否考虑了通货膨胀； （4）说明是否已用到预备费，如果已用到，说明其用途。 4.2　组织机构协调 （1）说明移民机构协调的安排情况； （2）说明移民协调小组有哪些权力来指导移民的实施； （3）说明移民工作协调会议召开的频率； （4）说明协调小组接收移民实施情况信息的途径。 4.3　外部监测 （1）说明外部监测评估机构是否经常了解项目进展并与项目办公室保持密切联系； （2）说明外部监测评估机构是否定期到移民安置现场，并与移民进行定期访谈； （3）说明外部监测评估机构采用了怎样的方法来检查移民安置效果； （4）说明监测评估报告是否已澄清阻碍移民顺利实施的问题，项目移民办公室是否已对这些问题作出反应。

二、世界银行中国贷款项目移民监测评估业务指南①

本指南是根据世界银行业务政策 OP4.12《非自愿移民》（以下简称 OP4.12）、世界银行程序 BP4.12《非自愿移民》（以下简称 BP4.12）以及世界银行导则 OD10.70《项目监测与评估》（以下简称 OD10.70）中的有关要求而制定的。指南对移民监测评估的任务、依据与目标，组织机构及其职责，工作步骤、内容、方法、报告制度以及费用安排进行了描述，并对移民监测评估的指标进行了说明。指南适用于世界银行中国贷款项目中移民安置活动的内部监测和外部独立监测评估业务。

（一）移民监测评估的任务、依据与目标

（1）移民监测评估，是根据项目移民安置行动计划，对移民安置活动进行持续的调查、检查、监督和评估工作。本指南所指的移民监测评估活动，包括由业主和移民实施机构进行的内部的移民监测活动和由外部独立的移民监测评估机构进行的外部监测评估活动。

（2）移民监测评估的依据：①中华人民共和国有关移民和建设项目管理的相关法律、行政法规；②世界银行有关业务政策、程序及导则；③与项目相关的法律性文件，如世界银行和项目业主共同认可的移民安置行动计划以及项目设计文件；④移民安置活动期间项目区社会经济发展相关信息。

（3）移民监测评估的目标：①通过持续地监测移民安置活动和评价监测成果，确定移

①世界银行业务手册移民监测评估业务指南（修改讨论稿），2004 年 5 月。本指南是为世界银行职员及贷款项目相关机构人员的使用而制定的，有可能未对该主题做详细的描述。

民安置实施活动是否遵循了移民安置行动计划，动态评估移民安置行动计划的适宜性，为项目业主、移民实施机构和世界银行项目管理提供决策支持；②对未能按移民安置行动计划实施的移民安置活动，提出解决问题的措施；③对未能达到移民安置目标的，提出补救建议。

（二）移民监测评估的组织机构及其职责

与移民监测评估相关的主要组织机构有：世界银行、内部监测机构即项目业主和移民实施机构、外部监测评估机构等。

（1）世界银行的主要作用：①制定移民监测评估政策性文件；②根据外部监测评估机构的能力、业绩等，向项目业主推荐至少两个供候选的外部监测评估机构，协助项目业主选定外部监测评估机构；③审查监测评估大纲，检查和评价移民监测评估工作，并提出改进意见；④每年至少一次检查移民安置实施活动，每 5 年组织一次移民安置实施专项检查，督促项目业主和移民实施机构处理移民监测评估过程中发现的问题，审查项目实施过程中移民安置政策和方案的调整；⑤对移民安置活动进行后评估。

（2）项目业主的主要任务是：①按照经世界银行批准的移民安置行动计划组织实施移民工作，在其内部配备移民工作人员，组织内部监测工作，并编制内部监测报告；②委托地方政府管理机构实施移民工作的，要明确项目业主将组织移民实施机构开展移民内部监测工作，应在委托协议中明确“必须按照经世界银行批准的移民安置行动计划实施移民安置工作，并接受项目业主、外部监测评估机构和世界银行的监督检查”；③按照世界银行的推荐，通过招标的办法选定外部监测评估机构，报世界银行项目经理备案；④与选定的外部监测评估机构签订工作合同，明确责任、权利和义务，支付外部监测评估工作费用；⑤向外部监测评估机构提供准确、真实的相关资料，外部监测评估机构一经选定，若无充分的理由，不得更换；⑥接受世界银行对移民安置工作的检查和后评估；⑦在移民安置工作结束后及时组织验收。

内部监测是项目业主和移民实施机构依靠自上而下的管理系统对移民安置行动计划的实施进行连续的内部监控，全面、及时、准确地掌握移民的进展，发现和解决问题，为顺利实施移民工作提供决策依据。它包括项目业主和移民实施机构的监测。

（3）移民实施机构的主要任务是：①协助业主进行内部监测，按照移民行动计划的要求，及时向项目业主提交移民安置实施进度报告；②向外部监测评估机构提供翔实的相关资料；③对项目业主、外部监测评估机构和世界银行在工作中发现并指出的问题提出改正计划，征得项目业主和世界银行同意后付诸实施。

（4）外部监测评估机构的主要任务：①编制移民外部监测评估工作大纲，明确移民外部监测评估的工作内容、工作方法、工作程序、时间安排、人员安排；②按照世界银行批准的移民监测评估工作大纲，进行基底调查和监测；③通过现场调查访问等方法，收集移民安置实施活动的数据、信息和移民安置活动期间项目区社会经济发展相关信息，对移民安置工作和移民安置的效果进行评估，发现移民安置实施中存在的问题和预测潜在的问题，提出改进措施和补救建议；④编制移民外部监测评估报告，同时呈报项目业主和世界银行。

外部监测评估机构要具有：①移民外部监测评估机构是独立的，与世界银行、项目业主以及移民实施机构无直接隶属关系的社会组织（如大学、研究机构、咨询机构等）；②外部监测评估机构必须保证其工作的独立性、客观性、公正性，独立地开展移民监测评估工作，包括独立收集资料、分析评估和编制报告等；③从事世界银行贷款项目的移民外部监测评估机构，必须拥有具备社会学、人类学、经济学等相关专业背景的专家、学者和工程技术人员，具有丰富的非自愿移民业务的经验和经历，主要工作人员已接受过世界银行非自愿移民安置政策和监测评估业务培训，掌握世界银行非自愿移民政策，熟悉移民监测评估业务，具有完善的工作质量保证体系。

（三）移民监测评估工作步骤

移民监测评估工作可分为两阶段，即移民监测评估工作准备阶段和移民监测评估实施阶段。移民监测评估工作准备阶段自世界银行贷款项目周期中的项目鉴别起，经项目准备、项目预评估、项目评估阶段，至项目批准阶段结束。移民监测评估实施阶段自移民安置实施开始，直至移民安置目标实现为止。

1. 移民监测评估工作的准备

项目业主在项目准备阶段成立移民业务机构，着手安排移民内部监测和外部监测评估工作。根据项目影响范围和区域，项目业主要组建一个专门负责移民业务的机构网络，配备有业务能力的从事移民安置工作的专门人员，以保证机构具备管理移民安置的能力。

(1)项目业主的准备工作，一般应包括：①成立由业主单位主要领导为组长的移民内部监测小组，配备相应的专职人员，参与社会经济调查和编制移民行动计划的主要人员应成为移民内部监测小组的成员；②组织项目业主内部从事移民安置和移民实施机构工作人员的培训，了解世界银行移民政策与经验、国家移民政策、移民安置行动计划的编制、移民实施、移民监测评估等；③确定移民外部监测评估机构，并与其签订监测评估工作合同；④建立移民管理信息系统；⑤督促移民外部监测评估机构及时提交外部监测评估工作大纲并进行移民外部监测评估准备工作。

(2)移民实施机构的准备工作包括：①配备必要的工作人员、组织培训；②与业主及其委托的移民专业咨询机构共同进行社会经济调查和基底调查，建立移民安置管理信息系统。

(3)移民外部监测评估机构的准备工作包括：①成立移民外部监测评估小组；②熟悉项目内容和准备过程；③向业主提交移民外部监测评估工作大纲，准备基底调查。

2. 移民监测评估工作的实施

世界银行项目经理及移民专家对移民实施工作每年至少进行一次检查，检查工作将覆盖移民安置行动计划的主要内容，检查后形成备忘录。世界银行项目经理在项目业主提交移民安置行动计划变更报告、移民内部监测报告和外部监测评估报告后，将提出书面意见。项目结束后，世界银行项目经理及移民专家将组织有关咨询专家对项目移民安置工作进行后评价。

(1)项目业主的移民监测评估工作包括：①按照移民安置行动计划，组织移民安置活动的内部监测；②按季度向世界银行提交移民进度报告，每半年向世界银行提供一份详细的内部监测报告；③及时更新移民实施的统计数据，完善移民管理信息系统；④为移民外部监测评估机构提供各项工作所需要的数据、资料和信息；⑤根据实施情况组织修改移民安置行动计划,及时报世界银行审批,并将审批意见通报移民实施机构和移民外部监测评估机构;⑥配合、监督移民外部监测评估活动的开展。

(2)移民实施机构的监测评估工作包括:①按照移民安置行动计划完成移民安置工作;②向项目业主提交移民进度报告和内部监测报告;③及时更新移民安置的统计数据,完善移民管理信息系统;④向移民外部监测评估机构提供所需数据、资料和信息;⑤接受项目业主和世界银行对移民实施活动的监督和检查。

(3)外部监测机构的移民监测评估工作包括:①根据移民安置行动计划,进行移民安置前的生产生活基底调查;②协助项目业主培训有关移民工作人员;③帮助项目业主建立移民管理信息系统;④定期到项目区进行跟踪调查和抽样调查;⑤收集移民安置活动期间项目区社会、经济相关的信息,召开业主及实施单位参加的座谈会,讨论移民安置政策和赔偿标准的适宜性,提出建议;⑥定期向世界银行和项目业主提供移民监测评估报告。

(四)移民监测评估的内容

(1)移民内部监测应覆盖如下内容:①组织机构:移民机构的能力建设、实施及其相关机构的设置与职责分工、人员配备。②移民政策与补偿标准:各类移民赔偿标准的实际执行情况和特殊情形的移民安置政策的协商和修订。需特别说明是否按照移民安置行动计划中的标准执行,若有变化,需说明原因。③移民安置活动的进度:征地、临时用地和土地转让的进度,安置区的土地征用、调整和划拨,房屋拆迁和安置房重建,移民搬迁进度,生产开发项目的实施,公共设施建设,企事业单位的迁建、劳动力安置就业等其他移民活动进度,专项设施的迁建和改建进度;④移民预算及其执行情况:各级移民实施机构的移民资金使用与管理,移民资金逐级支付到位的数量与时间,补偿费用支付给受影响人的数量与时间,村级集体土地补偿资金使用的公众参与和咨询、管理、监督和审计。⑤移民生产就业安置:农村移民安置的主要方式(土地调整、新土地的开发与利用、农业开发、企事业单位安置、自谋职业、养老保险安置等),店铺与企业拆迁移民就业安置,弱势群体(少数民族、妇女家庭、老人家庭、残疾人等)的安置、人数,临时占地的土地复垦,安置的效果等。城市受影响人、店铺与企业的恢复和重建,就业人员的工资收入和利润损失的赔偿,店铺、企业与承租人和就业人员之间的利益安排。⑥移民生活安置:农村移民的安置去向,宅基地的选择与分配,房屋重建形式,宅基地“三通一平”工作,补偿资金的支付,公共设施的配套,搬迁与过渡的时间等。城市移民货币安置和实物安置方式的选择,安置房源信息,提供的优惠政策,房屋的选择与分配,安置区公共设施配套情况(水、电、路、商业网点、卫生、教育机构、公共交通等),搬迁与过渡的时间和费用等方面的安排,商业店铺重建与分配,企事业建筑物的恢复和重建。货币安置居民的去向,货币补偿资金发放过程的管理。⑦各类专项设施(水利、电力、邮电、通信、交通、管线等)的恢复重建。⑧公众参与和协商执行情况:安置政策和办法的公开透明性,移民信息手册的发放,公众参与和协商的主要活动、形式与内容,公众参与和协商的实施结果。⑨抱怨和申诉的收集和处理:受影响人的抱怨和申诉的受理制度、处理和回复记录及其结果。⑩对世界银行检查团备忘录中有关问题的处理。⑪对外部监测机构意见和建议的反馈和处理。⑫尚存在的其他问题及其解决措施。

(2)移民外部监测应覆盖如下内容:①项目最新进展与移民进度情况的一般性描述:

介绍项目的最新进展，分析目前的项目进展能否适应移民安置活动，评述移民计划的适宜性，提出调整工程进度计划和更新移民安置计划的建议和措施。②移民安置活动实施进度：城市移民，需要详细描述移民安置中各项移民任务的实施进度，与移民安置行动计划或调整后的移民安置行动计划中的各项任务进度计划进行比较，识别和分析关键任务的实际进度与总进度计划之间的协调关系，解释移民安置进度与移民规划相出入的原因，根据具体情况提出调整移民安置进度计划和调整方案。农村移民，需要采用综合查阅文献资料和现场抽样调查法，典型抽样监测各主要移民活动进度，包括移民机构，项目区永久征地，临时占地，安置区土地（包括生产用地、宅基地、公共设施用地等各类安置用地）征用（划拨）、调整、分配，房屋拆迁，安置房重建，移民搬迁，生产开发项目实施，公共设施建设，专项设施复（迁、改）建、企事业单位迁建，劳动力安置就业的实施进度，与移民安置行动计划或调整后的移民安置行动计划中的各项任务进度计划进行比较，识别和分析关键任务的实际进度与总进度计划的协调关系，根据具体情况提出调整移民安置进度计划的建议及调整方案。③移民拆迁安置政策与补偿标准的执行情况：详细描述移民拆迁安置政策的公布情况，执行的拆迁安置政策，各类受影响实物的数量和补偿标准执行情况，应特别关注弱势群体和承租人的安置政策与补偿标准。抽样调查受影响居民、店铺以及企事业单位实际所得到的补偿。比较实际补偿标准与移民安置计划中的标准。需特别说明是否按照移民安置行动计划中的标准执行，若有变化，分析其原因并提出相应的建议和措施。④土地出让与土地划拨：城市移民，应描述项目使用土地的渠道、手续和安置用地（含安置房用地、店铺安置用地、企事业单位安置用地等），还应描述其获得土地使用权的政策与费用以及由此产生的二次影响问题，与移民计划进行比较，评述移民安置计划的适宜性，提出相应的建议和措施。农村移民，介绍项目永久征用和临时占用农村集体土地的数量，取得使用权的手续，对安置用地（含安置区生产用地和宅基地、集体或私营企业安置用地、新建基础设施及服务设施用地等），还应介绍其土地获得的政策与费用以及由此产生的二次影响问题。⑤移民就业安置与收入恢复：城市移民，要关注商业店铺的店铺房源及价格，店铺的建设与铺位的分配，店铺经营者的最终安置去向，店铺与企业拆迁对其就业人员的影响，搬迁期间的收入状况，企事业单位的新址选择，重建后原有就业人员的上岗情况，移民搬迁后对其上班和就业的影响，说明采取了哪些措施来解决移民的就业问题，根据基底调查的成果，对比跟踪调查和抽样调查的成果，了解居民、店铺及企业职工的收入变化状况，评述搬迁对其收入的影响，土地的获得以及由此产生的二次影响问题。农村移民，通过征地拆迁之前的基底调查和征地之后的抽样调查与跟踪调查，了解移民生产用地的调整、征用、开发与分配，农转非及非农业就业（企业安置、自谋职业、养老保险等）安置，被拆迁店铺移民就业安置，企业职工就业安置，掌握典型移民户的收入来源、数量、结构、稳定性和支出结构、数量，并进行移民搬迁前后经济收支水平的对比分析，评估收入恢复等移民安置目标的实现程度。⑥移民生活安置：城市移民，对集中安置移民的安置小区，需描述安置小区的选址过程，土地的获得，安置房建设，安置房选择与分配，公共设施和基础设施配套建设，移民满意程度；如果移民对已经建好的安置房屋不满意，是否还有选择的权利，子女上学和转学便利情况，移民要求货币安置的，需要向移民介绍市场房源供给情况和获取房源信息的渠道。农村移民，应介绍安置点的选择，房屋的重建方式，宅基地的安排、分配与“三通一平”，搬迁前后生活条件的比较（房屋面积、质量、位置、交通、供水、供电、采光、环境、子女上学等），过渡期和过渡期的补助，进行典型样本户、居住（房屋等）、交通、公共设施、社区环境、文化娱乐、经济活动等方面的比较，分析评估移民生活居住水平恢复目标的实现程度。⑦脆弱群体的安置：描述对少数民族社区、孤寡老人、残疾人、妇女、最低生活保障家庭、单亲家庭、城镇下岗职工等社会弱势群体的特殊安置政策的执行情况，跟踪调查他们搬迁前后的生活变化情况。⑧企业重建与恢复：企事业单位的新址选择，土地获得以及由此产生的二次影响问题，根据基底调查的成果，跟踪和抽样调查企事业单位的重建情况，生产经营恢复情况，评估受影响企事业单位生产水平恢复情况。⑨基础设施恢复：描述基础设施恢复情况，是否达到影响前的使用效果，尤其是村集体基础设施的恢复和重建。⑩移民预算及其执行情况：描述移民资金逐级支付到位数量与时间情况，各级移民实施机构的移民资金使用与管理。补偿费用支付给受影响的移民、店铺及企事业单位的数量与时间，并与移民安置计划进行比较，尤其要抽样监测征地影响村、拆迁店铺的征地拆迁补偿资金使用情况。综合评述移民预算及执行情况，指出其存在的问题，提出相应的建议和措施。⑪组织机构：移民实施及其相关机构的设置与分工，移民机构中的人员配备，移民机构的能力建设；评价各机构的效率、存在的问题以及移民机构间的协调关系，提出相应改进措施。⑫信息公开与公众参与、信息公开与抱怨申诉：移民政策公布和移民信息手册发放的过程，公众参与和协商的主要活动、内容与形式，公众参与和协商的实施效果，分析评价以上活动中存在的问题，并提出相应的改进措施，移民信息手册的编制、印发与反馈，移民信息公开活动及其效果，抱怨与申诉的渠道、程序与负责机构，抱怨和申诉的主要事项及其处理情况。⑬项目业主、移民实施机构和相关部门的移民机构建设、机构加强措施、机构运转效果及其存在的问题和改进措施。⑭结论与建议：本部分为外部监测评估报告的核心，包括对移民安置实施活动进行归纳总结、得出相应的结论、对存在的主要问题进行分析提出措施和建议、跟踪报道世界银行检查团备忘录中有关问题的处理结果，直到处理完毕。

（五）移民监测评估方法

1. 内部监测评估方法

（1）建立以计算机为辅助工具的移民管理信息系统。内部监测评估作为移民系统内部自上而下的对移民安置实施过程的监测活动，要求在移民实施工作相关的项目业主和各级移民实施机构之间建立起规范、通畅、自下而上的以计算机为辅助工具的移民管理信息系统，跟踪反映各地区及各子项目的移民实施工作进展情况。该管理信息系统应由项目业主组织开发和建立，对各级移民实施机构自下而上定期报送的移民实施进度、资金、效果等信息进行采集、处理和统计分析，并进行动态的跟踪管理，以便系统全面、及时、准确地储存、管理和使用移民实施活动的信息。

（2）建立规范化移民安置档案。建立移民户、店铺及企事业单位安置档案，包括其基本信息、原房信息、补偿信息、搬迁去向以及相应的安置信息等，以便进行搬迁后的跟踪监测。该档案可作为移民管理信息系统的一个子系统，利用计算机进行管理。

（3）建立内部监测的日志制度。在集中搬迁期间，内部监测应在搬迁区设立若干监测站，委派专人在搬迁期间对搬迁区进行巡视，将每日遇到的问题以及处理的结果写入内部监测日志。

(4)规范化的定期统计报表制度。项目业主应根据移民实施工作需要,制作统一的报表,由各级移民实施机构定期自下而上报送,一般有周报、月报、季报、半年报、年报等。根据移民搬迁集中与否,制作不同的周期报表,统计移民实施主要的工作量、资金拨付、效果及有关数据。针对城市移民搬迁比较集中的特点,采取周报或月报。

(5)定期或不定期的移民情况反映。在各移民实施工作相关机构之间,采用多种方式交换移民安置中出现的问题及有关情况信息,并提出处理意见,如简报、文件等。

(6)定期的联系会议制度。项目业主和移民实施机构定期召集各级移民实施机构负责人或其代表参加的会议,讨论移民实施工作进展及存在的问题,也可以通过会议交流成功的经验和失败的教训。

(7)定期或不定期的移民检查制度。项目业主和上级移民实施机构组织对下级移民机构的实施活动进行常规检查或非常规的专项检查,核实移民实施工作进展,对移民实施工作中重要问题或出现的特殊情况进行专门调查。

(8)规范化的信息交换。项目业主、地方实施机构与外部监测机构保持经常性的联系和信息交换,将外部监测评估机构的发现与评估意见作为内部监测的参考依据。

2. 外部监测评估方法

运用多种方法和手段收集移民实施相关信息是独立监测评估工作的基础和关键,完整的外部监测评估过程包括信息收集、统计、综合分析和报告撰写等步骤。

(1)文献调研。对与移民实施活动有关的各种文献(如移民安置行动计划、业主或移民实施机构的文件、统计资料、专题调研资料等)进行系统而有针对性的收集。

(2)内部监测日志和内部监测报告分析。通过对内部监测日志和内部监测报告的阅读,外部监测评估机构可以对移民实施工作进展、出现的问题进行初步了解,制订相应的监测评估调查方案,采用合适的监测评估方法。

(3)移民基底资料调查。移民基底资料调查采取普查(当移民人口较少时)或抽样调查(抽样调查比例高于跟踪调查)的方式进行,对典型抽样样本家庭、企业、店铺进行逐户访问,详细填写调查表格,拍摄部分房屋及生产生活环境照片,了解移民、企业、店铺对搬迁的心理反应。同时还与市、县(区)、乡镇政府(街道)、村(社区居委会)领导进行座谈,了解当地政府及社区领导人对移民搬迁及工程建设的有关意见。调查时还应对安置区的生产生活用地安排、安置房屋及配套公共设施的建设进行实地考察,掌握第一手资料,拍摄照片。基底调查数据应分类建立数据库,并进行有关统计分析。外部监测机构可根据项目的具体情况,对以上基底调查的内容进行补充或修改。①农村移民基底资料调查内容,包括:家庭人口情况、生产经营情况、房屋建筑面积、家庭年收入、家庭年支出、上缴税金及其各项费用,以及安置地点、宅基地面积、交通条件、供水条件、供电条件和移民心理等。②城市移民基底资料调查内容,包括:家庭人口情况、房屋结构类型、房屋建筑面积、房屋使用面积、房屋间数、区位类别、房屋产权类型、房屋使用性质、房屋合法性、居住条件、家庭年收入、家庭年支出、原居住地点、安置地点、移民心理、安置意愿和家庭人口简况等。③企业、店铺拆迁基底调查内容,包括:企业基本情况、原占地面积、被征(占)地面积及其土地属性、各类职工人数、主要固定资产、年经营状况、原有房屋面积、拆迁房屋面积、年经营状况、安置方案、安置地点和安置意愿等。

(4)入户访谈。外部监测评估人员深入到受影响的移民家庭、店铺、企业中去,与他们进行面对面的访谈,了解移民实施情况。入户访谈主要了解受影响人群个人、家庭的社会经济情况、移民政策实施情况、各类损失赔偿标准及其兑现情况、生产及生活安置状况、信息发布与传递、公众参与、弱势群体保护措施、抱怨与申诉及其解决情况。

(5)与移民座谈。外部监测评估人员在受影响人群较为集中地区,召开移民代表参加的座谈会,收集以下主要信息:移民补偿资金的拨付与使用、受影响人群的生产与就业安置状况、社区生产和生活环境的变化、信息公开、公众参与和协商、抱怨的申诉及其解决、受影响人群对移民实施工作的意见和建议等。

(6)移民定期跟踪调查。外部监测机构在搬迁期间以及搬迁后对移民进行定期跟踪调查,对跟踪调查的结果与基底调查的数据进行比较分析,得出移民在搬迁后的不同阶段各方面的变化以及恢复情况。为了便于数据分析与数据的可比性,移民跟踪调查的内容要与移民基底调查内容基本一致。

(7)典型个案调查。针对需要调查研究的问题,通过深入具有典型代表性的受影响地区,对典型的受影响对象进行调查,获取第一手资料,进行分析研究,提出解决问题的建议。

(8)与实施机构座谈。通过对各级移民实施机构进行实地访问,了解移民安置实施的全面信息,掌握报告期内的主要移民活动及其进展、效果、实施中的主要问题及其处理结果。

(9)抽样调查方法与样本规模。抽样调查是移民监测的一种重要的信息收集方法,选择的样本要具有代表性,最好采用类型抽样,样本应达到一定的规模;对于移民数量较多的项目,受征地影响的家庭户抽取的比例为5% ~10%,受房屋拆迁影响的家庭户的抽取比例为5% ~15%,同时受征地和拆迁影响的家庭户的抽取比例为5% ~20%。跟踪调查的抽样样本数不应少于30个,移民人数较少的项目(如移民户数少于100户),调查的样本应该是所有受影响的移民家庭。此外,调查样本、调查时间等方面应该尽量与基底调查保持可比性。

(六)移民监测评估的周期和报告制度

移民监测评估的周期,因项目难易程度及所处的实施阶段而有所不同,内部监测和外部监测也有差异。内部监测是连续的过程,其中全面的监测活动至少每个季度进行一次;在移民集中搬迁等关键时期,应该增加监测频次。外部监测评估机构在移民实施活动开始前进行一次基底调查,确定搬迁前移民和安置区居民生产生活水平,建立对比数据库;在项目初期主要反映项目的准备和实施活动,监测工作半年一次;在项目的后期监测评估的重点转向收入恢复和遗留问题处理等,监测工作一年一次;在项目结束且受影响移民群体的生活水平恢复到搬迁前水平后,进行总结性调查;也可以根据需要进行专题调查。

针对城市移民搬迁较为集中,而且城市移民的问题主要集中发生在搬迁期间这一情况,各项目可以在搬迁期间适当增加内部监测和外部监测工作的次数。

监测评估报告是监测评估工作的具体成果,是项目管理的重要依据。建立监测评估报告制度,确保监测评估的真实性、及时性、连续性,有利于项目管理系统共享移民安置实施的详细进展信息，提高管理水平。在移民安置行动计划及其实施过程中建立一套完整的移民监测评价报告制度。报告可分为内部监测报告和外部监测报告；从时间长短分为周报、月报、季报、半年报、年报等，此外还有专题报告。

（1）内部监测报告。在项目准备期间，配合世界银行评估编制定期或不定期的内部工作报告，格式根据世界银行的要求因项目、阶段而异。实施开始后，影响较大的项目需要简略的周报、月报，详细的季报、半年报和年报；影响较小的项目根据项目情况需要简略的季报，详细的半年报、年报。根据项目管理的需要，进行专题报告。项目实施结束之后进行总结报告。内部监测报告由各级移民实施机构向同级人民政府和上级移民实施机构、项目业主报告。项目业主每半年向世界银行提交一份内部监测报告。

（2）外部监测评估报告。一般情况下，从移民搬迁活动开始至移民搬迁活动结束期间，每半年向世界银行和项目业主提交一份监测评估报告。从移民搬迁活动结束至移民安置目标实现之年间，每年提交一份监测评估报告。搬迁前要进行一次基底调查，并提交基底调查报告。移民活动结束后，进行一次总结性评估，并提交总结评估报告。根据项目实施情况或项目管理的需要，进行专题调查并提交报告。城市移民搬迁较为集中，而且城市移民的问题主要集中发生在搬迁期间。因此，各项目可以根据具体情况在搬迁期间增加外部监测工作的次数，并提交移民监测评估简报。

（3）世界银行可向缺乏经验的项目业主提供内部监测工作方面的技术援助，以提高其内部监测工作的质量。世界银行和项目业主在接到移民监测评估报告之后，应在其各自的项目管理文件中明确对报告的意见。

（七）监测评估工作费用

内部监测评估工作费用，在移民安置预算的其他费用中列支。

外部监测评估工作费用，根据项目的性质和移民安置的地域、规模、难易程度等因素，按照项目移民计划预算中直接费用的百分比计算，建议的取费标准见表9-101。

表9-101 世界银行中国贷款项目移民外部监测评估工作取费标准

序号	移民安置直接费用 F（万元）	外部监测评估取费标准 f（%）
1	$F<500$	$f>2$
2	$500\leqslant F<1000$	$1.5<f\leqslant 2$
3	$1000\leqslant F<5000$	$1.25<f\leqslant 1.5$
4	$5000\leqslant F<10000$	$1<f\leqslant 1.25$
5	$10000\leqslant F<50000$	$0.8<f\leqslant 1$
6	$50000\leqslant F<100000$	$0.4<f\leqslant 0.8$
7	$100000\leqslant F$	$f\leqslant 0.4$

三、黄河下游亚行贷款黄河防洪项目征地移民监测评估①

(一)概述

1. 项目简介

亚行贷款黄河防洪项目包括洪水管理、防洪工程、村庄防洪保护、项目管理4个部分。项目总投资29.35亿元,国内投资和亚行贷款按58%和42%的比例分摊后分别是16.94亿元和12.41亿元,另需地方配套1.54亿元②。项目涉及河南的新乡、郑州、开封、濮阳和山东的菏泽、济宁、泰安、济南、聊城9个地市19个县(区)。国家发改委于2003~2004年分3次批复了8个堤防加固工程、6个滩区安全建设工程、东平湖围坝除险加固以及14个险工改建加固工程共29个工程项目和3个管理工程项目,国家批复投资共计200205万元。其中,29个工程项目按亚行要求有征地移民监测评估(以下简称监评)任务,国家批复投资共计190054万元,其建设及施工场地征用费35667万元。

兰考滩区安全建设项目已决定放弃,其余28个子项目国家批复投资188065万元,其中,建设及场地征用费35410万元,详见表9-102。

2. 监评概况

河南黄河移民经济开发公司作为黄河下游亚行贷款黄河防洪项目征地移民监测评估机构,从2004年4月开始至本次监评,根据合同要求和征地移民实施进度,依据国家和地方的土地管理法律法规,国家和地方的征地移民方针政策,国家批准的移民安置规划,各子项目实施方案、批复计划,亚行移民政策及评估单位与黄委签订的监测评估合同等,对除鄄城以外的7个堤防加固工程、5个滩区安全建设项目(兰考滩区安全建设项目已决定放弃)以及东平湖围坝除险加固共13个子项目进行了本底调查,建立了121个村332个村民小组1802个有效样本户8276人的本底资料,编写了本底调查报告,对28个子项目进行了1~4次监测,编写了4期中英文评估报告。

3. 本次监评情况

本次监评从2005年9月开始,编制了第4次监测评估工作大纲,设计了"移民生活安置情况"和"资金拨付情况"2张子项目调查表,"永久占地/村台占地和临时占地情况"、"资金与补偿情况"以及"生产恢复措施"3张村组调查表,"永久占地/村台占地和临时占地情况"、"补偿兑付情况"、"生产恢复措施"、"实施过程样本户意愿"以及"家庭收入(2004年)"共5张入户调查表,采取与各级亚行项目办以及县、乡、村、组有关人员和村民等进行座谈,介绍监评的主要目的和作用、已经做过的工作、本次监评的主要内容和工作方法、需要对方提供的资料和希望对方提供的帮助,填写相关表格、收集相关资料等方法,分4个小组对开工的28个子项目进行了外业调查,在资料整理、计算与分析的基础上完成了本报告(第4期)中英文的编写。

---

①根据国际咨询专家朱幼宣提供的河南黄河移民经济开发公司2007年《黄河下游防洪管理项目移民监测报告(4)摘要——黄河下游洪水管理亚行贷款项目征地移民监测评估》报告改编。

②《关于亚行贷款项目黄河下游防洪工程建设可行性研究报告的评估报告》,中国国际咨询公司,2001年11月7日。

表 9-102　亚行贷款黄河防洪项目批复投资及监评情况　　(单位:万元)

序号	子项目	总投资	其中,建设及施工场地征用	本底调查情况	监评情况
1	堤防加固工程	145108	30751		
(1)	原阳堤防加固	39496	7817	2004 年 9~10 月,已完成	2004 年 9 月开始至本次,进行了 3 次监评
(2)	开封堤防加固	9814	2767	2004 年 4~6 月,已完成	2004 年 4 月开始至本次,进行了 4 次监评
(3)	兰考 152 堤防加固	6149	1248	2004 年 9~10 月,已完成	2004 年 9 月开始至本次,进行了 3 次监评
(4)	兰考 135 堤防加固	2106	886	2004 年 9~10 月,已完成	2005 年 7 月开始至本次,进行了 2 次监评
(5)	濮阳堤防加固	14038	3021	2005 年 9~12 月,已完成	本次进行第 1 次监评
(6)	东明堤防加固	58478	11141	2004 年 4~6 月,已完成	2004 年 4 月开始至本次,进行了 4 次监评
(7)	鄄城堤防加固	4324	1140	2005 年 9~12 月,已完成	本次进行第 1 次监评
(8)	牡丹堤防加固	10703	2731		
2	滩区安全建设工程	22927	2736		
(1)	长垣苗寨滩区安全建设	2736	76	2004 年 4~6 月,已完成	2004 年 4 月开始至本次,进行了 4 次监评
(2)	长垣武邱滩区安全建设	2543	361		
(3)	兰考滩区安全建设	1989	257	未实施	未实施
(4)	范县滩区安全建设	6064	665	2004 年 4~6 月,已完成	2004 年 4 月开始至本次,进行了 4 次监评
(5)	东明滩区安全建设	4195	723		
(6)	平阴滩区安全建设	5400	654	2005 年 1~2 月,已完成	2005 年 4 月开始至本次,进行了 2 次监评
3	东平湖围坝除险加固	8547	107	2004 年 4~6 月,已完成	2004 年 4 月开始至本次,进行了 4 次监评
4	险工改建加固工程	13472	2073		
(1)	花园口险工改建加固	1912	222	仅涉及少量永久占地,主要是临时占地,还未签订协议,对村民影响不明确,因此不进行本底调查	本次进行了第 1 次监评
(2)	马渡险工改建加固				
(3)	东坝头险工改建加固	421	33		
(4)	黑岗口险工改建加固	443	31		
(5)	赵口险工改建加固	1811	249		
(6)	杨桥险工改建加固				
(7)	九堡险工改建加固				
(8)	位山险工改建加固	1252	200		
(9)	范坡险工改建加固				
(10)	黄寨险工改建加固	6705	1240		
(11)	霍寨险工改建加固				
(12)	堡城险工改建加固				
(13)	高村险工改建加固				
(14)	泺口险工改建加固	928	98		
5	项目管理工程	10151			
(1)	山东防汛指挥调度中心	4339			
(2)	防汛机动抢险队设备补充配备	2560			
(3)	黄委亚行项目办机构建设	3252			
合　　计		200205	35667		

4. 确定本次监评子项目调查范围的原则

由于28个子项目开工和征地移民开始时间各不相同，而本底调查和监测评估是根据征地移民实施进度来进行的。因此，在本次监评中的调查范围也各不相同，确定的原则是：

第一，对本次监评前已经进行过本底调查和监测评估的原阳（左岸）、兰考152、兰考135、开封、东明以及东平湖6个堤防加固类和苗寨、武邱、范县、东明、平阴5个滩区安全建设等共11个子项目：①对100%的房屋拆迁移民生活安置情况和村与村之间、组与组之间土地调整情况跟踪监测；②对堤防加固类子项目，选择上次监评调查剩余样本村涉及永久占地村民小组总户数的10%跟踪监测，且尽量选取占地多的农户进行调查；③滩区安全建设子项目选择上次监评调查剩余村台占地涉及样本村民小组总户数的10%跟踪监测，且尽量选取占地多的农户进行调查；④实施永久占地/村台占地后耕地面积减少低于10%的村民小组本次不跟踪监测；对占地后耕地面积大于等于10%的村民小组进行跟踪监测，如果没有本底资料，补充本底调查；⑤摸清项目区永久占地/村台占地、临时占地涉及村、组、户以及失地比例，掌握失去全部耕地农户的详细情况；⑥对实施泵淤临时占用耕地面积大于100亩的村庄跟踪监测，如果没有本底资料，补充本底调查；⑦本底调查后实施的临时占地村庄全部调查。

第二，对没有做过本底调查和第一次进行监评的17个子项目，分两种情况：①濮阳、鄄城、牡丹3个堤防加固子项目，对全部样本村、组、户进行调查；②花园口、马渡、东坝头、黑岗口、赵口、杨桥、九堡、位山、范坡、黄寨、霍寨、堡城、高村、泺口14个险工改建加固子项目，占地直接影响户不足5户的村民小组对全部直接影响户、占地直接影响户超过5户的按村民小组总户数10%的比例（但不得少于5户）调查除“家庭收入监测评估情况表（2004年）”以外的内容。

第三，样本户按经济水平好、中、差各占1/3选取，其中，经济水平差的选五保户、残障家庭以及无劳力且以妇女为主家庭等弱势群体。本底调查欠缺的，补充增加该部分内容的本底调查，完善本底调查报告。

根据以上原则，除鄄城堤防加固工程因占地不影响移民2005年生产生活和收入水平而没有进行本底调查外，本次监评对27个子项目的80个村庄169个村民小组632户2768人进行了调查，详见表9-103。

本报告送：①项目主管部门——黄委亚行项目办；②项目贷款方——亚洲开发银行（通过黄委亚行项目办）；③河南、山东两省黄河河务局亚行办（通过黄委亚行项目办）；④项目法人（建设单位）——项目区有关市黄河河务局（通过黄委亚行项目办）。

5. 上次监评发现问题的解决情况

上次监评发现问题的解决情况，列入表9-104。

表 9-103　亚行贷款黄河防洪项目征地移民影响及本次监评情况

序号	子项目单位	移民规划		实施方案		本底调查				本次调查			
		村庄（个）	人数（人）	村庄（个）	人数（人）	村庄（个）	村民小组（个）	农户（户）	人数（人）	村庄（个）	村民小组（个）	农户（户）	人数（人）
1	堤防加固工程	119	5120	127	5264	77	248	818	3919	42	115	430	1892
（1）	原阳	29		34		14	69	153	745	6	17	73	385
（2）	开封	18		18		9	34	121	607	6	12	56	265
（3）	兰考 152	7		7		3	12	26	123				
（4）	兰考 135	3		4		4	12	35	182	3	5	20	106
（5）	濮阳	12	819	12	1163	9	23	120	522	9	23	120	522
（6）	东明	32	2738	34	2538	28	78	322	1555	11	38	120	429
（7）	鄄城	5	457	5	457								
（8）	牡丹	13	1106	13	1106	10	20	41	185	7	20	41	185
2	滩区安全建设工程	39	28426	24	0	40	84	974	4313	20	48	165	781
（1）	长垣苗寨	4				4	10	110	550	2	4	18	94
（2）	长垣武邱	3				3	23	118	559	3	9	38	198
（3）	范县	9	8704			9		253	1053	2	7	27	137
（4）	东明	11	9594	11		11		218	1063	6	8	19	82
（5）	平阴	12	10128	13		13	51	275	1088	7	20	63	270
3	东平湖围坝除险加固	12	228	31		4		10	44	5		16	
4	险工改建加固工程	24	97	24	206					13	6	21	95
（1）	花园口												
（2）	马渡												
（3）	东坝头	1		1									
（4）	黑岗口	3		3									
（5）	赵口												
（6）	杨桥												
（7）	九堡												
（8）	位山	3		3						1			
（9）	范坡	3		3						1			
（10）	黄寨	6	32	6	86					4	1	5	26
（11）	霍寨	3	25	3	54					2	1	6	27
（12）	堡城	2	22	2	33					2			
（13）	高村	3	18	3	33					3	4	10	42
（14）	泺口												
合计		194	33871	206	5470	121	332	1802	8276	80	169	632	2768

表 9-104　上次监评发现问题的解决情况

序号	主要问题	主要内容	解决情况
1	不能在村台上及时建房的问题	滩建项目大多数被调查对象表示不能在村台上及时建房	83%的人愿意搬迁，只有15%的人能在村台建成后两年内建房
2	补偿方面的问题	原阳、东明、鄄城等堤防建设政府公告补偿标准与规划不一致	剩余资金拟用于征地移民遗留问题处理
		苗寨、武邱滩区建设青苗及地面附着物补偿	苗寨村台占地和管道以外的临时占地青苗费补偿仍未兑付；武邱泵淤挖地青苗按每亩130元已赔偿，地面附属物也已赔偿
		东明堤防加固与河南省接壤的南楼寨和闫潭村民认为河南补偿标准高、山东补偿标准低	未改善
		原阳堤防加固占地影响渠道复建，占地补偿缺乏详细报告	原阳县水利局提供了一干渠柳园至原官路占压各村土地面积统计表，将各村占地面积及补偿金额进行了列报
		东明堤防工程有关乡（镇）政府以书面或口头形式承诺，2004年4月15日前拆迁完毕的奖励每户1000元，焦元、长兴、刘楼等乡（镇）没有兑现，拆迁居民意见比较大	未改善
		东平湖围坝除险加固涉及汶上、梁山县和开封堤防加固涉及开封郊区柳园口乡永久占地权属问题	已解决
		开封堤防加固多数村庄临时占地补偿由有关村民代表组织实施，在补偿标准和补偿数量上难以监管	未改善
3	生活安置问题	东明堤防加固移民新村供电工程、道路建设等未实施	已开始实施
		东明滩建居民强烈要求扩大宅基地面积，认为每户0.25亩宅基地满足不了存放农机具、柴草等的要求	无法解决
		东明堤防加固拆迁移民尚未建房的拆迁户问题	宅基地已解决
		东明堤防加固影响有关村辅道出行问题	即将实施
		东明滩建村台淤筑接近尾声，移民搬迁工作即将开始	新村台撤退道路已开始实施，详细的移民搬迁计划尚未制定
		范县滩建村台围堰内的房屋拆迁问题	具体搬迁补偿标准以及搬迁方案等尚未确定

续表 9-104

序号	主要问题	主要内容	解决情况
4	生产安置问题	东明堤防加固征用樊庄耕地 290 亩,剩余土地每人 0.7 亩,村民为将来的生产生活担忧	拟通过调整产业结构逐步解决
		范县滩建村台占地后的土地调整问题	群众对搬迁后旧居民点占地置换成耕地的可行性持怀疑态度,不愿调出耕地,村台占地后的调地工作仍没有进展
		苗寨滩建村台占地后高庄与马野庄、魏寨的土地调整纠纷和东明滩建村台占地后的土地调整问题	高庄不接收划拨的 121 亩耕地,目前由乡政府代其耕种;东明滩建南村台占地前翟庄、后翟庄村内调地已完成,村与村之间的土地调整尚未实施;东明滩建北村台涉及占压土地的 4 个村仍未调地
		东明、开封、兰考堤防占地后的生产安置问题	仍未引起重视
5	施工中的问题	苗寨滩建高庄房屋地基被村台淤筑排水浸泡、墙体裂缝问题	已按每平方米 100 元赔付受工程排水影响 8 户共计 51283 元
		东明堤防加固施工堤沟河排水不畅,导致焦元乡各村、三春集果园村、刘楼镇庞桥村、沙沃乡郭寨和西谢寨等耕地、房屋受淹	根据中介机构对房屋受损情况的评估结果,对受影响房屋进行了补偿,对疏通渠道制定了一些措施
6	临时占地复垦问题	开封兰考 152 堤防加固工程部分临时占地取土较深的复垦问题	未改善
7	学校迁建中存在的问题	开封堤防加固拆迁刘庄小学、东明堤防加固影响闫潭小学新建校园内场地没有平整、校外连接路未修好等问题影响了教学和课外活动	未改善
		东明堤防加固 2004 年 4 月拆除徐集小学后学校建设仍未实施,学校正常的教学秩序长期受到严重影响	校址已确定,施工未开始

（二）对移民实施进度的全面跟踪

1. 方法

首先，独立检测机构通过与各子项目征地移民项目法人（建设单位）、实施机构、设计单位以及监理单位座谈，收集了大量的项目征地移民的进展数据，为项目管理机构——黄委亚行项目办和亚行整理出一套项目征地移民的进展情况的报告。对每一个子项目的征地拆迁以及安置的数量进行统计，并将其移民安置计划和移民实施计划作对比，使其符合项目管理要求。

2. 移民实施范围

到本次监评，除兰考滩区安全建设子项目已决定放弃外，其余28个子项目全部动工，征地移民工作已经开始。

实施永久占地/村台占地17444.18亩，占规划19036.82亩的91.63%，占实施方案19251.40亩的90.61%，占签订协议12266.29亩的142.22%；实施临时占地25149.63亩，占规划51245.34亩的49.08%，占实施方案52408.42亩的47.99%，占签订协议27555.97亩的91.27%，见表9-105。

实施移民房屋拆迁涉及37个村427户。其中，365户需要划拨宅基地，62户不划宅基地；现已划拨宅基地350户，未划拨15户，16户进行了财产补偿，46户村台占压户发放临时租房补贴；新房建成245户，在建66户，39户未动工。安置情况是：224户搬进了新房，24户住进了临时搭建的房子，2户买房，57户租房居住，73户借房，32户住在其他宅院，15户暂住在未拆完的房屋中。

学校迁建涉及开封刘庄、濮阳董楼、东明闫潭和徐集4所小学，除董楼小学外，其他3所学校的迁建补偿资金已到位。刘庄、闫潭小学迁建工作基本完成，董楼、徐集小学新校址初步确定，学校建设尚未开始。

28个子项目中，除黑岗口、黄寨、霍寨、范坡4个险工改建加固项目以外的其余24个子项目均涉及道路、电力、通信等专业项目迁建，除苗寨、武邱、范县、平阴4个滩建子项目和濮阳、鄄城、牡丹3个堤防加固子项目以及东坝头、位山2个险工改建加固子项目尚未实施专项补偿和迁建外，其余15个子项目均开始进行专项补偿和迁建。

3. 移民资金的支付

签订28个子项目征地移民补偿21640.86万元，占国家批复35410万元的61.12%；实施18314.75万元，占国家批复的51.72%，占签订协议的84.63%。其中，实施永久占地/村台占地和临时占地补偿13068.72万元，房屋拆迁补偿785.4万元，学校迁建补偿101.25万元，专项迁建补偿2465.69万元，附着物及其他补偿1893.69万元，详见表9-106。

表9-105　亚行贷款黄河防洪项目工程占地汇总表*

序号	子项目	阶段	永久占地/村台占地			临时占地		
			涉及村庄（个）	土地（亩）		涉及村庄（个）	占地面积（亩）	
				小计	其中耕地		小计	其中水浇地
1	堤防加固工程	移民规划	112	13885.62	8335.21	168	37484.07	22535.90
		实施方案	121	13901.08	8484.18	163	38673.39	27375.25
		签订协议	108	11694.10	8759.73	177	23651.07	14903.56
		实施情况	124	12324.95	12324.95	109	17650.21	6447.19
（1）	原阳堤防	移民规划	29	2360.73	822.27	2	11622.24	7821.21
		实施方案	34	2315.87	995.64	2	12304.29	10282.50
		签订协议	34	1446.46	1446.46	10	1043.76	
		实施情况	34	1446.46	1446.46	10	1043.76	
（2）	开封堤防	移民规划	11	1410.40	951.51	14	5038.69	3477.53
		实施方案	12	1410.40	897.23	14	5061.39	3858.57
		签订协议	11	1336.53	1336.53	17	4633.74	4633.74
		实施情况	13	1336.53	1336.53	17	4633.74	4633.74
（3）	兰考152	移民规划	7	414.00	311.90	13	1699.06	1358.06
		实施方案	7	414.00	331.86	9	2125.06	1884.06
		签订协议	7	358.57	358.57	9	1667.79	1667.79
		实施情况	7	358.57	358.57	9	1534.30	1534.30
（4）	兰考135	移民规划	3	358.92	243.05	1	796.50	667.72
		实施方案	4	404.33	302.40		796.50	667.72
		签订协议	4	404.33	404.33	3	279.15	279.15
		实施情况	4	404.33	404.33	3	279.15	279.15
（5）	濮阳堤防	移民规划	12	1176.74	595.45		2300.98	2061.63
		实施方案	12	1208.27	743.21		2359.52	2359.52
		签订协议						
		实施情况	12	1249.47	1249.47			
（6）	东明堤防	移民规划	32	6370.06	4235.04	118	13026.70	5478.50
		实施方案	34	6353.44	3874.13	118	13026.70	5478.50
		签订协议	34	6353.44	3874.13	118	13026.70	5478.50
		实施情况	38	6090.94	6090.94	70	10159.26	
（7）	鄄城堤防	移民规划	5	392.22	235.56	9	793.44	789.34
		实施方案	5	392.22	313.29	9	793.47	793.47
		签订协议	5	392.22	313.29	9	793.47	793.47
		实施情况	4	299.65	299.65			

续表 9-105

序号	子项目	阶段	永久占地/村台占地			临时占地		
			涉及村庄（个）	土地（亩）		涉及村庄（个）	占地面积（亩）	
				小计	其中耕地		小计	其中水浇地
(8)	牡丹堤防	移民规划	13	1402.55	940.43	11	2206.46	881.91
		实施方案	13	1402.55	1026.42	11	2206.46	2050.91
		签订协议	13	1402.55	1026.42	11	2206.46	2050.91
		实施情况	12	1139.00	1139.00			
2	东平湖围坝除险加固	移民规划	12	2.71	2.71	12	328.09	328.09
		实施方案	31	166.62	99.36	12	314.03	
		签订协议	31	166.62	99.36	12	314.03	
		实施情况	38	158.26	91.95		325.06	325.06
3	滩区安全建设工程	移民规划	39	4679.51	3280.60	34	9070.73	2853.06
		实施方案	39	4679.51	3280.60	34	9070.73	2853.06
		签订协议						
		实施情况	31	4572.66	2201.64	47	4476.23	795.81
(1)	长垣苗寨滩建	移民规划	4	634.36	634.36	6	1422.30	
		实施方案	4	634.36	634.36	6	1422.30	
		签订协议						
		实施情况	4	554.03	554.03	4	578.33	42.91
(2)	长垣武邱滩建	移民规划	3	597.38	597.38	5	759.00	
		实施方案	3	597.38	597.38	5	759.00	
		签订协议						
		实施情况	3	591.81	591.81	5	662.60	217.60
(3)	范县滩建	移民规划	9	1001.76	1001.76		2867.57	1380.79
		实施方案	9	1001.76	1001.76		2867.57	1380.79
		签订协议						
		实施情况	5	1012.82		19	823.00	
(4)	东明滩建	移民规划	11	1080.35	1047.10	11	2089.70	1472.27
		实施方案	11	1080.35	1047.10	11	2089.70	1472.27
		签订协议						
		实施情况	6	1055.80	1055.80	6	765.30	535.30
(5)	平阴滩建	移民规划	12	1365.66		12	1932.16	
		实施方案	13	1365.66		12	1932.16	
		签订协议						
		实施情况	13	1358.20		13	1647.00	

续表 9-105

序号	子项目	阶段	永久占地/村台占地			临时占地		
			涉及村庄（个）	土地(亩)		涉及村庄（个）	占地面积(亩)	
				小计	其中耕地		小计	其中水浇地
4	险工改建加固工程	移民规划	23	468.98	201.00	4	4362.45	4198.40
		实施方案	23	504.19	433.12	4	4350.27	4222.69
		签订协议	23	405.57	390.63	1	3590.87	3524.84
		实施情况	21	388.31	260.46	8	2698.13	2145.10
(1)	花园口	移民规划		32.83			379.26	326.84
		实施方案		32.83			379.24	354.04
		签订协议					379.24	354.04
		实施情况					379.24	354.04
(2)	马渡	移民规划		22.50			193.71	176.44
		实施方案		22.50			193.70	182.90
		签订协议					193.70	182.87
		实施情况					193.70	182.87
(3)	赵口	移民规划					364.43	352.53
		实施方案					364.43	352.53
		签订协议						
		实施情况						
(4)	杨桥	移民规划		0.80			95.70	85.72
		实施方案		0.80			95.70	85.72
		签订协议						
		实施情况						
(5)	九堡	移民规划					41.20	27.00
		实施方案					41.20	27.00
		签订协议						
		实施情况						
(6)	黑岗口	移民规划	3	13.69	13.70	3	61.82	59.04
		实施方案	3	13.69	13.69	3	61.82	61.82
		签订协议	3	13.70	13.70			
		实施情况		13.62				
(7)	东坝头	移民规划				1	55.50	
		实施方案				1	55.50	
		签订协议				1	30.00	
		实施情况						

续表 9-105

序号	子项目	阶段	永久占地/村台占地			临时占地		
			涉及村庄（个）	土地（亩）		涉及村庄（个）	占地面积（亩）	
				小计	其中耕地		小计	其中水浇地
（8）	黄寨	移民规划	6	146.53	35.52		1128.64	1128.64
		实施方案	6	146.53	131.59		1125.16	1125.16
		签订协议	6	146.53	131.59		1125.16	1125.16
		实施情况	6	141.96	102.43	5	895.00	595.00
（9）	霍寨	移民规划	3	60.04	24.20		412.70	412.70
		实施方案	3	60.04	60.04		412.58	412.58
		签订协议	3	60.04	60.04		412.58	412.58
		实施情况	3	54.82	39.10	2	56.80	19.80
（10）	堡城	移民规划	2	85.74	48.64		603.19	603.19
		实施方案	2	92.43	92.43		625.75	625.75
		签订协议	2	92.43	92.43		625.75	625.75
		实施情况	2	90.43	31.45	1	462.00	462.00
（11）	高村	移民规划	3	49.65	21.74		494.06	494.06
		实施方案	3	49.65	49.65		481.25	481.25
		签订协议	3	49.65	49.65		481.25	481.25
		实施情况	4	44.26	44.26		310.00	130.00
（12）	位山	移民规划	3	36.66	36.66		226.06	226.06
		实施方案	3	42.50	42.50		217.61	217.61
		签订协议	3				179.00	179.00
		实施情况	3				179.00	179.00
（13）	范坡	移民规划	3	20.54	20.54		131.35	131.35
		实施方案	3	43.22	43.22		127.19	127.19
		签订协议	3	43.22	43.22			
		实施情况	3	43.22	43.22		58.20	58.20
（14）	泺口	移民规划					174.83	174.83
		实施方案					169.14	169.14
		签订协议					164.19	164.19
		实施情况					164.19	164.19
合　计		移民规划	186	19036.82	11819.52	218	51245.34	29915.45
		实施方案	214	19251.40	12297.26	213	52408.42	34451.00
		签订协议	162	12266.29	9249.72	190	27555.97	18428.40
		实施情况	214	17444.18	14879.00	164	25149.63	9713.16

* 没有实施方案的把移民规划视为实施方案。

表 9-106　亚行贷款黄河防洪项目征地移民资金情况　（单位:万元）

序号	子项目	阶段	国家批复		实施方案		签订协议	实施情况	备注
			合计	其中移民直接费	合计	其中移民直接费			
1	堤防加固	永久占地	20751	28257	32476	29980.18	11383.23	10920.26	
		临时占地					3093.78	1269.54	
		房屋拆迁					1137.83	725.72	
		学校恢复					76.2	101.25	
		专项迁建					2389.08	2152.87	
		附着物及其他					1706.74	1112.46	
		小计					19786.86	16828.10	
（1）	原阳堤防	永久占地	7817	7187	8200.58	7569.59	1353.3	1353.3	
		临时占地					233.71	44.09	
		房屋拆迁					22.75	22.75	
		学校恢复							
		专项迁建					1890.6	1890.6	
		附着物及其他					247.94	247.94	
		小计					3748.3	3558.68	
（2）	开封堤防	永久占地	2767	2563	3030.96	2826.96	1736.33	1691.18	
		临时占地					858.14	794.85	
		房屋拆迁							
		学校恢复					76.2	76.2	
		专项迁建					5.15	5.15	
		附着物及其他					23.95	15.46	
		小计					2699.77	2582.84	
（3）	兰考135	永久占地	886	814	983.61	911.61	419.15	419.15	
		临时占地					47.6	47.6	
		房屋拆迁					221.06	221.06	
		学校恢复							
		专项迁建					7.7	7.7	
		附着物及其他					114.03	112.85	
		小计					809.54	808.36	
（4）	兰考152	永久占地	1248	1145	1295.47	1191.64	371.71	371.71	
		临时占地					273.2	262.18	
		房屋拆迁							
		学校恢复							
		专项迁建					41.7	41.7	
		附着物及其他					137.9	113.04	
		小计					824.51	788.63	
（5）	濮阳堤防	永久占地	3021	2772	3235.38	2986.38		1269.04	
		临时占地							
		房屋拆迁							
		学校恢复							
		专项迁建							
		附着物及其他							
		小计						1269.04	

续表 9-106

序号	子项目	阶段	国家批复		实施方案		签订协议	实施情况	备注
			合计	其中移民直接费	合计	其中移民直接费			
(6)	东明堤防	永久占地	1141	10223	11741	10823	6113.81	5136.54	
		临时占地					1191.48	120.82	
		房屋拆迁					571.61	449.98	
		学校恢复						25.05	
		专项迁建					443.93	207.72	
		附着物及其他					845.68	493.00	
		小计					9166.51	6433.11	
(7)	牡丹堤防	永久占地	2731	2506	2814	2589	1015.15	519.34	
		临时占地					321.64		
		房屋拆迁					68.54	31.93	
		学校恢复							
		专项迁建							
		附着物及其他					51.49	114.17	
		小计					1456.82	665.44	
(8)	鄄城堤防	永久占地	1140	1047	1175	1082	373.78	160	
		临时占地					168.01		
		房屋拆迁					253.87		
		学校恢复							
		专项迁建							
		附着物及其他					285.75	16	
		小计					1081.41	176	
2	东平湖围坝除险加固	永久占地	107	99	361	345.17		120.19	
		临时占地						21.49	
		房屋拆迁							
		学校恢复							
		专项迁建					38.53	38.53	
		附着物及其他							
		小计					38.53	180.21	
3	滩区安全建设	村台占地	2479					286.26	
		临时占地							
		房屋拆迁						31.36	
		学校恢复							
		专项迁建						28.89	
		附着物及其他						585.65	
		小计						932.16	
(1)	长垣苗寨滩建	村台占地	76						
		临时占地						2.15	
		房屋拆迁						8.91	
		学校恢复							
		专项迁建							
		附着物及其他							
		小计						11.06	

续表 9-106

序号	子项目	阶段	国家批复		实施方案		签订协议	实施情况	备注
			合计	其中移民直接费	合计	其中移民直接费			
（2）	长垣武邱滩建	村台占地	361						
		临时占地						8.92	
		房屋拆迁						4.5	
		学校恢复							
		专项迁建							
		附着物及其他						38.31	
		小计						51.73	
（3）	范县滩建	村台占地	665					106.7	
		临时占地							
		房屋拆迁						3.21	
		学校恢复							
		专项迁建							
		附着物及其他						8.55	
		小计						118.46	
（4）	东明滩建	村台占地	723					168.49	实施村台占地和临时占地，含道路永久占地9.5万元
		临时占地							
		房屋拆迁						14.74	
		学校恢复							
		专项迁建						28.89	
		附着物及其他						185.35	
		小计						397.47	
（5）	平阴滩建	村台占地	654						实施情况没有明细统计，包括青苗、附着物、房屋及部分临时占地补偿
		临时占地							
		房屋拆迁							
		学校恢复							
		专项迁建							
		附着物及其他							
		小计						353.44	
4	险工改建加固	永久占地	2073	1901	2115.44	1919.69	1073.24	124.21	
		临时占地						326.77	
		房屋拆迁					32.18	26.42	
		学校恢复							
		专项迁建					321.43	245.40	
		附着物及其他					388.62	195.57	
		小计					1815.47	918.38	
（1）	花园口	永久占地	222	204	153.87	134.62			
		临时占地					38.13	38.13	
		房屋拆迁					1.92	1.92	
		学校恢复							
		专项迁建					39.67	39.67	
		附着物及其他					54.76	54.76	
		小计					134.48	134.48	

续表 9-106

序号	子项目	阶段	国家批复		实施方案		签订协议	实施情况	备注
			合计	其中移民直接费	合计	其中移民直接费			
（2）	马渡	永久占地							
		临时占地					19.75	19.75	
		房屋拆迁							
		学校恢复			90.86	79.56			
		专项迁建					36.79	36.79	
		附着物及其他					23.02	23.02	
		小计					79.56	79.56	
（3）	赵口	永久占地							
		临时占地							
		房屋拆迁					6.62	6.62	
		学校恢复			204.66	179.33			
		专项迁建					109.00	109.00	
		附着物及其他					13.82	13.82	
		小计					129.44	129.44	
（4）	杨桥	永久占地							
		临时占地							
		房屋拆迁							
		学校恢复	249	229	59.47	52.14			
		专项迁建					38.4	38.4	
		附着物及其他					5.47	5.47	
		小计					43.87	43.87	
（5）	九堡	永久占地							
		临时占地							
		房屋拆迁							
		学校恢复			10.27	9.98			
		专项迁建					1.44	1.44	
		附着物及其他					5.57	5.57	
		小计					7.01	7.01	
（6）	黑岗口	永久占地					13.22		
		临时占地							
		房屋拆迁							
		学校恢复	31	28	26.34	23.34			
		专项迁建							
		附着物及其他					3.12		
		小计					16.34		
（7）	东坝头	永久占地							
		临时占地					3.18		
		房屋拆迁							
		学校恢复	33	30	32.88	29.88			
		专项迁建							
		附着物及其他					13.33		
		小计					16.51		

续表 9-106

序号	子项目	阶段	国家批复		实施方案		签订协议	实施情况	备注
			合计	其中移民直接费	合计	其中移民直接费			
（8）	马渡	永久占地	1240	1138	1240.00	1138.00	174.38		
		临时占地					182.97	186.97	
		房屋拆迁					1.98	1.32	
		学校恢复							
		专项迁建							
		附着物及其他					79.25	22.55	
		小计					438.59	210.84	
（9）	霍寨	永久占地					68.03		
		临时占地					68.68	31.67	
		房屋拆迁							
		学校恢复							
		专项迁建							
		附着物及其他					40.12	16.96	
		小计					176.83	48.63	
（10）	堡城	永久占地					104.72		
		临时占地					102.89	50.25	
		房屋拆迁					17.93	14.53	
		学校恢复							
		专项迁建					21.00		
		附着物及其他					86.99	31.20	
		小计					333.53	95.98	
（11）	高村	永久占地					56.25		
		临时占地					78.15		
		房屋拆迁					3.73	2.03	
		学校恢复							
		专项迁建					33	20.10	
		附着物及其他					46.57	11.22	
		小计					217.70	33.35	
（12）	位山	永久占地	200	183	119.07	109.31	69.32	69.32	
		临时占地							
		房屋拆迁							
		学校恢复							
		专项迁建							
		附着物及其他					11	11	
		小计					80.32	80.32	
（13）	范坡	永久占地			80.4	73.76	54.89	54.89	
		临时占地							
		房屋拆迁							
		学校恢复							
		专项迁建							
		附着物及其他							
		小计					54.89	54.89	

续表 9-106

序号	子项目	阶段	国家批复		实施方案		签订协议	实施情况	备注
			合计	其中移民直接费	合计	其中移民直接费			
(14)	泺口	永久占地	98	89	97.62	89.77			
		临时占地					38.67		
		房屋拆迁							
		学校恢复							
		专项迁建					42.13		
		附着物及其他					5.6		
		小计					86.4		
合　计		永久/村台占地	25410	30257	34952.44	32245.04	15550.25	13068.72	
		临时占地							
		房屋拆迁					1170.01	783.50	
		学校恢复					76.20	101.25	
		专项迁建					2749.04	2465.69	
		附着物及其他					2095.36	1893.63	
		小计					21640.86	18312.79	

(三)占地补偿与生产恢复情况

1.概述

规划永久占地涉及186个村、19036.82亩土地,其中,耕地11819.52亩;临时占地涉及218个村51245.34亩土地,其中,水浇地29915.45亩。根据征地移民实施需要编制了实施方案,永久占地涉及214个村19251.40亩土地,其中,耕地12297.26亩;临时占地涉及213个村52408.42亩土地,其中,水浇地34451亩。到本次调查,签订永久占地协议12266.29亩,其中,耕地9249.72亩,涉及162个村庄;签订临时占地协议27555.97亩,其中,水浇地18428.4亩,涉及190个村庄。实施永久占地17444.18亩,其中,耕地14879亩,涉及村庄214个;实施临时占地25149.63亩,其中,水浇地9713.16亩,涉及村庄164个。

2.堤防加固工程占地补偿与生产恢复情况

黄河洪水管理亚行贷款堤防加固工程征地移民包括原阳、开封、兰考152、兰考135、濮阳、东明、鄄城及牡丹区8个子项目。规划永久占地共计13885.62亩,涉及沿黄11个县(区)25个乡(镇)112个村,零星树105867株,坟墓2074座;挖、压等临时占地37484.07亩。国家批复建设及施工场地征用费总计30751万元,其中,移民直接费28257万元。

根据移民工作实施需要,各子项目都编制了实施方案,除原阳外,其他实施方案已经得到了有关部门批复。8个子项目共涉及沿黄11个县(区)25个乡(镇)121个村,永久占地13901.08亩,零星树423165株,坟墓3300座等;挖、压等临时占地38673.39亩。总投资32476万元,其中,移民直接费29980万元。

规划和实施方案中,永久占地和临时占地分地类进行补偿,地类不同补偿标准不同。实施中,各子项目依据当地情况出台的政府公告对土地分类和补偿标准进行了调整。其中,原阳、东明、鄄城及牡丹区补偿执行公告标准;濮阳补偿与公告标准不相同;开封、兰考152、兰考135无公告标准,见表9-107、表9-108。

表 9-107　堤防加固工程永久占压补偿标准

（单位：元/亩）

序号	子项目	分类	耕地				园地		林地		塘地					
											鱼塘			莲塘	苇塘	其他塘
			水浇地	旱地	河滩地	菜地	果园	其他园	用材林	苗圃	标准鱼塘	一般鱼塘	低产鱼塘			
1	原阳堤防	移民规划	12930	6900			6700			17730	18530	6700				15730
		实施方案	9630								11130					
		政府公告	9050								10050					
		实施情况	执行政府公告标准													
2	开封堤防	移民规划	11920	6000			15000			2500						16000
		实施方案	11600	6700			16400			2500						17200
		政府公告														
		实施情况	10114/11600/11920				15000									
3	兰考堤防 152	移民规划	11350			11350	16150	13450	7804	11350	16950			14150		
		实施方案	11350					25000	12454	11350	16950			14150		
		政府公告														
		实施情况	10366.5							11872.9						

表 9-108　堤防加固工程临时占压补偿标准　　（单位：元/亩）

<table>
<tr><th rowspan="2">序号</th><th rowspan="2">子项目</th><th rowspan="2">分类</th><th colspan="4">挖地</th><th colspan="3">压地</th></tr>
<tr><th>水浇地</th><th>旱地</th><th>河滩地</th><th>果园</th><th>水浇地</th><th>旱地</th><th>河滩地</th></tr>
<tr><td rowspan="4">1</td><td rowspan="4">原阳堤防</td><td>移民规划</td><td>2586</td><td></td><td>345</td><td></td><td>2586</td><td></td><td>345</td></tr>
<tr><td>实施方案</td><td>2408</td><td></td><td>690</td><td></td><td>2408</td><td></td><td>690</td></tr>
<tr><td>政府公告</td><td>2408</td><td></td><td>690</td><td></td><td>2408</td><td></td><td>690</td></tr>
<tr><td>实施情况</td><td colspan="7"></td></tr>
<tr><td rowspan="4">2</td><td rowspan="4">开封堤防</td><td>移民规划</td><td></td><td>600</td><td>345</td><td>2250</td><td>596</td><td>300</td><td></td></tr>
<tr><td>实施方案</td><td>1740/1160</td><td>1005</td><td>690</td><td>4800</td><td>1160</td><td>670</td><td></td></tr>
<tr><td>政府公告</td><td></td><td></td><td></td><td></td><td></td><td></td><td></td></tr>
<tr><td>实施情况</td><td colspan="4">2000</td><td colspan="3">500/1000</td></tr>
<tr><td rowspan="4">3</td><td rowspan="4">兰考堤防
152</td><td>移民规划</td><td>1703/2270</td><td></td><td>345</td><td></td><td></td><td></td><td></td></tr>
<tr><td>实施方案</td><td>1703</td><td></td><td>690</td><td></td><td>1703</td><td></td><td></td></tr>
<tr><td>政府公告</td><td></td><td></td><td></td><td></td><td></td><td></td><td></td></tr>
<tr><td>实施情况</td><td colspan="4">挖地 1629/2567，泵淤 2000/5000</td><td colspan="3">493.64</td></tr>
<tr><td rowspan="4">4</td><td rowspan="4">兰考堤防
135</td><td>移民规划</td><td>2270</td><td></td><td>690</td><td></td><td></td><td></td><td></td></tr>
<tr><td>实施方案</td><td>1730</td><td></td><td>690</td><td></td><td></td><td></td><td></td></tr>
<tr><td>政府公告</td><td></td><td></td><td></td><td></td><td></td><td></td><td></td></tr>
<tr><td>实施情况</td><td colspan="4">挖地 2567，泵淤 1703</td><td colspan="2">493.64</td><td>345</td></tr>
<tr><td rowspan="4">5</td><td rowspan="4">东明堤防</td><td>移民规划</td><td>1699.5</td><td></td><td>345</td><td></td><td></td><td></td><td></td></tr>
<tr><td>实施方案</td><td>1699.5</td><td></td><td>345</td><td></td><td></td><td></td><td></td></tr>
<tr><td>政府公告</td><td colspan="4">取土场 1005，生活区 350</td><td></td><td></td><td></td></tr>
<tr><td>实施情况</td><td colspan="7"></td></tr>
<tr><td rowspan="4">6</td><td rowspan="4">鄄城堤防</td><td>移民规划</td><td>2264</td><td></td><td>690</td><td></td><td></td><td></td><td></td></tr>
<tr><td>实施方案</td><td>2264/1698</td><td></td><td></td><td></td><td>2264</td><td></td><td></td></tr>
<tr><td>政府公告</td><td colspan="4">青苗费：麦季 360、秋季 240</td><td></td><td></td><td></td></tr>
<tr><td>实施情况</td><td colspan="7"></td></tr>
<tr><td rowspan="4">7</td><td rowspan="4">牡丹区堤防</td><td>移民规划</td><td>2264</td><td>1005</td><td>690</td><td></td><td>2264</td><td></td><td></td></tr>
<tr><td>实施方案</td><td>2264/1698</td><td>1005</td><td>690</td><td></td><td>2264</td><td></td><td></td></tr>
<tr><td>政府公告</td><td colspan="7">取土场 1005，生活区 350</td></tr>
<tr><td>实施情况</td><td colspan="4"></td><td colspan="3">500 元/季，附着物另加</td></tr>
</table>

到本次监评，协议永久占地共计 11694.10 亩、补偿款 11383.23 万元，附着物及其他补偿款 1706.74 万元；实施永久占地共计 12324.95 亩、10920.26 万元，附着物及其他补偿款 1112.46 万元。根据对 31 个村 279 户的调查，永久占地后，141 户征地款在占地村民小组内平均分配后重新调地，123 户征地款直接补偿到占地户不调地，15 户安置方式待定。移民规划中的其他生产措施基本未实施。

协议挖、压等临时占地 23651.07 亩、3093.78 万元，实施临时占地 17650.21 亩、1269.54 万元，复耕 5688.77 亩。

堤防加固工程占地移民各子项目永久占地均不分地类实施，补偿款基本能按实施方案标准兑付到村或户，生产安置均没有按规划标准实施，主要采取村民小组内平分占地款后调整耕地和补偿款直补到户不调地两种方式。临时占地中，踏压地补偿基本完毕并复耕,料场挖地和泵淤挖地由施工单位垫资补偿,料场挖地正在复耕,泵淤挖地复耕困难。

3. 存在的问题和建议

(1)临时占地问题。实施中,包边盖顶等料场和泵淤挖地多由施工单位直接与村、户协商用地,并从工程款中先行支付补偿款,变更较大。建议有关单位尽快完善变更手续,加快挖地协议签订,理顺补偿程序。另外,由于泵淤挖地取土较深,一般在6~11米,复耕困难,建议有关部门引起重视。

(2)补偿兑付标准低。实施中,现阶段执行的补偿兑付标准低于国家批复标准,建议实施单位将剩余资金继续用于移民补偿安置,不得挪作他用。

4. 滩区安全建设工程占地补偿与生产恢复情况

规划苗寨、武邱、范县、东明和平阴5个滩区安全建设项目修筑15个村台,安置39个村9028户37065人,村台占地4679.51亩,临时占地9070.73亩。在实施中调整为修筑13个村台,其中,长垣苗寨滩建修筑苗寨1个村台,长垣武邱滩建修筑滩敬、三义2个村台,范县滩建修筑陆集1个村台,东明滩建修筑南北2个村台,平阴滩建修筑东阿镇、丁口、王庄、后寨、凌庄、前阮二、新老博士、柳圈河7个村台。

到本次调查,长垣苗寨村台主体工程已完工,即将对村台淤筑后被雨水冲毁的工程进行修复以及包边盖顶;长垣武邱滩敬村台淤筑土方完成68%,三义村台淤筑土方完成5%;范县陆集村台淤筑正在进行;东明南、北村台淤筑土方完成97%,包边盖顶南村台已开始,北村台正在商定土场;平阴村台建设进入尾工阶段。

实施村台占地4572.66亩,占规划的98%,涉及31个村庄,需在32个村庄之间进行调地。到本次调查,有19个村进行了内部或村与村之间的土地调整,共调地864.52亩,改造土地86亩。

临时占地4476.23亩(其中耕地759.81亩),占规划的49%,已复垦459.3亩。其中机械挖地204亩,复垦150亩;踢压地2509.81亩,复垦309.3亩;泵淤挖地1762.42亩,均未复垦。

国家投资和亚行贷款共计20938万元进行村台建设,村台建设引起的移民搬迁、附着物及青苗赔偿、村台基础设施建设以及村台建成后贫困户的搬迁等由地方政府负责,村台建成后移民在新村台上的房屋自己筹款修建。到本次调查,河南省政府配套的500万元已到位300万元,山东省政府配套的2000万元已到位1500万元。

除苗寨滩建村台占地和泵淤挖地没有进行青苗及附着物补偿外,其他滩建占地涉及的青苗、房屋拆迁、附着物及其他补偿和苗寨滩建管道占地青苗补偿、房屋拆迁补偿等由地方政府配套资金解决932.16万元,但青苗补偿还需要根据占地和调地、复垦等情况按季节发放,直至土地调整或复垦。

省政府配套资金全部得到落实并逐步到位。苗寨滩建除管道占地和房屋拆迁得到补偿外,村台占地附属物和泵淤挖地等均没有补偿,其他滩建占地涉及的青苗、房屋拆迁、附着物等均给予了补偿。

村台占地后,有45%需要调地的村庄进行了村内部或村与村之间的土地调整,其余正在做调地的准备工作,但有的需要调出耕地的村民对村台建成后的搬迁和老村庄占地置换成耕地比较悲观,调地难度比较大;临时占地中,泵淤挖地由于深度在6米以上难以靠人力复垦,踏压地在工程结束后自然复垦,机械挖地已考虑了复垦问题。

国家投资和亚行贷款进行的5个滩建子项目、13个村台已全部动工,除长垣武邱滩敬、三义和范县陆集3个村台外,其余10个村台淤筑工程即将结束,面临基础设施建设和移民搬迁工作。

移民工作本身很复杂,根据监评项目组多年从事移民监评工作的经验,即使是按照"原功能、原规模、原标准"进行了房屋拆迁补偿的移民搬迁安置工作难度也是难以想象的,更何况没有补偿、主要依靠移民自身年人均1000多元收入的搬迁呢?83%的被调查对象愿意搬迁但仅有15%的人表示能在村台建成两年内建房,也从另一个侧面反映出村台建成后移民搬迁工作的艰巨性。因此,有关各方应该尽早认识到这一点并采取措施。

5.东平湖围坝除险加固工程占地补偿与生产恢复情况

黄河洪水管理亚行贷款东平湖围坝除险加固工程包括截渗墙加固17.865公里、石护坡翻修22.3公里、废闸拆除复坝及相应的附属工程等。到本次监评,截渗墙加固和石护坡翻修工程基本完工。

规划永久占地涉及梁山、汶上、东平3个县5个镇12个村庄2.71亩土地,临时占地涉及汶上、东平2个县12个村328.09亩土地。国家批复建设及施工场地征用费107万元,其中移民直接费99万元。

设计变更为永久占地涉及梁山、汶上、东平3个县5个镇31个村庄166.62亩土地,临时占地涉及汶上、东平2个县12个村314.03亩土地。建设及施工场地征用费361万元,其中移民直接费345.17万元。

到本次调查,实施永久占地158.26亩、补偿120.19万元,实施临时占地325.06亩、补偿21.49万元。东平县除由于施工工艺改变增加的临时占地尚未兑付外,其余补偿款已全部兑付到户;汶上县和梁山县的占地实物量已确定,补偿兑付工作正在准备中。监评小组对东平县5个村、16户进行了调查,占地补偿一般采取直补到户不调地的方式,占地户均按标准领取了占地补偿费。

上次监评报告反映的汶上县土地权属引起的补偿争议和梁山县没有征地移民实施机构使得征地测量工作无法进行的问题,到本次监评均已解决,汶上县土地补偿按分解到各村的数量补偿到村,梁山县在征地涉及的韩岗镇成立了"东平湖围坝除险加固工程征地移民办公室",征地测量工作已经结束。目前的问题主要是汶上、梁山两县的补偿工作尚未实施到位,不过,有关部门正在抓紧办理具体手续,补偿将很快到位。

6.改建加固工程占地补偿与生产恢复情况

14个险工改建加固现有工程长度59489米、坝垛717道,规划改建加固21309米、坝垛501道,涉及7个县(区),永久占地涉及23个村468.98亩土地(其中耕地201亩),临时占地涉及4个村4362.45亩(其中水浇地4198.4亩),国家批复总投资13472万元(其中建设及施工场地征用费2073万元)。

实施方案改建加固13594米、坝垛262个,永久占地504.19亩(其中耕地433.12亩),临时占地4350.27亩(其中水浇地4222.69亩),建设及施工场地征用费2511万元。

到本次调查,实施永久占地涉及21个村388.31亩(其中耕地260.46亩),临时占地涉及 8 个村 2698.13 亩(其中水浇地 2145.1 亩),签订各种补偿协议 1815.47 万元,实施 918.38 万元。

(四)房屋拆迁补偿与安置情况

28 个子项目中,规划兰考 135、濮阳、东明、鄄城、牡丹 5 个堤防加固和苗寨、武邱、范县、平阴、东明 5 个滩区安全建设工程共 10 个子项目涉及 39 个村 686 户 2854 人的房屋拆迁,原阳堤防、东平湖围坝除险加固以及花园口、赵口、东坝头、黄寨、堡城、高村 6 个险工改建加固子项目涉及集体房屋不涉及个人房屋拆迁。其余 8 个险工改建加固和开封、兰考 152 两个堤防加固共 10 个子项目不涉及房屋拆迁。

到本次调查,已搬迁 37 村 427 户 1791 人,其中 350 户划拨了宅基地,15 户未划拨,62 户不需要划宅基地;224 户搬进新建房,2 户买了房,73 户借房居住,57 户租房居住,24 户搭建临时住房,32 户原有其他宅院居住,15 户暂住在未拆完的房屋中。

到本次调查,堤防、滩建及险工等项目共兑付移民生活费 2679.09 万元,其中房屋补偿款 785.40 万元。

1. 堤防加固工程

规划移民搬迁涉及 39 村 686 户 2854 人,实施方案涉及 42 村 863 户 3402 人,已实施 30 村 358 户 1539 人。

宅基地划拨情况:规划迁建移民本村后靠集中安置。实施中,东明、牡丹区移民本村后靠集中安置;兰考受环境容量限制,改为分散安置,村集体不再进行新址占地调配和搬迁户宅基地划拨;濮阳、鄄城尚未开始移民搬迁。

到本次调查,已搬迁 358 户,其中 335 户已划拨宅基地,7 户尚未划拨,16 户只需财产补偿,不进行安置。

建房情况: 230 户已建成新房,66 户正在建房,39 户尚未动工。

安置情况: 224 户搬进新建房,2 户买了房,66 户借房居住,11 户租房居住,9 户搭建临时住房,31 户原有其他宅院居住,15 户居住在未拆完房屋中。

到本次调查,兑付移民个人房屋补偿款 702.97 万元,其他房屋补偿款 22.75 万元,基本满足移民建房进度的要求。

东明县樊庄村移民迁建情况:樊庄变更设计后,涉及移民搬迁 73 户。到本次调查,73 户已拆迁完毕,每户划拨宅基地 0.4 亩;34 户建成新房,其他正在建设。但由于樊庄新村有中原油田高压线通过,对居住环境影响较大,地方政府多次协调拆除高压线或重新划拨宅基地,至今未果;村内道路也未平整,坑洼不平,逢雨积水,行走艰难,影响了 14 户移民建房进度。

2. 滩区安全建设

滩区安全建设工程实施村台占地涉及 7 个村 69 户移民搬迁。其中,长垣苗寨村台淤筑搬迁 1 户,受渗水影响搬迁 1 户;武邱需搬迁 6 户,施工时,绕开三义村 2 户,武邱只搬迁 4 户;范县搬迁房屋 107 间;东明南村台淤筑搬迁 5 户;平阴搬迁 58 户。

宅基地情况:村台占地影响搬迁 69 户移民中,15 户需要搭建临时住房,除长垣苗寨 1 户、武邱 2 户宅基地自行解决外,平阴 12 户均在划定区域内划拨了临时宅基地。

安置情况:到本次调查,46 户租房居住,7 户借房居住,15 户搭建临时住房,1 户原有其他宅院居住。

另外,长垣苗寨村台淤筑渗水影响7户,施工期间租房费发放到户;东明北村台撤退道路影响4村13户村民部分配房、围墙等,补偿款兑付到户,均不需要搬迁安置。

到本次调查,已兑付房屋补偿款31.36万元。

3.险工加固改建工程

花园口、赵口、东坝头、黄寨、堡城、高村6处险工加固改建工程房屋搬迁规划1518.20平方米,实施方案2038.56平方米,协议2030.56平方米,黄寨、堡城、高村3处共计实施1150.34平方米。搬迁房屋等为集体所有,不涉及移民户搬迁、安置。到本次调查,已兑付房屋补偿款26.42万元。

另外,东平湖围坝除险加固工程兑付集体房屋补偿款1.9万元。

4.评价

移民房屋拆迁满足工程施工进度的要求;房屋补偿基本兑付到户;需要建房的365户移民已有230户建成新房,新建房条件较原有住房在面积、房屋结构上均有不同程度改善,在建或暂未建房的移民或借住、租住、搭建临时房,或原有其他住宅,基本满足居住需要。个别没有能力建房的贫困户由乡、村安置,如东明堤防加固涉及到菜园集乡武屯村1个五保户和沙沃乡王寨村1个贫困户的搬迁,分别被安置在本村学校和村委会居住。

(五)学校迁建与补偿

学校迁建涉及开封刘庄、濮阳董楼、东明闫潭和徐集4所小学,规划按“原规模、原标准、原功能”原则迁建。到本次调查,除董楼小学外,其余3所学校的迁建补偿资金已到位。刘庄学校、闫潭小学迁建工作基本完成;董楼、徐集小学新校址已初步确定,但迁建项目尚未实施。

1.开封刘庄学校

刘庄小学规划占地9.7亩,国家批复投资76万元,2005年3月编制的实施方案批复投资为78.2万元。新校址选择在刘庄、半堤两村之间,教学用房已于2004年12月上旬交付使用,教学秩序基本恢复。迁建后,学校在规模上有所扩大、教学用房有较大的改善。但校园内场地平整进展缓慢,校外连接路未修,一定程度上影响了教学和课外活动。

2.东明闫潭小学

闫潭小学规划占地7.92亩,国家批复投资36.03万元,实施中调整为25.05万元。目前,在原校址上拆除15间380.3平方米,新建12间304平方米校舍工作已完成;学校现有6个班220名学生;校园面积由原来的15亩减少到现在的9.08亩,教学用房由原来的30间763.3平方米减少到27间687平方米,教学秩序基本恢复。但水、电、校外连接路等配套设施建设迟缓、现有校园因面积减少而无操场,一定程度上影响了教学和课外活动。

3.东明徐集小学

徐集小学国家批复投资20.88万元。原校占地11亩,校舍22间面积505.7平方米,已于2004年3月拆除,拆除后学生一直就学于临时用房,其中,4个班安置在村大队部,2个班安置在租借民房,就学条件极其艰苦,学校正常的教学秩序已经长期受到严重影响。目前,新校址已初步确定,但迁建项目尚未实施。

4. 濮阳董楼小学

董楼小学规划占地5亩，国家批复投资26.44万元。目前，原校舍已废弃不用，学校现租房教学。

（六）专业项目补偿与迁建

黄河防洪亚行贷款项目已开工的28个子项目中，除黑岗口、黄寨、霍寨、范坡4个险工改建加固项目外，其余24个子项目均涉及专业项目迁建（以下简称专项），主要是道路、电力、通信等。

到本次调查，除苗寨、武邱、范县、平阴4个滩建子项目和濮阳、鄄城、牡丹3个堤防加固子项目以及东坝头、位山2个险工改建加固子项目尚未开始实施专项补偿和迁建外，其余15个子项目均有专项实施。

1. 桥梁的复建问题

兰考152堤防加固工程：根据补偿协议专项恢复由涉及的乡、村自行恢复。据初步调查，袁寨等村生产桥尚未恢复，由于调整了实施项目和专项补偿资金的使用范围，专项设施恢复滞后，影响了村民生产、生活。建议：①项目法人应尽快组织设计等单位，对与规划有出入的项目尽快编制由有关单位认可的设计变更，做到有章可依、有据可寻，确保专项尽快恢复。②项目法人、实施机构应加大对专项资金的监管力度，确保专项设施尽快恢复和正常使用。

2. 辅道的复建问题

东明堤防加固工程：各村庄通往大堤的辅道尚未恢复。由于大堤帮宽，需新建或完善辅道，近期因连续下雨，部分帮宽淤背出现滑坡、塌方，造成了村民生产、生活不便。建议有关部门尽快修复辅道，同时，有关方面要妥善处理塌方对群众生活造成的影响。

（七）收入情况

根据本次监评子项目调查范围的原则，共对632户、2444人2004年的家庭收入情况进行了调查。其中，在2003年本底调查的基础上，对开封、兰考、东明堤防加固和苗寨、武邱（滩邱、敬寨）、范县滩建等子项目206户1046人2004年的收入进行了跟踪监测，对原阳、濮阳、牡丹、鄄城堤防加固和平阴、武邱（三义）滩建子项目305户1398人2004年的家庭收入进行了本底调查或完善本底调查。

1. 2003年样本户收入跟踪监测

1）收入及其构成变化

根据对2003年206个样本户的跟踪监测，2004年人均收入1187元，比2003年的1289元减少102元，下降了7.91%。其中，农业人均收入381元，占总收入的32.09%，比2003年减少181元，比重下降11.49%；工副业人均收入768元，占总收入的64.7%，比2003年增加96元，比重上升12.51%。

样本户人均收入下降主要是工程占地导致人均耕地减少0.31亩，使得人均农业收入下降32.21%，虽然工副业等人均收入有所增加，但其增加的比例远远小于农业下降的幅度。2003年样本户人均耕地1.19亩，2004年工程占地后为0.88亩，每个子项目都有不同程度的减少。其中，减少最多的是苗寨滩建，村台占地后，人均耕地从2003年的1.21亩减少到2004年的0.51亩，人均减少0.69亩，导致农业收入人均减少514元。在所有子项目中,范县滩建人均耕地本来就少,村台占地前人均0.8亩,占地后仅有0.49亩,农业收入占总收入的比重也从占地前的34.3%下降到18.66%。

农业收入占家庭总收入70%以上的有59户,占样本户的28.64%,比2003年减少14户,比重下降6.8%;其中,纯农业收入有1户,占样本户的0.48%,比2003年减少52户,比重下降25.24%。农业收入占家庭总收入40%以下的有109户,占样本户的52.91%,比2003年增加36户,比重增加17.48%;其中,农业收入为0的有6户,占样本户的2.91%,比2003年增加4户,比重上升1.94%。

工副业收入占家庭总收入70%以上的有79户,占样本户的38.35%,比2003年增加35户,比重上升16.99%;其中,纯工副业收入家庭有4户,占样本户的1.94%,增加3户,比重上升1.46%。工副业收入占家庭总收入40%以下的79户,占38.35%,减少19户,比重下降9.22%;其中,没有工副业收入的两年均为62户,占样本户的30.1%。

分析显示,征地后样本户农业种植收入占家庭收入比重有所减少,与工副业收入的增加形成对照。从收入结构方面,也印证了由于工程占地的影响,造成人均耕地的减少,从而使农业收入下降,在家庭收入中所占比例降低。

2)贫困状况变化情况

根据国家统计局"2004年中国农村贫困状况监测公报"中关于贫困人口的划分标准:"2004年农村绝对贫困人口的标准由上年的637元调整为668元,低收入人口的标准由上年的882元调整为924元。"206个样本户中,2004年绝对贫困人口为347人,比2003年增加58人,占样本人数的33.4%,增加5.77%;初步解决温饱但收入还不稳定的农村低收入人口为153人,比2003年增加13人,占样本人数的14.73%,增加1.35%。

2.2004年样本户收入情况

根据工程进展情况,本次监评对濮阳、原阳、牡丹堤防和平阴滩建及长垣武邱滩建三义村共305户1039人2004年的收入进行了本底调查或完善本底调查。

1)收入结构

305个样本户2004年人均收入1405元。其中,农业650元,占总收入的46.26%;工副业650元,占46.26%;其中,打工人均收入484元,占总收入的34.45%、占工副业收入的74.46%,养殖林果及其他收入占总收入的7.48%。

从总体情况,样本户经济收入主要依靠农业和工副业。其中,原阳、牡丹、濮阳堤防加固样本户农业收入占总收入的50%左右;各子项目样本户工副业收入占总收入的比例均在40%以上;其中,又以打工为主,占工副业收入的70%以上,养殖业、林果业及其他收入所占比重较小。

2)收入水平

人均收入在669元以下的绝对贫困户有95户,占样本户总数的31%;在669~924元之间的低收入水平户有43户,占14%;924元以上的167户,占55%。

(八)征地移民意愿及权益保护情况

本次监评针对项目引起的房屋拆迁、永久占地/村台占地、临时占地、附着物清理及其他等的参与权、补偿标准知情权以及培训、宣传、了解征地移民有关信息的途径、申诉渠道与效果、滩区安全建设移民搬迁意愿和村级组织健全情况等10个方面设57个问题,对原阳、开封、兰考135、濮阳、东明、牡丹区6个堤防加固工程，长垣苗寨和武邱、范县、东明、平阴5个滩建项目以及东平湖围坝除险加固和东明黄寨、霍寨、堡城、高村4个险工共16个子项目632人进行了调查。

1. 征地移民参与情况

本次监评就工程影响房屋拆迁和安置点的选择、土地测量、附着物的清理等征地移民主要活动，对利益相关者的参与情况进行了调查，根据调查统计，涉及房屋拆迁70人、永久占地/村台占地594人、临时占地108人、附着物及其他369人。

在被调查的16个子项目632人中，濮阳、东明、牡丹区堤防和平阴滩建4个子项目的67人参与了房屋测量，占涉及房屋拆迁70人的96%；其中，兰考135、牡丹堤防和平阴滩建的参与程度达到了100%，参与程度非常高。

有45人参与了安置点的选择，占涉及房屋拆迁70人的64%，兰考135堤防和平阴滩建100%的拆迁户参与了安置点的选择，东明和牡丹堤防的参与程度也超过了80%。濮阳堤防仅有38%的被涉及对象参与了安置点的选择，主要是因为，到本次调查时实物指标调查刚刚完成，房屋拆迁尚未进行，6个安置点中有2个尚未确定，因此参与程度比较低。

在被调查的16个子项目632人中，16个子项目的594人涉及到堤防加固永久占地和村台占地等，有388人参与了测量，占涉及人数的65%。其中，参与堤防加固永久占地测量243人，参与村台占地测量120人，分别占涉及人数417人、147人的58%和82%。

在被调查的16个子项目、632人中，开封、兰考135、东明3个堤防加固项目，长垣苗寨和武邱、东明、平阴4个滩建项目及东明黄寨、霍寨、堡城、高村4个险工改建加固共11个子项目108人涉及到临时占地，有88人参与了测量，占涉及人数的81%。除兰考135参与程度仅为20%外，其余10个子项目临时占地利益相关者参与程度均在70%以上。

在被调查的16个子项目632人中，16个子项目的369人涉及到附着物清理，有286人参与了清点和测量，占涉及人数的78%。除濮阳堤防和苗寨滩建分别为38%和50%外，其余14个子项目的参与程度均在70%以上。

被调查对象没有参与的原因主要有：①由村干部和村民代表参与；②由家里其他人参与或亲戚帮忙参与；③测量时不在家；④涉及实物指标少，不想参与；⑤还没到实施或补偿阶段，不重视。

如果把以上房屋和土地的测量、安置点的选择及附着物的清理等参与视为同等重要，则有1211人次涉及房屋拆迁和安置点的选择、土地占用和附着物的清理，其中873人次参与了测量、选择和清点，占涉及人数的72%，综合参与程度比较高。

2. 征地移民知情权权益保护情况

关于征地移民知情权权益保护情况，从宣传、征地移民获取相关信息的途径以及补偿知情权等方面进行了调查。

1）宣传及征地移民获取相关信息的途径

关于宣传，本次监评在16个子项目区内对宣传的内容、方式、时间以及宣传效果的满意程度等调查了632人。除宣传效果满意率不到70%外，其余均超过了70%。

宣传工作与征地移民获取信息的途径密切相关。项目组事先设定了移民规划、信息手册、政府公告、布告/黑板报、宣传车、广播/电视、亲朋好友以及其他等8种获取征地移民信息的途径,在16个子项目区让632人进行选择。利益相关者获得征地移民信息依次为"听亲朋好友讲的"占63%,"看电视、听广播"占58%,"看县政府公告"占56%,"看村委布告、黑板报"占30%,其他途径占16%,移民规划和信息手册分别不到1%。虽然每种途径的比例都不是很高,但根据对调查资料的统计整理,所有利益相关者都从1种以上的途径获取了征地移民的相关信息。

2)补偿知情权

对与征地移民补偿密切相关的房屋拆迁、占地、附着物等方面就补偿标准、实物指标和补偿资金的了解情况进行了调查。

被调查对象知道各种补偿标准的原阳、兰考135堤防和东明滩建3个子项目达到100%,开封、东明、牡丹堤防,平阴滩建,东平湖围坝除险加固和东明黄寨、霍寨、堡城、高村险工9个子项目在90%以上,范县滩建知道补偿标准的占77%。

知道实物指标和补偿资金所占比例的各子项目分布情况也大致如此。

知道补偿标准、实物指标和补偿资金比例较低的主要集中在濮阳堤防和长垣苗寨、武邱滩建,究其原因,与补偿是否发放密切相关。如,濮阳堤防不知道补偿标准的比例占82%,不知道实物指标的占68%,不知道补偿资金的占90%,主要是因为项目实施刚刚开始,各种补偿还没有涉及到,所以知道的比例不高;又如,苗寨滩建发放了管道临时占地补偿,所以,57%的人知道临时占地各项指标,100%的人对没有进行补偿的村台占地、附着物清理以及青苗补偿各项指标均选择了不知道;武邱滩建的情况也很类似,村台占地所涉及到的补偿标准、实物指标、补偿金额等各项指标均不知道,而对得到补偿的临时占地和附着物等80%以上的人表示知道。

3.搬迁意愿

2004年4月对苗寨、武邱、范县和东明4个滩建子项目村台移民本底意愿调查之后发现,仅有"是否愿意搬迁"还不能全面反应滩建项目村台移民意愿,因此在随后对这4个子项目的跟踪监测和平阴本底调查中增设了"能否在村台建成后两年内及时建房"。

本次监评根据对5个滩建项目165人的调查,83%以上的人愿意搬迁,其余17%不愿搬迁的原因主要是:①最近几年刚盖的新房已考虑到了防洪的要求;②认为黄河多年没有来大水,以后也可能不会来多大的水;③长期生活在滩区,已经适应了水来人走、水走人回的人水共处局面;④没有补助,凭自己的经济能力盖不起房。

在村台建成后两年内能及时建房的仅占15%,主要是因为:①家庭条件差或刚盖了新房,没有经济能力;②新村台宅基面积比现有宅基面积小,不方便;③等待观望。

4.申诉情况

在本次监评调查的16个子项目632人中,除武邱滩建和东平湖围坝除险加固2个子项目没有被调查对象申诉过问题外,其余14个子项目有70人申诉过征地移民过程中遇到的问题,主要是:①受施工影响,原排水渠、沟河等排水不通畅,造成耕地、房屋被淹;②村台占地没有及时调整或对调整的土地不满意;③新村台宅基地面积比现有面积小,道路比现在窄,生活不方便;④补偿标准比同区域其他项目或同项目临近区域偏低,附着物漏登、个人铺垫的房台损失等没有补偿;⑤临时占地未复垦,影响耕种。

76%的人认为渠道畅通,其余24%的人认为渠道不畅通的原因主要是:①有问题不知道该找谁;②找到有关部门后相互推诿。

对处理时效、过程和效果满意的仅占4%、4%、1%,不满意的原因主要是反应问题没有得到解决。

由于大多数人申诉的问题没有得到解决,因此本次监评调查仅有不到1%的人有问题想申诉,主要是:①宅基地面积小;②村台建成后自己建房经济上有困难。

5. 村级组织健全情况

在16个子项目中,开封、兰考135、东明堤防,范县、东明、平阴滩建,东平湖围坝除险加固和东明黄寨、霍寨、堡城、高村险工11个子项目的全部被调查对象认为他们的村级组织是健全的,濮阳堤防96%、原阳堤防77%、牡丹堤防68%、苗寨滩建67%的人认为村级组织健全,武邱滩建仅有32%的人认为村级组织健全。

征地移民工作离不开地方政府,尤其离不开最基层的村级组织,无论是房屋的拆迁,还是永久占地和临时占地的测量,或是附着物的清理,都少不了村级组织的参与。建议武邱乡政府协助有关村建立健全村级组织,以利于武邱滩建村台建成后的移民搬迁工作。

(九)评价与建议

1. 评价

(1)关于补偿。工程涉及影响到的土地、房屋、附着物等补偿均能兑付到所有者。只是在实施中,实物分类与规划和安置方案均有所不同,补偿标准也有不同程度的降低。28个子项目涉及19个县(区),河南的原阳、濮阳和山东的东明、牡丹、鄄城5个县(区)颁布了政府公告,对补偿标准进行了重新规定,一般都比移民规划和安置方案低。

(2)关于生产安置。生产安置以补偿和调地为主,移民规划和实施方案中的生产安置措施基本未得到落实。生产安置主要涉及堤防加固永久占地和滩区安全建设村台占地农户,堤防加固永久占地后一般采取直接补偿给占地户不调地和在村民小组内平分征地款并进行土地调整两种形式;滩区安全建设子项目村台占地后一般根据占地时间给被占地户青苗补偿(除苗寨外),并在村与村之间、组与组之间和村民小组内部进行土地调整。

(3)关于生活安置。工程影响移民房屋拆迁基本满足工程施工进度的要求,新建房面积、结构比搬迁前均有不同程度的改善,个别没有能力建房的贫困户由乡、村负责安置。

(4)关于权益保护。征地移民在房屋和土地测量、安置点选择以及附着物清理等与征地移民活动密切相关的方面参与程度比较高;虽然知道移民规划和信息手册的人不多,但由于有政府公告、布告/黑板报、宣传车、广播/电视、亲朋好友等途径获取征地移民相关信息,因此普遍知道自身房屋拆迁、占地和附着物等的补偿标准、实物指标和补偿资金;大多数人认为申诉渠道是畅通的,但由于没有达到预期的目标,所以对处理时效、过程和效果不满意。

2. 问题与建议

主要问题与建议见表9-109。

表 9-109 问题与建议

序号	主要问题	主要内容	建议
1	不能在村台上及时建房的问题	85%的人表示不能在村台建成后两年内建房	有关各方应该尽早认识到移民搬迁工作的复杂性和艰巨性
2	补偿方面的问题	东明机械挖地和泵淤挖地施工单位没有按与占地村或村民小组达成的书面或口头协议足额兑付补偿款	有关部门加大监管力度,督促有关方面尽快落实补偿款
		各子项目移民补偿标准普遍低于国家批复标准,剩余资金应用问题	有关单位加大监管力度,将剩余资金全部用于征地移民
		濮阳、东平湖征地补偿标准远低于油田征地标准,老百姓对征地补偿标准不满,给补偿发放实施带来困难。另外,征地款以现金形式在村内对户发放,数额巨大,安全问题应引起重视	①加大工作力度,进一步做好宣传解释工作,使堤防加固对维系群众生产、生活安全的重大意义深入民心,求得征地移民的理解和支持;②为各户设立银行账户,以存折的形式发放补偿款,保证补偿款发放的安全
		国库支付领款单位或个人需设立专用账号,而村集体或个人无法设立,以往多借用乡财政所账号,造成部分补偿资金因无支付明细,滞留在银行	
		长垣苗寨、东明、平阴村台占地地面附属物、青苗费及泵淤挖地补偿款未兑付到位,村民反应强烈	有关部门尽快兑付补偿款
3	生产安置问题	原阳县韩董庄乡大董庄排水河被征用,耕地无排水设施,加之今年秋汛雨水较大,造成部分稻田绝收或减产,影响来年小麦播种,造成的农业损失较大	有关单位尽快协助其解决耕地排水问题
		原阳靳堂乡夹滩村一生产路被渠道搬迁占压,生产机械无法出入,给村民收稻及种麦带来不便	有关单位尽快复建一条生产路
		开封、兰考有关县、乡政府部门对工程占地后移民土地调整、恢复生产考虑不足,缺少相应的管理办法和方案;受土地容量限制,绝大多数村民小组采取将土地补偿费直补到户,不再调地,且其他生产安置措施尚未实施	实施机构除将补偿资金落实到位外,还应制订相应的管理办法和方案,及时协调好确保移民基本口粮田工作,加大开发性移民观念的宣传和引导
		樊庄村占地后耕地大量减少,其中3组人均耕地仅剩0.6亩,基本口粮难以保障	有关方面予以重点关注,妥善安置失地移民
		长垣苗寨高庄村民不愿接收为其调入的耕地,致使村民调地工作无法开展;耕地全部被占压的农户,其农业收入影响较大,村民有在淤筑村台上重新种地的想法	有关方面予以重点关注,积极、妥善进行协调、解决有关问题

续表 9-109

序号	主要问题	主要内容	建议
4	生活安置问题	新村移民建房用电多为自行架设的临时线路,有一定的安全隐患;生活用水、污水排放也存在一定困难	有关单位加快移民新村基础设施建设,尽快解决影响移民生活的迫切问题
		牡丹区朱楼村大堤外没有可划宅基地,3户拆迁户至今买不到宅基地;兰口村6户已划拨宅基地地势低洼暂时无法建房	相关部门对宅基地问题予以重视,妥善处理,抓紧落实解决
		东明、濮阳、平阴等滩区村民普遍反映:①新村台宅基地面积较小(户均0.25亩);②滩区群众比较贫困,加之近两年连年秋汛,对群众收入影响较大;③如若没有相应搬迁激励措施和扶贫政策,建新房及按期搬迁难度较大	有关各方提前考虑移民搬迁安置措施,尽早安排新村基础设施建设,制定鼓励按时搬迁的优惠扶持政策,特别做好家庭困难及难以搬迁户统计、登记,及早落实补助资金,力争使全部移民能够按期搬迁
		东明县:①郭庄20户宅基地位于水坑内,村台淤筑高度低于路面,下雨积水较深,无法建房;②董庄村内支街未硬化,没有修建排水沟,雨天村民出行不便;③樊庄14户搬迁户的宅基地划在油田高压线影响区,影响建房;④居民点水质较差	有关各方加以重视,妥善解决上述搬迁居民的安置和生活问题;实施单位核实淤筑高度是否按协议要求执行,督促其实施
		樊庄搬迁后,村民建房规模、标准高,补偿款远远不够建新房,村民借钱盖房现象较普遍,对村民生活影响较大	有关部门妥善处理,正确引导村民量力建房,不要相互攀比
5	工程变更问题	堤防加固工程部分泵淤土场由施工队与村民自行签订补偿协议,土场位置等较规划进行了调整	项目法人完善设计手续,加快临时占地协议签订及赔付工作
6	临时占地复垦问题	平整的机械挖地土场地势低,恰逢2005年大雨,现积水较多;泵淤挖地取土较深,一般在5~11米之间,复垦难度大,复垦工作尚未实施,村民意见较大	有关单位加大组织协调工作,做好临时占地复耕工作的监管,以确保移民的生产安置顺利进行
7	学校迁建中存在的问题	闫潭小学:新建教室墙壁没有内粉刷,学生没有操场和活动场所,学校水电仍未接通,对正常教学影响较大 徐集小学:学生仍借助徐集大队部和租借民房上课,学校复建方案尚未实施	有关各方切实重视起来,按形成的意见抓紧督办落实,尽快复建学校
8	专项复建问题	开封、兰考按签订的补偿协议拨付了专项复建费,但除电力设施外,道路、渠道均未实施,部分项目实施滞后给村民生产、生活造成一定影响	项目法人、实施机构加大专项资金的监管力度,确保专项设施的尽快复建
		各村庄通往大堤的辅道尚未恢复。由于近期连续下雨,部分帮宽淤背出现滑坡、塌方,造成了村民生产、生活不便	尽快修复辅道,同时,有关方面要妥善处理塌方对群众生活造成的影响

续表 9-109

序号	主要问题	主要内容	建议
9	移民搬迁滞后问题	濮阳、鄄城移民宅基地未落实，搬迁工作尚未开始实施，影响工程进度	有关部门尽快出台切实可行的搬迁方案，妥善安置移民户，确保征地顺利实施
10	施工影响问题	堤防加固沿黄各村部分村台淤筑区附近村民普遍反映堤沟河被填筑，排水不畅，加上近期连续下雨，造成周边群众房屋、部分农田淹没，影响群众的生产、生活	有关方面予以关注，采取补救措施，尽量减少群众损失，为村民尽快排忧解难
11	移民工作管理问题	开封、兰考等未制定完善的移民管理制度，资金结算仅依据有关征地补偿协议，多种补偿兑付形式并存；补偿资金兑付过程中，“乡→村”“村（移民代表）→户”兑付凭证不规范、手续欠完善，特别是“村（移民代表）→户”一级	①制定完善的移民管理制度，规范各有关乡政府的移民资金运作，加大对实施方资金的监管；②积极协调各级实施单位，尽快完善补偿兑付手续
12	其他	牡丹区部分村庄村民对大堤原柳荫和复淤区界定有争议，堤防加固征地边界难以确定，延缓了征地工作	项目法人抓紧落实相关征地情况，实施单位应做好群众的思想工作，妥善处理争端，尽早确定征地数量，加快补偿款兑付
		黄庄村隶属于东明县菜园集乡管辖，对该村附着物清点、补偿问题，牡丹区黄河堤防加固征地移民实施单位多次与该村协调，至今未能达成一致，附着物清点始终无法进行，影响征地和工程施工	项目法人加大工作力度，积极协调，尽快解决有关问题
		范县村台占压一所基督教堂的25间房屋，附近乡的几千教民均在此集会礼拜，拆迁补偿7500元已划拨给县财政，教民未领取。教民要求政府出资重建教堂，预算资金需60万元，尚未落实	有关部门重视宗教信仰，妥善解决教堂重建问题

四、亚行贷款黄河防洪项目移民内部监测评估报告①

（一）简介

1. 项目实施进度

亚行贷款黄河防洪项目（YRFMSP）由4部分构成，一共有46个子项目。它们分别是：①11个子项目的堤防加固；②15个子项目的河道整治；③15个子项目的险工改建；④5个子项目的滩区安全建设（村台）。表9-110是所有子项目的汇总表。

由于亚行贷款黄河防洪项目是一个行业贷款项目，在每一个子项目实施前，其项目初步设计已获亚行与国家发改委的批准。截至2005年底，28个子项目分3批得到了亚行及国家发改委的批准，其中包含9个堤防加固子项目、5个村台子项目与14个险工改建子项目。对于第四批的18个子项目，包括1个险工改建子项目、2个堤防加固子项目和

①根据国际咨询专家朱幼宣先生2006年10月提供的培训教材改编。

15 个河道整治子项目,虽然这一批在 2005 年已获亚行批准,到目前为止还没有获得国家发改委的批准。

表 9-110　亚行贷款黄河防洪项目的子项目类别与数量

类别	河南省	山东省	总计
堤防加固	5	6	11
控导工程	14	1	15
险工改建	7	8	15
滩区安全建设	3	2	5
合计	29	17	46

资料来源:黄委亚行项目办。

2. 移民实施进展

对于已获得亚行与国家发改委批准的 28 个子项目,几乎所有子项目都涉及到一定数量的土地征用和拆迁,其中征地影响比较大的局限于那些堤防加固子项目和村台子项目。截至 2005 年底,所有这些子项目开始了土地征用与拆迁。在这些子项目中,12 个在头两批获准的子项目已于 2004 年开始土地征用工作,其余 16 个子项目包含 14 个险工改建子项目也于 2005 年开始土地征用进程。根据与国家发改委的磋商,第四批包含 18 个子项目将在 2006 年初获得批准,相应的征地工作也将在 2006 年初开始。作为黄河防洪项目第一份内部监测报告,这里主要讨论已获得亚行与国家发改委批复的 28 个子项目征地拆迁情况。

3. 移民影响范围

根据亚行的移民政策和国家的法律法规,亚行贷款黄河防洪项目在项目的准备阶段编制出一个移民政策框架,为项目提供移民的基本方针和政策要求。依据获得批准的移民政策框架,每一个子项目在实施前都要编制单独的移民安置计划。对于亚行贷款黄河防洪项目,黄河勘测规划设计有限公司按照国家的法律法规和亚行移民政策负责为子项目编制单独的移民安置计划。在每一个移民安置计划编制的过程中,移民影响的范围是根据初步设计和详细设计中的移民影响调查而确定的。

根据亚行批准的移民安置计划,对于这 28 个子项目,其移民影响包括 19037 亩的永久占地(其中 11820 亩为耕地),51245 亩的临时占地(其中 29915 亩为耕地),85687 平方米的房屋拆迁与 689 户搬迁。在项目实施之前,黄河勘测规划设计有限公司基于详尽的实物指标调查,对大部分子项目编制了移民实施计划,该计划使移民实际影响的范围及时得到更新。与原先的移民安置计划相比,移民实施计划中的移民范围发生了一些变化,主要反映在:①耕地数量的增加,这是根据当地农民的要求,把一些滩地或非生产性土地转变为耕地;②房屋拆迁和搬迁户的增加,这是由于一些子项目设计变更造成的(见表 9-111)。

表 9-111　28 个已实施子项目移民影响的范围

项目	永久占地（亩）	永久占地中的耕地（亩）	临时占地（亩）	临时占地中的耕地（亩）	房屋拆迁（m^2）	家庭的再安置(户)
移民安置计划	19037	11820	51245	29915	85687	689
移民实施计划	19251	12298	52423	34789	93328	863
实际	18454	15892	25149	10478	54098	480
已完工百分比(%)	95.9	129.2	48.0	30.1	58.0	55.6

在项目实施的初期,由于项目批准的延迟,导致很多移民计划在 2003 年年中或 2004 年才提交给亚行,因而实际的土地征用在 2004 年才开始。与移民的实施计划相比,到 2005 年底,永久占地完成了 96%,即 18454 亩;临时占地完成了 48%,即 25149 亩;房屋拆迁与搬迁户安置完成了 54098 平方米和 480 户,分别占移民实施计划的 58% 和 55.6%。

4. 移民实施安排

对于亚行贷款黄河防洪项目来说,黄委亚行项目办是项目的执行机构,负责管理项目全面的准备和实施工作。在黄委亚行项目办以下,还有 3 级项目管理机构,包括山东和河南的省级项目办,7 个市的市级项目办及几十个县的县级项目办。所有的项目办都设在 3 个不同级别的黄河河务局内。省级项目办负责在各个省内对每个子项目进行管理和协调,市级项目办主要负责具体子项目的实施。而移民计划的具体实施,是在县国土资源局和相关县政府的参与下,由各个县级项目办负责实施。黄委亚行项目办环境社会部的成员直接负责亚行贷款黄河防洪项目移民和环境实施的管理监督。

对于移民监测与评估,按照亚行的要求与移民安置计划中的规定,一个独立的移民监测与评估机构——黄河移民开发公司已被聘请来开展移民外部监测与评估。依照批准的工作大纲,在项目实施过程中外部监测每 6 个月开展 1 次。截至 2005 年 8 月,共完成 3 个外部监测评估报告并提交黄委亚行项目办与亚行。

(二)移民影响的范围

1. 土地征用影响

截至 2005 年底,28 个子项目已有总计 18454 亩土地被永久占用,占计划量的 96%①。在总征用的土地中,其中有 15892 亩为耕地,占总征用土地的 86%。与移民实施计划相比,已征用的耕地占计划的 129.2%。征用耕地的增加主要是由于在征地补偿过程中把一部分非生产性土地按当地农民的要求划归为耕地造成的。在总的征地中,堤防加固子项目占用了 13487 亩土地,占全部征地的 73%;村台子项目占用 4573 亩土地,位居第二,占全部征地的 25%;险工改建占用最少量的土地,为 394 亩,占全部占地的 2%(见表9-112)。

①第四批子项目中有 15 个是控导子项目,由于土地征用受到限制,这 28 个已实施子项目土地征用与移民的完工可被认为是整个项目所要求的全部数量。

表 9-112　亚行贷款黄河防洪项目土地占用范围

子项目	永久占地（亩）	永久占地中的耕地（亩）	占总数的百分比（%）	临时占地（亩）	临时占地中的耕地（亩）	占总数的百分比（%）
堤防	13487	12417	73	17786	6772	71
村台	4573*	3214	25	4476	796	18
险工改建	394	260	2	2693	2145	11
合计	18454	15891	100	24955	9713	100

* 尽管4573亩的土地被列为村台子项目的永久占地，但由于随着村台建设的完工以及旧村台的复垦，大部分占地将会被返还，所以这些土地就补偿而言不属于永久占地。

除了永久征地，有24955亩的土地被临时占用，占计划的47.6%。与永久征地相比，导致临时占地完成率低有两个原因。一个是由于项目办上报的临时占土地数字低于实际数字，这是因为一定数量的临时占地是由承包商和受影响农民直接协商完成的，地方项目办没有直接参与此活动。所以，对当地项目办来说，收集全部临时占地数量有一定困难。另外一个原因就是由于取土深度的增加，取土深度从2~3米增加到5~6米，从而导致了临时占地面积的减少。

在全部临时占地中，耕地占了9713亩，占全部临时占地的39%。根据不同工程的分解，在全部临时占地中，堤防加固工程占用最多，大约有17786亩，占71%；位居第二位的是村台工程大约占地4476亩，占18%；险工改建工程占地2693亩，占11%。

2. 失地受影响人员

关于直接受永久征地影响家庭及人的数字，项目中没有完善的统计数字，只有受影响村的数字。根据外部移民监测报告的数据，一共有214个行政村受永久征地影响，164个行政村受临时占地的影响。至于需要生产安置的人数，根据征用耕地的数量为15892亩，以及假设项目影响区的人均耕地是1亩，则需要生产安置人数大约为15900个①。另外临时占地的25000亩中，有9700亩为耕地，如果假定受影响区的人均耕地也是1亩，那么直接受影响人员有9700人。

由于实际农田征用将涉及受影响村民的一小部分土地，直接受土地征用影响人员的数量将比生产安置人口的数量高。根据对东明子项目受影响的11个村的调查，在这11村的2982户与10791个人中，征用了1369亩农田直接影响2110个家庭，占这些村庄全部家庭的71%。在这11个村里，人均耕地为1.17亩，所需要生产安置人员的数量为1170个，仅占直接受失地影响人员数量的1/6。直接受影响人员平均失地为0.18亩或占他们人均土地的15%。

平均失地的规模也可从已实施子项目的样本户调查中得到印证。根据外部监测评估报告对堤防加固工程中的131个受土地征用影响户的抽样调查，土地征用后人均土地占

①需要生产安置的人口数量是一个理论数据，此数据是由该村被征用耕地除以这个村征地前的人均耕地而获得。由于大部分受影响的村人均耕地大于1亩，需要生产安置设计人员数量将少于15900人。

有量减少了 19.6%，从 1.22 亩降到 0.98 亩(见表 9-113)。也就是说，通过征地与土地调整后，大部分受影响户人均仍有大约 1 亩农田，对受影响人员来说，1 亩农田可生产出供自己消费的粮食。

表 9-113　受影响人员在堤防工程中土地占有量的变化

子项目	样本调查家庭	人员数量	农田总量(亩)	农田征用总量(亩)	之前人均农田(亩)	之后人均农田(亩)	变化百分比(%)
东明	70	330	455.7	-89.4	1.38	1.11	-19.6
开封	46	237	242.4	-43.9	1.02	0.84	-18.1
兰考	15	86	95.9	-22.0	1.12	0.86	-22.9
合计	131	653	794.0	-155.3	1.22	0.98	-19.6

3. *房屋拆迁与安置*

随着土地的征用，有 54098 平方米的房屋已被拆迁，占计划拆迁房屋的 58%(见表 9-114)。其中，堤防加固子项目占了 48271 平方米，占总房屋面积的 89%，险工改建子项目占地 5827 平方米，占总拆除面积的 11%。在村台子项目中虽然有 69 户已搬迁，但没有拆迁房屋的具体数字①。大部分拆迁的房屋为住宅。随着房屋的拆除，在 28 个子项目中共有 480 户完成了搬迁，占计划搬迁户的 56%。在这些搬迁户中，411 户属于堤防加固子项目，占拆迁户总数的 86%；69 户属于村台子项目，占拆迁户总数的 14%。对于险工改建子项目，大部分拆迁房屋为非住宅结构，因而不涉及居民的搬迁。

表 9-114　亚行贷款黄河防洪项目房屋拆迁及安置范围

子项目	拆迁总面积(m^2)		完工百分比(%)	家庭安置总数		完工百分比(%)
	计划拆迁面积	实际拆迁面积		计划安置户*	实际安置户	
堤防加固	86952	48271	56	855	411	48
村台建设	—	—		8	69	863
险工改建	6376	5827	91	—	—	
合计	93328	54098	58	863	480	56

* 表格中的计划是指为移民实施方案的移民实施计划。

对于堤防加固工程，所涉及的房屋拆迁占计划总数的 89%，涉及的搬迁户占总数的 86%。所有 9 个已实施子项目都涉及到一定数量的房屋拆迁。其中，有 5 个子项目涉及

①由于村台子项目被认为是自愿移民项目，在移民计划中，没有统计拆迁面积和搬迁户。

到一定规模的房屋拆迁和安置，它们包括兰考135、濮阳、鄄城、牡丹和东明等子项目 。另外的4个子项目，大部分拆迁的房屋为集体所有，比如村委会办公室、仓库及校舍，或者是临时构筑物，因此不涉及家庭的搬迁。表9-115是这9个子项目房屋搬迁和家庭安置的情况。

表9-115　堤防加固子项目房屋拆迁实施情况　（单位：m^2）

子项目	移民计划		实施计划		实际数量		完工百分比(%)	
	户数	房屋	户数	房屋	户数	房屋	户数	房屋
原阳		725.0		725.0		725		100.0%
开封		804.0		804.0		804		100.0%
兰考1	3	1003.0	3	1003.0		1318	0.0%	131.4%
兰考2	67	6830.0	67	7388.0	67	9740	100.0%	131.8%
濮阳	205	24686.0	239	29255.8			0.0%	0.0%
鄄城	109	11690.0	109	11990.0			0.0%	0.0%
牡丹	63	7816.0	69	3521.6	28	3030	40.6%	86.0%
东明	242	26181.0	368	32168.7	316	35310	85.9%	109.8%
东平湖		96.0		96.0		96		100.0%
合计	689	79831	855	86952.1	411	51023	48.1%	58.7%

在这5个有一定拆迁规模的子项目中，截至2005年底，只有东明、牡丹和兰考实施了大部分的房屋拆迁。其中有411户居民完成搬迁，有51023平方米的房屋已被拆除，它们分别占搬迁总数的48.1%，房屋拆迁总数的58.7%。由于濮阳与鄄城房屋拆迁与安置在2005年末刚刚开始，因此没有确切的完工百分比。对已经完成的搬迁户，项目都提供了相当于重置价格的现金补偿。除16个不需要新宅基地的家庭及7个还没有安排新宅基地的家庭外，所有搬迁户都安排了新的宅基地，他们中很大一部分家庭已完成了新房屋的建设。

对于村台子项目中受影响的人员，因为他们将来在村台完工后还是会搬到新建的村台上去，所以大部分搬迁户进行了临时安置。在69个搬迁户中，有53户租用房屋；1个家庭生活在他们原有的房子里；15个家庭生活在由当地政府修建的临时住宅里。对于险工改建子项目，其中有5个涉及到5827平方米的房屋拆迁。大部分涉及的房屋是当地河务局所有的仓库或车间，不涉及到个人及家庭的搬迁。

在堤防加固子项目中，拆迁的非住宅房屋包括4所小学。它们分别是开封子项目的刘庄小学，东明子项目中的闫潭小学和徐集小学，以及濮阳子项目中的董楼小学。截至2005年底，刘庄小学与闫潭小学已完成了重建。徐集小学与董楼小学还未建成（见表9-116）。

表 9-116　亚行贷款黄河防洪项目所影响到的小学一览表

受影响小学	子项目	初始土地场地(亩)	初始面积(m^2)	赔偿总额(元)	替换土地场地(亩)	替换面积(m^2)
刘庄	开封	9.7	804	782000	13.8	1440
闫潭	东明	15.0	763	250500	9.1	687
徐集	东明	11.0	506			
董楼	濮阳			264400	5.0	

(三)移民补偿

1. 基本原则和法律依据

亚行贷款黄河防洪项目移民补偿标准是根据国家土地管理法、省级实施条例和亚行移民政策而制定的。依据国家法律、省级条例和亚行政策,每个子项目都编制出一套详细的补偿政策并记录在移民规划里。这些移民安置计划由亚行审核通过。总的来讲,耕地是依据年均产值的10倍进行补偿,受影响房屋及附属物是依据当地政府公告和重置价格进行补偿。

一般来讲,项目在移民实施中,对受影响土地、房屋及其附属物的大部分补偿都能支付到受影响人的手上。唯一的问题是在实施过程中,所采用的补偿标准与初始移民安置计划和移民实施计划的规定有所不同。在这28个子项目中涉及到19个县或区,其中5县发布了关于实施堤防加固项目的补偿标准公告,这5县分别是河南省的原阳县和濮阳县,山东省的东明县、牡丹区和鄄城县。这些公告的补偿标准均低于移民安置计划或移民实施计划的标准。对于其余子项目所覆盖的县,补偿标准倾向于采用当地市县或县的习惯做法,通常这些补偿标准与移民安置计划也略有区别。

2. 征地补偿标准

征地补偿标准可分为永久征地补偿标准和临时占地补偿标准。实施的永久征地补偿标准与那些移民安置计划或移民实施计划中的补偿标准稍有不同。表9-117列出了堤防加固子项目中征地补偿标准的比较,它们包括移民安置计划、移民实施计划、政府公告以及实际发放给受影响村及个人的补偿标准的对比。如表所示,不仅移民安置计划和移民实施计划中补偿标准不同,移民实施计划与实际执行中的补偿标准也存在差异。

根据黄河勘测规划设计有限公司的解释说明,移民安置计划与移民实施计划中产生变更的主要原因是由于地类划分的变化。在移民安置计划中把耕地划分为水田、旱地、非生产性用地,但是,在制定移民实施计划的过程中,大部分当地农民希望采用一种统一的补偿标准。因此,在编制移民实施计划时对补偿标准作了修改。这样的变化对于大部分子项目来讲不会降低受影响人员的补偿水平,因为征地补偿金额都有增加。事实上这样的修改是为了满足当地社区的要求。

表 9-117　堤防加固子项目的补偿标准　　（单位:元/亩）

子项目	移民计划	实施计划	合同数额	实际数额	与实施计划变更百分比（%）
原阳	12930/6700	9630	9050	9050	-6.02
开封	11920/6000	9150		10857	18.66
兰考 1	11320/6900	11350		10367	-8.66
兰考 2	12930/6700	11350		10367	-8.66
濮阳	11050/6700	10664	10157	10157	-4.75
鄄城	11320	11320	7200	7200	-36.40
牡丹	11320	11320	10500	10500	-7.24
东明	11330	11330	9050	9050	-20.12
东平湖	11460	11460		11460	0.00

虽然移民实施计划中的补偿标准是项目编制移民预算的基础，在移民实施过程中，实际补偿标准通常是由相关的县或市政府制定的。之所以这样做，是因为一般考虑到各种不同的因素。因此，每个县最终所采用的补偿标准与移民实施计划中规定的补偿标准有所不同。如表 9-117 所示，除去开封子项目实施的补偿标准比移民实施计划中的高出 18%，其余子项目实施的耕地补偿标准比移民实施计划中的低 6%～36%。这样的差别主要是由于那些市或县有类似的国内投资堤防项目，为了在土地征用实施过程中避免纠纷而采用了相似的较低的补偿标准。其他的原因包括试图为不可预见的移民影响留出预备的资金。

对于其他类型的土地，特别是鱼塘和果园，大部分子项目采用的补偿标准是由两部分组成。一部分是耕地补偿标准，按照已采用的耕地补偿标准发放；另一部分是对其附属物的补偿标准，按照当地市政或县级公告来发放。这些补偿标准的做法看起来似乎为当地村民所接受，尽管它们与移民计划或移民实施计划有一些差别。

对于村台子项目，尽管 4573 亩的土地已被占用为在受影响村中建设新的村台，项目建设方并没有把这些土地定性为永久占地，这是因为一旦移民重新被安置到新建的村台上，这些原来的宅基地将会被复垦为耕地用于替换被征用的土地。因此，对于这些受影响的村民来说，补偿标准不是按照永久征地标准，而是按照青苗补偿标准来执行，所支付的青苗补偿将一直支付到土地再调整结束。对于险工改建子项目，采用与堤防加固子项目相似的补偿办法。表 9-118 是这些子项目所采用的补偿标准的一个汇总表。

表 9-118 险工改建子项目土地补偿标准 (单位:元/亩)

子项目	移民计划	实施计划	合同数额	实际数额	与实施计划变更百分比
花园口	6700				
马渡	6700				
赵口					
杨桥					
九堡					
黄寨	11330/6700	11330/6700	9050	9050	
东坝头					
黑岗口	11600	11600			-100.0%
霍寨	11330/6700	11330/6700	9050	9050	
堡城	11330/6700	11330/6700	9050	9050	
高村	11330 /6700	11330 /6700	9050	9050	
泺口	11830/6700				
位山	11830/6700	8150			-100.0%
范坡	11830/6700				

3. 临时占地补偿标准

对于临时占地,在移民计划与移民实施计划实施期间,针对不同的地类列出了不同的补偿标准。通常设定的补偿标准是平均年产值的1.5~2倍,包含水浇地每亩2000~2500元,旱地每亩1000元,滩地每亩345~690元。在编制移民实施计划过程中,大部分子项目中滩地的补偿标准提高到每亩690元,这些补偿标准都不包括土地复垦的费用。在实际执行过程中,发生了各种各样的变化。第一种变化是由于土地类别的变化引起的。与永久占地相同,在临时占地实施过程中,对于不同类别的耕地,实施一种倾向于采用一个统一的补偿标准。第二种变化是由对不同类型的临时性影响所产生的不同补偿标准。临时占地对项目的影响主要有两类:一类影响是由于施工设备,例如管道、车辆等的临时占用引起。一旦建设活动完工,这样的影响可以很容易得到恢复。另一类影响是作为取土场而产生。这种影响,特别是由于取土深度的增加使项目完工后相对较难恢复。对于这两种不同的影响,受影响的人所期望的补偿标准是很不一样的。因而如果取土场占用耕地,通常补偿标准会很高。这增加的补偿经费通常通过项目办或者由承包商额外付款来解决。在一些子项目中,对增加的补偿标准在当地政府公告中都有明文规定,例如在东明子项目中针对取土场和临时占压的临时占地,补偿标准分别给予每亩5000元和1500元人民币的额外补偿。在一些子项目中对于较高的补偿标准通常是通过当地村民与承包商协商和协议而达到的。表9-119是堤防项目中临时土地征用的补偿标准。

表 9-119　堤防项目中临时土地征用的补偿标准　（单位:元/亩）

子项目	移民计划	实施计划	民众监督	实际数量
原阳	2586/345	2408/690	2408/690	—
开封	1740/345	1740/690		2000
兰考 1	2270/345	1703/690		5000/494
兰考 2	2270/690	1730/690		2567/494
濮阳	2210/690	2133		
鄄城	2264/690	2264/1698	360/240	
牡丹	2264/690	2264/690	1005/350	500
东明	1699/345	1699/345	1005/350	2500/6000

4. 房屋及附属物的补偿

房屋补偿标准也发生了类似的变化。在移民安置计划里，房屋拆迁的补偿标准分为主房补偿标准和副房补偿标准。例如，濮阳子项目中，不同结构的主房补偿标准分别是：砖混结构的为每平方米 300 元，砖木结构的为每平方米 260 元，土木结构的为每平方米 200 元；副房补偿标准分别是：砖木结构的为每平方米 159 元，土木结构的为每平方米 120 元，简易结构的为每平方米 50 元。但是在制定移民实施计划过程中，对这些补偿标准作了调整，把两个补偿标准合成一个补偿标准。合成后的标准为：砖混结构的为每平方米 263 元，砖木结构的为每平方米 228 元，土木结构的为每平方米 175 元，简易结构的为每平方米 50 元。堤防加固大部分子项目都采用了变更后的补偿标准。

关于补偿标准的支付，在涉及一定规模拆迁与安置的 5 个子项目中，兰考、鄄城和濮阳所采取的补偿标准基本上与移民实施计划中的标准是一致的，而东明和牡丹子项目根据当地县或地区政府颁布的标准来实施，其标准稍低于移民实施计划里的补偿标准。对于东明和牡丹这两个子项目来说，砖混结构每平方米的补偿标准减少了 15%，即从 260 元减少到 220 元；砖木结构减少了 27%，即从 220 元减少到 160 元。这样的变更主要是因为需要同一些国债投资的项目的标准保持一致，以免产生纠纷。

5. 补偿资金的支付

按照移民监测和评估组所提供的数据，截至 2005 年底，补偿资金的支付已完成 1.83 亿元。关于支付移民资金的分配，90% 的资金用于堤防加固子项目中，5% 的资金用于村台子项目及 5% 的资金用于险工改建子项目中。

全部支付资金占移民实施计划中移民资金总数的 53%，占签订补偿协议金额的 86%。在这 3 个子项目中，资金支付在堤防加固子项目中已完成 54%，村台子项目已完成 38% 及险工改建子项目已完成 48%。表 9-120 是这些支付活动的一个汇总表。

表 9-120　移民资金的支付　　（单位：万元）

子项目	被国家发改委认可	实施计划	合同额	实际额	完工百分比(%)
堤防	30858	30325.35	19825.39	16462.31	54.29
村台	2479	2479.00	0	932.7	37.62
险工改建	1873	1918.69	1815.48	918.39	47.87
合计	35210	34723.04	21640.87	18313.4	52.74

与移民实施计划相比，移民资金支付比例相对较低，究其原因有 3 个：一是一些移民活动还在进行之中，尚未完工。这主要集中在房屋拆迁、安置以及基础设施的恢复和临时占地活动中。二是由于县级和市级项目办对移民费用的财务清算进程较慢。三是由于在移民实施计划里所采用的补偿标准和实施的补偿标准存在差异，这将会使移民预算得到一部分节余。

（四）移民活动的实施状况

1. 土地征用批准程序

尽管这 28 个子项目的初步设计已被国家发改委批准，但在实施土地征用与移民计划之前，这些子项目都没有从相关土地管理部门即国土资源部或省国土资源厅获得正式的土地征用批复。这主要是因为国家发改委与国土资源部在黄河洪水管理项目是否应支付土地开垦费用有不同观点。国家发改委认为对国家水利项目土地开垦费用应予以免除，因此在国家发改委批复的预算中没有列支土地开垦费用。但对国土资源部来说，支付这笔费用是获得土地征用批准的一个必要条件。不支付这笔费用，就不能获得正式的土地征用批准。因此，对 28 个已实施子项目而言，在实施土地征用活动之前没有一个子项目获得正式的土地征用批复。由于缺乏正式的征地审批，一些子项目没有完全依照征地公示的要求。这种做法可能会导致在土地征用过程中出现一些问题。

2. 生产安置的进展情况

根据 28 个子项目的移民安置计划，对失地农民采用了不同的生产安置措施，其中包括：农田改造、安装灌溉设施、开发大棚蔬菜及发展养殖业等。按照水库移民的做法，大部分活动是根据受影响村获得土地补偿的金额，统一开展生产安置活动。但是由于受影响村的集体土地已经承包给所有村民并承诺 30 年不变，这一变化使由村集体统一开展生产安置措施变得非常困难。结果，在当地村和个人的强烈要求下，大部分建议的生产安置措施并没有实施，这说明现有的移民安置计划的编制过程还有待改进，以便使建议的生产安置措施更好地反映受影响村的实际经济状况。

按照受影响村和农民的期望，实际的经济恢复主要采取了两种形式：一是把全部土地补偿款直接发给受影响的农民，包括土地补偿费、劳力安置费和青苗补偿费，这种做法主要用于那些土地征用相对较少或土地调整比较困难的村庄。第二种做法是在受影响的村先进行土地调整，然后再把土地补偿款平均分给全体村民，这种方案主要运用在大部分征地影响较大的村庄。

根据对8个堤防子项目的一个样本调查，有31个村庄的279个家庭受到土地征用的影响。其中有141个家庭占总数51%的村民实施了土地再调整和平均分发土地补偿款；123个家庭占总数44%的村民直接领取了土地补偿款，对于这些受影响农民，没有进行土地再调整。选用其他方案的家庭占5%，主要涉及那些还没有决定怎样进行经济恢复的村庄。被选子项目经济恢复类型见表9-121。

表9-121　被选子项目经济恢复类型

子项目	乡村数量	家庭数量	已实施土地再调整家庭数量	已获得现金补偿家庭数量	其他选择
原阳	6	73	39	34	0
开封	4	46	14	26	6
兰考152					
兰考135	3	20		20	0
濮阳					
东明	11	99	67	32	0
鄄城					
牡丹	7	41	21	11	9
合计	31	279	141	123	15
百分比(%)		100	51	44	5

当地村民对这两种生产安置做法都很乐意接受。这是因为：一方面，这两种做法可以保证土地补偿完全支付给受影响集体或个人；另一方面，通过对那些严重受影响村的土地再调整，大部分受影响村民仍有足量的农田供他们生产自己消费的粮食。根据外部监测机构的一个抽样调查，在131个受土地征用影响的家庭中，在土地征用之后人均土地拥有量仍有1亩①。另外，每亩1万元的补偿资金直接支付给受影响的村民，他们可以用这些资金开展不同的创收活动，包括移民计划里所建议的那些构想②。根据对131个相同的家庭样本调查，在土地征用后尽管人均农业活动的收入下降了100元，从2003年每人485元下降到2004年每人385元，但其他非农业活动的收入的增加超过100元，达到1192元，比征地前高出0.2个百分点。

堤防子项目受影响人员土地占有量的变化见表9-122。

①因为没有实施系统的审核，对所有受影响人员在土地征用后是否有足量的农田很难弄清楚。

②由于对失地农民培训方面的工作做得还不够，因此对大部分受影响人员是否能有效地运用补偿资金在土地征用后恢复收入和生计还不是很清楚。

表 9-122 堤防子项目受影响人员土地占有量的变化

年份	样本家庭	人口数量	合计农田（亩）	人均农田（亩）	人均收入（元）	农产品收入百分比（%）
2003	131	653	794	1.22	1190	40.8
2004	131	646	639	0.99	1192	32.3
变化（%）	0	-1.1	-19.5	-18.9	+0.2	-8.5

3. 搬迁户的安置恢复

对于这28个子项目，截至2005年底，共有54098平方米的房屋被拆迁，占移民安置计划拆迁总建筑面积的58%。有480个家庭完成了搬迁，占移民计划总数的56%。在这些搬迁家庭中，有411个或86%的家庭属于堤防加固子项目，69个或14%的家庭属于村台子项目。对于属于堤防加固子项目的411个搬迁家庭，94%的家庭已安排了新的宅基地，64%的家庭已完成了新房屋的建设。

按照外部监测小组的评价，受影响房屋及其附属物的拆迁基本上满足了工程建设进度表的要求。与旧房屋相比，新完工的房屋质量更好，对一些经济有困难的家庭，受影响乡村或镇区政府经常帮助他们建造房屋。

4. 村台子项目恢复

对于村台建设子项目，除需要对69个搬迁户进行安置外，所有的39个受益村的9028个家庭在新建村台完工后都需要搬迁，按照项目的设计，村台建设与相关基础设施由各级政府联合筹措资金完成。但是每一个家庭的搬迁安置包括新房屋建设和搬迁费用是由他们自己来支付的。按照最近外部监测小组对5个村台子项目中的165人的民意调查发现，尽管他们中83%的人表达出搬迁到新村台的愿望，但只有15%的人认为自己有能力在接下来的2年内完成搬迁，不能完成搬迁的主要原因据说是缺乏必要的资金。相对较高的贫困发生率也说明了村台子项目中那些村庄的资金困境。

根据外部监测评估小组的样本家庭调查，在3个村台子项目的75个家庭中，在2003年和2004年之间，贫困线以下的家庭增加到71%，从14个家庭增加到24个家庭。贫困家庭和低收入家庭的总数增加到44%，从23个家庭增加到33个家庭（见表9-123）。结果，贫困线以下的家庭百分比从2003年的19%增加到2004年的32%。如何制定出一系列政策条款和激励机制去鼓励村民能够搬迁到新建的村台对项目办和地方政府是一个挑战。下一阶段，项目办将与省政府协商并寻求解决这个问题的办法。

表 9-123 村台子项目中的贫穷比例

年份	样本家庭	人员数量	贫困线以下的家庭数量	贫困家庭总数百分比（%）	低收入层家庭数量	农产品收入百分比（%）
2003	75	393	14	18.7	9	12.0
2004	75	393	24	32.0	9	12.0
变化（%）	0	0	+10	+71.4	0	0

(五)组织结构

1. 移民实施安排

对于亚行贷款黄河防洪项目来说,黄委亚行项目办是项目的执行机构,负责管理项目全面的准备和实施。在黄委亚行项目办的领导下,共有 3 级项目办,包括山东省和河南省的省级项目办,7 个市的市级项目办(河南省 4 个,山东省 3 个),以及项目所在县的 20 余个县级项目办。省级项目办在各个省内对每个子项目进行管理和协调,市级项目办主要负责各个子项目的实施。移民活动的具体实施是在县土地部门和相关县政府的参与下,由各个县的县级项目办完成。黄委亚行项目办的环境社会部负责移民和环境的总体实施。图 9-5 阐明了不同机构之间的关系。

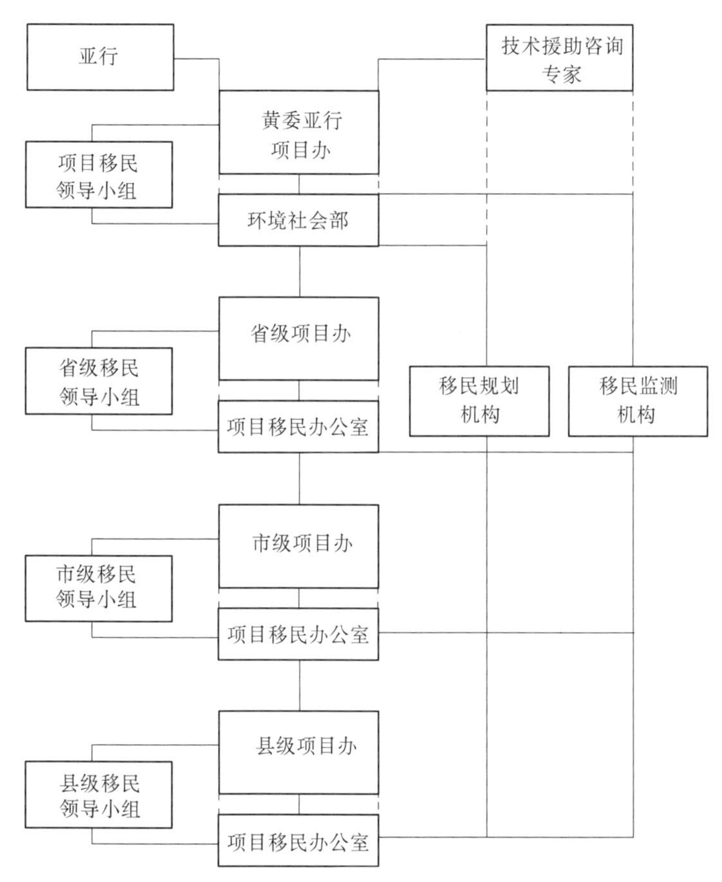

图 9-5　亚行贷款黄河防洪项目移民组织结构图

2. 组织结构

在子项目所在县,县级项目办的主要任务是实施子项目的土地征用和移民活动。为了使土地征用和移民活动能够顺利开展,每一个子项目所在县都设立一个移民领导小组和一个移民办公室。移民领导小组通常都由县长牵头,其成员都是来自主要相关部门的领导,比如国土资源局、水资源局、公安局、农业局等以及受影响的乡镇领导,他们负责执行各个子项目的实际土地征用和移民活动。其中,县国土资源局在土地征用和移民过程中起领导作用。

在土地征用和移民过程中,在县政府的领导下,县移民办同各个相关部门、受影响乡镇、家庭和工作单位密切合作。也就是说,在县政府的领导下有一个移民组织系统,他们在开展土地征用和移民活动方面发挥了重要作用。顺利完成移民活动在很大程度上仍依赖于这一组织系统的工作效率。有力的领导、清晰的认识以及充足的资源都是有效实施移民并取得令人满意结果的关键因素。

3. 移民培训安排

尽管很多县项目办熟悉国内土地征用程序,但大部分人对亚行移民政策与基本要求没有一个清晰的概念。这一点可通过一些子项目中存在的问题来说明。为了改善这种情况,2006 年上半年将由国际移民专家开展一次移民培训。培训的主要内容将包括介绍亚行移民政策,介绍最近国家关于土地征用程序法律法规新变化,移民计划及实施要求,移民监测和评估等内容。培训的对象是县项目办主要负责土地征用和移民实施的工作人员。

(六)公众参与、信息公开和申诉程序

1. 公众参与和协商

按照外部监测和评估小组进行的调查,受影响人员在实物指标调查时以及选择新的宅基地的过程中有很高的参与率。例如在所有搬迁户中(濮阳子项目除外,因为该项目的房屋拆迁和移民再安置仍在进行之中),97% 的人参与了房屋面积的调查,86% 的人参加了确定新宅基地的工作。对那些由于土地征用而受影响的人中有多达 75% 受征地影响的人和 81% 受临时征地影响的人分别参加了征用土地的调查,很高的参与率保证了土地征用和房屋拆迁工作相对平稳地实施。

2. 移民信息的公开

在移民信息的传播过程中,由于缺乏对亚行移民政策的理解,大部分子项目都没有分发移民信息手册或移民安置计划。不过在移民实施过程中,地方项目办对采取的补偿政策进行了一定程度的公开,通过公开的布告栏、广播、电视让乡村干部和多数受影响村民获得了关于他们受影响的土地和房屋、补偿标准和补偿资金的支付的信息。

3. 申诉渠道

76% 的村民认为在项目区存在申诉渠道。在 632 个接受调查的人中只有 70 人进行过正式的申诉,大约占总人数的 1.1%。大部分申诉集中在以下这些问题上:①在建设期间灌溉水渠的破坏;②对那些受村台建设影响的人们没有及时做出土地调整;③分配的宅基地太小,补偿标准低于邻县等。

(七)监测和评估

根据亚行的要求,一个独立的移民监测和评估机构——黄河移民开发公司已被聘任开展移民外部监测和评估。外部监测每 6 个月进行一次,到 2005 年 8 月底,已完成了 3 个外部监测和评估报告。

在项目区大量调查基础上,这些监测报告提供了不同级别的项目办对移民实施进展和表现有价值的评价,更重要的是,能够发现移民过程中出现的一系列问题以及提出改善的建议。根据对这些监测报告的审阅,亚行和国际移民专家对移民监测提出了一些意见。其中包括:缺乏与移民安置计划进行系统的分析比较;缺乏对所有子项目征地影响进行全面分析，以及对实施的生产安置措施是否合适做出详细的评价；缺乏对受影响人员进行更深入的采访。根据与外部监测人员的讨论，这些问题将在以后的外部监测和评估报告中得到解决。

对于内部移民监测和评估，由于不同级别的项目办缺乏对基本方法和内容的理解，以及聘请国际移民专家的延迟，黄委亚行项目办在前两年没有编制完整的内部监测报告。随着国际移民专家的到来，一套内部监测报告的报表已被制定出来，根据这些报表，县级或市级项目办将会为每个子项目编制移民内部监测报告。根据这些子项目的监测报告，黄委亚行项目办将准备整个项目的内部监测报告。内部监测报告在移民实施活动中每6个月进行一次。

（八）问题及解决措施

综上所述，由于项目包括46个子项目，分散在30个县（市），黄委亚行项目办又是第一次实施亚行贷款项目，在土地征用和移民进程中出现了很多问题。它们包括：在移民实施中地方政府改变移民安置计划中的补偿政策；在征地初期，没有有效开展移民信息传播；对于一些搬迁户在搬迁过程中缺乏足够的帮助，失地农民的生产安置中缺乏地方政府的有力支持。这些问题在前面提交的3个外部监测评估报告中以及在亚行2005年的移民检查中都得到反映。为了解决这些问题，黄委亚行项目办、外部监测小组和移民咨询专家已举行了若干次会议。根据讨论协商，同意采取以下措施来解决上述问题。

1.补偿标准的不同

在这个问题上，黄委亚行项目办将根据外部监测评估调查的结果，首先审核并且确认所涉及子项目的相关项目办中存在差异。依据这种确认，黄委亚行项目办将通知相关子项目办以确保所有由于补偿标准的差异而节余的资金将不会被用做其他目的。另外，相关的子项目办将要编制一个把剩余资金返还给受影响的村的方案。这些方案在编制完成后在下一个监测和评估报告中一并提交给亚行，下一个监测评估报告将在2006年7月提交给亚行。

2.失地农民经济恢复措施

由于此项目包含46个子项目，因此将会涉及到大量的土地征用。为了确保对所有失地农民特别是那些失地超过20%的农民提供足够的生产安置措施，应采取几个步骤。第一，确定已实施子项目中那些受影响较大的村庄，这个工作将由外部监测评估单位进行。根据对所有受影响村庄的筛选（现有214个村），受影响较大的村庄名单将被确认，这些受影响较大的村将被列入样本村进行不断的监测以确保足够的生产安置措施得到实施。第二，对那些失地较多的村，为了评价已实施的生产安置措施是否合适，需要对这些村进行更多、更深入的访谈和小组讨论，并将访谈的结果作为附件包括在将来的外部监测报告中。第三，为促进生产安置措施的落实，黄委亚行项目办将通过市县项目办鼓励相关县或区对失地农民开展就业培训活动，特别是对那些受征地影响严重的村。培训工作将包括以土地为主的农业技术培训和非农业技能的培训。在将来的外部和内部监测报告中将对开展的培训活动进行跟踪。最后，根据追踪调查和乡村采访，将对受影响村民进行全面追踪调查，这是确保在项目结束时大部分失地农民在土地征用后有能力恢复他们的收入和生计的基础。

3. 解决其他遗留问题

对于监测报告中反映的其他遗留问题，例如东明子项目中徐集小学建设的拖延施工，临时占地的恢复，黄委亚行项目办将组织一个小组走访每一个受影响村并与当地项目办和县政府会谈并就问题的解决达成一致意见。这些会议的结果和接下来的修复措施将在下一个监测和评估报告里汇报给亚行。

4. 村台子项目搬迁安置准备

对于村台子项目，根据最近监测报告中的民意调查，多数村民表示搬迁安置到新完工的村台有困难。这主要是由于最近几年的自然灾害而造成的资金缺乏。按照项目的设计，村台建设与相关基础设施由各级政府联合筹措资金完成。但是每一个家庭的搬迁包括新房屋建设和搬迁费用是由他们自己来支付的。在新的村台完成的两年之内有80%的村民完成搬迁。目前，根据当地村民的社会经济水平，这一目标的完成看来有一定难度。为了解决这个问题，黄委亚行项目办将与相关省项目办及两个省政府进行协商和讨论并且找寻解决这个问题的办法。讨论和协商的结果将包括在下一个监测和评估报告里。

5. 土地开垦费和土地征用的审批

在与相关机构协商以后，黄委亚行项目办已决定为项目中所有子项目补交土地开垦费并完成正式的土地征用审批程序。在黄河勘测规划设计有限公司的帮助下，两个省级项目办对完成这样的程序所需的费用作了详细的估算。黄委亚行项目办将于2006年安排所要求的预算给相关的地方项目办。土地征用批准程序计划在2006年底完成，具体办理土地征用批准的进展情况将在下一个监测和评估报告中反映。

6. 移民培训

为了使地方项目办的人员充分了解亚行的移民政策及要求，将开展一次移民培训。此培训将由移民专家讲课，移民培训资料将由移民咨询专家准备。

第五节 移民竣工计划的准备

一、移民竣工报告编制简介①

在世行或亚行贷款项目移民活动结束时，一般都要求编写移民竣工报告，对整个移民计划的实施做一个总结。这份移民的总结报告作为项目业主项目竣工报告的一部分。下面简单介绍一下如何编制移民竣工报告以及在编制移民总结报告中应注意的一些事项。

（一）亚行和世行关于移民检查和移民竣工报告的一些规定

一般国内的涉及移民的世行和亚行项目在项目竣工时多被要求编制一份移民的竣工报告，作为项目业主的整个项目竣工报告的一部分。例如，在亚行操作手册F2（2003年

①根据亚行移民国际咨询专家朱幼宣先生提供的培训教材改编。

10月29日)中,要求项目业主根据业主的进度报告、外部机构监测评估报告和亚行项目检查团的备忘录来准备项目移民完成报告。在世行的非自愿移民业务政策(OP 4.12)中,也规定项目结束之后,应在项目完工报告(ICR)中对移民安置所取得的成绩是否满足了移民安置文件的要求做出评价,总结移民实施工作的经验教训以便将来的项目借鉴。下面简要把亚行和世行有关移民监测和竣工报告规定作一个介绍。

1. 亚行操作手册F2(2003年10月29日)

1)开始、实施、监测和评估

为确保移民计划与框架适当及时地实施并遵守征地和非自愿移民契约规定,亚洲开发银行要求对所有非自愿移民A类和B类项目,执行代理或项目主办方每季度或每半年递交亚洲开发银行认为必需的移民计划实施进度报告;这一要求必须反映在贷款协议中。要求有监测和评估报告,最好是来自其他监测和评估机构。这些必须由运作部门的移民专家进行审查,他们有责任将监测和评估报告送到亚行环境和社会保障署(RSES)。赠款或贷款筹资可为外部监测方提供资金。亚洲开发银行要求的标准项目账目及其独立的审计报告必须包括移民计划的实施。对于A类项目,亚洲开发银行监督使团要在实施前对非自愿移民准备进行现场重新评估。这个评估的时间安排必须在项目管理备忘录中说明。移民计划的实施必须定期审查,包括在中期和项目结束时。大规模的移民运作应半年审查一次。

2)贷款实施中详细的技术设计终稿的完成

用于招标或土建工程建设合同的详细工程和技术设计可以在董事会批准贷款之后完成。在这种情况下,详细设计完成后,移民计划必须最终定稿,在土建工程合同签署或类似里程碑事件发生前交亚洲开发银行审批。移民计划要向受影响的人公开,并把根据详细测量调查修改的信息递交亚洲开发银行审批,包括完整的人口调查、完整的财产清单和估价以及完整的预算。

3)贷款实施中移民计划的遵守

亚行环境和社会保障署首席合格审查官员(RSES CCO)必须确保以下各项遵守非自愿移民政策:①更改的移民计划,经亚洲开发银行同意,形成贷款生效的条件,或是一个注明日期的契约;②董事会批准后,要求新的、完整的移民计划,针对第一次管理层审查会(MRM)或私人领域贷款委员会会议(PSCCM)时未预见到的非自愿移民计划;③更新的完整移民计划和完整子项目移民计划。运作部门的移民专家负责批准简短移民计划更新、简短子项目移民计划和为土建工程合同的签署、土建工程合同启动或相似的机制而完成的任何具体的移民行动,确保子项目在进行时,转移发生之前有财产替换。

4)范围的改变

经董事会批准主要变化、实质上改变或根本上影响项目的目的(直接目标)、组成部分、费用、受益、采购或其他实施安排。范围内所有主要变化需要由运作部门根据适当的程序分类,使用非自愿移民检查清单,筛选移民重要性。所有归为A类的变化要求有完整的移民计划,归为B类的要求有简短的移民计划。根据情况,先前批准的A类或B类项目移民计划可进行更新，涵盖新的影响，提交亚洲开发银行批准。

5）未预见的移民影响

如果项目实施中出现未预见的移民影响，亚洲开发银行根据本操作手册协助执行代理和其他相关政府机构评估移民影响的重要性、评价选择方案以及准备移民计划。项目完成审查使团将重点特别放在审查项目引起的非自愿移民影响上，并期望他们提出适当的建议进行处理。亚洲开发银行常驻使团不断加强与发展成员国家的合作，解决突出的移民问题。

6）完成报告和业绩审计报告

为确保非自愿移民实际影响的文件提供和移民计划的成功实施，亚洲开发银行运作部门准备的项目或打捆项目完成报告包括：①介绍项目的非自愿移民完成的过程；②对移民计划或移民框架的实施以及非自愿移民贷款契约的评价；③对项目业主在移民实施过程中的表现的评估；④对项目的外部监测和评估报告内容的摘要。如有必要，根据移民计划文件的规定，执行代理可以准备移民完成报告，以及经过独立机构批准的财务审计报告。

项目完成报告中的非自愿移民部分应该以项目业主的进度报告所提交的资料、外部机构监测和评估报告、亚行项目检查团的备忘录所记录事实为依据。

为了项目的改进，亚洲开发银行运作评价部门准备了项目或打捆项目业绩审计报告，这是一些独立的评价，包括非自愿移民取得预期目标的效果分析。审计报告也评估了项目完成报告在非自愿移民报告方面的适当性，主要集中在项目完成报告中记载的具体的非自愿移民问题。

2. 世界银行业务手册 OP4.12

地区副行长应认识到经常严密地检查移民实施情况对取得好的移民安置成绩的重要性，并与相关国家局局长合作，确保采取适当的措施，对涉及非自愿移民的项目进行有效的监督检查。为此，国家局局长要划拨专款，对移民安置实施情况进行充分的监督检查。要考虑移民安置项目内容或子项目内容的规模和复杂性，考虑邀请有关的社会、财务、法律和技术方面的专家参与监督检查。监督工作应以《移民安置监督检查的地区行动计划》为准绳。

在项目实施过程中，项目经理要监督检查移民安置实施情况，保证必要的社会、财务、法律和技术方面的专家参加项目检查。要重点监督检查项目的实施和移民安置实施工作是否按法律文件执行，包括项目实施规划和移民安置文件。如果检查情况与原定协议出现偏差，项目组要同借款方讨论，并上报地区管理部门，以便予以纠正。项目组要定期审查项目内部监测报告，在适当的时候还应审查外部独立监测报告，以确保内外监测所发现的问题和建议在项目实施中得到吸收和采纳。为了及时处理移民安置实施中可能出现的问题，项目组要在项目实施的早期阶段对移民安置计划的制定和实施进行审查，在此基础上，同借款方展开讨论，在必要时可修改相关的移民安置文件，以实现本政策的目标。

对涉及业务政策 OP 4.12 第3(b)段内容的项目，项目组要评价行动计划中所采取措施的可行性，以便帮助移民改善生产生活（至少恢复到高于项目前或移民前的生产生活水平，以较高水平为标准），同时要注意自然资源的可持续性。项目组将评价结果上报地区管理部门、地区社会发展部门和法律部门。项目经理应将该行动计划送交公共信息中心。

在移民安置文件中描述的所有移民安置措施完全落实之前，项目不能视为结束——世界银行还要继续对移民实施工作进行监督检查。项目结束之后，项目完工报告(ICR)要评价移民安置所取得的成绩是否满足了移民安置文件的要求，总结移民实施工作的经验教训以便将来的项目借鉴，并参照业务政策 OP 4.12 第24 段的精神归纳总结借款方评估的成果。项目完工报告要评价移民安置措施是否得当，如果总结评估显示移民安置文件的目标没有实现，可提出后续行动方案，包括在合适的情况下由世行继续进行监督检查工作。

(二)移民竣工报告的目标和要求

从上面的亚行和世行业务指南中我们可以看到，虽然亚行和世行业务指南对移民竣工报告有一些规定，但是对移民竣工报告如何编写却没有详细的阐述。根据世行和亚行的移民政策以及移民竣工报告的主要目的，不同的亚行和世行的移民官员在项目的实施过程中都对此提出具体的要求。一般的做法是在项目的移民活动结束后，在亚行开始项目竣工报告准备工作半年以前，要求业主编写一份单独的项目的移民竣工报告。编制的移民竣工报告将作为亚行编制亚行项目竣工报告的基础材料。

一般来讲，移民的竣工报告主要应回答 3 个问题：①整个项目的移民活动是否按照已批准的移民安置计划来实施；②对移民活动的效果，移民补偿标准是否合适，移民安置的措施是否落实，移民实施机构是否有效作出评价；③根据对受影响的人生活水平的调查，对移民安置的目标是否达到作出评估。

根据这一目标，一般竣工报告准备由 3 个部分组成。第一部分，对完成的征地拆迁实物指标进行统计复核，并与移民安置计划作对比。这包括征用的土地数量(永久征地和临时占地)、拆迁的房屋数量(各类不同的房屋结构，各类不同的用途的房屋)、附属设施以及受影响的单位(企事业、店铺)和人(城市和农村居民)等。这一部分通常通过一系列表格来完成。对照移民安置计划中的实物指标，如有变化，应逐项进行详细说明。

第二部分，对项目中落实的各项补偿标准和补偿措施的总结与评价。这包括列出各类耕地、各种结构房屋、各种附属物的补偿标准，以及生产安置、搬迁过渡的各项补偿标准。并与对应的移民安置计划中的补偿标准作一对比。在这基础上对项目执行移民安置计划的政策情况作出评价，对实施中某些补偿标准低于移民安置计划的情况要作出详细说明，并提出补救措施。在列出详细补偿标准的基础上，对项目移民活动的资金使用情况作全面的统计，并与移民安置行动计划的预算作对比，并分析变化的原因。

第三部分，对移民安置的效果和移民的目标是否实现作出评价。这一部分的评价主要是通过对样本村和样本户的调查来作出的。通过对一部分受影响的村和户的跟踪调查，了解补偿安置的做法，生产恢复措施的落实，以及比较他们移民搬迁前后的生活水平、收入变化，最后作出移民安置效果的结论。与之相关的移民机构运行情况、公共参与的情况和移民的申诉情况也应进行介绍并作出评价。

下面的文本框列出一个移民竣工报告大纲样本。为了更好地了解如何做好移民工作的总结，编制好移民竣工报告，下面就根据移民竣工报告的大纲，逐章介绍其内容、要求。

移民竣工报告大纲(参考)

1 项目概况

1.1 项目简要描述(项目组成、项目调整)

1.2 移民安置计划简要描述

1.3 征地拆迁移民安置实施进度

2 征地拆迁影响

2.1 征地拆迁和移民安置计划

2.2 征地拆迁和移民安置实施

2.3 分析对比,解释原因

3 征地拆迁和移民安置政策制定与实施

3.1 征地拆迁和移民安置政策

3.2 移民安置计划的补偿标准

3.3 实际执行的补偿标准

3.4 补偿标准和资金对比分析

3.5 政策的贯彻执行

4 移民安置及生产生活恢复

4.1 房屋重建

4.2 生产安置

4.3 移民经济收入恢复与评价

5 公众参与和抱怨申诉的渠道

5.1 公众参与

5.2 抱怨和申诉渠道

6 监测评估与世行检查中发现的问题及解决

7 征地拆迁与移民安置实施机构

7.1 移民实施机构

7.2 征地拆迁与移民安置工作程序

7.3 机构运转评价

8 监测评估与报告制度

8.1 内部监测和报告制度

8.2 内部监测效果

8.3 外部监测评估

8.4 独立监测报告及效果

9 主要经验和教训

9.1 主要经验

9.2 教训

10 结论与建议

10.1 结论

10.2 建议

（三）项目概况

移民竣工报告应首先对项目的基本概况作一介绍。这里包括项目的构成，实施过程中的子项目调整情况。各子项目移民实施、工程开始和竣工的时间，以及整个项目的移民安置计划的准备和审批情况。

（四）移民影响的变化

对项目的移民影响进行详细的统计汇总是编制好移民竣工报告的一项基础工作。根据不同的移民影响，例如，永久征地、临时占地、房屋拆迁、居民搬迁安置等，项目单位应对其实施的移民情况作出统计，并同已批准的移民安置计划作对比。对各类影响的变化情况，应一一作出解释。如果项目在实施时已开展系统的内部和外部移民监测，则这部分内容和分类口径应与内部或外部移民监测报告以及移民安置计划报告相一致。

为了做好移民影响数据的统计，每一个子项目办公室应组织专门队伍收集有关的资料。在表达方式上，大致同移民监测评估报告一致，一般只要把实际完成的数据和完成比例改为实施竣工数据以及实施与移民安置计划的变化即可。另外，对项目受不同影响的人数和户数也应分别作出统计，并与移民安置计划作对比。例如，受永久征地影响的户数和人数，受临时占地影响的户数和人数，以及需要搬迁的户数和人数，企事业单位和受影响的职工。表 9-124 就是亚行贷款黄河防洪项目内部监测报告中有关移民影响的其中一张汇总表格。

表 9-124　一个已实施子项目移民影响的范围

项目	永久占地（亩）	永久占耕地（亩）	临时占地（亩）	临时占耕地（亩）	房屋拆迁（m^2）	搬迁户数（户）
移民安置计划	19251	12298	52423	34789	93328	863
实际完成	18454	15892	25149	10478	54098	480
已完成比例（%）	95.9	129.2	48.0	30.1	58.0	55.6

（五）征地拆迁和移民安置政策制定与实施

这一章节也是移民竣工报告的一项重要内容。首先，应介绍一下项目所依据的国家和地方的有关征地拆迁的法律法规，移民安置目标和移民安置政策。其次，应介绍一下已批准的移民安置计划中列出的各项补偿标准。根据每一子项目的实施情况，详细介绍项目所采取的具体的补偿标准。由于子项目处于不同的市县，其补偿标准在不同的市县会有所不同。补偿标准的论述应按永久征地、临时占地、房屋拆迁和居民、企业搬迁进行划分。在这基础上，应同移民安置计划中所承诺的补偿标准进行对比分析，并对移民补偿政策的实施作出评价。如果实施的补偿标准与移民安置计划的标准不一致，甚至低于移民计划的标准,竣工报告应作出详细解释。另外,竣工报告应对征地拆迁过程中补偿经费的支付和资金落实情况进行介绍。最后,竣工报告应包括一个项目的移民费用汇总表。汇总表应按移民的活动类型进行划分,并同移民安置计划的预算表格进行对比,解释费用变化的原因。

(六)移民安置及生产生活恢复

为了说明移民的目标是否实现,根据移民的监测评估报告,竣工报告应对几类主要受影响人的安置恢复情况进行描述,并对他们的生产生活水平是否恢复作出评价。如果有遗留问题,应该就如何解决这些问题作出详细资金和措施安排,确保移民的政策目标能够顺利完成。例如,对失地的农民,如何进行土地调整,如何分配土地补偿费和劳力安置费,征地后人均耕地数量,大部分失地农民是否满意。另外,根据移民外部监测过程中的样本户的跟踪调查,看看失地农民是否在收入上恢复到搬迁前的水平。对搬迁户来说,他们是否得到应有的房屋补偿、附属物的补偿、搬迁费用、新的宅基地以及相关的基础设施费用,新建房屋的建设情况、人均房屋面积以及搬迁户满意程度。企事业单位和店铺的搬迁是否得到重置价的补偿,是否完成搬迁安置、恢复生产和经营。在报告中应尽量利用移民外部和内部监测评估的调查结果,特别是利用移民在搬迁安置前后的收入变化来分析评价安置恢复的情况。

(七)公众参与和抱怨申诉的渠道

这一章节主要是介绍在移民的实施过程中,移民信息公开情况、移民的公众参与情况及移民申述机制。重点应介绍为了使受影响的人更好地了解影响程度、补偿政策以及安置方式所采取的具体做法,简要论述这些做法对移民安置计划的顺利实施起到了什么作用。

(八)征地拆迁与移民安置实施机构

这一章节主要是介绍项目移民实施过程中,移民机构设置的情况。首先应介绍作为移民活动的负责和协调单位的项目业主在整个移民规划和实施过程中所起的作用。其次应着重介绍征地移民的具体实施单位的人员构成和他们在征地拆迁过程中的作用。另外,对地方政府机构以及有关乡镇村的作用进行介绍并对他们对移民的顺利实施起到的作用作出评价。

(九)移民监测与评估

这一章节主要是介绍项目移民实施过程中,移民监测评估工作开展的情况。报告应分别介绍移民内部监测的情况和移民外部监测的情况,内容包括监测的过程、方法、主要结论,以及对移民安置计划的顺利实施是否有帮助。

(十)结论

最后,根据项目移民安置计划完成情况、移民的生产生活恢复安置的情况,以及根据对移民受影响的村和户的抽样调查结果的分析,对项目的移民工作作出总结和评介。介绍移民工作中主要好的经验、做法和实施中碰到的问题、教训,以及将来工作中应该可以改进的地方。下面是一份征地拆迁移民安置后评估工作大纲,也作为培训材料的一部分供大家参考。

二、亚行贷款黄河防洪项目征地拆迁与移民安置后评估工作大纲①

（一）目的

工作将于2006年底或2007年初结束，评估亚行贷款黄河防洪项目移民安置是否按照亚行批准的移民安置计划的要求实施，移民的生产生活水平是否恢复到搬迁前的水平。按照亚行要求对该项目征地拆迁移民安置进行后评估。

（二）评估范围

范围包括项目征地拆迁所涉及到的所有子项（堤防加固、滩区建设、险工改建和控导工程）。

（三）评估内容

评估内容包括移民安置活动是否按照移民计划实施，重点是补偿标准的及时足额支付及移民生活水平的恢复与发展评价（跟踪调查结果，考虑物价水平）。

（四）需要准备的资料

为了做好亚行要求的移民安置后评估工作，需要收集大量的移民安置方面的第一手和第二手资料。

1. 文献资料

（1）项目评估报告（RRP）、亚行批准移民安置计划、监测评估内外部报告（1～6页）。

（2）河南省和山东省2001、2004、2005、2006年社会经济统计年鉴。

（3）河南省和山东省2001、2004、2005、2006年农调队的百户调查资料。

（4）各子项目亚行项目办所签订的房屋补偿或土地征用的协议。

（5）优惠政策的制定与实施情况。

（6）征地拆迁的实际数量、补偿标准、资金拨付的程序与管理办法。

2. 表格

（1）移民安置进度表。

（2）征地拆迁的实际数量、补偿标准、资金表。

（3）房屋搬迁与安置状况表（前后对比）。

（4）企事业单位及店铺的安置表（前后对比）。

（5）劳力安置计划与实施表（前后对比）。

（6）黄河移民开发公司将与业主、县土地局、乡土管所、村委会及移民座谈，对受项目影响户进行调查。

（7）控制组（参照组）及移民样本户收入支出调查表。

（8）控制组可选择与移民搬迁前生活水平和收入结构相似的户（30户）。

---

①根据亚行移民国际咨询专家朱幼宣先生提供的培训教材改编。

在影响较大的变电站中选择移民样本户(与监测评估报告中的一致)。

三、华东/江苏500千伏输变电项目移民安置行动计划执行情况总结报告①

华东/江苏500千伏输变电项目(包括续建项目,以下同)是华东电网“九五”和“十五”期间江苏地区极为重要的输变电建设工程。由于本项目部分使用世界银行贷款,按照世行对贷款项目的要求,国家电网华东公司(以下简称华东公司)委托国家电力公司华东勘测设计研究院(以下简称华东院)于1998年编制完成本项目移民安置行动计划。后因余款续建项目的建设,又委托华东院编制完成余款续建项目移民安置行动计划。这两份移民安置行动计划(RAP)在通过世行评估后均被作为项目建设的目标文件。

华东/江苏500千伏输变电项目于1997年开工,到2005年6月,除田湾—上河环入连云港变电子项目外,其余子项目均已建设完成,因工程建设引起的征地拆迁和移民安置工作同期也基本完成。在项目建设的9年期间,国家、江苏省及有关地(市)征地拆迁的法律、法规、政策以及世行关于非自愿移民政策文件都与编制移民安置行动计划时发生了一定变化。从华东公司和华东院对本项目实施全过程的内、外部监测情况来看,所有子项目的征地拆迁和移民安置工作均严格遵循移民安置行动计划确定的原则,结合当时国家和省(市)现行的有关法律法规和政策规定付诸实施,实际发生的各项补偿标准均符合或高于移民安置行动计划标准。

现就本项目移民安置行动计划及其执行情况进行对比、分析和总结,以便从中吸取工程项目征地拆迁和移民安置工作的经验与教训,并在其他类似工程中推广和借鉴。结合目前国家倡导的“以人为本”的发展理念,这份总结报告也将促进华东地区在电力工程建设与影响区社会经济和谐发展方面的理论研究及工程实践。

(一)概述

1.项目概述

华东/江苏500千伏输变电项目是华东电网“九五”和“十五”期间江苏地区极为重要的输变电建设工程,项目包括新建500千伏输电线路、新建和扩建500千伏变电所、南京城区输变电项目、江阴长江大跨越、相应的通信自动化设施、余款续建项目等6部分,各部分子项目组成及工程进度见表9-125。该项目的建设,主要在江苏省境内形成了超高压输变电基本网架,改善了江苏电网的电源结构,增加了调峰容量,提高了各市乃至省电网运行的可靠性和稳定性;南京城区输变电项目建成后,增加了南京城区供电能力。这对缓解江苏省及南京市用电紧张局面,提高工农业生产及居民生活用电保障率,推动江苏社会经济发展发挥了至关重要的作用。

---

①根据亚行移民国际咨询专家朱幼宣先生提供的2005年6月国家电网华东公司同名报告改编。

2. 移民安置行动计划概述

本项目建设涉及到输电线路塔基征地、线路通道内房屋拆迁、变电所征地拆迁等多项征地拆迁和移民安置工作。由于该项目建设投资部分使用世界银行贷款，按照世行对贷款项目必须编制移民安置行动计划的要求，华东公司于 1997 年委托华东院编制华东/江苏 500 千伏输变电项目移民安置行动计划（RAP_1）①，该移民安置行动计划报告于 1998 年编制完成；2001 年，华东公司又委托华东院编制本项目余款续建项目移民安置行动计划（RAP_2），续建项目移民安置行动计划报告于 2002 年 5 月编制完成；后因续建项目中的龙潭变所址调整，华东公司又编写了该子项目移民安置行动计划特别报告。

这些移民安置行动计划报告在编制完成年即通过了世行的评估，并根据评估意见作了相应修改后，作为项目建设的目标文件在项目实施中遵照执行。在项目建设过程中，华东公司又委托华东院作为本项目移民安置的外部监测评估单位。从华东公司和华东院对本项目实施全过程的内、外部监测情况来看，所有子项目的征地拆迁和移民安置工作均严格按照移民安置行动计划报告予以实施，移民安置行动计划确定的各项安置措施和补偿政策在实施时也得到了很好的落实。

（二）移民安置的工作计划与实施进度

在本项目移民安置行动计划中，确定征地拆迁移民安置工作进度按下列原则控制：①移民房屋拆除应在输变电工程建设开始前完成；②在移民房屋拆迁前至少 3 个月让移民知道其拆迁日期，并且在该日期后至房屋拆除最终期限前给予移民至少 4 个月的房屋建造时间，受影响人员在新房完成前可滞留于其旧居；③建房时间应与移民充分协商，如有必要可适当延长；④土地征用应在输变电工程建设前完成；⑤土地调整应在农作物换季间隙完成；⑥劳动力安置应在土地征用前完成；⑦基础设施应在输变电工程建设前完成。

在项目实施过程中，江苏省电力公司和各市（区、县）供电公司均能严格按照上述移民安置行动计划原则开展征地拆迁移民安置工作。根据项目实际建设进度，涉及征地拆迁各子项目的移民安置工作实际进展和移民安置行动计划确定的初步时间安排相比有所调整。

华东/江苏 500 千伏输变电项目 23 个涉及征地拆迁的子项目的移民安置完成情况，以及与移民安置行动计划初步时间安排的对比情况见表 9-126，各子项目征地拆迁移民安置工作进度详见表 9-127。

---

①此移民安置行动计划分两步进行编制，第一步于 1997 年 8 月前完成 3 座 500 千伏变电所（扬东变、盐城变、东善桥变）、3 条 500 千伏输电线路（淮江线、江常线、江斗线）以及南京城区输变电项目等工程的移民安置行动计划的编制；第二步于 1998 年 10 月完成其余工程的移民安置行动计划报告的编制。该报告为包括第一步和第二步在内的总的移民安置行动计划，其中第一步行动计划已于 1998 年 1 月编制完成并通过世行的评估。

表 9-125 华东/江苏 500kV 输变电项目各部分子项目组成及工程进度表

序号	项目名称	原计划建设进度			实施计划	实施进度
		初设审查	土建施工	投产运行	投产运行	
一	500kV 输电线路					
1	斗石线	1997/9	1997/11 ~ 1998/6	1998/6	1998/6	已于 1998 年 6 月建设完成并网运行
2	石黄线	1997/9	1997/11 ~ 1998/6	1998/6	1998/6	已于 1998 年 6 月建设完成并并网运行
3	江斗线	1997/8	1997/11 ~ 1998/6	1998/6	1998/6	已于 1998 年 8 月建设完成并并网运行
4	江常线	1997/8	1997/11 ~ 1998/6	1998/6	1998/6	已于 1998 年 8 月建设完成并并网运行
5	淮江线	1997/11	1998/11 ~ 2000/2	2000/3	2000/3	已于 1999 年 12 月建设完成并并网运行
6	任淮线	1998/3	1998/8 ~ 2000/12	2001/3	2001/3	已于 1999 年 12 月建设完成并并网运行
7	瓶环线	1998/3	1999/10 ~ 2000/3	2000/3	2001/1	已于 2001 年 1 月建设完成并并网运行
8	斗环线	1997/9	1999/12 ~ 2000/6	2000/6	2001/3	已于 2001 年 3 月建设完成并并网运行
9	石胜线	1998/6	2000/10 ~ 2001/6	2001/6	2001/6	已于 2001 年 6 月建设完成并并网运行
10	淮盐线	1998/6	1998/11 ~ 2000/2	2000/3	2002/8	已于 2002 年 8 月建设完成并并网运行
11	盐扬线	1998/6	1999/11 ~ 2001/4	2001/6	2002/9	已于 2002 年 9 月建设完成并并网运行
12	扬斗线	1998/6	2000/11 ~ 2001/5	2001/6	2004/11	已于 2004 年 11 月建设完成并并网运行
二	(1)新建 500kV 变电所					
1	石牌变	1998/2	1998/7 ~ 2000/3	2000/3	2001/3	已于 2001 年 3 月建设完成并网投运
2	胜浦变	1998/6	1999/9 ~ 2001/9	2001/9	2001/5	已于 2001 年 5 月建设完成并网投运
3	盐城变	1998/2	1998/9 ~ 2000/5	2000/6	2002/8	已于 2002 年 8 月建设完成并并网运行
4	扬东变	1998/6	1999/10 ~ 2001/9	2001/10	2002/9	已于 2002 年 9 月建设完成并并网运行
	(2)扩建 500kV 变电所					
5	南通变	1998/4	1999/11 ~ 2001/10	2001/11	2002/10	已于 2002 年 10 月建设完成并并网运行
6	武南变	1998/5	2000/8 ~ 2001/6	2001/6	2001/8	已于 2001 年 8 月建设完成并网投运
三	江阴大跨越	1998/6	1999/6 ~ 2001/8	2001/9	2004/11	已于 2004 年 11 月建设完成并网投运
四	南京城区输变电项目					
1	220kV 下关变	1998/1	1998/8 ~ 2000/6	2000/6	2000/12	已于 2000 年 12 月建设完成并网运行
2	110kV 上海路变	1998/1	1998/8 ~ 2000/6	2000/6	2001/1	已于 2001 年 1 月建设完成并网投运
3	500kV 东善桥变	1998/6	2000/5 ~ 2000/12	2000/12	2001/4	已于 2001 年 4 月建设完成并网投运
4	110kV 玄武变	1998/1	1998/8 ~ 2000/6	2000/6	2001/5	已于 2001 年 5 月建设完成并网投运
5	220kV 大行宫变	1998/1	1998/8 ~ 2000/6	2000/6	2001/6	已于 2001 年 6 月建设完成并网投运
五	通信自动化设施					与工程项目建设同期完成
六	续建项目					
1	500kV 龙潭变	2002/2	2002/11 ~ 2005/6	2005/6	2005/6	正在进行电气安装
2	500kV 连云港变	2002/2	2003/3 ~ 2005/6	2005/6	2005/6	正在进行电气安装
3	500kV 盐城变扩建	2002/2	2002/11 ~ 2004/5	2004/5	2005/6	正在进行土建施工
4	500kV 东龙线	2002/2	2003/11 ~ 2005/6	2005/6	2005/6	正在进行塔基土建
5	田湾 - 上河环入连云港变	2002/2	2005/11 ~ 2005/6	2005/6	2005/6	未启动

表 9-126　华东/江苏 500kV 输变电项目征地拆迁移民安置工作进展情况及与 RAP 安排对比表

序号	工程项目	原定征地和安置房屋迁建时间计划	实际征地安置房屋迁建进度
一	输电线路		
1	斗石线	1997/12 ~ 1998/5	征地拆迁移民安置工作已按原订计划于 1998 年 5 月完成
2	石黄线	1997/12 ~ 1998/5	征地拆迁移民安置工作已按原订计划于 1998 年 5 月完成
3	江斗线	1997/11 ~ 1998/5	征地拆迁移民安置工作已按原订计划于 1998 年 5 月完成
4	江常线	1997/11 ~ 1998/5	征地拆迁移民安置工作已按原订计划于 1998 年 5 月完成
5	淮江线	1998/7 ~ 2000/1	征地拆迁通知于 98 年 11 月下达,征地拆迁移民安置工作已按原订计划于 1999 年 8 月完成
6	任淮线	1998/6 ~ 2000/11	征地拆迁通知于 98 年 12 月下达,征地拆迁移民安置工作已按原订计划于 1999 年 8 月完成
7	瓶环线	1999/6 ~ 2000/2	征地拆迁移民安置工作已于 2001 年 1 月完成
8	斗环线	1999/8 ~ 2000/5	征地拆迁移民安置工作已于 2001 年 3 月完成
9	石胜线	2000/6 ~ 2001/5	征地拆迁移民安置工作已按原订计划于 2001 年 5 月完成
10	淮盐线	1998/9 ~ 2000/1	征地拆迁移民安置工作已于 2001 年 12 月完成
11	盐扬线	1999/7 ~ 2001/3	征地拆迁移民安置工作已于 2002 年 3 月完成
12	扬斗线	2000/7 ~ 2001/4	征地拆迁移民安置工作已于 2004 年 11 月完成
二	变电所		
1	石牌变	1998/4 ~ 1998/6	征地手续于 1998 年 12 月完成,实际征地于 1998 年 7 月开始,征地补偿资金已于 1998 年底前拔付到位,移民安置工作已完成
2	胜浦变	1999/6 ~ 1999/8	征地手续于 1998 年 12 月完成,实际征地于 1999 年 4 月开始,征地补偿资金于 1999 年 6 月拔付到位,移民安置工作已完成
3	盐城变	1998/6 ~ 1998/8	征地手续于 1998 年 12 月完成,实际征地于 1999 年 12 月开始,征地补偿资金已于 1999 年底前拔付到位,移民安置工作已完成
4	扬东变	1999/7 ~ 1999/9	征地手续于 1998 年 12 月完成,实际征地于 1999 年 12 月开始,征地补偿资金已于 1999 年底前拔付到位,移民安置工作已完成
三	江阴大跨越	1999/2 ~ 2000/7	征地拆迁移民安置工作于 2002 年 2 月完成
四	南京城区输变电		
1	下关变	1998/6 ~ 1998/7	与拆迁户协商后拆迁通知于 1997 年底下达,1998 年 3 月底变电所址范围内全部房屋拆除,机关企业安置于同期完成,1999 年 3 月拆迁户全部迁入新居,个体工商户安置于 1999 年 10 月底完成,移民安置工作已完成
2	玄武变	1998/6 ~ 1998/7	与拆迁户协商后拆迁通知于 1999 年 9 月下达,2000 年 1 月底变电所址范围内全部房屋拆除,拆迁户、个体经营户、机关企事业单位实行货币安置,移民安置工作已完成
3	大行宫变	1998/6 ~ 1998/7	与拆迁户协商后拆迁通知于 1999 年 9 月下达,2000 年 1 月底变电所址范围内全部房屋拆除,拆迁户、个体经营户、机关企事业单位实行货币安置,移民安置工作已完成
五	续建项目		
1	龙潭变	2002/12 ~ 2003/12	征地协议于 2003 年 1 月完成,2003 年 1 月完成土地及职工岗位调整,征地拆迁移民安置工作已完成
2	连云港变	2002/12 ~ 2003/12	征地协议于 2003 年 3 月完成,2003 年 3 月完成组内土地调整,征地拆迁移民安置工作已完成
3	东龙线	2002/12 ~ 2003/12	征地拆迁移民安置工作已于 2005 年 5 月基本完成

表 9-127　华东/江苏 500kV 输变电项目各子项目征地拆迁移民安置工作进度表

序号	工程项目	1997年							1998年								1999年										2000年												2001年							2002年						2003年				2004年					2005年	
		5	6~7	8	9	10	11	12	1~2	3	4	5	6	7~10	11	12	1~2	3	4	5~6	7	8	9	10	11	12	1	2	3	4	5	6	7	8	9	10	11	12	1	2	3	4	5	6~11	12	1	2	3	4~10	11	12	1~3	4~7	8	9~12	1	2~5	6	7~11	12	1~3	4~5
一	输电线路																																																													
1	斗石线	▲		■									●																																																	
2	石黄线	▲		■									●																																																	
3	江斗线			▲			■				●																																																			
4	江常线				▲			■			●																																																			
5	淮江线														▲			■				●																																								
6	任淮线															▲			■					●																																						
7	瓶环线																													▲				■					●																							
8	斗环线																										▲					■									●																					
9	石胜线																								▲				■														●																			
10	淮盐线																																		▲						■			●																	
11	盐扬线																																			▲						■					●														
12	扬斗线																																																				▲		■				●		
二	变电所																																																													
1	石牌变														▲				●																																											
2	胜浦变														▲				●																																											
3	盐城变														▲						●																																									
4	扬东变														▲						●																																									
三	江阴大跨越																																					▲					■				●															
四	南京城区输变电																																																													
1	下关变						▲			●																																																				
2	玄武变																					▲				●																																				
3	大行宫变																					▲				●																																				
五	续建项目																																																													
1	龙潭变																																																		▲				●							
2	连云港变																																																		▲				●							
3	东龙线																																																						▲						■	●

注：▲表示征地拆迁通知下达时间；■表示移民建房开始时间；●表示要求征地拆迁最后完成时间。

（三）项目征地拆迁计划及执行情况

1. 移民安置行动计划的征地拆迁计划

华东/江苏500千伏输变电项目的影响范围可根据影响对象的不同分为对农村居民的影响和对城市居民的影响两部分。500千伏输变电线路及变电所主要分布于农村，将之归于农村部分；南京城区输变电项目全部位于南京市区以内，将之归于城市部分。

在编制移民安置行动计划（RAP_1）时，因当时第二步工程的变电所所址方案和线路路径方案尚未审定，故报告中第二步工程征地拆迁影响数为测算数。续建项目移民安置行动计划（RAP_2）编制后，为了满足南京市仙西新区的城市建设规划要求，设计单位对500千伏龙潭变重新进行了所址选择及勘测设计工作，为此，华东公司编写了特别报告上报世行。

根据上述移民安置行动计划报告，华东/江苏500千伏输变电项目各子项目征地拆迁影响主要实物指标见表9-128。

1）征地拆迁范围界定

本项目征地拆迁范围在编制移民安置行动计划时分变电所和线路通道（含塔基征地）分别界定。变电所征地拆迁范围为变电所主体部分，不包括线路出线。在实际工程中由设计单位根据初勘审定所址方案，现场测量放线，界定范围。线路通道范围暂定为通道中心线两侧各30米，由设计单位根据初勘选定线路方案，现场测量定线，绘制线路断面图和房屋分布图，确定征地拆迁移民范围。最终征地拆迁范围在项目实施阶段按《架空配电线路设计技术规程》（SDJ206－87）的规定，由设计单位实地测设。

2）土地征用与占用

根据移民安置行动计划报告，本项目计划永久征地共1807.5亩，施工临时用地9936.3亩。农村部分永久征地1780.7亩，施工临时用地9936.3亩，包括输电线路永久征地833.5亩，施工临时用地9423亩；新建变电所永久征地611.2亩，江阴长江大跨越永久征地36亩，施工临时用地33.3亩；续建项目永久征地300亩，施工临时用地480亩。城市部分（南京城区输变电各子项目）永久征地26.8亩，不涉及施工临时用地。

3）房屋及附属物拆迁

本项目需拆迁的房屋分农村和城市两部分，包括输电线路通道范围的各类农村房屋、江阴长江大跨越征地范围内的各类农村房屋和南京城区3个变电所子项目拆迁的城市居住和非居住房屋。需拆迁各类房屋共计865647平方米，其中楼房340578平方米，占39.34%；平房481183平方米，占55.59%；简易房43886平方米，占5.07%。

在需拆迁房屋中，输电线路通道范围和江阴长江大跨越征地范围内的各类农村房屋数量最多，为851492平方米（包括农村私人房屋832713平方米和机关集体房屋18779平方米），占需拆迁房屋总量的98.36%；城市各类房屋14155平方米，占需拆迁房屋总量的1.64%，包括私人所有的居住房屋6945平方米、集体和公有居住房屋5978平方米及非居住房屋1232平方米。

受项目影响还需拆除（迁移）猪牛栏、围墙、灰铺厕所、电话、有线电视等附属物，本报告不再详细列出。

表 9-128　华东/江苏 500kV 输变电项目各子项目征地拆迁影响主要实物指标汇总表

序号	工程项目	征/占用土地(亩)		拆迁影响人口		征地影响人口		拆迁房屋(m^2)			
		永久征地	临时用地	户数(户)	人口(人)	户数(户)	人口(人)	合计	楼房	平房	简易房
	合　计	1807.5	9936.3	5124	21151	66	764	865647	340578	481183	43886
一	输电线路	833.5	9423	4369	18448			765397	257673	463838	43886
1	斗石线	35.4	540	119	491	—	—	44328	31952	10608	1768
2	石黄线	28	450	135	592	—	—	39804	25144	12975	1685
3	江斗线	23.4	252	15	69	—	—	2416	2261	155	0
4	江常线	86.6	1116	572	2360	—	—	120416	32148	85839	2429
5	淮江线	74.2	1206	875	3234	—	—	125383	28695	96474	214
6	任淮线	224.5	2070	1191	5947	—	—	151248	13175	114377	23696
7	瓶环线	9.6	108	50	211	—	—	8774	2952	5318	504
8	斗环线	2.6	90	3	10	—	—	816	779	37	0
9	石胜线	33	540	182	707	—	—	52109	35634	14415	2060
10	淮盐线	95	1080	375	1401	—	—	44236	6956	33630	3650
11	盐扬线	154	1215	499	1946	—	—	114463	57313	52818	4332
12	扬斗线	67.2	756	353	1480	—	—	61404	20664	37192	3548
二	变电所	611.2	0	0	0		539	0	0	0	0
1	石牌变	150	0	0	0		92	0	0	0	0
2	胜浦变	120	0	0	0		77	0	0	0	0
3	盐城变	182	0	0	0		161	0	0	0	0
4	扬东变	159.2	0	0	0		209	0	0	0	0
三	江阴大跨越	36	33.3	211	764	—	—	21095	19752	1343	0
四	南京城区输变电	26.8	0	360	989	0	0	14155	8153	6002	0
1	下关变	16.2	0	190	481	—	—	6726	2967	3759	0
2	玄武变	2.2	0	22	54	—	—	1348	242	1106	0
3	大行宫变	8.4	0	148	454	—	—	6081	4944	1137	0
五	续建项目	300	480	184	950	66	225	65000	55000	10000	0
1	龙潭变	130	0	0	0	40	117	0	0	0	0
2	连云港变	130	0	0	0	26	108	0	0	0	0

注：南京城区输变电项目拆迁的非居住用房 1232m^2，暂按拆迁平房计列。

4)影响人口

本项目影响人口按受影响类型可分为拆迁影响人口和征地影响人口两大类。按影响人口所在区域又分为农村部分和城市部分。由于输电线路征用土地数量少且较为分散，在编制移民安置行动计划时未统计输电线路征地影响人口。

据移民安置行动计划报告，本项目征地累计影响涉及江苏省及上海市的13个市(区)48个县(市、区)199个乡(镇)741个行政村，新建500千伏变电所征地影响人口合计764人，全部是农村人口。项目拆迁影响人口合计5124户21151人，其中农村人口4746户20162人，占95.32%；城市人口360户989人，占4.68%。

5)其他影响

其他受项目影响的部分包括少量农田基础设施和零星树木等。砍伐的零星树木是主要位于线路通道范围内、可能对线路架设及线路投产运行构成影响的各类果树木，据移民安置行动计划报告，本项目需砍伐各类零星树木606697株。

此外，南京城区输变电子项目征地拆迁还影响集体单位3家，个体工商户22家，在此不再分别详述。

2.项目执行情况

据监测，华东/江苏500千伏输变电项目各子项目征地拆迁和移民安置工作均已基本完成，项目实施影响的主要实物指标与移民安置行动计划相比均有大幅减少，实际征用土地1404.2亩，较移民安置行动计划数量少403.25亩，减少22.31%；实际拆迁各类房屋351775平方米，较移民安置行动计划数量少513872平方米，减少59.36%；实际拆迁影响人口2632户10039人，人数较移民安置行动计划数量少11112人，减少52.54%。项目影响主要实物指标与移民安置行动计划对比情况见表9-129。

1)土地征用与占用

本项目在实施过程中，江苏省电力公司下属各供电公司与设计单位多次进行协商研究，通过线路走向调整、塔型的合理选择及分布、变电所内建筑和设备合理化布局等一系列设计优化措施，大部分子项目在实施时实际征用土地都少于移民安置行动计划数量；少部分子项目由于规划设计与实施间隔较长，原先的设计方案受地方区域规划等因素影响在实施时进行了必要的调整，实际征地数量较移民安置行动计划有所增加。由于施工工期延长，导致农作物种植周期增加，新增施工便道等原因，项目实施过程中累计发生的施工临时用地较移民安置行动计划有明显增加。

据华东公司和华东院对本项目的监测情况及对项目实际发生实物量的统计，各子项目实际发生永久征地1404.25亩，比移民安置行动计划减少403.25亩，减少22.31%；其中输电线路永久征地586.17亩，较移民安置行动计划减少了247.33亩，减少29.67%；新建变电所永久征地511.38亩，较移民安置行动计划减少了99.82亩，减少16.33%；江阴大跨越永久征地37.55亩，较移民安置行动计划增加了1.55亩，增加4.31%；南京城区输变电项目永久征地26.15亩，较移民安置行动计划减少了0.65亩，减少2.43%；续建项目永久征地243.0亩，较移民安置行动计划减少了57亩，减少19.0%。

各子项目累计发生施工临时用地16404.86亩，比移民安置行动计划增加了6468.53亩，增加65.10%；其中输电线路临时用地14881.90亩，较移民安置行动计划增加了

5458.90 亩，增加 57.93%；江阴大跨越施工临时用地 80.0 亩，较移民安置行动计划增加了 46.67 亩，增加 140.04%；续建项目施工临时用地 1442.96 亩，较移民安置行动计划增加了 962.96 亩，增加 200.62%。新建变电所和南京城区输变电项目实施中未发生施工临时用地，与移民安置行动计划情况相同。

各子项目征用、占用各类土地与 RAP 对比情况见表 9-130。

表 9-129　华东/江苏 500kV 输变电项目各类项目影响主要实物指标与移民安置行动计划(RAP)对比分析表

工程项目	对比分析	征用土地(亩)		拆迁人口		拆迁房屋(m^2)			
		数量(亩)	影响人口指标(人)	户数(户)	人口(人)	小计	楼房	平房	简易房
合计	实际发生	1404.25	463	2632	10039	351776	182300	124315	45161
	RAP 数	1807.5	764	5124	21151	865647	340578	481183	43886
	差值	-403.25	-301	-2492	-11112	-513871	-158278	-356868	1275
	差值百分比(%)	-22.31	-39.40	-48.63	-52.54	-59.36	-46.47	-74.16	2.91
输电线路	实际发生	586.17	/	2149	8499	317885	155114	118165	44607
	RAP 数	833.5	/	4369	18448	765397	257673	463838	43886
	差值	-247.33	/	-2220	-9949	-447512	-102559	-345673	721
	差值百分比(%)	-29.67	/	-50.81	-53.93	-58.47	-39.80	-74.52	1.64
变电所	实际发生	511.38	401	0	0	0	0	0	0
	RAP 数	611.2	539	0	0	0	0	0	0
	差值	-99.82	-138	0	0	0	0	0	0
	差值百分比(%)	-16.33	-25.60						
江阴大跨越	实际发生	37.55	/	76	298	14853	13153	1205	495
	RAP 数	36	/	211	764	21095	19752	1343	0
	差值	1.55	/	-135	-466	-6242	-6599	-138	495
	差值百分比(%)	4.31	/	-63.98	-60.99	-29.59	-33.41	-10.28	
南京城区输变电	实际发生	26.15	/	399	1218	15473	11889	3584	0
	RAP 数	26.8	/	360	989	14155	8153	6002	0
	差值	-0.65	/	39	229	1318	3736	-2418	0
	差值百分比(%)	-2.43	/	10.83	23.15	9.31	45.82	-40.29	
续建项目	实际发生	243.00	62	8	24	3564	2144	1361	59
	RAP 数	300	225	184	950	65000	55000	10000	0
	差值	-57	-163	-176	-926	-61436	-52856	-8639	59
	差值百分比(%)	-19.00	-72.44	-95.65	-97.47	-94.52	-96.10	-86.39	

表 9-130　华东/江苏 500kV 输变电项目各子项目实际征用、占地数量与移民安置行动计划(RAP)对比分析表

序号	工程项目	工程永久征地(亩)				施工临时用地(亩)			
		实际发生	RAP数量	差值		实际发生	RAP数量	差值	
				数量	百分比(%)			数量	百分比(%)
	合　计	1404.25	1807.50	-403.25	-22.31	16404.86	9936.33	6468.53	65.10
一	输电线路	586.17	833.5	-247.33	-29.67	14881.90	9423	5458.90	57.93
1	斗黄线	63.50	63.4	0.10	0.16	1217.20	990	227.20	22.95
2	江斗线	24.90	23.4	1.50	6.41	507.00	252	255.00	101.19
3	江常线	80.20	86.6	-6.40	-7.39	1619.30	1116	503.30	45.10
4	淮江线	67.10	74.2	-7.10	-9.57	1456.00	1206	250.00	20.73
5	任淮线	79.80	224.5	-144.70	-64.45	2116.40	2070	46.40	2.24
6	瓶环线	11.84	9.6	2.24	23.33	276.00	108	168.00	155.56
7	斗环线	3.26	2.6	0.66	25.38	42.00	90	-48.00	-53.33
8	石胜线	36.47	33	3.47	10.52	438.00	540	-102.00	-18.89
9	淮盐线	59.64	95	-35.36	-37.22	1069.00	1080	-11.00	-1.02
10	盐扬线	75.20	154	-78.80	-51.17	2870.00	1215	1655.00	136.21
11	扬斗线	84.26	67.2	17.06	25.39	3271.00	756	2515.00	332.67
二	变电所	511.38	611.2	-99.82	-16.33				
1	石牌变	126.70	150	-23.30	-15.53				
2	胜浦变	115.20	120	-4.80	-4.00				
3	盐城变	129.98	182	-52.02	-28.58				
4	扬东变	139.50	159.2	-19.70	-12.37				
三	江阴大跨越	37.55	36	1.55	4.31	80.00	33.327	46.67	140.04
四	南京城区输变电	26.15	26.8	-0.65	-2.43				
1	下关变	15.30	16.2	-0.90	-5.56				
2	玄武变	2.52	2.2	0.32	14.55				
3	大行宫变	8.33	8.4	-0.07	-0.83				
五	续建项目	243.00	300	-57.00	-19.00	1442.96	480	962.96	200.62
1	龙潭变	92.00	130	-38.00	-29.23	20.00	0	20.00	
2	连云港变	86.66	130	-43.34	-33.34	6.96	0	6.96	
3	东龙线	64.34	40	24.34	60.85	1416.00	480	936.00	195.00

2)房屋及附属物拆迁

在项目实施过程中,通过对输电线路走向及塔型选择的优化设计,尽量减少了对沿线建筑物的影响,各子项目实际拆迁各类房屋共计351775平方米,较移民安置行动计划数量减少513872平方米,减少59.36%,降幅较为明显。拆迁各类私人房屋342108平方米、非私人房屋9667平方米,较移民安置行动计划数量分别减少59.26%和62.80%。实际拆迁私人房屋中,楼房面积181189平方米,较移民安置行动计划数量减少150928平方米,减少45.44%;平房面积119442平方米,较移民安置行动计划数量减少344457平方米,减少74.25%;简易房面积41477平方米,较移民安置行动计划数量减少2165平方米,减少4.96%。

近年来,随着江苏省国民经济的快速发展,项目影响地区居民的生活水平逐年提高,其住房条件也有所改善。自移民安置行动计划编制后,本项目拆迁影响范围内的部分居民重建或扩建了(如原先一层的平房加盖成楼房)自己的房屋。这些变化造成了拆迁私房结构比例(楼房/平房/简易房)从移民安置行动计划的40:55:5变化为实际发生的53:35:12,拆迁私人房屋结构特点也由编制移民安置行动计划时的平房占多半变化为实施时的楼房占多数。

在实施房屋拆迁时,猪牛栏、围墙、炉灶、沼气池、电话、有线电视等房屋附属物也在被确认权属、类别、结构和质量后,随房屋一同被拆除或迁移。本报告不再计列其拆迁的详细情况。

各子项目实际拆迁私人房屋与移民安置行动计划对比情况见表9-131,实际拆迁非私人房屋与移民安置行动计划对比情况见表9-132。

3)影响人口

由于各子项目在实施时,实际征用土地和实际拆迁房屋数量都有所减少,故项目影响人口较移民安置行动计划也有不同程度的减少。新建500千伏实际征地影响人口为463人,比移民安置行动计划数量减少了301人,减少39.40%;实际拆迁影响人口10039人,仅为移民安置行动计划数量的47.46%,这与实际拆迁私人房屋仅为移民安置行动计划数量的40.74%的情况基本相符。各子项目实际影响人口与移民安置行动计划对比情况见表9-133。

4)其他影响

各子项目在实施过程中造成的其他影响主要包括以下两个方面:

(1)对零星经济树木的影响:在输电线路建设中,线路通道范围内对线路架设构成影响及对线路投产运行可能构成影响的各类树木均需作移植或砍伐处理。在江苏省电力公司专业技术人员的监督指导下,下属各供电公司与施工单位及受影响的单位和村民一起,通过对零星经济树木的实地确认(树种、树龄、大小及经济价值等),根据实际影响情况,与所有者充分协商后确定各项补偿费用,并在砍伐前将所需的费用一次性付清。

(2)对农田基础设施等的影响:在项目建设过程中,施工占用耕地和施工机械、车辆的频繁进出,对当地农田水利设施及交通设施的影响面较大,但对其原有功能构成的影响较小,一般由施工单位在施工完成后对受影响的基础设施进行复建,在此不作具体统计。

表 9-131　华东/江苏 500kV 输变电项目各子项目实际拆迁私人房屋面积与移民安置行动计划(RAP)数量对比分析表　(单位:m^2)

序号	工程项目	拆迁私人房屋合计				楼房				平房				简易房			
		实际发生	RAP数量	差值		实际发生	RAP数量	差值		实际发生	RAP数量	差值		实际发生	RAP数量	差值	
				数量	百分比(%)			数量	百分比(%)			数量	百分比(%)			数量	百分比(%)
	合　计	342108	839658	-497550	-59.26	181189	332117	-150928	-45.44	119442	463899	-344457	-74.25	41477	43642	-2165	-4.96
一	输电线路	309043	747918	-438875	-58.68	154519	255557	-101038	-39.54	113601	448719	-335118	-74.68	40923	43642	-2719	-6.23
1	斗黄线	69614	80088	-10474	-13.08	51940	56817	-4877	-8.58	9807	20042	-10235	-51.07	7867	3229	4638	143.64
2	江斗线	1912	2416	-504	-20.86	1068	2261	-1193	-52.76	278	155	123	79.35	566	0	566	
3	江常线	46358	118965	-72607	-61.03	14350	31711	-17361	-54.75	24057	84825	-60768	-71.64	7951	2429	5522	227.34
4	淮江线	48430	118877	-70447	-59.26	4548	28447	-23899	-84.01	37539	90216	-52677	-58.39	6343	214	6129	2864.02
5	任淮线	19061	151248	-132187	-87.40	1797	13175	-11378	-86.36	11091	114377	-103286	-90.30	6173	23696	-17523	-73.95
6	瓶环线	1262	8570	-7308	-85.27	1056	2928	-1872	-63.93	39	5138	-5099	-99.24	168	504	-336	-66.67
7	斗环线	0	816	-816	-100.00	0	779	-779	-100.00	0	37	-37	-100.00				
8	石胜线	8918	48263	-39345	-81.52	6374	34674	-28300	-81.62	1703	11529	-9826	-85.23	841	2060	-1219	-59.17
9	淮盐线	15816	44236	-28420	-64.25	3703	6956	-3253	-46.77	6739	33630	-26891	-79.96	5373	3650	1723	47.21
10	盐扬线	29975	114463	-84488	-73.81	10557	57313	-46756	-81.58	14899	52818	-37919	-71.79	4519	4332	187	4.32
11	扬斗线	67697	59976	7721	12.87	59126	20496	38630	188.48	7449	35952	-28503	-79.28	1122	3528	-2406	-68.20
二	江阴大跨越	14853	21095	-6242	-29.59	13153	19752	-6599	-33.41	1205	1343	-138	-10.28	495	0	495	
三	南京城区输变电	15473	6945	8528	122.79	11889	2908	8981	308.84	3584	4037	-453	-11.22				
1	下关变	7257	5928	1329	22.42	4089	2908	1181	40.61	3168	3020	148	4.90				
2	玄武变	1508	0	1508		1400	0	1400		108	0	108					
3	大行宫变	6708	1017	5691	559.59	6400	0	6400		308	1017	-709	-69.71				
四	续建项目	2739	63700	-60961	-95.70	1628	53900	-52272	-96.98	1052	9800	-8748	-89.27	59	0	59	
1	东龙线	2739	63700	-60961	-95.70	1628	53900	-52272	-96.98	1052	9800	-8748	-89.27	59	0	59	

注:南京城区输变电项目实际拆迁房屋统计分为私人房屋和非私人房屋,暂全部按私人房屋计列。

表 9-132　华东/江苏 500kV 输变电项目各子项目实际拆迁非私人房屋面积与移民安置行动计划(RAP)数量对比分析表　（单位:m^2）

序号	工程项目	拆迁非私人房屋合计				楼房				平房				简易房			
		实际发生	RAP数量	差值		实际发生	RAP数量	差值		实际发生	RAP数量	差值		实际发生	RAP数量	差值	
				数量	百分比（%）			数量	百分比（%）			数量	百分比（%）			数量	百分比（%）
	合　计	9667	25989	-16322	-62.80	1111	8461	-7350	-86.87	4873	17284	-12411	-71.81	3684	244	3440	1409.84
一	输电线路	8842	17479	-8637	-49.41	595	2116	-1521	-71.88	4564	15119	-10555	-69.81	3684	244	3440	1409.84
1	斗黄线	2214	4044	-1830	-45.25	34	279	-245	-87.81	725	3541	-2816	-79.53	1455	224	1231	549.55
2	江斗线																
3	江常线	1615	1451	164	11.30	0	437	-437	-100.00	1291	1014	277	27.32	324	0	324	
4	淮江线	1247	6506	-5259	-80.83	0	248	-248	-100.00	1132	6258	-5126	-81.91	115	0	115	
5	任淮线	355	0	355						228	0	228		127	0	127	
6	瓶环线	0	204	-204	-100.00	0	24	-24	-100.00	0	180	-180	-100.00				
7	斗环线																
8	石胜线	199	3846	-3647	-94.83	0	960	-960	-100.00	107	2886	-2779	-96.29	92	0	92	
9	淮盐线	279	0	279		76	0	76						203	0	203	
10	盐扬线	1702	0	1702		0	0	0		362	0	362		1340	0	1340	
11	扬斗线	1231	1428	-197	-13.80	485	168	317	188.69	719	1240	-521	-42.02	28	20	8	40.00
二	江阴大跨越																
三	南京城区输变电	0	7210	-7210	-100.00	0	5245	-5245	-100.00	0	1965	-1965	-100.00				
1	下关变	0	798	-798	-100.00	0	59	-59	-100.00	0	739	-739	-100.00				
2	玄武变	0	1348	-1348	-100.00	0	242	-242	-100.00	0	1106	-1106	-100.00				
3	大行宫变	0	5064	-5064	-100.00	0	4944	-4944	-100.00	0	120	-120	-100.00				
四	续建项目	825	1300	-475	-36.54	516	1100	-584	-53.09	309	200	109	54.50				
1	东龙线	825	1300	-475	-36.54	516	1100	-584	-53.09	309	200	109	54.50				

表 9-133　华东/江苏 500kV 输变电项目各子项目实际影响人口与移民安置行动计划(RAP)数量对比分析表

序号	工程项目	征地影响人口				拆迁影响人口			
		实际发生	RAP数量	差值		实际发生	RAP数量	差值	
				数量	百分比(%)			数量	百分比(%)
	合　计	463	764	-301	-39.40	10039	21151	-11112	-52.54
一	输电线路	/	/	/	/	8499	18448	-9949	-53.93
1	斗黄线	/	/	/	/	1137	1083	54	4.99
2	江斗线	/	/	/	/	71	69	2	2.90
3	江常线	/	/	/	/	1424	2360	-936	-39.66
4	淮江线	/	/	/	/	1907	3234	-1327	-41.03
5	任淮线	/	/	/	/	1075	5947	-4872	-81.92
6	瓶环线	/	/	/	/	5	211	-206	-97.63
7	斗环线	/	/	/	/	0	10	-10	-100.00
8	石胜线	/	/	/	/	198	707	-509	-71.99
9	淮盐线	/	/	/	/	693	1401	-708	-50.54
10	盐扬线	/	/	/	/	1133	1946	-813	-41.78
11	扬斗线	/	/	/	/	856	1480	-624	-42.16
二	变电所	401	539	-138	-25.60				
1	石牌变	53	92	-39	-42.39				
2	胜浦变	71	77	-6	-7.79				
3	盐城变	106	161	-55	-34.16				
4	扬东变	171	209	-38	-18.18				
三	江阴大跨越	/	/	/	/	298	764	-466	-60.99
四	南京城区输变电	/	/	/	/	1218	989	229	23.15
1	下关变	/	/	/	/	617	481	136	28.27
2	玄武变	/	/	/	/	66	54	12	22.22
3	大行宫变	/	/	/	/	535	454	81	17.84
五	续建项目	62	225	-163	-72.44	24	950	-926	-97.47
1	龙潭变	8	117	-109	-93.16				
2	连云港变	54	108	-54	-50.00				
3	东龙线	/	/	/	/	24	950	-926	-97.47

(四)征地拆迁补偿政策及标准

1.征地拆迁补偿法律框架

根据移民安置行动计划(RAP)(不含续建项目 RAP)报告,本项目征地拆迁主要法律和法规依据为:

(1)《中华人民共和国土地管理法》。

(2)《中华人民共和国土地管理法实施条例》。

(3)《江苏省实施〈中华人民共和国土地管理法〉办法》(1987 年 6 月 26 日江苏省第六届人民代表大会常务委员会第 26 次会议通过,1989 年 6 月 30 日江苏省第七届人民代表大会常务委员会第 9 次会议修正)。

(4)《南京市城市房屋拆迁管理办法》(1996 年 2 月 17 日根据《南京市人民政府关于修改〈南京市城市房屋拆迁管理办法〉的决定》重新修订发布)。

本项目移民安置行动计划(不含续建项目 RAP)编制完成于 1998 年,上述法律法规依据均为当时国家、江苏省及南京市的有关征地拆迁的法律法规。在项目实施过程中，随着全社会对"三农"和"建设项目征地拆迁"问题的关注，国家、江苏省及南京市有关征地拆迁补偿的法律法规及政策均有所修订和调整。1999年《中华人民共和国土地管理法》经修改后重新出台，相应的《中华人民共和国土地管理法实施办法》和《江苏省实施〈中华人民共和国土地管理法〉办法》也随后进行了修订。南京市在1996年的《南京市城市房屋拆迁管理办法》的基础上，1999年3月31日又出台了《南京市非市政建设工程项目房屋拆迁管理办法》（南京市人民政府令第166号）以及《关于非市政建设工程项目被拆迁居民购买居住房有关规定的通知》等城市拆迁法规。各子项目在实施时，征地拆迁和移民安置工作均能以移民安置行动计划确定的法律框架为基础，严格遵照国家、江苏省及南京市当时的法律法规及政策规定执行。

续建项目移民安置行动计划报告编制完成于2002年，此移民安置行动计划法律框架内的各项法律法规在3个子项目实施时仍然适用，未发生调整。

2. 补偿原则

本项目移民安置行动计划确定的补偿原则为：

（1）土地补偿费和安置补助费按照《中华人民共和国土地法》和《江苏省实施〈中华人民共和国土地管理法〉办法》执行。

（2）城市土地属国家所有，不计土地征用费。

（3）房屋及附属物的恢复按重置（不计折旧）原则确定补偿费用标准。

（4）基础设施和其他受影响项目的恢复，根据影响情况和恢复的实际需要确定补偿费用。

（5）城市拆迁房屋安置补偿按《南京市城市房屋拆迁管理办法》执行。

（6）按照南京市《关于协调世行贷款南京输变电项目移民安置有关问题的会议纪要》，南京市城市拆迁房屋重置价的补偿将不计取折旧、不扣除旧料利用费；当移民的安置房面积等于规定的最低住房标准面积时，无需移民支付额外费用。

3. 移民安置行动计划的征地拆迁补偿标准

华东/江苏500千伏输变电项目覆盖江苏全省，其变电所及线路分布均在农村，南京城区输变电项目属城市部分，根据移民安置行动计划报告，其相应的补偿费分别称为农村移民补偿费和城市拆迁补偿费。

1）农村移民补偿费标准

在编制本项目移民安置行动计划（不含续建项目RAP）报告时，通过对项目影响涉及各市征地拆迁补偿政策及标准的调查和比较，最终确定本项目农村移民补偿费中线路通道塔基征地、变电所征地及房屋迁建补偿标准，均采用已实施的同为世行贷款项目的扬二电厂输出线路、变电所扩建征地及房屋拆迁相应的补偿标准。

由于续建项目移民安置行动计划编制于2001年，距项目移民安置行动计划报告编制时已有近5年时间，这期间江苏省经济发展水平突飞猛进，《中华人民共和国土地管理法》也经修订后重新颁布，对续建项目已不适宜沿用项目移民安置行动计划确定的征用土地补偿费标准。故在编制续建项目移民安置行动计划时，按照1999年经修订后实施的《中华人民共和国土地管理法》以及相应修改后实施的《中华人民共和国土地管理法实施条例》、《江苏省实施〈中华人民共和国土地管理法〉办法》,计算了续建项目征用土地补偿费标准。

(1)土地征用补偿费标准。线路塔基征地:补偿标准为35000元/亩,包括土地补偿费、安置补助费、青苗补偿费、其他规费(农业重点开发基金、村镇建设配套费、定购粮差、土地权属变更费、复耕保证费、耕地占用税、地方机构预备费及地方机构管理费)等项目。续建项目东龙线塔基征地补偿标准为45500元/亩,亦包括土地补偿费、安置补助费、青苗补偿费、其他规费等。

变电所所址征地:考虑到变电所所址征地量大且较为集中,对当地经济及生产的影响较大,变电所所址征地补偿标准在线路塔基征地补偿标准基础上再增加32000元/亩,即为67000元/亩(包括:安置补助费再增加9倍、农田水利补偿费、蔬菜开发费、撤组预备费、农转非价差统筹基金等项目)。续建项目龙潭变电所所址征地补偿标准为53900元/亩,连云港变电所所址征地补偿标准为64950元/亩。

宅基地:变电所如无法避开房屋时,变电所征用宅基地补偿标准同所址征地标准为67000元/亩。输电线路拆迁房屋的宅基地原则上进行复耕后与新宅基地置换,如无复耕可能,则征用标准同线路塔基征地标准为35000元/亩。续建项目变电所所址征地不涉及房屋拆迁,输电线路拆迁房屋的宅基地的操作方式与其他输电线路相同。

施工临时征地:本项目(含续建项目)施工临时征地数量以施工中实际发生数量为准,变电所建设一般不发生施工临时征地,输电线路临时用地补偿按施工时影响实际情况计算(一般影响一季农作物,并考虑其他因素),补偿标准为500元/亩。

上述各项土地补偿费标准的详细情况见表9-134。

表9-134 华东/江苏500kV输变电项目各类征地补偿标准 (单位:元/亩)

序号	补偿费项目	输电线路	变电所	续建项目		
				东龙线	龙潭变	连云港变
	合计	35000	67000	45500	53900	64950
1	土地补偿费	7200	7200	9600	12000	12000
2	安置补助费	6000	16800	6000	12000	12000
3	青苗赔偿费	400	400	400	400	400
4	农业重点开发建设基金	2000	2000	2000	2000	1600
5	村镇建设配套费	5434	5434			
6	定购粮差	1500	1500			
7	撤组预备费	3000	3000			
8	土地权属变更费	666	666	1400	1400	1400
9	复耕保证费	2000	2000			
10	耕地占用税	5000	5000	6600	6600	8000
11	地方机构预备费	800	800	750	750	1600
12	地方机构管理费	1000	1000	750	750	750
13	耕地开垦费			2000	2000	10000
14	国有土地有偿使用费			16000	16000	16000
15	农田基础设施补偿费					1200
16	农田水利补偿费、蔬菜开发费、撤组预备费、农转非价差统筹基金等		21200			

(2)房屋及附属物补偿费标准。本项目拆迁房屋补偿费标准均价为楼房400元/平方米、平房280元/平方米、简易房150元/平方米。由于各类房屋在结构、材料和质量方面均有差异,为了保证拆迁房屋补偿公正、合理,根据重置原则,在实施中将根据各类房屋实际情况确定相应的补偿标准。浮动范围为:楼房350~420元/平方米、平房250~300元/平方米、简易房120~200元/平方米。移民安置行动计划还确定了拆迁各类附属物、搬迁补偿补助以及宅基地复垦费、青苗补偿费等补偿标准,在实施中将以此为基础,根据实际情况确定相应的补偿标准。

(3)其他补偿标准。本项目移民安置行动计划初步确定了对零星树木和农田基础设施的补偿标准,在实施中将按照移民安置行动计划确定的补偿原则,根据实际发生的情况具体确定。

2)城市拆迁补偿费标准

根据移民安置行动计划报告,南京城区输变电各子项目拆迁补偿标准见表9-135。

表9-135 南京城区输变电项目拆迁安置补偿标准

序号	项目	单位	补偿标准			备注
			下关变	玄武变	大行宫变	
一	安置房补偿标准					
1	居民安置房	元/m²	2800	2800	2800	
2	个体户安置房	元/m²	4500	5000	4500	
3	街道辅助用房	元/m²	3500			
4	出版社补偿	元		5500000		
5	干休所安置补偿	元/m²		5500		
二	拆迁补偿费					
1	旧房补偿标准					
(1)	私房住户	元/m²	310	310	310	
(2)	商铺	元/m²	800	800	800	
(3)	街道辅助用房	元/m²	600			
2	附属物补偿费	元/m²	30	30	30	按拆迁房屋面积算
3	搬家补助费	元/户	500	500	500	用于对搬迁误工等补助
4	个体户搬迁经济补偿费	元/户	40000	40000	40000	
5	拆迁奖励费	元/户	2000	2000	2000	
6	搬迁距离补偿费	元/m²	200	200	150	
7	居民区位差补偿费	元/m²		50	100	
8	个体户区位差补偿费	元/户	50000	50000	50000	
9	电话移机费	元/部	800	800	800	
10	有线电视迁移费	元/户	400	400	400	
11	管道煤气补助费	元/户			2550	
12	违章建筑补助费	元/m²	150	150		
13	拆迁劳务费	元	300000	120000	200000	
14	物业管理费	元/m²	15	15	15	新区物业管理费用
15	拆迁管理及查产费	元	120000	40000	100000	拆迁公司费用
三	不可预见费		5%	5%	5%	一~二项的5%

4. 实施的征地拆迁补偿标准

在项目实施的9年期间,从项目影响区社会经济状况,到有关征地拆迁的国家和江苏省的法律法规及各市(县)政策规定,都发生了一定的变化。各子项目在实施时,均遵循移民安置行动计划确定的法律框架和补偿原则,按照当时现行的有关法律法规进行征地拆迁补偿,实际发生的各类补偿标准均符合或高于移民安置行动计划相关标准。

1)农村移民补偿费标准

(1)土地征用补偿费标准。据华东公司和华东院对各子项目征地补偿情况的监测,各子项目实际发生的征地、占地补偿标准均符合或高于移民安置行动计划确定的相关标准。

线路塔基征地:各输电线路子项目征地的实际补偿标准,扣除其他规费后,土地补偿费、安置补助费和青苗补偿费 3 项补偿标准均符合或高于移民安置行动计划相应的 13600 元/亩的标准(移民安置行动计划扣除其他规费后,土地补偿费 7200 元/亩、安置补助费 6000 元/亩、青苗补偿费 400 元/亩,合计 13600 元/亩)。通过对比分析可见,因项目所在地区不同和实施时间的先后,补偿标准在符合移民安置行动计划标准的基础上有所差异,整体呈现苏北地区低、苏南地区高、先实施的项目低、后实施的项目高的趋势。如不计其他规费,在所有输电线路征地补偿标准中,扬斗线常州市武进区境内的征地补偿标准最高,为 50100 元/亩,比移民安置行动计划标准 13600 元/亩高出 36500 元/亩。其中土地补偿费 22000 元/亩,比移民安置行动计划标准 7200 元/亩高出 14800 元/亩;安置补助费 27000 元/亩,比移民安置行动计划标准 6000 元/亩高出 21000 元/亩;青苗补偿费 1100 元/亩,比移民安置行动计划标准 400 元/亩高出 700 元/亩。

变电所所址征地:石牌变、胜浦变、连云港变实际征地补偿标准均高于相应的移民安置行动计划标准。盐城变和扬东变征地的土地补偿费、安置补助费和青苗补偿费实际补偿标准符合或高于移民安置行动计划相应标准,仅实际缴纳相关规费少于移民安置行动计划标准。龙潭变由于实施时所址变更,实际征用土地为国有土地,按照南京市有关文件规定,实际征地标准为 208667 元/亩,远高于移民安置行动计划标准。各变电所实际征地补偿标准与移民安置行动计划标准对比情况见表 9-136。

宅基地:各子项目房屋拆迁的新宅基地均利用原房屋旧宅基地复垦进行置换,未发生新址宅基地征地。实际发生的旧宅基地复垦费用、新宅基地青苗补偿费、手续费、新址"三通一平"费等费用标准,均严格按照移民安置行动计划所列标准执行,即复垦费 1000 元/户、手续费 770 元/户、青苗费 150 元/户、"三通一平"费 2000 元/户。

施工临时征地:各子项目实际临时用地时限一般在一个星期到一个月左右,一般影响一季农作物,如有特殊情况,需影响两季及以上农作物则按季数补偿农作物的损失。施工临时用地补偿标准随涉及乡(镇)和受影响农作物的不同而有所差别,但均严格按照受影响当季农作物产值并与受影响的单位或农户协商后计补。各地、市(县、区)施工临时用地青苗补偿标准平均在 500 元/亩(一季)至 1300 元/亩(两季)。

(2)房屋及附属物补偿费标准。各子项目在实施时,拆迁房屋分布范围较广,因项目影响地区不同,在房屋补偿标准方面亦有少许差异,所有拆迁房屋均按重置价进行补偿(未计算旧料利用及房屋折旧),除江阴长江大跨越外,其他子项目拆迁补偿标准均符合或高于移民安置行动计划确定的楼房350元/平方米、平房250元/平方米、简易房120元/平方米的最低补偿标准。影响附属物亦严格根据移民安置行动计划标准进行补偿。

表9-136　各变电所子项目实际征地补偿标准与移民安置行动计划(RAP)标准对比表

序号	项目名称	项目影响地区		征地补偿标准(元/亩)				
		地区	县(市、区)	合计	土地补偿费	安置补助费	青苗补偿费	其他规费
一	RAP标准							
1	新建变电所	/	/	67000	7200	16800	400	42600
2	续建项目－龙潭变	南京	江宁	53900	12000	12000	400	29500
3	续建项目－连云港变	连云港	灌云	64950	12000	12000	400	40550
二	实施标准							
1	石牌变	苏州	昆山	114000	7200	16800	518	89482
2	胜浦变	苏州	吴县	114000	7200	16800	1000	89000
3	盐城变	盐城	盐都	38747	7200	16800	1000	13747
4	扬东变	泰州	泰兴	54629	10500	22000	900	21229
5	续建项目－龙潭变	南京	江宁	208667				
6	续建项目－连云港变	连云港	灌云	95190	12000	12000	400	70790

江阴大跨越子项目各类房屋拆迁补偿标准因所处县(市)不同及房屋质量不同而有所差异,但江阴和靖江地方拆迁标准相对于移民安置行动计划的标准偏低,在实际补偿时为尽可能满足移民安置行动计划对补偿标准的要求,在与地方拆迁部门多次进行协商讨论后达成一个折中的方案,采取了补差价的形式,即一方面按当地现有的补偿政策或标准实施拆迁补偿,另一方面再通过其他途径尽可能补足到移民安置行动计划的补偿标准。具体补助形式为:按拆迁房屋的建筑面积补助15元/平方米;对拆迁户以新宅基的基础设施配套、建房用电补贴、拆迁奖励等名义进行补助,约补助7000元。

通过补偿补助后测算,平房和简易房补偿标准均符合或高于移民安置行动计划确定的最低补偿标准,楼房的补偿标准为325～500元/平方米,其中有5幢楼房补偿标准在325～350元/平方米之间,占该子项目拆迁楼房总幢数(60幢)的8.33%,满足世行移民工作小组在项目检查时提出的较低的补偿标准(325～350元/平方米)的幢数不应超过项目拆迁总幢数的10%的意见。

(3)其他补偿标准。对各子项目实施时砍伐的零星树木的补偿标准,在移民安置行动计划标准的基础上经与权属人协商后确定;对受影响的农田基础设施等,均根据其实际受影响程度,由施工单位负责恢复。

2)城市拆迁补偿费标准

南京城区输变电项目中,下关变电所征地拆迁安置基本按照移民安置行动计划确定的方案进行,发生的各项补偿标准亦基本和移民安置行动计划标准一致,只是由于在安置时未能按移民安置行动计划制定的不过渡计划执行,故补偿项目中新增临时过渡补偿及学生交通费两项费用。

在玄武变和大行宫变实施前，南京市出台了新的城市房屋拆迁安置办法，新办法规定拆迁移民安置方式从原来的实物住房安置为主转变为以货币安置为主，并制定了明确的货币安置标准。项目建设单位南京市供电公司在听取了世行检查团及外部监测评估单位的意见和建议后，在移民安置行动计划补偿原则的基础上，严格按照南京市有关法规政策的规定，根据拆迁户的意愿，采用了货币补偿与代购安居用房相结合的安置方式，安置效果得到了世行检查团的认同，拆迁户对此亦表示较为满意。

（五）移民安置行动计划补偿投资概算与实际发生费用测算

经过对本项目征地拆迁补偿实际发生费用的初步测算，并与移民安置行动计划补偿投资概算比较发现，虽然实施的征地拆迁补偿标准基本符合或略高于移民安置行动计划标准，但实际发生的征地拆迁实物量较移民安置行动计划数量有大幅减少，所以测算的实际发生费用仍少于移民安置行动计划投资概算。

1. 移民安置行动计划补偿投资概算

据项目移民安置行动计划报告，华东/江苏500千伏输变电项目征地拆迁移民补偿投资总概算为60401.25万元。分项指标详见表9-137。

表9-137　华东/江苏500kV输变电项目征地拆迁移民补偿投资总概算表

（单位：万元）

序号	项目	费用（含续建项目）	占总投资比例（%）
一	农村移民补偿费	43193.98	71.51
1	土地征用费	9366.49	15.51
（1）	变电所征地费	5640.09	9.34
（2）	线路塔基征地费	3225.25	5.34
（3）	施工临时占地	501.15	0.83
2	房屋补偿费	30415.92	50.36
3	移民搬迁补偿费	333.48	0.55
4	零星果树木补偿费	3075.09	5.09
5	基础设施补偿费	3.00	0.005
二	城市拆迁补偿费	7877.25	13.04
三	其他费用	3841.73	6.36
1	勘测设计调查、监测评估费	1109.97	1.84
2	技术培训费	255.20	0.42
3	实施管理费	2476.56	4.10
四	预备费	5488.29	9.09
合　计		60401.25	

2. 实际发生费用的测算

根据本项目实际发生的实物量和实施的征地拆迁补偿标准，经分析，测算出本项目征地拆迁补偿实际发生费用（不含勘测设计调查、监测评估费、技术培训费、实施管理费、预备费)为29328.94万元,比移民安置行动计划中相应费用减少21742.29万元,减少42.57%,其中农村移民补偿费21328.94万元,比移民安置行动计划概算相应费用减少21865.04万元,减少50.62%;估计发生城市拆迁补偿费8000万元左右,与移民安置行动计划概算相应费用相差不大。

本项目经测算的征地拆迁补偿实际发生费用与移民安置行动计划概算相应费用对比分析情况见表9-138。

表9-138 华东/江苏500kV输变电项目征地拆迁补偿实际发生费用与移民安置行动计划(RAP)相应费用对比表

(单位:万元)

序号	项目	实际发生费用(测算)	RAP概算费用	差值	差值百分比
一	农村移民补偿费	21328.94	43193.98	-21865.04	-50.62%
1	土地征用费	9170.19	9366.49	-196.30	-2.10%
(1)	变电所征地费	5397.97	5640.09	-242.12	-4.29%
(2)	线路塔基征地费	2955.97	3225.25	-269.28	-8.35%
(3)	施工临时占地	816.24	501.15	315.09	62.87%
2	房屋补偿费	9524.57	30415.92	-20891.35	-68.69%
3	移民搬迁补偿费	153.85	333.48	-179.63	-53.87%
4	零星果树木补偿费	2477.33	3075.09	-597.76	-19.44%
5	基础设施补偿费	3.00	3.00	0.00	0.00%
二	城市拆迁补偿费	8000.00(估计)	7877.25	122.75	1.56%
合计		29328.94	51071.23	-21742.29	-42.57%

(六)安置、恢复规划及其执行情况

1.移民安置行动计划的安置与恢复规划

本项目建设征地拆迁影响类别因项目所处地区而异,相应的安置与恢复规划也有所不同。农村地区主要表现为:针对项目征地拆迁导致农业生产资料减少、富余农村劳动力增加、农村居民房屋迁移而采取的生产安置计划和房屋拆迁和重建计划;城市地区主要表现为:针对房屋拆迁引起的城市居民搬迁、居住条件改变、商业活动停滞而采取的安置计划和商业恢复计划。

1)农村部分

对农村地区来说,变电所和输电线路对当地的影响有所差别,一般变电所征地量大且较为集中,但基本不引起房屋拆迁,对当地农业生产影响较大;输电线路塔基征地量小且较为分散,对当地农业生产影响较小,但线路通道范围内的各类房屋需拆迁重建,对线路沿线居民的居住条件有所影响。

a.生产安置计划

(1)变电所征地生产安置计划。移民安置行动计划中针对各变电所征地的生产安置计划基本一致,包括以下几个方面:一是在受影响村全村范围内调整土地,以减轻征地对个别村民小组的影响。利用土地补偿费用改善农田基础设施、改造中低产田、调整种植业结构,逐步恢复农业生产条件。二是结合当地经济条件和产业特点,充分发挥优势产业的拉动作用,通过发展畜禽水产养殖、兴办乡村企业、进入企业务工等措施,为征地后农村剩余劳动力创造就业途径,提高移民群众的经济收入。三是利用土地补偿费用,以村为单位建立失业风险基金,购买养老保险和人寿保险,为失地农民提供基本生活保障。

(2)输电线路征地生产安置计划。本项目13条输电线路塔基征地数量小且线路穿越多个乡村,影响分散,每村平均影响农业劳动力不足1个。经与各级地方政府协商,采取调整承包耕地与现金补偿相结合的安置方法,恢复其原有生产生活水平。

b. 房屋拆迁与重建计划

根据移民安置行动计划报告,受项目影响的农村房屋按以下原则进行拆迁和重建:①所有房屋将按重置价获得补偿,不得扣除折旧,旧房的可利用材料归移民户所有,房屋补偿费中不得扣除其可利用材料价。②移民房屋原则上均在他们原先的社区(原村民小组)内重新建造,距离其原住房一般不超过0.5~1.0公里,靠近其耕作的农田,有利于耕作。③尊重绝大多数移民户的意愿,采用自拆自建的方式建房。移民可以自由选择是否充分利用旧房屋的可用材料。在新房落成之前,移民可以居住在原住房内,不得被强行要求在规定的日期之前搬迁。④移民建房宅基地按《中华人民共和国土地管理法》等法律法规,由乡(镇)政府、村委会及村民小组统筹考虑。⑤受影响的移民应在开始建房前3个月得到建房通知,并且至少有4个月的建房时间。建房时间安排应与移民户充分讨论协商,并可根据需要适当放宽,移民将获得房屋迁建期间发生的搬迁费用及误工损失的补偿。⑥在实施过程中各级安置机构将采取有效的措施帮助有特殊困难的家庭(老、弱、病、残以及无男性劳动力的家庭),将由乡(镇)移民安置小组和村委会在征求该移民户意愿的情况下帮助其建房并协助其迁入新居。⑦移民房屋补偿费用将在移民开始建房前支付给移民户,如房屋补偿费以分期付款方式支付给移民,最后一笔款项应在房屋完工前付清。⑧所有受影响的机关集体房屋计划将在相应项目建设前由各有关单位自行拆迁重建,项目办公室将与有关单位就补偿标准及拆建时间进行协商,建设所需费用列入本工程总概算中,并于相应项目开工前4个月由项目办公室支付。

2)城市部分

移民安置行动计划确定的南京市城市拆迁房屋安置大体方案为:①移民可有至少2个安置地点的选择,即移民可根据实际需要在除主安置点以外的其他安置点中选择一安置地点。②个体户可有3种安置方案选择,即个体户可根据实际需要在以下3种安置方案中做出选择:新安置点一楼底层街面户,原址附近相似条件的街面户,现金补偿。③在平等的基础上与移民双向协商安置方案,移民一次迁入安置房,不过渡,并给移民充足的时间搬迁。④房屋重置价的补偿不计取折旧、不扣除旧料利用费。当移民的安置房面积等于规定的最低住房标准面积时,无需移民支付额外费用。

2. 安置、恢复规划的执行情况

各子项目在实施过程中,移民生产生活安置的各项工作,均在移民安置行动计划确定的有关安置原则的基础上有序开展,实施的安置措施与移民安置行动计划基本一致,由于征地拆迁安置政策变化、移民安置意愿改变等原因,部分操作方案与移民安置行动计划相比进行了调整。据华东公司和华东院对本项目移民安置行动计划中各项安置计划实施情况的监测，实施的安置措施均收到良好的效果，对此各类被安置对象均表示满意或较为满意。

1）农村部分

生产安置内容如下：

（1）变电所征地生产安置。石牌变、胜浦变、盐城变、扬东变 4 个变电所征地生产安置计划均为调整土地和当地工业企业安置剩余劳动力相结合的方式，项目实施时，当地实际经济情况与编制移民安置行动计划时发生了较大的变化，江苏各地乡镇企业经营状况普遍不景气，这些企业难以承担移民安置行动计划的劳力安置任务。基于这种状况，各级供电公司与当地政府在与有关村组及村民代表充分协商后，将原定生产安置方案调整为土地调整结合现金补偿的方式。据监测，受变电所征地影响的各村组，均结合当时中国第二次调整土地承包合同、实行两田（口粮田和责任田）分开的契机，在全村或全组范围内对征地后的剩余土地进行了调整。

对于土地补偿资金，由于原定投资办厂的风险过大，各地在召开村民大会或征得村民代表的同意后，除个别村组将部分补偿资金用于办理养老保险（石牌变征地影响的联民村 8 组）外，其余均以受影响村组的名义存入国有银行，每年从中提取利息，平均补助给该村组村民。各村组均严格执行移民安置行动计划制定的安置保障措施，规定存入银行的补偿资金为该村组全体村民共同拥有，使用该资金需经村民大会或村民代表大会讨论同意，乡（镇）政府将对该项资金的使用进行监督。

续建项目龙潭变电所由于所址变更，新所址位于国营西岗果牧场内，生产安置任务变为对受征地影响的农场职工的安置，这项工作已按移民安置行动计划特别报告的安置计划实施完成。

续建项目连云港变电所在编制移民安置行动计划时吸取了石牌变等变电所征地安置的经验教训，制定了以调整土地为主，补偿资金用于改善农田基础设施、建设村内公益事业的生产安置计划，并针对此计划又制定了切实可行的安置保障措施和补偿资金安全保障措施。在实施时，该计划及保障措施得到了很好的落实。据监测显示，受影响村组集体和移民群众对此均表示满意。

（2）输电线路征地生产安置。对输电线路征地实施的生产安置方案与移民安置行动计划相同，即采取调整承包耕地与现金补偿相结合的安置方法，据监测，沿线受影响的村组集体和移民群众对这种安置方式均表示满意或较为满意。

（3）房屋拆迁与重建。各子项目实际影响涉及的房屋拆迁与重建工作，均严格按照移民安置行动计划确定的相关原则，在与拆迁户充分协商沟通的基础上有序开展。

在实施过程中，宅基地的选择与分配一般有两种方式可供移民选择：一是根据移民原住地结合当地村镇的规划就近统一安排，另一种是在村镇规划的中心村或集镇安排宅基地。从实施的情况来看，苏北地区的拆迁户多选择第一种形式，由于建房新址仍在其原生产、生活区域，安排农业生产较为方便，基本不存在搬迁前后的地域性差别；由于预期能够享用到中心村和集镇日渐完善的基础服务设施，生活条件可以得到改善，苏南地区的拆迁户相对更多地选择了第二种形式。

两种宅基地安排方式的场地平整及三通（通水、通电、通路）工作一般由乡（镇）人民政府统一解决,除新宅基地青苗补偿费直接支付给受影响农户外,有关费用均由乡(镇)人民政府统一使用,拆迁户无需支付额外费用。

据监测,各级移民安置机构在实施过程中均充分尊重拆迁户意愿,由拆迁户自己决定建房方式,并给予充足的时间安排。拆迁户在选择宅基地后一般有4个月的时间建房,在这一时间内,拆迁户可以自己决定是先拆后建还是先建后拆。先建后拆的建房方式优点在于在搬迁过程中无需过渡,对原有的生活基本没有影响,但其缺点是不能充分利用旧房的材料;先拆后建的建房方式优点在于可以充分利用拆除房屋的旧料,节约建房资金,但其缺点是搬迁过程中必须过渡,对生活造成不便。据调查,拆迁户一般更愿意采用先拆后建的方式,以充分利用旧房建材。拆迁移民一般采用借住在亲戚、邻居家或搭建临时棚的方式过渡。移民在拆迁过程中的财产损失、误工补贴及临时过渡费用均按移民安置行动计划确定的有关补偿标准并结合实际情况给予相应补偿。

2)城市部分

南京城区输变电项目中下关变电所的拆迁移民安置方式与原定计划基本相同,拆迁居民户已按原定计划迁入金陵小区新四村及新八村,但在个体户的安置方式上做了适度调整,改居民楼底层安置为小区商业网点房安置。

1999年3月31日,南京市政府出台了新的城市房屋拆迁管理办法——南京市人民政府令第166号《南京市非市政建设工程项目房屋拆迁管理办法》,拆迁移民安置方式从原来的实物住房安置为主转变为以货币安置(以原有住房面积为补偿的依据)为主,拆迁户可以将补偿费用根据自己的意愿用于购置新房。因新办法为拆迁移民户提供了更多的安置选择,故广为拆迁移民户接受(玄武变电所及大行宫变电所绝大多数移民户选择了货币安置的方式),但对极少数因原有住房面积小、拆迁补偿费用少而难以购置新房的拆迁户却造成了相当的困难。项目拆迁安置办公室在实际操作中,考虑了拆迁户的实际情况,特别是重新购房困难的拆迁户,提供了两种可供选择的操作方式:①拆迁户直接获取房屋补偿款,用于自己购房或使用;②拆迁户不直接获取房屋补偿款,由拆迁公司在征求其意见后为其购置安居用房。

据监测调查,绝大多数拆迁户选择了自己购房或货币安置方式。对于那些购房有相当困难的拆迁户(拆迁安置补偿补助费在10万元以下的拆迁户),拆迁公司均根据拆迁户自己的意愿,为他们购置了安居用房,这些拆迁户对已实施的安置方案均表示较为满意。

3)受影响人群收入恢复和房屋复建情况

本项目对受影响对象的收入影响主要集中在项目征地后农业收入的减少。征地后,在华东公司的指导和监督下,各级移民机构按照移民安置行动计划确定的生产安置计划,采取了相应的生产安置恢复措施,从华东公司的内部监测情况,结合华东院的对征地影响人口样本户的评估来看,受征地影响对象的收入在采取了生产安置措施后均恢复到项目影响前的水平,并在征地后1~2年内达到受影响对象所在地区的平均水平。

受项目影响需拆除的房屋主要是位于输电线路通道范围内、变电所及江阴大跨越征地范围内的各类农村和城市房屋。在项目实施时,根据项目实际影响范围,华东公司、江苏省公司及下属各市(县)公司会同地方各级移民机构,在对需拆迁的房屋进行实地确认后,即按照移民安置行动计划确定的补偿标准和拆迁安置方案进行补偿和安置。据华东公司监测和华东院对拆迁样本户的跟踪评估调查情况,在确定房屋需拆迁后,拆迁户均至少按移民安置行动计划确定的最低补偿标准获得房屋补偿款,并由地方政府统一安排迁建宅基地后重建房屋或统一安排购置房屋,新房无论房屋质量,还是周边居住环境,均优于拆迁前的状况。拆迁户的收入水平未因房屋拆迁受到大的影响,在拆迁后与安置地居民收入水平基本相当,并不断有所增长。

对各子项目影响人口样本户跟踪评估调查的详细情况见表9-139。

(七)影响移民安置执行的关键问题

由于社会、经济以及对项目认识等多方面因素,在本项目实施过程中出现的一些关键问题,推动或制约了移民安置执行的过程和效果。

1. 世行项目移民安置政策与国内有关政策的异同

在本项目实施初期,国内有关征地拆迁的法律法规体系尚不完善,对工程项目征地拆迁和移民安置工作还不够重视,国内项目有关移民政策与世行的非自愿移民政策在操作程序和工作方法上存在一些不同。由于这些原因,本项目早期实施的子项目出现了诸如移民安置方案和补偿资金的支付流程没有严格按照移民安置行动计划执行之类的问题。在这种情况下,华东公司、江苏省电力公司及下属各供电公司和外部监测评估单位根据世行检查团备忘录的要求,向地方各级移民机构广泛宣传世行移民政策,组织移民干部学习项目移民安置行动计划,经过多年坚持不懈的工作,无论各级供电公司还是地方各级移民机构,目前都能够熟练操作世行移民程序,并正在不断地将世行移民政策中的先进部分吸收到国内项目的实施中。

2. 周边其他基础设施建设项目对本项目建设的影响

本项目建设期间,也是江苏省基础设施建设的高峰期,全省各地高速公路、火力发电厂、各类市政项目等建设基本同时进行。由于行业不同和项目投资方的差别,各类基建项目在征地拆迁和移民安置的补偿标准、安置措施、资金拨付等各方面均存在较大的差异。特别是本项目建设初期,国内项目征地拆迁补偿标准较低,实施过程操作不规范,地方政府对本项目实施较高的补偿标准存在顾虑,在一定程度上影响到本项目征地拆迁移民安置工作的实施。随着近年来社会经济的发展和国家对工程建设征地拆迁工作的重视,这种差别正在逐步缩小。本项目在移民安置工作上规范的操作方式和地方政府对这种方式的认同,也正潜移默化地影响着其他行业。

3. 设计调整、政策变化等变更对项目实施的影响

在本项目实施过程中,多个子项目为满足地方整体规划,调整了设计方案;项目实施期间,由于国家、江苏省及各地(市)有关法律法规和政策规定的修订和出台,移民安置实施方案也在不断调整;随着社会经济的发展,受影响对象的安置意愿也在不断的变化,这些变更均或多或少地影响了移民安置行动计划中各项计划的执行。因变更而采取的安置措施由于可能缺少必要的分析和论证,增加了移民安置过程中的不稳定因素和操作风险。

表 9-139　华东/江苏 500kV 输变电项目各子项目影响人口跟踪评估调查情况汇总表

序号	工程项目（户）	征地（拆迁）影响总户数（户）	样本户数（户）	样本跟踪调查开始时间（年）	样本跟踪调查结束（预计结束）时间（年）	样本户拆迁前房屋面积（m^2）	样本户拆迁后房屋面积（m^2）	征地（拆迁）前人均收入（元）	征地（拆迁）后第一年人均收入（元）	征地（拆迁）后第二年人均收入（元）	征地（拆迁）后第三年人均收入（元）
一	输电线路										
1	斗黄线	314	20	1997	2000	5049.4	4611.3	3857	3971	4392	4969
2	江斗线	17	3	1997	2000	637	780	3298	3375	4305	5042
3	江常线	365	19	1997	2000	2991	4205	3461	3668	4373	4781
4	淮江线	506	29	1998	2001	2967	5379	2849	3121	3411	3856
5	任淮线	243	14	1998	2001	1417	1960	1309	1582	2058	2605
6	瓶环线	3	2	1999	2002	760	764	3838	4054	4529	5198
7	斗环线	0	0	1999	2002						
8	石胜线	44	3	1999	2002	807	880	3698	4032	4356	5062
9	淮盐线	173	11	2000	2003	1017	1840	1753	2199	2738	3225
10	盐扬线	230	12	2000	2003	1420	2247	2623	3151	3464	3664
11	扬斗线	253	16	2003	2006	4856		5092			
二	变电所										
1	石牌变	15	6	1998	2001			4296	4478	4714	5123
2	胜浦变	21	10	1998	2001			3987	4391	4573	4880
3	盐城变	31	8	1999	2002			2562	2793	3234	4559
4	扬东变	49	10	1999	2002			1958	2284	2692	3411
三	江阴大跨越	76	7	2000	2003	1894	2080	3639	4005	5019	5872
四	南京城区输变电										
1	下关变	202	20	1997	2000	794.7	1203				
2	玄武变	25	5	1999	2002	138.1	392				
3	大行宫变	172	17	1999	2002	928	1398				
五	续建项目										
1	龙潭变	8	8	2002	2005			4417	4766		
2	连云港变	15	10	2002	2005			2389	2552		
3	东龙线			2004	2007						

注：扬斗线及续建项目各子项目的影响人口样本跟踪评估调查仍在进行中。

（八）经验和教训

本项目实施的9年，是中国和江苏省社会经济发展的黄金时期，也是社会主义法制逐步完善的时期。在这样一个大的社会经济环境下，华东/江苏500千伏输变电项目依据项目移民安置行动计划，按照实施时国家、江苏省及各地（市）的法律法规和政策规定，走出了一条成功的、符合世行非自愿移民政策目标的、受影响对象均较为满意的建设项目征地拆迁移民安置道路。本项目的移民安置工作得到了世界银行及各级地方人民政府的高度赞誉，为国内项目，特别是电力工程建设项目的征地拆迁和移民安置工作积累了丰富的实践经验。现就本项目执行过程中的经验和教训进行总结。

1. 成功的经验

1）领导重视

本项目从准备到实施各个阶段，华东公司、江苏省公司及下属各市（县）公司都非常重视，均由分管基建的领导亲自任项目建设领导小组组长，直接推动了本项目建设的顺利进行。

2）组织机构健全，工作高效

华东公司、江苏省公司及下属各市（县）公司和受影响的各县（市、区）均成立了移民安置领导小组和移民安置办公室，负责本项目的移民安置实施工作。在项目实施期间，江苏省公司移民安置办公室还定期召开（一般一年至少一次）全省系统内移民机构工作会议，学习、研究相关的政策，交流工作中的经验，提高了整个项目的移民安置工作的效率。

3）加强移民干部培训

华东公司和江苏省公司充分认识到对相关人员的培训对移民安置工作规范实施的重要性，曾多次聘请世行及国内移民专家专题授课，并组织各级移民干部到国外参加世行的专门培训，大大提高了各级移民干部的业务素质和工作水平。

4）重视对世行检查意见的落实

世界银行在项目执行期间，每年均派出检查团检查各子项目移民安置工作的执行情况，对每次世行检查团提出的意见和要求，华东公司、江苏省公司及下属各市（县）公司均逐项落实和完成，多次得到世界银行的赞赏。

5）坚持推行内部监测和外部监测评估机制

项目实施初期，在华东公司的组织和江苏省公司及下属各市（县）公司的密切配合下，自上而下建立了完备的内部监测机制，通过各层次的内部监测活动，逐级反映各子项目的移民安置实施情况。与此同时，华东公司自项目开展以来一直聘请华东勘测设计研究院作为本项目移民安置的外部监测评估单位，通过外监单位独立的监测和评估活动，不断促进各项移民安置工作按照移民安置行动计划顺利开展。

6）重视公众参与

本项目移民安置实施工作不但细致，而且还特别重视公众参与与协商，如安置方案的调整、征地补偿资金的使用等都有移民或移民代表的参与，真正做到了项目执行的公平、公正和公开。

2. 有关教训

1）重视前期准备工作，加强对征地拆迁移民安置执行情况的监督

在石牌变项目实施过程中，石牌镇政府对联民村八组征地补偿费用有所截留，后在胜浦变项目实施过程中亦出现了类似的情况。虽然该问题已按照苏州市供电公司的要求进行改进并予以解决，但为了防止类似的情况在其他电力建设项目上再次发生，仍需重视征地拆迁移民安置前期准备工作，在征地协议中明确各项费用的支付对象、方式、额度等，通过协议进行约束，并加强对征地拆迁移民安置执行情况的监督和检查。

2）规范移民安置实施工作中的资料管理

在扬东变项目实施中，因前失村村委没有及时将安置补助费的发放清单整理归档，在华东公司内部监测时发现详细的分配资料已不齐全，后在泰州供电局要求下前失村村委补全了这份资料。从此可见，各级移民实施机构仍需加强征地拆迁移民安置内部监测的日常工作，对征地协议、土地补偿费利息发放清单、移民专项资金存单、养老金发放清单等文件、表格、清单等应及时收集，整理归档，以备日后查用。

附　件

附件9-1　亚行贷款黄河防洪项目子项目清单

序号	工程类别及子项目	批次	工程范围	省	市
一	堤防加固				
1	原阳堤防加固	第2批	29.85 km	河南省	新乡
2	开封堤防加固	第1批	8.53 km	河南省	开封
3	兰考堤防加固 I	第2批	2.7 km	河南省	开封
4	兰考堤防加固 II	第3批		河南省	开封
5	濮阳堤防加固	第3批	9.27 km	河南省	濮阳
6	鄄城堤防加固	第3批	2.35 km	山东省	菏泽
7	牡丹堤防加固	第3批	9.7 km	山东省	菏泽
8	东平湖堤防加固 I	第2批	35.29 km	山东省	菏泽
9	东平湖堤防加固 I	第1批	22.3 km	山东省	
10	东平湖围坝加固 II	第4批	44.5 km	山东省	
11	东平湖围坝加固 III	第4批	11.1 km	山东省	
二	控导工程				
1	桃花峪控导工程	第4批		河南省	
2	保合寨控导工程	第4批		河南省	
3	赵口控导工程	第4批		河南省	
4	韦滩控导工程	第4批		河南省	
5	老天庵控导工程	第4批		河南省	
6	张王庄控导工程	第4批		河南省	
7	东安控导工程	第4批		河南省	
8	曹岗控导工程	第4批		河南省	
9	毛庵控导工程	第4批		河南省	
10	武庄控导工程	第4批		河南省	
11	顺河街控导工程	第4批		河南省	

续附件 9-1

序号	工程类别及子项目	批次	工程范围	省	市
12	古城控导工程	第 4 批		河南省	
13	黑岗口控导工程	第 4 批		河南省	
14	府君寺控导工程	第 4 批		河南省	
15	老寨庄控导工程	第 4 批		山东省	
三	险工改建				
1	黄寨险工改建加固	第 3 批			
2	霍寨险工改建加固	第 3 批			
3	堡城险工改建加固	第 3 批			
4	高村险工改建加固	第 3 批			
5	位山险工改建加固	第 3 批			
6	范坡险工改建加固	第 3 批			
7	泺口险工改建加固	第 3 批			
8	花园口险工改建加固	第 3 批			
9	马渡险工改建加固	第 3 批			
10	杨桥险工改建加固	第 3 批			
11	赵口险工改建加固	第 3 批			
12	九堡险工改建加固	第 3 批			
13	黑岗口险工改建加固	第 3 批			
14	东坝头险工改建加固	第 3 批			
15	刘庄险工改建加固	第 3 批			
四	滩区安全建设				
1	长垣苗寨滩区安全建设	第 1 批		河南省	新乡
2	台前（范县)滩区安全建设	第 2 批		河南省	濮阳
3	长垣武邱滩区安全建设	第 2 批		河南省	新乡
4	东明滩区安全建设	第 2 批		山东省	菏泽
5	平阴滩区安全建设	第 3 批		山东省	

附件 9-2　亚行贷款黄河防洪项目的移民影响

序号	工程类别及子项目	工程范围	永久性占地（亩）	临时性占地（亩）	受影响人口	需重新安置家庭
一	堤防加固（11 个子项目）					
1	河南省		5963	18182	4425	275
（1）	原阳（2）	29.85 km	2361	11623	842	0
（2）	开封（1）	8.5 km	1653	1763	2046	0
（3）	兰考 I（2）	2.7 km	359	797	272	67
（4）	兰考 II（3）		414	1699	446	3
（5）	濮阳（3）	9.27 km	1177	2301	819	205
2	山东省		8331	16341	4363	414
（1）	鄄城（3）	2.35 km	392	793	451	109
（2）	牡丹（3）	9.7 km	1403	2207	1106	63
（3）	东明（2）	13.86 km	6370	13027	2741	242
（4）	东平湖（1）	17.9 km	166	314	65	0
（5）	东平湖 II（4）		—			
（6）	东平湖 III（4）		—			
	小计		14294	34523	8788	689
二	控导工程（15 个子项目）					
1	河南省（4）	14	0	0	0	0
2	山东省（4）	1	0	0	0	0
	小计	15	0	0	0	0
三	险工改建（15 个子项目）					
1	河南省（3）	7	47	1192	100	20
2	山东省（3）	8	429	3791	159	10
	小计	15	476	4983	259	30
四	滩区安全建设（6 个子项目）					
1	河南省	涉及村庄数量（家庭数量）				
（1）	长垣苗寨（1）	4（890）	634	1422	916	25
（2）	台前（范县）（2）	9（1181）	1002	2868	2058	4
（3）	长垣武邱（1）	3（2178）	597	759	500	
2	山东省					5
（1）	东明（2）	11（2297）	1080	2090	443	75
（2）	平阴（3）	12（2482）	1366	1932	1072	
	小计	39（9028）	4679	9071	4989	113
	总计		19449	48576	14036	832

注：表中括号内的数字表示提交给亚行批准的子项目的批次，受影响的人口指因为征地而损失所有耕地的人。

附件9-3 亚行贷款黄河防洪项目的权益表

影响类型	受影响的人	政策和权益	负责机构
永久性占地	城市国有土地的使用者	将对城市国有土地的使用者,比如企业、事业单位和居民,支付土地损失的现金补偿 补偿费率将以重置价值的原则为基础,并允许被重新安置的土地使用者获得在相似位置的新土地 其他受影响的城市土地,比如闲置的土地、河道等,将对其办理土地变更手续	地方项目办和地方国土资源局
永久性占地	集体所有的土地、稻田、旱地、果园、鱼塘等的业主	各种农村土地的补偿标准要符合《中华人民共和国土地管理法》(1998)和山东省及河南省的实施条例(2000)对土地补偿费、安置补助费及地上附着物和青苗补偿费的要求。特别是,对征收耕地的补偿费要按人均耕地占有量,以过去3年平均年产值(AAOV)加倍。平均而言,根据土地管理法的规定,土地补偿费和安置补助费的总和至少是项目区内平均年产值的10倍 地上附着物和青苗补偿费以重置价值为基础,将直接发放给受影响的人群 通过土地调整向损失土地的农民提供安置耕地,并采取各种生产安置措施,如温室蔬菜和畜牧业活动等。安置措施的资金来自直接支付给受影响的村子或村集体组织的土地补偿费和安置补助 对于那些不可能开展土地调整和开发的村集体而言,将把安置补助直接发放给受影响的村民,土地补偿费将由村集体组织管理和使用	地方项目办和地方国土资源局
临时性占地	农村土地的业主	临时占地的土地补偿费包括青苗的成本、占地期间产量的损失以及土地复垦费用 土地补偿费中产量的损失由年产值和占地时间决定,临时占地一般不超过两年 土地复垦费以实际成本为基础 占地期间青苗补偿费和对损失产量的补偿费将直接发放给受影响的村民,但是土地复垦费将发放给承包商或受影响的村民用来恢复土地	地方项目办、地方国土资源局和承包商
房屋拆迁	农村房屋的业主	农村房屋的补偿费将在对各子项目安置建筑成本分析的基础上,按重置价值设定。对各种附着物和基础设施的补偿费,搬迁补助将根据项目所在县类似项目已批准的补偿费确定。被重新安置的农村家庭将被就近安置在本村内 要提供资金,为安置居住区内被安置的家庭修建道路,供水供电	地方项目办和地方国土资源局
	城市房屋的业主	城市房屋的拆迁补偿费将在对各子项目安置建筑成本分析的基础上,按重置价值设定。对各种附着物和基础设施的补偿费,搬迁补助将根据项目所在县类似项目已批准的补偿费确定 被重新安置的城市家庭可有两种选择:一种是向其提供质量更好、面积相似的安置住房;另一种是按重置价值向其提供现金补偿。这两种方案的目的就是为了确保被重新安置家庭的生活条件可以得到改善或至少被恢复	地方项目办和地方国土资源局
	非住宅建筑的使用者或业主	对非住宅建筑如企业、事业单位和商店等的业主的补偿费,在对各子项目材料成本分析的基础上,按重置价值设定 那些受影响较小的不需搬迁的企业,在收到现金补偿费后将自行安排新的建筑物的修建。那些需要被重新安置的企业,项目办和地方政府应根据城市土地利用规划帮助它们确定新址 安置设备的补偿费、搬迁补助、临时占地期间损失的工资和收入将根据实际费用确定 企业或当地政府要确保受影响的工人继续就业,其费用包含在项目支付的补偿费中 受项目影响的小商店的业主,将会获得受损资产重置价值基础上的现金补偿,以及搬迁补助和搬迁期间损失的收入补偿 在安置过程中项目办和当地政府应向其提供帮助	地方项目办和地方国土资源局
特殊的设施	业主或主管部门	所有受项目影响的专用设施将根据受项目影响的实际状况、原来的标准、规模和作用予以安置或重建。项目办根据安置计划制定投资计划,并向专用设施的相关管理部门提供补偿资金。对专用设施的补偿费的支付要参照类似子项目区的单位成本,根据相关规定和估算额予以确定	地方项目办和相关部门

附件9-4　监测报告—黄委亚行项目办

项目施工状况简表

序号	子项目	完成具体设计	工程施工期	施工状况备注
1	开封堤防加固			
2	长垣滩区建设			
3	东平湖围坝除险加固			
4~31	非核心子项目			
	总计			

移民进度简表

序号	子项目	原计划期	实际实施期
1	开封堤防加固		
2	长垣滩区建设		
3	东平湖围坝除险加固		
4~31	非核心子项目		
总计			

整个项目的移民影响范围

序号	子项目	征用耕地量		拆迁建筑物量		被重新安置的家庭数量		补偿资金支付量	
		数量（亩）	占总量百分比（%）	数量（m^2）	占总量百分比（%）	数量（个）	占总量百分比（%）	数量（百万元）	占总量百分比（%）
1	开封堤防加固								
2	长垣滩区建设								
3	东平湖围坝除险加固								
4~31	非核心子项目								
	总计								

附件 9-5　监测报告—子项目的项目办

移民计划编制的状况

序号	事项	内容	备注
1	是否更新了移民计划	是 ___ 否 ___ 未要求	
2	征地或拆迁申请何时被批准的	日期 __________ 尚未	预计何时批准
3	征地和移民的开始日期	确定日期	
4	预计移民何时结束	确定日期	
5			

移民——征地的范围

序号	事项	移民计划	实际	迄今已完成量	占总量的百分比(%)
1	征用土地总量(亩)				
2	征用耕地量(亩)				
3	受影响的村庄数(个)				
4	受到严重影响的村庄数(个)(耕地损失 >20%)				
5	受影响的家庭数(个)				

移民——居民房屋拆迁的范围

序号	事项	移民计划	实际	迄今已完成量	占总量的百分比(%)
1	拆迁房屋量(m^2)				
2	(1)砖混结构的(m^2)				
3	(2)砖木结构的(m^2)				
4	(3)土木结构的(m^2)				
5	被重新安置的家庭数量				
6	被重新安置的个人数量				
7	被重新安置的商店数量				
8	受影响的职工数量				

续附件 9-5

移民—非住宅建筑拆迁的范围

序号	事项	移民计划	实际	迄今已完成量	占总量的百分比
1	拆迁面积（m^2）				
2	(1)混凝土砖结构的(m^2)				
3	(2)砖木结构的(m^2)				
4	(3)土木结构的(m^2)				
5	受影响的企业数量				
6	被重新安置的企业数量				
7	被重新安置的职工数量				

征地的补偿标准

序号	事项	移民计划	实际	差别
1	稻田(元/亩)			
2	旱地（元/亩）			
3	蔬菜地（元/亩）			
4	果园（元/亩）			
5	其他土地（元/亩）			
6	城市工业用地（元/m^2）			
7	城市居住用地（元/m^2）			
8	城市闲置土地（元/m^2）			

房屋拆迁的补偿标准

序号	事项	移民计划	实际	差别
1	城市房屋（元/m^2）			
2	(1)砖混结构的（元/m^2）			
3	(2)砖木结构的（元/m^2）			
4	(3)土木结构的（元/m^2）			
5	农村房屋（元/m^2）			
6	(1)砖混结构的（元/m^2）			
7	(2)砖木结构的（元/m^2）			
8	(3)土木结构的（元/m^2）			

续附件 9-5

非住宅建筑拆迁补偿标准

序号	事项	移民计划	实际	差别
1	混凝土砖结构的（元/m^2）			
2	砖木结构的（元/m^2）			
3	土木结构的（元/m^2）			
4	搬迁补助费（元/m^2）			
5				

补偿费的发放　（单位:万元）

序号	事项	移民计划	实际	迄今已完成量	百分比(%)
1	支付的补偿费总量				
2	(1)土地补偿				
3	(2)房屋补偿				
4	(3)其他设施				
5	(4)税费				

安置:房屋重建

序号	事项	移民计划	实际	迄今已完成量	百分比
1	确定选址的家庭数量(个)				
2	已开始房屋施工的家庭数量(个)				
3	已完成房屋施工的家庭数量(个)				
4	已完成重新安置的家庭数量(个)				

征地影响分析

序号	严重受影响的村庄（个）	耕地损失总量（亩）	占损失土地的百分比（%）	之前人均土地占有量（亩）	之后人均土地占有量（亩）	受影响的家庭总数（个）	受影响的个人总数（个）
1							
2							
3							
4							
5							

生产安置措施

序号	严重受影响的村庄(个)	土地调整(是/否/时间)	现金补偿(%)			培训(参加人数)	计划的活动
			向家庭发放的百分比	向村小组发放的百分比	向村庄发放的百分比		
1							
2							
3							
4							
5							

注:如果移民计划更新,请在更新的移民计划中标明数量。对于耕地,请指出征地补偿费、移民补助和青苗补偿费的数量。

附件9-6　内部移民监测报告大纲

内部移民监测报告大纲

1　概述

　1.1　项目实施进展

　1.2　移民实施进展

　1.3　移民范围的测定

　1.4　移民政策和标准

2　移民影响的范围(同移民计划相比较)

　2.1　征地的影响

　2.2　建筑物和地上附着物的拆迁

　2.3　受影响的人群

　2.4　其他影响

3　移民补偿(同移民计划相比较)

　3.1　基本原则和法律基础

　3.2　对征地的补偿费率

　3.3　对被拆迁的建筑物和地上附着物的补偿

　3.4　对受影响的基础设施的补偿

　3.5　对受影响的林木的补偿

4　移民活动的实施状况(同移民计划相比较)

　4.1　征地和生产安置

　4.2　房屋拆迁和重新安置

5　组织机构和资金

　5.1　组织机构

　5.2　不同机构之间的协调

　5.3　移民资金

6　磋商,公众参与以及申诉程序

　6.1　公众参与和磋商

　6.2　受影响人群的不满

7　监测和评估

8　问题和总结

附件 9-7　后评估报告大纲

亚行贷款黄河防洪项目
征地拆迁与移民安置后评估报告大纲(参考)

1　项目概况

1.1　项目简要描述(项目组成,项目的调整)

1.2　移民安置计划简要描述

1.3　征地拆迁移民安置实施进度

1.3.1　工程实施进度

1.3.2　征地拆迁进度

2　征地拆迁影响

2.1　征地拆迁和移民安置计划

2.2　征地拆迁和移民安置实施

2.2.1　实际完成征地拆迁数量与移民安置

2.2.2　计划和实际完成数量对比分析

3　征地拆迁和移民安置政策制定与实施

3.1　征地拆迁和移民安置政策

3.1.1　制定的法律依据

3.1.2　移民安置目标

3.1.3　移民安置政策

3.1.4　补偿标准

3.1.5　计划投资

3.2　征地拆迁资金落实

3.2.1　实施程序

3.2.2　实施的补偿标准

3.2.3　资金落实

3.2.4　移民安置计划和实际执行的补偿标准和资金对比分析

3.2.5　地方政府优惠政策补贴调查情况

3.3　政策的贯彻执行

3.4　资金运用

3.4.1　房屋拆迁

3.4.2　土地补偿资金的运用

4　移民安置及生产生活恢复

4.1　房屋重建

4.1.1　房屋重建

4.1.2　房屋重建评价

4.2　生产安置

4.2.1　企事业单位店铺的安置

4.2.2　征地影响人口的生产安置

4.2.3　临时占地复耕

4.3　移民经济收入恢复与评价

5　公众参与和抱怨申诉的渠道

5.1　公众参与

5.2　抱怨和申诉渠道

6　监测评估与世行检查中发现的问题及解决

7　征地拆迁与移民安置实施机构

7.1　移民实施机构

7.2　各机构的职责

7.3　征地拆迁与移民安置工作程序

7.4　各机构运转评价

8　监测、评估与报告制度

8.1　内部监测和报告制度

8.1.1　内部监测报告制度的实施

8.1.2　内部监测效果

8.2　外部监测评估

8.2.1　独立监测机构

8.2.2　独立监测报告及效果

8.3　世行移民专家的独立检查

9　主要经验和教训

9.1　主要经验

9.2　教训

10　结论与建议

10.1　结论

10.2　建议

附件 9-8 后评估调查统计表

工程与移民安置进度时间表

序号	子项目名称	建设进度			征地拆迁实施进度①	实施机构	内部监测人员	移民安置进度与计划对比	备注（说明原因）
		初设审查	土建施工	投产运行					
1									
2									

项目征地拆迁数量对比表

子项目名称	影响地区②		永久征地（亩）			临时占地（亩）			拆迁房屋③（m^2）		
	乡镇	村	计划④	实际	差值	计划	实际	差值	计划	实际	差值

续附件 9-8

项目征地拆迁资金到位情况

项目名称	影响地区		永久征地资金[5]（万元）		临时占地资金（万元）		房屋拆迁资金（万元）		基础设施资金（万元）		其他费用[6]（万元）		合计（万元）	
	乡镇	村	计划	实际	计划	实际	计划	实际	计划	实际	计划	实际	计划	实际

项目征地拆迁补偿标准情况

子项目名称	影响地区		永久征地补偿标准[7]（元/亩）			临时占地（元/亩）		房屋补偿（元/m^2）		
	乡镇	村	类别[8]	计划	实际	计划	实际	结构	计划	实际

项目用地情况表[9]

项目名称	项目影响地区				征地前基本情况								征地后情况								
	县市	乡镇	村	组	人口（人）	劳力（人）	人均耕地（亩）	人均纯收入（元）	收入构成（%）				永久征地（亩）	影响人数（人）	新开荒地（亩）	人均耕地（亩）	人均纯收入（元）	收入构成（%）			
									种植业	养殖业	二三产业	其他						种植业	养殖业	二三产业	其他

子项目拆迁私人房屋前后对比表（农村）

项目	县市	乡镇	村	组	户主姓名	人口（人）	劳力（人）	搬迁前房屋				搬迁后房屋重建			
								楼房（m^2）	平房（m^2）	简易房（m^2）	配套	楼房（m^2）	平房（m^2）	简易房（m^2）	配套

续附件 9-8

子项目房屋前后对比表(对照组[10])

项目	县市	乡镇	村	组	户主姓名	人口(人)	劳力(人)	1997 年				2003 年			
								楼房(m^2)	平房(m^2)	简易房(m^2)	配套	楼房(m^2)	平房(m^2)	简易房(m^2)	配套

续附件 9-8

子项目拆迁私人房屋前后对比表(城市搬迁组及对照组)

项目	市	街道	户主姓名	人口(人)	劳力(人)	搬迁前房屋(m^2)								搬迁后房屋重建(m^2)							
						结构	面积	室内配套	距学校距离(km)	距上班距离(km)	距医院距离(km)	距市场距离(km)	外部环境	结构	面积	室内配套	距学校距离(km)	距上班距离(km)	距医院距离(km)	距市场距离(km)	外部环境

项目拆迁集体房屋及附属物统计表

项目	县市	乡镇	村	用途	影响人数	影响劳力	搬迁前房屋(m^2)				搬迁后房屋重建(m^2)				影响人的安置情况
							楼房	平房	简易房	小计	楼房	平房	简易房	小计	

续附件 9-8

子项目拆迁影响企业、事业、商业店铺统计表

项目	市（县）	居委会（乡镇）	门牌号（村）	企业名称	产权性质	地段类别	搬迁前状况				搬迁后安置状况					对职工的安置情况
							占地面积（m^2）	经营类别	经营状况	职工人数	补偿费用	安置地点	地段类别	经营类别	经营状况	

项目影响人口统计表

项目名称	项目影响地区					拆迁影响				征地影响				企事业单位影响				合计		备注	
	地区	县市	乡镇	村	组	计划		实际		计划		实际		计划		实际		计划	实际	既征地又拆迁	
						户数（户）	人口（人）	户数（户）	人口（人）	人口（人）	安置人数	人口（人）	安置人数	个数	人口（人）	个数	人口（人）	人口（人）	人口（人）	户数	人数

续附件 9-8

典型移民户基本情况跟踪调查表(农村分受影响组与对照组)

编号:__________ 户主姓名:__________ 所在村组:__________ 调查人:__________

项 目	搬迁前	1997 年	2001 年	
一、家庭人口(人)				
1. 农业人口				
2. 非农业人口				
3. 妇女人口				
4. 劳动力				
5. 女劳动力				
6. 抚养/残疾/老人				
7. 孩子(上中学/小学)				
二、农业经营情况				
1. 承包地				
其中:水稻播种面积				
小麦播种面积				
大麦播种面积				
经济作物面积				
2. 自留地(亩)				
3. 果树(株)				
4. 猪(头)				
5. 牛(头)				
6. 马、骡、驴(头)				
7. 羊(只)				
8. 鸡(只)				
三、非农业生产经营				
1.				
2.				
四、主要生产工具				
1. 机动车辆				
2. 板车				
3.				
4.				

五、房屋间数及面积(间,m^2)								
1. 住房间数及面积	间数	面积	间数	面积	间数	面积	间数	面积
楼房								
平房								
土草房								
2. 畜圈间数及面积								

续附件 9-8

项　　目	搬迁前	1997 年	2001 年	
六、家庭年收入				
(一)农作物年产量(斤)				
1. 水稻				
2. 小麦				
3. 大麦				
4. 经济作物				
5. 其他				
(二)农产品单价(元/斤)				
1. 水稻				
2. 小麦				
3. 大麦				
4.				
5.				
(三)副业年收入(元)				
1.				
2.				
(四)乡村企业年收入(元)				
(五)家庭其他年收入(元)				
七、家庭年支出(元)				
(一)上缴税金及其各项费用				
1. 农业税				
2. 集体提留				
3. 其他上交费用				
(二)种子				
(三)农药费				
(四)电费				
(五)水费				
(六)机械作业费				
(七)孩子上学费用				
(八)医疗费				
(九)燃料费用				
(十)购买生活副食品费用(元)				
(十一)购买家电家具等支出(元)				
(十二)其他支出				
八、原居住地与安置地				
九、移民心理				
1. 对安置是否满意				
2. 对以后生活是否担心				

注:①征地拆迁实施进度按照实际实施的监测填写。

②影响地区,列出所有受影响的村。

③计划指亚行批准的移民安置计划或批复的移民实施计划中的数量。

④拆迁房屋包括个人、集体以及企事业单位的拆迁。

⑤永久征地资金包括土地补偿费、安置补助费以及青苗补偿费。

⑥其他费用指税费等。

⑦永久征地补偿标准包括土地补偿费、安置补助费以及青苗补偿费。

⑧类别与结构按照移民计划中的分类填写。

⑨险工加固子项目不填此表。

⑩对照组指移民在搬迁前收入以及住房条件相当的居民。

参考文献

[1] 王丽郦,等.农民工养老保险模式选择与制度创新.人口安全与社会发展——多学科的视野全国学术研讨会论文集.2005 年 3 月

[2] 王丽郦,等.农民工社会养老保险:政策评估与制度创新[J].人口研究,2005(3)

[3] 吴晓欢,米红.我国沿海地区农民工社会养老保险的基本状况研究——基于调查问卷的研究[J].中国农村经济,2004(4)

[4] 米红,周仲高.理论创新与方法抉择——我国农村社会保障研究的反思与前瞻[J].福建行政学院/福建经济管理干部学院院报,2004(4)

[5] 丁煜,王丽郦等.进城务工人员参加社会养老保险探讨——基于安徽四县的调查报告[J].福建行政学院/福建经济管理干部学院院报,2004(4)

[6] 米红等.基于流出地的我国农民工社会保险的地区差异分析研究.劳动和社会保障部农保司.农民工和被征地农民社会保障综合调研报告集[C],2004 年 11 月

[7] 米红等.基于流出地的我国农民工社会保险的地区差异分析研究.劳动和社会保障部农保司.农民工和被征地农民社会保障综合调研报告集[C],2004 年 11 月

[8] 范辉,董捷.征地中安置补偿标准不合理的产权经济学分析[J].农村经济,2004(10)

[9] 韩乾.土地资源经济学[M].台湾:沧海书局,2001

[10] 黄贤金,陈龙乾,王洪卫等.土地政策学[M].徐州:中国矿业大学出版社,1998

[11] 黄贤金,濮励杰,周峰等.长江三角洲地区耕地总量动态平衡政策目标实现的可能性分析[J].自然资源学报,2002(6)

[12] 黄祖辉,汪晖.非公共利益性质的征地行为与土地发展权补偿[J].经济研究,2002(2)

[13] 钱忠好,曲福田.中国土地征用制度:反思与改革. 中国土地科学,2004(5)

[14] 钱忠好,土地征用:均衡与非均衡—— 对现行中国土地征用制度的经济分析[J].管理世界,2004(12)

[15] 沈卫中.公用征收、公用征用制度的合法性的基础及法律控制[J].行政与法,2004(12)

[16] 沈卫中.我国行政征用制度的缺陷与完善——兼谈我国的土地征用制度[J].兰州学刊,2002(3)

[17] 沈飞,朱道林,毕继业.政府制度性寻租实证研究——以中国土地征用制度为例[J].中国土地科学,2004(8)

[18] 谭荣,曲福田,吴丽梅.我国农地征用的经济学分析:一个理论模型[J].农业经济问题,2004(10)

[19] 严金明.土地立法与《土地管理法》修订探讨[J].中国土地科学,2004(2)

[20] 张小铁.市场经济与征地制度[J].中国土地科学,1996(1)

[21] 张永良,李世平,包纪祥.我国土地征用的理论思考[J].国土经济,1999(4)

[22] 朱东恺,施国庆.城市建设征地和拆迁中的利益关系分析[J].城市发展研究,2004

(3)
[23] 李强,马仁会,王秋香.基于农用地价格体系的征用地价应用研究[J].地理与地理信息科学,2003(6)
[24] 邹晓云,张晓玲,柴志春. 征地补偿测算方法研讨会综述[J]. 中国土地科学,2004(3)
[25] 吕萍,姜东升.城乡结合部土地价格及变动机制探析——以北京市城乡结合部为例[J].中国土地科学,2003(1)
[26] 刘燕萍.征地制度创新与合理补偿标准的确定[J].中国土地,2002(2)
[27] 汪晖.城乡结合部的土地征用:征用权与征地补偿[J]. 中国农村经济,2002(2)
[28] 鹿心社.研究征地问题探索改革之路[M].北京:中国大地出版社,2003
[29] 迈克尔·M·赛尼.水库移民经济研究中心编译.移民与发展——世界银行政策与经验研究[M].南京:河海大学出版社,1996
[30] 迈克尔·M·赛尼.水库移民经济研究中心编译.移民、重建、发展——世界银行政策与经验研究(二)[M]. 南京:河海大学出版社,1998

第十章　培训材料之四——财务管理与项目完工[①]

第一节　亚行贷款资金提用与财务管理

一、亚行与运作概况

(一)亚行概况

1. 性质与成员

亚行作为政府间区域性国际金融组织,成立于1966年,总部设在菲律宾马尼拉。截至2006年,亚行共有66个成员,其中47个成员来自亚洲和太平洋地区,称作本地区成员,另外19个是来自欧洲和北美洲的非本地区成员。美国和西方主要发达国家都是亚行的成员。中国台湾和香港特别行政区也是亚行的成员。其中,44个为发展中成员,22个为发达成员。

2. 亚行的宗旨

亚行的宗旨是促进亚太地区经济的发展和社会的进步。亚行的具体任务是:①为本地区发展中成员的经济发展和社会进步筹集和提供资金,优先考虑利于整个地区经济协调发展的项目和规划,其中包括地区性的以及一个成员的项目和规划,还特别考虑本地区较小的或较不发达成员的需要;②促进公、私资本对本地区的投资;③根据本地区成员的要求,帮助其制定发展和规划政策,以便更好地利用其自身的资源,更好地在经济上取长补短,并促进其对外贸易,特别是本地区贸易的发展;④为拟定、融资和执行发展项目及规划提供技术援助,包括编制具体的项目建议书;⑤在亚行的章程范围内,以亚行认为适当的方式,同联合国及其附属机构向本地区发展基金投资的国际公益组织、其他国际机构以及各国公、私营实体合作,并向上述组织机构提供投资和援助的机会;⑥开展符合亚行宗旨的其他活动和服务。

3. 亚行的组织机构

亚行的组织机构由理事会、董事会和亚行管理层组成。

理事会是亚行的最高权力和决策机构,由亚行各成员派一名理事组成。亚行成员还可以各指派一名副理事,在理事缺席的时候,行使表决权。理事和副理事的任期由亚行各成员自行决定。理事会设主席一人,副主席两人,在每届理事会会议结束时选举产生,任期到下届理事会会议结束时为止。主席不在时,由主席指定的副主席代行其职责。理事会主席或代理主席职责的副主席不得参加投票,但其副理事可以代其投票。亚行对履行

---

①本章内容是根据项目国际咨询专家组聘请的财务管理国内咨询专家谢福光2007年6月提供的培训材料,由谢福光和王晓霞编写的。

职责的理事和副理事不提供报酬,也不支付他们出席理事会会议的费用。理事会每年召集一次会议,这便是一年一度的亚行年会。原则上,亚行的一切权力归理事会。其中必须由理事会行使的权力有:①接纳亚行新成员和确定接纳条件;②增加或减少亚行的核定股本;③中止亚行成员行籍;④对董事会解释或实施亚行章程所提出的请求做出决定;⑤批准与其他国际组织缔结的合作总协定;⑥选举亚行执行董事和行长;⑦决定董事、副董事的报酬和行长任期的合同条款;⑧对审计员的报告进行审查之后,批准亚行的总资产负债表和损益报告书;⑨决定亚行的储备金以及纯收益的分配;⑩修改章程;⑪决定亚行的停业和分配亚行的资产;⑫行使章程所规定的属于理事会的其他权力。

除上述权力外,理事会还可将其任何或全部权力授予董事会,但保留行使最高权力的全权。

董事会是亚行总部常设的领导机构,负责审批亚行的日常业务。目前亚行董事会由12位董事组成(每1位董事又有1位副董事作为其副手),其中有8位代表本地区成员,另4位代表非本地区成员。

亚行管理层是亚行业务的具体经营者,它由行长、副行长和各个业务局、办公室和代表处组成。

行长是亚行管理层的最高负责人,由亚行理事会选举产生,任期5年,可连选连任。行长也是董事会主席,在董事会的指导下处理亚行的日常业务。行长应是本地区成员的国民,一般为日本人担任。行长不得兼任理事、董事以及两者的副职。

(二)亚行的资金来源

亚行的资金来源由普通资金(Ordinary Capital Resources, OCR)和特别基金(Special Funds)两部分组成。普通资金包括认缴股本、储备金和通过资本市场筹措的资金,这部分资金主要用于亚行的硬贷款(OCR Lending)业务。特别基金来源于成员国的捐赠、累积净收入和从实缴股本中预留的金额,这部分资金最终形成亚洲开发基金(Asian Development Fund, ADF)、技术援助特别基金(Technical Assistance Special Fund, TASF)、日本特别基金(Japan Special Fund, JSF)和亚洲开发银行学院特别基金(ADB Institute Special Fund, ADBISF)。下面将逐一介绍这些资金来源的详细情况。

1.普通资金

普通资金是亚行开展业务活动的主要资金来源,它由以下几部分构成。

(1)股本。亚行股本由其成员共同认缴。亚行成立之初,核定股本为10亿美元,分为10万股,每股面值为10万美元。各成员缴纳所认缴的股本时,按1966年1月31日美元的含金量和成色计算。随着亚行业务的发展,至今亚行已经过4次普遍增资,截至2006年底,核定股本为3534230股,认缴股本总额为531.69亿美元。

亚行初建时,本地区和非本地区成员认缴股本的确定办法不同,本地区成员采取分配的方式,这种股本分配是根据一个公式计算的,该公式包含用人口、税收和出口额进行加权调整的国内生产总值。但有些本地区成员在其配额的基础上自愿增加认股额。

非本地区成员认股额则主要根据各自的对外援助政策和各自对多边机构资助的预算分配进行谈判而确定的。

亚行每个成员均须认缴亚行的股本。新接纳的成员首期认缴股本由理事会确定,如若这种认缴使本地区成员认股额所占的比例低于亚行认缴股本总额的60%，不予批准。

亚行理事会每隔5年以上对亚行的股本情况进行一次审查。如果需要并决定增加股本时，每个成员都可以根据理事会确定的认缴规定，进行认缴。具体认缴比例与其增资前所拥有的股本比例相同。任何成员都可以不认缴增加的股本。

应成员的要求，理事会可以以适当的条件增加该成员的认股额。但如果这种增资，使本地区成员的认缴股本占亚行认缴股本总额的比例降低到60%以下，则不得批准这种增资。本地区成员认缴股本不到本地区认缴总股本的6%者，如其要求增资，理事会应给予特别考虑。

目前，在总认缴额中，本地区成员认缴额占64.854%，非本地区成员占35.146%，发达成员认缴额占61.25%，发展中成员占38.75%。亚行最大的10名股东依次为：日本（12.803%）、美国（12.803%）、中国（5.464%）、印度（5.374%）、澳大利亚、印度尼西亚、加拿大、韩国、德国和马来西亚。

根据亚行章程，认缴股本由实缴股本和待缴股本构成。实缴股本可根据具体规定分期分笔缴纳，并用于硬贷款（或称普通资金来源贷款）的支付。实缴股本又分为两部分，一部分必须以黄金或可兑换货币支付，这一部分股本金亚行可自由使用；其余部分以各成员的本国货币支付，亚行只有在与该成员就具体用途达成一致后才能使用这部分股本金。待缴股本可用于支持亚行从国际资本市场借款，可作为其贷款者（如亚行债券的持有者或其他贷款人）的资金保障，亚行只有在需要用待缴股本履行其借款和担保义务时，才能要求其成员进行实际缴纳，并以黄金、可兑换货币或亚行偿债所需的货币支付。亚行从成立至今，从未催缴过各成员的待缴股本。待缴股本的存在为亚行在国际资本市场上借款提供了资金保障。

截至2006年底，亚行实缴股本达37.396亿美元，约占认缴股本的7.1%；待缴股本为494.294亿美元，占92.9%。这组数据表明，亚行的实有资本很少，可用于自由放贷的资本更少。亚行规定其债务和担保余额不得超过其待缴股本的金额。同时还规定其硬贷款、股本投资和担保的总和不得超过其未动用的认缴股本、普通储备和盈余的总额，即保持一比一的贷款与资本的比率。

（2）市场筹资。自1969年起，亚行开始在国际资本市场上筹资。在最初的几年，亚行的自有资金仍是其普通贷款业务的主要资金来源。但从20世纪80年代初开始，亚行从资本市场获得的借款金额已占很大比例，多于其股本和储备金。随着亚行不断扩展其贷款业务，借款的比例将越来越大。

2006年，亚行在国际资本市场一共举借了51次的中长期借款，共筹措54亿美元资金，平均期限为5.9年。此外，亚行还在2006年筹借了16.428亿美元的短期借款。这一年度借款规模可以使亚行定期涉足主要的国际资本市场，同时利用本地区的资本市场。而且亚行债券发行量也将有所增长以促进亚行债券在二级市场上的流动性。此外，亚行还继续致力于支持本地区成员国内债券市场的发展，以期提高它们的效率、透明度、流动性及可达性。

亚行的一项基本的借款政策是借款货币多样化，以避免过多地依靠一种货币或一个资本市场。这样，在某一市场（货币）的国内储蓄率降低，利率过高，或者国际收支发生不平衡期间,亚行具有暂时不在该市场或以该种货币借款的灵活性。截至2006年底,亚行的借款币种多达17种。其中最多的5种货币依次为:美元(61.13%)、日元(21.83%)、瑞士法郎(3.33%)、澳元(3.31%)和欧元(2.8%)。

通常,亚行以在主要的国际资本市场发行公共债务的形式对外借款,但有时亚行也与一些成员国政府、中央银行或其金融机构直接安排证券的销售,或直接从商业渠道借款。此外,亚行还进行短期融资交易,以便在决定其长期借款的时机上具有更大的灵活性。

亚行能够通过发行债务在国际资本市场以较优惠的条件筹措到大量资金,是因为亚行稳固的资金到位(除认缴股本外,还有金额大得多的必要时可以征集的待缴股本作为后盾)、健全稳妥的银行运营方针(其债务与资本的比例要求和严格的贷款审批标准及程序等)及其在国际上较高的资信等。亚行被美国穆迪和标准普尔两家评级公司评为"AAA"级。

由于亚行向发展中成员提供的贷款都是长期的,所以亚行筹措长期借款,以便与其长期限的普通资金来源贷款相配合。截至2006年底,亚行普通资金来源贷款的平均期限为9.33年,其未偿还长期借款的平均期限为7.41年。

2006年,亚行固定利率的长期借款的平均成本是5.93%,亚行全部资金的成本仅为5.45%。

(3)净收益与储备金。亚行自1966年成立以来,每年都有净收益。亚行的业务净收益主要来自投资和贷款(利息和承诺费),收益扣除支出即为净收益。与2005年1.09亿美元的净收益相比较,2006年的净收益有较大的增加,为5.7亿美元。2006年亚行投资的平均实际回报率为5.48%;亚行经营资产的平均回报率是6.35%,略低于1997年的6.36%。

亚行理事会每年将其净收益的一部分划作储备金,以保持其承担风险的能力,即具备承受意外重大风险发生的能力,而不需要向其股东寻求额外的资金支持。截至2006年底,亚行的储备金及其未分配净收益的总和达102.45亿美元。

除上述3种主要资金来源外,亚行的普通资金还包括贷款资金回流以及其他辅助资金来源。

2. 亚洲开发基金(ADF)

亚洲开发基金(ADF)始建于1974年,专门用于对人均国民生产总值较低的并且偿贷能力有限的本地区发展中成员发放优惠贷款(即软贷款,ADFLOAN)。亚洲开发基金的资金主要来源于亚行发达成员的捐赠,并定期进行增资。1997年,亚行董事会批准亚行普通资金(OCR)的净收益以及剩余,在经过分配将其中部分划作储备金后,原本可以用于股东分红的资金,转移给亚洲开发基金。这种转移每年必须由理事会根据本年的净收益与剩余的状况审查批准后方可进行。

亚洲开发基金的主要受益方是孟加拉国、印度尼西亚、尼泊尔、阿富汗、巴基斯坦、菲律宾、斯里兰卡和越南。截至2006年底,亚洲开发基金总额达259.64亿美元,亚行已批准的亚洲开发基金贷款总额达235亿美元。

亚洲开发基金贷款的审批以及管理的标准和程序与亚行普通资金贷款一样严格。亚洲开发基金贷款的限期为35~40年,其中包括10年的宽限期,不收利息,只收取每年1%的手续费。但1999年1月1日以后批准的新的亚洲开发基金贷款,其手续费改为收息,年利率在宽限期内为1%,在还款期间为1.5%。项目贷款的期限为32年,包括8年宽限期,而加快支付的规划贷款的限期为24年,包括8年宽限期。

按照亚行章程的规定,中国具有获得亚洲开发基金贷款的资格。但在以美国为首的西方发达成员的极力阻挠下,亚行一直没有向中国提供软贷款资金。

3. 亚行技术援助资金

亚行技术援助资金的重要来源有两个:一是技术援助特别基金,二是日本特别基金。

亚行认为仅仅向发展中成员提供贷款和投资是不够的,提高发展中成员的人力资源素质,加强执行机构的能力建设,帮助发展中成员进行政策改革。行业或部门规划以及从事区域合作等也同样重要,为此亚行于1967年建立了技术援助特别基金(TASF),专门用于资助发展中成员聘请咨询专家,帮助进行项目准备、项目执行、加强机构建设、加强技术力量、制定发展战略、从事部门研究并制定相关计划和规划等。

技术援助特别基金来自亚行发达成员和发展中成员或非成员政府及机构的自愿捐赠,以及从亚洲开发基金和普通资金来源业务净收益中所获得的分配额。截至2006年底,技术援助特别基金总额为134.69亿美元,亚行共批准无偿提供的技术援助总金额为112.63亿美元。

1988年,亚行和日本政府正式签署协议,成立日本特别基金(JSF),其宗旨是帮助亚行发展中成员调整经济结构,以适应整个世界经济环境的变化,开拓新的投资机会,在此基础上使本地区资本富裕成员和地区的资金回流到发展中成员和地区。根据这一宗旨,日本特别基金将支持亚行发展中成员所进行的与实现工业化、开发自然资源与人力资源及引进技术有关的活动。具体来说,该资金将被用于:①以赠款的形式,资助亚行在其发展中成员的公共和私营部门中所进行的技术援助活动,包括资助项目准备活动、咨询服务活动以及区域合作性活动。在这些活动中,日本特别基金既可提供独家资助,也可与其他资源进行联合资助。②通过单独或联合的股本投资支持私营部门的开发项目。③在特殊情况下,以单独或联合赠款的形式,对亚行融资的公共部门开发项目的技术援助部分给予资助。

截至2006年底,日本政府拨给此项基金的累积捐款达9.29亿美元。1999年3月,亚行董事会批准在日本特别基金框架下建立"亚洲货币危机援助便利"(ACCSF),以帮助受金融危机影响最深的发展中成员运用私有资源。

此项"便利"的金额为30.6亿美元,具体用于提供技术援助、付息援助以及担保。

此外,亚行还管理澳大利亚、法国、挪威、新西兰、瑞典、加拿大、丹麦、芬兰、英国、西班牙等国政府提供的无偿援助基金,用于在亚太地区开展特定目的的援助工作。

(三)亚行业务运作

1. 亚行业务

亚行业务包括普通业务和特别业务。普通业务由亚行普通资金来源(OCR)融资,资金来源为成员国缴纳的股本、储备积累以及从公开市场上的借款。特别业务由特别基金来源(SFR)融资,包括:①亚洲开发基金(ADF),以优惠条件向更贫穷的发展中成员提供;②技术援助特别基金(TASF),提供技术援助;③日本特别基金(JSF),提供技术援助以及对私营企业的股权投资。

2. 贷款标准

贷款标准取决于资金来源的种类。一个发展中成员能否使用优惠贷款(如亚洲开发基金)主要取决于该成员的经济实力,即人均国民生产总值和偿债能力。在决定一个成员能否使用亚洲开发基金时,对一些属于太平洋岛国的发展中成员往往给予以特别关照。

3. 转贷政策

当借款人不是亚行贷款的直接受益人时,就需要进行转贷,如表 10-1 所示。

表 10-1　转蝶人取决于受益人的性质

受益人	转贷条件
政府机构	与亚行贷款条件相似
商业化运作的公有公司	更为严格的贷款条件
私营企业	根据外部市场的资金成本以及该成员内部现行的借款条件(主要是利率结构)决定

4. 项目周期

(1)项目立项。通常,项目是在与发展中成员进行定期磋商时确定的。项目立项前,亚行的国别规划团对该国(地区)的经济状况、发展计划及优先发展计划进行研究。

(2)项目准备。亚行考察团获取有关立项项目各方面的详细资料,以确定是否进行下一步行动。

(3)项目评估。对立项项目的各个方面、所属行业或行业子部门加以审查和分析。

(4)贷款谈判和批准。当亚行认为该项目适合亚行融资时,便进入正式的贷款谈判。当谈判圆满结束时,将向亚行董事会提交一份批准贷款的建议书。一旦建议获得批准,亚行行长与借款人的授权代表签署贷款协定。

(5)项目执行。一般而言,贷款签字后 90 天生效。但是,项目准备工作(包括选择和聘用咨询专家、准备详细设计、准备招标文件、邀标、评标、授标及采购设备)可能需要一些时间来完成。在某些情况下,亚行会同意借款人在项目评估阶段进行提前采购的请求,以加速项目的执行。除亚行批准的追溯性融资外,亚行对贷款生效前所发生的任何费用和支付不予融资,即使提前采购已获批准。

(6)后评估。当完成项目完工报告(PCR)时,在适当的时候亚行会派出后评估团。后评估团检查项目的准备、设计、评估和执行的各个方面,成本和收益,最初立项目标与最终项目结果的比较。后评估团还将找出应从该项目吸取的教训。后评估团的报告与项目完工报告一起形成项目执行审计报告(PPAR)的基础。

5. 贷款种类

(1)项目贷款。项目贷款是向特定的项目提供融资。项目贷款是亚行向发展中成员提供资金的最为重要的一个途径。

(2)行业贷款。行业贷款是指向发展中成员的某一行业或行业子部门的大量子项目提供融资。

(3)规划贷款。对公共部门的规划贷款是为了支持行业中期(3~5 年)发展规划,以促进发展中成员的经济发展。

(4)中间金融机构贷款。中间金融机构贷款是指亚行直接或通过借款人贷款给一家独立的金融中介机构,该金融机构再将贷款资金转贷给最终受益人。

6. 联合融资

联合融资是指这样一种安排:亚行的资金和借款国(地区)以外的其他资金一起向某一特定的项目或规划提供融资。一般而言,当亚行用自有资金向项目提供融资,同时安排其他金融机构参与融资时,就称为联合融资。

7. 私营部门业务

亚行对发展中成员私营部门开展业务的目的在于:①通过增加亚行贷款及技术援助,吸引外部资金流向私营部门;②强化发展中成员的金融机构和资本市场;③帮助发展中成员对公共部门企业的私有化,并提供技术及咨询服务;④通过与发展中成员的政策对话,为私营部门创造良好的发展环境。

亚行私营部门业务分为以下 6 种类型:①对私营部门的股本投资;②承销或担保安排;③对私营企业的贷款;④股本投资加贷款;⑤股本额度;⑥其他形式业务,如联合融资等。

二、亚行贷款资金的提用

(一)使用原则

根据亚行章程第 14 条有关条款的规定,借款人提取亚行的贷款只能用于支付:①在成员国(这里的"成员国"泛指"成为亚行成员的国家或地区",下同)采购由成员国生产或提供的货物和服务;②用于贷款规定的目的;③已发生的费用,借款人只能在贷款协定生效后提取贷款。

1. 成员国采购与成员国生产的货物和服务

(1)成员国采购。根据亚行章程的规定,所有用亚行贷款融资的货物和服务都应在成员国采购。成员国采购应满足下列所有条件:①签合同的地点应在成员国;②供货商应具有成员国的国籍,也就是说,供货商是在亚行成员国登记注册的,并有义务向成员国纳税;③供货商应在成员国执行供货合同;④供货商所提供的货物应用成员国的货币标价;⑤货款的支付地点应在成员国。

(2)成员国生产的货物和服务。由供货商提供的货物和服务,应是在成员国开采、生长或生产的,或者在成员国完成由原材料和组成部件至完工产品的主要工序,也就是说,在某些货物中,有些部件或原料并非来源于亚行成员国,但其主要部件或成品的主要生产工序在成员国完成。例如:一套计算机供货,其有关部件如显示器可以来源于非亚行成员国,但该计算机的核心 CPU 和组装均在亚行成员国,那么这货物的采购可以用亚行贷款融资。由于货物的制造常常在多个国家进行,在判明货物来源是否为亚行成员国时,项目执行机构常常有困难,在这种情况下,需与亚行的项目官员沟通,预先取得他们的谅解,以利于货款的支付顺利进行。专款专用,以保证项目建设的顺利实施。亚行检查团组和审计部门将对贷款资金的使用进行严格审查,一经发生贷款资金的挪用,亚行要求项目执行机构将补挪用的贷款资金退还亚行,或暂停贷款资金的拨付。

2. 贷款目的

亚行章程第14条第11款规定:亚行应采取必要的措施,保证它所提供的贷款款项只能用于贷款规定的目的,并应注意节约和效率。也就是说,亚行贷款只能用于支付与在贷款协定中明确规定的项目有关的费用。

3. 已发生的费用

亚行章程第14条第10款规定:只有实际已发生的与项目有关的费用,借款人才能提取。为此,向亚行申请提款时,应提交实际已发生的费用账单。亚行可按下列情况视为费用实际已发生:

(1)应支付预付款的合同。合同生效后,供货商或土建合同承包商开具预付款付款要求账单,借款人可凭此账单向亚行申请提款,亚行视这种情况费用已发生。

(2)土建承包合同。土建工程建设完工,监理工程师核实,合同承包商可开具付款要求账单,借款人可凭此账单向亚行申请提款。

(3)供货合同。货物发运后或用户收到供货商提供的货物后,供货商开具付账要求账单,借款人可凭账单向亚行申请提款,支付货款。

4. 追溯贷款

追溯贷款是指贷款生效日之前亚行对项目发生的费用提供的一种融资。

通常情况下,借款人只能提取贷款资金用于贷款协定生效日之后发生的合格费用。若借款人在贷款评估或贷款谈判时提出,项目在贷款生效前要发生某些费用,且这些费用的发生是项目进展所必须的,亚行将会认真考虑该要求,并在贷款协定中写明追溯融资的金额、类别和费用发生的日期。这样,在贷款协定生效后,借款人可以向亚行申请提用这部分贷款。追溯贷款仅限于贷款评估时或评估后根据亚行采购指南规定授予的合同。

现将贷款评估、合同授予、付款、追溯融资与否等与亚行贷款费用合格与否的关系用图10-1简要表述。

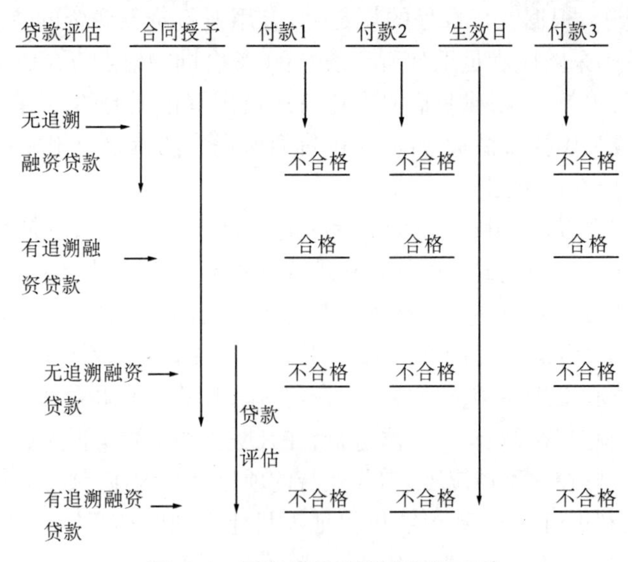

图10-1 亚行贷款追溯融资关系图

根据图10-1,不管有否追溯融资贷款,在亚行贷款评估之前授予的合同,均不能用亚行贷款融资。有追溯融资的贷款,在亚行贷款评估后授予的合同,可以用向亚行追溯提款报账。无追溯融资的贷款,只有在亚行贷款生效后授予的合同,才能用亚行贷款融资。

5. 亚行贷款融资范围

根据亚行的规定,下列几种类型的费用支出都可以用亚行贷款融资,每个贷款项目具体类别、亚行融资的额度、融资比例和从贷款账户提取资金的根据等在贷款协定附件3有明确的规定。

(1)项目的直接外汇费用。项目的直接外汇费用主要是指项目成本中需直接使用外汇支付的费用,如设备和材料等,用亚行贷款可以支付这些直接外汇费用的到岸价或不含税的出厂价。

(2)项目的间接外汇费用。项目的间接外汇费用是指项目成本中国际市场上可交易项的成本费用,包括国内产品中和土建成本中需要进口的那部分费用,即便是以当地货币形式支出的,也可算为间接外汇支出,例如土建工程费用中的燃料、机械台班费用等,均可算作间接外汇费用,通常亚行在评估时要确定各单项成本中所占的间接外汇的比例。间接外汇成本100%可以用亚行贷款融资。中国的亚行贷款项目中,随工程性质不同,土建的间接外汇成本一般可为35%~50%,换句话说,土建成本的35%~50%可以用亚行贷款支付。

(3)建设期利息和其他费用。中国不少使用亚行贷款的项目,在项目建成之前没有能力偿还贷款本金、支付利息和缴纳承诺费。即使亚行有宽限期政策,项目执行机构在宽限期内不用还本,但支付宽限期的利息仍有困难。为解决这个问题,亚行规定,可以用亚行贷款支付宽限内的利息和贷款承诺费,以减轻项目执行机构的筹资压力。

(4) 因进口商品的运输和保险所发生的外汇支出。

(5)地方费用支出。地方费用支出通常为项目中的劳务费用。亚行章程允许亚行在特殊情况下,也就是在亚行认为某个项目造成或可能造成发展中成员国的国际收支不必要的损失或紧张时,可以为该项目的当地费用提供资金融通。但为此目的提供的资金不得超过借款人全部当地费用的适当比例。由于中国外汇储备较大,亚行对中国贷款项目提供当地费用融资越来越严格。原则上,对内陆省份涉及社会发展和环保的贷款项目,可以适当考虑提供少量当地费用的融资。

在2006年3月15日前审批的亚行贷款,贷款资金不能用于支付土地征用费用,除新增和铺底流动资金外的流动资金,包括销售税、增值税、关税、所得税等任何直接或间接的税费,内陆运输费用及保险费用,但对于国际竞争性招标或国际采购下由国内制造货物中的关税、其他税等和出厂价中包含的原材料关税及其他税费可以除外。亚行2005年8月25日修改其贷款政策,2006年3月15日之后审批的亚行贷款,贷款资金可以融资土地征用费用、税费、内陆运输费用及保险费用、滞纳金、经常性费用、食物费用、解雇费、联合融资的建设期利息、移民搬迁费用、银行手续费、二手货物和租赁费等,但应在行长建议与报告和项目/贷款协议中清楚标明。

(二)拨付惯例

根据亚行贷款支付手册和贷款协定的规定,亚行贷款资金拨付前和拨付中,按下列惯例要求申请提款。

1. 支付信

亚行贷款规定，正式签字后不久，亚行主计局将向借款人和项目执行机构寄交支付信，并附寄贷款支付手册，该支付信包括：①建议适用于每一贷款类别的支付程序；②规定每次申请最低提款额；③要求提交授权签字人员及其签名样本；④如果有使用周转金账户的贷款，规定周转金账户支付范围和条件；⑤如有使用费用清单条款的贷款，规定费用清单程序的使用范围和条件。

2. 贷款账户

贷款协定一旦生效，亚行本身的贷记账户中为该项目开设一个贷款账户，并贷记贷款额，将承诺费计收追溯到贷款协定签署后第60天起。亚行收到合格费用的提款申请书及适当的附件，随时从该账户提取贷款资金。贷款账户的格式如表10-2所示。

表10-2　贷款账户（Loan Accounts）

项目 Item	承诺账户 Commitment Account	承诺费 Commitment Charge		本金余额 Principal Standing	利息账户 Interest Account	
		天数 No. of Days	金额 Amount		天数 No. of Days	金额 Amount
贷款生效 Loan Effective	××××	×××	×××			
支付 Disbursement	(×××)	(××)	(××)	×××	××	××
支付日余额 Balance on Payment Day	××××	××	×××			×××
本金化建设期利息 Capitalizes IDC	(××××)		(×××)	××××		(×××)
本金化后的贷款余额 Balance after Capitalization	××××			××××		

3. 授权签字

向亚行递交的每一份提款申请书都必须有借款人法律授权代表的签字。为此，借款人和项目执行机构在收到亚行的支付信后，应商定授权代表的名单，并将授权签字代表的签名样本尽快提交亚行，最迟不能迟于递交的第一份提款申请书。

4. 合格费用和贷款资金的分配

（1）合格费用。根据亚行的规定，直接外汇费用、间接外汇费用和部分当地费用均可用亚行贷款融资，只要按亚行采购指南规定进行采购，均可为合格费用。原则上，国际竞争性招标和国内招标的土建合同价中的外汇费用、国际竞争性招标和国际采购的供货合同中的到岸合同价或不含税的出厂合同价等都是可用亚行贷款融资的合格费用，国内竞争性招标的供货合同价中的外汇组成部分也是合格费用。具体的贷款项目，在其贷款评估报告中已详细列出可使用亚行贷款融资的货物和服务。

（2）贷款资金的分配。由亚行贷款融资的项目，通常被分为类和亚类。借款人、项目执行机构和亚行官员在项目评估过程中，商定各类别的贷款资金分配额度，最后将其写入贷款协定附件3中。在项目执行过程中，可根据借款人的要求，在某些类别间重新分配。在向亚行申请提款时，应根据贷款协定附件3贷款资金分配表，指明每种费用的报支类别。表10-3为某一项目的贷款资金分配表。

表10-3 贷款资金的分配与提取(Allocation and Withdrawal of Loan Proceeds)

贷款号:1636—PRC

序号	类别	分配的金额（百万美元）		亚行融资比例(%)	从贷款账户提款的依据
		类别	亚类别		
1	土建	34.4			
1A	子项目A土建		13.0	40	总费用的百分比
2B	子项目B土建		21.4	46	总费用的百分比
2	设备、材料和车辆	42.8			
2A	子项目A		22.3	100	外汇费用的百分比
2B	子项目B		20.5	100	外汇费用的百分比
3	移民(材料)	0.7			
3A	子项目A		0.2	100	外汇费用的百分比
3B	子项目B		0.5	100	外汇费用的百分比
4	咨询服务和培训	1.0			
4A	子项目A		0.5	100	外汇费用的百分比
4B	子项目B		0.5	100	外汇费用的百分比
5	建设期利息与承诺费	12.7		100	到期额度的百分比
6	未分配	10.4			
合计		102.0			

5.提款申请书

提款申请书是亚行拨付贷款的重要凭据,因此要求极为严格,亚行对提款申请书的基本要求与世界银行基本相似。提款申请书及相关文件与凭证附件要由项目执行机构根据所需支付的合同或采购清单要求,负责用英文编制和准备。每一份提款申请书都由两个不可缺少的部分组成。第一部分是申请书本身,第二部分由一个或几个申报开支费用的汇总表组成。

(1)申请书。提款申请书形式如信函,它包括申请提款的总金额与要求拨付的币种、格式化的借款人承诺文字,需要由借款人或项目执行机构填写的付款指令和授权提款人的亲笔签名。每份申请书,要求向亚行递交一式两份。项目执行机构应将提款申请书要求与关键信息填写得准确无误,尤其是金额与付款指令,提款总金额应与所附一份或几份汇总表所示金额相加总和一致。亚行一般将按申请书提出的币种拨款,在用贷款支付当地费用时,借款人应按亚行可接受的汇率将当地费用提款总额折算成美元,亚行将相当于本国货币总额的美元拨给项目执行机构指定的国内商业银行,由这些银行根据国家外汇管理条例具体办理兑换手续。

亚行为其各种支付方式设计了不同格式的提款申请书。项目执行机构在确定支付方式后,根据不同的提款要求,填写相应的提款申请书。目前的提款申请书格式有下列3种:用做直接支付方式和偿付方式申请的ADB—DRP/RMP格式、用做承诺函方式申请的ADB—CL格式和用做周转金申请的ADB—IFP格式。

(2)汇总表。汇总表也就是申请提款费用报支清单一览表。亚行设计了3种类型的汇总表:用于直接支付、偿还和周转金申请的ADB—DRP/RMP—SS格式;用于承诺函方式申请的ADB—CL格式,用于分贷款审批与提款同时申请的ADB—SAW—SS格式。借款人或项目执行机构可根据不同的提款支付方式,选择适当汇总表一种类别和亚类别要单独使用在一份汇总表上。

6. 拨付通知单(半月报表)

如果发生提款,那么,亚行主计局将半个月内所发生的提款记录报表定期寄给借款人和项目执行机构,半月报表显示1日到15日或16日到30日之间半个月内各类别提款记录等详细的资料,借款人和项目执行机构可以进行核对,并及时了解各类别已提取的金额和剩下的余额。

7. 部分注销与贷款账户的关闭

如果在项目执行过程中,项目执行机构不想再提用部分贷款,可以通过借款人,向亚行提出注销这部分不需用的贷款额度的要求,亚行收到这要求后,即注销这部分贷款额度。注销的贷款额度不再计收承诺费,注销的生效日是亚行收到借款人要求注销部分贷款的正式函件的日期。

亚行贷款一经董事会正式批准,贷款账户的关闭日期即已确定,并写入了贷款协定中。账户关闭后,借款人就不能再向亚行申请提款,若无推迟关账的要求,关账日后可允许有3个月的宽限期,作为结束支付,也就是在某些情况下,原向亚行申请支付期可能超过关闭日,尤其是承诺函方式下信用证的付款,在这些情况下,亚行还可以在关账日后3个月内继续给予付款。借款人可以向亚行提出推迟关账日的要求,亚行可根据此要求,将关账日推迟。如果有使用周转金账户的项目,先要结算周转金账户,未结算的余额要在关账日前退还亚行,周转金账户结清关闭后,才能关闭贷款账户。在关账时,如果贷款账户上尚有未支付的余额,这余额将被自动注销,亚行不再计收其承诺费。

(三)亚行贷款支付程序

亚行经过40多年的贷款运作实践,已逐渐摸索了一套标准化的拨付方式,它适用于大部分亚行贷款,归纳起来,主要有直接支付、承诺付款、偿付和周转金账户4种。此外,在偿付支付方式下,根据向亚行申请提款时所递交的附件凭证要求的不同,还有费用清单、自营工程和分贷款审批与提款同时申请等特别的支付程序。

1. 直接支付

亚行可以根据借款人的要求,直接将申请的款项支付给供货商或土建合同承包商。直接支付方式程序简便,付款迅速,适用于支付大型土建工程进度款、咨询专家费用以及不适宜用信用证支付的货物采购款。

(1)直接支付的申请要求。直接支付程序与其他支付程序一样,亚行主计局要审核项目执行机构或借款人提交的提款申请书(格式ADB—DRP/RMP)、汇总表(格式ADB—DRP/RMP—SS)和附件。附件的关键内容要翻译成英文。支付不同的款项所要求的附件不尽相同,主要列举如下:

土建工程进度款所要求的附件有:合同(如该合同已报亚行备案并有PCSS号,不必附),合同承包商的付款要求通知,建筑师或工程师签发的工程量完成证明。

供货付款所要求的附件有：合同或订货单（如已有 PCSS 号，不必附），供货商开具的发票，运输单证（海运单、铁路提货单、公路提货单、航运单）或由用户出具的收货证明。

咨询专家费用付款所要求的附件有：与咨询专家签定的合同，咨询专家的付款申请，咨询专家申请的小额零星费用凭证。

此外，亚行可以接受“一揽子”的提款申请，即项目执行机构或借款人可以进行一次申请，要求亚行对同一受益人支付若干份合同或若干项费用支出。这些情况通常是支付培训费、进修计划、咨询费以及购买零部件、小件，要求仅适用于亚行未提供周转金的项目，用一份提款申请书作整笔申请，向亚行电告每一次直接付款的款项和到期日，每次电告后即随寄附件到亚行。

（2）直接支付的付款过程。直接支付涉及项目执行机构或借款人、亚行、亚行的开户行、供货商或土建合同承包商或咨询公司和它们的商业银行，具体过程如图 10-2 所示。

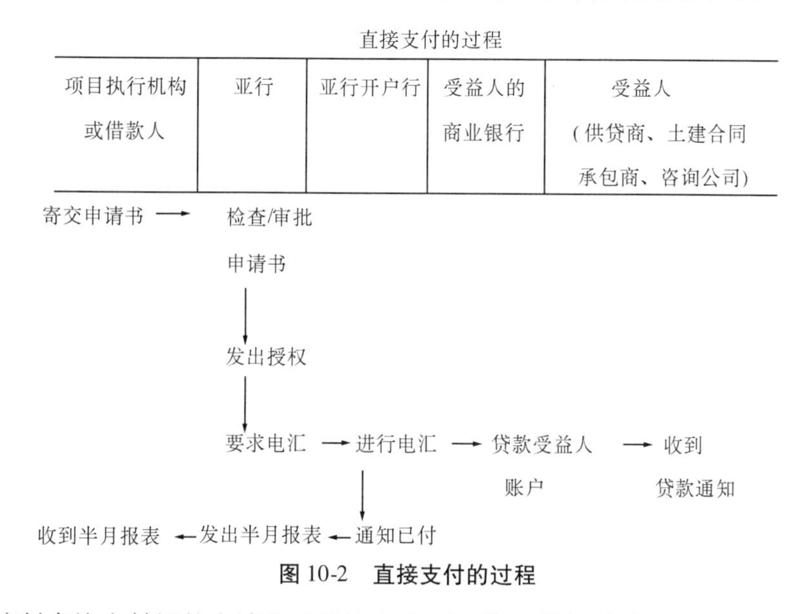

图 10-2 直接支付的过程

（3）编制直接支付提款申请书时的注意事项。①一份提款申请书只能对一种货币或一个受款人。②向亚行寄交由授权签字人签好字的提款申请书（ADB—DRP/RMP）一式两份，申请书连续编号，编号不超过五位数字或字母，每笔申请数额至少要超过5 万美元，申请日期以授权签字人正式签字日为准。③按 ADB—DRP—SS 格式要求编制汇总表，每个提款类别要编制单独的汇总表，汇总表一式两份。④每份申请书应按要求附上必要的附件复印件，附件的关键内容应翻译成英文。⑤认真填写和核对付款指令，包括受款人开户银行、开户行地址、银行账号、受款人全称和地址，若受款人银行不是在支付的币种国家内时，还应将该银行的对应币种代理行的全称和地址清楚地填入提款申请书中。

（4）亚行对直接支付提款申请审查的内容。亚行主计局收到直接支付的提款申请文件后，要在下列方面对其审查审核。①相关的合同是否已寄交亚行；②提款申请书是否经授权签字人签字；③申请支付的款项是否为亚行融资的项目；④不同的付款对象或不同的付款货币是否编制不同的申请书；⑤提款申请书上的付款指令是否完备；⑥不同的报账类别或亚类别是否编制不同的汇总表；⑦亚行对该合同所编列的号码是否填入汇总表内；

⑧附件的关键内容是否翻译成英文。

上述任何一项内容的不完整,都可能导致付款的延误。通常情况下,亚行审查批准直接支付申请的时间为5~7个工作日。

2. 承诺付款方式

在与国外供货商所签订的设备采购合同,可以根据借款人开户银行向供货商指定的商业银行开具信用证,由亚行开具承诺书,在信用证条款下,作出代表借款人从贷款资金中支付到期货款的保证并实施付款,这种付款方式称为承诺方式。亚行作出的承诺是不可撤销的。这种方式通常仅适用于数额较大的进口供货合同付款。具体程序如下:

(1)信用证。借款人或项目执行机构与中标的国外供货商签订供货合同后,借款人或项目执行机构向其开户银行申请开立信用证,发给供货商指定的一家保证资信的商业银行(称为"通知行")。信用证要反映供货合同中的有关条款和要求,尤其是货物装运和付款等方面的条款。信用证还应明确亚行以承诺方式付款,写上"此信用证是在亚行贷款号__________下开具的,只有当亚行向通知行或保兑行发出承诺信时,才能生效,并请按此承诺信中的指示付款"。通知行收到信用证后,负责通知供货商。信用证条款发生变更或修改时,应提前及时通知亚行,以便取得亚行认可,并对承诺书做相应的修改。

(2)编制承诺信申请书。项目执行机构或借款人凭信用证副本,根据ADB—CL格式要求,编制承诺信申请书和汇总表,并附上合同或订货单(若已有PCSS号,可省去)及两份签字的信用证复印件。信用证每种币种或受款人要有单独的汇总表。申请书的申请号应是连续的,数字或字母不能超过5位,申请金额应超过5万美元。

根据信用证条款,在汇总表应认真填写和核对有关信息,包括:①受益人(供货商)全称和地址;②借款或项目执行机构全称;③开证行全称和地址;④议付行全称和地址;⑤信用证通知行全称和地址;⑥信用证金额和币种;⑦信用证有效日期;⑧装运日期;⑨信用证付款条款;⑩货物简要说明;⑪合同号;⑫亚行注册的合同编号(PCSS No.);⑬报账类别等。若信用证涉及付款条款、货物的种类和数量、受益人、原产地国和将信用证终止同延期超过贷款关账日等条款的修改,应向亚行申请审批;这些条款的修改,按格式要求编制信用证修改的申请书,并附上信用证修改副本。

(3)付款承诺书。亚行主计局审核提款申请后,根据借款人要求向信用证的通知行或保兑行出具付款承诺书。亚行的付款承诺书通常有两种形式,即普通承诺书和特别承诺书。普通承诺书的付款条款基本上与提款申请书的要求一致,但有停止付款的条款,即如因借款人方面的原因亚行贷款暂停或取消,亚行立即停止付款。

特别承诺书条款完全符合提款申请的付款要求,但不包括停止付款等条件。也就是说,即使由于借款人方面的原因,贷款出现暂停或取消的情况,亚行仍然履行其向供货商付款的义务。为此,亚行向借款人收取一定数额的手续费,一般情况下,亚行只出具普通承诺书,如果货物发运日期或信用证有效日期超过贷款的关账日,亚行将不开具承诺信。

通知行收到亚行出具的承诺书后,即宣布信用证生效,供货商便根据合同要求发货。货物发运后,供货商向信用证议付行交递有关单证(包括发票、运输单证、保险单证等),议付行审核这些单证后,可根据信用证条款给供货商支付贷款,付款的同时,议付行将单证寄送给信用证的开证行,向亚行报告信用证条款已完成并要求归垫该贷款,亚行根据通知的信用证完成报告和付款要求,向议付行拨付该款项,并向借款人发出付款通知。

(4)承诺付款方式的程序表。亚行的承诺付款涉及项目执行机构或借款人、项目执行机构或借款人的开证商业银行、亚行、供货商、供货商的商业银行(包括通知行、议付行或保兑行)。具体过程如图10-3 所示。

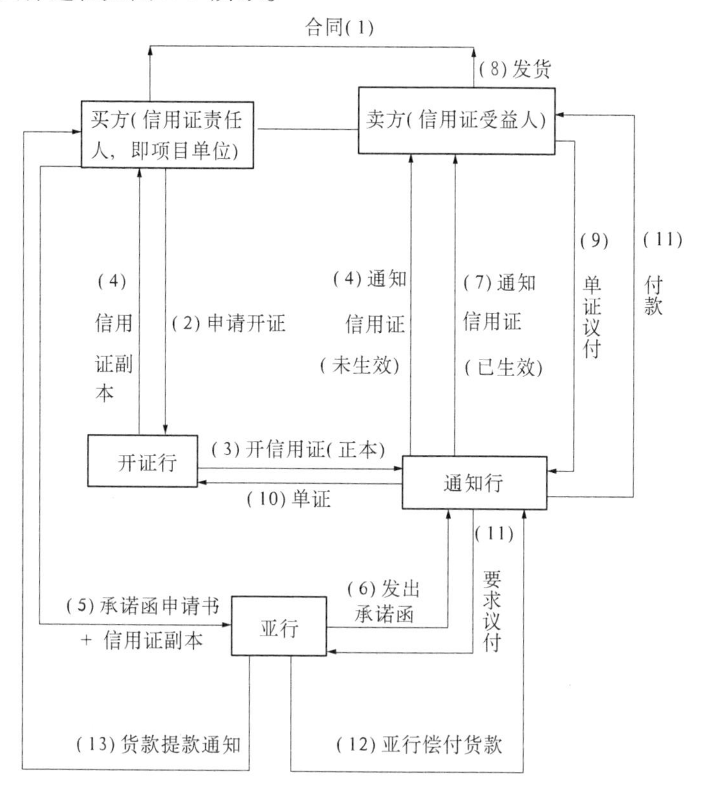

图 10-3 亚行承诺程序的过程

(5)承诺程序的审查。亚行收到借款人提交的承诺信申请书后,对信用证和申请文件要进行审查,主要审查下列内容:

信用证:①合同条款是否正确载入信用证上;②信用证是否写明有关要求亚行承诺付款的条款;③信用证是否含有任何限制或不利于亚行成员国的条款;④信用证的有效日期是否在贷款关账日之前;⑤信用证是否仅指明一家通知行。

申请文件:①相关的合同是否已寄交亚行批准;②承诺信申请书是否经授权人签字;③不同的信用证,是否有不同的承诺申请书;④汇总表是否正确填写;⑤是否附上两份信用证的复印件。

上述内容的任何一项不完整,都可能导致亚行延误开具承诺信。一般地,亚行主计局审查申请并开具承诺信的时间为 3 ~5 个工作日。

3. 偿付归垫支付

亚行贷款的另一种支付方式为偿付归垫,即对贷款项目中已由项目执行机构或借款人用自有资金垫付已发生的合格费用予以偿付。在这种支付方式下,亚行贷款只支付到借款人或项目执行机构的银行账户上,而不是第三方(如供货商,土建合同承包商或咨询公司)。这种支付方式适用于国内货币支出、小额采购和小型土建工程费用支出。

根据所要求提供附件的不同,分为一般偿付方式和特别偿付方式。

(1)一般偿付程序及要求。类似直接支付方式,一般偿付方式向亚行提交由授权人签字的提款申请书、汇总表和相关附件,提款申请书格式和汇总表与直接支付的相同,为ADB—DRP/RMP 和 ADB—DRP/RMP—SS,一式两份,不同的是受款人为项目执行机构或借款人。另外,除直接支付所要求的附件外,还应附上借款人或项目执行机构已向供货商或土建合同承包商咨询专家付款的凭证(如收款收据,银行出账单等)复印件,以示垫付的金额和日期。

(2)特别偿付程序。如上所述,在一般情况下,亚行只有在确认费用已经发生并由借款人或项目执行机构归垫这费用时,才可采用偿付方式拨款,为此,亚行要求申请时应提交相关的附件凭证。然而,对于一些农业开发和农业信贷等项目,其费用发生频繁,数额相对较小,若采用一般偿付程序,提交这些大量小额费用开支凭证既不现实,又费时,邮资费用大,为此,亚行可以接受简化附件凭证,不必将所有附件提交亚行,因此有费用清单、自营工程和分贷款审批与提款同时申请等 3 种特别偿付程序。

一是费用清单(SOE)。费用清单程序是申请提款时不必向亚行提交附件的偿付归垫方式。在这种程序下,按亚行规定的格式要求,填写一份费用开支清单以代替完整的附件,附件凭证保存在项目执行机构,限于额小量多的费用开支,通常每一费用项目限额为 5 万美元,这种程序可以与周转金账户方式合并使用。费用清单程序适用于小型土建工程和小型采购的费用支出,以及日常费用支出。

亚行备有 3 种不同格式的费用清单表格供选用,一种是用于小型土建工程和小额采购的费用支出的费用清单表,另一种是用于日常经营和管理费用支出的费用清单表,还有一种主要用于培训费用和办公费用等费用支出的格式不固定的费用清单表。用于土建工程和小额采购的费用清单的主要内容为工程或货物简要说明、供货商或合同商的名称和地址、合同签订日期、合同金额、付款日期、支付金额、亚行贷款融资比例和额度,用于日常经营开支费用的费用清单则主要包括工作类别、开支项目、年度预算、本期末累计支出、本期支出、亚行融资比例、已垫付金额等方面的内容。

费用清单的使用有下列几个前提条件:①项目性质决定有大量小额的费用支出,向亚行提供全部凭证不切实际;②借款人或项目执行机构的会计制度及内部控制程序健全充分;③独立审计师定期审计全部凭证,并将审计师的报告寄交亚行;④凭证应随时准备让亚行代表团审核;⑤应事先经亚行批准。为了保证贷款全部有效地用于项目实施,亚行在评估项目时或此后借款人要求使用费用清单时,需审查评估项目执行机构的财务系统、审计程序及内部控制能力、确认用款人具备健全的财会制度,能够严格准确地填写费用清单,并管理和保存费用凭证记录。

在下列情况下,亚行可以取消使用费用清单程序:①借款人或项目执行机构连续用费用清单程序申请不合格费用开支;②借款人或项目执行机构未在规定时间内提交审计报告;③审计发现有重大违规使用亚行资金的事件。若发现申请提用了贷款资金支付不合格费用,亚行将在以后的申请中抵扣这些款项,或要求借款人或项目执行机构将这些款项退返亚行。

亚行要求独立审计师在定期开展项目审计中,应单独对费用清单凭证进行审计,并出具如下的审计师意见:

审计师意见

在我们审计______单位______期间,我们检查了根据______日签署的贷款协定,贷款号为______,所规定的周转金账户该期间结算或偿付申请附件的费用清单。我们的检查是根据一般公认审计准则和相应地包括会计记录的检测,资产的核实以及其他我们认为有必要采取的审计程序而进行的。

我们认为,寄交的费用清单和编制这些费用清单所涉及的内部控制和程序,在很大程度上可以信赖,可作为上述亚行贷款协议要求的偿付提款申请书或周转金账户的附件。

二是自营工程。该程序是指项目执行机构使用自有人力、设备及其他土建工程资源实施亚行贷款项目,然后向亚行申请偿还有关费用。

该程序的使用条件是:①工程规模、性质和地点不适于竞争性招标;②项目执行机构有充足和有效的施工设备;③项目执行机构有能力在合理的开支下很快完工;④须经亚行事先批准。

使用自营工程方式向亚行提款时,应提交:①提款申请书(格式为 ADB—DRP/RMP,即偿付方式申请书);②证明文件,证明文件分两部分,第一部分为工程师证明实际完工的百分比,第二部分为授权签字人证明申请提款的金额(百分比乘以贷款协定中的类别分配额)。

三是分贷款审批和提款同时申请。亚行对开发性金融机构的贷款(DFI)是要转贷给小企业。亚行授权开发性金融机构筛选、评估、商谈和监督这些中小项目。通常,经与亚行商定,开发性金融机构可以审批一定限额的分贷款,超过限额的分贷款需要亚行事先审批,对于限额以下的分贷款仅在贷款拨付前经亚行确认即可。

分贷款审批和提款同时申请程序,是有资格的开发性金融机构向亚行提交限额下分贷款审批清单的同时,向亚行提交提款申请,要求亚行偿付分贷款资金。这种程序通常适用于:①南太平洋一些小的发展中国家项目贷款;②开发性金融机构的贷款;③用于额小量多分贷款项目,要求其提交凭证不切实际或过于烦琐。这种程序的使用应事先经亚行批准。使用该程序向亚行提款时,应提交:由授权人签字的提款申请书和规范格式的汇总表。汇总表应详细填写分贷款人、行业、业务性质、分贷款项目与内容、申请偿付金额和原产地国家等内容。

(3)偿付归垫方式的审查。亚行主计局收到偿付归垫申请后,要在下列方面进行审查:①相关的合同是否已寄交亚行;②提款申请书是否经授权人签字;③申请偿付的费用是否为亚行融资的合格费用;④每种的偿付货币是否编制单独的申请书;⑤提款申请书的付款指令是否完整;⑥每种提款类别或亚类别是否使用单独的汇总表;⑦亚行的合同编号(PCSS)是否填入汇总表;⑧附件是否完整充分,尤其是有否附付款凭证,附件的关键内容是否已翻译成英文;⑨费用清单所报支的费用项目是否超过了限额;⑩自营工程的证明是否经工程师和授权人签字。

某些贷款项目内容繁杂,尤其是涉及费用清单和自营工程的偿付申请,亚行内部的审核要涉及主计局和项目局,所以偿付申请在亚行内部审查批准的时间相对较长,通常需要

7～10 个工作日。

4. 周转金账户方式

在项目的实施过程中，经常出现设备零部件采购、出国培训、考察或日常费用等小额支出。为此，经事先的审查批准，亚行可以预先拨付一定额度的贷款资金存入由借款人或项目执行机构开立的专用账户，用于支付亚行贷款融资的合格费用。借款人或项目执行机构定期向亚行结算周转金账户的开支使用情况，并申请回补。亚行审核后再将申请回补的贷款资金拨付到该账户，继续用于项目的必要支出。周转金的用途全部完成后，该账户随之取消。

建立周转金账户的目的是帮助借款人或项目执行机构预先支付项目开支的资金不足，以便于项目的实施，同时，还可以减少提款申请的次数。

(1)周转金使用的条件。①必须使用该程序，如项目组成的性质要求或项目执行机构资金短缺，或政府预算资金到位迟等，该程序的使用能有效地执行项目；②借款人或项目执行机构有足够的能力管理使用周转金账户，项目执行机构的内控制度、会计制度和审计程序健全，能够保证该账户的有效使用和运作；③政府的规定及相关的法规允许使用此程序，不会有法律和程序上的困难；④借款人必须有能力安排亚行接受的独立审计师对周转金账户开展定期和年度的审计，并将审计报告按时报亚行；⑤周转金有限额，只能用于亚行贷款融资的合格费用的开支；⑥未结算的预拨款应在贷款关账前归还亚行；⑦使用此程序应事先经亚行批准。

(2)使用周转金账户程序的审批。在项目评估阶段，亚行代表团应确认使用周转金账户程序的必要性。如果亚行批准使用该程序，就写入行长建议报告(RRP)和贷款协定。

如果在项目实施阶段，借款人发现有必要使用周转金账户程序，可以向亚行提出审批要求。使用周转金账户程序的要求的正式函件应提交给亚行主计局，由亚行主计长和相关项目局的局长联合审批。

(3)周转金账户的开设。借款人或项目执行机构应以借款人或项目执行机构的名义，开设独立的银行账户，专用于项目的合格费用开支。在首次申请拨付周转金前，应向亚行报送周转金账户的开设情况，表明已按有关程序开设了周转金账户。周转金账户可以开设在由借款人或项目执行机构指定的中央银行或商业银行，前提是这家银行能够进行外币和本币的汇付，能够开具信用证处理大笔汇付，并每月能够及时提供银行对账单。

周转金账户的币种应是贷款谈判时商定的并已写入贷款协定的币种。为了保持账户资金不受货币贬值的影响，最好采用一种可以兑换的稳定的货币。对于项目贷款，周转金账户的最高额度不能超过估算的此后 6 个月所需的费用或贷款总额的 10% 两者中的低者。提高已批准的周转金账户额度，应向亚行报批，通常由借款人正式向亚行主计局提出更改周转金账户限额要求，由亚行助理主计长和相关项目处的处长共同批准更改要求。

借款人或项目执行机构可以用周转金账户给土建合同承包商、供货商或其他受款人，支付应由亚行贷款融资、已发生的以外币或本币的合格费用。

(4)周转金提款申请。用周转金账户方式向亚行申请提款，应提交由授权人签字的提款申请书和用 ADB—IRP—EES 格式编制的 6 个月合格费用支出估算表。

首次预拨。贷款一生效，借款人或项目执行机构在建好周转金账户后，就可以向亚行申请提款，存入周转金账户。根据已批准的合同和项目实施第一个 6 个月计划开支的费用，编制费用估算表。首先预拨和此后的预拨总额不能超过已批准的预拨限额。所有的预拨款应存入周转金账户。

结算与补充。用周转金账户支付已发生的合格费用后，借款人或项目执行机构可以向亚行提交由授权人签字的提款申请书、汇总表或费用清单表、相关附件、银行对账单和周转金调节表等进行结算，并申请回补已结算的资金。要求的附件与偿付方式相同，如果是用费用清单方式结算，不必向亚行寄交附件凭证。周转金调节表是要向亚行表明结算期间周转金账户资金情况，包括账户上的余额、结算金额、已出账但因附件单证不全无法结算的金额、已寄交补充申请但尚未到账的金额等。

为了在关账前，让借款人或项目执行机构有足够的时间取得附件单证，清算已预拨周转金账户的余款，亚行要求在贷款关账前一年内或当未拨付的亚行贷款余额是周转金账户预拨 2 倍时，预拨入周转金账户的额度应逐渐减少。

（5）亚行对周转金账户的监管与审计要求。亚行有权派出由主计官员组成特别拨付团或项目检查团，检查周转金账户的使用情况，抽查由周转金账户支付的费用开支单证。亚行还要求独立的审计师在开展项目定期和年度审计时，应单独对周转金账户进行审计，出具如下内容的审计师意见，向亚行报告。

审计师意见

在我们审计______单位______期间，我们检查了提交亚行周转金偿付申请书，以及支持这期间根据______日签署的贷款号______贷款协定规定的周转金结算或偿付申请的附件。我们的检查是根据一般公认的审计准则和相应地包括会计记录的检测、资产的核实，以及其他我们认为有必要采取的审计程序而进行的。

我们认为，寄交的周转金偿付申请书、附表及其资料，以及准备这些申请书的内部控制和程序，在很大程度上可以信赖，可作为根据上述亚行贷款协定对周转金结算规定的周转金账户偿付或结算申请书的附件。

（6）周转金补充的暂停。如果出现下列情况，亚行可以暂停补充周转金账户：①亚行宣布全部或部分暂停贷款；②审计报告或亚行检查团认为周转金账户运作严重违规；③周转金账户有 6 个月时间未使用并未提交补充的申请。

在暂停期间，亚行不预拨付贷款资金至周转金账户，但周转金账户的资金可以用于支付合格费用的开支，提交的这些费用提款申请将用于清算预拨入款的余款。

（7）亚行对周转金方式提款申请的审查。亚行在收到周转金的提款申请后，要审查下列内容：①亚行是否已对该贷款批准使用周转金方式，是否写入贷款协定；②提款申请书是否经授权人签字；③是否附有银行对账单和周转金账户调节表；④申请结算或偿付的费用是否为亚行贷款融资的合格费用；⑤每种类别或亚类别是否编制单独的汇总表；⑥是否遵守贷款关账日 12 个月的规定；⑦申请的货币是否与周转金账户的货币相同。

（四）亚行贷款支付程序的选用与基本要求

亚行对贷款支付程序的使用未作硬性规定，借款人或项目执行机构可根据付款性质和一些前提条件，选择合适的支付程序向亚行申请提款，简单归纳如表 10-4 所示。

表 10-4　贷款支付程序

付款性质	付款的前提条件	建议采用的支付程序
主要为大型土建工程支付进度款、咨询专家费用	按期付款	直接支付
进口货物的货款	借款已开立了一份信用证,该信用证规定议付行向亚行要求偿付已支付给供货商的贷款	承诺函
当地货币费用支出小额采购,小型土建工程费用	费用已发生,且借款人已用其自有资金支付了款项	偿付
小额合同费用,小额供货贷款,大量小额的经营开支,与培训和考察相关的外汇费用	借款人资金困难	周转金

亚行对各拨付程序的要求不同,借款人或项目执行机构应根据亚行拨付程序的具体要求,向亚行提交提款申请书及附件,现将各拨付程序的基本要求和相互关系简化成图 10-4。

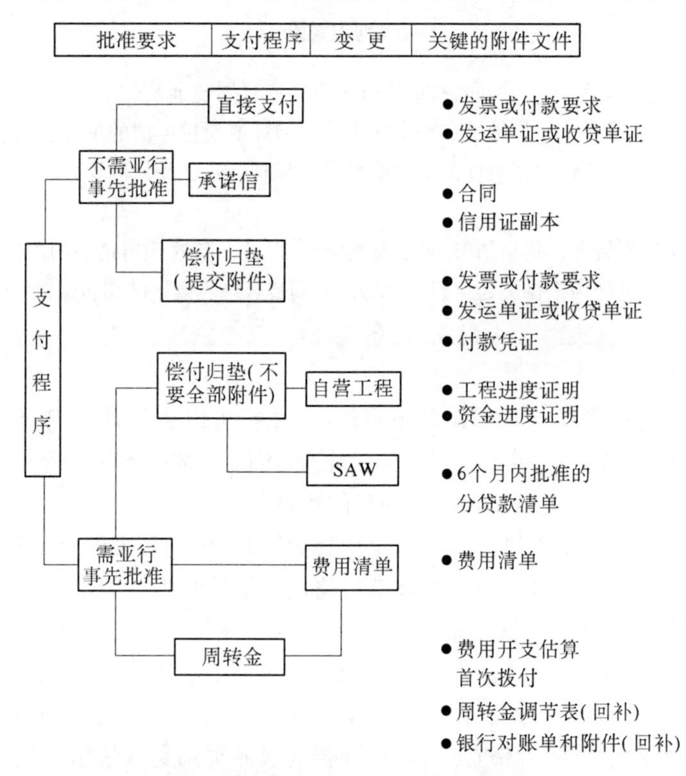

图 10-4　拨付程序的基本要求和相互关系

(五)亚行贷款提款报账文件编制

1. 提款申请书编制

(1)项目单位编制的国内提款申请书格式如表 10-5 所示。

表 10-5　项目单位编制的国内提款申请书

__________贷款项目提款申请书

申请书编号：

项目名称		项目编号	
申请用款单位		转贷额度	
联系人电话		邮编地址	

申 请 内 容

类别编号	类别内容	发票金额	亚行支付百分比	申请金额	批准金额	RMB：USD	实际支付美元金额
a	土建工程						
b	货物						
c	培训与考察						
合　计							

申请金额大写：	申请金额小写：
批准支付金额大写：	批准支付金额小写：

付款方式	上述款项请汇至：户　名： 开户行： 账　号： 附　言：

本提款签字人及所在单位在此承诺：

1. 提款(承诺)申请书及所有支持文件真实、合法，并愿意承担因其不合法、不真实而引起的付款责任。
2. 提款(承诺)申请书中所申请金额未从该户提取过，所提款项将全部用于贷款协定规定之用途。
3. 提款(承诺)申请书中所申请金额完全符合亚行贷款协定及转贷、转赠协议中规定的类别及限额，并承担因审核有误所导致的类别超支责任。

本提款申请书附下列附件：

提款单位： 提款签字人：	市/县项目办： 市/县财政局：
中央项目办审核意见	财政部门审核意见

（2）亚行编制的提款申请书。直接支付和归垫回补提款申请书格式（英文）见表 10-6。

表 10-6　直接支付和归垫回补提款申请书（ADB—DRP/RMP 表）

WITHDRAWAL APPLICATION FOR DIRECT PAYMENT AND REIMBURSEMENT

Date: ____________________

ADB Loan No: ………………

Application No. :

ADB Loan No. :
Application No. : □□□□□
Type of Disbursement:
□Direct Payment
□Reimbursement

To: Asian Development Bank

6 ADB Avenue, Mandaluyong City

1550 Manila, Philippines

Attention: Loan Administration Division, Controller's Department (CTLA)

Sir/Madam:

1. In connection with the Loan Agreement dated ____ between the Asian Development Bank (Bank) and ____ (Borrower) ____________, Please pay from the Loan Account:

Currency	Amount in Figure	Amount in Words

The said amount is required for payment or reimbursement of eligible expenditures in the said currency as described in the attached Summary Sheet(s).

2. The undersigned certified and agrees as follows:

a. these expenditures were/are /will be made for the purpose specified in the Loan Agreement and the undersigned has not previously withdrawn from the Loan Account nor obtained or will obtain any other loan, credit, or grant for the purpose of fully or partially meeting these expenditures.

b. the goods or services have been procured in accordance with the Loan Agreement and the cost and terms of the purchase thereof are reasonable and in accordance with the relevant contract(s).

c. the goods or services were or will be produced in and supplied by a member country of the Bank as specified in the attached Summary Sheet(s).

d. for expenditure claimed on the basis of a Statement of Expenditures (SOE), all authenticating documents have been retained in the location shown on the individual SOE Summary Sheets and will be made available for review by auditors and Bank representatives upon request.

e. as of the date of this application, there is no existing default under the Loan Agreement, the Project Agreement or the Guarantee Agreement, if any.

f. If any funds withdrawn pursuant to this application are returned, the current value of such funds will be applied as credit to the Loan Account or, if the amount is small, applied to the next loan service payment due.

3. PAYMENT INSTRUCTIONS

A. Payee's Name and Address

· Payee's Name :__________

· Payee's Address :__________

B. Name and Address of Payee's Bank and Account Number

· Bank Name :____________________

· Bank Address :____________________

· Payee's Account No. :____________________

· SWIFT Code :____________________

C. Correspondent Bank (If Payee's Bank is not located in the Country Whose currency is claimed, enter the name and address of their bank's correspondent in the country whose currency is to be paid.)

· Bank Name :____________________

· Bank Address :____________________

· SWIFT Code :____________________

D. Special Payment Instructions and Other Reference

4. This application consists of ___ page(s) including ___ page(s) of Summary Sheet(s):

From:____________________

Name of Borrower

Signature(s) of Authorized Representative(s)

____

Print Name & Title of Authorized Representative(s)

填制直接支付和归垫回补提款申请书指南:

一般注意事项:①向亚行提交一式两份申请书(或按要求提交亚行代表处)。②按每一提款币种和收款人分别填制提款申请。③用不超过5位的数字或字母对申请书编号。④在申请付款金额达到10万等值美元或亚行通知的其他标准数额时,再将付款申请汇总交给亚行。⑤申请书填制完送授权签字人签署前,检查所附凭证是否完整、细节是否准确,任何错误和疏漏都会导致提款的延误。

提款信息:①日期:填入申请书的日期应该是授权签字人签署日期,而不是填制申请书的日期。②贷款号:清楚写明亚行贷款编号。③申请书编号:对申请书进行连续编号。如果项目执行(实施)机构超过一个,项目协调机构应给每一个执行机构一个字母识别代码。如,第一个执行机构的编号为A0001至A9999,第二个执行机构的编号为B0001至B9999。④提款类型:在提款申请书类型小框内标明是直接提款还是归垫程序。

付款指令:①收款人名称和地址:为确认支付,要写出收款人的全称和详细地址。②收款人开户行名称、地址和在开户行的账号:写明收款人开户行的全称和详细地址,包括分支行等机构。银行账号十分重要。如果收款人的开户行是SWIFT成员,应给出其SWIFT代码。③代理行:如果款项是付到一家非提款币种国银行,则要写明这家银行在提款币种国的代理行的全名和详细地址。如该代理行是SWIFT成员,给出其SWIFT代码。④特殊付款指令:给出任何具体的、特别的指令或参考信息,以便于付款或确认付款。⑤借款人名称:按照贷款协定所用名称填写。⑥授权签字人:本申请书将只送授权签字人签署。检查授权签字人名单是否有变化。

承诺函申请书格式(英文)见表10-7。

表10-7 承诺函申请表(ADB—CL表)

APPLICATION FOR ISSUANCE OF COMMITMENT LETTER

Date:____

ADB Loan No. :…………………
Application No. :□□□□□

To: Asian Development Bank

6 ADB Avenue, Mandaluyong City

1550 Manila, Philippines

Attention: Loan Administration Division, Controller's Department (CTLA)

Sir/Madam:

In connection with the Loan Agreement dated between the Asian Development Bank (Bank) and ____________ (Borrower), we apply for a Commitment Letter and subsequent withdrawal for the Loan Account opened under the Loan Agreement in

Currency	Amount in Figure	Amount in Words

and certify and agree as follows:

1. The undersigned requests that Commitment Letter (s) be issued to the nominated commercial bank(s) listed in the attached Summary Sheet(s) in accordance with the terms of the Loan Agreement in order to make payment to the nominated commercial bank(s) from the Loan Account. The undersigned irrevocably authorizes such withdrawal on the basis of a written statement by the nominated commercial bank that payment has been made or is due, and will be promptly made under and in accordance with the terms of the letter of credit as amended from time to time.
2. Amendments involving an extension of the letter of credit expiry date beyond the closing date of the Loan Agreement, a change in the value or currency of the letter of credit, the description or quantity of goods, country of origin, the beneficiary, o terms of payment are subject to your prior approval. The undersigned will further ensure that all proposed amendments will be furnished to you by the nominated commercial bank (s) for your information or approval as appropriate.
3. You may limit your total obligation to make payments under the Commitment Letter by inserting a limitation clause denominated in the currency of the Loan Account sufficient to cover exchange rate fluctuations. The undersigned agrees that if, because of the limitation clause, you cannot disburse the full amount needed to pay the nominated commercial bank(s), any uncommitted portion of the Loan Account may be disbursed to cover the deficiency. In the event that the uncommitted portion of the Loan Account in insufficient to cover the deficiency, you will notify the undersigned who will arrange to make such payment promptly to the nominated commercial bank.
4. Your obligation under the Commitment Letter shall terminate:

   a. except as the Asian Development Bank shall otherwise agree, 30 days after the expiry date of the letter of credit or on the closing date of the Loan Agreement (whichever is earlier);

   b. upon payment by the Asian Development Bank to the nominated commercial bank(s) of the full value of the letter of credit, in accordance with the terms and conditions of the Commitment Letter;

   c. upon receipt by the Asian Development Bank of written notice from the negotiating bank specifying that the Commitment Letter may be cancelled.
5. The undersigned has not previously withdrawn from the Loan Account to meet these expenditures. The undersigned has not and does not intend to obtain funds for this purpose out of the proceeds of any other loan,

credit or grant.

6. The goods or services covered by this application are being purchased in accordance with the terms of the Loan Agreement and relevant contract(s).
7. The expenditures are being made only for goods or services produced in and procured from eligible sources.
8. As of the date of this application, there is no existing default under the Loan Agreement, nor under the Project Agreement or the Guarantee Agreement, if any.
9. In the event that all or part of the funds withdrawn from the Loan Account pursuant to this application are returned to ADB, the undersigned hereby authorizes ADB to apply the current value of such funds as credit to the Loan Account.

From: ______________________________

Name of Borrower

Signature(s) of Authorized Representative(s)

____

Print Name & Title of Authorized Representative(s)

承诺函申请表(表 ADB—CL) 填报指南:

一般注意事项:①向亚行提交一式两份申请书(或按要求提交亚行代表处)。②按信用证每一币种和每个收款人分别填制提款申请。③用不超过5 位的数字或字母对申请书编号。④除非亚行另行通知,否则只对金额不少于 10 万等值美元的信用证提交提款申请。金额少于10 万等值美元的信用证一般从周转金账户中支付。⑤申请书填制完送授权签字人签署前,检查所附凭证是否完整、细节是否准确。任何错误和疏漏都会导致提款的延误。

提款信息:①日期:填入申请书的日期应该是授权签字人签署日期,而不是填制申请书的日期。②贷款号:清楚写明亚行贷款编号。③申请书编号:对申请书进行连续编号。如果项目执行(实施) 机构超过一个,项目协调机构应给每一个执行机构一个字母识别代码。如,第一个执行机构的编号为 A0001 至 A9999,第二个执行机构的编号为 B0001 至 B9999。

周转金账户提款申请书格式(英文)(见表 10-8)。

表 10-8　周转金账户提款申请表(ADB—IFP 表)

WITHDRAWAL APPLICATION FOR IMPREST FUND

Date: ______________________________

ADB Loan No. :···············

Application No. :□□□□□

Type of Disbursement:

□Initial Advance

□Increase Ceiling

□Replenishment

To: Asian Development Bank

6 ADB Avenue, Mandaluyong City

1550 Manila, Philippines

Attention: Loan Administration Division, Controller's Department (CTLA)

Sir/Madam:

1. In connection with the Loan Agreement dated between the Asian Development Bank(Bank) and the Borrower ____________________, please pay from the Loan Account for the purpose of establishing/replenishing the Imprest Fund. Currency Amount in Figure Amount in Words

2. The undersigned certifies and agrees as follows:

   a. the said amount is required for payment of eligible expenditures as described in the attached Estimate of Expenditures Sheet(s) from (date/month/year) to (date/month/year).

   b. Any advances by the Asian Development Bank to the Imprest Fund may be limited to a sum smaller than the amount requested for advances or replenishment, allowing the Fund to be gradually reduced and fully documented prior to loan closing date.

   c. The undersigned has not previously withdrawn or applied for withdrawal of any amounts from said Loan Account nor obtained or will obtain any loan, credit, or grant for the purpose of fully or partially meeting the expenditures described in the Estimate of Expenditures Sheet(s) or Summary Sheet(s);

   d. The expenditures described in the attached Estimate of Expenditures/Summary Sheet are to be made for the purpose specified in the Loan Agreement and in accordance with its terms and conditions; and

   e. Promptly within 6 months after the payment(s), the undersigned will furnish proof satisfactory to the Bank to liquidate and document the advance.

   f. For expenditures to be liquidated on the basis of a Statement of Expenditures(SOE), all authenticating documents will be retained in the location shown on the individual SOE Summary Sheet(s) and will be made available for review by auditors and Bank representatives upon request.

   g. As of the date of this application, there is no existing default under the Loan Agreement, the Project Agreement or the Guarantee Agreement, if any.

   h. If any funds withdrawn pursuant to this application are returned, the current value of such funds will be applied as credit to the Loan Account or, if the amount is small, applied to the next loan service payment due.

3. PAYMENT INSTRUCTIONS

   A. Payee's Name and Address

      · Payee's Name :________________________________

      · Payee's Address :________________________________

   B. Name and Address of Payee's Bank and Account Number

      · Bank Name :________________________________

      · Bank Address :________________________________

      · Payee's Account No. : ________________________________

      · SWIFT Code : ________________________________

   C. Correspondent Bank (If Payee's Bank is not located in the Country whose currency is claimed, enter the name and address of their bank's correspondent in the country whose currency is to be paid.)

      · Bank Name :________________________________

      · Bank Address :________________________________

      · SWIFT Code :________________________________

   D. Special Payment Instructions and Other Reference

4. This application consists of __________ page(s) including __________ page(s) of Summary Sheet(s):

From: ____

Name of Borrower

Signature(s) of Authorized Representative(s)

____

Print Name & Title of Authorized Representative(s)

填写周转金账户提款申请表指南(表 ADB—IFP):

一般注意事项:①向亚行提交一式两份申请书(或按要求提交亚行代表处)。②用不超过 5 位的数字或字母对申请书编号。③对于预付金的补充款,请将多次的申请合并直到提款数额至少达到相当于 10 万美元等值或亚行通知的金额。④申请书填制完送授权签字人签署前,检查所附凭证是否完整、细节是否准确。任何错误和疏漏都会导致提款的延误。

提款信息:①日期:填入申请书的日期应该是授权签字人签署日期,而不是填制申请书的日期。②贷款号:清楚写明亚行贷款编号。③申请书编号:对申请书进行连续编号,如果项目执行(实施)机构超过一个,项目协调机构应给每一个执行机构一个字母识别代码。如,第一个执行机构的编号为 A0001 至 A9999,第二个执行机构的编号为 B0001 至 B9999。④提款类型:在提款申请书对应小框中标明提款申请属于首期预付金、提高限额还是补充预付金。

费用估算表:

首期预付金:①提供表 ADB—IFP—EES 中要求的所有细节。费用估算通常基于已签或将要签署合同金额,估算费用不应超过合同金额。②与运营成本有关的支出,其金额应与项目年度预算金额相联系。③无须支持凭证。

补充预付金:①除上述第 1、2 条之外,在提交提款申请表之前,要向亚行有关的项目处提交合同和采购文件(指超过 10 万美元的合同);②如果不允许使用费用清单,则要提供所有的付款凭证、发票、提单、工程进度证明等。这些要求与归垫程序的要求一样。③在任何情况下,都需附上周转金账户银行的银行对账单和周转金账户调节表。

付款指令:①收款人姓名和地址:为了识别付款,需填写收款人的全名和地址。②收款人银行名称和地址以及账号:填明收款人银行的全名和地址,有时还包括分支行等代办机构,账号很重要。如果收款人银行是 SWIFT 成员行,需给出 SWIFT 代码。③代理行:如果款项要支付给一个不在付款货币所在国的银行,填写(该银行在付款货币所在国代理行的)全称和地址。如果该行是 SWIFT 成员行,需给出 SWIFT 代码。④特别付款指令:为便于支付或识别付款,请标明各种细节、特别指令或参考信息。⑤借款人名称:按照贷款协定中的借款人名称填写。⑥授权代表:只能由授权的代表签字。核验授权代表名单是否有变动。

2. 汇总表编制

直接支付、归垫回补和结算周转金汇总表格式(英文)见表 10-9。

承诺函汇总表(英文)格式见表 10-10。

表 10-9 直接支付、归垫回补和结算周转金汇总表

SUMMARY SHEET FOR DIRECT PAYMENT/REIMBURSEMENT/LIQUIDATION

Mark appropriate: ☐ DIRECT PAYMENT (ADB—DRP—SS) ☐ REIMBURSEMENT (ADB – RMP – SS) ☐ LIQUIDATION (ADB—IFP—SS)

BOX: (ADB – Direct Payment Procedure – Summary Sheet) (ADB – Reimbursement Procedure – Summary Sheet) (ADB – Imprest Fund Procedure – Summary Sheet)

<table>
<tr><td colspan="4">Summary Sheet No. :</td><td colspan="2">Date:</td><td colspan="3">ADB Loan No. :</td><td colspan="5" rowspan="2">Supporting Documents Attached
(Please mark with an X)</td></tr>
<tr><td colspan="6">No. & Title of Category/Sub – category:</td><td colspan="3">ADB Serial No. :Item</td></tr>
<tr><td>Item No.</td><td>Delivery Date</td><td>PCSS No.</td><td>Description of Goods & Service</td><td>No. & Date of Contract/P O</td><td>Name & Address of Supplier</td><td>Date of Payment</td><td>Amount Paid/ payable</td><td>Nature of Payment Made a</td><td>Contract/ P O[b]</td><td>Invoice/ Claim</td><td>Receipt</td><td>Bill of Lading</td><td>Certificate[c].</td></tr>
<tr><td></td><td></td><td></td><td></td><td></td><td></td><td></td><td></td><td></td><td></td><td></td><td></td><td></td><td></td></tr>
<tr><td></td><td></td><td></td><td></td><td></td><td></td><td></td><td></td><td></td><td></td><td></td><td></td><td></td><td></td></tr>
<tr><td></td><td></td><td></td><td></td><td></td><td></td><td></td><td></td><td></td><td></td><td></td><td></td><td></td><td></td></tr>
<tr><td></td><td></td><td></td><td></td><td></td><td></td><td></td><td></td><td></td><td></td><td></td><td></td><td></td><td></td></tr>
</table>

Total Amount Paid/Payable ____________________

% Bank Financing ____________________

Amount Requested For Withdrawal ____________________

Note:

a. Indicate against each item, whether the payment is a down payment, or an installment payment (if so, the number of installment).

b. In case this was sent earlier, indicate the reference of the earlier letter in the footnote using(*).

c. In case of civil works contract, a duly signed progress or interim certificate should be submitted.

d. Ensure that amount aggress with the sum indicated in the application.

Borrower: ______________________________ By: ____________________

(Authorized Representative's Signature, Name and Position)

表 10-10　亚行贷款承诺函汇总表

ADB LOAN SUMMARY SHEET FOR ISSUANCE OF COMMITMENT LETTER

Date: ______________________________

ADB Loan No. :……………
Application No. :□□□□□
Letter of Credit No. :………… …

Beneficiary (Supplier)
Name:
Address:
Name of LC Accountee - Borrower or Executing Agency
LC Issuing Bank
Name:
Address:
Bank Code:
LC Advising Bank (if applicable)
Name:
Address:
Bank Code:
LC Paying Bank or Negotiating Bank (Bank to which Commitment Letter is to be issued)
Name:
Address:
Bank Code:
Remarks:

LETTER OF CREDIT DETAILS	
LC Currency and Amount	LC Expiry Date
US $/SDR Equivalent	LC Shipping Date
Terms of Payment	
Brief Description of Goods and Services	
REFERENCES	
EA Contract No / RO reference No.	EA Contract/PO Date
ADB Contract No. (PCSS No.)	Category Reference No.
FOR DFI Loans Only	
Country of Procurement	Sub - loan No.

ADB = Asian Development Bank, EA = Executing Agency, LC = Letter of Credit, PCSS = Procurement Contract Summary Sheet

PO = Purchase Order, SDR = Special Drawing Rights:

………………………

1 Two (2) copies of signed LC should be attached to this form

Borrower: ______________________________ By: ______________________________

(Authorized Representative's Signature, Name and Position)

汇总表编制注意事项:①受益人(供货商)名称和地址:要求全称和邮寄地址,包括城市和国家。②开证人名称:借款人或项目执行机构的名称。③信用证开证行名称和地址:信用证开证行全名。④信用证议付行或付款行名称和地址:信用证上注明的接收承诺函的银行名称。如果可能,需注明 SWIFT 代码。⑤信用证通知行名称和地址:如果可能或与上一项不同的话,从信用证中查取。⑥信用证金额和币种:从信用证中查取。⑦美元/特别提款权(SDR)金额:勿填,由亚行填写。⑧信用证失效日:从信用证中查取。⑨信用证装运日:从信用证中查取。⑩支付条款:从信用证中查取,按信用证所示细节填写。⑪货物及服务的简单描述:按信用证所示,将准备采购的项目汇总。⑫项目执行机构合同号/采购订单号和日期:填写项目执行机构指定的合同号或订单号,以作参考。⑬亚行合同号(PCSS)(如果有的话):填写亚行制定的亚行合同号。此号码称为“采购合同汇总表编号(PCSS)”,通常在签好的合同送交亚行之后获得。⑭贷款类别号:填写贷款协定中条款 3 所示并由本承诺所支持采购的货物和服务的贷款类别号。⑮对开发性金融机构转贷:写明转贷款号码和采购国。⑯说明:给出特别指示或其他在签发承诺函时易于识别的参考信息。

周转金相关表格。周转金账户费用估算表(表 ADB—IFP—EES)(英文)格式见表 10-11。

表 10-11　周转金账户费用估算表(ADB—IFP—EES)

ESTIMATE OF EXPENDITURE SHEET

ADB Loan No. :______________ Application No. :______________

Date:______________

Category No. :______________ Estimate Sheet No. [a]:______________

Contract No.	Contract Date	Description of Goods and Services	Contract Amount	Estimate Amount of Expenditures[b]	Exchange Rate	Estimate Amount in US Dollar Equivalent	

Total this page	______	______
From previous page	______	______
Total estimated expenditure	______	______
Percentage of expenditures to be financed by ADB	______	______
Amount eligible for ADB financing	______	______
Account balance	______	______
Amount request	______	______

Note:

a. A separate Estimate of Expenditure Sheet should b used for each category.

b. Refer to terms of payment for each contract and indicate the amount needed in the currency of expenditure. The amount in this column should not exceed the corresponding amount in the column “Contract Amount”.

Borrower:______________ By:______________

(Authorized Representative Name and Signature)

____

(Position Title of Authorized Representative)

周转金调节表(英文)格式见表 10-12。

表 10-12　周转金调节表

IMPREST ACCOUNT RECONCILIATION STAEMENT

LOAN/GRANTINO: ____________________

Application Number: ____________________　　With (Bank) ____________________

Account Number: ____________________________　Bank Address: ______________________________

1. **PRESENT OUTSTANDING AMOUNT ADVANCED TO THE IMPREST ACCOUNT NOT YET RECOVERED US $** ××××××××.××

---

2. BALANCE of Impest Account as of ______________　US $　××××××.××
   Per bank statement (copy attached)
3. ADD: Amount of eligible expenditures documented/claimed in attached application (No. ____________________)　US $　××××××.××
4. ADD: Amounts claimed in previous applications not yet Credited at date of bank statement:

Application No.	Amount
×××××	US $　××××××.××
×××××	US $　××××××.××
×××××	US $　××××××.××

5. Total expenditures withdrawn from Imprest Account but not yet claimed for replenishment (Indicate details).

a. Second Generation Imprest Accounts (SGIA) ①

a.1	Total SGIA balance accounted for PIU#1 __________	US $	××××××.××
a.2	Total SGIA balance accounted for PIU#2 __________	US $	××××××.××
a.3	Total SGIA balance accounted for PIU#3 __________	US $	××××××.××
a.4	Total SGIA balance accounted for PIU#1 __________	US $	××××××.××
a.5	Total SGIA balance accounted for PIU#1 __________	US $	××××××.××
	Total SGIA balance accounted for	US $	××××××.××
b.	**Transfer in transit**	US $	××××××.××
c.	**Petty cash balance**	US $	××××××.××
d.	**Unliquidated expenses (itemize expenses)**	US $	××××××.××
e.	**Others (Please specify)**	US $	××××××.××
		US $	××××××.××

---

6. TOTAL ADVANCE ACCOUNTED FOR　US $　×,×××,×××.××

Explanation of any discrepancy between totals appearing in lines 1 and 6 above (e. g., earned interest credited to the account, etc.):

____

(Authorized Representative)

①List all existing SGIAs with corresponding amount advanced. Attach latest Second Generation Imprest Account Reconciliation Statements (SIARS) and bank statements。

续表 10-12

SECOND GENERATION IMPREST ACCOUNT
RECONCILIATION STAEMENT(SGIARS)
LOAN/GRANTINO: ________________

Project Implementation Unit: ____________________ With (Bank) ________________

Account Number: ____________________ Bank Address: ________________

1. **PRESENT OUTSTANDING AMOUNT ADVANCED TO THE SGIA NOT YET RECOVERED**① **LC** ×××××××× **US $** ××××××.××

---

2. BALANCE of Imprest Account as of ____________________
   Per bank statement (copy attached) LC ×××××××× US $ ××××××.××
3. ADD: Amounts submitted for PIU for liquidation but not yet replenished at date of bank statement LC ×××××××× US $ ××××××.××

Date	Reference	Amount
dd/mm/yyy	××××	××××
dd/mm/yyy	××××	××××
dd/mm/yyy	××××	××××

4. ADD: Petty Cash balance at date LC ×××××××× US $ ××××××.××
5. UNLIQUIDATED EXPENSES - expenditure withdrawn from SGIA but not yet claimed for replenishment (Itemize expenses) LC ×××××××× US $ ××××××.××
   5.1 ____________________
   5.2 ____________________
   5.3 ____________________
   5.4 ____________________

---

6. **TOTAL ADVANCE ACCOUNTED FOR** **LC** ×××××××× **US $** ××××××.××

Explanation of any discrepancy between totals appearing in lines 1 and 6 above (e. g., earned interest credited to the account, bank charges, etc.):

____
(Authorized Representative)

Note:
If SGIA is maintained in local currency, please indicate exchange rates used at the time of advance/replenishment from the main Imprest Account

____

周转金预拨款清算表(英文)格式见表 10-13。

①Total amount advanced should tally with amount shown in item no. 5(a) of the main Imprest Account Reconciliation Statement (IARS).

表 10-13　周转金预拨款清算表

LIQUIDATION OF ADVANCE

Date:____

To: Asian Development Bank
　6 ADB Avenue, Mandaluyong City
　1550 Manila, Philippines

Attention: Loan Administration Division, Controller's Department (CTLA)

ADB Loan No.:
Application No.:

Attached are the Summary Sheets and the supporting documents (if any) for expenditures in the sum of

Currency	Amount Figure	Amount in Words

incurred under the Loan Agreement of the Asian Development Bank. Please liquidate against previous advance (s)

Description of Goods and Services:

Category	Description	Amount
------------	----------------------	------------
------------	----------------------	------------
------------	----------------------	------------
------------	----------------------	------------
Total		

Note: Separate Summary Sheet should be used for each category

________________　　　　________________

Name of Borrower　　　　Signature of Authorized Representative(s)

____

Printed Name/Position/Title of Authorized Representative(s)

3.提款申请凭证附件

(1)直接支付。土建工程进度款凭证附件包括:合同(如该合同已报亚行备案并有PCSS 号,不必附)、合同承包商的付款要求通知(即发票,发票格式见文本框)。

土建工程合同的形式发票

______________________公司

______________________ Co.

电话（TEL）：　　地址（ADD）：

纳税号（TAXATION No.）：　　　　日期（Date）：

致（To）：

地址（ADD）：

INVOICE 发票

项目名称 Project：

合同号 Contract No.：

合同日期 Contract Date：

费用 Expenditure：　　工程进度款 Works Progress Payment：

期间 Period：　　自 From：　　至 To：

工程费用内容 Expenditure Descriptions：

____

____

____

预付款 Advance Payment：______________________

小计 Sub－total：______________________

抵扣款项 Payment Deduction：______________________

预付款 Advance Payment：______________________

预留款 Retention：______________________

小计 Sub－total：______________________

应付总额 Amount to be Paid：______________________

付款指令 Payment Instruction

开户银行 Name of Bank：

银行地址 Address of the Bank：

账户名称 Name of Payee：

账号 Account Number：

项目经理签字 Signature of Project Manager：　　　　日期 Date：

建筑师或工程师签发的工程量完成证明格式如表 10-14 所示。

表 10-14　土建工程合同的进度证明

________________________________项目工程进度报表

Progress Statement

贷款号 Loan No. :__ 合同号 Contract No. :__ 货币单位 Currency Unit: RMB　期限 For the Period:__________

项目 Description	总费用 Total Cost	本期末累计完成 Completed by the end of this period		上期末累计 Completed by the end of last period		本期完成 Completed in this period		备注 Remarks
		进度(%) Progress	费用 Cost	进度(%) Progress	费用 Cost	进度(%) Progress	费用 Cost	
工程量变更 Engineering variation								
价格调整 Price adjustments								
要求支付额 Claims amount								
上期款迟付的利息 Interest for later payment								
预付款 Advance payment								
合计 Total								
返还预付款 Advance payment repaid								
预留款 Retention								
应付总额 Net Payment								

我确认上述工程款项正确无误 I certify that the above billing payment is correct

________工程建设公司(签章) __________ Construction Co. (Stamp) 项目经理签字____________

日期 Date:

我确认上述工程款项正确无误 I certify that the above billing is correct

监理工程师签字 Supervising Engineer ________________

日期 Date:

供货付款凭证附件包括:合同或订货单(如已有 PCSS 号,不必附)、供货商开具的发票、运输单证(海运单、铁路提货单、公路提货单、航运单)或由用户出具的收货证明。

咨询专家费用付款凭证附件包括:与咨询专家签订的合同、咨询专家的付款申请、咨询专家申请的小额零星费用凭证。

(2)归垫回补。一般偿付程序:除直接支付所要求的附件外,还应附上借款人或项目执行机构已向供货商或土建合同承包商咨询专家付款的凭证(如收款收据、银行出账单等)复印件,以示垫付的金额和日期。

费用清单 SOE(英文)格式见表 10-15 至表 10-18。

(3)承诺函。附上以下文件:①合同或经确认的采购订单(如仍未向亚行提供);②据以申请承诺函的两份签过字的信用证。

三、亚行贷款项目的财务管理与审计

(一)亚行贷款项目财务管理规定与要求

亚行贷款与世行贷款一样,是属于多边国际金融机构的开发性优惠贷款,与一般商业银行贷款相比,它有以下几方面的特点:①亚行贷款只贷给会员国中低收入国家的政府或由政府担保的公、私机构,它是以国家政府为贷款对象的国家主权信用贷款。②亚行提供最多的是项目贷款。这些项目需经亚行严格的评估,必须是技术上和经济上可行,是借款国经济发展的重点。③亚行提供的贷款,一般仅用于融资项目所需的外汇资金,约占项目总投资的 35% ~50%。因此,借款国项目执行单位要筹足其余的国内配套资金。④亚行与借款国签订贷款协定以后,并不是把贷款资金全部拨给借款国,而是把借款的总额记在借款国的名下,随着项目工程建设进度逐笔由借款国申请提取,由亚行审核后直接支付给借款人或供货商、承包商,直至完工。一般项目贷款的提取和拨付要持续 5 ~6 年。事实上,在大部分情况下,借款人可以用钱却摸不到钱。⑤贷款期限长,利率一般比较优惠。但借款人要承担利息和汇率的风险,因为亚行采用浮动利率,每半年调整一次。汇率随市场波动,亚行不承担汇率的损益,与贷款有关的币值浮动而造成的风险由借款国承担。⑥贷款项目中用亚行贷款融资的设备、物资和土建、服务等的采购,必须按照《采购指南》的规定进行,否则亚行不予拨付贷款资金。⑦贷款一般与特定的项目相联系,要专款专用,亚行不仅要经常派团对项目进行检查和监督,而且要求由独立的审计机构定期开展项目审计,以保证贷款只用于规定的项目和目的。⑧借款人或项目执行单位要定期向亚行报告项目的执行情况,包括项目建设进展情况和项目资金的到位与使用情况。

为此,亚行对贷款资金的使用和偿还等有一系列的规定和要求,亚行制定的《普通资金贷款通则》和《贷款支付手册》等,对贷款账户、利息和其他费用、偿还、贷款资金的提取、支付,以及贷款的取消和暂停等都有明确规定。对于具体贷款项目的财务管理,在其《贷款协定》和《项目协议》均有明确的规定。同时,有关采购业务和咨询专家聘用,亚行有《采购指南》和《咨询专家使用指南》,有关财务报告和审计有《亚行贷款项目财务报告和审计指南》,有关周转金账户和费用清单有《周转金和费用清单使用指南》等。在项目执行中,要按上述指南和手册的要求,认真做好亚行贷款项目的财务管理和贷款资金提取工作。

表 10-15　10 万美元及以下土建工程或采购费用清单

STATEMENT OF EXPENDTTURES (SOE) FOR CIVIL WORKS OR PURCHASES OF US $ 100000 & BELOW

For the Period ____________ to ________________

SOE for : ☐ Replenishment of Imprest Advance　　☐ Reimbursement　　☐ Liquidation

SOE Sheet No. :		ADB Loan No. :			Category/subcategory:				Application No. :					Date:	
PROCUREMENT					DISBURSEMENT										
Item No.	Description of Contract	Name & Address of Supplier/ Contractor	Contract		Particulars of Payment						ADB Financing				
			Date	PCSS* Number	Bill No.	Amount	Amount of Bill	Retention Money	Taxes	Amount Paid	Cost of Bank Fin. At __%	Exchange Rate	US $ Equiv. Charged to I/A	Paid by Check No.	Remarks

* PCSS = Procurement Contract Summary Sheet　　TOTALS ________ ________

CERTIFICATION

It is hereby certified that the above amounts have been paid for proper execution of project activities within the terms and conditions of the Loan Agreement. All documentation authenticating these expenditures has been retained in (insert location) and will be made available upon request of review missions. It is further certificated that payments have not been split to enable them to pass through the threshold prescribed under the SOE.

Borrower: ________________　　By: ______________________________

(Authorized Representative Signature, Name and Position)

表 10-16　10 万美元以上土建工程费用清单

STATEMENT OF EXPENDTTURES（SOE）FOR CIVIL WORKS OF OVER US $ 100000

For the Period ____________ **to** ____________________

SOE for：　☐ Replenishment of Imprest Advance　☐ Reimbursement　☐ Liquidation

SOE Sheet No.：		ADB Loan No.：			Category/subcategory：[a]				Application No.：				Date：
Item No.	Description of Goods & Services	Contract/PO No. For EA's Record	PCSS No.	Name & Address of Supplier	Amount Paid /Payable	% of ADB Financing	Amount Requested for Withdrawal[b]	Nature of Payment[c]	Payment /Check No.	Currency & Amount Charged To Imprest Acct.[d]	Exchange Rate[d]	US Dollar Equivalent[d]	Remarks

TOTALS ____________　____________　____________　____________

CERTIFICATION

It is hereby certified that the above amounts have been paid for proper execution of project activities within the terms and conditions of the Loan Agreement. All documentation authenticating these expenditures has been retained in (insert location) and will be made available upon request of review missions. It is further certificated that payments have not been split to enable them to pass through the threshold prescribed under the SOE.

Borrower：______________________　　By：______________________

(Authorized Representative Signature, Name and Position)

Note：

a. Use separate Summary Sheet for each category and for each county of procurement.

b. Ensure that the total amount or the aggregate of all summary sheets agrees with the sum indicated in the application which should be equivalent to US S100000 or above.

c. Indicate against each item, whether the payment is a down payment, or an installment payment (if so, the number of installments).

d. Applicable for liquidation/replenishment. Bank and reconciliation statements should be attached. Entries indicated in these columns should the amounts shown in the Bank statement.

表 10-17　运行成本费用清单

STATEMENT OF EXPENDTTURES（SOE）FOR OPERATING COSTS

For the Period __________ to __________

SOE for：　☐ Replenishment of Imprest Advance　☐ Reimbursement　☐ Liquidation

SOE Sheet No.：		ADB Loan No. /Cofinancing No.		Category/subcategory			Application No.：		Date：	
Item No. (1)	Type of Work/Item of Expenditure[a] (2)	Project Component (3)	Budget for (Year) (Currency) (4)	Cumulative Expenditures Up to the End of Last Period (Currency) (5)	Expenditures During this Period (Currency) (6)	% of ADB Financing (7)	Amount Charged to Imprest Account (I/A)[b] (8)	Exchange Rate Used[b] (9)	US Dollar Equivalent[b] (10)	Payment Check No. (11)

TOTALS
A) Total
B) Percentage of ADB Financing
C) ADB Financing[c] (A × B)

* Column headings and titles may be added/changed as appropriated to suit the circumstances of the project

CERTIFICATION

It is hereby certified that the above amounts have been paid for proper execution of project activities within the terms and conditions of the Loan Agreement. All documentation authenticating these expenditures has been retained in (insert location) and will be made available upon request of review missions. It is further certificated that payments have not been split to enable them to pass through the threshold prescribed under the SOE.

Borrower：__________　　By：__________

(Authorized Representative Signature, Name and Position)

Notes：

a. Indicate against each item of Expenditure, whether the payment is a down payment, or an installment payment (if so, the number of installments).

b. Applicable for liquidation/replenishment. Bank and reconciliation statements should be attached. Entries in this column should be the amounts shown in the Bank statement.

c. Ensure that total amount or the aggregate of all summary sheets agrees the sum indicated in the application which should be equivalent to US $ 100000 or above.

表 10-18　自由格式费用清单

STATEMENT OF EXPENDTTURES (SOE)

FREE FORMAT[a]

For the Period ____________ to ____________

Loan No.: ____________ Withdrawal Application No.: ____________ Date: ____________

Summary Sheet No.: ________________ □Liquidation/Replenishment of Imprest Advances

Category/subcategory No.: ____________ □Reimbursement

Item No.						

TOTALS

A) Total Column ____

B) Percentage of ADB Financing

C) ADB Financing[b] (A × B)

CERTIFICATION

It is hereby certified that the above amounts have been paid for proper execution of project activities within the terms and conditions of the Loan Agreement. All documentation authenticating these expenditures has been retained in (insert location) and will be made available upon request of review missions. It is further certificated that payments have not been split to enable them to pass through the threshold prescribed under the SOE.

Borrower: ____________________ By: ____

(Authorized Representative Signature, Name and Position)

Notes:

a. This free format is applicable to local expenditures such as recurrent operating cost, fellowship and training, etc. which are not covered by contract awards. For other SOE claims, column headings and titles may be added/changed as appropriate to suit the circumstances of the Project.

b. Ensure that the total amount or the aggregate of all summary sheets agrees with the sum indicated in the application which should be equivalent to US $ 100,000 or above.

自营工程进度证明(英文)

自营工程进度证明第一部分如下面文本框所示。

CERTIFICATE (PART I) FOR FORCE ACCOUNT WORKS

ADB Loan No.:

Date: ________________

It is certified that as of __________(date)__________ the cumulative progress on the work relating to ______________________________

was ________________%。

Signature: ____________________

Name: ____________________

Title or

Designation *: ____________________

Executing Agency: ____________________

* Should be Project Consultant or Project Engineer or Authorized Representative of Executing Agency or Implementing Agency

自营工程进度证明第二部分如下面文本框所示。

CERTIFICATE (PART II) FOR FORCE ACCOUNT WORKS

ADB Loan No.:

The amount of ADB loan allocated for financing this force account works in US $ ____________. On the basis of the percentage of work completed as certified in Part I above, the cumulative amount that could be withdrawn is US $ ____________. The amount of US $ ____________ has already been withdrawn under withdrawal applications up to and including application no. ____________ and the balance of US $ ____________ is now requested to be withdrawn under application no. ____________.

Amount calculated for financing this force account works US $ ____________

Cumulative amount that could be withdrawn

(percentage of work completed in Part I above) ____________

Less: Amount already withdrawn up to withdrawal application

(latest application paid) ____________

Amount now requested for withdrawal

(this application) US $ ____________

By: ______________________________

(Signature of Authorized Representative(s)) *

____

(Printed Name / Position / Title of Authorized Representative(s))

* Person(s) authorized to sign withdrawal application on behalf of the Borrower

自营工程项目的工作实际进度(英文)见表 10-19。

表 10-19　自营工程项目的工作实际进度

PHYSICAL PROGRESS BY PROJECT ACTIVITIES UNDER FORCE ACCOUNT WORKS (in million US $)

For the Quarter Ending ________________, 20 ________________

Loan No. :				Project Name:								
Particulars	Cost Estimate[a] (in million $)			Implementation Schedule						Time Elapsed (Col. 5/6)	Percentage (%) Accomplishments		Remarks
	Foreign	Local	Total	Appl. Sched for Start – up	Date Started	Delay in Months (Col. 5 – 4)	Appraisal Sched for Completion	Target Date of Completion	Delay in Months (Col. 8 – 7)		Progress	Actual	
	1	2	3	4	5	6	7	8	9	10	11	12	13

a. This may be original cost estimate as per Appraisal Report or revised estimate as agreed to by the ADB.

1. 项目准备阶段的财务管理

项目从审批立项到亚行贷款生效前的准备阶段,财务资金管理部门必须参与项目前期准备各个阶段的工作,尤其对财务和经济效益、国内配套资金筹措、债务结构与偿还机制、转贷等应认真负责把关,同时应了解和熟悉亚行贷款的运作程序,根据项目本身的特点,与亚行的有关团组商定贷款支付及有关贷款条款,为项目执行阶段充分利用亚行的有关政策规定做好准备。此外,还应建立健全各有关的财务会计制度,为项目的顺利实施打下良好的基础。在亚行正式审批贷款后,财务资金管理部门应抓紧与各有关部门商定转贷款金额、年限、利率、承诺费、偿还方式以及权责与义务等转贷事宜。

由财政部向亚行借入的项目贷款,一般都是按亚行规定的条件通过各级地方财政部门全额转贷给项目主管单位,其利率、宽限期、偿还期等均与亚行一致,汇率风险由项目执行单位承担。

2. 项目实施阶段的财务管理

(1)办理提款签字人授权。贷款正式生效后,应首先办理提款签字人授权手续。根据转贷协议的不同规定,项目提款签字人可以由财政部直接负责、由地方财政部门或其他部门(如交通部门、电力部门等)负责以及由项目单位直接负责。三种情况下均需由财政部国际司司长以正式信函的形式向亚行授权。

财政部直接负责提款的亚行贷款项目,由财政部自主决定提款签字人,并以国际司司长的名义向亚行授权,但财政部也会要求地方政府部门或项目单位向其报送备案财政部的提款签字人,因为通常财政部不直接制作提款的具体文件,而是要求地方政府部门或项目单位准备提款文件,经上述备案签字人签字并加印公章后,寄送财政部申请提款。财政部审核无误后,寄送亚行申请提款。如果项目在执行中存在问题,财政部可能对项目单位采取暂停提款惩罚性措施。为建立"借、用、还"相统一的管理机制,同时也为适应机构改革后政府职能转变的要求,财政部鼓励地方财政部门作为项目提款签字人,更多地参与亚行贷款的日常管理,而财政部直接负责的项目提款将逐步减少。但根据转贷协议的规定,一旦项目单位在支付过程中违规,财政部随时可以取消其提款签字权。

对于财政部不直接负责提款的项目,包括由地方财政部门或其他部门负责以及由项目单位直接负责两种情况,授权提款签字人应遵循如下程序(为叙述方便,下面不仅说明项目新生效时如何报送提款签字人,还说明了在项目执行中,因工作需要变更或取消部分或全部提款签字人的程序):

确定提款签字人。财政部没有对提款签字人的资历提出明确要求,但一般应让具备一定财务知识、熟悉亚行贷款提款程序、并能代表借款单位的人员提款。由于亚行在付款时确认提款申请书是否有效的重要程序是核对提款签字人签字(而不是像国内一样核对预留印签),因而提款签字人本人对所申请资金的真实性、合法性、可核性负完全责任,各单位在确定提款签字人时应十分慎重。

与财政部所签《转贷协议》中确定的债务人或债务代表,由财政部以正式文件的形式报送该项目的提款签字人。报送提款签字人的文件名称为:《关于报送亚行贷款×××项目(贷款号)提款签字人签字样本的函》。如果一个贷款项目为打捆项目,需分开子项目执行,各子项目执行单位在报送提款签字人时还应写明子项目的代码。如化肥发展项目贷款号1248—PRC,河南省财政厅负责执行其中的平顶山化肥厂部分(B)部分,财政部同河南省人民政府签字了《转贷协议》,规定河南省财政厅为债务代表人。报送提款签字人时要由河南省财政厅以厅发文的名义向财政部报送,名称为:《关于报送亚行贷款化肥发展项目(贷款号1248—PRC)B部分平顶山化肥厂子项目提款签字人签字样本的函》。

在文件的开头部分应写明:项目生效时间,转贷协议的签订各方名称、签定时间、债务代表人条款以及开设专用账户的条款。在项目执行中期,如果以前已经报送过提款签字人,需申请变更或取消提款签字人,还应注明以前报送的时间及授权的人员。

设立提款签字人分为4种情况:初次设立;新增部分人员并全部保留以前已授权人员;新增部分人员部分代替以前人员;新增部分人员全部代替以前人员。请务必在文件中注明属于何种情况,如为部分替换以前人员,应注明替换掉的人员姓名。

报送的各位提款签字人,均需在文件中注明其姓名、所在部门及职务。但在文件正文中不需签字人签字,有关签字样本应在附件中。

在报送文件的结尾,应重新确认一次新生效的授权签字人:上述提款签字人×××、×××以及以前授权的×××、×××(除了×××外)中的任何一位在提款申请书上签字均为有效,请财政部向亚行办理有关授权手续。

文件需包括两份附件:附件一为签字人真迹,至少一式三份,只能用英文,包括如下内容:左上方写明ATTACHMENT;附件标题为Specimen of authorized signatures for (Part *) of * * * Project, (Loan No. * * *);标题下面首先用拼音在左方标明签字人姓名,下面划一条线,签字人可以用签字笔在线上签字,签字可用中文也可用英文,但必须是原件,然后在右方用英文写明左方签字人的职务和所在部门;最后另起一段写明Withdrawal applications signed by anyone of the above officials will be valid。

需要注意的是,在对签字人单位及职务进行英译的时候,应尽量采用外交部认可的规范译法。通常省级财政厅、局均为Provincial Finance Bureau,副职前均用Deputy,尽量少用外国人不好理解的调研员、助理调研员等称谓,如果职务不好表达,可使用支付官员Disbursement Officer作为职务。

附件二为通信地址及所需资料,请写明提款签字人的中英文通信地址、联系电话及传真,如果方便,也可写上电子邮件。注意,亚行在提款处理过程中随时有各种问题与签字人联系,如果没有联系方式将对付款造成不必要的延误。一旦提款签字人联系方式有变,应立即通知财政部和亚行。另外,在本附件中也可以列出需要亚行提供的资料,如半月支付报表、亚行内部支付凭证、借款报表、账单等。亚行财务局支付处目前已经开通支付信息网,网址为http://lfis.asiandevbank.org。该网提供了亚行支付的全过程信息,但需要亚行授权的密码方能登录。在办理授权申请的同时,可要求亚行提供此密码。

(2)支付管理。贷款正式生效后,应根据项目的建设进度,做好贷款融资的合格费用的申请提款。

首先应收集和整理有关凭证附件,包括采购合同、亚行对采购合同的批准传真、各种单证、票据等,然后按照亚行《贷款支付手册》的规定,编制提款申请书,同时做好提款记录,以便及时与亚行的付款通知进行核对。采购与支付过程的管理惯例可用表10-20简要说明。

表 10-20 采购与支付过程的管理

序号	管理的内容	负责管理的机构	管理的依据
1	招标文件编制	项目执行机构	
2	招标文件审批	亚行项目局/律师/中央项目服务办公室人员	亚行采购指南 贷款协定
3	招标	项目执行机构	招标文件
4	评标 授标建议审批	项目执行机构 亚行项目局/律师/中央项目服务办公室人员	亚行采购指南 贷款协定 招标文件
5	签订合同 亚行注册合同和编号(PCSS No.)	项目执行机构 亚行项目局	
6	合同执行	项目执行机构/项目工程师	合同条款
(1)	进度款账单	项目执行机构	合同规定的付款条款
(2)	提款申请书编制	项目执行机构/借贷款人	贷款支付手册/贷款协定
(3)	处理提款申请书	亚行主计局	亚行支付指南
(4)	发出付款指示	亚行财务局	亚行财务政策
(5)	执行付款	亚行主计局/财务局	银行程序

(3)项目资金管理。亚行贷款项目资金包括亚行贷款和国内配套资金。国内配套资金包括有偿配套资金和无偿配套资金,亚行不仅要监督亚行贷款资金的管理使用,而且还要监督国内配套资金的筹措到位。项目执行机构应根据项目建设进度,编制资金使用计划。一般地,每年11月前应向亚行报送下年度项目资金的预算计划、亚行贷款的提款计划。亚行贷款的提款计划包括按季度合同授予计划和提款计划。随项目的不同,亚行要求报告季度或半年项目资金计划的执行情况,并以此为基础考核项目执行的成效。

项目应设立专户管理项目资金,确保资金的专款专用。亚行贷款资金应按贷款协定和评估报告等规定的范围使用,不得改变使用方向。

(4)会计记录管理。项目执行机构应按财政部颁发的有关会计准则认真做好会计工作,各种会计资料应保存完整,接受亚行代表团、财政部门和审计部门对贷款项目会计资料的审查、核实,建立健全项目财务的内控制度,不应受理不真实、不合法的原始凭证,保证账簿记录与实物款项相符。否则,可能导致亚行贷款暂停拨付,甚至收回贷款。对于有使用费用清单和周转金程序的项目,应按亚行要求,做好各种凭证附件的分类保管和周转金账户会计工作,以便让亚行团组检查和审计。会计年度结束后,应按有关规定和贷款协定的要求,及时汇编年度财务报表。

(5)还贷准备金。为了确保亚行贷款按时还本付息付费,财政部门在《转贷协议》中均明确要求项目执行机构建立还贷准备金。还贷准备金的来源包括试生产收入、物资转让净额、索赔与违约金净额等,在保证项目还本付息付费有余的情况下,可有偿使用,支持项目建设。

(6)外债管理。亚行贷款是属于国家计划管理的外债,贷款生效后,项目执行机构应立即向外汇管理部门办理外债登记,每次申请提款也应向外汇管理部门进行外债登记。此外,还应定期与外汇管理部门进行外债余额校核,根据亚行半年一次利息费用本金化的通知,及时将息费归本情况向外汇管理部门报告,以确保项目向亚行偿还债务时能够足额兑换所需外币。

3. 项目运营阶段的财务管理

项目完工验收时,项目单位应会同有关部门对项目的资产、债权、债务进行全面清理,编制竣工决算表、资产负债表、交付使用的资产目录和债权债务清单,编写项目竣工报告,并要求在项目完工后 6 个月内,将这些报告和报表提交亚行。

项目运营后,应定期向亚行报告运行情况,提交项目运营的损益表和资产负债表等财务报表。作为项目债权人,亚行要了解项目偿债能力、营运能力和盈利能力,以便于评价项目和企业财务状况和经营成果。

在亚行贷款全面还清前,亚行要求项目执行机构不得随意出卖、出租或其他任何方式处理有效运营所需要的项目资产。项目资产和债权的重组以及项目债务人所有制结构的变动,应事先征得亚行的同意。

财务管理工作的首要目标就是要优化投资的财务与经济效益。财务管理制度包括与财务计划、规划编制、会计、报告制度、审计、筹资以及与项目执行机构的组织和人事安排有关的各项政策和惯例。

执行机构应当计划、完善和保持相应的财务管理制度,提供及时可靠的信息,这些信息应当适用于监控项目和执行机构在实现亚行同意的目标方面的进展情况。信息还应当预警项目实施和执行机构管理项目中的问题。

执行机构还应具有一个有效的控制环境,包括内部控制制度、坚持管理政策以及保障财务记录完整可靠、有序高效运行项目、正确记录和保护项目的资产与资源。

(二)亚行贷款项目的会计

亚行需保证其提供给借款人的贷款资金能够得到充分利用,因此亚行要求借款人定期提供以健全的财务制度以及准确记录的数据为基础的项目财务报告,以反映他们在充分利用贷款方面的成效。在项目贷款协定中明确要求借款人,在项目执行期间要提供有关的财务数据,必要时在项目完成后乃至贷款全部偿还前也需提供相关的财务数据。

在可能的情况下,亚行希望能按国际会计标准委员会制定的国际会计标准核算项目的专用账户和执行机构的账户,这有利于与国际会计标准和相关财务经济资料相统一。一般来说,亚行对项目应采用的会计标准和准则并不作明确的硬性规定,不过在贷款谈判阶段可能对某项目或项目的某个组成部分做某些特殊规定。原则上,亚行可以接受依据当地普遍接受的会计准则并经过审计的财务报告。为了利于亚行采用国际会计标准对某些贷款项目的财务业绩进行评估,亚行要求借款人在所有项目会计中最低限度要保证采用下列基本准则:①借款人自有资金、其他贷款资金和亚行贷款资金均应记入会计记录;

②财务报表要恰当地反映所有实质性材料；③财务报表要真实而公正反映财务成果和状况；④对账户和会计制度进行独立的审查。

在很多情况下，根据国家制定的会计标准、规定、程序和惯例，按照该国普遍接受的会计原则（GAAP）编制的财务报告，可以满足上述要求。审计师必须在向亚行提交的审计报告中应确认项目财务中指明采用的会计方针、标准和惯例。亚行可能会要求编制与当地会计制度不同的补充资料，并要求借款人将这些资料附在向亚行提交的年度财务报告中。

（三）亚行贷款项目财务报告

为了保证项目的监督工作能够得到充分、及时和可靠的信息支持，亚行要求项目执行单位应尽早提供每个会计年度符合要求的经审计的年度财务报表（告）和中期财务报表（告）。

亚行一般要求提供定期的进度报告，包括财务报告，其内容包括：①项目的期中、年度和最终成本；②执行机构的财务业务和财务状况（如果需要）；③项目资金（包括亚行贷款）的使用说明；④提取亚行贷款资金的依据；⑤遵守财务合约和相关条款的情况；⑥亚行与借款人达成的项目有关财务管理和会计制度的实施有效性。

1. 亚行的统一要求

项目执行机构提交的所有期中和年度项目财务报表都应符合下列要求：①以英文出具；②全面披露和说明项目执行人自有资金、其他捐助资金、其他贷款资金和亚行贷款资金的使用情况；③符合贷款合约和亚行对项目管理的要求；④充分披露所有的实质性信息；⑤对项目及其执行机构（如果需要）的财务业绩和状况进行真实而公允的描述和列报。

此外，下列基本原则适用于年度财务报表：①明确说明所采用的会计政策和会计准则；②由亚行认可的审计人员对财务账目和财务管理制度进行独立审核的结果。

通常期中财务报表和年度财务报表应该采用当地货币表示，并清楚说明任何外汇交易或外汇权责转换为本币的基础和方法。另外，与每个项目有关的期中财务报表和年度财务报表应该提供充足的信息，以区分本财务年度发生的费用收支情况和自项目开始起累计发生的费用收支情况。如果设立的执行机构是为了实施某个项目，则在期中财务报表和年度财务报表中将项目的财务费用收支与执行机构的财务费用收支合并。

如果某个执行机构负责执行指定的子项目，则对应某个子项目都应编制独立的财务报表，并对整个项目编制合并的财务报表。如果某个执行机构负责执行多个项目，则可根据财务报表附注中的规定将属于共同性质的财务费用分摊给各个相关的项目。

2. 项目财务报告报送的时间

项目执行机构应按照与亚行商定的时间表向亚行提交期中和经审计的年度财务报表。期中财务报告提交的时间为每个财务年度中间隔 3 个月、4 个月或者 6 个月。

亚行通常要求项目执行机构应在上个财务年度结束后 6 个月内向亚行正式报送经审计的年度财务报表。

3. 项目财务报告的内容

（1）会计报表。对盈利性项目及其执行机构的报告要求是统一的，但对非盈利性项目及其执行机构的报告要求可能不尽相同。非盈利性项目及其执行机构的财务报告存在的最主要差别在于项目执行机构是采用权责发生制还是现金收付制。

采用现金收付制，非金融类资产（例如固定资产、应收账款、存货）将不予系统记录。因此，编制损益表和资产负债表的信息不存在，一般以编制现金收付表来替代。

采用权责发生制，应编制损益表和资产负债表。权责发生制的报表一般都会辅以一份现金流量表。

不管是采用权责发生制还是现金收付制，都必须对会计报表所依据的会计政策或财务政策进行明确说明。

（2）财务报告（表）。亚行对非盈利性项目和盈利性项目报送的财务报告（表）规定不同的报送要求，具体见表10-21。

表10-21 向亚行报送会计报表和财务报告要求一览

<table>
<tr><th rowspan="2">会计报表</th><th colspan="2">非盈利性项目及其机构</th><th colspan="2">盈利性项目及其机构</th></tr>
<tr><th>期中报表（项目管理报告）</th><th>年度经审计的报表</th><th>期中报表（项目管理报告）</th><th>年度经审计的报表</th></tr>
<tr><td>会计/财务政策说明</td><td></td><td>V</td><td>V</td><td>V</td></tr>
<tr><td>收入表（现金收入）</td><td>V</td><td>V</td><td></td><td></td></tr>
<tr><td>支出表（现金支出）</td><td>V</td><td>V</td><td></td><td></td></tr>
<tr><td>现金流量表</td><td>V_1</td><td>V_1</td><td>V</td><td>V</td></tr>
<tr><td>周转金账户报表</td><td>V</td><td>V</td><td>V</td><td>V</td></tr>
<tr><td>费用清单报表（SOE）</td><td>V</td><td>V</td><td>V</td><td>V</td></tr>
<tr><td>损益表</td><td colspan="2" rowspan="2">由于多数非盈利性项目采用现金收付制会计方法，所以这两个报表一般没有编制</td><td>V</td><td>V</td></tr>
<tr><td>资产负债表</td><td>V</td><td>V</td></tr>
<tr><td>财务报表附注</td><td>V_2</td><td>V_2</td><td>V_2</td><td>V_2</td></tr>
<tr><td>其他信息</td><td>V_3</td><td>V_3</td><td>V_3</td><td>V_3</td></tr>
</table>

注： V_1——非盈利性项目（和执行机构）的现金流量表的内容和格式不必符合国际会计准则。

V_2——财务报表附注系对财务报表所提供信息的进一步细化和详细说明。

V_3——其他信息的范围和性质有待与亚行商定。

反映经营成果的“损益表”，反映每个会计年度资金状况的“资金来源与应用表”，反映每个会计年度包括项目在内的实体财务状况的“资产负债表”。在编制这些报表时，还应提供上一个会计年度的数据，以便进行比较，分析财务变动情况，并对此进行说明。

“损益表”应反映出项目运行的结果，具体应包括下列项目：①经营收入（包括销售收入和服务收入）；②经营成本（包括工资、材料、管理费用、销售成本等）；③折旧费；④非经营性收入；⑤所得税；⑥利息和其他财务费用；⑦净收益。

除此之外，还应包括收益分配或亏损分摊，最好是附上“利润或盈余分配表”。“资金来源与应用表”应列出报告期内所有资金的来源和在企业扩展、项目建设、债务偿还、流动资金等的应用，以及支付股本红利或其他形式盈余资金的分配等情况。

最好将该表设计成能清楚表明报告期内现金流动的格式。

“资产负债表”应按报告期末的数据进行编制，能反映出固定资产、流动资产和其他类型的资产情况和包括长期借款、短期借款、已缴股本、累计盈余等负债与权益情况。为了更好地反映实体的业务和特征，资产负债表的格式最好能反映其资本结构、流动状况或积累等重要参数。

“周转金账户报表”汇总亚行预拨付和回补的款项，减去项目单位支取的款项，显示周转金账户的现金余额。每个周转金账户都应附有银行报表。每份银行报表都应列明当年的预拨付款和回补款、账户余额产生的利息，同时减去因项目开支提取的款项。第一个账户用于亚行贷记“周转金账户”的款项，第二个账户可用于项目当地运作（第二代周转金账户，SGIA）。项目周转金账户应用于回补第二代周转金账户。有必要附上对账单以反映亚行与周转金账户之间、周转金账户与第二代周转金账户之间的在途项目。

另外，项目执行机构还应编制一份周转金账户的运营账户交易明细表。

“费用清单报表（SOE）”，是一种无需向亚行提交支持文件的亚行报账提款偿付程序。该报表的格式包括书面声明，确认费用支出符合贷款要求和费用支付凭证确实存在。项目执行机构应汇总当年采用SOE程序报账提款的“费用清单报表（SOE）”，提交审计后与年度财务报表（告）一并报亚行。

（3）政府部门执行的非盈利项目的财务报表。由国家、省、地和县政府部门实施的项目，其中期或年度的财务报告可以按当地的预算和会计格式编制的项目和有关项目执行机构的收入（或现金收入）与费用支出（或现金支付）表的格式，必要时附上有关的说明和补充的财务报告，对表中的重要部分作必要的分析解释，或按该国普遍接受的会计准则提供必要的补充材料。例如报表若按“现金收付制”编制的，那么就要求按“权责发生制”对关键的科目进行折换，这样就可以让亚行在补充的财务报告查找到有关债务（未付债务和应收账款）的详细情况。

（4）补充的财务报告。对于与项目会计方法不同要求编制的财务补充报告，亚行通常会给项目执行机构提供所要求的格式和内容，但借款人应当在报告中提供能够反映项目实施和运营情况的一切资料。亚行可能要求的资料有：①一份固定资产简表和其重置价值的估算标准，应将使用中的固定资产与在建工程以及该年度变动等区别开来；②按资产类别的折旧费和累计折旧费（包括解释说明计提折旧费的方法和折旧率）；③一份说明主要类别的存货简表和存货估值的标准；④损益表中有关工资费用、劳务成本和其他重要项目的情况；⑤按时间长短顺序列入应收账款和应付账款的简要情况；⑥长期债务简明表，包括贷款期限、债务余额、待拨付的贷款余款，以及还贷币种和已用执行机构资产抵押的票据等；⑦债务重置分析，包括使用的方法和对实体财务地位的影响等；⑧非经营性收入支出报表；⑨包括退休基金和储备基金在内盈余资金的投资情况；⑩递延负债情况；⑪现金和银行存款余额。

(四)亚行贷款项目的审计

根据亚行规定,在贷款协定生效后,在项目建设期内乃至贷款全部偿还之前的项目生命期内,独立的审计部门对项目和项目执行单位财务资金运作合法及财务收支的真实情况进行审查监督。

审计的目的是要证实财务报告和有关会计资料的真实性,以督促项目单位认真履行贷款协定,同时检查项目财务收支及有关经济活动的合法性,保证项目资金按规定使用,发挥效益,提高贷款的偿还能力。

1. 审计标准

亚行希望审计师能采用国际会计师协会建议的国际审计指南进行审计,但是亚行承认一些国家审计师期望采用可以与国际审计指南不一致但遵循本国的法律得到公认的审计准则。必要时,亚行还可以要求补充审计和报告程序,以核实会计责任和财务成效。此外,亚行希望审计师在审计报告中指出,与采用国际审计指南相比,采用当地审计标准的差异程度和对审计的影响。

2. 审计师挑选

借款人负责挑选审计师,亚行保持确认所挑选的审计师是否为亚行接受的权利。

为了使借款人所选聘的审计师让亚行接受,审计师必须满足下列 3 个条件:

(1)审计师必须公证、具有独立性,不受被审计单位和委托人的控制,尤其是审计师在审计期间不得被受审单位另外受聘或任作被审计单位的领导,或与该单位在财务、业务上有着密切的关系。

(2)审计师必须是被公认并享有信誉;审计时必须采用符合公认惯例的程序和方法,雇用具有专业资历和经验的合适人员。

(3)审计师在审计与他们所承担任务的性质、规模和复杂性类似的项目账目或执行机构账目方面,必须具有极其丰富的经验。对于某些项目来说,可能需要从国外借鉴特别审计经验。

在许多国家,按法律规定,由政府审计部门承担对贷款项目的审计。为此,亚行同意借款人选择政府审计部门开展亚行贷款项目的审计。必要时,亚行通过提供技术援助,帮助政府审计部门提高业务能力。一般情况下,亚行要求承担亚行贷款项目审计的政府审计部门做到既不能控制被审计的项目执行机构,也不受其控制,不能参与其他任何与项目有关的管理。当亚行认为政府审计部门不能及时提供符合要求的审计情况时,亚行要与借款人商定对贷款项目的审计做出重新安排,可能采用由独立的私人或商业审计师协助政府审计部门,或不仅要求政府审计部门向亚行提供审计意见和报告,还要由独立的私人或商业审计师向亚行提供审计意见和报告。

目前,中国都是由国家审计署或由国家审计署授权地方审计机关承担亚行贷款项目的审计,亚行均能接受这种安排。一般地,中央财政或国务院部门及直属企事业组织直接受益、承担债务或者提供债务担保的项目,由审计署直接进行审计监督。地方财政或地方政府及其各部门和所属企事业组织,接受财政部及其他中央主管部门转贷或转拨外资的亚行贷款项目,由审计署授权有关地方审计机关进行审计监督,年度审计报告经审计署审查后，才能报亚行。

3. 审计依据

目前中国审计部门对亚行贷款项目审计的主要依据有：中国有关的财经法律法规、规章制度，国家利用外资政策、产业政策、国民经济和社会发展计划，中国政府及其有关部门与亚行签订的贷款协定、项目协定，亚行的有关规定、指南，以及国际审计准则和国际会计准则等国际公认的审计、会计规范。

4. 审计程序

根据中国审计部门开展亚行贷款项目审计的现行做法，简述审计程序如下：

（1）审计授权与分工。亚行贷款生效后，作为亚行贷款借款人代表的财政部向国家审计署发出审计授权，并提供与贷款相关的文件。国家审计署根据贷款项目执行机构和债务承担人的情况对项目审计进行分工，中央部门执行的项目由国家审计署和其特派员办事处负责审计，地方政府部门执行的项目由国家审计署授权省（市、自治区）审计厅负责对其进行审计。

（2）年度审计计划。在每个会计年度结束后，审计机关制定包括审计内容、审计时间安排等的年度审计计划。

（3）审计通知。根据年度审计计划，审计机关将有关的审计内容、审计小组人员和时间安排等向被审计机构发出审计通知。

（4）审计方案。根据年度审计计划，审计小组制订详细的审计实施方案。

（5）现场审计。审计小组在审计通知规定的时间内，到项目执行机构进行现场审计，通过座谈和查阅账本等，现场了解项目执行机构执行贷款协定、国家财经法律与法规、财务内控制度及财务资金运作等情况，确定项目执行机构编制的财务报表的格式符合情况以及数字的真实可靠与否等。

（6）审计报告的编写与审计意见的反馈。根据现场审计结果，审计小组编制审计报告，对要求的内容提出观点意见，并将审计报告送被审计机构征求意见，要求被审计机构在规定时间内向审计机关提交审计报告意见的反馈函。

（7）审计意见书与审计公证报告的审定和提交。在审阅被审计机构的审计报告意见反馈函后，编制审计意见书和审计公证报告报国家审计署审定，按时间向亚行报送审计公证报告。

5. 审计内容

（1）对项目财务报告编制方式和有关会计资料的管理进行审计监督的主要内容。①项目财务报告或项目汇总财务报告编制的依据、格式、内容、程序、时间等与有关会计制度、项目贷款协定、项目协议和国际会计准则的符合程度，以及前后一致性。②项目财务报告中相关会计报表之间勾稽关系的符合程度。③会计报表和报表说明与有关会计账簿、会计凭证和其他有关证明文件、实物资产的一致性。④财务报告、会计账簿、会计凭证和会计档案管理的合理性。

（2）对项目资金来源进行审计监督的主要内容。①提取贷款的进度、类别和比例遵守项目贷款协定的情况，提款证明文件的完整性和真实性，审批手续的完备性、会计处理的及时性和准确性，以及贷款资金转拨情况，依法查处挤占、挪用、转移、贪污贷款的违规、违法行为。②用费用清单方式或追溯报账提取的贷款，其垫付支出范围、用途、限额、支付日期、审批程序和会计处理遵守项目贷款协定和亚行有关规定的情况，依法查处涂改、伪造提款证明文件等弄虚作假行为。③按照贷款协定，及时、足额筹措、拨付、核算和管理国内配套资金及其他项目融资的情况。④承担外债债务的项目单位按规定筹集还贷准备金，设置、使用和管理还贷准备金账户的情况，各项转贷利差、存款利息收入、提前回收的外债贷款本金、试生产收入等，按规定纳入还贷准备金管理的情况，依法查处转移资金，私设小金库等违规、违纪行为。

(3)对项目资金运用进行审计监督的主要内容。①建设成本的真实性和合规性，包括土建工程、设备采购、咨询专家聘用、培训考察、项目管理费等各项支出，是否用于项目贷款协定规定的目的和范围，证明文件是否合规、齐全，会计处理是否符合有关会计制度。依法查处擅自改变贷款用途，在招标采购中行贿受贿和弄虚作假等违规、违纪行为。②实物资产的实存、使用和管理情况，会计处理的合规性，账实一致性。依法查处擅自转让、串换和变卖进口设备和物资的违规、违纪行为。③往来账户或应收账户收支的真实性和合规性，债权债务事项处理的及时性，有无利用账户转移、挪用项目资金，外债贷款的债务落实情况。④还贷准备金支出的合规性，用于还本付息后的余额是否安全有效地保值增值。依法查处假借名目挪用、挤占、侵占或搞非法经营的行为。⑤外汇业务的真实性和客观性，重点检查发生外汇业务时和年末是否按国家规定的汇率折合人民币记账，外汇兑换和汇率损益的会计处理的合规性和正确性，依法查处挪用、转移、套汇、逃汇和私自买卖外汇的违规、违纪行为。

(4)对周转金账户和费用清单凭证进行审计监督的主要内容。①亚行拨付的开户资金、回补资金、利息收入等入账的及时性和准确性。②账户管理的合规性。③资金使用的合规性。④费用清单凭证的真实性，凭证保存的合规性。

(5)对项目管理和资金使用效益进行审计监督的主要内容。①项目管理系统，特别是内部控制系统、外债债务管理系统和防范外汇风险机制的健全性和有效性。②项目建设目标或计划执行目标、指标的实现程度。③项目概(预)算确定的成本指标、定额的执行情况。④项目竣工后运营的经济效益、社会效益、环境效益和外债偿还能力。

6. 审计报告

经过对贷款项目上述内容的审计，审计机关应向亚行提交审计报告。审计报告应包括下列内容：

(1)审计师意见。审计师意见可以根据不同情况，分成无保留意见和有保留意见两种类型。有保留意见又可分为部分保留意见、反对意见和拒绝发表意见三种，见表10-22。

如是无保留的审计师意见，其简要报告格式为："我们已经检查了________截至________年________为止的资产负债表，以及本年度________的损益表、资金来源和运用表以及其他有关报表。我们按照公认审计标准进行审计，检查了会计记录、核实了资产和负债以及采用了当时我们认为有必要进行的其他审计程序。我们的意见是：上述财务报表和附加的注释公正地反映了________，________年________为止的业务情况,并符合公认的会计原则,在所有重要方面运用了前一年的方法”。

如果审计师作出有保留意见的审计,简要报告上意见这一段应进一步说明不合格的性质及其理由。

审计师的审计意见见表 10-22。

表 10-22 审计师的审计意见一览

审计意见的类型	例子	类型
无保留意见	“根据我们的意见,财务报表真实公允地反映……”(《国际审计准则 700 号》,第 12 段	可接受
保留意见	“根据我们的意见,除了上面一段中所述事件的影响,财务报表不能真实公允地反映……”(《国际审计准则 700 号》,第 46 段	取决于审计保留意见的性质,将根据具体情况考虑
反对意见	“根据我们的意见,因为上面一段中所述事件的影响,财务报表不能真实公允地反映……”(《国际审计准则 700 号》,第 46 段	不能接受
拒绝发表意见	“因为上面一段中所述事件的重要性,我们不能就财务报表发表意见。”(《国际审计准则 700 号》,第 46 段	不能接受

审计师还应对下列内容发表意见:①补充资料的审计;②周转金账户的审计;③费用清单的审计;④项目贷款协定有关财务执行情况的审计。

(2)审计范围。它是“审计师意见”中有关表述的进一步展开或具体化,主要包括:审计工作的组织、程序、主要内容、质量控制。

(3)陈述函。陈述函是项目执行机构负责人表述对所出具的财务报告承担责任的说明。

(4)财务报表、报表说明和补充资料。财务报表、报表说明和补充资料作为审计报告的组成部分,严格意义上讲,只是审计报告的附件,这 3 项内容的直接责任者是项目执行机构。对这 3 项内容总的要求是:符合贷款协定,符合有关的会计制度,符合项目自身的特点,提示与国际会计准则的重大差异。

(5)管理意见书。管理意见书的出具条件是:发现内部控制存在问题,能提出切实可行的意见或建议;问题和意见在“审计师意见”中未表述。

(6)对管理意见书的复函。项目执行机构对审计机关提出的管理意见书的书面答复。复函的内容应当同管理意见书所提建议有关,重点阐明执行管理意见书的结果,而不仅仅对是否接受审计建议作出表态。

在报告或报表有关时期结束后，借款人应尽快将年度审计报告与财务报告(表)提交亚行。报告提交的时间在贷款协定中均有明确规定，一般是在会计年度结束后的6个月内，最迟不超过9个月。若不能在规定的时间内向亚行提交这些报告，应预先与亚行商定，允许适当延长上报期限。

7. 经审计的年度财务报告的提交

在项目执行阶段，以及在某些情况下，直至贷款全部归还，项目执行机构应定期向亚行提交经审计的项目报表，盈利性项目执行机构还应提交已审计的财务报表，使亚行能够监督贷款的使用并了解执行机构的财务状况。

在审计完成时，应立即向亚行提交经审计的项目报表和已审计的财务报表，以及审计师的审计意见和报告。这些材料还应附加由审计师出具的、对审计进行解释的有关材料，如管理意见书等。有使用周转金账户和费用清单报账的项目，审计师还应向亚行出具周转金账户和费用清单的审计意见。经审计的年度财务报告提交的拖延将直接影响亚行对项目执行的评级。亚行通常对报告提交的合规情况作如下规定：

(1)合规。指单个执行机构在到期日提交了可接受的已审计的项目报表和财务报表(英文)，所有执行机构在到期日提交了可接受的已审计的项目报表和财务报表(英文)。

(2)部分合规。指在多个执行机构参与执行的项目，仅有一个或者几个执行机构在到期日或其后提交了可接受的已审计的项目报表和财务报表(英文)。

(3)合规但延后。指已审计的项目报表和财务报表合乎要求，但提交日期拖延。

(4)尚未到期。指已审计的项目报表和财务报表提交尚未到期，直到项目的第一份已审计的项目报表和财务报表到期才适用。

(5)未要求。指贷款协定未要求提交已审计的项目报表和财务报表的时限，仅适用部分例外的规划贷款。

(6)不合规。①已审计的项目报表和财务报表以当地语言提供；②已审计的项目报表和财务报表已提交，但具有实质性的审计保留意见；③单个执行机构提交部分的或者不完整的已审计的项目报表和财务报表；④仅提交未审计的项目报表和财务报表。

8. 亚行对迟报或者不合格的财务报告的政策

如果在到期日没有收到合格的已审计的项目报表和财务报表，亚行将立即书面通知执行机构报表报送期已过，并提醒如果在6个月内未能收到这些报表，周转金账户将不能回补，而且不能再受理新的提款申请，也不再出具新的承诺函和授予新的合同。

如果在到期日6个月内没有收到合格的已审计的项目报表和财务报表，亚行将中止回补周转金、停止处理提款申请、承诺函和合同的授予。亚行然后将通知执行机构亚行采取的措施，并说明如果情况在6个月内没有改善，可能会中止贷款。

如果在到期日6个月内没有收到合格的已审计的项目报表和财务报表，亚行可能中止贷款。

(五)项目财务报表格式

1. 资金来源与应用表

格式见表10-23、表10-24。

表 10-23 资金平衡表

Statement of Fund Sources and Uses

截至×年×月×日(as of month/day/year)

项目名称 Project name: 单位 Currency Unit: 人民币 RMB Yuan

资金占用 Application of Fund	行次 Line No.	期初数 Beginning Balance	期末数 Ending Balance
一、项目支出合计 Total Project Expenditures			
1. 交付使用资产 Fixed Assets Transferred			
2. 待核销项目支出 Construction Expenditures to be Disposed			
3. 转出投资 Investments Transferred - out			
4. 在建工程 Construction in Progress			
二、应收生产单位投资借款 Investment Loan Receivable			
其中:应收生产单位亚行贷款 Including: ADB Investment Loan Receivable			
三、拨付所属投资借款 Appropriation of Investment Loan			
其中:拨付亚行贷款 Including: Appropriation of ADB Investment Loan			
四、器材 Equipment			
其中:待处理器材损失 Including: Equipment Losses in Suspense			
五、货币资金合计 Total Cash and Bank			
1. 银行贷款 Cash in Bank			
其中:周转金账户存款 Including: Imprest Account			
2. 现金 Cash on Hand			
六、预付及应收款合计 Total Prepaid and Receivable			
其中:应收亚行贷款利息 Including: ADB Loan Interest Receivable			
应收亚行贷款承诺费 ADB Loan Commitment Fee Receivable			
应收亚行贷款资金占用费 ADB Loan Service - Fee Receivable			
七、有价证券 Marketable Securities			
八、固定资产合计 Total Fixed Assets			
固定资产原价 Fixed Assets, Cost			
减:累计折旧 Less: Accumulated Depreciation			
固定资产净值 Fixed Assets, Net			
固定资产清理 Fixed Assets Pending Disposal			
待处理固定资产损失 Fixed Assets Losses in Suspense			
资金占用合计 Total Application of Fund			

表 10-24 资金平衡表(续)

Statement of Fund Sources and Uses (Continued)

截至×年×月×日(**as of month/day/year**)

项目名称 Project name:　　　　单位 Currency Unit:人民币 RMB Yuan

资金占用 Application of Fund	行次 Line No.	期初数 Beginning Balance	期末数 Ending Balance
一、项目拨款合计 Total Project Appropriation Funds			
二、项目资本与项目资本公积 Project Capital and Capital Surplus			
其中:项目借款 Including: Project Loan			
三、项目借款合计 Total Project Loan			
1. 项目投资借款 Total Project Investment Loan			
(1)国外借款 Foreign Loan			
其中:亚行贷款 Including: ADB			
技术合作信贷 Technical Cooperation			
联合融资 Co-Financing			
(2)国内借款 Domestic Loan			
2. 其他借款 Other Loan			
四、上级拨入投资借款 Appropriation of Investment Loan			
其中:拨入亚行贷款 Including: ADB Loan			
五、企业债券资金 Bond Fund			
六、待冲项目支出 Construction Expenditures to be Offset			
七、应付款合计 Total Payable			
其中:应付亚行贷款利息 Including: ADB Loan Interest Payable			
应付亚行贷款承诺费 ADB Loan Commitment Fee Payable			
应付亚行贷款资金占用费 ADB Loan Service-Fee Payable			
八、未交款合计 Other Payables			
九、上级拨入资金 Appropriation of Fund			
十、留成收入 Retained Earnings			
资金来源合计 Total Source of Fund			

2. 贷款使用表

贷款使用表见表 10-25，贷款协定执行情况表见表 10-26。

表 10-25 贷款使用表

Statement of Loan Utilization

年度 For the Year Ended:____________ 单位 Unit: 美元 USD

（当地货币 Local Currency：元 Yuan(Y) US $1 = Y 8.2773）

类别 Category 外汇开支 Foreign expenditure	总分配额 TOTAL ALLOCATION	承诺额 Commitments				拨付额 Disbursements			
		本年 This year		累计 To Date		本年 This year		累计 To Date	
		数额 Amount B	百分比 % of C	数额 Amount C	百分比 % of C	数额 Amount D	百分比 % of C	数额 Amount E	百分比 % of C
A									
1. 土建 Civil Works									
2. 设备 Equipment									
B									
设备 Equipment									
C 项目管理 Project Management									
D 能力建设 Capacity Building									
1. 国外考察培训 International Study Tour & Training									
2. 国内考察培训 Domestic Study Tour & Training									
E 周转金 Imprest Fund									
总计 Total									

表 10-26 贷款协定执行情况表

Statement of Implementation of Loan Agreement

本期截至×年×月×日

For the Period Ended month/day/year

项目名称 Project Name:______________________________

单位 Currency Unit: 人民币 RMB Yuan

类别 Category	核定贷款金额 Loan Amount（美元）(USD)	本期提款数 Current – period Withdrawals		累计提款数 Cumulative Withdrawals	
		美元 USD	折合人民币 RMB	美元 USD	折合人民币 RMB
1. 工程 Civil Works					

续表 10-26

类别 Category	核定贷款金额 Loan Amount（美元）(USD)	本期提款数 Current－period Withdrawals		累计提款数 Cumulative Withdrawals	
		美元 USD	折合人民币 RMB	美元 USD	折合人民币 RMB
(1)					
(2)					
2. 货物 Goods					
(1)					
(2)					
3. 咨询服务和培训 Consulting Service & Training					
(1)					
(2)					
4. 周转金账户 Imprest Account					
总计 Total					

注：其编制方法同前，其中“累计提款数”栏总计金额应与表 10-24“国外借款”项下的 IDA 余额及表10-28“国际金融组织贷款”项下 IDA 的累计完成额相等。

3. 项目建设支出与配套资金表

格式见表 10-27、表 10-28。

表 10-27　项目建设支出与配套资金表

Statement of Project Expenditures & Counterpart Fund

年度 For the Year Ended

（当地货币 **Local Currency**：元 **Yuan**(**Y**) **US $** 1 = **Y** 8.2773）

单位 **Unit**：人民币千元 **RMB'** 000

费用项目 Descriptions	本年度支出 Expenditures in This Year					累计支出 Expenditures to Date				
	亚行 ADB	省政府 Province	地方政府 Local	国内银行 Domestic Bank	合计 Total	亚行 ADB	省政府 Province	地方政府 Local	国内银行 Domestic Bank	合计 Total
项目管理 Project Management										
能力建设 Capacity Building										
建设期利息 IDC and Others										
周转金 Imprest Account										
合计 Total										

表 10-28 项目进度表[1]

SUMMARY OF SOURCES AND USES OF FUNDS BY PROJECT COMPONENT

本期截至×年×月×日

For the Period Ended month/day/year

项目名称 Project Name:____________　　　　单位 Currency Unit：人民币 RMB (Yuan)

	本期 Current Period			累计 Cumulative		
	本年计划额 Current year Budget	本期发生额 Current Period Actual	本期完成比 Current Period % Completed	项目总计划额 Life of PAD	累计完成额 Cumulative Actual	累计完成比 Cumulative % Completed
资金来源合计 Total Sources of Funds 一、国际金融组织贷款 International Financing 1. ADB 2. 二、配套资金 Counterpart Financing[2] 1. 2. 3.						
资金运用合计 Total Application of Funds (按项目内容 by Project Component)[3] 1. 2. 3. 4.						
差异 Difference 1. 应收款变化 Change in Receivables 2. 应付款变化 Change in Payables 3. 货币资金变化 Change in Cash and Bank 4. 其他 Other						

注:①本表适用于所有项目。

②按资金来源或性质。

③资金运用按项目评估报告中列明的项目内容取大项列示。

4. 费用清单支付报表

格式见表10-29。

表10-29 费用清单支付报表

Statement of Expenditure

贷款号 Loan No. :______________________________货币单位：美元

会计期间 Fiscal Period:______________________________ Currency Unit：USD

项目 Item	本年支出 Disbursed this year	累计支出 Disbursed to date
合计 Total		

5. 周转金专用账户收支报表

格式见表10-30。

表10-30 周转金专用账户收支报表

Statement of Imprest Fund Account

贷款号：Loan No.　　开户行 Depository Bank：

会计期间：Fiscal Period：　　账号 Account No：

货币单位：美元 Currency Unit：USD

亚行未清算周转金 Unliquidated Imprest Fund：

项目 Item	金额 Amount
年初余额 Initial Balance	
加 ：Plus：	
1. 亚洲开发银行补充 Deposited by ADB.	
2. 利息累计收入 Accumulated Interest Earnings	
减：Less：本年支付 Current	
1	
2	
3	
4	
5	
6 手续费支出 Service Charges	
7 亚洲开发银行回收 Recovered by ADB	
年末余额 Ended Balance	

（六）项目完工有关财务报表格式要求

根据亚行贷款项目完工报告编制的要求，项目完工报告中涉及的财务数据与报表主要有下列内容：

项目贷款使用与项目投资的基本情况表见表10-31。

表10-31 项目贷款使用与项目投资的基本情况表

1 Disbursement 拨付

a. Dates 日期

Initial Disbursement 首次拨付	Final Disbursement 最后拨付	Time Interval 间隔的时间
Effective Date 生效日	Original Closing Date 最初的关转日	Time Interval 间隔的时间

b. Amount（$ ______）金额（美元）

类别或子贷款	最初分配额	最后修改的分配额	注销的额度	可提用的净额度
总计				

2 Local Costs（financed）当地费用（已融资）

Amount（US Dollars）金额（美元）

Percent of Local Costs 占当地费用的百分比

Percent of Total Costs 占总投资的百分比

3 Project（Program）Cost（$ ______）项目投资（美元______）

Cost 投资成本	Appraisal Estimate 评估概算	Actual 实际
Foreign Exchange Cost 外汇成本 Local Currency Cost 当地货币成本 Total 总计		

4 Financing Plan（$ ______）融资计划（美元______）

Cost 投资成本	Appraisal Estimate 评估概算	Actual 实际

续表 10-31

Implementation Costs 实施成本 Borrower – Financed 借款人融资 ADB – Financed 亚行融资 Other External Financing 其他外部融资 Total 总计		
IDC Costs 建设期利息成本 Borrower – Financed 借款人融资 ADB – Financed 亚行融资 Other External Financing 其他外部融资 Total 总计		
5 Cost Breakdown by Project Component 项目各构成部分的投资成本（$______）		
Component 构成部分	Appraisal Estimate 评估概算	Actual 实际
Total 总计		

项目投资结算表格见表 10-32 ~ 表 10-35。

表 10-32 项目投资估算与实际投资比较一览

项目	评估时估算（千美元）			实际投资（千美元）		
	外汇费用	当地费用	合计	外汇费用	当地费用	合计
A						
1						
2						
3						
4						
小计						
B						
1						

续表 10-32

项目	评估时估算(千美元)			实际投资(千美元)		
	外汇费用	当地费用	合计	外汇费用	当地费用	合计
2						
3						
4						
小计						
C						
1						
2						
3						
4						
小计						
项目管理						
基本不可预见费						
价格不可预见费						
建设期利息						
承诺费						
先征费						
合计						

表 10-33　项目各组成部分使用贷款一览(千美元)

项目	分配额度	年度累计使用贷款						
		200 ____	200 ____	200 ____	200 ____	200 ____	200 ____	200 ____
A								
B								
C								
D 项目管理								
建设期利息								
承诺费								
先征费								
不可预见费								
合计								

表 10-34　各项目分年度实际投资一览

项目	评估时估算（千美元）	各年度的实际投资(千美元)							
		200 ____	200 ____	200 ____	200 ____	200 ____	200 ____	200 ____	合计
A									
1									
2									
3									
小计									
B									
1									
2									
3									
小计									
C									
1									
2									
3									
小计									
D 项目管理									
基本不可预见费									
价格不可预见费									
建设期利息									
承诺费									
先征费									
合计									

表 10-35　各类别使用贷款一览

类别	项目	最初额度分配	修改调整的额度分配			年度累计使用贷款							使用总额	未使用的余额
						200 __年	200 __年	200 __年	200 __年	200 __年	200 __年	200 __年		
	土建													
	设备、交通工具与家具													
	材料													
	培训													
	建设期利息、承诺费、先征费													
	未分配额													
	总额													
	支付百分比													

四、亚行贷款的还本付息付费

(一)亚行贷款的种类

目前,亚行提供下列两种主要类型的贷款:

1. 亚洲开发基金贷款(ADF)

亚洲开发基金贷款,也就是通常所说的软贷款,主要是为贫困的亚行成员提供的优惠贷款,这种贷款的贷款期为40年,包含10年宽限期,无利息,只对未还本金征收年率为1%的服务费。以多种货币形式拨付,用特别提款权(SDR)方式计算贷款额度。

2. 普通资金贷款(OCR)

普通资金贷款,也就是通常所说的硬贷款,亚行从其普通资金来源中向其发展中成员提供的开发性贷款,亚行对公用部门的贷款主要有:多币种固定利率贷款(1983年停止提供这种贷款)、总库基础的单一日元和多币种贷款(亚行自1983年开始提供这种贷款,2001年停止提供这种贷款)、总库基础的单一美元贷款(亚行自1992年开始提供这种贷款,2002年停止提供这种贷款)、市场基础单币种(美元、日元或瑞士法郎)贷款(亚行自1994年开始提供这种贷款,2001年停止提供这种贷款)、LIBOR基础贷款(亚行自2001年7月1日起开始提供这种贷款,而且目前亚行仅提供这种贷款产品)。LIBOR基础贷款可选择的货币种类有三种:欧元、日元或美元,对于已提用或未提用的贷款均可向亚行申请币种的转换,该种贷款的期限为15~32年,包含3~8年的宽限期,按LIBOR基础上的变动利率计收利息,即在LIBOR基础上加上0.6%的亚行利差确定,利率可以申请进行调期转换,亚行根据其利差未来变化和资金成本状况,每半年测定是否退息或征收费用,对已承诺尚未提取的贷款要征收承诺费,可以以单一美元的方式拨付和计算贷款本金,也可以采用多种货币的方式拨付和计算贷款本金。

此外,亚行还向开发性中间金融机构和所有私人部门提供市场利率为基础的贷款。在贷款评估时,借款人可以选择单一日元、瑞士法朗或美元的市场利率贷款,其利率为目前的市场利率加上一定利差,贷款期为12~15年,包含3~5年的宽限期,对已承诺但尚未提用的贷款要征收承诺费。

(二)亚行贷款的本金偿还

亚行贷款本金的偿还为6个月一次,可以选择一年中的任何月份,但必须是每个月的1日或15日。借款人与亚行在贷款谈判时商定具体的偿还日期,并将其写入贷款协定中,贷款协定附件2的还本计划表具体规定了每次本金偿还的数额和日期。一般地,每次偿还本金额是逐年递增。在每次偿还日的两个月前,亚行将向借款人编制并递交一份临时性偿还表,该临时性偿还表根据还本计划表和贷款账户预计两个月到期款项利息,计算出到期应支付的偿还金额和币种以及有关付款说明,借款人以此为依据做好还款准备。在偿还日前一天,亚行通知借款人实际应还的款项。

借款人有权在支付全部应付利息和分期还本附表规定的贴水,并提前45天通知亚行(通知期可由亚行放弃或缩短)的情况下,按亚行可以接受的日期提前偿还尚欠的全部贷款本金或者尚欠的一个或多个到期全部本金;提前还本后,不应再出现任何在提前还本这部分后的贷款到期未偿还部分。

（三）亚行贷款利息的计付

亚行贷款自拨出日开始计算利息，利息按一年360天、一年12个月、每个月30天为基础计算，按LIBOR基础上的变动利率计收利息，即在LIBOR基础加上0.6%的亚行利差计收，每半年测定是否退息或征收费用。利息支付时间和币种与本金偿还时间和币种相同。在宽限期，虽不必偿还贷款本金，但应支付利息。通常情况下，为了减轻借款人或项目执行机构在项目建设阶段筹资压力，亚行同意借款人或项目执行机构使用亚行贷款向亚行支付项目建设期发生的利息。在这种情况下，在支付利息日，借款人授权亚行从其贷款账户提取贷款资金向亚行本身支付到期应付的利息，利息支付后，亚行及时通知借款人利息计算过程和已付的利息总额。如果项目执行机构有能力支付建设期利息，也可以用自有资金向亚行支付建设期的贷款利息。

（四）亚行贷款承诺费的计收

1. 承诺费收取原则

亚行计收承诺费的一贯做法是，自贷款协定正式签署之日起60天后对尚未拨付的贷款金额计征承诺费。收取承诺费的主要目的是确保亚行的贷款成本，即管理费和保持资金流动性所需的一切费用能得到补偿。收取承诺费的方法也可鼓励借款人尽快提取和利用亚行贷款。根据亚行规定，只对普通资金贷款（OCR）收取承诺费，对特别基金贷款（ADF）不收取承诺费。

在1987年7月1日前批准的普通资金贷款，亚行对尚未拨付的贷款余额全额征收承诺费。为了减轻借款人的偿债负担，亚行批准对1987年7月1日及之后的普通资金贷款实施新的承诺费计收方法。

2. 承诺费的计收方法

根据现行的承诺费计收方法，亚行按贷款金额（减去已拨付额）的递增份额收取承诺费，即第一年按贷款金额的15%征收（在15%征收额中逐渐减去拨付部分），从贷款协定正式签署后第61天起计收；第二年按贷款总额的45%减去已拨付款的余额征收；第三年按贷款总额的85%减去已拨付款的余额征收；第四年按贷款总额的100%减去已拨付款的余额征收。承诺费按年率0.75%计算，以天为单位进行计算，一年按360天、一年12个月、每个月30天为基础。每6个月计收一次。

与以前的全额征收的方法相比，现行的承诺费计收方法可以减少借款人向亚行缴纳的承诺费，从而减轻普通资金借款人的负担。如一个借款人在贷款协定签订后第61天或早于61天（在贷款生效的全部条件已经齐备的前提下）已提取15%的贷款，那么，该借款人第一年就无需缴纳承诺费。如果第一年拨付的贷款小于贷款总额的15%，只须按贷款总额的15%与实际提取的贷款额的差额缴纳承诺费。同样，如果在承诺费的第二年度的第一天实际累计提用的贷款额已达到或超过贷款总额的45%，借款人就不用缴纳承诺费。如果在第三年的第一天实际已提用的贷款累计达到或超过贷款总额的85%，借款人即免缴第三年度的承诺费。以此类推，第四年度的第一天提取贷款累计数达100%的话，亚行对借款人不收第四季度的承诺费。理论上讲，这种承诺费的征收方法程度不同地存在着借款人可以完全避免缴付承诺费的可能性。同时，承诺费的少缴付，意味着利息的多支出。因此，应根据项目建设的特点，正确把握提款与利息承诺负担之间的关系，如果项目建设急需,应加快提款,减少承诺费支出,促进项目早日产生效益。

3. 承诺费的缴付

承诺费的缴付日期和币种与利息支付的日期和币种相同。借款人通常可以用亚行贷款缴付承诺费,即借款人授权亚行在承诺费支付日从其贷款账户上提取贷款资金向亚行自身缴付应付的承诺费,承诺费缴付后,亚行将及时通知借款人该期间承诺费计收过程和已缴付的承诺费总额。借款人也可以用其自有资金向亚行缴付承诺费,在贷款审批阶段,借款人与亚行应商定承诺费的缴付安排。

第二节 项目完工报告的编制

一、项目完工与项目收尾

我们将项目的生命周期比做项目的"生老病死"过程,那么项目完工便是项目生命周期的最后一个过程,是项目"寿终正寝"的过程。所谓项目完工,就是项目的实质工作已经停止,项目不再有任何进展的可能性,项目结果正在交付用户使用或者已经停滞,项目资源已经转移到了其他的项目中,项目团队已经涣散或正在解散的过程。

项目结束的情况有两种:一是项目任务已顺利完成,项目目标已成功实现,项目正常进入生命周期的最后一个阶段——"结束阶段"的情况,这种状况下的项目结束为"项目正常结束",简称项目完工;二是项目任务无法完成、项目目标无法实现而"忍痛割爱"提前终止项目实施的情况,这种状况下的项目结束为"项目非正常结束",简称项目终止。在项目结尾阶段,如果项目达到预期的成果,就是正常的项目竣工、验收、移交过程;如果项目没有达到预期的效果,并且由于种种原因已不能达到预期的效果,项目已没有可能或没有必要进行下去了而提前终止,这种情况下的项目收尾就是清算,项目清算是非正常的项目终止过程。

项目的收尾阶段是项目生命周期的最后阶段,它的目的是确认项目实施的结果是否达到了预期的要求,以通过项目的移交或清算,并且再通过项目的后评估进一步分析项目可能带来的实际效益。在这一阶段,项目的利益相关者会存在较大的冲突,因此项目收尾阶段的工作对于项目各个参与方不仅是十分重要的,而且对项目的顺利、完整实施更是意义重大。

项目收尾的主要内容有:项目竣工、项目验收、项目移交、项目后评估。

二、亚行贷款项目完工报告概述

良好的项目管理在项目的收尾阶段也应该有记录体系,这就是项目完工报告,也称为项目结束报告。项目完工报告或结束报告由项目管理者编写,其每项内容都要经过项目经理和项目参与人的深思熟虑。项目完工报告或结束报告不是对项目的评价,而是对项目的真实的历史记录,也有人称之为项目整个生命周期内的"编年史"。它概括地介绍了项目实施过程中,做了哪些项目实质工作,项目是如何进行管理的,项目管理的经验和教训。项目完工报告的编写对今后的项目管理工作是一笔宝贵的知识财富。

项目完工报告是世界银行和亚行等国际组织投资(包括贷款和非贷款项目)项目周期中必不可少的一个实施步骤。根据规定,所有这类项目在完工后一定时间内(一般在一年内),由亚行内部的项目主管官员和部门向亚行董事会和管理当局提交项目完工报告(称为 Project Completion Report,PCR)。

(一)项目完工报告的目的

亚行对每一完工项目都要进行总结评价,写出项目实施完工报告。项目完工报告也称为亚行业务部门的自我评价。实施完工报告是亚行项目管理系统的组成部分,报告的完成代表着项目周期的一个里程碑,标志着项目从执行转向运营阶段。报告旨在通过亚行和借款人双方回顾和评价项目执行、效益情况,总结项目准备和执行中存在的问题、经验及教训,为项目本身今后的持续发展做准备,更为双方今后准备其他项目提供借鉴。

(二)项目完工报告的内容

(1)项目实现其原定发展目标和产出的程度;

(2)项目其他重要的产出及影响;

(3)项目可持续性的前景;

(4)亚行和借款人的表现,包括有关亚行政策的履行情况;

(5)项目执行中可吸取的教训;

(6)与项目执行有关的数据资料。

(三)项目完工报告的有关要求

1.亚行方面的要求

对亚行来讲,项目完工报告应在项目完工时准备,在贷款关账后 6 ~ 12 个月内完成。一般情况下,亚行在项目贷款关账前派出最后一个项目检查团,即与借款人和项目执行机构商讨项目完工报告的准备问题;在关账后,再派出完工报告团与借款人和项目单位具体准备完工报告的各有关内容。对可调整规划贷款和学习及创新贷款项目,完工报告应在最后支付之前 6 个月就开始准备;对个别试验性项目,报告完成时间可在关账后 6 个月以外再延长一些。

在编写完工报告过程中,亚行不仅需要内部负责业务、法律、支付等的多个部门参与,对外还广泛征求借款人、项目执行机构和其他融资方的意见,将起草的完工报告草本交借款人及其他融资方提意见,并将借款人对项目执行的评价意见作为报告的第二部分。

完工报告完成后,由亚行业务部门将报告提交给亚行行长和各位执行董事。同时,业务部门还将报告提交给亚行内部进行独立评价的业务评价局,由业务评价局进行分析、评价,核实评价结论,收集有关数据,记录评价情况,向董事会提交评价备忘录,对完工报告的质量和评价结论进行评价,并提出是否进行后评价。业务评价局随后将该评价备忘录反馈给亚行管理部门,并作为其今后进行后评价的基础。

2.借款人方面的要求

项目完工报告的准备和完成不单单是亚行方面一家的事,亚行要求借款人也应对完工项目进行竣工评价,编制项目完工报告,并将项目完工报告在贷款关账 6 个月内报亚行。评价的内容包括项目的执行及起始运营状况,项目的成本及效益大小,亚行和借款人各自履行贷款法律协定有关责任情况,以及贷款目的的实现程度等。为此,借款人从项目执行一开始,就应履行好自己对项目的监测与评价职责,收集好有关资料,保存好账目和记录,在贷款法律文本规定的时间内向亚行提交项目完工报告;在亚行对项目进行完工总结时,还要配合、协助亚行准备项目完工报告。

(四)项目完工报告的格式和审查

项目完工报告主要有四部分组成,即概述、主报告、统计报表和附件。

在项目完工报告编制时,往往要根据项目特定条件确定报告内容。执行机构和亚行的项目完工报告全部交由后评价机构审查、记录、备案。亚行评价局的审查按照规定的内容格式填写项目信息报表(Project Information Form,PIF),编写给董事会和行长的备忘录,由主管后评价的总督察签名报出。

目前,亚行内部的项目完工报告要求按董事会批准的格式要求编制项目完工报告(附后),但未对项目执行机构编制的完工报告提供权威的特定格式。但为了便于亚行开展完工评价,原则上建议参考使用亚行内部的格式进行编制。

无论采取什么样的形式,重要的是项目完工报告中包含的内容要清楚其原始资料的出处,并根据项目特定条件确定报告内容。一般情况下项目完工报告应包括以下内容:

1. 项目的目标及其实现程度

对照项目前期评估报告,清晰地描述出项目的目标(包括在执行过程中的变化),评价目标的真实性及其重要性。分4个等级(非常成功、成功、部分成功和不成功)评价项目的目标实现程度,评价内容应涉及宏观产业政策目标、财务目标、机构发展目标、实物目标、扶贫和其他社会目标、环境目标以及公共行业管理和私营行业发展等目标。

2. 项目实施记录和主要影响因素

要对影响项目实施的因素进行分析,要区分这些因素是内部的还是外部的,可以控制的还是不可控制的,控制者是谁。

3. 项目的可持续性

即分析项目是否可能沿着实现项目的主要目标进行下去,是否可以达到预期的运营目标。项目可持续评价可采用可持续、不可持续和尚不明确3个等级来评定。

4. 项目成果评价

通过成功度评价,主要是目标实现程度和项目可持续评价来判断项目的成果和执行绩效,一般可分4个等级去评定:非常成功、成功、部分成功或不成功。

5. 项目管理评价

每个项目组织方式都有其独特的优缺点,在项目结束报告中应该对该项目的组织结构的作用进行评论,探讨其对项目进展的促进作用或者制约作用,提出改进组织的建议,向高级管理层就组员的工作效率做不公开的报告,对项目管理技巧——评审预测方法、计划方法和成本控制方法等进行评价。如果对原组织进行调整将对项目管理有益,应该提出相应的建议和解释。

6. 主要经验教训

报告要讨论项目主要的成功经验和失败教训,以及在项目未来发展中如何吸取这些经验教训,这些经验教训对类似国家或同类在建项目和未来待建项目中有哪些借鉴作用。

三、建议的项目完工报告编写格式

（一）封面格式

项目完工报告的封面格式如下文本框所示。

> 项目名称(Name of Project)：
> 贷款号(Loan No.)：
>
> **项目完工报告**
>
> (Project Completion Report)
>
> ×××编制
>
> 日期(Dated)：

（二）目录

项目完工报告的目录如下文本框所示。

目录 CONTENTS

（三）基础数据资料表

格式见表10-36。

表10-36　基础数据资料（BASIC DATA）表

A　Loan Identification 贷款标识	
1 Country 国家	______
2 Loan Number 贷款号	______
3 Project Title 项目名称	______
4 Borrower 借款人	______
5 Executing Agency 执行机构	______
6 Amount of Loan 贷款额度	______
7 Project Completion Report Number 项目完工报告编号	______
B　Loan Data 贷款资料	
1 Appraisal 评估	______
Date Started 开始日期	______
Date Completed 完成日期	______
2 Loan Negotiations 贷款谈判	
Date Started 开始日期	______
Date Completed 完成日期	______
3 Date of Board Approval 董事会批准日期	______
4 Date of Loan Agreement 贷款协定签字日期	______
5 Date of Loan Effectiveness 贷款生效日期	
In Loan Agreement 在贷款协定中定的日期	______
Actual 实际	______
Number of Extensions 展期的次数	______
6 Closing Date 关账日期	
In Loan Agreement 在贷款协定中定的日期	______
Actual 实际	______
Number of Extensions 延期的次数	______
7 Terms of Loan 贷款条款	
Interest Rate 利率	______
Maturity (number of years)期限(贷款年数)	______
Grace Period (number of years) 宽限期(年数)	______
8 Terms of Relending (if any)转贷条款(如果有)	
Interest Rate 利率	______
Maturity (number of years)期限(贷款年数)	______
Grace Period (number of years) 宽限期(年数)	______
Second – Step Borrower 第二级借款人	______
9 Disbursement 拨付	

a. Dates 日期		
Initial Disbursement 首次拨付	Final Disbursement 最后拨付	Time Interval 间隔的时间

续表 10-36

Effective Date 生效日	Original Closing Date 最初的关转日	Time Interval 间隔的时间

b. Amount ($ __________) 金额(美元)

类别或子贷	最初分配额	最后修改的分配额	注销的额度	可提用的净额度	已提用的金额	未提用的剩余额度
总计						

10 Local Costs(financed) 当地费用(已融资)
Amount (US Dollars) 金额(美元)
Percent of Local Costs 占当地费用的百分比
Percent of Total Costs 占总投资的百分比

C Project (Program) Data 项目数据

1 Project (Program) Cost ($ ________) 项目投资(美元________)

Cost 投资成本	Appraisal Estimate 评估概算	Actual 实际
Foreign Exchange Cost 外汇成本 Local Currency Cost 当地货币成本 Total 总计		

2 Financing Plan ($ ________) 融资计划(美元________)

Cost 投资成本	Appraisal Estimate 评估概算	Actual 实际
Implementation Costs 实施成本 Borrower - Financed 借款人融资 ADB - Financed 亚行融资 Other External Financing 其他外部融资 Total 总计 IDC Costs 建设期利息成本 Borrower - Financed 借款人融资 ADB - Financed 亚行融资 Other External Financing 其他外部融资 Total 总计		

3 Cost Breakdown by Project Component ($ ________)
项目各构成部分的投资成本

Component 构成部分	Appraisal Estimate 评估概算	Actual 实际
Total 总计		

4 Project Schedule 项目进度表

Item 内容	Appraisal Estimate 评估预计	Actual 实际

续表 10-36

Date of Contract with Consultant[a] 与咨询专家签订合同的日期 Completion of Engineering Design 工程设计完成日期 Civil Works Contract 土建合同 Date of Award 授予日期 Completion of Work 完工日期 Equipment and Supplies 设备与供货 Dates 日期 First Procurement 第一次采购 Last Procurement 最后一次采购 Completion of Equipment Installation 设备安装完成日 Start of Operation 运行开始 Completion of Tests and Commissioning 调试完成日 Beginning of Start - up 正式运行开始日 Other Milestones[b]其他里程碑事件		

a 如果不止一个合同,每个合同都要列出。
b 没有在上述列出的其他重要事件，尤其不涉及施工建设或设备材料供货的与项目相关的要件。

5 Project Performance Report Ratings 项目执行报告评级

Implementation Period 实施期间	Ratings 评价等级	
	Development Objectives 发展目标	Implementation Progress 实施进度
(1) From 自________ to 至 ________ (2) From 自________ to 至 ________ (3) From 自 ________ to 至 ________ (4) From 自 ________ to 至 ________ (5) From 自 ________ to 至 ________ (6) From 自 ________ to 至________		

6 Data on Asian Development Bank 有关亚洲开发银行团组的资料

Name of Mission[a] 团组名称	Date 日期	No. of Persons 人数	No. of Person Days 人天数	Specialization of Members[b]成员的专业
Project/Completion Review[c]项目完工检查				

备注:
a 包括项目鉴别团、实地考察团、预评估团、评估团、项目启动团、项目检查团、特别项目管理团、贷款拨付团以及项目检查团组。如果每种类型的团组多于一个，那么团组用连续数字进行编号,如检查团 1、检查团 2 等。
b 表中可以用字母代号表示,如,a 表示工程师、b 表示财务分析师、c 表示律师、d 表示经济师、e 表示采购或咨询专家、f 表示主计官员、g 表示规划官员、h 以及之后的表示其他类型的专家或官员。
c 本完工报告由__________(姓名)__________(职务)编写。

(四)正文编写大纲

在下面的叙述中,保留了亚行的编写格式。

I 项目描述

1{简要描述项目(规划)的目标、组成和产出,以及实施的合理性。参考引用行长报告与建议中的有关文字(RRP)①并采用表格形式准确地表述项目的有关信息。}

II 设计与实施的评价

2{有选择地编写本章小标题A到L的内容。参考引用行长报告与建议中的有关文字,适当地应用项目绩效管理系统和项目执行报告的结果。}

A 设计与拟定的相关性

3{详述项目与亚行的国别战略和规划、国家发展目标、设计的完好性以及形成过程的充分性(包括利益相关人参与程度和产生的所有水平)等相一致方面的相关性,评价评估时与完工时之间的相关性。如果有的话,详述实施过程中如何对提高其相关性所作的修改。如果有项目准备技术援助(TA),评述该技术援助的质量。}

B 项目产品

4{按照评估过程中所期望的按项目组成部分列出项目的产品。评估预期产品产出的实现程度。阐明出现任何偏差的理由,并说明这些偏差是否影响项目的成本、时间进度计划、预期的效益或者其他的效率指标。}

C 项目投资成本

5{详述项目投资成本并解释重大的成本超支或低于预算估计(以表格形式,按年份、货币和主要组成部分或类别)以及任何大的外汇费用与当地费用之间变动。陈述投资成本变动的原因(设计不准确、外部因素、实施延误等)以及它们可能对项目的经济和财务内部收益率的影响。}

D 贷款支付

6{评价评估时编制的贷款支付计划是否实际可行。如果贷款支付不是按评估时所制定的计划进行的话,评价贷款支付延误原因以及借款人、执行机构和亚行采取的矫正的行动。如果使用了周转金费用清单拨付程序的话,评价这些程序对项目实施的作用(消极或积极的)以及执行机构或亚行的经验。}

E 项目进度计划

7{说明实施严重延误的原因,提及其他段落的讨论(例如,哪些和采购或承包商履约表现有关系)。}

F 实施安排

8{详述评估时设计的项目实施安排和由于项目的修改而导致的任何实施安排的重大变更。评价实施安排的恰当性对交付项目产品和实现项目目标的作用。}

G 条件与约文

---

①使用的版式为:亚行. 年份. 行长向董事会关于建议的给{发展中国家的全称}{项目标题}提供贷款{和无偿技术援助}的报告和建议,马尼拉.

9｛说明在满足生效条件方面出现重大延误的原因,尤其应注意可能影响其他项目的借款国内部程序性问题。｝

10｛评价约文的适用性,阐明所有一般性约文和特定约文的履行情况。如果约文履行延误或未履行,阐述其原因和影响,并指出该约文履行是否具有现实可能。详述约文的部分履行或未履行对项目绩效的影响,提出实施完成约文履行途径的建议。｝

11｛指明约文是否被修改、中止或豁免履行,阐述采取此类行动的合理性。如果有关联的话,要对执行机构进行财务分析并比较其财务指标以检查财务约文的履行状况。审查借款人和执行机构履行项目报告的情况。说明借款人与执行机构之间有关还贷计划的变更,以及将贷款转换为投资的改变。｝

H｛相关的技术援助｝

12｛描述贷款项目提供的技术援助的实施情况并说明与评估设计比较的任何变更。任何与贷款一同审批的咨询技术援助,要编制一份单独的技术援助完成报告(TCR),技术援助完成报告模板可以在亚行网站获取(董事会文件的导则和模板),网址为:http://eboard.asiandevbank.org/docs_refs/index.php.。在项目完工报告(PCR)中要包含技术援助完成报告要点;指明技术援助的执行绩效评级并在脚注提供一个技术援助完成报告完整的引文。如果技术援助完成报告与项目完工报告同时编制,将技术援助完成报告作为一个附件附在项目完工报告中并将其要点写入项目完工报告的正文中。要包含对咨询技术援助执行绩效进行评价并将该评价一并合并到项目的总体评价中。｝

I 咨询专家的聘用和采购

13｛阐述咨询专家的聘用安排、任何有关商定同意的程序的背离,以及借款人或执行机构与亚行之间有关咨询专家选聘方面异议的缘由(陈述这些异议争论是如何得到解决的)。叙述任何在合同分包、招标文件的编制以及评标过程中所遇到的主要问题,陈述这些问题是如何得到解决的。｝

J 咨询专家、建筑承包商和供货商的履约表现

14｛如果任何由借款人或执行机构聘用的咨询专家、建筑承包商或供货商未能很好地履行合同或履行得特别好,叙述这些情况并评价它们对项目产出、实施进度以及项目成本的消极或积极的作用。｝

K 借款人和执行机构的履职表现

15｛总结借款人和执行机构在践行项目实施计划中所指定的职责方面的履职表现,叙述执行履职中的缺点不足。指出评估时对执行机构能力评价是否恰当准确。｝

16｛评价执行机构目前的机构能力和发展趋势,包括具体的优势和不足,以及在评估时所设计的机构能力开发措施是否充分或是否得到成功实施。评估项目和倘若有的咨询技术援助是如何帮助提高机构能力的。｝

17｛将借款人和执行机构的履职表现按照非常满意、满意、部分满意或不满意进行评级。｝

L 亚洲开发银行的履职表现

18｛回顾亚行在项目实施(例如,文件审批、贷款拨付和监测)中担任的角色以确定

亚行是否及时采取行动,或在与借款人或执行机构在有关工作任务大纲、招标文件、合同授予或其他影响实施程序、项目成本或实施进度等方面是否有争议。如果影响是不严重或不允许,归纳得出结论,记录此类事例,但不包含分析。}

19 { 陈述亚行提供的咨询服务(包括培训)的类型,以及提供的帮助是否是充分的和及时的。}

20 { 将亚行的履职表现按非常满意、满意、部分满意或不满意进行评级。}

III 执行绩效的评价①

A 相关性

21 { 评价设计的相关性(上文第 II、A)以及在中期检查或其他时点所作的以改善相关性的修改的影响。}

B 实现成果的有效性

22 { 评价项目实现其成果的程度。}

C 实现成果和产出的效率

23 { 评价投资的效率(尽可能地通过财务和经济的重新评价或其他成本费用有效性指标)和过程的效率。当不能采用投资效率或其他成本费用有效性指标时,才能考虑过程效率。但是,由于其作为唯一的效率指标,过程效率在总体评价中应占低权重。过程效率可包括如下方面:与执行机构和实施机构管理项目有关的效率,以及亚行的支持、督导和管理方面的效率。对于规划贷款,通常不作投资效率的评价。在所有的情况下,所采用的次级指标都应该与所评价的项目要有关联。}

D 可持续性的初步评估

24 { 评估项目可持续性的要求和可能。提供建议的,以提高可持续性的可能性而采取后续行动措施的合逻辑的说明或解释。}

E 影响作用

25 { 提供项目实施过程中所产生的主要的脱贫、机构制度、经济、环境、社会方面的作用以及其他影响作用(正面的和负面的,不管是计划期望的还是没有计划期望的)的一个综合评估。如果项目包括了环境管理和保障措施,要评价它们的实施和有效性。}

IV 总体评价与建议

A 总体评价

26 { 简要描述(一或二小段)项目是否按预先计划实施的。如果不是,说明其困难和已采取的补救的措施。分析设计与监测框架以及执行监测与评价系统,并提供一个总体执行绩效评价等级。根据业务评价局提供的定义和指引,将项目按照高度成功、成功、部分成功或不成功进行评级。}

B 经验教训

27 { 清楚地叙述所有主要的经验教训。应用项目执行绩效评价结果来支持所鉴别

①对于项目贷款,业务评价局的导则现在采用四项核心标准评价项目的执行绩效等级。参见业务评价局的项目执行绩效评价定级导则,网址为 http://www.adb.org/Documents/Guidelines/Evaluation/PPER-PSO/default.asp)。

的经验教训,并在完工报告的相关部分提供推引出这些经验教训的根据。}

C 建议

28 { 包括可能影响项目或通常可以在亚行业务实践中能够应用于项目的具体性建议和一般性建议。建议应该具体化并在负责实施他们的指定单位或人员的权限范围内。建议应列出负责采取行动的单位或人员的名称、完成时限以及监测与报告要求的责职。}

项目相关的

{建议应包括下列方面:}

29 今后的监测。{ 阐述要求的项目运行(技术的、财务的、人员、管理等)进行监测的内容并建议监测手段(借款人或执行机构、亚行团组、咨询专家等提交的具体报告),以及至少在最初阶段对项目开展检查的时间间隔。}

30 约文。{ 建议贷款协定和项目协议的约文是否必须以现有形式保留。指明保留此类约文的具体期限或是否应该进行修改或停止;识别应该进行修改的约文以及建议的这些修改的替代或文字的改动。}

31 今后的行动或后续跟进。{ 指明可能需要完成项目实施的行动(包括完成贷款拨付和关闭贷款账户、支持最初的运行、实现项目效益或确保其可持续性等的必要行动。}

32 追加的援助。{ 指明在新的融资安排(技术援助或贷款援助)中提供必要的任何追加的援助以充分地提高项目的绩效和可持续性。}

一般性的

33 { 对于项目评估,建议的重点可能集中在

(i)保证设计与监测框架的完整和全面;

(ii)评估执行机构的能力;

(iii)估算投资成本,包括不可预见费的容许范围;

(iv)编制融资方案;

(v)计划实施;

(vi)项目进度计划表。}

34 { 对于项目的实施,审查

(i)亚行与执行机构有关设计与监测绩效指标的识别和讨论;

(ii)借款人和亚行的订立合同的程序;亚行的采购文件的审批,包括短名单、资格预审文件、合同文件、授标建议以及合同;

(iii)贷款拨付程序;

(iv)监测和报告;

(v)提供的专门的帮助。}

(五)有关附件(部分)

附件部分见表 10-37 至表 10-46。

表 10-37　项目设计变更一览

项目设计简要	评估时设计的指标/方式	实施过程中的变更	
		变更内容	变更时间
项目目标			
预期的项目产出			
项目实施工作			
项目的投入			
实施安排			

表 10-38　项目点的分布一览

<table>
<tr><td rowspan="3">项目点</td><td colspan="6">项目建设内容</td></tr>
<tr><td colspan="3"></td><td colspan="2"></td><td rowspan="2"></td></tr>
<tr><td></td><td></td><td></td><td></td><td></td></tr>
<tr><td></td><td></td><td></td><td></td><td></td><td></td><td></td></tr>
<tr><td></td><td></td><td></td><td></td><td></td><td></td><td></td></tr>
<tr><td></td><td></td><td></td><td></td><td></td><td></td><td></td></tr>
<tr><td></td><td></td><td></td><td></td><td></td><td></td><td></td></tr>
</table>

表 10-39　项目主要特征一览

项目组成成分	单位	评估的计划目标	实际完成	完成的百分率

表 10-40　项目实施进度比较

实施内容	200 __年	200 __年	200 __年	200 __年	200 __年	200 __年	200 __年
① ②							
D 项目管理							

表 10-41　贷款约文履行状况一览

约文	贷款协定/项目协议出处	履行状况

表 10-42　项目采购合同一览

项目	合同名称	合同金额（千美元）	采购方式	开始日期	完成日期

表 10-43　项目采购计划实施情况

项目成分与分包合同	总投资成本(千美元)		亚行贷款融资(千美元)		合同分包个数		合同金额(千美元)		采购方式	
	估算	实际	估算	实际	估计	实际	估算	实际	预计	实际
A										
B										
C										

表 10-44 项目设计框架实现状况

项目设计简要	指标	取得的成效	备注
项目目标			
预期的项目产出			
项目实施工作			
项目的投入			

表 10-45 项目完工时的财务与经济评价

A 评价的基本方法

B 主要的假设

C 财务分析

财务与经济分析结果一览

子项目	财务内部收益率(FIRR)%		经济内部收益率(EIRR)%	
	完工时	评估时	完工时	评估时

(相应的比较文字说明)

D 经济分析

表 10-46　项目的环境与社会影响作用概述

A 项目移民计划的实施与影响评价

（编入移民计划实施监测评价总结报告的要点）

B 项目的环境管理与环境影响评价

1 项目环保措施的实施

项目环保措施实施情况一览

<table>
<tr><th rowspan="2">子项目</th><th rowspan="2">要求实施的环保措施</th><th rowspan="2">已实施的环保措施</th><th colspan="2">环保投资(千元)</th></tr>
<tr><th>计划</th><th>实际完成</th></tr>
<tr><td rowspan="3"></td><td></td><td></td><td></td><td></td></tr>
<tr><td></td><td></td><td></td><td></td></tr>
<tr><td></td><td></td><td></td><td></td></tr>
<tr><td rowspan="3"></td><td></td><td></td><td></td><td></td></tr>
<tr><td></td><td></td><td></td><td></td></tr>
<tr><td></td><td></td><td></td><td></td></tr>
<tr><td rowspan="3"></td><td></td><td></td><td></td><td></td></tr>
<tr><td></td><td></td><td></td><td></td></tr>
<tr><td></td><td></td><td></td><td></td></tr>
<tr><td rowspan="3"></td><td></td><td></td><td></td><td></td></tr>
<tr><td></td><td></td><td></td><td></td></tr>
<tr><td></td><td></td><td></td><td></td></tr>
</table>

2 项目环境影响

1）积极的环境影响作用概述

2）负面的环境影响与程度

3）有关的环境监测情况

C 环境监测情况

环境监测情况汇总

<table>
<tr><th rowspan="2">子项目</th><th rowspan="2">监测时间</th><th colspan="4">监测指标</th><th rowspan="2">达标情况</th></tr>
<tr><th>水</th><th>空气</th><th>噪声</th><th>其他</th></tr>
<tr><td rowspan="4"></td><td>第一次</td><td></td><td></td><td></td><td></td><td></td></tr>
<tr><td></td><td></td><td></td><td></td><td></td><td></td></tr>
<tr><td></td><td></td><td></td><td></td><td></td><td></td></tr>
<tr><td>完工时</td><td></td><td></td><td></td><td></td><td></td></tr>
</table>

续表 10-46

D 项目的扶贫影响作用

项目扶贫影响作用一览

项目组成成分	评估预计的受益农户数		实际受益农户						无项目农户贫困率变化	
			直接受益农户			间接受益农户				
			户数	贫困率		户数	贫困率			
	直接	间接		项目前	完工时		项目前	完工时	项目前	完工时
合计										

E 项目的其他社会作用

1 项目提供的就业情况

项目提供就业情况一览

项目组成部分	评估预计(人月数)		实际			
			建设期		经营期	
	建设期	经营期	人月数	其中:妇女	人月数	其中:妇女
合计						

2. 减少灾害损失的作用情况

第十一章　培训材料之五——后评价

第一节　水利建设项目后评价①

一、后评价概念内容和方法

(一)项目周期与后评价

1. 项目周期与项目建设程序

1)项目周期

项目周期是项目从提出到项目建成投产、直至项目寿命终止的全过程。一般按投资时间可划分为3个阶段,包括投资前期、投资时期和投资回收时期。①投资前期即项目准备阶段,包括投资机会研究、规划、可行性研究、项目评估、对项目是否实施作出最终决策。②投资时期即项目实施阶段,有时也是贷款执行阶段,它包括从项目开工(贷款承诺)到项目竣工(贷款账户关闭)阶段,主要工作包括:施工前期准备、设备采购、材料采购、施工全过程、生产准备、验收投产。③投资回收时期,即从项目竣工到生产运营直至经济寿命期结束之前(包括贷款偿还)阶段。主要工作包括:项目运行、维护、使用,项目总结评价,项目寿命终止。

2)建设程序

建设程序是指由行政性法规、规章所规定的,进行基本建设所必须遵循的阶段及其先后顺序,是国家对基本建设进行监督管理的手段之一。它是国家计划管理、宏观资源配置的需要。

3)项目建设周期与建设程序

项目周期反映了工程项目整个的生命历程,建设程序主要反映了项目投产前的生命历程;项目建设周期从项目的全过程中将建设阶段和生产运营阶段即工程实体的形成过程和运营中经济活动作为一个有机整体,建设程序侧重建设阶段即资金的投放和工程实体的形成。

2. 国内外组织的典型项目建设周期

1)世界银行项目建设周期

世界银行的主要业务包括向成员国提供贷款、为成员国从其他机构或其他渠道取得贷款提供担保、向成员国提供经济金融技术咨询服务。1980年5月世界银行恢复了中国的合法席位,中国已从世界银行贷款数百亿美元用于发展经济。世界银行贷款是一种中

①根据黄委亚行项目办国际咨询专家组聘请的培训专家,水利部建设与管理总站处长、教授级高级工程师张文洁2007年9月提供的培训教材改编。

长期贷款,主要用于大中型基础设施建设,如水利类项目的防洪与排涝、灌溉、跨流域调水、发电、交通、污水处理等。

世界银行对贷款项目的管理有一套完整的、严密的程序和制度,对其贷款的项目,从开始到完成投产,必须经过选定、准备、评估、谈判、实施与监督、总结评价等 6 个阶段,称之为"世界银行项目建设周期"。

(1)项目选定。项目选定主要考察由借款国提出需要优先考虑并符合世界银行贷款原则的项目。在选定阶段,首先由借款国对诸多项目进行初选,被选项目必须提供准确、完善的原始资料,初步分析项目建设的必要性、建设规模以及技术上和经济上的可行性。项目初选确定后,借款国便可着手编制"项目选定报告"(相当于国内项目的项目建议书)。报告中应明确项目的建设目标(规模)、建设条件、建设计划,说明完成项目的关键性问题、项目的初步经济评价。项目选定报告送交世界银行进行筛选,经世界银行选定后,即列入其贷款计划。

(2)项目准备。项目准备阶段的主要工作是对项目作可行性研究。这是世界银行确定项目贷款的关键性步骤,由借款国在世界银行专家密切配合下进行。在可行性研究中,应对项目建设的必要性、产品和原材料市场情况,对建设条件、工程技术、实施计划和组织机构等作出估计;进行财务和经济评价,作出风险估计;还要对其环境影响和社会效益进行分析。在可行性研究基础上,提出几个可供选择的方案进行比较和分析,推荐最佳方案。最后,编制一份详细的"项目报告",即可行性研究报告。

(3)项目评估。借款国提出"项目报告"后,世界银行派出由各种技术、经济专家组成的工作组进行实地考察,全面系统地检查项目准备工作情况和各种原始资料,并与借款国有关部门和设计、咨询机构进行讨论与核实。从技术、组织、财务和经济等几个方面,对可行性研究报告中提出的资源条件、市场预测、规模、工程技术以及财务、经济分析作出全面评价。

(4)项目谈判。项目评估通过以后,世界银行与借款国派代表就贷款协议进行谈判。谈判内容不但包括贷款数额和分配比例、费率、支付办法、还贷方式与期限、采购方式、咨询服务等,更重要的是确定借款国保证项目顺利实施的措施和执行机构。谈判达成协议后,由借款国政府(中国为财政部)出面,签订正式贷款协议,并签署担保协议书(中国由中国银行担保),然后由世界银行主管地区项目的副行长签署后报送执行董事会或行长批准,经登记备案后正式生效,则可以开始提款,进入实施阶段。

(5)项目实施。在项目实施阶段,借款国负责项目的执行和经营,世界银行负责对项目的监督。项目实施时间从决定投资开始到投产为止,借款国应严格执行贷款协议,并制定项目执行计划和时间安排方案,包括进行项目的设计、采购、施工和试运行工作。如果计划不妥善,就会拖延进度,延长工期,以致影响项目可能得到的盈利。世界银行一般根据借款国报送的项目进度报告,掌握项目发展情况及借款国对贷款协议各项保证的履行情况,了解项目的实际执行有否违反协议规定及其原因,以便与借款国商讨解决方法,或者在适当情况下同意借款国变更项目的具体内容。除通过进度报告掌握项目的情况外,世界银行还不断派出各种高级专家到借款国视察,随时向借款国提出有关施工、调整贷款数额和付款方法的意见,并逐年提出“监督项目执行情况报告书”。

(6)项目的总结评价。在贷款全部发放完毕,项目开始投产后一年左右,世界银行要对项目进行全面总结,并作出初步评价。这个工作由世界银行执行董事会指定专职董事领导的“业务评议局”负责,它是一个独立机构,直接对执行董事会或行长负责。世界银行对完建项目进行总结评价的目的,在于吸取经验教训,为今后执行同类项目积累经验,同时,也是对借款国在实施项目中成绩优劣的评价和使用世界银行贷款能力的考核。

2)亚洲开发银行项目建设周期

亚洲开发银行是政府间的区域性国际金融组织。中国自1986年加入亚行以来,与亚行的合作关系不断加强,在亚行中发挥积极的作用。中国是亚行的第三大股东国(美国和日本并列为第一大股东国),也是亚行的第三大借款国。

亚行项目建设周期通常包括选项与立项、项目准备性技术援助、实施考察、项目评估、项目谈判、贷款批准与签字生效、项目执行、项目竣工和后评价等8个阶段。

(1)选项与立项。亚行选项的标准有两条:一是被选项目应该是申请借款成员国优先发展的项目;二是被选项目应符合亚行的贷款原则。项目初步选定后,申请借款成员国的政府和项目单位应组织对项目进行可行性研究。中国政府与亚行现已建立有序的规划磋商机制,政府与亚行一般是一年举行两次规划磋商,以确定亚行对华贷款与技术援助项目三年滚动计划。只有列入亚行对华贷款和技术援助三年滚动计划的项目,才算正式立项。列入该计划的项目必须是既符合国家优先发展政策,又符合亚行的贷款原则。因此,在选项阶段,地方应充分考虑国家的经济政策、产业政策、国家优先发展领域和地方优先发展领域,同时,还需了解和研究亚行的政策,诸如行业政策、地区政策、国别业务战略、亚行工作重点和关注领域,保证所选项目符合上述政策的要求。

(2)项目准备性技术援助。项目准备性技术援助主要是亚行聘请咨询专家全面审查项目,对亚行关注的一些文件如环境影响评价、移民安置计划等在现有的基础上进行整理,以满足亚行的要求。项目准备性技术援助是亚行审查贷款项目不可分割的一部分,在项目列入贷款规划之后,亚行将安排相应的项目准备性技术援助。亚行对立项的项目要派项目准备性技援考察团的专家到项目所在地,收集项目的有关资料,包括项目区的社会经济资料,确定咨询专家工作大纲。亚行为咨询专家设计的工作大纲通常要求咨询专家对项目的技术、经济可行性、财务可行性、环境、移民安置计划、社会影响、融资安排、机构设置等进行全面审查。亚行考察团将把考察结果以备忘录的形式提供给政府,备忘录须得到政府的认可。在备忘录得到确认之后,亚行将履行内部审批程序,并开始选聘国际咨询专家的工作。咨询专家在现场工作的时间至少需3~6个月,之后将形成最终报告草本。咨询专家将就最终报告草本征求亚行、政府和项目单位的意见,并将根据三方的意见修改最终报告草本,形成最终报告。至此,项目准备性技术援助结束。

(3)实地考察。项目准备性技术援助结束之后,亚行将组织人员对项目进行实地考察。考察团一般由经济分析人员、工程师、财务分析人员、环保专家和社会专家组成。亚行考察团到项目所在地,实地考察项目的各个方面,包括项目的经济、技术、财务、环境、机构设置等,收集项目所在地的经济发展数据,了解行业政策和行业背景,与政府进行政策性对话,初步设计项目的组成部分和分配贷款资金,初步确定项目的目标、范围、招标与采购方式、转贷关系和条件、项目实施进度等。

(4)项目评估。项目评估是亚行实地审查项目过程中的最后一环,也是最重要的一环。评估实际是更深入、更全面地审查项目的必要性和可行性。亚行派出的评估团由各类专家组成,人数视项目的需要而定,通常包括经济分析人员、工程师、财务分析人员、规划局官员和律师,时间需要 2 ~3 周。评估团到申请借款国后,将与该国政府的有关部门和项目执行机构就项目的经济、技术、组织、财务、生产、销售、管理以及人员培训、国际招标、设备采购等一系列问题进行进一步商讨并达成一致意见,进一步确认项目的目标、范围、组成部分、资金分配、亚行融资比例、政策条件、转贷条件、项目实施进度、生效条件等。

(5)项目谈判。在进行项目谈判之前,亚行将准备一系列文件,其中包括亚行拟向董事会提交的《项目建议报告》、《贷款协议》和《项目协议》草本。经亚行内部有关机构审阅后,这些文件将以快邮方式寄送给申请借款成员国政府和项目执行机构。经过双方充分准备,在项目评估结束 2 ~3 个月后,亚行将正式邀请申请借款的成员国政府派代表团赴亚行总部与亚行进行谈判。谈判内容包括《贷款协议》条款、《项目协议》条款和行长写给董事会的《建议报告》。贷款谈判一般需要 1 周左右。

(6)贷款批准与签字生效。项目贷款谈判结束之后,亚行管理层将把项目有关文件,包括行长给董事会的报告、草签的《贷款协议》和《项目协议》散发给董事会,供董事会审阅。在文件散发 21 天之后,亚行董事会将召开会议审议项目。董事会对项目进行表决。批准后,亚行将据此通知有关借款成员国政府。经董事会批准的贷款文件,即《贷款协议》和《项目协议》还需借款人授权代表和项目执行机构授权代表与亚行的授权代表正式签署。

(7)项目执行。使用亚行贷款资金支付的合同必须进行招标,而且土建合同和复杂的设备合同还须对承包商进行资格预审。在亚行审批贷款阶段一般会批准提前采购行为,虽然亚行并不承诺一定会对该项目贷款,项目单位可进行土建工程承包商的资格预审,并编制标书、发标、评标、开标和合同谈判,亚行也可据此审批各有关环节。贷款生效后,项目单位就可签署合同,向亚行提款。项目进入执行阶段后,项目单位负责项目的实施和管理,亚行将对项目的执行进行监督。在项目执行阶段,最重要的是招标采购。在项目执行期间,亚行将不定期地派团对项目进行指导和检查,包括项目执行启动团向项目单位提供亚行的招标采购准则、聘请咨询专家指南、招标文件样本、合同样本、拨付指南以及项目管理备忘录等。在项目执行启动团之后,亚行派遣最频繁的团就是项目检查团,几乎每年一次的检查。

(8)项目竣工和后评估。在项目完成之后,亚行将派项目竣工团,根据项目单位准备的项目竣工报告,与项目单位一道对项目进行全面总结和验收。在项目竣工之后,亚行仍然将不定期地派团,跟踪项目的运营情况和履约情况,直至贷款全部还清为止。对于已经竣工的项目,亚行的项目后评价办公室将根据项目竣工报告,对项目进行抽样后评估。亚行项目贷款周期的不同阶段都很重要,但最重要的应该是项目的评估和执行阶段。对中国的大多数项目而言,项目执行机构都显示出较强的执行能力,项目实施结果比较好,但经营与管理还需进一步提高。

3)中国水利项目基本建设程序

中国现行水利项目基本建设前期工作程序包括:项目建议书(立项)、可行性研究、初步设计、技施设计、项目实施准备及开工、施工、竣工验收等阶段。国家水行政主管部门根据水利基本建设项目实际情况,将水利工程建设程序分为:项目建议书、可行性研究、初步设计、施工准备(包括招标设计)、建设实施、生产准备、竣工验收、后评价等阶段。通常将项目建议书、可行性研究和初步设计作为一个大阶段,称为项目建设前期阶段或项目决策阶段,初步设计以后的建设活动作为另一大阶段,称为项目实施阶段,最后是生产阶段。

(1)项目建议书阶段。项目建议书阶段的主要任务是完成编制项目建议书,经过评估由主管部门批准后立项。项目建议书应根据国民经济和社会发展长远规划、流域综合规划、区域综合规划、专业规划,按照国家产业政策和国家有关投资建设方针进行编制,主要是对拟建设项目的必要性和可行性作出评价,重点是论述建设项目的必要性、主要建设条件和获利的可能性,即项目立项依据。项目建议书应按照《水利水电工程项目建议书编制暂行规定》编制。项目建议书编制一般由政府委托有相应资质的设计单位或咨询服务机构承担;并按国家现行规定权限向主管部门申报审批。项目建议书批准后,由政府向社会公布,若有投资建设意向,应及时组建项目法人筹备机构,开展下一步建设程序工作。

(2)可行性研究阶段。可行性研究阶段是项目可行性分析评价阶段,其主要任务是编制项目可行性研究报告,重点是论证项目的技术可行性、经济上的合理性,同时也要对社会和环境影响进行科学分析和论证。可行性研究报告经过评估,由主管部门批准。可行性研究应对项目进行方案比较,对项目在技术上是否可行和经济上是否合理进行科学的分析和论证。经过批准的可行性研究报告,是项目决策和进行初步设计的依据。可行性研究报告应按照《水利水电工程可行性研究报告编制规程》由项目法人(或筹备机构)组织编制。可行性研究报告,按国家现行规定的审批权限报批。申报项目可行性研究报告,必须同时提出项目法人组建方案及运行机制、资金筹措方案、资金结构及回收资金的办法,并依照有关规定附具有管辖权的水行政主管部门或流域机构签署的规划同意书、对取水许可预申请的书面审查意见。审批部门要委托有项目相应资格的工程咨询机构对可行性研究报告进行评估,并综合行业归口主管部门、投资机构(公司)、项目法人(或项目法人筹备机构)等方面的意见进行审批。可行性研究报告经批准后,不得随意修改和变更,在主要内容上有重要变动,应经原批准机关复审同意。项目可行性研究报告批准后,应正式成立项目法人,并按项目法人责任制实行项目管理。

(3)初步设计阶段。初步设计是根据批准的可行性研究报告和必要而准确的设计资料,对设计对象进行通盘研究,阐明拟建工程在技术上的可行性和经济上的合理性,确定项目的各项基本技术参数,编制项目的总概算。初步设计任务应择优选择有相应资质的设计单位承担,依照《水利水电工程初步设计报告编制规程》规定进行编制。初步设计文件报批前,一般须由项目法人委托有相应资质的工程咨询机构或组织有关专家,对初步设计中的重大问题,进行咨询论证。设计单位根据咨询论证意见,对初步设计文件进行补充、修改、优化。初步设计由项目法人组织审查后,按国家现行规定权限向主管部门申报审批。设计单位必须严格保证设计质量,承担初步设计的合同责任。初步设计文件经批准后,主要内容不得随意修改、变更,并作为项目建设实施的技术文件基础。如有重要修改、变更,须经原审批机关复审同意。

(4)施工准备阶段。项目在主体工程开工之前,必须完成各项施工准备工作,其主要内容包括:施工现场的征地、拆迁;完成施工用水、电、通信、路和场地平整等工程;必须的生产、生活临时建筑工程;组织招标设计、咨询、设备和物资采购等服务;组织建设监理和主体工程招标投标,择优选定建设监理单位和施工承包队伍。施工准备工作开始前,项目法人或其代理机构,须按分级管理权限,向水行政主管部门办理报建手续,项目报建须交验工程建设项目的有关批准文件。工程项目进行项目报建登记后,方可组织施工准备工作。除某些不适应招标的特殊工程项目外(须经水行政主管部门批准),工程建设项目施工均须实行招标投标。水利工程项目必须满足如下条件施工准备方可进行:初步设计已经批准、项目法人已经建立、项目已列入国家或地方水利建设投资计划、筹资方案已经确定、有关土地使用权已经批准、已办理报建手续等。

(5)建设实施阶段。建设实施阶段是指主体工程的建设实施,项目法人负责按照批准的建设文件,组织工程建设,保证项目建设目标的实现。项目法人或其代理机构必须按审批权限,向主管部门提出主体工程开工申请报告,经批准后,主体工程方能正式开工。主体工程开工须具备的条件如下:项目前期工作各阶段文件已按规定批准、施工详图设计可以满足初期主体工程施工需要、建设项目已列入国家或地方水利建设投资年度计划、年度建设资金已落实、主体工程招标已经决标、工程承包合同已经签订并得到主管部门同意、现场施工准备和征地移民等建设外部条件能够满足主体工程开工需要。实行项目法人责任制的工程在主体工程开工前还须具备以下条件:建设管理模式已经确定、投资主体与项目主体的管理关系已经理顺、项目建设所需全部投资来源已经明确且投资结构合理、项目产品的销售已有用户承诺并确定了定价原则。项目法人要充分发挥建设管理的主导作用,为施工创造良好的建设条件。项目法人要充分授权工程监理,使之能独立行使对项目的建设工期、质量、投资的控制和现场施工的组织协调。监理单位的选择必须符合《水利工程建设监理规定》的要求。建设实施要按照"政府监督、项目法人负责、社会监理、企业保证"的要求,建立健全质量管理体系,重要建设项目,须设立质量监督项目站,行使政府对项目建设的监督职能。

(6)生产准备阶段。生产准备是项目投产前所要进行的一项重要工作,是建设阶段转入生产经营的必要条件。项目法人应按照建管结合和项目法人责任制的要求,适时做好有关生产准备工作。生产准备应根据不同类型的工程要求确定,一般应包括如下主要内容:生产组织准备、生产技术准备、生产物资准备、正常的生活福利设施准备等。同时,还要及时具体落实产品销售合同协议的签订,提高生产经营效益,为偿还债务和资产的保值增值创造条件。

(7)竣工验收。竣工验收是工程完成建设目标的标志,是全面考核基本建设成果、检验设计和工程质量的重要步骤。竣工验收合格的项目即从基本建设转入生产或使用阶段。当建设项目的建设内容全部完成，经过单位工程验收，符合设计要求并按《水利基本建设项目（工程）档案资料管理暂行规定》要求完成了档案资料的整理工作；完成竣工报告、竣工决算等必须文件的编制后，项目法人向验收主管部门提出申请，根据国家和部颁验收规程组织验收。竣工决算编制完成后，须由审计机关组织竣工审计，其审计报告作为竣工验收的基本资料。工程规模较大、技术较复杂的建设项目可先进行初步验收。不合格的工程不予验收；有遗留问题的项目，对遗留问题必须有具体处理意见，且有限期处理的明确要求并落实责任人。

（8）后评价阶段。建设项目竣工投产后，一般经过1~2年生产运营后，要进行一次系统的项目后评价。项目后评价的主要内容包括：过程评价——对项目的立项、设计施工、建设管理、竣工投产、生产运营等全过程进行评价；经济评价——对项目投资、国民经济效益、财务效益、技术进步和规模效益等进行评价；影响评价——项目投产后对各方面的影响进行评价。项目后评价一般按3个层次组织实施，即项目法人的自我评价、项目行业的评价、计划部门（或主要投资方）的评价。建设项目后评价工作必须遵循客观、公正、科学的原则，做到分析合理、评价公正。通过建设项目的后评价以达到肯定成绩、总结经验、研究问题、吸取教训、提出建议、改进工作，不断提高项目决策水平和投资效果的目的。通过后评价既可以分析本项目预期目标是否达到，找出成败原因，总结经验教训；又可以通过及时有效的信息反馈，为未来新项目的决策和提高管理水平提供借鉴；同时也可针对后评价项目实施运营中出现的问题，提出改进建议，从而达到提高投资效果的目的。

分析国内外建设项目周期和建设管理程序，我们可以看出，项目后评价是项目周期和项目管理中不可缺少的重要环节，是项目决策管理不可缺少的重要手段。通过进行项目后评价，对项目进行全面的总结评价，汲取经验教训，改进和完善项目决策水平，达到提高投资效果的目的。

（二）项目后评价的概念

国内外学者和实际工作者从不同的角度对项目后评价曾提出过许多定义，但究竟什么是后评价，根据中国的实际情况，应该是指对已经完成的项目或规划的目的、执行过程、效益、作用和影响所进行的系统的客观的综合分析评价。通过对投资活动实践的检查总结，确定投资预期的目标是否达到，项目或规划是否合理有效，项目的主要效益指标是否实现，通过分析评价找出成败的原因，总结经验教训，并通过及时有效的信息反馈，为被评项目实施运营中出现的实际问题，提出切实措施和改进建议，改善经营管理，从而达到提高投资效益的目的和同类项目再决策的科学化水平。

1. 项目后评价的定义

项目后评价是指对已经完成的项目或规划的目的、执行过程、效益、作用和影响所进行的系统的客观的综合分析评价。

项目后评价是在项目已经完成并运行一段时间后，对项目的立项决策、设计、采购、施工、验收、运营等各个阶段的工作，进行系统评价的一种技术经济活动。

项目后评价一般应对项目执行全过程每个阶段的实施和管理进行定量和定性的分析，重点包括法律法规（政策、合同等）、执行程序、工程三大控制（质量、进度、造价）、技术经济指标、社会环境影响、工程咨询质量(可研、评估、设计等)、宏观和微观管理等。

项目后评价一般由项目投资决策者、主要投资者提出并组织,项目法人根据需要也可组织进行项目后评价。项目后评价应由独立的咨询机构或专家来完成,也可由投资评价决策者组织独立专家共同完成。"独立"是指从事项目后评价的机构和专家应是没有参加项目前期与工程实施咨询业务或管理服务的机构和个人。

项目后评价是项目监督管理的重要手段,也是投资决策周期性管理的重要组成部分,是为项目决策服务的一项主要的咨询服务工作。项目后评价以项目法人对日常的监测资料和项目绩效管理数据库、项目中间评价、项目稽察报告、项目竣工验收的信息为基础,以调查研究的结果为依据进行分析评价,通常应由独立的咨询机构来完成。广义的项目事后评价包括项目后评价、项目影响评价、规划评价、地区或行业评价、宏观投资政策研究等。

项目的正式后评价,应该是在项目完工以后,贷款项目还需在账户关闭之后,生产运营达到设计能力之际进行。然而,在实际工作中,评价的时点是可以选择的。一般来讲,从项目开工之后由监督部门所进行的各种评价,都属于后评价的范畴,这种后评价可以延伸到项目寿命期末。根据评价时点不同,后评价又可以分为跟踪评价、实施效果评价和影响评价等 。

2. 项目后评价的目的和任务

项目后评价的目的主要有以下几点:①及时反馈信息,调整相关政策、计划、进度,改进或完善在建项目;②增强项目实施的社会透明度和管理部门的责任心,提高投资管理水平;③通过经验教训的反馈,调整和完善投资政策与发展规划,提高决策水平,改进未来的投资计划和项目的管理,提高投资效益。

项目后评价的主要任务是通过对项目全过程的回顾,进行项目效果和效益的分析,对项目目标和可持续性评价,总结经验教训,提出对策和建议。具体地讲有以下几点:①审核在项目准备和评估文件中所确定的目标;②审查项目实施阶段实际完成的情况,找出其中的变化;③通过实际与原来预期的对比,分析项目成败的原因;④评价项目实施的效果和管理水平;⑤分析项目的经济效益;⑥评价项目广泛的社会和环境的作用与影响。

3. 项目后评价的一般原则

项目后评价的一般原则是:独立性、科学性、实用性、透明性和反馈功能,重点应是评价的独立性和反馈功能。

独立性:是指在评价的过程中,应不受项目决策者、管理者、执行者和前评估人员的干扰,应独立地分析、评价和研究,不同于项目决策者和管理者自己评价自己的情况。它是评价的公正性和客观性的重要保障。没有独立性,或独立性不完全,评价工作就难以做到公正和客观,就难以保证评价及评价者的信誉。为确保评价的独立性,必须从机构设置、人员组成、履行职责等方面综合考虑,使评价机构既保持相对的独立性又便于运作,独立性应自始至终贯穿于评价的全过程,包括从项目的选定、任务的委托、评价者的组成、工作大纲的编制到资料的收集、现场调研、报告编制和信息反馈。只有这样,才能使评价和分析结论不带偏见,才能提高评价的可信度,才能发挥评价在项目管理工作中不可替代的作用。

反馈功能：和项目前评估相比，后评价的最大特点是信息的反馈。也就是说，后评价的最终目标是将评价结果反馈到决策部门，作为新项目立项和评估的基础，也作为调整投资规划和政策的依据。因此，评价的反馈机制便成了评价成败的关键环节之一。国外一些国家建立了“项目管理信息系统”，通过项目周期各个阶段的信息交流和反馈，系统地为评价提供资料和向决策机构提供评价的反馈信息。

4. 项目后评价的程序

项目后评价一般分为 4 个阶段：项目自我评价阶段、行业（或地方）初审阶段、正式后评价阶段、成果反馈阶段。

项目自我评价：由项目单位负责组织编写自我评价报告，报行业主管部门（或地方）。

行业（或地方）初审：行业（或地方）在项目单位自我评价的基础上，从行业（或地方）的角度，对该项目进行评审，写出评审意见。

正式评价：由被委托进行后评价的单位，在项目自我后评价和行业（或地方）评审的基础上，进行资料收集和调查研究，从项目立项建设过程到经济效益发挥以及社会、环境、技术等多方面的影响角度，对项目进行全面的后评价，并编写后评价报告，报上级主管部门和项目单位。

5. 项目后评价与前评估的关系

项目后评价与项目前评估既有相同之处，又有各自的特点，主要有以下相同点和不同点。

相同点：①工作性质相同，都是对项目寿命周期全过程进行技术经济论证；②工作目的相同，都是为了提高投资效益，实现项目效益和社会效益、环境效益的统一。

不同点：①时间先后不同，前评估在投资决策前，后评价在项目运营之后；②研究内容不同，前评估只研究论证项目应不应该立项实施，后评价要对投资决策、设计、采购、施工直到运营若干年后的每个环节进行评价；③分析方法不同，前评估是运用预测法，后评价是运用对比法；④运用数据不同，前评估全部运用预测的数据，后评价运用实际数据加预测数据：其中开工到后评价时点用的是实际发生的数据，后评价时点至寿命期末用的是预测的数据。

（三）项目后评价的基本理论与方法

1. 项目后评价的理论基础

项目后评价的理论基础应该是运用现代系统工程与反馈控制的管理理论，对项目决策、实施和运营结果作出科学的分析和判定。

2. 项目后评价的方法

目前国内进行建设项目后评价的方法，主要还是以对比法为主。对比法包括“前后对比”和“有无对比”。项目后评价采用对比法时，要注意在同一层次和同一基础上进行比较。

（四）项目后评价的基本内容

项目后评价的基本内容包括项目过程评价、技术经济后评价、影响后评价以及目标可持续性评价等。

1. 项目过程评价

根据项目周期和中国基本建设程序的划分，项目过程评价一般可划分为项目前期决策阶段、项目准备阶段、建设实施阶段、竣工投产阶段等几个阶段的评价。

2. 项目经济后评价

项目经济后评价主要是依据目前的技术发展水平、目前的外部环境和在目前的财税政策下预测的成果，对前评估时所作的技术选择、财务分析、经济评价的结论重新进行的审视。

3. 项目的影响后评价

项目的影响后评价主要包括环境影响后评价和社会影响后评价等。

（1）项目环境影响后评价。项目环境影响后评价，是指对照项目前评估时批准的《环境影响报告书》，重新审查项目对环境影响的实际结果。审核项目环境管理的决策、规定、规范、参数的可靠性和实际效果。

（2）项目社会影响后评价。项目社会影响后评价是指项目的建设对国家或地方社会发展目标的贡献和影响，以及对项目区其他社会经济活动的影响。包括社会效益与影响评价和项目与社会两相适应的分析，从项目的社会可行性方面为项目决策提供科学分析依据。

4. 项目的可持续性评价

项目的可持续性评价主要是通过分析研究项目与社会的各种适应性、存在的社会风险等问题，研究项目能否持续实施并持续发挥效益的问题。对影响项目持续性发展的各种社会因素，要研究并采取措施解决，以保证项目生存的持续性。

（五）项目后评价在国内外的发展

1. 项目后评价的起源和在国外的发展情况

起源：项目后评价源于 20 世纪 30 年代的美国，70 年代中期以后，在许多国家和世界银行、亚行等多边国际组织的项目管理中广泛采用，如：世界银行的项目周期中最后一个阶段就是项目后评价。在发达国家，后评价与资金预算、监测、审计结合在一起，形成了完整有效的管理循环体系。例如：美国通过法案规定国家投资的所有项目都要进行后评价，国会定期举行项目后评价听证会；发展中国家正在逐渐采用后评价管理体制，如：印度拥有庞大的后评价机构，建立了中央和地方两级职责明确的后评价组织，对政府投资的项目由专职评价人员进行评价，并对后评价结果广泛向社会公布。

UNDP 组织 10 年前的统计资料表明世界上已有 85 个国家成立了中央评价机构；24 个国际组织中有 22 个建立了后评价系统，评价费用占同期总投资的 0.17%。

发展：后评价内容不断扩展，评价方法日趋成熟；后评价涉及投资项目的全过程；后评价机构的任务和责任日趋增强。国际金融组织的后评价机构均是其组织机构中重要的一个部门，并且独立于其他业务部门。在世界银行，其后评价机构直接由银行执行董事会领导，以保证该机构的权威性和独立性，其名称为“业务评价局”（Operation Evaluation Department，OED）。

2. 中国的项目后评价情况

（1）后评价的起步。中国于 20 世纪 80 年代中后期开始进行建设项目的后评价工作。20世纪80年代初由国家计委与项目可研方法同期引入中国,开展研究;1988年国家计委委托中国国际工程咨询公司(China International Engineering Consulting Corporation,CIECC)首次进行项目后评价,它标志着中国项目后评价工作的正式开始;1990年国家计委正式下达通知,第一次提出项目后评价的内容和要求。

(2)后评价的发展。1994年和1995年国家开发银行和CIECC先后正式成立后评价局,开展了数百个项目的后评价。在项目后评价方法的研究过程中,相关的政府部门及其研究机构、大学、科研院所等多种机构都做了大量的工作。目前,国家发改委、财政部、国家银行、交通部、铁道部等在项目后评估体系建立、法规制订等方面做了大量工作。

3. 中国水利项目后评价情况

新中国成立以来中国水利建设投资规模宏大,特别是1998年大水以来,投资规模空前,许多项目已经竣工或即将竣工,后评价作为水利投资管理的一项重要工作,已经引起有关方面的重视。在政策法规方面,1996年6月3日国务院批准,14日国家计委发布的《国家重点建设项目管理办法》,水利部发布的《水利工程建设项目管理规定》(水建[1995]128号)、《堤防工程建设计划资金管理暂行办法》(水规计[1999]77号)、《水利工程建设程序管理暂行规定》(水建[1998]16号)将后评价明确规定为建设程序,并对后评价的内容、组织实施办法作了基本规定。在组织管理上,水利部水利建设与管理总站负有"承办水利水电建设与管理专项规划编制和有关政策的调研工作……;承办水利水电工程……建设后评价等管理的业务工作"的职责(人教劳[2000]39号)。在项目后评价实施方面,水利部水利建设与管理总站2001年底完成了辽宁"大洼三角洲农业综合开发工程"后评价工作,2005年完成了澧水流域江垭水利枢纽工程的后评价工作,2006年完成了广东东深供水工程后评价工作。目前已完成水利技术标准《水利工程后评价报告编制规程》的编写工作。在此之前,仅有引滦工程、察尔森水利枢纽等少数工程进行过项目后评价工作,绝大多数项目并未严格按水利基建程序开展项目后评价工作。目前,水利行业尚无关于后评价方面的专门管理法规和实施规范。后评价是水利建设项目基本程序之一,是水利建设项目管理的重要环节,但是,如何严格按基建程序进行项目后评价,仍是目前亟待解决的重大课题,目前主要存在如下问题:水利建设项目后评价的方法(包括评价范围、内容、标准等)尚未成熟;尚无专门的后评价管理法规;尚未制订后评价规范等。这些问题严重制约后评价工作的开展,以致多数项目没有进行后评价工作。

(六)项目后评价的作用和意义

项目后评价的服务对象是项目管理,而且主要是为项目的决策管理服务,为项目的出资者服务,侧重在宏观决策和监督管理两个方面。同时,可运用于项目实施过程中的一些评价(通常是项目的监测评价或中间评价),为项目执行机构或其他有关方的管理服务。

项目后评价的独立性:是指评价不受项目决策者、管理者、执行者和前评估人员的干扰,不同于项目决策者和管理者自己评价自己的情况。它是评价的公正性和客观性的重要保障。没有独立性,或独立性不完全,评价工作就难以做到公正和客观,就难以保证评价及评价者的信誉。

首先,项目后评价是一个学习的过程。后评价通过对项目目的、执行过程、效益、作用和影响进行全面系统地分析，总结正反两方面的经验教训，使项目的决策者、管理者学习到更加科学合理的方法和策略，提高决策、管理和建设水平。

其次，后评价又是增强投资活动工作者责任心的重要手段。后评价的透明性和公开性，可以比较公正客观地确定投资决策者、管理者和建设者工作中存在的问题，从而进一步提高他们的责任心和工作水平。

再次，后评价主要是为投资决策服务的。虽然后评价对完善已建项目、改进在建项目和指导待建项目有重要的意义，但更重要的是为提高投资决策服务，即通过评价建议的反馈，完善和调整相关方针、政策与管理程序，提高决策者的能力和水平，进而达到提高和改善投资效益的目的。

项目后评价的主要作用是：通过项目实践活动的检查总结，确定项目预期的目标是否达到，项目或规划是否合理有效，项目的主要效益指标是否实现；通过分析评价找出成败的原因，总结经验和教训；通过及时有效的信息反馈，为新项目的决策和提高完善投资决策管理水平提出建议，同时也为后评价项目实施运营中出现的问题提出改进建议，以提高投资效益。因此，进行项目后评价可以达到不断提高决策、设计、施工、管理水平，为合理利用资金、提高投资效益、改进管理、制定相关政策等提供科学的依据。

二、水利建设项目后评价基本概念

（一）水利建设项目后评价的特点

水利工程的类型千差万别，与其他建设项目相比，水利建设项目因其建设周期长、投资额度大、社会影响面广、社会问题复杂等特点，有其较为特殊的一面。水利工程建设项目的评价内容广泛、评价体系较复杂、部分指标定量分析较困难，报告的模式也因之而略有不同，一般来说，水利项目后评价具有以下特点：

（1）现实性。水利建设项目后评价和前评价根本的不同就在于依据不同，前评价的主要依据是预测，是根据当时的情况和发展规律对今后情况进行的一种预测，根据预测做出评价，而后评价是根据实际发生的情况进行的评价，实际的竣工决算投资、实际的效益、实际的环境影响、社会经济影响情况等。其所得出的结论将更加具体和切合实际。

（2）全面性。项目后评价不仅要对其工程设计、实施情况进行评价，还要对其运营管理情况进行评价，不仅要进行经济财务分析，还要对其投资过程、资金来源、资金筹措方案等进行评价，并要总结其成功的经验和失败的教训，较前评价相比，更为全面和客观，尤其区别于其他建设项目的特点，是其对移民问题的评价。

（3）特殊性。由于水利项目与其他建设项目相比，具有投资额度大、社会影响大的特点，应着重注意根据项目的具体特点进行社会影响评价、移民安置影响评价、环境影响评价和经济评价。

（4）反馈性。项目后评价的主要目的在于为业主和上级有关部门提供信息，便于对本项目的运营管理和为今后类似项目的建设提供指导性的意见，为计划部门投资决策提供依据，为今后项目管理、投资计划和投资政策的制定积累经验，并检验项目决策的正确性。

(5)合作性。项目后评价需要多方的合作来完成,投资主管部门、项目建设单位、项目管理单位、技术经济专家等多方的融洽合作才能保证项目的完成。

(二)水利建设项目后评价的基本方法

项目后评价应依据国家现行的有关方针政策、法律、规章、技术标准和主管部门的有关文件等进行。

项目后评价还应依据项目各阶段的正式文件,主要包括:批准的设计文件,相应的设计变更、修改及批复文件,施工合同,监理签发的施工图纸和说明,设备技术说明书等。

项目后评价应以通过各种调查研究取得的科学数据为基础,通过分析、对比,检验项目决策、设计、建设、运行管理各阶段主要技术、经济指标与预期指标的变化,分析其原因和对项目的影响,判断项目目标的持续性。

项目后评价采用综合比较法,即根据项目各阶段所预定的目标,从项目作用与影响、效果与效益、实施与管理、运营与服务等方面追踪对比,分析评价。

项目后综合评价通常也采用成功度评价法。即根据具体项目的类型和特点,对项目进行成功度的评判,可分为三级、五级等。

(三)水利建设项目后评价的基本内容

项目后评价的内容应包括从项目提出到项目投产运行的全过程,但也可根据项目的具体情况有所增删。从评价内容上分,主要包括以下几个方面:

1. 工程项目的过程后评价

工程项目的过程后评价包括3部分主要内容:①前期工作评价。根据项目在国民经济和社会经济中的地位和作用评价项目建设的必要性和开发目标的合理性,从项目建议书、可行性研究、初步设计等各阶段的主要工作业绩评价勘测设计各阶段的工作情况,根据勘测设计单位的资质、等级等情况评价项目前期各阶段管理工作。②实施评价。从项目法人的组建和工作过程以及项目施工准备的过程评价项目的实施准备,从工程的开工建设、工程质量、资金来源及使用情况、合同管理、工程监理等多方面评价施工控制与管理情况,生产准备评价主要对运行准备工作是否具备正式运行条件进行评价,竣工验收评价主要对工程质量和投资控制等方面进行评价。③运行管理评价。通过管理规章制度、各方面的运行观测数据和分析成果,对建筑物和设备的运行操作的灵活性、安全性、可靠性进行评价。

2. 经济后评价

经济后评价包括项目财务评价和经济评价两个组成部分,项目财务评价是从企业角度对项目投产后的实际效益的再评价,国民经济评价是从宏观国民经济角度出发,对项目投产后的国民经济效益的再评价。

3. 影响后评价

影响后评价包括技术影响评价、社会影响评价、移民安置影响评价、环境影响评价、水土保持影响评价等有关内容。技术影响评价主要评价项目所采用的先进技术对水利行业的技术进步乃至整个国民经济发展的影响。社会影响评价主要评价项目对所涉及的受益者和受损者群体所产生的影响,分析项目建设对生产力布局、农业产业结构、土地利用及地区国民经济、人民生活水平等方面的影响。移民安置影响评价主要是对移民安置工程实施和移民安置政策落实情况进行评价，总结实施过程中的成功经验和存在的主要问题，评价移民安置目标实现的程度、建设征地移民搬迁安置情况及其实施方案的合理性和对区域社会经济和其他方面的影响，移民后期扶持规划的实施效果等。环境影响评价和水土保持影响评价应主要阐述在工程项目建成后，已经产生或今后可能产生的影响，并对照项目前评估时的结论进行对比评价，提出减免不利影响的措施。

4. 目标持续性评价

项目目标可持续性评价包括对项目原定目标的实现程度、适应性等进行分析。对照项目立项时确定的目标，从工程、技术、经济等方面分析项目的实施结果和作用，分析项目目标实现程度，评价与原定目标的偏离程度。

分析社会经济发展、国力支持、政策法规及宏观调控、资源调配、当地管理体制及部门协作情况、配套设施建设、生态环境保护要求、水土流失的控制情况等外部条件对项目可持续性的影响。

分析组织机构建设、技术水平及人员素质、内部运行管理制度及运行状况、财务运营能力、服务情况等内部条件对项目可持续性的影响。

分析实现项目可持续发展的条件。根据内、外部条件对可持续性发展的影响，提出项目持续发挥投资效益的分析评价结论，并根据需要提出应采取的措施。

（四）水利建设项目后评价的指标体系

水利建设项目后评价指标体系应能反映项目本身的情况，以及项目在社会经济、环境等各方面产生的效益和影响，并体现水利工程的特点，具有客观性、可操作性、通用性和可比性。设置项目后评价的指标是为了从量的角度来分析项目的实际效果，它可为项目后评价的定性分析提供较翔实的依据。

项目后评价的内容、意义、目的都与前评价有所不同，后评价本身的目的也不是针对前评价，但在许多方面又要与前评价进行对比才能得出结论，因此后评价的指标应以前评价的指标为基础，再加以扩展，从而建立一套完整的评价指标体系。

根据后评价的工作内容，其指标应分为过程评价指标、经济评价指标、影响评价指标三大部分。

1. 过程后评价指标

水利建设项目的过程后评价主要是对立项决策、勘测设计、建设实施、生产运行等过程进行评价，其指标应能反映工程的进度、生产能力、质量指标等。主要有以下几个指标：①项目决策时间。指提出项目建议书（或相当于项目建议书）到批准立项所经历的全部时间，是表示项目决策效率的一个指标，一般以月来表示。②项目设计周期。指建设单位与设计单位签订委托设计合同实施日到提交全部设计文件所经历的全部时间，一般以月来表示。③建设工期。指工程开工之日起至竣工验收之日止实际经历的有效天数，它不包括工程开工后停建、缓建所间隔的时间，实际建设工期是反映项目实际建设速度的一个重要指标，项目工期的长短对项目投资效益影响极大。④实际投资总额。指竣工决算时重新核定的实际工程投资完成额，包括固定资产和流动资金。⑤工程合格品率。指工程质量达到国家规定的合格标准的单位工程个数占验收的工程单位工程总数的比例,是用国家规定的标准对实际工程质量进行评价的一个指标。合格率越高,表明工程质量越好。⑥工程优良品率。指工程质量达到国家规定的优良品标准的单位工程个数占验收的工程单位工程总数的比例,是衡量实际工程质量的指标。优良品率越高,表明工程质量越好。⑦单位生产能力投资指标。反映竣工项目实际投资效果的一项综合指标,它是项目实际投资总额与竣工项目实际形成的综合生产能力或单项生产能力的比率,例如每单位库容、单位供水量、单位发电量等单位生产能力所需要的投资等。实际单位生产能力投资越少,项目的实际投资效果越好,反之,就越差。⑧实际达产年限。指建设项目从投产之日起到设计生产能力所经历的全部时间,实际达产年限的长短是衡量和考核投产项目实际投资效益的一个重要指标。⑨设计目标实现率。已实现的目标与设计目标之间的比例。⑩其他相关指标。

2. 经济后评价指标

经济后评价指标主要应该反映项目在经济方面所能产生的经济效益和财务能力。

1) 国民经济评价指标

国民经济评价指标主要有:

(1) 经济内部收益率(EIRR)。以计算期内各年净效益折现值累计等于零时的折现率表示。其计算公式为:

$$\sum_{t-1}^{n}(B-C)_t(1+EIRR)^{-t}=0$$

式中 $EIRR$—— 经济内部收益率;

B—— 年效益,万元;

C—— 年费用,万元;

n—— 计算期,年;

t—— 计算期各年的序号,基准点的序号为0;

$(B-C)_t$—— 第 t 年的净效益,万元。

项目的经济合理性应按经济内部收益率($EIRR$) 与社会折现率(i_s) 的对比分析确定。当经济内部收益率大于或等于社会折现率(i_s)($EIRR \geqslant i_s$) 时,该项目在经济上是合理的。

(2) 经济净现值($ENPV$)。以社会折现率(i_s) 将项目计算期内各年的净效益折算到计算期初的现值之和表示。其表达式为:

$$ENPV=\sum_{t=1}^{n}(B-C)_t(1+i_s)^{-t}$$

式中 $ENPV$—— 经济净现值,万元;

i_s—— 社会折现率。

项目的经济合理性应根据经济净现值($ENPV$) 的大小确定。当经济净现值大于或等于零($ENPV \geqslant 0$) 时,该项目在经济上是合理的。

桃林口水库工程总体国民经济评价中,社会折现率 i_s 分别采用12% 和7%。

(3) 经济效益费用比($EBCR$)。经济效益费用比($EBCR$)应以项目效益现值与费用现值之比表示。其表达式为:

$$EBCR = \frac{\sum_{t=1}^{n} B_t (1 + i_s)^{-t}}{\sum_{t=1}^{n} C_t (1 + i_s)^{-t}}$$

式中　$EBCR$—— 经济效益费用比;

B_t—— 第 t 年的效益,万元;

C_t—— 第 t 年的费用,万元。

2) 财务评价指标

财务评价指标主要有:

(1) 财务内部收益率(FIRR)。财务内部收益率以计算期内各年净现金流量折现值累计等于零时的折现率表示。其计算公式为:

$$\sum_{t=1}^{n} (CI - CO)_t (1 + FIRR)^{-t} = 0$$

式中　$FIRR$—— 财务内部收益率;

CI—— 现金流入量,万元;

CO—— 现金流出量,万元;

$(CI - CO)_t$—— 第 t 年的净现金流量,万元;

n—— 计算期,年。

当财务内部收益率大于或等于行业财务基准收益率(i_c)或设定的折现率(i)时,该项目在财务上是可行的。在桃林口水库工程总体财务评价中,取 $i = 7\%$。

(2) 投资回收期(P_t)。投资回收期(P_t)以项目的净现金流量累计等于零时所需要的时间表示,从建设开始年起算,其计算公式为:

$$\sum_{t=1}^{P_t} (CI - CO)_t = 0$$

式中　P_t—— 投资回收期,年。

(3) 财务净现值($FNPV$)。财务净现值($FNPV$)以财务基准收益率(i_c)或设定的折现率(i),将项目计算期内各年净现金流量折算到计算期初的现值之和表示。其表达式为:

$$FNPV = \sum_{t=1}^{n} (CI - CO)_t (1 + i_c)^{-t}$$

或

$$FNPV = \sum_{t=1}^{n} (CI - CO)_t (1 + i)^{-t}$$

式中　$FNPV$—— 财务净现值,万元。

当财务净现值大于或等于零(FNPV≥0)时,该项目在财务上是可行的。

(4)实际借款偿还期。是衡量项目实际清偿能力的一个指标,是指在国家现行财税政策下,根据项目投产后实际的或重新预测的可用做还贷的利润、折旧或其他收益额偿还固定资产投资的实际借款本息所需要的时间。

(5)投资利润率。是项目达到设计规模后的一个正常运行年份的年利润总额或项目正常运行期内的年平均利润总额与项目总投资的比率。

(6)投资利税率。是项目达到设计规模后的一个正常运行年份的年利税总额或项目正常运行期内的年平均利税总额与项目总投资的比率。

(7)资产负债率。是指项目负债总额对资产总额的比率。

3. 影响后评价指标

项目的社会评价指标体系应能反映项目对社会、经济、环境、资源等方面产生的影响和效益。包含以下几个指标:①项目区新增国内生产总值;②项目区人均增加收入;③项目区人均增加或改善灌溉面积;④项目区单位灌溉面积增加作物产量;⑤项目区人均增加作物产量;⑥增加的航运等能力;⑦项目减少水土流失面积指数;⑧项目区人均占有绿化面积增加;⑨项目区直接和间接就业效果;⑩其他指标,如提高入学率、医疗卫生保障率等。

4. 综合后评价指标

项目综合后评价通常采用成功度评价的方法,依靠评价专家积累的经验,综合评价各项指标的评价结果,对项目的成功程度作出定性的结论。建议项目的成功度采用以下5个等级进行评判:①完全成功。项目的各项目标都已全面实现或超额完成;相对成本而言,项目取得巨大的效益和影响。②成功。项目的大部分目标已经实现;相对成本而言,项目达到了预期的效益和影响。③部分成功。项目只取得了一定的效益和影响。④不成功。项目实现的目标非常有限;相对成本而言,项目几乎没有产生什么正效益和影响。⑤失败。项目的目标是不现实的,无法实现;或项目不得不终止。

(五)水利建设项目后评价的时机

水利建设项目后评价没有一个明确的时间要求,项目实施结束时和项目生产过程期间都可以,由于对项目后评价的认识不同和经济体制的不同,世界各国项目后评价时机的选择也不同。

根据后评价的概念和水利建设项目的特点,建议中国水利建设项目的后评价应安排在竣工项目达到设计生产能力后的1~2年内进行,但如果项目由于各种原因,在投产后不能按要求达到设计生产能力,有的项目甚至长期不能达产,这样的项目就应该在其达到设计生产能力时再进行评价,主要是考虑到项目只有在达产时,各项运行指标和经济效益才能达到正常,建设、生产中各方面的问题才能充分暴露,同时,也可以积累足够供计算各项后评价指标所需要的数据资料。只有这样,才能够全面地总结从项目准备、项目决策、项目实施、生产运行全过程的经验和教训,提出切实措施和改进建议,并通过及时有效的信息反馈,改善经营管理,从而达到提高投资效益的目的和同类项目再决策的科学化水平。

(六)水利建设项目后评价的组织实施

1. 水利建设项目后评价的组织实施程序

项目后评价的组织实施主要包括以下几个步骤:

1)制定后评价工作计划

制定后评价工作计划的单位可以是国家计划部门、银行部门、行业主管部门,也可以是企业本身。应根据不同的需要和目的制定其工作计划,包括选择后评价项目、选择后评价单位、制定后评价计划安排等内容。

2)选择后评价项目

一般来说,从投资渠道和资金来源来看,属于国家公共投资和利用国际金融组织贷款的项目都应进行后评价。选择的后评价项目应具备特殊性、可能性和代表性。特殊性是指项目要具有一定的特性,如较大、较复杂、有创新等,可能性是指项目本身具备后评价的条件,代表性即在所选项目在同类项目中具有一定的代表性。

3)选择后评价单位

项目后评价由项目法人单位委托具有相应能力的独立咨询机构承担,该机构不得是该项目的项目建议书、可行性研究报告、初步设计文件的编制、审查或评估咨询单位。参与后评价及报告编制人员不得是该项目的决策者,前期咨询、设计和评估者。

4)签订工作合同或协议

根据项目的具体情况和委托单位的要求,签订工作合同。项目后评价单位接受后评价任务委托后,首要任务就是与业主或上级签订评价合同或相关协议,以明确各自在后评价工作中的权利和义务。合同中应对评价对象、评价内容、评价方法、评价时间、工作深度、工作进度、质量要求、经费预算、专家名单、报告格式等后评价的有关内容进行详细描述。

5)编写后评价工作方案

对需进行后评价的项目进行分析,并编制工作方案,内容应针对合同中签订的事项安排具体的方法和时间,尤其对现场的调查研究应着重细化。

6)收集熟悉项目资料

评价单位应组织专家认真阅读项目文件,从中收集与未来评价有关的资料。如项目的建设资料、运营资料、效益资料、影响资料,以及国家和行业有关的规定与政策等。

7)开展现场调查研究活动

在收集项目资料的基础上,为了核实情况、进一步收集评价信息,必须去现场进行调查。一般来说,去现场调查需要了解项目的真实情况,不但要了解项目的宏观情况,而且要了解项目的微观情况。宏观情况是项目在整个国民经济发展中的地位和作用,微观情况是项目自身的建设情况、运营情况、效益情况、可持续发展以及对周围地区经济发展、生态环境的作用和影响等。

8)编写报告

在阅读文件和现场调查的基础上,对大量的基础资料进行分析计算,并根据《水利建设项目后评价报告编制规程》编制后评价报告。

9)提交后评价报告

后评价报告草稿完成后,经审查、研讨和修改后定稿。定稿后的报告应及时提交项目后评价委托部门,并根据需要上报上级有关主管部门。

2. 水利建设项目后评价的调查和分析

1)水利建设项目后评价调查方法

资料收集和调查是后评价的一项重要内容,资料调查的效率和方法直接影响到项目后评价的进展和结论的正确性。资料调查必须根据项目后评价所处层次、阶段以及项目后评价的内容和目的、范围,确定调查目的与所需调查的信息。一般可以采用以下几种方法:

(1)阅读材料和书面意见征询。通过大量阅读项目建设管理单位提供的项目有关资料,从中发现问题,并根据项目的具体情况,拟定一种调查提纲或表格,通过发放表格或提纲征询意见的方式来调查有关问题,请被调查者选择答案。这种方式的优点是可由不同的调查人员同时对不同的调查对象开展调查活动,调查地点广泛,工作经费较低,缺点是未亲临现场,缺乏实地考察感受。

(2)实地考察和专题调查会议。是通过项目后评价人员亲临项目实际环境,直接观察,从而发现问题的方法。并安排召开专门的调查会议,提前通知相关人员准备材料,请来自各不同部门的专业技术、经济管理和其他相关人群参加,并请与会者各抒己见,敞开思路,这样可以广泛地听到各方面、各角度的意见和建议,有助于后评价人员全面地了解项目的情况。这种方法的优点较多,可以发现一些阅读资料和问卷调查所不易发现的问题,方式灵活,可以就一个或几个问题追根溯源,弄清楚问题的实质和真相,但这种方法的缺点是工作成本较高。

2)水利建设项目后评价调查的主要内容

对水利建设项目而言,后评价调查的主要内容应依据项目的建设程序而定,一般分为前期工作、项目建设、生产运行、项目效益4个方面。

(1)前期工作调查内容有:①项目提出的背景。主要了解项目是在什么情况下提出的,其合理性和必要性的论证分析,其主要建设目的是什么,在地区国民经济发展中的地位和战略发展目标是什么。②项目基本情况。主要了解项目名称、建设性质、项目类型及技术经济指标。③项目各阶段工作情况。了解项目建议书、可行性研究、初步设计、调整概算、开工报告、技施招标设计等勘测设计各阶段的工作情况,勘测设计单位的资质、前期工作的程序、各阶段的工作深度、工程设计方案和投资变化的情况,勘测设计各阶段的主要特点、工作内容及主要成绩和问题。

(2)项目建设阶段调查内容有:①项目法人组建时间、机构设置、管理制度和工作过程等有关情况。②工程实施过程中招投标、施工准备等有关情况。③施工过程中质量控制、资金使用、工程量控制、进度控制、合同管理、施工监理、现场设计等有关情况。④生产准备等在正式运行前的主要工作。⑤竣工验收的有关情况。竣工验收的过程、质量监督情况、竣工验收报告中整改意见的整改情况。

(3)生产运行阶段调查内容有:①工程管理单位的机构设置、主要管理办法、规章制度、运行调度规程、检测规程等及其执行情况。②项目的生产能力情况,如发电量、供水量等及市场状况、价格状况。③工程安全经济运行情况。

(4)工程发挥效益的情况有:①社会效益。主要调查了解项目对国家或地方社会发展目标的贡献和影响,即对社会就业、地区收入分配、居民的生活条件和生活质量、地方社区发展、妇女、儿童等影响。②项目财务状况。主要了解企业的现金流量表、资产负债表、损益表的有关内容,项目的实际支出、实际收入、税金、出现亏损或盈利的情况。项目带来的直接或间接的经济效益等。③项目环境影响情况。主要调查了解项目的建设实施对周边社会环境和生态环境的影响。

3. 水利建设项目后评价报告的编制

后评价报告是项目后评价的主要成果。项目后评价报告是评价结果的汇总，是总结和反馈经验教训的重要文件。后评价报告必须反映真实情况，报告的文字要准确、简练，报告内容的结论、建议要和问题分析相对应，并把评价结果与将来规划和政策的制订、修改相联系。

水利建设项目后评价报告应根据调查分析的结果，进行全面客观的整理和分析，综合平衡后，按照《水利建设项目后评价报告编制规程》的内容进行报告的编制，主要包括过程评价、经济评价、影响评价、目标和可持续性评价4方面的内容，详述如下：

过程评价主要包括三部分的内容：一是项目的前期工作评价，其中立项决策评价是很重要的一个内容，即立项条件和决策依据是否正确，决策程序是否符合规定等，同时包括勘测设计各阶段工作的评价、前期各阶段管理工作的评价等；二是实施评价，评价从项目法人的组建、机构设置、管理制度的建设，到项目施工准备过程等实施准备阶段的工作，评价整个工程实施过程中的工程质量、资金来源及使用、合同管理情况、工程监理情况、现场设计等情况，并对竣工验收的情况进行评价；三是对运行和管理情况进行评价，主要是依据工程运行过程中的观测数据对工程的运行情况做出评价，并评价工程管理单位的主要管理办法、规章制度等。

经济评价主要包括两部分的内容：一是国民经济评价，即从国家的整体角度，采用影子价格，分析计算项目对国民经济的净贡献。计算投资费用时要扣除国民经济内部转移的部分，如税金、利润、国内借款利息等，以真实反映国民经济的实际情况，其评价指标一般采用经济内部收益率、经济净现值、效益费用比等指标。二是企业财务效益评价，即以项目运营后实际投入的实际财务成本为基础，按照国家目前的财税制度和价格体系，计算项目的实际财务状况，一般采用以下指标，财务内部收益率、财务净现值、投资回收期、贷款偿还期、投资利润率、投资利税率等，用以上评价的指标与项目前期工作指标相比较，分析经济和财务的目标实现程度，以及出现差异的原因。

影响评价应分析与评价项目对影响区域和行业的经济、社会、文化以及自然环境等方面所产生的影响。可分为技术影响评价、社会影响评价、环境影响及水土保持影响评价等方面。

综合利用水利枢纽工程，尤其是大型水利项目，从建设实施到生产运营，将对项目周围社会和生态环境产生一定的影响。例如，将对一定范围内的气象、水文、地质、地下水、海河口以及动植物的繁衍等产生影响。在社会方面，将对相关地区的水资源和其他资源的开发、相关设施的建设、工农业生产、经济建设与发展、社会稳定等产生影响。在这些影响中，积极的影响将推进环境的变化和社会的发展，而负面影响，不仅对环境、社会产生不利作用，反过来又将影响项目本身的运行与发展，所以影响评价是一项非常重要的工作。对于积极影响，要进一步发扬，对于负面作用，要采取措施减免其影响，以利于项目继续运转和发挥更大的作用。

影响评价包含的内容较多，但针对水利建设项目，一般可仅就技术影响、社会影响和环境影响做出评价,如项目在其他方面有较为突出的影响和作用,也可在此一并叙述,以利于对项目做出全面的评价。

目标评价主要是评价项目立项时所拟定的近期和远期开发目标是否正确,是否符合全局和宏观利益,是否得到政府政策的支持,是否符合项目的性质,是否符合项目当地的条件等。分析项目的实施结果,通过项目目标实现程度评价,评价项目的影响和宏观意义和项目决策的正确程度。

项目可持续性评价是对项目能否持续运转和怎样实现持续运转提出评价。是指在项目的建设资金投入完成之后,项目的既定目标是否还能继续,项目法人是否愿意和可能依靠自身的力量去继续实现项目的目标,项目是否有可重复性,即可以推广到其他地区和项目等。

项目可持续性评价一般应包括财务分析、环境影响分析、技术条件分析、管理和机构分析、政策分析等。

4. 水利建设项目后评价成果的使用和反馈

评价成果反馈机制是项目后评价体系中的一个决定性环节,应能保证后评价成果的应用,对被评价项目本身起到完善管理的作用,对今后的新建项目起到参考决策的作用,它是一个表达和扩散评价成果的动态过程,项目后评价所总结出来的经验和教训可供在项目周期的不同阶段管理中借鉴与使用,如立项过程中的项目选定、项目准备阶段的设计改进、在建项目实施中问题的预防和对策、完工项目运营中管理的完善和改进等。

后评价的信息能否迅速反馈并应用于工程实践,取决于能否建立一个使后评价结果能够进入项目管理周期的反馈机制,使后评价成为一种“需求驱动型”的工作反馈机制,其责任和功能要满足不同决策层的要求。在反馈程序里,必须在评价者和评价成果应用者之间建立明确的机制,以保持紧密的联系。

项目后评价的作用是通过对项目全过程的再评价并反馈信息,为投资决策科学化服务,因此要求后评价组织机构具有反馈检查功能,也就是要求后评价组织机构与计划决策部门具有通畅的反馈渠道,以使后评价的有关信息迅速地反馈到有关部门。

三、水利建设项目后评价的主要内容与方法

(一)水利建设项目后评价的过程评价

过程评价的基本内容应包括前期工作评价、建设实施评价、运行与管理评价及管理、配套、服务设施评价。通过过程评价,应查明项目成功及失败的主要原因。

1. 前期工作评价

前期工作评价主要包括:一是项目的立项决策评价,即立项条件和决策依据是否正确,决策程序是否符合规定等;二是勘测设计评价,即勘测设计单位的资质等级及业务范围,水文分析、地质勘探、地形地质测绘工作对设计和施工的满足程度,设计方案的比较选择和优化情况、技术上的先进性和可行性、经济上的合理性等。

1)立项决策评价

立项决策评价是建设项目后评价的重要内容,立项决策对项目建设的成功与否具有决定意义,决策失误是最大的失误。对项目立项决策的后评价包括决策程序、立项条件和

决策依据、决策方法评价3部分内容。

(1)决策程序评价。根据1984年8月18日国家计委计资[1984]1684号《关于简化基本建设项目审批手续的通知》,需要国家审批的基本建设大中型项目审批程序,原为5道手续,即项目建议书、可行性研究报告、设计任务书、初步设计和开工报告。从发文之日起简化为项目建议书、设计任务书两道手续。1999年7月水利部发布的《水利基本建设项目报批程序管理办法(试行)》规定,凡需要报送国务院、国家发展与改革委员会审批并由水利部负责申报或提出初审意见的各类大中型基本建设项目,其报批程序划分为4个阶段,即项目建议书、可行性研究报告、初步设计和开工报告。在审批过程中,行业行政管理部门和计划管理部门根据各自的管理权限提出审查意见,最后由计划管理部门予以批复。对于像长江三峡、南水北调这样的投资巨大、影响全国经济和社会发展战略布局的重大项目要由全国人大或国务院批准,关系到某一地方国计民生的重要项目应由相应的地方人大或政府批准。决策程序评价应对工程项目整个决策形式和过程进行全面调查了解,对照不同时期国家规定的大中型基建项目审批程序,评价项目的决策程序是否符合要求,是否存在先决策后立项、再评估,违背项目建设客观规律,执行错误的决策程序及决策"走形式"等问题。

(2)立项条件和决策依据评价。首先要全面了解项目建议书、可行性研究报告、初步设计报告、项目评估报告和项目批复文件中对社会经济状况、近远期规划及项目在江河流域规划、区域综合规划或专业规划中的地位和作用的分析论证,按照历史唯物主义和辨证唯物主义的观点,检查决策所依据的资料是否完整可靠,是否符合国家有关政策,评价项目的立项条件是否充分,决策依据是否正确。同时,根据项目实际的投入、产出、效果及影响,分析项目达到或实现原定目的和目标的程度,找出主要变化和差别,分析原因,对原定目的和目标的正确性、合理性进行评价。

(3)决策方法评价。分析决策方法是否科学、客观,有无主观臆断,是否实事求是,有无哗众取宠之意。

2)勘测设计评价

勘测设计的后评价要对勘测设计成果的质量、技术水平和服务进行分析评价,重点是建筑物和设备的选择与设计、投资概算、设计变更等。要全面收集和研究项目有关的勘测、规划设计、科研技术文件及有关的审查、批复文件,并邀请曾经参与项目勘测设计、咨询、审查及业主、施工、监理等单位有关人员座谈,弄清工程特性和内容、勘测设计过程及方案选定的来龙去脉,分析工程设计目标实现程度、优缺点和存在问题等。

(1)勘测设计单位选择评价。收集勘测设计单位资质等级、业务范围、主要业绩及资信等情况,审查是否严格按照国家建设行政主管部门颁发的有关管理办法中水利行业承担工程勘测设计项目规模分级规定执行,有无与资质不符和承担高等级的勘测设计任务。同时对勘测设计单位的选定方式和程序及效果进行分析评价。

(2)勘测设计内容及深度评价。根据《水利水电工程项目建议书编制暂行规定》、《水利水电工程可行性研究报告编制规程》和《水利水电工程初步设计报告编制规程》,评价勘测设计各阶段的内容及工作深度是否满足要求。

(3)水文设计成果评价。评价原设计采用的基本资料、分析方法及设计成果是否符合有关规程规范的要求,并根据新增的水文资料,分析对原设计成果的影响,指出存在的问题。如果存在问题比较严重,应提出解决问题的建议。如遇到设计标准偏低,遇大洪水可能发生事故等重大问题,应作为重要专题上报上级主管部门,以便及时采取补救措施。

(4)地质勘察评价。根据地质勘察工作各阶段勘察内容、勘察方法和提交的成果,评价地质勘察是否满足有关规程规范的要求(见表11-1),分析地质勘察的深度对设计与施工的满足程度,施工建设过程中有没有因发现新的重大地质问题而引起重大设计变更或影响工程施工工期。根据工程实际运行观测资料,审查原设计采用的有关地质参数是否正确,是否对工程安全运行有影响。对评价过程中发现的较大地质问题,应邀请地质和水工专家参加分析研究,提出对策和建议。

表11-1　工程地质勘察成果表

序号	附件名称	规范要求				实际提供			
		规划	可研	初设	技施	规划	可研	初设	技施
1	区域综合地质图(附综合地层柱状图和典型地质剖面)								
2	区域构造纲要图(附地震烈度区划)								
3	水库综合地质图(附综合地层柱状图和典型地质剖面)								
4	坝址及其他建筑物区工程地质图(附综合地层柱状图)								
5	地貌及第四纪地质区								
6	水文地质图								
7	坝址基岩地质图(包括基岩等高线)								
8	专门性问题地质图								
9	施工地质编录图								
10	天然建筑材料产地分布图								
11	各料场综合成果图(含平面图、勘探剖面图试验和储量计算成果表)								
12	实际材料图								
13	各比较坝址、引水线路或其他建筑物场地工程地质剖面图								
14	选定坝址、引水线路或其他建筑物地质纵横剖面图								
15	坝基(防渗线)渗透剖面图								
16	专门性问题地质剖面图或平切面图								
17	钻孔柱状图								
18	试槽、平洞、竖井展视图								

续表 11-1

序号	附件名称	规范要求				实际提供			
		规划	可研	初设	技施	规划	可研	初设	技施
19	岩、土、水试验成果表								
20	地下水动态、岩土体变形和水库诱发地震等监测成果汇总表								
21	岩矿鉴定报告								
22	地震危险性分析报告								
23	物探报告								
24	岩土试验报告								
25	水质分析报告								
26	专门性工程地质问题研究报告								

(5)工程任务和规模评价。首先根据设计各阶段所采用的水文资料和受益地区社会经济资料,分析原设计采用的分析计算方法是否合理,有无人为夸大或缩小现象,确定的工程任务和规模及综合利用的主次顺序是否正确。工程建成投入运行以后,国家及地区社会经济条件和项目建设的外部条件发生一定变化,根据工程建成投入运行以来的实际情况和对自然条件的进一步认识、社会经济条件的变化和新要求,分析原设计所确定的工程任务和规模及综合利用的主次顺序是否依然正确,工程建设时机是否合适,如有变化,要分析变化的原因,必要时提出调整或修改意见和建议,见表 11-2。

表 11-2　工程任务和规模比较分析表

工程任务和规模内容名称	原设计值	实际达到值	发生变化的原因分析	应采取的对策和措施

通过变化原因及合理性分析,及时总结经验教训,为项目决策、管理、建设实施信息反馈,以便适时调整政策、修改计划,为续建和新建项目提供参考和借鉴。

(6)工程设计评价。①根据现行的规程规范和工程建成后实际运行情况,审核原设计中采用的工程等级、主要建筑物的级别、洪水标准和地震设防烈度等是否合理。如果原设计采用的工程等级或设计标准不能满足现行规范要求或对工程正常运行影响较大,应提出补救措施的意见和建议。②审查原设计是否根据地形、地质、工程结构形式及布置、工程量、施工条件、工期、投资、环境影响、运行条件等因素，经综合论证比较选定场址方案，并根据建成后实际运行情况，评价所选方案是否是最佳的，是否有更加经济合理的场址方案。③了解原设计对工程布置和主要建筑物型式进行综合论证比较情况和审查意见，评价所选设计方案是否经济合理。同时根据建成后实际运行情况，评价所选方案是否是最佳的，存在哪些问题。如果对工程安全运行和效益正常发挥有影响，应提出解决对策与措施的意见和建议。④了解原设计对机电和金属结构设备规模、型式、主要参数和布置方案分析论证和比选情况和审查意见，评价所选设计方案是否经济合理，与同类工程相比处于何种水平。同时根据建成后实际运行情况，评价所选方案有哪些优缺点，存在哪些问题。如果对工程安全运行和效益正常发挥有影响，应提出解决对策与措施的意见和建议。⑤了解工程设计中所应用的新理论、新技术、新材料、新方法和主要科研成果，分析对本工程工期、质量、投资的影响，评价在国内外相关领域的作用影响和应用前景及预期的经济效益、社会效益和环境效益。

3）前期工作评价结论与建议

在上述分项评价的基础上，对前期工作进行总体的总结和评价，提出主要结论性意见，总结有哪些经验教训，就今后应注意或加强哪些方面的工作提出建议。

2. 建设实施评价

建设实施评价主要包括：一是实施准备评价，即实施准备工作是否适应项目建设、施工的需要，能否保证项目按时、保质、保量完成，并不超过预定的工程造价的限额；二是施工控制与管理评价，主要是对工程的造价、质量和进度的分析评价及管理者对工程三项指标的控制能力及结果的分析评价；三是生产准备评价，即运行参数、运行方式、运行规则和管理机制等准备工作是否满足正式运行条件；四是竣工验收评价，即是否具备竣工验收条件，验收过程是否符合国家有关规定，验收结论是否实事求是。

1）实施准备评价

根据国家计委计建设[1997]352号《基本建设大中型项目开工条件的规定》，水利建设项目开工应具备的条件：项目法人已经组建，管理机构健全，管理人员到位，并制定了各项规章制度；项目初步设计已通过有关部门批复，建设资金已经落实；施工组织设计编制完成，并通过有关部门审查批准；建设用地移民搬迁和“四通一平”基本完成；项目建设所需的主要设备、材料已经订货完毕，运输条件也已经落实；工程施工、监理和咨询服务单位已经确定；开工报告通过审批。实施准备后评价即评价项目开工条件是否充分，手续是否完备，存在哪些不足，对项目开工和连续施工的影响，以及对项目工期、质量及造价的影响。

a. 开工条件评价

开工报告是否通过有关部门审批，是否存在先开工后办手续的现象。

b. 项目法人评价

调查了解项目法人组建及演变过程、机构设置、管理制度、项目管理、资金筹措、外部环境协调、招标投标等方面的工作情况。评价的主要内容：

(1)项目法人的组建是否符合国家有关规定,是否实行了项目法人责任制。

(2)机构设置是否合理,管理规章制度是否健全。

(3)工程施工、设备制造采购、工程监理及设备监造是否通过招标投标选定。

(4)项目法人在资金筹措、外部环境协调方面是否确保了工程建设顺利实施。

(5)项目建设管理主要经验教训与建议。

c."四通一平"和物质准备评价

了解施工现场移民搬迁、场地平整和供水、供电、交通、通信工程开工、完工时间及主要设备、物料准备情况,评价"四通一平"、生产生活临时建筑和主要物质准备是否满足开工和连续施工的需要。

d. 招标投标评价

招标投标评价应该包括招标投标公开性、公平性和公正性的评价,应对招标投标方的资格、程序、法规、规范等事项进行评价,同时要分析该项目的招标投标是否有更加经济合理的方法。

e. 施工、监理单位选择评价

(1)工程施工、设备制造、施工监理、设备监造单位是否通过招标投标方式公平竞争,择优选择,合同的签订是否符合法定程序,合同内容是否符合国家的法律、行政法规,主要条款内容是否完备等。

(2)审查工程施工、设备制造、施工监理、设备监造单位资质等级、业务范围、主要业绩及资信等情况是否满足国家有关规定。

(3)工程施工、设备制造、施工监理、设备监造单位内部机构设置和人员组成是否合理,能否很好地满足工程建设的需要。

(4)施工组织方式是否能够很好地满足工程建设的需要,在施工管理体制上有哪些创新和不足。

(5)施工单位是否实行了项目经理责任制,监理单位是否实行了总监理工程师负责制,项目经理和总监业务素质是否满足工程建设的需要。

f. 项目资金筹措评价

分析项目的投资结构、融资模式、资金选择等内容,根据项目准备阶段所确定的投融资方案,对照实际实现的融资方案,找出差别和问题,分析利弊。同时还要分析实际融资方案对项目原定目标和效益指标的作用与影响。在可能的条件下,还应分析项目是否可以采取更加经济合理的投融资方案。

g. 施工组织设计评价

施工单位中标签订施工承包合同后,应根据承包工程的内容、合同工期及有关文件编制施工组织设计,主要包括施工现场布置、施工方案、施工进度计划、质量与安全保证措施等。开工前业主委托监理单位对施工单位编制的施工组织设计进行审查。施工组织设计评价主要内容:

(1)施工组织设计编制的依据是否正确。

(2)施工组织设计文件内容是否符合国家有关规程规范的要求,是否符合该项目实际情况。

(3)施工布置和施工方案是否合理,控制性进度和施工强度是否有保障,存在哪些优缺点。

(4)质量与安全保证措施是否全面。

(5)根据实际施工情况,分析施工组织设计有哪些变化,分析原因及对工程建设的影响。

2)施工控制与管理评价

建设实施阶段是项目建设从书面的设计与计划转变为实施的全过程,是项目建设的关键,项目单位应根据批准的施工组织设计,按照图纸、质量、进度和造价的要求,合理组织施工,做到计划、设计、施工3个环节互相衔接,资金、器材、图纸、施工力量按时落实,施工中如需变更设计,应取得项目监理和设计单位同意,并编写设计变更报告。

对施工控制的评价主要是对工程资金管理、工程质量控制、工程进度控制的分析评价,管理评价是指对工程3项指标的控制能力及结果的分析。

a. 工程投资与资金管理评价

(1)审查设计各阶段工程概算(估算、预算)编制是否符合国家有关规定。有些工程在建设过程中进行了概算调整,应分析概算调整的原因,评价工程概算调整是否实事求是。概算调整原因分析可通过表11-3反映。

表11-3　工程概算调整原因分析表

初设批复投资	概算调整批复投资	物价因素		工程量变化		政策性变化		其他原因	
		投资变化	偏差率(%)	投资变化	偏差率(%)	投资变化	偏差率(%)	投资变化	偏差率(%)

(2)评价概算总投资与竣工决算总投资进行对比的情况。①计算实际总投资与批复的概算总投资或概算调整总投资的超支或节约数,并计算超支率或节约率。②将各单项工程的实际投资与概算投资进行对比分析,对超支、节约额较大的,要重点分析原因。③将总概算中"其他工程和费用"的各项费用及预备费、投资方向调节税、建设期贷款利息进行对比分析。④将总投资和各单项工程投资按建筑工程投资、安装工程投资和设备投资进行对比,进一步明确节约或超支的主要方面,找出节约或超支的重要原因。

(3)认真分析超支原因。分析项目概算超支原因时,要注意以下几点:一是有的超支原因带有普遍性,不能归集在某一单项工程或工程费用中予以反映,而这些原因往往是形成超支的主要原因,如为了适应审批权限的需要,上级部门指示压低投资,硬性留下缺口,有意将设计内项目甩在概算以外,低套设备、材料价格,低套费用标准等。二是对建筑工程、安装工程投资超支的原因,一般可从以下几方面进行分析:是否有设计外、计划外工程;是否增大了建筑面积,提高了建筑标准;建筑安装用主要原材料价格上涨范围、上涨幅度的分析;概算编制是否正确;设计质量是否符合标准等。三是设备超支原因分析时,应注意是否有计划外、设计外设备购货，是否擅自变更设备型号和规格；是否改变了设备供应商；是否将国内设备改用国外设备，增加了投资；设备价格调整范围、调整幅度和设备运杂费调整幅度也在注意之列。四是其他工程和费用的超支，要分析是否在规定标准内计列费用，管理制度是否健全，是否存在浪费现象，是否未能按计划建成投产，是否有工期延长、费用增加等方面的因素。

（4）投资计划执行情况评价。一个建设项目从项目决策到实施建成的全部活动，既是消耗大量活劳动和物化劳动的过程，也是资金活动的过程。项目建设实施阶段，资金能否按预算计划使用，对降低项目建设实施费用关系极大。通过对投资计划执行情况评价，可以分析资金的实际来源与项目计划的资金来源的差异和变化。同时要分析项目财务制度和财务管理的情况，分析资金支付的规定和程序是否合理并有利于造价的控制，分析建设过程中资金的使用是否合理，是否注意了节约、做到了精打细算、加速资金周转、提高资金的使用效率。

投资计划执行情况评价的主要内容有：①评价项目执行概算编制是否满足水利部《水利水电工程执行概算编制办法》要求，投资控制办法是否合理，有关规章制度是否齐全并得到严格执行。②资金来源的对比和分析，主要是将项目的计划资金来源及数额与建设项目实施或竣工财务决算表所列资金来源及数额进行对比，分析比较其产生差异的原因。资金来源预测是否正确，是衡量项目前评估质量的主要内容，通过项目评价，可以及时总结经验教训，用以知道今后的项目评估工作。③分析和评价资金供应是否适时适度。资金供应过早过多，会增大资金占用，增加利息支出；但是如果资金供应不及时，或者供应数量不能满足施工进度的要求，又会影响进度，拖长工期，增加投资费用和支出。

（5）主要技术经济指标的对比。包括单位库容投资、单位装机容量投资、单位移民人口投资等，与国内外同规模的竣工项目比较，考虑不同建设条件的因素以后，可据此评价项目建设的管理水平。

b. 工程质量控制与管理评价

项目后评价的工程质量控制与管理评价，应根据国家有关工程建设质量标准，对照工程质检部门的数据和结论，同时听取项目业主反映的意见和实际运行情况，进行分析。此外，要对工程质量问题对项目总体目标可能产生的作用和影响进行研究，总结质量控制与管理工作中成功的经验和失败的教训，为以后的投资项目质量控制与管理提供有益的参考。

（1）工程质量管理体系评价。分析评价由政府监督、业主负责、监理控制、工程施工（设备制造）管理单位组成的质量管理体系的机构设置是否合适，规章制度是否健全，人员配备是否合理，相互配合及工作效率如何，能否做到人尽其责，是否存在互相推诿或扯皮现象。

（2）工程质量评定程序和方法是否严格执行《水利水电工程施工质量评定规程》，评定结果是否实事求是，有无弄虚作假现象。

（3）施工中发生哪些质量事故或缺陷，发生的原因何在，如何处理的，采取哪些处理措施，处理后效果如何，还存在哪些问题，并分析工程质量事故对投资、工期造成的损失及影响程度。

(4)分析评价工程安全情况,着重看有无重大安全事故发生,搞清楚事故发生的原因,并分析事故造成的影响。

(5)分析评价工程质量评定结果,参见表11-4。

表11-4　工程质量评定结果统计表

单位工程名称	投资(万元)	分部工程质量等级			单位工程质量等级
		数量(个)	合格率(%)	优良率(%)	
工程质量总体评价等级					

(6)将实际工程质量指标与设计或合同文件规定或其他同类项目工程质量状况进行比较,分析质量偏差程度及原因,总结经验教训。

(7)根据工程实际运行情况,分析研究工程存在哪些质量问题。如果对工程安全运行和效益正常发挥有影响,应提出解决对策与措施的意见和建议。

c.工程进度控制与管理评价

项目后评价的工程进度评价,应根据项目实际进展和结果,对照原定的项目进度计划,分析项目进度的快慢及其原因,评价项目进度变化已经或可能对项目投资、整体目标和效益产生的作用与影响。

(1)考查工程施工进度控制体系和控制方法,评价是否科学合理,有哪些创新和不足。

(2)核实各单项工程计划开工、竣工时间和实际开工、竣工时间,分析提前或延迟的原因,可参见表11-5的格式。

表11-5　单位工程进度统计分析表

单位工程名称	计划			实际			提前或延迟的时间	提前或延迟的原因
	开工日期	完工日期	工期(天)	开工日期	完工日期	工期(天)		
合计								

(3)分析对提前或延迟工期采取了哪些调整或补救措施,是否经济合理且技术可行,对工程投资、质量及效益有哪些影响。

(4)计算实际建设工期与计划工期变化率,分析偏差程度。

(5)将后评价工程的实际工期与国内外同规模工程进行比较,找出差别,分析原因,总结成功的经验和失败的教训,为其他工程进度控制与管理提供参考。

d. 合同管理评价

建设项目合同管理是工程建设管理中一项重要内容。在市场经济条件下,建设各方都是通过合同联系在一起,工程项目建设的三大控制,也都是在合同的调整、保护和制约下进行的,各方在获得自己权利的同时,都要承担义务,这些权利、义务的关系是依靠合同的规定为保障,如勘测设计合同、施工承包合同、监理委托合同等。合同管理评价主要内容:

(1)项目法人合同管理的机构设置和人员组成是否合理,规章制度是否健全,是否实现了合同管理“制度化、规范化、程序化”。

(2)核实整个建设项目共签订了多少份合同,合同总金额及占工程总投资的比例。

(3)合同内容及合同的订立是否严格遵守《中华人民共和国合同法》、《建筑工程承包条例》、《建筑工程质量管理条例》等国家现行法律、法规,是否存在无效合同,原因何在。

(4)评价合同执行情况,当事人在履行标的、数量、质量、期限、地点、方式等方面是否全面按照合同规定的要求履行,存在哪些问题。

(5)对工程建设过程中出现的合同纠纷,当事人能否积极寻求解决办法,及时解决合同纠纷,尽量减少损失。

(6)总结合同管理工作经验和教训。

e. 建设监理评价

建设监理(包括施工监理和设备监造)是利用合同管理手段,采取组织、管理的措施,对建设过程及参与各方的行为进行监督、协调和控制,以保证项目建设既定目标圆满实现。建设监理的任务可归纳为“三控制、两管理、一协调”,即投资控制、质量控制、进度控制,合同管理、信息管理和组织协调。

建设监理评价主要内容:

(1)评价监理规划内容是否规范化、具体化,能否全面反映监理单位工作的思想、组织、方法和手段,并根据工程的特点具体化,在具体内容上有针对性。能否随着工程项目的进展不断地加以完善、补充、修改,最后形成一个完整的规划。

(2)监理单位能否严格执行国家法律、行政法规、技术标准,严格履行监理合同,接受水利工程建设监理主管部门的监督管理。

(3)在项目实施过程中,监理能否定期对项目目标的计划值与实际值进行比较,发现偏离目标,采取有效措施使预定的目标得以实现。

(4)业主和承包商之间由于各自的经济利益和对问题的不同理解,就会产生各种矛盾和问题。监理工程师能否及时、公正地进行协商和仲裁,维护双方的合法权益,处理好他们之间的关系。

(5)分析工程监理对投资控制、质量控制、进度控制的监理效果。

(6)总结后评价项目监理工作经验教训,提出搞好建设监理的建议。

f. 质量监督评价

水利工程建设质量不仅关系到国家有限资金的有效使用,而且关系到国民经济持续健康发展和人民生命财产的安全。根据水利部的有关规定,水利工程建设质量管理体制是"项目法人负责,监理单位控制,施工单位保证和政府监督相结合的质量管理体制"。质量监督的后评价应重点从人员配备、管理制度、质量监督和检测的方法、监督工作的深度及效果、监督报告的内容等方面进行评价。

g. 设计服务与质量保证评价

对设计服务与保证的评价应包括:设计图纸供应是否及时,是否发生过因设计原因延误供图,影响工程施工的现象;现场设代人员组成、技术水平及解决问题能力;设计单位是否建立了良好的质量保证体系,实行严格的质量控制,使工程设计质量在设计全过程中得到了有效的控制和保证。

h. 建设标准执行情况评价

评价施工期间工程建设标准的执行情况,《工程建设标准强制性条文》颁布以后实施的建设项目要重点评价执行该条文的情况。

i. 设计变更评价

对工程设计的重大变更进行评价,弄清楚变更的原因,分析其对工程安全和效益及工期、投资的影响,结合工程建成后实际运行情况,评价设计变更的合理性。

j. 新成果及应用评价

了解施工单位在施工过程中采用了哪些新设备、新技术、新工艺和新方法,分析对本工程工期、质量、投资的影响,评价在国内外相关领域的作用影响和应用前景及取得的经济效益、社会效益和环境效益。

3)生产准备评价

生产准备评价应核实项目法人在竣工验收前提供的"工程运行管理报告"中主要运行参数、运行方式、运行规则和管理机制等准备工作情况及工程试运行情况,分析是否具备正式运行条件。生产准备评价主要内容:

(1)是否按批准的机构设置和人员编制成立了运行管理单位,机构设置和人员配备是否符合现代管理和精简高效的要求,是否具有创见性和开拓精神。

(2)是否按计划对员工进行生产前的岗位培训,生产与管理人员的熟练程度如何。

(3)是否按照有关政策、规程规范制定了管理单位章程、各职能部门职责、基本管理制度和生产运行规程等,使生产和管理工作有章可循,规范管理。

(4)根据工程观测资料,评价水工建筑物、机电设备、金属结构设备及各项配套设施是否处于正常运行状态。

(5)分析试运行期间项目原定目标、效益的实现程度,找出差别和变化,分析原因。

(6)分析评价工程缺陷的处理效果和主要问题的解决情况。

(7)根据以上分析,综合评价工程是否具备正式运行条件。

4)竣工验收评价

竣工验收是项目建设施工周期的一个重要程序,也是建设工程投入运行的标志,其目的主要是全面考察工程的施工质量,明确合同责任,检验项目决策、设计、施工水平,总结工程建设经验。竣工验收的依据是批准的项目建议书、初步设计、施工图和设备技术说明书、现行施工技术验收规范及主管部门有关审批、修改、调整文件等。

竣工验收评价的主要内容:

(1)工程竣工验收前应进行初步验收,不进行初步验收必须经过竣工验收主持单位批准。竣工验收应在全部工程完建后3个月内进行,进行验收确有困难的,经工程验收主持单位同意,可以适当延长时间。评价竣工验收程序是否符合国家有关规定,是否存在先使用、后验收的情况,或竣工验收后长期不办理固定资产交付使用手续的情况等。

(2)验收条件评价:工程是否已按批准设计规定的内容全部建成;各单位工程能否正常运行;历次验收所发现的问题是否已基本处理完毕;归档资料是否符合工程档案资料管理的有关规定;工程建设征地补偿及移民安置等问题是否已基本处理完毕,工程主要建筑物安全保护范围内的迁建和工程管理土地征用是否已经完成;工程投资是否已经全部到位;竣工决算是否已经完成并通过竣工审计。

(3)竣工验收提供的资料是否准确完整,是否存在遗漏或错误。

(4)竣工验收主持单位和验收委员会人员组成是否符合国家有关规定。

(5)竣工验收工作程序是否符合国家有关规定。

(6)竣工验收鉴定书格式及内容是否符合国家现行有关的规定。

(7)竣工验收过程中是否发现重大问题,若发现,采取了哪些处理措施。

(8)竣工验收的主要结论意见是否实事求是、客观地反映实际情况。

(9)竣工验收鉴定书是否在规定时间内发送到有关单位。

(10)竣工验收遗留问题和整改意见是否得到妥善处理,效果如何。

5)建设实施评价结论与建议

在上述分项评价的基础上,对建设实施工作进行总结评价,提出主要结论意见,总结经验教训,就今后应注意或加强的工作提出建议。

3. 运行与管理评价

1)运行效果评价

根据工程投入运行以来历年减灾(防洪、除涝等)和兴利(供水、发电、航运等)实测数据,比较实际效益与原定效益目标的差别与变化,分析产生的原因,并提出应采取的对策和措施。运行效果分析可参见表11-6。

2)组织管理评价

(1)评价工程运行管理单位的组织机构、人员编制是否符合国家有关规程规范要求,机构设置和人员构成是否满足精简高效的原则和管理体制改革的要求,是否适应管理单位生存和发展的需要。如有机构臃肿,人浮于事或领导不力等状况,应提出改进意见。

(2)评价工程运行管理单位的管理办法、规章制度是否健全,尚需补充完善哪些管理规章制度。

表 11-6　项目运行效果评价分析表

项目主要目标内容	项目原定指标	实际实现指标	差别与变化	原因分析		拟采取的对策和措施
				内部原因	外部原因	

(3)评价工程运行管理单位在安全生产、治安保卫、遵纪守法、精神文明建设等方面的先进经验和存在问题,提出今后改进意见。

3)工程管理评价

(1)是否根据国家有关规定划定了明确的工程管理范围和保护范围,并办理了土地征用手续。

(2)管理设施是否按国家有关规范和设计要求设置齐全,其采用先进技术情况及自动化管理程度如何,如水情自动测报系统、大坝自动化监测系统、水电站自动监测系统、工程调度自动化、办公自动化等。

(3)工程管理技术标准、管理规程等是否健全,是否做到有章可循、科学管理。

(4)是否对工程管理人员定期进行技术培训,管理人员技术素质如何。

(5)工程观测项目是否按照有关规程规范要求满足工程运行状态的分析,是否严格按照规定的测频、测次进行全面、系统和连续的观测,对观测成果是否及时进行整编分析,观测及整编资料是否完整可靠。

(6)是否对工程进行经常性的养护工作,并定期检修,建筑物和设备完好程度如何。

(7)工程运行状态是否良好,建筑物和设备运行的灵活性、安全性、可靠性如何。

(8)对工程管理中存在的问题,提出改进措施。

4)调度管理评价

(1)工程管理单位是否制定了比较完整的调度管理技术规程,为满足减灾和兴利的需要,应增加或补充完善哪些调度管理技术规程。

(2)能否与时俱进,学习国内外先进经验,不断总结、修订、完善调度管理技术规程。

(3)根据工程建成以来防洪、供水、发电、航运等实际调度情况,评价是否按调度规程或调度图进行操作,是否达到了预期的效益目标。

(4)为提高调度水平,在工程调度方面开展了哪些科学研究,这些科研成果对工程优化调度、提高工程效益有哪些积极影响。

5)经营管理评价

对项目管理单位的经营管理情况进行综合的评价,如可对管理单位的水、电费计价标准、收取情况及开展综合经营状况进行评价，并核查财务收支情况，是否达到了良性循环，存在哪些问题，提出改进的措施和建议。

6）主要运行与管理指标对比

根据工程运行与管理的实际数据，计算有关指标，如劳动生产率、水资源利用率、水能利用率、供水满足率、水费和电费征收到位率、观测工作指数、养护修理指数、设备完好率等，并与国内其他工程进行比较，评价本工程项目总体运行与管理水平。

7）运行与管理评价结论及建议

在上述分项评价的基础上，对运行与管理进行总结评价，提出主要结论意见，总结有哪些经验教训，就今后应注意或加强哪些方面的工作提出建议。

（二）水利建设项目后评价的经济评价

后评价的经济评价包括国民经济评价和财务评价，是项目投产运营后，根据项目各项实际数据资料和项目寿命期内其余年份的预测资料进行的经济评价。这个阶段的经济评价特点是要求据实计算，将前期工作中的项目经济评价预期指标效果与实际效果进行对比，对预期效果与实际效果的背离程度进行定量计算（不能定量计算的进行定性描述），并分析产生差异的原因，反馈评价结果，以从经济角度提高项目决策水平。

1. 国民经济评价

1）概述

国民经济评价是一种宏观评价，是按合理配置资源的原则，采用费用与效益分析的方法，运用影子价格、影子汇率、影子工资和社会折现率等经济参数，从国家整体角度计算分析项目需要国家付出的代价和对国家的贡献，评价投资行为的经济合理性和宏观决策的正确性。

确定建设项目经济合理性的基本途径是将建设项目的费用与效益进行比较，计算其对国民经济的净贡献。划分建设项目的费用和效益是相对于项目的目标而言的，凡项目对国民经济所作的贡献，均计为项目的效益，凡国民经济为项目付出的代价，均计为项目的费用。在考察项目的效益与费用时，应遵循效益和费用计算范围相对应的原则。

“有无对比”方法是经济评价的基本方法，在项目的国民经济评价中，采取将“有”项目与“无”项目两种情况不同条件下的对比。

产品税、增值税、营业税、所得税、调节税以及进口环节的关税和增值税等是政府调节分配和供求关系的手段，显然属于国民经济内部转移的支付。土地税、城市维护建设税及资源税等是政府为补偿社会耗费而代为征收的费用，这些税种包含了许多政策因素，并有能代表国家和社会为项目所付出的代价。原则上这些都属于项目与政府间的转移支付，不作为项目的费用。国家对企业的各种形式的补贴可视为与税金反向的转移支付，不应作为项目的效益。企业支付的借款利息国内的属于内部转移，但国外借款利息的支付产生了国内资源向国外的转移，应计为项目的费用。所以，国民经济评价计算要扣除国民经济内部转移的税金、利润、国内借款利息以及各种补贴等。

国民经济评价一般以经济内部收益率和经济净现值作为判别项目经济可行性的主要指标。

对综合利用水利工程除计算工程总体的经济效果外,还应计算各组成部门的经济效果,因此应该进行投资和年运行费分摊,并应注意所有费用和效益均采用相同的价格水平年。

a. 经济评价的基本依据

(1)国家计委颁发的《建设项目经济评价方法与参数》(第二版)和《水利建设项目经济评价规范》(SL 72－94)(以后简称《经济评价规范》)。

(2)《水利产业政策》、供水价格及电价管理办法等国家、行业现行的政策、法规文件等。

(3)工程各阶段的正式文件(报告等)、设计变更、竣工验收报告等基础资料,以及工程各阶段的审查、审批意见等。

(4)通过各种调查研究取得的基础资料等。

b. 基本参数

国民经济评价的基本参数主要有基准年、基准点、计算期、社会折现率等。由于资金的价值随时间而变,因此需要选择一个基准年作为计算的基础,对后评价工作来说,基准年可以选择在工程开工年份、工程竣工年份或者开始进行后评价的年份;一般以基准年年初作为折算的基准点,以开始进行后评价的年份作为价格水平年。

计算期为建设期加运行期。由于水利项目的使用期长,一般在30～50年,而进行后评价时,工程的运行期往往只有几年或几十年的运行期,如果效益的计算期偏短,后期效益尚未发挥出来,就会产生费用和效益的计算期不对应,造成经济评价和财务评价指标偏低、效益不佳的假象,对此后评价常把计算期末的年效益、年运行费和年流动资金按预测值延长到正常运行期末。

社会折现率是国民经济评价的重要通用参数,用做项目经济内部收益率的判别标准,同时也用做计算经济净现值的折现率。各类投资项目的国民经济评价都应采用统一发布的社会折现率。现阶段对于属于或兼有社会公益性质的水利建设项目,可同时采用12%和7%的社会折现率进行评价。

c. 关于影子价格

影子价格又称最优计划价格或效率价格,是进行项目国民经济评价专用的价格。影子价格依据国民经济评价的定价原则测定,影子价格反映在投资项目的产出上是一种消费者“支付意愿”或“愿付价格”。消费者愿意支付的价格,只有在供求完全均衡时,市场价格才代表愿付价格。影子价格反映项目的投入物和产出物真实经济价值,反映市场供求关系,反映资源稀缺程度,反映资源合理配置的要求。进行项目的经济评价时,项目的主要投入物和产出物,原则上都应采用影子价格。投入物的影子价格就是它产生的边际效益,边际效益随投入物的增加而递减;对于产出物来说,增产单位产品的边际成本,就是它的影子价格。根据货物的分类,影子价格采用以下测定方法进行计算。

(1)市场定价的影子价格。对于市场定价的影子价格可分为外贸货物的影子价格和非外贸货物的影子价格。

外贸货物的影子价格。可以只对项目投入物中直接进口的和产出物中直接出口的,采取进出口价格测定影子价格。对于间接进出口的仍按国内市场价格定价。

直接进口投入物影子价格(到厂价) = 到岸价(CIF) ×影子汇率 + 贸易费用 + 国内运杂费

直接出口产出物影子价格(出厂价) = 离岸价(FOB) ×影子汇率 - 贸易费用 - 国内运杂费

市场定价的非外贸货物影子价格。国内市场没有价格管制的产品或服务,项目投入物和产出物不直接进出口的,按照非外贸货物定价,以国内市场价格为基础测定影子价格。

投入物影子价格(到厂价) = 市场价格 + 国内运杂费

产出物影子价格(出厂价) = 市场价格 - 国内运杂费

随着中国市场经济发展和国际贸易的增长,大部分的产品已经主要由市场定价,政府不再进行管制和干预,市场价格由市场形成,价格可以近似反映价值。尽管税收和补贴的不均衡可能还会使市场价格扭曲,但这种扭曲已经不足以影响项目评价的结果。所以在不影响评价结论的前提下,也可只对其价值在费用和效益中所占比重较大的部分采用影子价格,其余的可采用财务价格。

(2)对于政府调控价格货物的影子价格的测定常采用以下几种方法。①国际市场价格法。此法适用于有进出口关系的外贸货物。对其影子价格要先分析其是出口还是进口,是项目生产的产出物还是项目需要的投入物。计算项目产出物的影子价格时,又分直接出口、间接出口和替代进口 3 种情况。②分解成本法。这是测算非外贸货物影子价格的一种重要方法,本方法原则上应对边际成本按要素进行分解,而后分别确定各主要要素的影子价格。③机会成本法。在一个国家的各种资源得到最优配置的情况下,机会成本和边际效益相等,因此机会成本也就是影子价格。机会成本是指用于项目的某种资源若不用于本项目而用于其他替代机会,在所有其他替代机会中所能获得的最大效益。该法也是测定影子价格的重要方法之一。④支付意愿法。消费者支付意愿可作为产品价格的边际值,是指消费者愿意为产品或劳务支付的价格,可以看做其为影子价格。支付意愿法也是测定影子价格的常用方法。

(3)特殊投入物影子价格。特殊投入物主要包括:劳动力、土地、自然资源,项目使用的这些特殊投入物,影子价格需要采取特定的方法。

水利项目主要投入物(如柴油、汽油、木材、钢材、水泥、炸药、机电设备、金属结构设备,施工用电、气、水、机械台班,劳动力和土地等)的影子价格和主要产出物(如农产品、电力、水产品和原煤等)的影子价格可根据《经济评价规范》附录 C 的规定进行计算。非主要投入物和非主要产出物的影子价格可采用国家发布的《建设项目经济评价参数》中规定的影子价格。

2)投资和费用

国民经济评价采用的投资和费用,是在工程项目竣工决算投资的基础上,剔出属于国民经济内部转移的费用,再按影子价格进行调整计算。具体可根据《水利建设项目经济评价规范》附录 D 的方法进行调整,从概算投资和费用中剔出属于国民经济内部转移的税金、计划利润、国内借款利息以及各种补贴等。

项目的投资和费用包括固定资产投资、流动资金和年运行费。

a. 投资

固定资产投资首先涉及的是固定资产价值的重估和国民经济评价投资的核算，然后是综合利用水利工程的投资分摊。

固定资产价值的重估可采用国务院发布的《国有资产评估管理办法》中的重置成本法，即按照竣工报告中的工程量（水泥、木材、钢材、石方等）和劳动工日，按照基准年的价格进行调整计算，再加上淹没占地和移民搬迁费用而定。

国民经济评价投资根据《水利建设项目经济评价规范》附录D的方法，在项目竣工决算投资的基础上，剔出属于国民经济内部转移的税金、计划利润、国内借款利息等部分，再按影子价格进行调整计算。

由于各类固定资产使用年限的不同，要注意各项更新改造投资的计列。

对于综合利用工程，为了评价各分部门的经济效果，应参照《经济评价规范》附录B（综合利用水利建设项目费用分摊的暂行规定），对投资和年运行费用在各部门之间进行合理分摊。

投资分摊方法是：在工程总投资中，首先将各项功能专用的投资划分出来，由相应的功能项目单独承担；然后从总投资中减去各功能项目单独承担的投资，即为各功能项目的共用投资，共用投资可根据各功能利用建设项目的一些指标进行分摊。如水电站的机电及金属结构部分投资，属电站专用投资；对于河床式电站，电站厂房既为发电所用，又是大坝的一部分，对此应当计算电站替代坝体部分的共用投资，并在各受益部门之间进行分摊，电站厂房超过替代坝体部分的投资也属电站专用投资，此两项均应由发电部门承担。对于水利工程，共用投资可按水量、库容等比例分摊，也可按《经济评价规范》中介绍的其他一些方法进行分摊。工程的费用分摊结果，应根据各部门的承受能力和按分摊投资计算出的水价、电价的可行性分析采用。

b. 年运行费用

水利工程的年运行费主要有工程管理费、燃料动力费、材料费、工程维修费、劳动保险、医疗保险和其他费用等。年运行费用按实际运行期和预测运行期提出实际值和预测值，实际年运行费可以采用物价指数法将各年实际年运行费换算成标准年价格水平的费用，预测值可根据项目财务分析中的总成本费用按影子价格调整计算。年运行费可根据各部门投资的分摊比例进行分摊。

3）效益

工程的国民经济效益是指项目对国民经济所做的贡献，包括项目的直接效益和间接效益。

根据工程项目所承担的任务，现有工程的配套情况，调查工程效益的发挥情况，分析说明工程项目的总经济效益、分部门效益和分年效益流程；根据选定的基准年，分别按实际运行期和预测运行期提出实际值和预测值，并说明预测值的计算方法。

水利建设项目的效益应按有无项目对比可获得的直接效益和间接效益计算。

水利工程的效益可采用系列法或频率法计算多年平均效益。综合利用水利建设项目除应按项目功能计算其各分项效益，还应计算项目的整体效益。各部门效益一般采用下列方法计算：

a. 防洪效益

依据水利部发布的《已成防洪工程经济效益分析计算及评价规范》(SL 206—98)，已成防洪工程产生的经济效益应采用实际发生年法，按假定无本防洪工程情况下可能造成的洪灾损失与有本防洪工程情况下实际的洪灾损失的差值计算。已成防洪工程产生的经济效益应包括直接经济效益和间接经济效益；因兴建防洪工程给国民经济带来的负效益亦应进行分析计算。

直接洪灾损失的实物指标应根据洪水发生年的实际洪水情况调查分析确定；对过去发生的洪灾损失应逐年根据洪灾统计资料，参照水文资料进行核实后确定。

当年洪灾的报灾资料，应严格按照国家有关部门规定的表格，在对主要受灾地区进行实际调查的基础上如实填报，并附洪灾范围示意图及计算依据。洪灾损失数据应经过有关部门核实。

计算直接洪灾损失，应首先根据洪水淹没区的资产情况，调查分类资产遇不同频率洪水的洪灾损失率，计算单位洪灾损失指标，然后根据不同频率洪水的淹没范围，计算洪灾损失。因农村和城镇资产的差异性，计算时应注意农村和城镇要分开计算，并注意调查分类财产的比例和增长情况，以便推求综合洪灾损失增长率指标。

如具有实际洪灾损失实物量数据，将其乘以计算标准年相应实物的单价求得。

如仅有洪灾淹没农田亩数或受灾人口数，将其乘以计算标准年价格水平的单位综合损失指标求得。单位综合损失指标农村可采用亩均指标(元/亩)表示，城镇可采用人均指标(元/人)表示。

有、无本防洪工程情况下的间接洪灾损失可根据典型调查资料，按其相当于直接洪灾损失的比例计算。

借用邻近地区的洪灾单位综合损失指标计算本地区防洪工程经济效益时，应分析、论证其合理性。

计算非调查年份的防洪经济效益，采用某调查年份的单位综合损失指标时，应进行洪灾淹没损失实物指标和价格水平的换算：洪灾淹没损失实物指标应以洪灾损失增长率为依据换算，洪灾损失增长率宜根据各防洪保护区经济发展情况分时段确定；价格水平一般可以物价以上涨指数为依据换算；所采用的单位综合损失指标宜考虑受淹没程度的因素。

计算某洪水年(或某一次洪水)防洪经济效益，宜采用当年价格水平。计算洪水系列内总防洪经济效益时，宜将各洪水年按当年价格水平计算的经济效益按近期的某一不变价格水平换算后再相加。

已成防洪工程在运行期内的多年平均防洪经济效益可按算术平均法计算。

已成防洪工程在实际运行期内遭遇特大洪水，应对该特大洪水年防洪工程取得的防洪经济效益进行较详细的分析计算。

b. 城镇供水效益

城镇生活用水包括城镇工矿企业和城镇居民生活用水两部分。目前国内外计算城镇供水效益的方法主要有：最优等效替代方案费用法、缺水损失法、影子水价法和分摊系数法。选择哪种计算方法可根据项目的实际情况和收集掌握的资料确定。

(1)最优等效替代法。有兴建等效替代工程条件或可实施节水措施，替代该项目向城镇供水的，可按最优替代工程或节水措施所需的年费用作为选用方案的年效益。

$$B年 = C年费用 = K年 + C年运行$$

式中B年——选用方案的年效益；C年费用、K年、C年运行——最优等效替代方案的年费用、年折算投资和年运行费。

本法理论完善，是国内外常用的一种计算方法，但计算等效替代方案的费用、工程量较大，比较麻烦，有时，在某些地区某一城市，往往找不到一个合适的等效替代方案，使本法的应用受到限制。

(2)缺水损失法。按缺水使工矿企业停产、减产等造成的损失计算。由于水资源的随机性，各年的缺水量不同，因此用此法计算缺水损失应采用多年平均值。

(3)影子水价法。按项目城镇供水量乘该地区的影子水价计算。本法适用于已进行水资源影子价格分析研究的地区。

(4)分摊系数法。按有该项目时工矿企业等的增产值乘以供水效益的分摊系数近似估算。本法适用于方案优选后的供水项目。

计算供水效益的公式为：

$$供水效益 = \frac{供水工程费用}{工矿企业增产值 + 供水工程费用} \times 工矿企业费用$$

对计划向新建工业区的供水工程，工矿各业增产值可采用计划水平年预测的工业万元产值耗水量来计算，即：

$$工矿企业增产值 = 工业供水水量/工业万元产值耗水量$$

城镇供水建设，通常包括水源建设和水厂、管网建设。其供水效益应按相应工程设施费用占用总费用的比例进行分摊。

c. 农业灌溉效益

水利建设项目的灌溉效益按项目向农、林等提供灌溉用水可获得的效益计算。可采用以下方法计算：

(1)分摊系数法。按有无项目对比灌溉和农业技术措施可获得的总增产值，乘以灌溉效益分摊系数计算。有无该项目获得的总增产值往往是水利措施和农业技术措施共同作用的结果，所以灌溉所取得的效益只是农业增产值的一部分。灌溉效益分摊系数，与作物类别、不同年型(丰水、平水、枯水)均有关系，可按作物类别和年型分别取值，也可按作物类别取用多年平均值，具体可参考类似地区的试验成果或调查资料取值。

(2)影子水价法。按灌溉供水量乘该地区的影子水价计算。适用于已进行水资源影子价格研究并取得合理成果的地区。

(3)缺水损失法。按有无灌溉项目条件下，农作物缺水使农业减产造成的损失计算。

d. 发电效益

按项目向电网或用户提供容量和电量所获得的效益计算,水电站的容量和电量,应根据电力系统电力电量平衡分析合理确定。电量效益的计算常采用以下方法:

(1)最优等效替代法。按最优等效替代设施所需的年费用计算。即以最优等效替代的火电站或其他能源电站所需的费用来计算水电站的效益。

(2)影子价格法。按项目提供的有效电量乘该地区电网的影子电价计算。

水电站的容量效益反映在水电站为系统调峰调相,提高电能的利用效率,减少了火电站的启动费用,有资料时也应计算。

e. 航运效益

按项目提供或改善通航条件所获得的效益计算,可采用以下方法:

(1)对比法。按有无项目对比节省运输费用、提高运输效益和提高航运质量可获得的效益计算。如计算替代公路或铁路运输所能节省的运费;提高或改善港口靠泊条件和航运条件,所能节省的运输中转及装卸等费用;提高航运质量,减少海损事故所带来的效益。

(2)最优等效替代法。按最优等效替代设施所需的年费用计算。

f. 其他水利效益

有些水利项目还具有水土保持效益、渔业效益、改善水质效益和旅游效益等,可根据工程实际情况,参照《经济评价规范》,分析采用合适的方法进行计算。

虽然各部门效益的理论计算方法较多,但在实际工作中,鉴于工程本身的特点和资料的局限性,往往只能采用一两种切实可行的方法,效益的具体计算方法可根据工程的实际情况分析采用。

另外,计算期末回收固定资产余值和回收流动资金也应计入项目的效益。

除上述定量效益外,还应定性分析评价工程项目建成后所带来的社会效益、环境效益、其他效益和产生的不利效益。

4)经济后评价指标

经济后评价主要通过编制全投资和国内投资经济效益与费用流量表计算国民经济盈利性指标——全投资和国内投资经济内部收益率(*EIRR*)、经济净现值(*ENPV*)和经济效益费用比(*EBCR*)等3项指标,对项目进行后评价。

a. 经济内部收益率(*EIRR*)

以计算期内各年净效益折现值累计等于零时的折现率表示。其计算公式为:

$$\sum_{t-1}^{n}(B-C)_t(1+EIRR)^{-t}=0$$

式中 *EIRR*—— 经济内部收益率;

B—— 年效益,万元;

C—— 年费用,万元;

n—— 计算期,年;

t—— 计算期各年的序号,基准点的序号为0;

$(B-C)_t$—— 第 t 年的净效益,万元。

项目的经济合理性应按经济内部收益率($EIRR$)与社会折现率(i_s)的对比分析确定。当经济内部收益率大于或等于社会折现率(i_s)($EIRR \geqslant i_s$)时，该项目在经济上是合理的。

b. 经济净现值($ENPV$)

以社会折现率(i_s)将项目计算期内各年的净效益折算到计算期初的现值之和表示。其表达式为：

$$ENPV = \sum_{t=1}^{n}(B - C)_t(1 + i_s)^{-t}$$

式中　$ENPV$——经济净现值，万元；

i_s——社会折现率。

项目的经济合理性应根据经济净现值($ENPV$)的大小确定。当经济净现值大于或等于零($ENPV \geqslant 0$)时，该项目在经济上是合理的。

工程总体国民经济评价中，社会折现率 i_s 分别采用12%和7%。

c. 经济效益费用比($EBCR$)

经济效益费用比($EBCR$)应以项目效益现值与费用现值之比表示。其表达式为：

$$EBCR = \frac{\sum_{t=1}^{n} B_t(1 + i_s)^{-t}}{\sum_{t=1}^{n} C_t(1 + i_s)^{-t}}$$

式中　$EBCR$——经济效益费用比；

B_t——第t年的效益，万元；

C_t——第t年的费用，万元。

项目的经济合理性应根据经济效益费用比($EBCR$)的大小确定。当经济效益费用比大于或等于1.0($EBCR \geqslant 1.0$)时，该项目在经济上是合理的。

根据国民经济效益、费用分析计算成果，编制国民经济效益费用流量表。

5)分析和结论

与前评价指标对比，列表对比其差别，通过多方面的资料，分析造成差别的各种因素。

6)国民经济敏感性分析

根据项目的具体情况，分析项目在今后的运行过程中还有哪些不确定因素变化，对项目国民经济评价指标会造成影响，评价项目的抗风险能力。

2. 财务后评价

财务后评价是从管理者的角度出发，以工程竣工决算、实际投产运营等方面的数据资料为基础，按照国家现行的财税制度和价格体系，采用可比价格，分别测算项目的实际财务支出和收入，考察工程的盈亏状况，评价项目的财务合理性，与项目规划设计指标相比较，分析财务效益实现程度，以及出现差异的原因。并根据评价结果和价格体系提出水价、电价等改革建议，为项目投资决策部门总结经验教训，为水库管理单位提供决策依据。

项目的财务后评价与前评估中的财务分析在内容上基本是相同的，都要进行项目的盈利性分析、清偿能力分析和外汇平衡分析。但在评价中采用数据不能简单地使用实际数,应将实际数中包含的物价指数扣除,并使之与前评估中的各项评价指标在评价时点和计算效益的范围上都可比。

财务评价以动态分析方法为主,静态分析为辅,动态分析与静态分析相结合,计算财务内部收益率、净现值、投资回收期等指标。

价格水平年和部分基本参数可以与国民经济评价相同,计算期可与国民经济评价相同,也可不同,以满足计算精度、不影响计算结果为宜。

对于综合利用水利工程年运行费分摊时要考虑各部门的实际收入情况和承受能力,根据水利产业政策,合理分摊以使工程能够正常、高效地运营。如某综合利用工程,以防洪、工农业供水为主,兼有发电、环保等作用,工程的社会效益较大,但实际收入较少,只有工业供水和发电部门有实际收入,防洪和环保部门将无力承担工程的运行费用,根据“以电养水”的水利产业政策,为了维持工程的正常运行,工业供水和发电等有利润的部门应承担社会公益部门的运行费用,核算成本,合理地确定水价和电价。

1)财务支出

财务支出是指建设期和运行期的全部财务支出,包括工程总投资、年运行费、流动资金及税金等。

a. 建设项目总投资

项目总投资由固定资产投资、固定资产投资方向调节税、建设期贷款利息和流动资金等4项组成。

对于水利水电项目国家采取鼓励多办的优惠政策,固定资产投资方向调节税为零。

为了使各年度财务收入与支出具有可比性,财务评价需根据选定的价格水平年,按国家统计局发布的物价指数,对工程固定资产投资进行调整。

建设期贷款利息可根据工程项目的资金筹措方式按实际发生数计列和计算。

b. 年运行费和流动资金

年运行费包括工资及福利费、材料费、燃料及动力费、维护费及其他费用。财务后评价中已运行年份的运行费按照实际发生值分析计列,实际运行年以后的年运行费根据有关规定按预测值计,分项的具体取值见成本计算部分。

流动资金是指为维持项目正常生产经营而占用的全部周转资金,应包括购买燃料、材料、备品、备件和支付职工工资等项。从项目运行的第一年开始,根据投产规模确定。实际运行期按实际发生值计列,预测运行期可参照实际运行期分析取值。

c. 税金

按国家现行政策和税法规定计税。根据《水电建设项目财务评价暂行规定》,水利项目的税金主要有增值税附加(城市维护建设税附加和教育费附加)和企业所得税。

城市维护建设税附加和教育费附加以增值税为基数计算,水电项目的增值税税率为17%(小水电为6%),城市维护建设税附加和教育费附加根据国家有关规定取值。

企业所得税税率一般为33%。

水利项目如有旅游及其他服务收入,应缴纳营业税,具体税率可根据税法规定取值。

2)总成本费用

工程总成本费用包括运行管理费、折旧费、摊销费、利息净支出等项。总成本费用的组成及其计算办法如下:①运行管理费,即年运行费,包括工程工资及福利费、保险费、工程材料、燃料及动力费、修理费、维护费和其他费。②工资及福利费根据管理单位定员编制和当地工资水平计算。③各项保险费可按国家或企业的规定取值。④工程材料费、燃料及动力费、维护费和其他费可根据工程实际情况或参照类似工程取值。⑤修理费可按固定资产价值的百分数计取。⑥折旧费:年折旧费 = 固定资产价值 × 综合折旧率;综合折旧率可根据各类资产的折旧年限和资产价值加权平均计算;固定资产价值 = 固定资产投资 + 建设期利息 - 无形资产 - 递延资产;折旧费可根据《工业企业财务制度》或《经济评价规范》附录 A,按各类固定资产的折旧年限,一般采用平均年限法计提,也可参照类似项目的实际年综合折旧费率,乘以项目的固定资产原值计算。⑦摊销费:按项目的无形资产和递延资产计算摊销费。无形资产指企业长期使用而没有形态的资产,水利项目的土地使用权(如工程占地费、征地费)形成无形资产,摊销年限可按 50 年;递延资产是一种已经预先支付了的费用,但不能全部计入当年损益,应当在以后受益年年度内分期摊销的各项费用,如项目的开办费,水利项目由职工培训费和生产单位提前进场费形成工程的递延资产,递延资产摊销年限可按 5 ~ 10 年计算年摊销费。⑧生产期利息:工程建设期结束,每年生产期产生的利息应计入产品的成本。

3)财务收入

项目的财务收入是指出售水利产品和提供服务所获得收入。

根据项目的功能,水利项目一般有供水收入、发电收入、航运收入、养殖收入及服务收入等。运行期的收入按实际值计列,预测期收入需根据已运行情况,预测供水量或发电量;根据市场情况调查预测可接受水价、上网电价和其他提供服务的价格来计算收入。

另外,在计算期末回收固定资产余值和流动资金也计入项目的财务收入。

4)财务报表

根据项目的财务支出、总成本和财务收入等形成财务报表。主要的报表有:成本表、损益表、现金流量表、借款还本付息计算表、资金来源与运用表、资产负债表和外汇平衡表。在盈利性分析中要通过全投资和自有资金现金流量表,计算全投资税前、税后内部收益率、净现值,自有资金税后内部收益率等指标,通过编制损益表,计算投资利润率、投资利税率、资本金利润率等指标,以反映项目和投资者的获利能力。清偿能力分析主要通过编制资产负债表、借款还本付息计算表,计算资产负债率、流动比率、速动比率、偿债准备率等指标,反映项目的清偿能力。

利润总额为财务收入减去销售税金附加和总成本费用,税后利润为利润总额减去所得税。未分配利润为税后利润减去应付利润和应提取的公积金和公益金。

还本付息计算时,还贷资金主要来源于未分配利润和折旧费。

损益表计算中如遇到企业年度亏损的,按财务规定,用下一年度的税前利润弥补,下一年度利润不足以弥补的,可以在 5 年内延续弥补,5 年内不足弥补的,用税后利润弥补。

通过报表计算项目的全期评价指标，分析项目的清偿能力和盈利能力。

5）财务评价指标和评价成果

财务评价以财务内部收益率（FIRR）、财务净现值（FNPV）和投资回收期（Pt）3 项指标进行评价。

a. 财务内部收益率（FIRR）

财务内部收益率以计算期内各年净现金流量折现值累计等于零时的折现率表示。其计算公式为：

$$\sum_{t=1}^{n}(CI-CO)_t(1+FIRR)^{-1}=0$$

式中 $FIRR$—— 财务内部收益率；

CI—— 现金流入量，万元；

CO—— 现金流出量，万元；

$(CI-CO)_t$—— 第 t 年的净现金流量，万元；

n—— 计算期，年。

当财务内部收益率大于或等于行业财务基准收益率（i_c）或设定的折现率（i）时，该项目在财务上是可行的。在桃林口水库工程总体财务评价中，取 $i=7\%$。

b. 投资回收期（P_t）

投资回收期（P_t）以项目的净现金流量累计等于零时所需要的时间表示，从建设开始年起算，其计算公式为：

$$\sum_{t=1}^{P_t}(CI-CO)_t=0$$

式中 P_t—— 投资回收期，年。

c. 财务净现值（FNPV）

财务净现值（FNPV）以财务基准收益率（i_c）或设定的折现率（i），将项目计算期内各年净现金流量折算到计算期初的现值之和表示。其表达式为：

$$FNPV=\sum_{t=1}^{n}(CI-CO)_t(1+i_c)^{-t}$$

或

$$FNPV=\sum_{t=1}^{n}(CI-CO)_t(1+i)^{-t}$$

式中 $FNPV$—— 财务净现值，万元。

当财务净现值大于或等于零（$FNPV\geqslant 0$）时，该项目在财务上是可行的。

d. 实际借款偿还期

实际借款偿还期是衡量项目实际清偿能力的一个指标，是指在国家现行财税政策下，根据项目投产后实际的或重新预测的可用作还贷的利润、折旧或其他收益额偿还固定资产投资的实际借款本息所需要的时间。

e. 投资利润率

投资利润率是项目达到设计规模后的一个正常运行年份的年利润总额或项目正常运行期内的年平均利润总额与项目总投资的比率。

f. 投资利税率

投资利税率是项目达到设计规模后的一个正常运行年份的年利税总额或项目正常运行期内的年平均利税总额与项目总投资的比率。

g. 资产负债率

资产负债率是指项目负债总额对资产总额的比率。

6）后评价与前评价指标比较

将两次财务评价主要评价指标列表进行比较，指出后评价财务评价指标与前财务评价指标的差别、效益实现程度，分析产生差别的原因，指出效益不能全面发挥或推迟发挥的主要影响因素，参见表 11-7。

表 11-7　后评价与初设阶段财务评价指标比较表

评价阶段	评价指标		
	财务内部收益率（%）	财务净现值（万元）	投资回收期（年）
初步设计			
后评价			

7）敏感性分析

根据项目的具体情况，计算不确定因素的变化对财务评价指标的影响，分析敏感性因素对财务评价指标的影响程度。

3. 综合经济评价的结论和建议

1）结论

（1）根据建设资金来源及财务评价分析结论，对项目的资金筹措方式进行评价。

（2）对项目的产品价格、经济效果、运行情况作出评价。

（3）说明实际单位工程投资、单位生产能力投资等指标，通过经济指标的对比分析，阐述本次经济后评价结论与前期工作阶段按预测数据进行的经济评价结论的异同，分析其差别和成因。

2）存在的主要问题及建议

（1）分析项目经济效益发挥的影响因素，指出存在的问题（如水价、电价方面）并提出相应的建议。

（2）分析项目在运行、还贷或收费等方面存在的问题，分析项目运行管理费用的来源和可靠性，提出措施和建议。

（3）对于公益性工程，应简述并评价其运行管理机制，并重点说明其运行管理经费的落实情况。

4. 经济评价附表与附图

可参照《水利建设项目经济评价规范》，并根据项目的具体情况，附前述国民经济评价和财务评价的报表及有关附图。

（三）水利建设项目后评价的移民评价（见本章第四节）

（四）水利建设项目后评价的影响评价

1.技术影响评价

技术影响评价应分析和评价项目所采用的技术方案和技术装备的先进性、适用性、经济性、安全性等，对所采用的新技术和科研成果则应重点进行评价。在决策阶段认为可行的技术方案和技术装备，在运行过程中可能与预想的结果有差别，许多不足之处逐渐暴露出来，在后评价中要针对实际运行中存在的问题、产生的原因认真总结经验教训，以便在以后的设计或设备更新中选择更先进、更适用、更经济的设备，或对原有的技术方案或设备进行适当的调整。

技术影响后评价的主要内容：

（1）分析整理项目所采用的关键技术方案和技术装备，并与国内外同类技术进行比较，评价项目所采用的技术可以达到的水平，包括国际水平、国内先进水平、国内一般水平等，参考表11-8。

表11-8 关键技术方案和技术装备评价表

技术方案和技术装备名称	主要内容	与国内外同类技术比较	综合评价

（2）水利建设项目特别是大型水利建设项目的实施，一般都会产生一些技术科研成果，主要是应用性科技成果，也可能含有应用基础研究、软科学研究、科技服务类项目的开发和研究，包括项目管理技术、勘测设计技术、工程施工技术、工程监理技术等。从以下几方面对技术科研成果进行评价：

一是技术科研成果对中国水利行业项目管理机制的深入改革、扩大对外开放和利用国际金融组织贷款，产生哪些积极的带动和促进作用。

二是技术科研成果中是否有哪些内容被纳入国家或行业规程规范中。

三是工程勘测设计模式和技术标准、工程施工技术和工程监理技术等被国内外哪些工程项目所采用，取得哪些经济及社会效益。

四是分析技术科研成果推广应用前景和潜在效益。

五是提出技术科研成果中需要进一步改善和提高的内容。

（3）调查了解项目从国外引进哪些先进技术和设备，引进的技术和设备是否适合中国国情，对本项目及国内其他项目产生怎样的影响，总结引进技术和设备的经验和教训。

（4）项目获得哪些科技进步奖和设计奖，分析评价获奖成果对本项目及国内其他项目产生的影响，可参考表11-9进行分析。

表 11-9　获奖成果技术影响分析评价表

成果名称	学科(专业)分类	主要内容、特点	发现、发明及创新点	成果水平	推广应用情况	经济效益	社会效益	获得奖励

(5)分析计算项目主要技术经济指标,如单位工程投资、单位生产能力投资、单位运营成本、能耗及其他主要消耗指标、环境和社会代价等,与国内外同行业的水平进行比较,评价项目技术经济指标所处的水平,参见表 11-10。

表 11-10　项目主要技术经济指标分析评价表

技术经济指标	本工程	国内同行业	国外同行业	说明

这里应该注意的是,进行技术经济指标比较时,要考虑不同建设条件和不同建设时期等因素,对比数据的可比性需要统一。

(6)根据项目实际运行的情况,分析所采用的技术方案和技术装备是否达到了原设计预期的效果,存在哪些问题及问题产生的原因,总结经验教训,提出改进意见和措施,参见表 11-11。

表 11-11　技术方案和技术装备效果评价分析表

技术方案和技术装备名称	原设计	实际实现	差别变化	主要原因	改进措施

(7)一项水利建设项目的实施,会培养造就一批勘测设计、建设和管理等方面的专业技术人才,为中国水利建设事业锻炼了队伍,后评价要了解这些人才在水利建设过程中发

挥哪些重要作用,评价项目对培养人才的作用。

(8)综合分析评价项目中所采用的有关技术对水利行业乃至国民经济发展的影响,对项目所在地区技术进步的作用,成果推广应用取得的经济效益、社会效益、环境效益及推广应用前景和潜在效益等。

2. 社会影响评价

1)社会影响评价的概念

社会影响评价一般定义为对项目在经济、社会和环境方面产生的有形与无形的效益及结果所进行的一种分析,主要从项目的角度来分析其影响。

一个建设项目在其建设和运行过程中,都将对自然环境和社会环境产生有利与不利的影响,大中型水利工程的社会效益和影响尤为显著,项目与社会相互适应性分析的作用也较大。

从社会发展的观点来看,项目的社会影响评价是要分析项目对国家(或地方)社会发展的贡献和影响,包括项目本身和对周围社会的影响。

2)社会影响评价的作用

项目的社会影响评价主要有以下几方面的作用:

a. 有利于提高水利建设项目决策的科学水平

水利建设项目是国民经济的基础设施和基础产业,与国民经济、社会发展及人民生活密切相关,在促进社会发展和提高人民生活水平的同时又因其工程占地所带来的淹没与搬迁造成了许多问题,开展项目社会影响评价,可以广泛地征求工程受益者和受损者群体的意见,通过公众参与,研究对策,可减少或避免今后同类项目在决策上失误所带来的重大损失。

b. 有利于社会发展目标的顺利实现

水利建设项目的效果如何,直接关系到国家宏观经济与社会发展,也关系到老、少、边、穷地区经济与社会发展,进行水利建设项目的社会影响评价,可以对项目已经或可能引发的社会、环境问题进行深入的分析研究,实现项目与社会的相互协调发展,必将促进社会进步、促进宏观调控和社会经济水平的不断提高,拉动经济增长,使社会目标得以顺利实现。

c. 有利于今后建设项目的顺利进行

通过项目的社会影响评价,可以直接地反映此类项目建设对当地和社会的正负两个方面的影响,对今后类似项目的建设提供较为真实可靠的依据,有利于今后项目的顺利进行。

3)社会影响评价的内容

社会影响评价主要包含以下几个方面的内容:

对自然资源的影响,主要是评价项目对自然资源合理利用、综合利用、节约使用等政策目标的效用。包括自然资源是否合理利用,国土资源开发、改造与保护效益分析,水资源开发利用效益分析,水能资源开发利用效益分析,自然资源综合利用效益分析。

对社会经济的影响,社会经济影响主要从宏观经济角度分析项目对国家、地区的经济影响,项目在建设和运营过程中对社会经济发展所带来的影响,如主要社会经济指标的变化、工农业产值的增减情况、当地人民生活水平的变化、所创造的直接和间接就业机会等。主要包括对国家经济发展目标和对当地人口的影响等内容。

对国家经济发展目标的影响。项目的建设和投入运行,对实现国家中长期经济发展目标以及改善国民经济结构和生产力布局、项目区土地利用、调整产业结构等产生有力影响。对流域经济、地区经济发展的影响,如减少水旱灾害,提高土地利用价值,推动城市化进程,改善投资环境,增强经济实力等。对部门经济发展的影响,主要包括对农业发展的影响项目,对能源与电力工业发展的影响,对交通运输业的影响,对农、林、副、渔业发展的影响,对旅游事业的影响。对科技进步的影响,建设过程中所采用的新技术、新工艺等,对本行业和本地区科学技术进步有着重大的意义。

对当地人口的影响。分析项目已经或可能涉及的直接、间接人群和机构中的受益者群体与受损者群体,全面分析项目建设在提高人口素质、提高居民收入水平、改善就业条件、改善教育和卫生条件、提高人民生活质量等方面所产生的正负两方面影响。

3. 环境影响后评价(见本章第二节)

4. 水土保持影响后评价(见本章第三节)

(五)水利建设项目后评价的目标与可持续性评价

1. 项目目标评价

项目目标评价主要应对项目原定目标的实现程度、适应性等方面进行分析。对照项目可行性研究和评估时确定的目标,从工程、技术、经济等方面分析项目的实施结果和作用,找出变化,分析项目目标确立的准确程度、目标的实现程度以及成败的原因,评价与原定目标的偏离程度。

通过项目目标实现程度的评价,分析项目原定目标是否适宜及其原因,评价项目决策的正确程度。

项目目标实现程度分析是项目总结评价的一项重要内容。它从项目投入、产出、直接目的、宏观目标 4 个层次的逻辑关系来分析各层次目标的实现程度,找出差别或变化,分析原因,总结经验教训。项目目标总结评价的逻辑框架分为垂直层次逻辑和水平逻辑分析。项目目标实现程度的评价结论是通过逻辑框架不同层次主要指标的对比和原因分析而产生的。

2. 项目可持续性评价

项目可持续性评价是指在项目的建设资金投入完成之后,项目的既定目标是否还能继续,项目是否能持续运转和怎样实现持续运转,接受投资的项目业主是否愿意并可能依靠自己的力量继续去实现既定目标,项目是否具有可重复性,即是否可在未来以同样的方式建设同类项目。建设项目的可持续性有两层含义,一是项目本身可持续发展的问题,二是项目建设与运行对国家和社会及其他同类项目可持续发展的影响。

水利项目具有巨大的经济效益和社会效益,项目能否持续运转,将对环境和社会有很大的影响。对项目进行持续性评价,必须研究项目持续运转所需要的内、外部条件并提出满足这些条件的措施,以保证项目的良性循环。

1)持续运行的外部条件

水利工程具有社会性,水利项目的功能服务于、影响于社会,而社会中许多因素又是水利项目的外部条件,反过来影响、制约水利项目的运行,且外部条件不会因为项目的需要而改变,相反,项目必须去适应它们才能得到发展。所以,研究水利项目的持续性,就必须研究其所需的外部条件是否得到满足,根据水利建设项目的具体特点,应重点对水资源的可持续发展做出评价,同时应分析其他资源情况、资源调配情况、自然环境因素、社会经济发展、国力支持、政策法规及宏观调控、当地管理体制及部门协作情况、配套设施建设、生态环境保护要求、水土流失的控制情况等外部条件对项目可持续性的影响。

2)持续运行的内部条件

项目持续运转除需要具有良好的外部条件外,内部条件也起着非常重要的作用,应着重分析组织机构建设、技术水平及人员素质、内部运行管理制度及运行状况、财务运营能力、服务情况等内部条件对项目可持续性的影响。

根据内、外部条件对可持续性发展的影响,提出项目持续发挥投资效益的分析评价结论,并根据需要提出应采取的措施。

(六)水利建设项目的成功度评价

项目后评价,很重要的一个组成部分就是对项目的总体成功程度进行评价。

项目后评价的成功度评价应根据项目的决策和管理,项目的建设进度,项目的质量控制,项目的投资控制,项目的社会、防洪、发电、灌溉、供水等经济效益的发挥,项目运行管理的制度化,工程运行的安全性和经济性,项目目标的实现程度,项目可持续发展的可能性等方面综合进行。

项目的成功度评价一般依靠评价专家的经验和对项目的认识,根据项目的特点和具体情况,按不同方面的重要程度,采用专家打分的方式进行,基本可分为“完全成功”、“基本成功”、“部分成功”、“不成功”和“失败”5 个等级。

第二节 环境影响后评价①

一、环境影响后评价的目的和意义

(一)环境影响后评价的目的

建设项目环境影响后评价的目的,是结合已经审批的项目环境影响评价文件,对项目在建设和运行过程中所产生的环境影响以及项目环境影响评价文件中提出的环境监测与环境保护措施的执行情况和执行效果等,进行全面系统的分析和评估,并结合评估结果对今后可能出现的环境影响进行预测和判断,为项目今后的环境管理提供科学的依据;同

①根据黄委亚行项目办国际咨询专家组聘请的培训专家,中水珠江规划勘测设计有限公司(原水利部珠江水利委员会勘测设计研究院)环境专业总工、教授级高工谢海旗 2007 年 9 月提供的培训教材改编。

时，及时验证项目环境影响评价文件中提出的分析、预测及评估结论的准确性，针对后评价过程中发现的，与经审批的项目环境影响评价文件中提出的分析、预测及评价结论不符的环境影响，提出应采取的进一步的预防或减轻不良影响的对策和措施。

（二）环境影响后评价的意义

建设项目环境影响后评价对项目的环境管理具有非常重要的意义。

首先，通过项目环境影响后评价，可以及时了解和掌握项目建设与运行过程中所产生的、实际的环境影响，验证项目环境影响报告书中的环境影响预测和评价结论，为环境保护管理部门和项目行业主管部门对项目的环境管理提供科学的依据。根据《中华人民共和国环境影响评价法》第二十七条："在项目建设、运行过程中产生不符合经审批的环境影响评价文件的情形的，建设单位应当组织环境影响的后评价，采取改进措施，并报原环境影响评价文件审批部门和建设项目审批部门备案；原环境影响评价文件审批部门也可以责成建设单位进行环境影响的后评价，采取改进措施。"按照建设项目环境保护的要求，项目开工建设前，必须进行环境影响评价，根据对项目实施后可能产生的环境影响所作的分析、预测和评价，提出相应的预防或减轻不良环境影响的对策和措施，并报有审批权限的部门审批后方可开工建设。而在项目开工后，可能因预测不够准确、客观情况发生变化等原因，使得项目在建设、运行过程中，产生与经审批的环境影响评价文件不相符合的情形。在此情形下，就应当依照上述法律条款对该项目进行专项的环境影响后评价，并报原环境影响评价文件审批部门和建设项目审批部门备案。

其次，通过对项目的环境影响进行后评价，可以及时验证项目建设期和运行期环境保护措施及环境监测措施的合理性与有效性，并对运行期环境保护和监测措施进行及时的调整与改进，为项目运行管理单位的环境管理提供科学依据。在项目环境影响后评价中，将对照经审批的环境影响评价文件中提出的项目建设期、运行期环境保护和监测措施，结合项目竣工验收环境保护调查以及现场调查的实际情况，分析项目环境保护工程措施、非工程措施的合理性以及其实施的效果；同时，通过对环境监测数据资料的搜集，分析项目环境监测方案的合理性、有效性。在上述基础上，针对不合理和效果不理想的环境保护与监测措施提出补充和修改建议，以使项目运行管理单位今后的环境管理工作更为合理、更具针对性。

再次，为今后同类项目的环境影响预测和评价提供参考。项目的环境影响评价是在项目开工建设前，对项目实施后可能产生的环境影响所作的预先评价，由于项目区环境背景的复杂性以及项目环境影响因素、影响方式、影响性质、影响程度的复杂性，加之目前环境影响预测技术方法、技术手段等尚不十分成熟，评价工作的周期较短，以上等等因素往往造成了项目环境影响预先评价的片面性、不确定性，很多影响因子的预测也往往停留在定性分析的层面，难以给出定量的预测分析结论，这也造成了环保措施的空洞和不切合实际。通过同类项目的环境影响后评价工作，可以积累大量的工程实际环境影响调查统计数据和资料，结合同类工程大量积累数据资料的分析和总结，为今后同类项目环境影响预先评价中采用类比法进行定量分析预测奠定了一定的科学基础。同时，还可利用类比分析预测的结果，对用其他方法得出的预测结果进行互相验证，以增加环境影响预先评价的可靠性和准确性。

二、水利水电工程环境影响后评价关注的重点

(一)水利水电工程环境影响的特点

水利水电工程是以水资源开发与利用为主要开发目标的基础建设项目,项目的建设具有影响深远、投资巨大、施工期较长等特点。水利水电工程对地区和流域的经济发展起着举足轻重的作用,工程往往耗资巨大,施工期需几年,对分期实施的项目可延续十几年,因而,其对区域和流域的环境影响也是十分深远的。

水利水电工程将改变区域水资源的时空分布,使之满足人类发展对水资源的需求。而水资源是一切生命之源,是维系自然生态体系最重要的环境要素。因此,水的资源特性和生态特性决定了水利水电工程既有改善环境的作用,又极易对环境产生影响深远的负效应。

水利水电工程基本上属于以生态影响为主的建设项目,除项目建设期产生少量临时性排放的污染外,其对环境最主要和深远的影响表现为在水资源重新分配过程中对区域或流域与之密切相关的各环境因子的影响,如对水文情势、水环境容量、生态环境、水土流失、河口、河势等环境要素的影响。水利水电工程对这类环境要素的影响往往是长期的、难以逆转的,同时,其影响效应往往是随着时间的推移而缓慢显现,以致最终产生巨大的环境负面效应,并进而产生重大的生态破坏。如分布于广大内陆干旱区的内陆河流不合理的水资源开发活动,就已经导致了塔里木河的断流、艾比湖的急剧萎缩、诸多尾闾湖泊的消失等世人关注的生态问题,并使人类付出更大的代价来治理和缓解这些生态问题。

(二)水利水电工程环境影响后评价应关注的重点

水利水电工程最重要的功能和任务是使有限的水资源更好地服务于人类社会,水利水电工程的调度运行必将改变河流的天然流态,使水资源的时空分配发生变化,进而对与水环境密切相关的诸多环境要素产生相应的变化,而工程的空间布局也将对区域环境产生一定的切割和阻隔。因此,水利水电工程环境影响后评价应重点关注以下几方面。

1. 工程影响区域环境现状及评价

根据水利水电工程的环境影响特征,其建设和运行期引起的环境变化主要表现在水资源再分配所造成的环境变迁、建筑物阻隔所造成的环境变迁以及开发方式不当引发的环境问题等方面。分析工程影响区域与水利水电工程建设密切相关的环境因素在工程建设前的状况,并对其环境质量、稳定性等做出评价,是对工程进行环境影响后评价的基础。在环境现状分析及评价中,应重点关注水环境、水生生态环境、区域生态环境、河口环境、敏感野生动植物资源及其分布等与水资源时空分布状况密切相关的环境因素的背景情况。

2. 工程环境影响预测及评价结论

水利水电工程对环境的作用因素或影响源一般具有类型多、分布广等特点,为突出评价主要的环境影响,应将环境影响强度大、历时长、范围广的作用因素作为分析预测的重点。根据水利水电工程建设和运行期环境影响的特点,一般应重点分析、预测以下方面的

环境影响,并提出评价结论。

1)施工期环境影响

水利水电工程的施工活动主要有土石方开挖、混凝土浇筑、天然建筑材料开采和加工、交通运输以及施工人员高度密集等。在分析评价中应重点关注施工污染物排放与环境的关系、施工活动的生态破坏与环境的关系,从这两方面分析施工活动施工期"三废"及噪声实际排放情况及对环境的实际影响程度、施工活动中所造成的实际生态破坏情况,并给出评价结论。

2)淹没占地环境影响

水库淹没和工程占地将直接造成生态破坏和生态损失,在淹没及占地环境影响调查分析评价中,应首先对淹没及工程占地所造成的生物多样性损失以及珍稀物种资源的丢失情况做出分析和评价,并给出是否使生态系统的结构和稳定性遭到破坏的结论性意见。其次,评价中还应对淹没占地对土地资源的影响、对景观和文物的影响以及蓄水初期对水库水质的影响等进行分析评价,并给出定量或定性的评价结论。

3)移民安置环境影响

移民安置活动主要有安置居民点的建设、集镇迁建、道路建设、专项复建、土地开发、工矿企业复建等,移民安置的环境影响调查分析评价,应根据对移民安置区环境容量和安置条件、安置方式、安置去向和地点以及恢复与发展生活、生产措施情况等的具体调查结果,分析移民安置对土地利用、自然植被、动物栖息地、区域生态系统及社会经济的实际影响程度和影响性质,并给出实际影响的评价结论。

4)工程运行环境影响

工程运营后的环境影响调查分析,应根据工程调度运行、水资源再分配的实际调查情况以及工程建筑物的空间布局情况,并结合工程环境影响评价文件和工程对各环境因素影响的实际调查结果,分析工程运行后对水文及泥沙情势、水生生态系统、区域生态体系、社会经济发展等方面产生的实际影响,并给出分析评价结论。工程运行期的环境影响调查应重点关注以下两方面:

(1)水资源再分配对环境的影响。水利水电工程的调度运行主要有防洪调度、发电调度、灌溉(供水)调度、初期蓄水等,这些调度方案主要是为了满足工程的开发任务以及人类的需求,而调度的同时,也必然将改变河流天然的水文、泥沙情势以及时空分布,进而对与之密切相关的环境要素产生深远的影响。如防洪调度对天然洪泛区水生、湿生及陆生生态系统和生态用水的影响;发电调度所产生的不稳定流对下游航运的影响、引水式电站可能造成的局部河段减水或断流;灌溉引水、供水调度使引水口下游水量减少所造成的影响,灌溉排水对容泄区和受纳水体的影响;跨流域调水对调出区、调入区和输水沿线的影响等;灌溉等开发方式不当所造成土壤潜育化和次生盐渍化、二次污染等。

(2)建筑物阻隔对环境的影响。水利水电工程建筑物阻隔有两方面的含义,一是拦河建筑物对河道的阻隔,二是长距离输水工程等线性建筑物对区域环境的切割。对这一问题的分析和评价应根据工程的实际情况,结合工程环境影响的实际调查结果,针对上述两方面的问题进行分析和评价。如河道阻隔对鱼类洄游通道的影响;建筑物线性切割对野生动物活动和生存空间、领地面积的影响，地面径流阻断和集中排放对下游的影响等。

3. 工程环境保护措施的合理性和有效性

在工程建设前期工作中，如可行性研究阶段和初步设计阶段，均结合环境影响评价结论，针对工程对环境可能产生的不利环境影响提出了减缓和补偿措施。同时，工程在建设实施过程中依照前期工作中提出的环境保护措施，结合工程建设的实际情况，也采取了一定的环境保护工程和管理措施。在环境影响后评价中应结合环境保护设计、环境保护验收调查等情况，根据实际调查结果，对工程环境保护工程措施、管理措施的执行情况进行分析，并对措施的合理性和有效性进行评价。同时，还应结合后评价的结果，对运行期今后的环境保护和管理措施提出意见与建议。

4. 工程环境监测方案和监测结果分析

在工程前期工作中，根据工程对某环境要素的环境影响性质和程度，制定了针对不同环境要素的环境监测方案，包括施工期的和运行期的。在项目环境影响后评价中，应全面收集、掌握并认真分析、总结已得到的针对不同环境要素的环境监测成果，分析项目对该环境要素的实际影响或已显现出的影响趋势，藉此对工程给该环境要素造成的影响进行评价。同时，结合环境影响的实际调查和后评价的结果，还应对已执行的环境监测方案的合理性、代表性、完整性进行分析，并提出评价结论。

三、水利水电工程环境影响后评价的基本原则及主要内容

（一）水利水电工程环境影响后评价的基本原则

首先，应依据国家有关水利水电环境保护法规、规范及标准进行评价，同时，还应符合国家现行的有关法律、法规、标准。这是环境影响后评价所应遵循的最基本原则。

其次，应坚持“客观、公正、科学”的原则，坚持深入实际、调查研究、实事求是的科学态度，针对被评价工程所处区域的环境特点、环境敏感点以及工程环境影响特征，有目的、有重点、有针对性地确定所需评价的主要内容、重点环境因子及其评价范围。

（二）水利水电工程环境影响后评价的主要内容

1. 工程影响区域环境特征概述

在资料收集、实地调查和测试的基础上，根据项目前期环境影响评价及审批文件中确定的评价标准，分析和评价工程涉及区域的主要环境特征，如水环境、环境空气、声环境等在工程建设前的质量状况和存在的主要问题。对于生态环境评价，应从生态完整性和敏感生态问题两方面进行质量状况的分析和评价；对于水环境、环境空气质量、声环境质量等，应根据工程涉及区域的环境功能分类和环境保护目标，参照相应的环境标准进行分析和评价，说明其在工程建设前的环境质量状况。

在对工程涉及区域环境质量现状进行分析评价的基础上，还应提出工程涉及区域的主要环境问题，如自然生态破坏、洪涝灾害、水土流失、水污染、环境空气污染、噪声污染、地质灾害等，并分析其对社会经济发展的制约、对人民生命财产安全及人群健康的危害等。

2. 工程环境保护执行情况调查及评价

在对工程涉及区域环境特征进行分析、评价的基础上，应开展对工程建设与运行管理

过程中环境保护执行情况的调查及评价。调查评价应包括以下主要内容：

1）工程环境影响评价执行情况调查

根据国家有关环境保护法律法规，水利水电工程在建设之前必须开展环境影响评价工作，在项目环境影响评价文件经过环境保护行政主管部门审批后，方可开工建设。同时，对于水电梯级开发、流域水资源配置等项目，还应先行完成规划环评并通过审批。在项目环境影响后评价中，应在阐明项目环境影响评价工作过程的基础上，分析、研究已经审批的项目环评和规划环评文件，了解和掌握前期环境影响评价文件的主要评价结论、审查批复意见、提出的主要环境保护措施和环境监测方案，以利于全面地了解和掌握项目建设对环境的主要影响源或作用因子、影响对象以及影响范围和程度。

2）工程环境保护措施执行情况调查

工程环境保护措施执行情况调查包括环境保护措施设计情况调查和实际执行情况调查两方面内容。环境保护措施设计情况调查主要针对项目前期设计阶段提出的环境保护工程措施和管理措施，包括环境影响评价文件中提出的和环境保护设计中提出的。实际执行情况的调查主要针对项目建设和运行工程中实际执行的环境保护工程措施和管理措施，包括项目环境保护竣工验收调查中的结果和现场实际调查结果。在对工程环境保护措施执行情况调查的基础上，还应对环境保护措施的执行情况进行评价。

3）工程环境监测资料调查

应结合工程环境监测方案及执行情况的调查，全面收集水环境、声环境、环境空气、固体废弃物以及生态环境等各方面环境监测数据和资料，包括工程建设前的背景值监测结果、工程建设期间的监测资料、工程运行期的监测资料。环境监测资料的调查、收集应尽可能全面、细致，以便于全面、准确地分析和预测项目对环境要素的影响程度和趋势。

4）公众意见调查

环境保护工程中的公众参与，已逐渐为世界许多国家环境保护立法所承认，并成为环境保护法律中的一项重要原则和制度。根据《中华人民共和国环境影响评价法》第五条："国家鼓励有关单位、专家和公众以适当方式参与环境影响评价"。环境影响评价是一个为决策提供科学依据的过程，在这一过程中鼓励公众参与，可以使社会各方面的利益和看法在决策过程中得到比较充分的考虑，推进决策的民主化。同时，在环境影响评价过程中，多听取有关单位、公众以及专家、学者的意见，可使有关部门更全面地了解和认识评价对象的环境状况，揭示出许多潜在的环境问题，提高环境影响评价的科学性和针对性，从而进一步提高决策的科学性。因此，公众参与作为一项法律制度，应在项目的环境影响评价及后评价中有充分的体现。

环境影响后评价公众意见的调查，应包括项目前期环境影响评价工作中公众意见调查结果的收集和后评价过程中公众意见的调查、征集及整理两方面的内容。公众意见的征询方式可采用多种形式，包括通过新闻媒介、随访和信访、座谈会、发放公众意见征询表等形式。

公众意见征询应以非受益影响区的公众为重点对象，包括水库淹没区、移民安置区以及下游影响区等。调查的主要内容应重点针对公众对项目环境保护执行情况的意见和建议。

5)调查情况总结

在上述环境保护执行情况调查的基础上,应对调查结果进行全面、系统地分析、总结,并依据国家有关法律、法规要求,对项目建设和运行过程中环境保护工作的执行情况进行综合评价,并给出评价结果以及完善和改进的措施和建议。

3. 工程环境影响后评价

根据水利水电的环境影响特点,其环境影响后评价应针对施工期和运行期分别进行。其施工期的环境影响主要表现在施工"三废"及噪声排放对环境的影响以及施工活动对生态环境的破坏等方面,而运行期的环境影响则主要以生态影响为主。

1)工程施工期环境影响后评价

a. 工程占地环境影响后评价

水利水电工程施工占地包括永久占地和临时占地两部分。其中永久占地一般包括永久建筑物占地、永久道路占地、弃渣场占地、生活管理区占地、水库淹没占地等,其对环境的影响是不可逆的,造成的生态损失也是无法恢复的;临时占地一般包括施工临时建设施工占地、临时道路占地、取料场占地、堆料场占地、材料制备场地等,临时占地对环境的影响多是临时性的、可恢复的。在工程占地环境影响后评价中,应在对工程各类占地进行实际调查的基础上,结合工程所采取的环境恢复、补偿措施,从土地利用结构的调整与变化、占地影响区域生物量的损失与补偿、动植物资源的损失与栖息地的丢失、施工扰动造成的水土流失、施工活动对景观的破坏等方面,对工程占地所造成的实际环境影响进行分析和评价。评价应采用定性描述与定量评价相结合的方法,对生物量损失、土地资源及利用变化等应结合实际情况给予定量评价,其评价方法可采用生物量前后对比计算、土地利用格局前后对比分析等目前较为通行的方法。工程施工期水土流失影响后评价在水土流失有关章节中分析,在此不作叙述。

b. 施工"三废"、噪声排放及治理措施评价

水利水电工程的"三废"及噪声具有集中、密集、强度高的排放特点,但由于其排放过程基本上集中于施工期,随着施工活动的结束,排放活动也逐步结束。而对于渠道等长距离线性工程,其"三废"及噪声排放则又呈现出分散性、间歇性等特点。在工程环境影响后评价过程中,应针对不同工程的污染物排放特点,有重点、有针对性地对工程施工期水、气、声、固体废物排放对环境造成的影响进行评价。

(1)水环境影响评价。在施工期污水排放量、主要污染因子、污水排放时段监测结果统计、分析的基础上,结合工程环境影响评价文件中对施工期污水排放的预测结果,对施工期污水排放对受纳水体所造成的实际环境影响进行定量的分析和评价,其中,对于水源地等敏感区域应作重点评价。对环境本底较差、污染严重的受纳河流,还应对工程施工可能出现的污染物扩散和转移等问题进行分析和评价。

(2)大气环境影响评价。在对施工期粉尘、扬尘、机械和车辆燃油、生活燃煤等大气污染物监测资料进行统计、分析的基础上,结合工程环境影响评价文件中对施工大气污染的预测结果,对工程施工期大气污染物排放对环境空气质量所造成的实际影响进行分析

和评价。评价中应突出对学校、医院等敏感区域的影响。

(3)声环境影响评价。在对工程施工期声环境监测结果进行统计、分析的基础上，结合工程环境影响评价文件中对声环境影响的预测分析结果，对工程施工中施工机械运行、砂石料加工、爆破、机动车辆运行等产生噪声的强度、时间及对学校、医院、居民区等敏感目标造成的实际影响进行评价。

(4)固体废物。在工程环境影响调查和施工期固体废弃物监测结果统计分析的基础上，结合工程环境影响评价文件中对固体废物环境影响的预测分析结果，对工程施工过程中产生的生活垃圾、建筑垃圾、生产废料等对环境造成的实际影响进行分析和评价。

c. 人群安全与健康评价

水利水电工程建设活动往往需要集中大量的劳动力进行现场施工，这就造成了建设过程中大量的人员聚集，为一些传染性疾病的发生和流行创造了条件；另外，由于很多水利水电工程的建设地点位于自然疫源性疾病、介水传染病、虫媒传染病以及地方病流行区域，随着外来人员的进入和人员流动性的加大，为这些疾病流行范围的扩大创造了条件。因此，工程环境影响后评价应根据现场采访、调查的结果，结合工程环境影响评价文件中对人群健康与安全的预测分析结果，对工程施工活动中各种自然疫源性疾病、传染性疾病、地方病对当地居民、施工人员人群健康所造成的实际影响做出分析和评价。

d. 水库库底清理实施情况评价

根据《水电工程建设征地移民安置规划设计规范》(DL/T 5064—2007)，水利水电工程中的水库工程在蓄水之前，应对水库库底进行彻底清理，以避免水库蓄水后对水库水体水质、水库渔业养殖、航运等造成影响。在工程环境影响后评价中，应在对水库库底清理工作实施情况进行调查分析的基础上，依据上述规范，对水库库底清理实施情况及其实施效果进行分析和评价。在调查分析过程中，应全面了解和掌握水库库底清理范围、清理内容、清理方式、清理措施等情况，评价清理工作的效果。

2)工程运行环境影响后评价

a. 工程调度运行情况调查及评价

水利水电工程调度运行包括发电调度、防洪调度、灌溉(供水)调度、初期蓄水过程等，这些调度方案主要是满足工程开发功能和任务，而正是这些服务于人类需求的人为调度，大大改变了水资源的时空分布和河流的天然水文情势，从而对当地的生态环境产生一系列深远的影响。因此，工程调度运行情况的调查和评价，是工程运行环境影响调查分析和评价的基础。

工程调度运行情况调查包括不同频率条件下拦河建筑物放水情况的调查、航运通航调度情况调查、水库区域旅游活动开展情况调查、引调水工程引水调度情况调查、地下水水源地抽水情况调查等，具体的调查内容应包括各主要控制断面流量、流速、水位变幅、地下水位降落漏斗范围和降深等指标的逐月调查统计情况。

在对工程调度运行情况调查的基础上，应结合工程环境影响评价文件，对工程实际调度运行情况进行分析和评价，预测可能产生的相关环境问题。

b. 移民安置环境影响调查及评价

移民安置活动主要有安置居民点建设、集镇迁建、道路建设、专项设施复建、土地开发、工矿企业复建等。在移民安置环境影响评价中,应在移民安置区环境容量调查、移民安置条件和方式调查、安置区环境状况调查、移民生产生活恢复情况调查、安置区现有居民调查等的基础上,根据调查结果,对移民安置活动对安置区土地利用、自然植被、动物栖息地及社会经济等方面产生的实际影响,进行分析和评价。

移民安置活动分为生产安置和生活安置两部分。农村移民的生产安置主要是土地安置,环境影响评价中应重点关注开荒造地等土地开发利用方式与生物多样性、水土流失等的关系;专项复建、工业企业迁建应重点关注对生态环境的影响以及是否引起污染转移。移民生活安置活动主要是村镇、集镇的建设,评价中应重点关注生活排污对周边环境的影响。

c. 水环境影响调查与评价

水环境影响调查与评价是水利水电工程环境影响后评价最重要的内容之一,其调查与评价应包括水文、泥沙、水质、水温、地下水等内容。

(1)水文、泥沙。在对工程实际调度运行情况进行调查分析的基础上,对比工程建设前后主要控制断面的水文、泥沙过程线,结合工程环境影响评价文件以及工程建设拦蓄、引水、调水等的实际情况,对工程影响区域的水文、泥沙情势变化情况进行分析和评价。水库工程应对库区、坝下游及河口的水位、流量、流速以及泥沙冲淤变化情况进行分析和评价;灌溉、供水工程应对水源区、输水沿线区、调蓄水域和受水区的水文、泥沙情势变化情况进行分析和评价,对于多泥沙河流还应评价泥沙淤积造成的环境影响;河道整治工程应对工程建设后河道流速、流向和泥沙冲淤变化等情况进行分析和评价。

(2)水质、水温。在工程水环境影响调查和环境监测资料分析研究的基础上,对工程兴建带来的水质、水温变化及其给环境造成的影响进行分析和评价。对于水库工程,应评价其对库区及坝下游水体稀释扩散能力、水质、水体富营养化以及河口咸水入侵的影响范围和程度;对于水温分层型水库,还应根据对水库水温垂向分布的监测结果、下泄水体水温的监测结果以及下游用水单位的调查结果,对因水库蓄水引起水温变化而产生的对下游农作物、鱼类等的影响程度和范围做出评价;对于梯级开发工程,则应评价其对下一级工程水质、水温的影响以及工程叠加的累积影响;供水工程应评价其对引水口、输水沿线、河渠交叉处、调蓄水体水质的影响;灌溉工程应评价灌区开发对区域地下水环境的影响,包括地下水位、水质等,同时还应对灌区回归水对受纳水体水质的影响进行分析和评价;河湖整治、清淤工程应对底泥清运、处置对水质的影响进行分析和评价,并关注可能存在的污染物转移问题。对水质的评价可采用指标对照法进行,即将工程兴建前后的水质监测指标进行对比分析,对照相应的评价标准,对工程兴建后的水质变化情况进行评价。对水温影响的评价可根据对下游农作物产量、鱼类种群结构及生物量的调查结果,对工程兴建前后的变化情况进行对比分析,最终得出其变化趋势的预测和评价结论。

d. 生态环境影响后评价

生态环境影响后评价是水利水电工程环境影响后评价的另一项重要内容,其调查与评价应遵循生态影响评价相关技术导则和方法指南的要求,包含生态完整性评价和敏感生态问题评价两部分内容。

(1)生态完整性评价。生态完整性评价是指对区域生态体系的生产能力及其稳定状况的现状和影响趋势的评价。采用景观生态学原理,通过对工程建设前后区域生态体系景观结构变化的分析评价结果,对其生产能力的变化和稳定状况进行定量的分析与评价。景观由景观元素组成,景观元素是指地面上相对同质的生态要素或单元,通常可将其视为生态系统。景观元素有3种类型:拼块、廊道和模地。拼块是一个在外观上与周围环境明显不同的非线性地表区域,一般可以是生态群落,但也有一些是没有生物群落或主要含有微生物的拼块;廊道是指不同于两侧模地的狭长地带,可以看做是一个线状或带状的拼块,廊道可以是一个独立地带,但通常与有相似组份的拼块(至少在一端)相连;模地是景观中的背景地域,是一种重要的景观元素类型,在很大程度上决定着景观的性质以及受人类干扰的程度,对景观的动态和稳定性起着决定性的作用。模地的判断主要依据相对面积较大、连通程度较高、动态控制能力较强等标准。通过对评价区域景观结构前后变化的分析结果,可以实现对区域生态完整性及其变化趋势的定量分析和评价。

(2)敏感生态问题评价。敏感生态问题评价是指对工程兴建引发的与水利水电工程建设密切相关的生物多样性受损、森林破碎化岛屿化、区域荒漠化、草地湿地退化、脱水或减水河段、阻隔地表径流、土地退化、水生生态变化等生态因子的评价。其中,对陆生植物的影响后评价应包括对各种植被类型、分布及演替趋势的影响评价,对珍惜、濒危和特有植物的分布和生存状况的影响评价,对古木、名树种类及分布的影响评价;陆生动物的影响后评价应包括对陆生动物、珍稀濒危和特有动物种类及其分布与栖息地的影响评价;水生生物的影响后评价应包括对浮游植物、浮游动物、底栖生物、高等水生植物、重要经济鱼类及其他水生生物,珍稀濒危、特有水生生物种类及其分布与栖息地的影响评价;对涉及湿地的工程,其影响后评价应包括工程兴建对河滩、湖滨、沼泽、海涂等生态环境以及生物多样性的影响调查与评价;对涉及自然保护区的工程,其影响后评价应包括对自然保护区保护对象、保护范围及保护区的结构和功能等的影响调查与评价。

e. 局地气候影响调查与评价

大型水库、引水渠道等水利水电工程将在一定程度上改变局部区域的水面分布状况,进而造成局部下垫面状况的改变,并由此产生对局地气候的影响。对于此类工程,应评价工程运行后对局地气候的影响,一般应包括对气温、湿度、风、降水、雾等变化的影响范围和程度,对局地气候影响较大的工程还应评价其对农业生产、航运和生活环境的影响。局地气候的影响评价可通过对一定区域和范围在一定的周期内上述气候指标的监测结果,结合工程兴建前后的指标对比变化情况,进行定量分析和定性描述。

f. 环境地质影响调查与评价

对大型水利水电工程,还应对工程兴建引发的环境地质影响进行调查与评价。大型水库工程一般应结合工程兴建前后地震发生类型、强度的监测结果,分析评价其对诱发地震的影响;对存在高、陡边坡的建设工程,还应对工程兴建后的滑坡、塌岸情况进行调查和评价;对水库渗漏、浸没的影响评价应在对实际情况调查分析的基础上,分析评价其对环境产生的实际影响;对于灌溉、地下水水源地开发等工程,应分析评价工程运行后对地下水位、地面沉降的影响范围和程度。

4. 工程环境保护及监测措施后评价

1）工程环境保护措施及环境管理措施评价

环境保护措施是指减免不利环境影响或改善环境质量的对策、措施，是对工程环境保护工作的具体落实。

工程环境保护措施评价应首先阐明工程环境保护措施设计方案（主要是工程初步设计阶段的环境保护设计），结合工程环境保护措施实际执行情况的调查结果，说明工程环境保护措施实施后减免不利影响和改善环境状况的情况，对环境保护措施实施后的有效性做出评价。

环境保护措施后评价包括施工期环境保护措施评价、运行期环境保护措施评价、移民安置区环境保护措施评价、水源保护措施评价等几方面的措施评价内容。在评价中可通过列表型式，对各区段、时段所采取的环境保护措施及其实施效果逐一进行分析，评价其是否达到了控制和减缓不利环境影响的目的，是否能有效控制后评价中发现的新问题，对实施效果好的予以注明；对实施效果一般或不好的，应分析其原因，并提出改进措施和建议。

环境管理作为工程管理的组成部分，其任务包括：环境保护政策、法规的执行；环境管理计划的编制；环境保护措施的实施和管理；提出工程设计、工程环境监理、工程招投标的环境保护内容及要求；环境质量分析与评价以及环境保护科研和技术管理等内容。在环境影响后评价中，应分析、评价工程现行环境管理体系是否达到了环境管理的任务、目的和需要，是否能有效控制后评价中发现的新问题。对需进一步补充完善的，应提出具体的环境管理补充方案和补救措施。

2）工程环境监测措施评价

工程环境监测措施包括施工期环境监测和运行期环境监测，在后评价中应分别予以阐述。

施工期环境监测措施在后评价阶段已经完成，其调查与评价的重点主要是对监测资料的收集、整理和分析，以及对监测方案合理性的评价。施工期环境监测的主要目的是及时掌握施工期有关环境要素及因子的动态变化情况，同时，对突发性环境事件进行跟踪监测，其主要的监测对象是施工期的“三废”、噪声排放情况以及施工活动造成的生态破坏情况。通过对施工期环境监测结果的分析，结合施工期环境影响的调查和评价，可以有效地掌握工程已实施的监测方案对相关环境要素或因子变化情况的监控能力，并评价施工期环保措施的有效性，为今后同类型工程环境保护措施布设和环境监测方案的制定提供更为科学、更切合实际的参考依据。

运行期环境监测措施的主要目的是及时掌握工程运行期有关环境要素和因子的动态变化情况，及时调整工程运行期环境保护措施，为工程运行期的环境管理提供科学的依据，并对突发性环境事件进行跟踪监测。水利水电工程运行期环境监测的对象主要是水环境、生态环境、特殊生境等与工程运行所造成的水资源时空分配变化、渠系建筑物的线性分割以及土地的占用等密切相关的环境要素。其中，水环境要素主要包括水文情势、泥沙、水环境容量、水质、水温、地下水等环境因子,生态环境要素主要包括区域生态体系、水生生态系统、陆生生态系统等环境因子,特殊生境主要指湖泊、湿地、滩涂、河口、自然保护区、珍稀及特有物种栖息地等。在运行期环境监测措施评价中,应针对工程建设运行的特点及其环境影响的特征,在收集、整理、分析已有监测资料的基础上,结合工程运行期环境影响调查和评价结果,对现行监测方案对相关环境要素或因子变化情况的掌握及监控能力进行分析和评价。当出现新的环境问题或分析得出某监测方案对其所监测的环境要素或因子的变化情况不能进行有效的监控时,应在后评价结论中予以阐明,并提出对监测方案进行补充、修改和完善的具体意见,或直接提出改进后的监测方案。

监测措施的调查和评价应包含整个监测方案,包括监测断面布设的合理性、监测因子选择的代表性、监测时段和频率制定的合理性、监测方法的规范性等各个方面。同时,还应对监测任务是否明确、监测资料整编管理制度是否科学完善等问题做出分析和评价。

5. 评价结论及建议

在上述影响评价的基础上,给出工程环境影响后评价的结论,给出工程对环境的主要有利与不利影响;并对今后工程的环境保护工程及管理措施、环境监测措施提出建议和意见。

评价结论应包括的主要内容:①简述工程开发任务,工程施工期和运行期的主要环境影响因素、影响源;②简述工程影响区域环境现状,阐明影响区存在的与工程建设相关的主要环境问题;③简述工程环境保护工作执行情况评价结论;④概括总结工程环境保护措施实施情况评价结论,阐明环境保护措施实施效果;⑤概括总结工程对相关环境要素或因子的影响评价结论,简述施工期和运行期对环境的主要有利和不利影响;⑥概括总结工程环境监测方案评价结论,总结工程环境影响趋势分析结论,阐明工程现行监测方案对相关环境要素或因子的监控能力。

必要时应包含以下主要内容:①对新出现的环境问题或后评价认为不能有效控制的环境问题,应提出环境保护工程或管理措施补充、修改及完善意见;②对后评价认为不能对相关环境要素或因子实施有效监控的环境监测措施或方案,应提出环境监测措施或方案的补充、修改及完善意见;③对工程今后环境管理工作的进一步完善提出意见和建议;④针对项目的特征及环境影响特征,提出应进一步开展的研究工作建议。

四、水利水电工程环境影响后评价的主要方法

水利水电工程环境影响后评价应根据工程建设和运行特性以及影响区域的环境状况,选用通用、成熟并能符合预测要求的评价方法。对于可度量的环境要素及因子的评价,应根据国家、地方环境保护法规、标准,采用定量的方法进行评价;由于水利水电工程影响的环境要素或因子很多是难以度量的,对于这部分环境要素及因子的评价可采用定性或定量、定性相结合的方法进行评价。

水利水电工程目前较为通行的环境影响评价方法主要有数学模型法、物理模型法、景观生态学方法、生态机理分析法、图解法、图形叠加法、专业判断法等。

数学模型法适用于能定量评价的水质、水温、大气环境、环境噪声、局地气候等环境要

素及因子。在使用时，应说明计算条件、公式、参数、数据、模型的修正和验证等情况。

物理模型法适用于无法采用数学模型进行评价，或对数学模型结果进行验证。可根据相似原理，建立与原型相似的模型进行试验，预测、评价工程对有关环境要素及因子的影响。

景观生态学方法、生态机理法可适用于对陆生生物、水生生物、生态完整性影响的评价。

采用图形叠加法可将地质、地貌、土壤、动物、植被、景观、文物等环境特征图与工程布置图叠加，评价工程对其影响的范围和程度。

专业判断法可预测不易定量的文物、景观、人群健康的评价。

在目前颁布的各种环境影响评价技术导则、规范和方法指南中，对上述评价方法均有较为详细的说明和介绍，在对每个环境要素或因子进行影响评价时，可根据实际情况选择适宜的评价方法，在此不再赘述。

第三节　水土保持影响后评价①

一、水土保持影响后评价的目的和意义

（一）水土保持影响后评价的目的

水土保持影响后评价包含两类项目的影响评价：一是建设项目的水土保持影响后评价，二是水土保持项目的影响后评价。

建设项目水土保持影响后评价的目的，是结合已经审批的项目水土保持方案，对已完成的项目在建设和运行过程中所产生的水土流失以及项目水土保持方案中提出的水土流失治理措施和监测措施的执行情况、执行效果等，进行全面系统的分析和评估，并结合评估结果对今后可能出现的水土流失进行预测和判断，为项目今后的管理提供科学的依据；同时，及时验证项目水土保持方案中提出的水土流失预测结论的准确性。针对后评价过程中发现的、未能对项目建设引发的水土流失进行有效控制的问题，提出应采取的相应防治对策和措施。

水土保持项目影响后评价的目的，是对项目的执行情况、项目实施后水土流失的防治效果、水土保持效益、水土保持监测体系的运行状况、项目完建后水土保持设施的运行和管理等情况进行综合分析与评价，针对评价过程中发现的问题，提出应采取的相应防治对策和措施。

（二）水土保持影响后评价的意义

（1）通过对项目的水土保持影响后评价，可以及时了解和掌握项目建设与运行过程中所引发的实际水土流失，验证项目水土保持方案中的水土流失预测结论。

---

①根据黄委亚行项目办国际咨询专家组聘请的培训专家，中水珠江规划勘测设计有限公司（原水利部珠江水利委员会勘测设计研究院）环境专业总工、教授级高工谢海旗 2007 年 9 月提供的培训教材改编。

(2)通过对项目的水土保持影响后评价,可以及时地验证项目建设期和运行期水土保持措施及水土流失监测措施的合理性和有效性,并对运行期水土流失防治和监测措施进行及时的调整与改进,为项目的管理提供科学依据。在项目水土保持影响后评价中,将对照已审批的水土保持方案中提出的项目建设期、运行期水土流失防治和监测措施,结合项目竣工验收水土保持调查以及后评价现场调查的实际情况,分析项目水土保持措施的合理性及其实施的效果;同时,通过对水土保持监测数据资料的收集,分析项目水土保持监测方案的合理性、有效性,以及水土流失发展趋势。在上述基础上,针对不合理与效果不理想的水土流失治理和监测措施提出补充和修改建议,以使项目今后的管理工作更具针对性和更为科学。

(3)可为今后同类项目的水土流失预测和水土流失治理提供参考。项目的水土保持方案是在项目开工建设前完成的,由于项目区自然条件背景的复杂性,加之部分区域水土流失基础监测资料匮乏,预测方法、技术手段等尚不十分成熟,往往造成了项目水土流失预测的不确定性。通过同类项目的水土保持影响后评价工作,可以积累大量的工程实际水土流失影响数据和资料,为今后同类项目水土流失预测中采用类比法进行定量分析预测奠定了一定的基础。同时,还可利用类比分析预测的结果,对用其他方法得出的预测结果进行互相验证,以增加水土流失预测的可靠性和准确性,提高水土流失防治工作的针对性、实用性和可操作性。

(4)通过对水土保持项目的后评价,可以全面了解和掌握项目实施后水土流失的防治效果和水土保持效益,为今后水土保持项目的建设活动提供积极的借鉴。

二、水土保持影响后评价应重点关注的问题

(一)建设项目水土保持影响后评价应重点关注的问题

建设项目的水土保持影响后评价主要是针对项目建设活动所引发的水土流失及其防治体系和防治效果进行分析与评价,因此应重点关注以下问题。

1. 项目及其建设特点

水利水电工程建设过程中的土石方动迁、地表扰动、开挖,对局部地貌、径流条件的改变等活动,是引发新增水土流失的根源。因此,全面分析和了解工程施工工艺流程、征占地情况、建筑物布设、施工周期等情况,是掌握工程建设引发水土流失因素的基础。在项目水土保持影响后评价之前,应全面收集工程设计和建设过程的相关资料与文件,在对工程实际建设和运行情况调查研究的基础上,分析总结项目及项目建设特点及其引发新增水土流失的重点部位、重点时段,评价工程水土流失防治体系和分区防治措施的合理性与有效性。

2. 项目区自然条件及水土流失特征

项目建设区域的自然条件和水土流失特征是决定项目建设新增水土流失强度、危害程度及范围的客观背景因素,同时,也在一定程度上左右着水土流失防治体系和具体措施的防治效果。因此,在项目水土保持影响后评价中,应全面了解和掌握项目区的自然条件与水土流失特征,以便于对项目建设水土流失控制情况的分析和评价。

3. 项目水土保持措施实施情况调查及效益分析

水土保持措施实施情况调查包括项目建设及运行过程中水土保持措施执行情况的调查以及水土保持措施执行效果的调查。在调查分析中，应全面收集和阐明项目水土流失防治体系和分区防治措施的设计与执行情况，以及项目水土保持监测情况，以此对项目水土保持措施的执行情况与实施效果进行分析和评价。同时，水土保持措施效益分析，是对水土保持措施实用性、合理性进行评价的重要指标。因此，应在调查项目水土保持方案及设计文件中水土保持预期效益分析成果的基础上，结合水土保持竣工验收和后评价现场调查结果，对项目水土保持措施最终实现的效益情况进行分析和评价。

（二）水土保持项目后评价应重点关注的问题

水土保持项目的后评价主要是针对项目防治区域水土流失防治体系建设情况与防治效果的分析和评价。同时，后评价工作开展的阶段应是项目竣工验收完成之后，因此应重点关注以下问题。

1. 防治区域水土保持规划情况

遵照水土保持前期工作暂行规定，水土保持项目实施的基础是经审批的防治区域水土保持规划。水土保持规划是对一定区域内水土流失防治体系的综合规划，因此了解和掌握区域的水土保持规划情况，有助于了解项目在区域水土流失防治体系中的地位和作用，以及其预期的水土流失防治效果和水土保持效益，为项目实施效果的评价提供参考依据。

2. 防治区域环境条件及水土流失特征

水土保持项目防治区域的自然条件和水土流失特征是决定项目建设方案的重要因素，因此在水土保持项目后评价中，应全面了解和掌握项目防治区域的自然条件和水土流失特征，以便于对项目建设运行后水土流失的控制情况进行全面的分析和评价。防治区域自然条件调查的重点应放在防治区域的地形、地貌、地面坡度、土壤结构和地表物质组成、植被类型及覆盖度、水资源分布状况等与水土流失密切相关的环境因子上。在此基础上，结合当地的水土流失调查和监测资料以及防治区域水土保持规划及项目设计文件，分析并核实项目区水土流失类型、强度、成因和危害等特征。

3. 项目建设实施情况及所取得的防治效果

在水土保持项目后评价中，应全面调查项目执行情况和执行效果，包括前期设计、实施监理、竣工验收、水土流失监测等相关文件和资料，并调查和访问当地群众，对照预期的水土流失防治效果，对项目执行过程与执行效果进行分析和评价，并提出进一步完善和改进的意见以及需进一步开展的技术研究和示范推广工作。

4. 效益分析

水土保持项目的保水、保土、生态及经济效益，是评价水土保持项目是否成功的重要指标。通过对项目的水土保持效益分析，可以全面地评价该项目的实施成效和建设意义，为今后同类型项目建设的决策提供参考。

三、水土保持影响后评价的基本原则

应依据国家现行的有关水土保持法律、法规、标准以及水利水电工程有关法规、规程、规范及标准进行后评价。同时，应坚持“客观、公正、科学”的原则，坚持深入实际、调查研究、实事求是的科学态度，针对被评价工程的特点及所处区域的水土流失特征，有目的、有重点、有针对性地确定所需评价的主要内容。

四、水利水电工程水土保持后评价的主要内容

(一)项目区环境概括及水土流失特征调查评价

项目区环境状况调查及评价中,应将调查及评价的重点放在项目建设征占地范围和建设活动扰动范围,着重调查具体扰动区域的地形、地貌、地面坡度、土地利用情况、土壤结构、植被类型及覆盖度、水资源分布状况等与水土流失密切相关的环境因子。在此基础上,结合当地的水土流失调查和监测资料以及项目水土保持方案及设计文件中的相关成果,分析并核实项目区水土流失类型、成因、强度、危害以及水土保持现状等情况,对项目区水土流失特征进行评价。

(二)工程建设过程水土保持执行情况调查评价

1. 工程水土保持方案编制情况调查

根据国家有关水土保持法律法规,开发建设项目在开工建设前,均应编报水土保持方案报告并经水行政主管部门批准。在项目水土保持影响后评价工作中,应在阐明项目水土保持方案编制工作过程的基础上,分析、研究已经审批的项目水土保持方案,了解和掌握水土保持方案中的主要结论、审查批复意见、提出的主要水土保持措施和监测方案,以利于初步、全面地了解与掌握项目建设新增水土流失因素及其危害的范围和程度。

2. 工程水土保持措施执行情况调查

工程水土保持措施执行情况调查包括水土保持措施设计情况调查和实际执行情况调查两方面内容。水土保持措施设计情况调查主要针对项目前期设计阶段提出的水土流失防治体系措施和分区防治措施,包括水土保持方案和水土保持设计中提出的防治措施。实际执行情况的调查主要针对项目建设过程中实际采取的水土保持措施,包括项目水土保持竣工验收调查中的结果和后评价现场实际调查结果。在对工程水土保持措施执行情况调查的基础上,对水土保持措施的执行情况进行后评价。

3. 项目水土保持监测措施执行情况调查

结合工程水土流失监测方案及执行情况的调查,全面收集水土流失监测数据和资料,包括水土流失因子的监测资料以及水土流失状况的监测结果。监测资料的调查、收集应尽可能全面、细致,以便于全面、准确地分析和预测项目新增水土流失的强度、危害及其发展趋势。

4. 调查情况总结

在上述水土保持执行情况调查的基础上,对调查结果进行全面、系统地分析、总结,并依据国家有关法律、法规要求,对项目建设和运行过程中水土保持工作的执行情况进行综合评价,并提出完善与改进的措施和建议。

(三)水土保持影响后评价

1. 项目建设新增水土流失因素调查

在工程施工流程及工艺情况调查、征占地情况调查、建设活动对地表实际扰动情况调查的基础上,阐明工程建设与运行过程中对扰动区域地貌、径流条件、植被、土壤结构等的破坏情况以及产生的实际水土流失和危害,对照经批准的项目《水土保持方案报告书》及

批复意见，分析和评价工程建设与运行过程中引发新增水土流失的主要因素、重点时段及重点部位，并对其将来的发展动态与趋势进行分析和预测。

2. 水土保持措施后评价

工程水土保持措施后评价应首先详细阐明工程水土流失防治责任范围以及实际扰动和治理范围，在此基础上阐明工程水土流失防治体系及分区防治措施，结合工程水土保持措施实施情况的调查结果，说明工程水土保持措施实施后对工程建设新增水土流失的控制情况，评价水土保持措施所产生的作用。根据扰动土地治理率、水土流失治理程度、水土流失控制量、拦渣率、植被恢复系数、林草覆盖率以及下游河道泥沙量变化、土地整治和生产条件恢复情况等具体指标的实际调查结果（水土保持竣工验收调查和后评价调查），并对照经批准的项目《水土保持方案报告书》和批复意见中预期的结果，对工程水土保持措施实施后的有效性做出评价。

水土保持措施后评价可通过列表形式，对各区段、时段所采取的水土保持措施及其实施效果逐一进行分析，评价其是否达到了控制和减缓新增水土流失的目的，是否能有效控制后评价中发现的新问题，对实施效果好的予以注明；对实施效果一般或不好的，应分析其原因，并提出改进措施和建议。

3. 水土保持监测措施后评价

工程水土保持监测措施主要针对施工期引发的水土流失进行监控，其监测时段一般涵盖工程施工期及水土保持措施效益显现期。

施工期水土保持监测措施在后评价阶段已经完成，其调查与评价的重点主要是对监测资料的收集、整理和分析，以及对监测方案合理性的评价。施工期水土保持监测的主要目的是及时掌握施工期水土流失的动态变化情况，同时，对突发性水土流失灾害（如泥石流）进行跟踪监测，其主要的监测对象是施工期的占地及地表破坏情况。通过对水土保持监测结果的分析，结合项目水土保持情况的调查和评价，可以有效地掌握工程已实施的监测方案对水土流失动态变化情况的监控能力，并评价水土流失防治体系和分区防治措施的有效性，为今后同类型工程水土流失防治体系和分区防治措施布设以及水土保持监测方案的制定提供更为科学、更切合实际的参考依据。

监测措施的调查和评价应包含整个监测方案，包括监测断面布设的合理性、监测因子选择的代表性、监测时段和频率制定的合理性、监测方法的规范性等各个方面。同时，还应对监测任务是否明确、监测资料整编管理制度是否科学完善等问题做出分析和后评价，并提出监测方案完善和改进的建议。

4. 水土保持管理后评价

水土保持管理作为工程管理的组成部分，其任务包括：水土保持政策、法规的执行；水土保持管理计划的编制；水土保持措施的实施和管理；提出工程设计、监理、招投标中的水土保持内容及要求；执行水土流失监测计划等。工程后评价中，应分析、评价工程现行水土保持管理体系是否达到了水土保持管理的任务、目的和需要，是否能有效控制后评价中发现的新问题。对需进一步补充完善的，应提出具体的水土保持管理补充方案和补救措施。

5. 水土保持效益分析

水土保持效益包括保持水土效益、生态效益、经济效益、社会效益等几方面。保持水土效益可通过对水土流失控制率、水土流失治理程度、拦渣率等指标的分析、核实得出；生态效益可通过对项目植被恢复指数、项目区植被覆盖率等指标的分析、核实得出；经济效益和社会效益可通过对水土保持设施所产生实际效益的调查结果得出。

（四）结论及建议

在上述影响后评价的基础上，给出工程后评价的结论，并对今后工程的水土保持管理措施、监测措施提出建议和意见。

1.后评价结论应包括的主要内容

（1）简述工程区自然条件及水土流失特征。

（2）简述工程水土保持工作执行情况后评价结论。

（3）简述工程新增水土流失的重点部位和重点时段。

（4）概括总结工程水土保持措施实施情况后评价结论，阐明水土保持措施实施效果。

（5）概括总结工程水土保持监测方案及后评价结论，总结水土流失发展趋势分析结论。

（6）概括总结工程水土保持管理执行情况后评价结论。

（7）概括总结工程水土保持效益分析后评价结论。

2.必要时后评价结论还应包含以下主要内容

（1）对新出现的水土流失问题或后评价认为未能有效控制的水土流失问题，应提出水土保持措施补充、修改及完善意见。

（2）对后评价认为不能对水土流失动态实施有效监控的监测措施或方案，应提出补充、修改及完善意见。

（3）对工程今后水土保持管理工作的进一步完善提出意见和建议。

（4）针对项目的环境条件及水土流失特征，提出应进一步开展的研究工作建议。

五、水土保持项目影响后评价的主要内容

（一）项目区自然条件及水土流失特征调查

水土保持项目自然条件调查及评价的范围应涵盖整个项目影响区域。在阐明项目影响区域的地形、地貌、地面坡度、土地利用情况、土壤结构和地表物质组成、植被类型及覆盖度、水资源分布状况等与水土流失密切相关的环境因子的基础上，结合当地的水土流失调查和监测资料以及项目区水土保持规划及设计文件中的相关成果，分析并核实项目影响区域水土流失类型、成因、强度、危害以及水土保持现状等情况，对项目影响区域原生水土流失特征进行后评价。

（二）项目区水土保持规划设计情况调查

1.区域水土保持规划情况调查

在区域水土保持规划情况调查评价中，应首先概述项目区水土保持规划情况，包括水土保持规划的范围、规划水平年、水土流失总体和分阶段防治目标、水土保持措施总体布局、推荐的近期治理项目和工程、预期的总体效益、规划的审批情况等。在此基础上，阐明本项目在区域水土流失防治体系中的地位和作用，以及其预期的水土流失防治效果、水土保持效益和示范推广作用。

2. 项目设计情况调查

水土保持项目设计情况的调查应包括两方面内容:一是阐明项目各设计阶段的主要结论,其重点是阐明各设计阶段提出的水土流失防治体系和目标、重点工程、示范工程以及监测规划,比较、分析其中的变化情况和最终确定的预期指标;二是概述各设计阶段的审查批复情况及批复意见,重点是最终实施方案(一般是初步设计或实施方案)的审查、批复情况。

(三)水土保持影响评价

1. 项目执行情况调查评价

在项目设计及审查批复情况、竣工验收情况调查的基础上,阐明项目执行过程中实际采取的水土流失防治体系及水土保持措施,概述其建设监理情况和竣工验收情况;对比项目实际完成情况,分析评价水土保持措施实施后的有效性,提出水土流失防治体系完善和改进的建议。

项目执行情况的后评价,应在实际调查的基础上进行,总结评价项目建设过程中管理体系的构成和运行情况,内容应包括建设过程中的招投标、施工管理和监理活动的执行与开展、竣工验收过程的组织管理等各个方面。

水土保持措施实施效果后评价应根据后评价阶段的实际调查结果,对照项目设计中提出的水土流失防治目标,对项目区水土保持措施实施后所产生的水土流失治理成效进行分析和评价。同时,还应根据调查和监测结果,分析和预测将来水土流失的动态与发展趋势,评价现行水土流失防治体系和措施对其的控制能力,对预计不能有效控制的,应提出水土流失防治体系和措施的完善与改进意见。

2. 水土流失监测体系后评价

水土流失监测体系后评价应包含水土流失监测体系建设和运行情况评价、提出监测方案完善和改进的建议两方面的内容。

在对水土流失监测体系的后评价中,应首先阐明项目区水土流失监测体系规划设计情况,在此基础上,调查评价其实际建设和运行情况、监测设备和资料管理情况,收集已完成的监测成果,分析项目区水土流失发展动态和趋势,评价现行监测体系对项目区水土流失动态的监控能力,当现行水土流失监测体系不能对其进行有效的监控时,应提出监控体系的完善和改进意见。

水土流失监测体系调查应包含监测点位布设、监测因子、监测方法、监测时段、监测频率、监测资料整编和报送制度等各方面内容。

3. 水土保持设施管理体系后评价

水土保持设施管理体系后评价是指对完建后水土保持设施的管理情况和管理体系进行评价。水土保持设施管理的主要任务包括:水土保持政策、法规的执行和宣传;水土保持设施管理计划的编制;水土流失监测计划的执行等。工程后评价中,应在对完建后水土保持设施的分布、规模及其运行状况进行调查的基础上,阐明现行的管理机构组成、管理制度、管理职能,分析其是否达到了水土保持设施管理的任务、目的和需要,评价其对水土保持设施运行和维护情况的管护能力,以及对突发水土流失灾害的处理能力。对需进一步补充完善的，应提出具体的补充方案和补救措施。

4. 水土保持效益后评价

水土保持项目的效益后评价，可通过对项目建成后实际产生的保持水土效益、生态效益、经济效益、社会效益的调查结果，对比项目设计和批复文件中提出的效益指标以及在区域规划中对其预期的效益指标，对项目实施后是否达到了预期的效益进行评价。对超出了预期效益的，应分析并总结其成功的经验，以便于今后的推广；对未能达到预期效益的，应分析、总结其原因，并提出水土流失防治体系及具体措施的改进意见和建议。

（四）结论及建议

在上述影响后评价的基础上，给出项目后评价的结论，并对今后项目的管理措施、监测方案提出建议和意见。

1. 后评价结论应包括以下主要内容

（1）简述项目区自然条件及水土流失特征；

（2）简述项目区水土保持规划情况；

（3）简述项目执行情况后评价结论；

（4）概括总结项目水土保持措施实施情况后评价结论，阐明水土保持措施实施效果；

（5）概括总结项目水土流失监测方案及后评价结论，总结水土流失发展趋势分析结论；

（6）概括总结项目水土保持设施管理体系运行情况后评价结论；

（7）概括总结项目水土保持效益分析后评价结论。

2. 必要时后评价结论还应包含以下主要内容

（1）对新出现的水土流失问题或后评价认为未能有效控制的水土流失问题，应提出水土保持措施补充、修改及完善意见；

（2）对后评价中认为不能对水土流失动态实施有效监控的监测体系，应提出补充、修改及完善意见；

（3）对项目今后管理工作的进一步完善提出意见和建议；

（4）针对项目的自然条件及水土流失特征，提出应进一步开展的研究和技术推广工作建议。

第四节　工程移民后评价[①]

一、工程移民后评价的理论

（一）后评价的目的和作用

工程移民后评价是指对已完成的工程移民项目的目的、执行过程、效益、作用和影响

①根据黄委亚行项目办国际咨询专家组聘请的培训专家、同济大学经济与管理学院教授吴宗法 2007 年 9 月提供的培训教材改编。

所进行的系统的客观分析，通过移民活动实践的检查和总结确定移民预期目标是否达到，移民规划是否合理有效，通过分析评价找出移民项目成败的原因，总结经验教训，并通过及时有效的信息反馈，为未来新的移民项目的决策和移民项目管理水平的提高提出建议，同时也为后评价移民实施中出现的问题提出改进建议，从而达到提高移民项目投资效益的目的。首先，后评价是一个学习的过程。后评价是在移民项目投资完成以后，通过对项目目的、执行过程、效益、作用和影响所进行的全面系统的分析，总结正反两方面的经验教训，使项目的决策者、管理者和移民安置部门学习到更加科学合理的方法和策略，提高决策、管理和建设水平。其次，后评价也是增加投资活动工作责任心的重要手段。由于后评价的透明性和公开性的特点，通过移民安置活动成绩和失误的主客观原因分析，可以比较客观公正地确定移民安置实施者在移民安置工作中实际存在的问题，从而进一步提高他们的责任心和工作水平。再次，后评价主要是为投资决策服务的，即通过后评价建议的反馈，完善和调整有关移民安置的相关方针和政策以及管理程序，提高决策者的能力和水平，进而达到提高和改善投资效益的目的。总之，工程移民后评价要从移民安置实践中吸取经验教训，再运用到未来的移民实践中去。工程移民的后评价是工程项目后评价的一个重要组成部分。

（二）后评价的要求

后评价工作是事后评价，在什么时间、遵照什么评价原则、评价的基本要求、评价的方法都有一定的客观要求。

（1）由于工程移民涉及的范围很广，涉及的移民安置项目很多，在单项工程完工并发挥效益后的一段时间（1～2 年）之后可以做后评价，大的单项工程项目可以单独做后评价，中小型的单项工程可以多项一起做后评价，也可以在移民安置结束后的一段时间内对整个移民安置工程做后评价。

（2）后评价一般应站在国家的立场上，从国家整体利益出发，依据国家的有关移民安置政策，以及工程的特点进行后评价。

（3）后评价报告要求资料完整，依据准确，分析客观，结论公正，并具有权威性、适用性和科学性。

（4）后评价可以是研究机构，也可以是临时组成的研究小组，但组成后评价小组的应是移民安置方面的权威专家，由于移民问题复杂，涉及的领域很多，在组成移民安置后评价小组时应据工程项目的特点组织相应专业的专家组成移民后评价小组。

（三）后评价的原则

（1）遵循国家的有关方针政策和法律法规。中国经济与社会发展的方针政策是政府为实现经济与社会发展目标而制定的指导性文件，其中有关经济与社会发展的战略、计划等是经济与社会发展的准则。在移民安置工作中能否遵循国家的方针政策和法律法规，关系移民能否得到妥善安置和区域社会的稳定。

（2）后评价工作应遵循客观、公正、科学的原则，实事求是，客观、历史地分析问题，既有定性分析又有定量分析，做到方法科学、评价合理。

（3）全面分析与突出重点相结合。移民安置涉及政治、经济、文化、教育、卫生、就业、文物、公平及整个工程所在地区的经济发展和移民的生产生活,应在调查研究的基础上,找出重点,深入浅出地进行分析,提出建议和对策。

(4)系统性原则。移民安置是一个系统工程,工程占地区、安置区、移民生活安置项目、生产开发项目、专业项目之间均有着一定的联系,必须全面考虑,统一规划分步实施。

(5)全方位多目标的原则。移民安置项目涉及面广,评价指标相对较多,必须全面考虑,综合分析、评价得出结论。

(6)公众参与的原则。公众参与是保证移民工程顺利实施的基础。在后评价过程中应注重公众参与。

(7)定量分析与定性分析相结合。评价移民安置的效果有多项指标,有些指标可以定量分析,有些指标则只能定性分析,在移民安置后评价工作中,通过建立数学模型,将定量指标与定性指标有机地结合起来,将定性指标数量化,从而得到评价的综合指标。

(四)后评价的主要内容

(1)移民安置规划。简述移民安置规划的编制过程,移民安置规划的主要成果,总结移民安置规划编制的主要经验。

(2)机构。简述各级移民安置实施机构的组建时间、分支机构的设置、分工与人员配备情况,各级移民机构的工作效率及机构能力评价。评价移民综合监理履行监理合同情况。评价项目法人参与移民安置实施的情况。

(3)移民安置政策。简述各级移民机构所制定的各项移民安置政策,评价政策实施的效果,评价政策的改进措施。

(4)移民安置方案的变更。调查分析移民安置方案重大变更的原因及合理性,评价移民安置方案的重大变更对移民安置总体进度、移民安置目标、补偿资金的影响。

(5)移民安置工程的招投标。简述移民安置单项工程(专项工程)招投标过程。对招标过程的公平、公正、公开性,中标单位的资质等级,法人资格和分包转包情况,招投标的时机和过程及合同签订情况进行评价。

(6)移民安置单项工程。简述移民安置单项工程的建设过程;对移民安置单项工程的设计、施工、质量、竣工验收等进行评价;对移民安置单项工程竣工后所产生的效益进行评价。

(7)移民补偿及安置标准。调查移民安置实施的各项补偿标准,并与移民计划中相应的补偿标准相比较;抽样调查移民补偿标准的执行情况;评价各项补偿标准的适宜性。调查农村移民生产安置的标准,并与移民计划相比较;抽样调查农村移民生产安置标准的执行情况;评价农村移民生产安置标准的适宜性。

(8)移民房屋。调查农村移民建房的方式,评价各种方式的适宜性;评价农村移民居民点选择的适宜性;抽样调查农村移民建房的面积及结构,并与相应的旧房进行比较;调查农村移民居民点建设后的社区建设情况,并进行评价;对农村移民的社会整合情况进行调查并评价。

对于城市房屋评估房屋拆迁的合法性;评估房屋补偿价格机构选择的公平、公正、公开性;评价拆迁房屋估价机构对房屋补偿价格评估的科学性;评价移民在获取房屋补偿款后住房的购置情况。

(9)移民生产开发及就业。调查农村移民生产开发情况;评价移民生产开发项目发挥的效益;评价生产开发项目对移民生产生活产生的影响;评价移民的生产开发项目对移民收入的增加情况;评价城市移民的就业情况。

(10)企事业单位的迁建。调查企事业单位补偿及生产恢复情况;评价企事业单位补偿模式和经验。

(11)城市集镇的迁建。调查城市集镇规模及设施、对外交通、防洪等功能恢复情况;评价城(集)镇的选址、规模的适宜性;评价城市集镇各项功能的发挥及其在区域经济中所发挥的作用。

(12)专项工程。调查各专业项目功能的恢复情况。评价各专业项目规划的适宜性。评价各专业项目功能的发挥对项目区社会经济的恢复与发展所发挥的作用。

(13)规章制度。调查移民安置实施管理中的各项规章制度的执行情况;评价各项规章制度在移民安置实施中所发挥的作用。

(14)移民安置资金。对移民实施机构执行国家批准的移民安置规划、分项补偿资金的使用、移民安置任务和补偿资金包干协议的履行等情况进行调查;评价投资计划的执行情况和各项补偿投资的适宜性;评价各单项投资计划和实施的差异,并分析其原因。

(15)公众参与。调查移民实施过程中的公众参与、协商活动及其效果、移民抱怨和申诉的渠道、程序、主要抱怨事项及处理情况,评价移民参与移民安置实施的状况及程度。

(16)移民收入。抽样调查移民收入的恢复情况;对移民的生产生活水平进行综合评价;对移民安置活动对区域经济所产生的影响进行评价。

(17)移民后期扶持。简述移民后期扶持规划的实施效果,对移民后期扶持规划的合理性、资金筹措方式和资金使用的效果进行评价。

(18)档案管理。对移民安置实施的资料档案情况进行评价。

(五)后评价的方法

工程移民安置后评价的方法主要采用:统计预测方法、有无对比法、逻辑对比法、经济效益评价法、环境效益评价法、社会效益评价法、综合评价法、社会研究方法。

1. 统计预测法

统计是一种从数量方面认识事物的科学方法。统计工作包括统计资料的收集、整理和分析 3 个紧密联系的阶段。统计资料的收集是采用科学的调查方法,有策划有组织地收集被研究对象的原始资料,所收集的资料必须准确、及时、全面。预测是对尚未发生或目前还不明确的事物进行预先的估计和推测,是在现时对事物将要发生的结果进行探讨和研究。预测的过程是,从现在和已知的出发,利用一定的方法和技术去探索或模拟不可知的、未出现的或复杂的中间过程,推出未来的结果。统计预测方法在工程移民后评价中主要用于:①单项工程的效益分析;②移民的收入分析;③农村移民新建的住房面积;④农村移民生产开发项目实施后产量的增加;⑤城(集)镇功能恢复后对区域经济的贡献;⑥企业生产恢复后生产经营状况等。

2. 有无对比法

后评价方法中有一条基本的原则是有无对比法法则,包括前后对比、预测和实际发生对比、有无项目对比、实施和计划对比等比较方法。对比的目的是要找出变化和差距,为提出问题和分析原因找到重点。

“前后对比”是指将项目实施之前与项目完成之后的情况加以对比，以确定项目效益的方法。“前后对比法”在工程移民后评价中主要用于：①单项（专项）工程前期的可行性研究和评估预测的结论与项目实际运行的结果相比较，以发现变化和分析原因；②工程建成前后区域经济的发展；③农村移民搬迁（生产安置）前后移民住房质量、面积、收入、生产资料拥有量、社区环境的对比；④企事业单位搬迁前后经营情况对比。

“有无项目对比”是指将项目实际发生的情况与若无项目可能发生的情况进行对比，以度量项目的真实效益、影响作用。对比的重点是要分清项目作用的影响与项目以外作用的影响。“有无项目对比”在工程移民后评价中主要用于：①单项（专项）工程实施的后评价；②有无工程对区域经济发展的影响；③移民生产开发项目实施后产量的变化；④生产开发项目对移民收入的影响。

3. 逻辑框架法

逻辑框架法是一种概念化论述项目的方法，即用一张简单的框图来清晰地分析一个项目复杂的内涵和关系，使之更易理解。逻辑框架法是将几个内容相关、必须同步考虑的动态因素结合起来，通过分析期间的关系，从设计策划到目的目标等方面来评价一项活动或工作。常见的逻辑框架模式见表11-12。

（1）目标通常是指高层次的目标，即宏观计划、规划、政策和方针等。该目标可以由几个方面来实现。

（2）目的是指“为什么”要实施这个项目，即项目的效果和作用。一般应考虑项目给受益目标群带来什么，主要是社会经济方面的成果和作用。这个层次的目标由项目和独立评价机构来确定，指标由项目来确定。

表11-12 常见的逻辑框架模式

层次描述	客观验证指标	验证方法	重要外部条件
目标	目标指标	监测和监督手段和方法	实现目标的主要条件
目的	目的指标	监测和监督手段和方法	实现目标的主要条件
产出	产出物定量指标	监测和监督手段和方法	实现目标的主要条件
投入	投入物定量指标	监测和监督手段和方法	实现目标的主要条件

（3）产出。产出是指项目干了什么，即项目建设的内容或投入的产出物。一般要提供项目可计量的直接结果。

（4）投入和活动。该层次是指项目的实施过程及内容，主要包括资源的投入量和时间。

工程移民后评价中的农村移民的生产生活水平、地区社会经济发展水平、移民的住房质量和面积等主要采用指标对比法，见表11-13。

表11-13 工程移民后评价逻辑指标对比

	规划指标	实际实现指标	变化和差距
宏观目标和影响			
效果和作用			
产出			
投入			

对于一些工程移民的单项(专项)工程,进行项目评价,分析项目成败的原因,项目可持续评价等,见表 11-14。

表 11-14　移民单项(专项)工程后评价逻辑框架

	原定目标	实际结果	原因分析	可持续条件
宏观目标				
项目目的				
项目产出				
项目投入				

4. 经济效益评价法

对于工程移民单项(专项)工程的效益发挥,采用经济效益评价的方法。项目后评价的经济效益评价主要是指项目的财务评价和经济评价。其主要原理与项目前评估一样,只是评价的目的和数据不同。项目前评价是以预测数据为基础,后评价是以实际发生的数据为依据。项目后评价的财务分析包括盈利能力分析、清偿能力分析和敏感性分析。盈利能力的主要指标为财务内部收益率和财务内部净现值。项目后评价中的国民经济评价是从国家或地区的整体角度,考察项目的费用和效益,采用国际市场价格(或影子价格)等参数对后评价时点以前各年度项目实际发生的效益和费用加以核实,并对后评价时点以后的效益和费用进行重新预测,计算出主要的评价指标,经济内部收益率和经济净现值。对于工程移民中企业搬迁后的经济效益指标主要有:销售利润率,总资产报酬率,资本收益率,资本保值增值率,资产负债率,流动比率,速动比率,存货周转率,社会贡献率,社会积累率等。

5. 环境效益评价法

在工程移民后评价中对一些生产开发、企业搬迁、农村居民点、城(集)镇搬迁的项目等都要进行环境效益评价,审核项目环境管理的决策、规定、规范、参数的可靠性和实际效果。环境影响后评价一般包括 5 部分的内容:项目的污染控制、区域的环境质量、自然资源的利用、区域的生态平衡和环境的管理能力。

6. 社会效益评价

从社会发展的观点来看,项目的社会影响评价是要分析项目对国家(或)地方,社会发展目标的贡献和影响,包括项目本身和对周围地区的影响。社会影响评价的内容包括:持续性、机构发展、参与、妇女、平等和贫困等 6 大要素。评价的要素主要有:就业影响、地区收入分配影响、居民生活条件和生活质量、受益者范围及其反映、各方面的参与、地方社会发展、妇女和宗教信仰等。社会评价方法是以定性和定量相结合,以定性分析为主。

7. 综合评价法

工程移民项目后评价的综合评价的方法一般采用成功度的评价方法。成功度评价是依靠评价专家或专家组的经验,综合后评价各项指标的评价结果,对项目的成功度做出定性的结论。成功度评价是以逻辑框架法的项目目标实现程度和经济效益分析的评价结论为基础,以项目的目标效益为核心所进行的全面系统的评价。项目成功度评价可分为 5 个等级:完全成功、成功、部分成功、不成功、失败。

8.社会研究方法

在工程移民安置实践中社会问题是普遍存在的,如社会治安、社会保障、社会联系、社区服务、宗族观念、民族、宗教、血缘关系、地缘关系等。在进行后评价时需要运用社会研究的方法。在工程移民的政策、机构、社会发展等后评价方面需要运用社会研究方法。社会研究的方法常有观察法、访谈法、问卷调查、座谈会等。

(1)观察法。观察是收集的视力或视觉材料。在进行后评价过程中,是在现场进行观察,所使用的观察法有参与观察法和非参与观察法。为保证研究资料的质量,若时间允许的话,尽量采用参与观察法。观察是一种无言的行为,所以可以随时随地进行。在大多数情况下,观察需要与访谈结合起来运用,这或是对情况的一种直观的感性认识,或是对访谈的补充或验证。如在农村移民这一层面上,可观察的有:庭院经济、家庭工业、住房、衣饰、饮食等。

(2)访谈法。访谈是在项目中进行社会学研究最普遍、最常用的方法。访谈前要充分做好准备。需要针对不同的访谈对象,设计访谈的提纲。同时在研究过程中,随着研究的不断深入,研究人员要不断考虑如何获取有价值的访谈资料问题。

(3)问卷调查。根据后评价的内容,设计相应的问卷,对相关人员进行问卷调查。对调查结果进行分析统计。

(4)座谈会。座谈会是一种常用的方法。在后评价中开好一个座谈会,需要注重以下几个方面:必须明确座谈会的主题,到会人数控制好,参加人员应有比较好的代表性,主持人要避免冷场等。

社会研究的方法很多,在工程移民后评价中要根据评价的对象选择合适的方法。

(六)调查的准备和收集资料

现场调查和收集资料是项目后评价的关键环节,是分析问题、总结经验教训和编写后评价报告的主要依据。在后评价实施中要特别重视调查的准备工作,并编制调查提纲。主要调查内容有:

(1)移民安置实施过程中,地方政府、建设单位、综合监理、设计单位均有规定的职责,在实施过程中有关各方有效履行职责的情况;地方政府在移民安置实施过程中执行国家规定的职责情况;地方政府的主要领导重视移民安置工作情况。

(2)移民安置实施机构组建时间、机构设置、分工与人员配备情况;移民安置机构承担的安置任务情况;移民安置培训情况;地方政府贯彻执行国家建设征地移民工作的法律、法规、政策、规定情况;地方政府根据本行政区的实际情况因地制宜地制订实际的政策措施情况;地方政府对移民安置政策措施的落实情况;移民安置目标实现的程度;移民搬迁安置后是否达到或超过移民安置的目标值;政府管理制度及执行情况;地方政府履行移民安置协议的情况;移民安置总任务完成情况;移民安置实施计划完成情况;分项补偿资金的使用情况;移民生产生活恢复措施的落实、效果及移民安置计划目标的实现情况;移民安置任务完成情况;移民安置实施计划是否按照主体工程进度的要求安排移民搬迁、专业项目迁(改)建、工程区清理的进度、移民安置实施进度完成情况;分项补偿资金的使用情况;移民安置实施机构在移民安置实施过程中是否按照国家审定的移民安置规划进行实施;移民安置机构是否按照资金管理办法使用资金;分项资金使用情况及发生变化的原因;移民搬迁安置后与搬迁前生活水平变化情况;综合监理单位的进驻时间是否与移民安置实施进度相适应;综合监理单位工作过程是否符合国家法律法规和政策规定;综合监理单位人员配置情况;综合监理单位人员与承担的任务相匹配情况;项目法人参与移民安置实施的全过程及其介入的深度;项目法人参与移民安置的实施情况。

(3)项目法人、设计单位、地方政府对公众参与的支持和鼓励程度;移民与安置区居民参与移民规划的程度;实物指标、补偿标准、移民安置对接方案等张榜公布情况;移民安置的申诉情况;对照移民安置实施年度计划各级移民机构资金到位情况;分析移民预算与概算之间的差异和预算是否与移民安置任务相匹配情况;移民资金使用管理的情况。

(4)本工程区域移民原生活区与安置区的实际情况;农村移民的主要生产安置方式;移民生产安置与收入恢复计划实施情况;移民安置实施计划与移民安置方式及安置区条件的适宜性。

(5)农村移民生活安置情况(集中、分散插组、后靠等方式);安置点的选择、宅基地分配、房屋重建方式;安置区各类公共设施和服务设施的配套情况。

(6)城市房屋拆迁手续申报情况,城市房屋拆迁价格评估情况,房屋评估机构的落实情况等。

(7)移民安置过程中城市集镇迁建、企事业单位与商铺的拆迁与重建在规模、标准及时间的安排情况;当地政府在移民安置实施过程中按照国家的有关规定操作情况。

(8)移民安置方案的重大变更情况;移民安置方案的重大变更的原因;移民安置方案的重大变更对主体工程的进度影响情况;移民安置方案的重大变更造成补偿资金的调整情况。

(9)移民安置工程招投标过程执行国家规定情况;工程施工过程中分包转包情况。

(10)政治思想工作、经济补偿措施、法律相结合的情况。

(七)主要评价指标

1. 生产资料指标

人均农用地面积(含耕、草、林、园地面积)、移民迁至安置区后获得的主要生产资料(数量、质量、人均后备资源占有量、人均矿产资源占有量)、水利条件、耕作条件与手段、技术水平、土地质量、气候条件、工矿企业效益增量、人均粮食产量(分析计算淹没区、安置区人均占有粮食指标及移民区粮食增长率)、粮食单产水平。

2. 社会经济发展指标

移民人均安置费用(将城市集镇居民和农村移民分开计算)、安置区受影响居民人均补偿费用、移民人均纯收入(元/人·年)及年增长率、安置区居民人均纯收入(元/人·年)及年增长率、安置区年社会生产总产值及年增长率、安置区乡镇企业年总产值及年增长率、移民人均建房费用、移民人均宅基地面积、移民人均住房面积、安置区为移民增加的就业机会、人均经济收入增长变化率、移民投资效果系数、移民安置区经济增长速度、地区社会总产值增长率、土地的净效益增量、物质投入水平、用电满足程度。

3. 人文方面

文化教育(农村小学学龄儿童入学率、学校师生比率、中小学校分布密度、移民经培训后掌握新技术的教育率)、医疗卫生(每万人拥有的医护人员数、每万人的医院床位数、营养结构指标(日人均摄取蛋白质、脂肪量、孕妇死亡率、婴儿死亡率、地方病与传染病的防治指标、就医难易程度、人均寿命)、少数民族(民族的种类、数量、语言、宗教信仰、习俗、少数民族的生产生活习惯)、单位投资安置移民人数、安置移民完成率、安置移民稳固率、人均经济收入差值比、地区劳动力就业增长率、地区财政收入增长率、地区居民生产生活水平指数、交通条件(距主干道及城市集镇的距离、交通工具、道路、通航条件)、通讯广播与文化生活条件、生活用水条件、生活用电条件、商业服务网点等。

(八)项目后评价的程序

工程移民项目后评价,一般包括制定后评价计划、选定后评价项目、确定后评价的范围,选择确定项目后评价的咨询单位和专家。

(九)项目后评价的报告

工程移民后评价报告是评价结果的汇总,一方面应真实反映情况,客观分析问题,认真总结经验;另一方面,后评价报告是反馈经验教训的主要文件形式,必须满足信息反馈的需要。因此,后评价报告要求文字准确清晰,尽可能不用过分专业化的词汇。报告的提出和结论要与问题和分析相对应,经验教训和建议要把评价的结果与将来的规划、政策的制订和修改联系起来。工程移民后评价报告主要包括:①工程概述。工程建设,工程占地,工程效益。②移民对区域社会经济的影响。移民对区域经济的影响、移民对社会的影响。③政策法规。本项目专用的政策体系、政策评价。④移民安置规划设计。移民安置规划设计管理体系、移民安置设计过程、移民安置规划设计的主要结果、移民安置规划设计的变更、移民安置规划设计的评价。⑤移民安置实施方案。农村、城市集镇、企事业单位、专项、移民安置实施方案评价。⑥移民安置的资金。资金的来源与流向、资金管理原则和任务、资金管理体系与模式、补偿标准、村级移民资金管理、移民项目投资变化、移民资金管理评价。⑦社会整合。公众参与和协商的方法及落实情况、申诉及处理、弱势群体的扶持、移民的社会整合。⑧机构。各级机构职责及落实、机构人员及能力建设、报告制度(统计、计划、监测、监理)、培训、机构评价。⑨移民生产生活水平评价。移民评价体系、评价方法。⑩结论与建议。工程移民后评价报告很重要,但研究者要避免为报告而报告的倾向,应尽可能让报告在实践中发挥实际的作用。文字表述应尽可能通俗易懂,可以被大多数人接受。

二、淮河入海水道工程移民后评价

(一)工程简况

淮河入海水道工程是经国务院批准兴建的国家重点水利工程,工程总投资 41.17 亿元,是江苏省也是淮河流域有史以来最大的单项水利工程。工程于 1998 年 10 月开工建设,2003 年 6 月竣工通水。淮河入海水道进口在洪泽湖东侧二河口,沿苏北灌溉总渠北侧与总渠成二河三堤,堤距宽 595 米,在扁担港以北注入黄海,全长 163.5 公里。淮河入海水道工程移民 6 万多人,创下了江苏省水利工程移民之最。

(二)工程移民系统国民经济后评价的特点

工程移民系统国民经济后评价是从国民经济的全局出发,用影子价格计算系统各技术方案的费用与效益,并进行国民经济评价。它具有如下的特点:①工程移民系统与工程密不可分,其效益不仅体现在系统自身的产出,还体现在淮河入海水道工程的综合效益中。兴建淮河入海水道工程是以占用土地、迁移人口、损失资源为代价来换取淮河入海水道工程的综合效益的。因此,淮河入海水道工程综合效益的发挥与工程移民系统发生直接的关系,工程移民系统投入的代价应分摊一部分淮河入海水道工程的综合效益。②在工程移民系统中的专项设施、移民安置后环境效益的改善、移民生活质量的提高、移民安置中的安全管理、移民中心村建成后对当地经济的发展的贡献等很难量化,需要综合评价,以下评价只是对可以量化的部分进行评价。

(三)基准年及折现率

本次评价的基准年为2003年末,社会折现率为12%。

(四)工程及移民的投入

工程及移民分年投资及基准年现值见表11-15。

工程及移民投资计算:

$$KPV_{移} = \sum_{t=1}^{7} BC_{移t}(1 + i_0)^{6-t} = 144000(万元)$$

$$KPV_{工程} = \sum_{t=1}^{6} BC_{工程t}(1 + i_0)^{5-t} = 365191(万元)$$

式中 $BC_{移t}$— 第t年度的移民投资;

$BC_{工程t}$ — 第t年度的工程投资;

i_0— 社会折现率,取12%。

表11-15 工程移民的分年投资 (单位:万元)

年份	工程投资	移民投资	小计
1998年		8130.0	8130
1999年	20385	29915.6	50300.6
2000年	49690	22019.1	71709.1
2001年	78919	15185.6	94104.6
2002年	97006	8610.0	105616
2003年	37006	14910.3	51916.3
2004年	20894	9029.4	29923.4
小计	303900	107800	411700
基准年现值	365191	144000	509191

(五)移民安置过程中的损失计算

淮河入海水道工程占用的土地、房屋、地面附着物、各类专项设施的废弃、拆除、损耗产生的物质损失,以及移民安置与重建过程中的各种资源消耗。

按照淮河入海水道初步设计的成果,将各类损失按12%的社会折现率,折算到基准年(2003年末)。

1. 土地损失

土地损失包括因工程占地所造成的耕地、园地、林地、水塘、宅基地、柴蒲田、蔬菜大棚的损失。①耕地损失。根据种植作物的品种、价格、产量、成本来估算年产值、年成本,计算出年净产值,考虑一定的增长率,求出整个被占用期的净产值。经计算,工程使用期内耕地总损失为89838.3万元。②园地损失。根据园地种植的不同品种的果树的生产期、出产期、盛产期,计算逐年的投入与产出,在整个土地占用期内等值重置,进行长系列分析,然后逐年计算到基准年,得到园地在整个占用期的净效益,以此作为园地损失。工程影响区园地包括果园和桑园。经计算,果园损失为305.9万元,桑园损失为177.5万元。园地总损失为483.4万元。③林地损失。根据林地的不同种类分别计算其均产值、均成本,可得到均净产值,再由林地种类和面积,将土地占用期内逐年净产值折算到基准年,求其和即得林地损失。工程影响区林地包括竹林、花圃、苗圃。经计算,竹林损失1396.8万元,花圃损失0.8万元,苗圃损失239.2万元。林地总损失1636.8万元。④水塘损失。根据对水塘的利用方式和产出的品种、价格、产量、成本,计算出均产值、均成本,可得均净产值。将土地占用期内逐年净产值折算到基准年,求其和可得水塘损失。工程影响区水塘包括鱼塘和藕塘。经计算,鱼塘损失6382.5万元,藕塘损失24.3万元,水塘总损失为6406.8万元。⑤宅基地损失。参照耕地的计算方法计算出均产值、均成本,可得均净产值。将土地占用期内逐年净产值折算到基准年,即为宅基地损失。经计算,共计损失12997.4万元。⑥柴蒲田损失。根据其成本、价格、产量,计算出均产值、均成本,可得均净产值。将土地占用期内逐年净产值折算到基准年,可得柴蒲田损失。经计算,总损失为1494.7万元。⑦蔬菜大棚损失。根据其所种蔬菜种类、复种指数、成本、价格产量,计算出均产值、均成本,可得均净产值。将土地占用期内逐年净产值折算到基准年,即得蔬菜大棚损失。经计算,总损失为31.9万元。⑧各类土地总损失。该工程影响区各类土地总损失为112889.3万元。⑨零星果木损失。根据不同品种的果木及树木,按成材、苗木、幼苗分类别统计,估算各类别经济价值,然后根据各类别果木及树木的数量折算到基准年,即得零星果木损失。经计算,总损失为9510.8万元。

2. 房屋及附属建筑物损失

房屋损失。房屋按其结构分为楼房、砖瓦房、草房、简易房等房型。根据不同类型来估算各类房屋的用工、用料,再按影子价格估算其造价,最后根据各类房屋价值回收情况分别扣除回收价值,即为房屋损失值。经计算,农村移民房屋总损失为25792.6万元。

附属建筑物损失。附属建筑物包括围墙、猪圈、厕所、手压井、沼气池、天然水井、水泥场等。根据各类附属建筑物结构形式、规模、材料等因素,分析确定各类附属建筑物的单价,即可得附属建筑物损失。经计算,各类附属建筑物损失为1454.1万元。

房屋及附属建筑物总损失。经计算,房屋及附属建筑物总损失共计27246.7万元。

3. 工业企业及事业单位损失

工业企业及事业单位损失包括因工程影响造成的固定资产、流动资产、停工停产损失及迁移过程中的资源消耗。经计算,企业损失为10849.6万元,事业单位损失3541.2万元,共计14390.8万元。

4. 专项设施损失

专项设施包括水利、交通、邮电通讯、输变电设施、文物古迹等。按其损失数量、重置造价,再根据其使用年限和寿命,扣除其已消耗的价值和可回收利用的价值进行计算,专项设施损失为16333.9万元。

5. 农副业加工设施损失

根据其损失数量、重置造价，再由其使用年限和寿命减去已消耗的价值和可回收利用价值进行计算。经计算，农副业加工设施损失为 198.6 万元。

6. 安置移民过程中的资源消耗

安置移民过程中的资源消耗包括搬迁运输费、行政管理费、勘测设计费、监理监测评估费、清理费等。经计算，共计 12097.1 万元。

淮河入海水道工程移民系统总损失见表 11-16。

表 11-16 淮河入海水道工程移民系统损失 （单位：万元）

类别	损失
土地损失	112889.3
零星果木损失	9510.8
房屋及附属建筑物损失	27246.7
工矿企业、事业单位损失	14390.8
专项设施损失	16333.9
农副业加工设施损失	198.6
安置过程中的资源消耗	12097.1
总计	192667.2

（六）工程移民系统效益

1. 效益构成

工程系统效益指以工程占地、人口迁移为代价所换取的淮河入海水道工程的综合效益，以及移民系统重建与经济开发所获得的社会、经济、环境效益。其中工程占地与移民代价换取的效益主要体现在淮河入海水道工程的综合利用效益中。因此工程移民系统效益主要由以下几部分构成：工程移民应分摊到的淮河入海水道工程综合利用效益；安置区开发性生产的净效益增量；其他应计入的净效益增量，如基础设施的建设（供水、供电、邮电、通讯等）、移民房屋的重建、集镇的迁建、专项设施的重建、征地补偿资金投资产生的增量效益。

2. 应分摊的综合利用效益

工程综合效益主要体现在防洪和治涝两个方面。按社会折现率为 12%，折算到基准年（2003 年末）。

（1）防洪效益。根据淮河入海水道初步设计，入海水道工程的多年平均防洪效益为 6.66 亿元，该值为 1996 年社会经济发展水平和价格水平的效益值。经调查分析，同一频率的洪水发生在不同年份，所造成损失不同，结合淮河下游地区的发展情况和发展趋势等因素，采用的洪灾损失增长率依年份不同，分别为 1996～2010 年为 3%，2011～2030 年为 2.5%，2031～2058 年为 2%，工程于 2004 年开始发挥防洪效益，为全部防洪效益的 50%，从 2009 年工程竣工后开始发挥全部防洪效益。2003 年末洪灾损失为 $6.66 \times (1+3\%)^7 = 8.19$（亿元）。

$$B_1 = \sum_{j=1}^{5} 8.19 \times \frac{(1+3\%)^j}{(1+12\%)^j} \times 50\% + \sum_{j=6}^{7} 8.19 \times \frac{(1+3\%)^j}{(1+12\%)^j} + \sum_{j=1}^{20} 8.19 \times (1+3\%)^7$$

$$\times \frac{(1+2.5\%)^j}{(1+12\%)^{j+7}} + \sum_{j=1}^{28} 8.19 \times (1+3\%)^7 \times (1+2.5\%)^{20} \times \frac{(1+2\%)^j}{(1+12\%)^{j+27}}$$

$= 73.6800$(亿元)

（2）治涝效益。根据淮河入海水道初步设计，入海水道工程的多年平均治涝效益为2154.6万元，该值为1994年生产水平和价格水平的效益值，1995年以后各年按1%的增长率递增，工程从2004年开始发挥治涝效益，则治涝效益总现值为：

$$B_2 = \sum_{j=1}^{55} 2154.6 \times (1+1\%)^9 \times \frac{(1+1\%)^j}{(1+12\%)^j} = 21563(\text{万元})$$

（3）工程综合总效益。工程综合总效益计算公式如下：

$B_{综} = B_1 + B_2 = 758363$（万元）

（4）分摊的综合利用效益的分摊系数。移民系统效益分摊系数 α

$$\alpha = \frac{KPV_{移}}{KPV_{移} + KPV_{总}} = \frac{144000}{144000 + 365191} = 0.283$$

（5）移民系统应分摊的综合利用效益 $B_{综移}$。计算公式如下：

$B_{综移} = B_{综} \cdot \alpha = 214616$（万元）

3. 移民住房质量及面积改善而增加的效益

搬迁前住草房和简易房的移民搬迁后全部新建了砖瓦房和楼房，楼房成为移民的主要住房类型。移民住房质量增加的效益主要是移民搬迁后住房新增面积的价值。根据搬迁前后的住房面积，将所有房型的新增面积估算其增加的价值作为效益。淮河入海水道工程新增（或减少）住房面积见表11-17。

表11-17　住房新增（减少）面积　　（单位：m^2）

县（区）	楼房	砖瓦房	草房	简易房
清浦区	239816	-94195	-19003	-18520
楚州区	488587	-175405	-45614	-27442
阜宁县	374395	-67909	-45874	-17264
滨海县	253974	-20393	-51378	-60516
合计	1356772	-357902	-161869	-123742

楼房市场价格为380元/平方米，造价为280元/平方米；砖瓦房市场价格为300元/平方米，造价为220元/平方米；草房的造价为90元/平方米，简易房的造价为80元/平方米，则住房质量增加的效益为：

$$B_{房} = 135.6772 \times (380-280) - 35.7902 \times (300-220) - 16.1869 \times 90 - 12.3742 \times 80$$
$$= 8257.7(\text{万元})$$

4. 交通条件改善的效益

用于改善交通条件的总投资现值为5720.1万元，设交通条件改善所得的收益率为5%，则交通条件改善的效益现值为：

$$B_{交} = \sum_{i=1}^{55} 5720.1 \times 5\% \times (1+12\%)^{-i} = 2378.7(\text{万元})$$

5. 其他效益

移民其他效益主要体现为医疗卫生、教育条件改善所得的效益。用于改善医疗卫生、教育条件的总投资现值为3388.1万元,净收益率为8%,则移民其他效益现值为:

$$B_{其他} = \sum_{i=1}^{55} 3388.1 \times 8\% \times (1 + 12\%)^{-i} = 2261.4(万元)$$

(七)移民总效益

$$B_{总} = B_{综移} + B_{房} + B_{交} + B_{其他} = 227513.8(万元)$$

(八)工程移民系统国民经济评价

1. 损失及效益计算结果

(1)移民系统总损失现值 $PV_{移}$。

$$PV_{移} = 192667.2(万元)$$

(2)移民系统效益现值 $B_{移总}$。

$$B_{移总} = 227513.8 万元$$

2. 经济评价指标计算

(1)经济净现值 $ENPV$。

由 $B_{移总} = 227513.8$ 万元, $PV_{移} = 192667.2$ 万元,可得

$$ENPV_{移} = B_{移总} - PV_{移} = 34846.6(万元)$$

$ENPV_{移} > 0$,则经济上可行。

(2)经济净现值率 $ENPVR_{移}$。

$$ENPVR_{移} = \frac{ENPV_{移}}{PV_{移}} = 18\%$$

$ENPVR_{移} > 0$,则经济上可行。

(3)经济效益费用比 R_0。

$$R_0 = \frac{B_{移总}}{PV_{移}} = 1.18$$

$R_0 > 1$,则经济上可行。

3. 移民区各县(区)效益计算

工程效益的分摊系数,根据在各县(区)的投资占总投资的比例确定各县(区)的效益分摊系数。移民住房效益按各县(区)实际数据计算。各县(区)的效益的计算结果见表11-18。

表11-18 各县(区)效益的计算结果 (单位:万元)

县(区)	清浦	楚州	阜宁	滨海	射阳	合计
分摊系数	0.141	0.229	0.241	0.386	0.003	
分摊综合效益	30915	50210	52841	84633	657	219256
住房增量效益	1325.4	2852.6	2649.7	1430.1		8257.8
合计	32240.54	53062.83	55490.94	86063.49	657	227513.8

(九)工程移民后评价的结论

1. 河道工程移民的特点

河道工程移民和大型水库移民相比在土地征用政策、工程影响实物量调查方法上基本相同。而在工程移民形成的方式、区域内经济发展程度、工程征占耕地比重、工程占地程度、移民安置方式等方面存在差异。河道工程移民一般就近安置,采用土地指标作为环境容量分析的指标。

2. 基层规划

河道工程的移民安置规划是对工程影响的移民区域的社会经济发展、土地利用、空间布局以及各项建设综合部署、具体安排的过程,这种由下至上的移民安置基层规划的思想对于面广量大的河道工程是一种成功的思想。

3. 农村移民活动中的土地整理与调整

结合淮河入海水道工程移民实践,进行土地整理和移民安置区土地调整,满足移民的基本生产生活用地。

4. 河道工程的中心村建设

淮河入海水道工程有 6 万多移民需要迁建,移民安置和农村城镇化有机结合,制定了中心村建设的标准和中心村建设的机制。

5. 河道工程移民的安全管理

移民安置的安全管理对于移民安置的顺利实施产生的作用非常大。构建移民安置中的安全管理网络,杜绝移民安置过程中重大的安全事故。

6. 企事业单位得到了安置,集镇和专业项目功能已恢复,并在区域社会经济发展中发挥了作用。

7. 淮河入海水道工程国民经济后评价指标

经济净现值 ENPV 为 34846.6 万元。经济净现值率 ENPVR 为 18%,经济效益费用比 R_0 为 1.18。淮河入海水道工程国民经济后评价的指标较优。

8. 实施效果

移民征地拆迁安置工作的顺利完成,保证了淮河入海水道工程建设如期进行。保证了工程在 2003 年淮河大水期间紧急启动行洪,并为夺取 2003 年淮河流域的防汛抗洪斗争全面胜利做出了重要贡献,取得了巨大的社会效益和经济效益。淮河入海水道工程没有打乱地区原有的产业布局和产业结构,带状的工程区使得移民能够在较小的区域范围内得到安置,有利于生产的恢复,中心村的建设也收到了明显的社会经济效果。

参考文献

[1] 张三力. 项目后评价 . 北京:清华大学出版社,1998
[2] 陈绍军. 水库移民系统社会风险控制及综合评价研究[D]. 南京:河海大学,1999
[3] 吴宗法,陈晓华. 水利工程移民后评价. 红水河,2006(1)

缩略语

3S	"3S"技术指 GPS(全球定位系统)、RS(遥感技术)、GIS(地理信息系统)及其集成技术
ACCSF	亚洲货币危机援助便利
ADB	亚洲开发银行(简称"亚行")
ADBISF	亚洲开发银行学院特别基金
ADCP	声学多普勒流速剖面仪(Acoustics Doppler Current Profiler)
ADF	亚洲开发基金
Aps	受影响的民众
CCO	首席合格审查官员
CCP	合同更改建议书
CIECC	中国国际工程咨询公司(China International Engineering Consulting Corporation)
CMS	咨询顾问管理系统(Consultant management System)
CPI	成本表现指数
CPM	关键途径方法
CQS	基于咨询专家资历选择方法
CRAM	咨询顾问聘用活动监测(Consultant Recruitment Activity Monitoring)
CSC	咨询顾问选择委员会
C/SCS	成本/进度状态报告
CSOW	工作合同说明
CSP	国家战略和计划
DACON	咨询公司资料库
DICON	个体咨询专家资料库
DMC	发展成员国
DS	直接选择方法
EA	执行机构
EAP	环境行动计划
EBCR	经济效益费用比
ECoW	工程环境职员
EIA	环境影响评估
EIRR	经济内部收益率
EMP	环境管理计划
EMS	环境管理体系
ENPV	经济净现值
EPB	环境保护局

EPP	环境保护计划
ESD	环境与社会部（所属黄委亚行项目办）
FBS	固定预算选择方法
FFS	洪水预警系统
FI	金融中介
FIRR	财务内部收益率
FNPV	财务净现值
FRPS	汇率风险总库制
FYP	五年计划
GANNT	预定进度
GDP	国内生产总值
GEF	全球环境设施
GIS	地理信息系统
HRDC	黄河移民开发公司
ICR	项目完工报告
IDC	建设期间利息
IEE	环境初评报告
LCC	生命周期成本
LCS	最低费用选择方法
LIBOR	伦敦银行同业拆借利率
IMO	内部监测机构
IPSA	最初贫困和社会评估
JSF	日本特别基金
M&E	监控与评估
MRM	管理层审查会
MPMS	多项目管理系统/软件
MWR	水利部
NEB	净经济效益
NFB	净财务收益
NGO	非政府组织
NPV	净现值
OBS	组织分解结构
OCC	资本机会成本
OCR	普通资金
PAD	项目评估文件
PAM	项目管理备忘录
PCBS	项目成本分解结构
PCR	项目完工报告

PCSS	亚行注册的合同编号(采购合同汇总表编号)
PERT	计划评审技术/项目评估和审查技术
PIR	贫困影响比率
PMO	黄河洪水管理亚行贷款项目办公室(简称“黄委亚行项目办”)
PPAR	项目执行审计报告
PPMS	项目实施/评价管理体系
PPR	项目执行报告
PPTA	项目准备技术援助
PRC	中华人民共和国
PRO	项目移民办公室
PSCCM	私人领域贷款委员会会议
QBS	基于质量选择方法
QCBS	基于质量和费用选择方法
RAP	移民安置行动计划
REA	快速环境评估
RFP	咨询服务邀请文件(招标文件)
ROM	粗数量级(Rough Order of Magnitude)
RPF	移民政策框架
RRP	行长建议评估报告
RSES	环境和社会保障署(亚行)
SAW	贫贷款批准与提款(Subloan Approval and Withdrawal)
SDR	特别提款权
SDRC	国家发展改革委员会
SEIA	环境影响评估报告概要
SEPA	国家环境保护总局
SERF	影子汇率因数
SI	灵敏指数
SIEE	环境初评报告概要
SOE	费用清单
SSS	单一来源选择方法
SW	切换值
SWIFT	全世界银行间金融电信学会
SWRF	影子工资率因数
TA	技术援助
TASF	技术援助特别基金
TCR	技术援助完成报告
TOR	工作大纲
TPR	技术援助执行报告

TVA	田纳西河流域管理局(美国)
WACC	资本的加权平均成本
WBS	工作分解结构
WTO	世界贸易组织(World Trade Organization)
YRCC	黄河水利委员会(简称“黄委”)
YRFMSP	黄河防洪亚行贷款项目/黄河洪水管理亚行贷款项目